高等学校规划教材·机械工程

机械制造工艺学

（第3版）

田锡天　张云鹏　黄利江　编著

西北工业大学出版社

西　安

【内容简介】 本书全面、系统地介绍了机械制造工艺过程设计的基础知识，主要内容包括绪论、机械加工工艺过程设计、机械加工精度及其控制、机械加工表面质量及其控制、机床夹具设计基础、金属切削原理与刀具、机械装配工艺基础等。本书叙述简明，概念清楚，内容丰富，注重理论与实践的结合，突出了实用性。

本书可作为高等学校机械设计制造及其自动化专业以及其他机械类专业和近机械类专业的教材，也可作为从事机械设计和机械制造的工程技术人员的参考书。

图书在版编目(CIP)数据

机械制造工艺学/田锡天，张云鹏，黄利江编著.—3版.— 西安：西北工业大学出版社，2022.12
高等学校规划教材.机械工程
ISBN 978-7-5612-8244-1

Ⅰ.①机… Ⅱ.①田… ②张… ③黄… Ⅲ.①机械制造工艺-高等学校-教材 Ⅳ.①TH16

中国版本图书馆CIP数据核字(2022)第139826号

JIXIE ZHIZAO GONGYIXUE
机械制造工艺学
田锡天 张云鹏 黄利江 编著

责任编辑：高茸茸 **策划编辑**：何格夫
责任校对：胡莉巾 **装帧设计**：李 飞
出版发行：西北工业大学出版社
通信地址：西安市友谊西路127号 邮编：710072
电 话：(029)88491757，88493844
网 址：www.nwpup.com
印 刷 者：陕西向阳印务有限公司
开 本：787 mm×1 092 mm 1/16
印 张：21
字 数：551千字
版 次：1992年6月第1版 2022年12月第3版 2022年12月第1次印刷
书 号：ISBN 978-7-5612-8244-1
定 价：80.00元

第 3 版前言

《机械制造工艺学》第 3 版是为适应机械设计制造及其自动化专业教学改革的需要，参照中国工程教育专业认证的机械类专业的标准和要求，结合笔者多年来在机械制造工艺学方面的教学实践和经验，考虑先进制造技术的发展，并参照同类教材编写而成的。

针对近年来一流本科人才培养体系构建的要求和专业课程调整的情况，为保证学生在有限的学时内能够比较全面、系统地掌握必要的专业基础知识，获得初步的解决工程实际问题的能力，笔者坚持以“拓宽知识面、精简内容、加强实践应用”的原则对相关专业课程的内容进行调整，将机械加工工艺过程设计、机械加工质量及其控制、机床夹具设计基础、金属切削原理与刀具、机械装配工艺基础和计算机辅助工艺过程设计等内容有机融合，使本书的知识体系更加完整。本书以机械制造工艺为主，通过与其他专业课程的结合，使学生能够掌握满足现代机械制造企业实际需求的、系统完整的专业知识结构体系，为从事机械制造工程技术和管理工作奠定坚实的理论基础。本书中省略的尺寸和公差单位默认为毫米(mm)。

本书第 1 章、第 3 章至第 5 章由张云鹏编写，第 2 章由张云鹏、田锡天编写，第 6 章由黄利江编写，第 7 章由田锡天编写。中国新时代(西安)设计研究院有限公司王喆高级工程师参与编写了本书第 5 章。全书由田锡天负责统稿。

本书是在《机械制造工艺学》第 2 版的基础上修订而成的。在此对参与本书第 2 版和第 3 版编写的荆长生、侯忠滨、阎光明表示崇高的敬意和真挚的感谢。

在编写本书的过程中参阅了大量相关文献，在此向其作者表示衷心的感谢。

由于水平有限，书中难免有疏漏和不足之处，恳请读者批评指正。

编 著 者

2022 年 6 月

第2版前言

《机械制造工艺学》第2版是为适应机械设计制造及其自动化专业教学改革的需要，参照全国高等工业学校教学指导委员会机械制造教学指导小组审议通过的教学大纲，结合编者多年来在机械制造工艺学方面的教学实践和经验，考虑先进制造技术的发展，并参照同类教材编写而成的。

针对近年来专业培养改革方案和专业课程调整的情况，为保证学生在有限的学时内能够比较全面、系统地掌握必要的专业基础知识，获得初步的解决工程实际问题的能力，笔者坚持以“拓宽知识面、精简内容、加强实践应用”为原则对原教材的内容进行调整和编写，将机械加工工艺规程设计、机床夹具设计基础和机械装配工艺基础等内容有机结合，并适当增加了计算机辅助工艺过程设计的内容，使本书的知识体系更加完整。本书以机械制造工艺为主，通过与其他专业课程的结合，使学生能够掌握满足现代机械制造企业实际需求的、系统完整的专业知识结构体系，为从事机械制造工程技术和管理奠定坚实的理论基础。

本书第1章至第3章由侯忠滨编写，第4章由阎光明编写，第5章由张云鹏编写，第6章和第7章由田锡天编写。全书由田锡天教授负责统稿。

本书是在西北工业大学荆长生教授主编的《机械制造工艺学》第1版的基础上修订而成的，并承蒙荆长生教授审校，在此表示崇高的敬意和真挚的感谢。

由于水平有限，书中难免有疏漏和不足之处，恳请读者批评指正。

编　者

2009年12月

第 1 版前言

《机械制造工艺学》是机械类机械设计与制造专业的专业课教材，是参照专业教材编审委员会讨论推荐的参考性教学计划，结合这几年来高等学校机械制造工艺学教学工作的实际情况而编写的。

对于机械类机械设计与制造专业(或某产品设计与制造专业)的学生来说，要使自己设计的产品在保证质量的前提下，按照预定的生产率要求，在一定的生产条件下，最经济地制造出来，首先要求自己设计的图纸具有良好的结构工艺性，要达到好造、好用、好修的目的。因此一个好的设计师也应该是一个好的工艺师，应该具备一定的工艺知识。

本课程(机械制造工艺学)的目的是使学生通过学习，能够掌握机械制造工艺的基本理论知识，学会进行工艺分析、计算的方法，初步具备综合地解决工艺问题的能力；在设计、制造产品时，能够根据设计要求和工厂现有生产条件，确定合理的产品结构，并选取适当的加工方法，将产品经济地制造出来。

本课程是一门实践性很强的课程，教科书的内容必须与学生的实践基础相适应。多年来的教学实践证明，如果学生连最基本的加工方法都不了解，单纯加强工艺理论部分的教学内容，是学不好工艺课的。因此本课程必须在学完先修课程"金属工艺学"(热、冷加工部分)，并在金工实习操作的基础上来进行讲授。考虑到本课程的实践性强，涉及的知识面广，建议在教学过程中安排一些现场教学，如各种典型夹具结构、典型零件加工过程、特种加工等，这样不仅可以增强学生的感性知识，而且有利于进行课堂教学。

本书各章的编者是：第一章邓修瑾，第二、九章王威廉，第三、七、八章荆长生，第四章马修德，第五、六章韩淑媛。全书由荆长生教授负责统稿。

本书承西北纺织学院王承武教授审阅并提出不少宝贵意见，谨致谢意。

本书大部分内容虽经多次的教学实践，并在实践中不断修改补充，但由于水平有限，书中难免有不少缺点和错误，恳请读者批评指正。

编　者

1991 年 1 月

目　　录

第1章 绪 论

1.1 机械制造技术概论

一、制造技术

现代制造技术或先进制造技术虽然是20世纪80年代提出来的，但它的工作基础已经历了半个多世纪。最初的制造是靠手工来完成的，以后逐渐用机械代替手工，以达到提高产品质量和生产率的目的，同时也为了解放劳动力和减轻繁重的体力劳动，因此出现了机械制造技术。机械制造技术有两方面的含义：一方面是指用机械来加工零件（或工件）的技术，更明确地说就是在一种机器上用切削方法来加工零件，这种机器通常称为机床、工具机或工作母机。另一方面是指制造某种机械（如汽车、涡轮机等）的技术。此后，由于在制造方法上有了很大的发展，除用机械方法加工外，还出现了电加工、光学加工、电子加工、化学加工等非机械加工方法，因此，人们把机械制造技术简称为制造技术。制造技术省去了“机械”二字，取其泛指之意，同时又有时代感，强调了各种各样的制造技术，但机械制造技术仍是它的主体和基础部分。

可以认为，先进制造技术是将机械、电子、信息、材料、能源和管理等方面的技术进行交叉、融合和集成，综合应用于产品全生命周期的制造全过程，包括市场需求、产品设计、工艺设计、加工装配、检测、销售、使用、维修、报废处理等，以快速响应市场的需求，实现优质、敏捷、高效、低耗、清洁生产。

制造技术是一个永恒的主题，是设想、概念、科学技术物化的基础和手段，是国家经济与国防实力的体现，是国家工业化的关键。制造业的发展和其他行业一样，随着国际、国内形势的变化，有高潮期也有低潮期，有高速期也有低速期，有国际特色也有民族特色，但需要长期持续不断地向前发展是不变的。

二、制造技术的重要性

制造技术的重要性是不言而喻的，它有以下四个方面的意义。

1. 社会发展与制造技术密切相关

现代制造技术是当前世界各国研究和发展的主题，特别是在市场经济繁荣的今天，它更具有十分重要的地位。

人类的发展过程就是一个不断制造的过程，在人类发展的初期，为了生存，制造了石器，以便于狩猎。此后，相继出现了陶器、铜器、铁器和一些简单的器具，如刀、剑、弓、箭等兵器，锅、壶、盆、罐等用具，犁、磨、碾、水车等农用工具，这些工具和用具的制造过程都是比较简单的，主要围绕生活必需和存亡征战，制造资源、规模和技术水平都非常有限。随着社会的发展，制造技术的范围和规模在不断扩大，技术水平也在不断提高，不断向文化、艺术、工业发展，出现了纸张、笔墨、活版、石雕、珠宝、钱币、金银饰品等制造技术。到了资本主义社会和社会主义社会，出现了大工业生产，使得人类的物质生活和文明有了很大的提高，对精神和物质有了更高的要求，也使得科学技术有了更快、更新的发展，从而人类发展与制造技术的关系就更为密切了。蒸汽机制造技术的问世带来了工业革命，内燃机制造技术的出现和发展促使了现代汽车、火车和舰船的形成，喷气涡轮发动机制造技术促进了现代喷气客机和超声速飞机的发展，集成电路制造技术的水平左右了现代计算机的水平，纳米技术的出现开创了微型机械的先河，宇宙飞船、航天飞机、人造卫星以及空间工作站等制造技术的出现，使人类的活动走出了地球，走向了太空。因此，人类的活动与制造密切相关，同时人类活动的水平受到了制造水平的极大约束。

2. 制造技术是科学技术物化的基础

从设想到现实，从精神到物质，是靠制造来转化的，制造是科学技术物化的基础，科学技术的发展反过来又提高了制造的水平。信息技术的发展并引入制造技术，使制造技术产生了革命性的变化，出现了制造系统和制造科学，从此，制造就以“制造系统”这一新概念问世。它由物质系统、能量系统和信息系统组成，物质系统是本质，能量系统是动力，信息系统是控制。制造技术与系统论、方法论、信息论、控制论、共生论和协同论相结合形成了新的制造学科，即制造系统工程学，其体系结构如图 1.1 所示。制造系统是制造技术发展的新的里程碑。

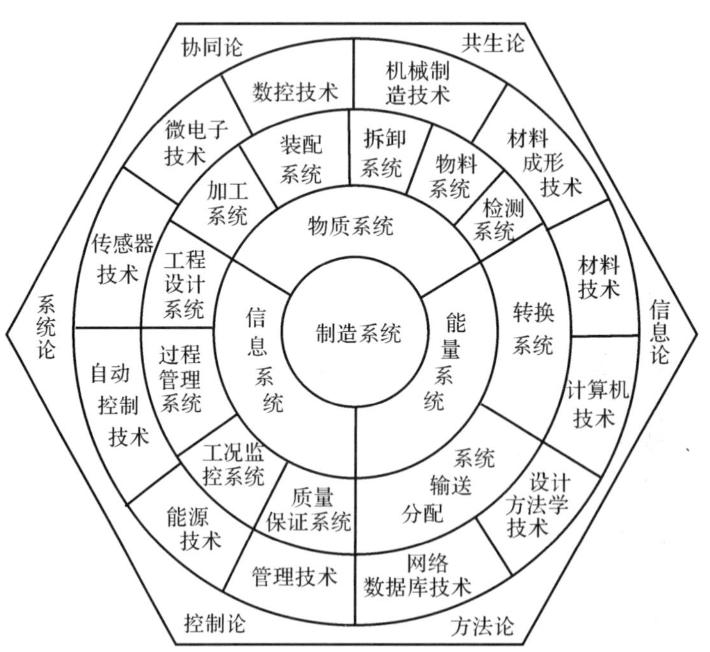

图 1.1 制造系统工程学的体系结构

科学技术的创新和构思需要实践，实践是检验真理的唯一标准，例如，人类对飞行的欲望和需求由来已久，经历了无数的挫折与失败，通过多次的构思和实验，最后才获得了成功。实验就是一种物化手段和方法，生产是一种成熟的物化过程。

3. 制造技术是所有工业的支柱

制造技术涉及面非常广，冶金、建筑、水利、机械、电子、信息、运载、农业等各个行业都需要制造业的支持，如：冶金行业需要冶炼、轧制设备，建筑行业需要塔吊、挖掘机和推土机等工程机械。因此，制造业是一个支柱产业，虽然在不同的历史时期有不同的发展重点，但需要制造技术的支持是永恒的。当然，各个行业有其本身的主导技术，如农业需要生产粮、棉等农产品，有很多的农业生产技术，且现代农业就少不了农业机械的支持，制造技术成为其重要组成部分。因此，制造技术既有普遍性、基础性的一面，又有特殊性、专业性的一面，即既有共性，又有个性。

4. 制造技术是国力和国防的后盾

一个国家的国力主要体现在政治实力、经济实力和军事实力上，而经济实力和军事实力与制造技术的关系十分密切，只有在制造上是一个强国，才能在军事上是一个强国。一个国家不能靠外汇去购买别国的军事装备来保卫自己，必须有自己的军事工业。有了国力和国防才有国际地位，才能立足于世界。

第二次世界大战以后，日本、德国等国家一直很重视制造业，因此，国力得以很快恢复，经济实力处于世界前列。从20世纪30年代开始一直在制造技术上处于领先地位的美国，由于在20世纪五六十年代未能重视发展制造技术，使得其制造技术每况愈下。20世纪90年代，美国迅速把制造技术提到了重要日程上，其间推行了“计算机集成制造系统”和“21世纪制造企业战略”，实施了集成制造、敏捷制造、虚拟制造和并行工程、“两毫米工程”等举措，促进了先进制造技术的发展，同时对美国的工业生产和经济复苏产生了重大影响。

三、广义制造论

长期以来，由于设计和工艺的分家，制造被定位于制造工艺，这是一种狭义制造的概念。随着社会发展和科技进步，需要综合、融合和复合多种技术去研究和解决问题。集成制造技术的问世，提出了广义制造的概念，亦称之为“大制造”的概念，它是制造概念的扩展。

广义制造的概念将设计、工艺和管理紧密联系在一起，形成一个整体，以适应市场经济发展的需求。从制造技术的发展来看：开始是一个原始的综合体，体现了设计、工艺、经营管理的一体化，利用集市进行产品的交换或买卖；此后，社会大发展，生产分工，形成了设计、工艺和销售等各个相对独立的部门，从而产生了设计学、工艺学和管理学等学科，反映了科学技术和生产的进步；当前，由于市场的快速需求和技术的复杂性，简单的分工严重地影响了制造问题的解决和产品上市的时间，从而又将它们集成起来，形成了设计、工艺、经营管理的新综合体。这是制造技术从整体发展到分工，从分工又螺旋上升到整体的过程，反映了事物发展的客观规律。

广义制造的概念体现了制造技术的扩展，其具体的形成过程主要表现在以下几个方面。

1. 材料加工成形机理的扩展

在传统制造工艺中，人们将零件的加工过程分为热加工和冷加工两大类，并且是以冷去除加工和热变形加工为主，主要利用力、热原理来进行。但现在从加工成形机理来分类，可以明确地将加工工艺分为去除加工、结合加工和变形加工。

(1)去除加工。去除加工又称分离加工，是从工件上去除一部分材料而成形，如车削、铣削、磨削加工等。

(2)结合加工。结合加工是利用物理和化学方法将相同材料或不同材料结合在一起而成形,是一种堆积成形、分层制造方法,如电镀、渗碳、氧化、焊接等。

(3)变形加工。变形加工又称流动加工,利用力、热、分子运动等手段使工件产生变形,改变其尺寸、形状和性能,如锻造、铸造等。

2. 制造技术的综合性

现代制造技术是一个以机械为主体,交叉融合了光、电、信息、材料和管理等学科的综合体,并与社会科学、文化和艺术等关系密切,不是单纯的机械。

人造金刚石、立方氮化硼、陶瓷、半导体和石材等新材料的问世形成了相应的加工工艺学。

制造与管理已经不可分割,管理和体制密切相关,体制不协调会制约制造技术的发展。

近年来发展起来的工业设计学科是制造技术与美学、艺术相结合的体现。

哲学、经济学、社会学会指导科学技术的发展,现代制造技术有质量、生产率、经济性、产品上市时间、环境和服务等多项要求,靠单一技术是难以达到的。

3. 计算机集成制造技术的问世

计算机集成制造技术最早称为计算机综合制造技术,它强调了技术的综合性,认为一个制造系统至少应由设计、工艺和管理三部分组成,体现了“合—分—合”的螺旋上升特性。长期以来,由于科技、生产的发展,制造愈来愈复杂,人们已经习惯了将复杂事物分解为若干单方面事物来处理,形成了分工,这是正确的,但与此同时却忽略了各方面事物之间的有机联系,当制造更为复杂时,不考虑这些有机联系就不能解决问题。这时,集成制造的概念应运而生,一时间受到了极大的重视。

集成制造系统首先强调了信息集成,即计算机辅助设计、计算机辅助制造和计算机辅助管理的集成。集成有多个方面和层次,如功能集成、信息集成、过程集成和学科集成等,总的思想是从相互联系的角度去统一解决问题。

其后,在计算机集成制造技术发展的基础上,出现了“并行工程”“协同制造”等概念及其技术和方法,强调了在产品全生命周期中能并行有序地协同解决某一环节所发生的问题,即从“点”到“全局”,强调了局部和全面的关系,在解决局部问题时要考虑其对整个系统的影响,而且能够协同解决。

4. 制造模式的发展

长期以来,人们对制造的概念多停留在硬件上,对制造技术来说,主要有各种装备和工艺装备等,现代制造不仅在硬件上有了很大的突破,而且在软件上得到了广泛应用。

现代制造技术应包括硬件和软件两大方面,并且只有在丰富的硬、软件工具、平台和支撑环境的支持下才能工作。硬、软件要相互配合才能发挥作用,而且不可分割。如计算机是现代制造技术中不可缺少的设备,且它必须有相应的操作系统、办公软件和工程应用软件(如计算机辅助设计、计算机辅助制造等)的支持才能投入使用;又如网络,其本身有通信设备、光缆等硬件,但同时也必须有网络协议等软件才能正常运行;再如数控机床,它是由机床本身和数控系统两大部分组成的,而数控系统除数控装置等硬件外,必须有程序编制软件才能使机床进行加工。

软件需要专业人员才能开发,单纯的计算机软件开发人员是难以胜任的。因此,除通用软件外,在专业技术的基础上,发展了相应的制造软件技术,并成为了制造技术不可分割的组成部分,同时形成了软件产业。

四、机械制造工艺技术的发展

1. 工艺是制造技术的核心

现代制造工艺技术是先进制造技术的重要组成部分,也是最有活力的部分。产品从设计变为现实必须通过加工才能实现,工艺是设计和制造的桥梁,设计的可行性往往会受到工艺的制约,工艺(包括检测)往往会成为瓶颈,不是所有设计的产品都能加工出来,也不是所有设计的产品通过加工都能达到预定的技术性能要求。因此,工艺方法和水平是至关重要的。

设计和工艺都是重要的,把设计和工艺对立和割裂开来是不对的,应该用广义制造的概念统一起来。人们往往更看重产品设计师的作用,而未能正确评价工艺师的作用,这是当前影响制造技术发展的一个关键问题。

例如,在用金刚石车刀进行超精密切削时,其刃口钝圆半径与切削性能的关系十分密切,它影响了极薄切削的切屑厚度,反映了一个国家在超精密切削技术方面的水平。通常,刃口是在专用的金刚石研磨机上研磨出来的,国外加工出的刃口钝圆半径可达 2 nm,而我国现在还达不到这个水平。这个例子生动地说明了有些制造技术问题的关键不在设计上,而是在工艺上。

2. 工艺是生产中最活跃的因素

同样的设计可以通过不同的工艺方法来实现。工艺不同,所用的加工设备、工艺装备也就不同,其质量和生产率也会有差别。工艺是生产中最活跃的因素,有了某种工艺方法才有相应的工具和设备,反过来,这些工具和设备的发展,又提高了该工艺方法的技术性能和水平,扩大了其应用范围。

加工技术的发展往往是由工艺突破的。在 20 世纪 40 年代,苏联的科学家拉查连科发明了电加工方法,此后就出现了电火花线切割加工、电火花成形加工、电火花高速打孔加工等方法,并发展了一系列相应的设备,形成了一个新兴行业,对模具的发展产生了重大影响。当科学家发现激光、超声波可以用来加工时,出现了激光打孔、激光焊接、激光干涉测量、超声波打孔、超声波探伤等方法,相应地发展了一批加工和检测设备,从而与其他非切削加工手段一起,形成了特种加工技术,即非传统加工技术。这在加工技术领域,形成了异军突起的局面。由于工艺技术上的突破和丰富多彩,设计人员也扩大了眼界,以前不敢涉及的设计,变成现在敢于设计了。例如,利用电火花磨削方法可以加工直径在 0.1 以下的探针,利用电子束、离子束和激光束可以加工直径在 0.1 以下的微孔。纳米加工技术的出现更是扩大了设计的广度和深度。

世界上制造技术比较强的国家如德国、日本、美国、英国、意大利等,它们的制造工艺比较发达,因此它们的产品质量上乘,普遍受到欢迎。产品质量是一个综合性问题,与设计、工艺技术、管理和人员素质等多个因素有关,但与工艺技术的关系最为密切。

3. 现代制造工艺理论和技术的发展

工艺技术发展缓慢和工艺问题不被重视有密切关联。长期以来,人们认为工艺是手艺,是一些具体的加工方法,对它的认识未能上升到理论高度。但是在 20 世纪初,德国非常重视工艺,出版了不少工作手册。到了 20 世纪 50 年代,苏联的许多学者在德国学者研究的基础上,出版了《机械制造工艺学》《机械制造工艺原理》等著作,在大学里开设了机械制造专业,将制造工艺作为一门学问来对待,即将工艺提高到了理论高度。此后,在 20 世纪 70 年代,又形成了机械制造系统和机械制造工艺系统，至此，工艺技术形成了一门学科。20 世纪 80 年代发展起来的智能制造(Intelligent Manufacturing，IM)是一门新兴学科，具有广阔的前景，被公认为是继柔性化、集成化后，制造技术发展的第三阶段。智能制造源于人工智能的研究，强调发挥人的创造能力和人工智能技术。一般认为智能是知识和智力的总和，知识是智能的基础，智力是获取和运用知识进行求解的能力，学习、推理和联想三大功能是智能的重要因素。智能制造就是将人工智能技术运用于制造中。

近年来，制造工艺理论和技术的发展比较迅速。由于精度和表面质量的提高，又由于许多新材料的出现，特别是出现了不少新型产品的制造生产，如计算机、集成电路(芯片)、印制电路板等，与传统制造方法有很大的不同，从而开辟了许多制造工艺的新领域和新方法。这些发展主要可分为以下几个方面。

(1)工艺理论，如加工成形机理、精度原理、相似性原理和成组技术、工艺决策原理和优化原理等若干方面。

(2)加工方法，如特种加工、增材制造、高速加工和超高速加工、精密加工和超精密加工、微细加工、复合加工等。

(3)制造模式，如并行工程、协同制造、虚拟制造、智能制造、大规模定制制造，以及绿色制造等。

(4)制造系统，如计算机集成制造系统、柔性制造系统等。

我国已是一个制造大国。世界制造中心将可能要转移到我国，这对我国的制造业是一次机遇也是一个挑战。要形成世界制造中心就必须掌握先进的制造技术，掌握核心技术，有很高的制造技术水平，这样才能不受制于人，才能从制造大国走向制造强国。

1.2 基本概念

一、机械产品生产过程

机械产品生产过程是指从原材料开始到成品出厂的全部过程，它不仅包括毛坯的制造，零件的机械加工、热处理，机器的装配、检验、测试和涂装等主要劳动过程，还包括专用工具、夹具、量具和辅具的制造，机器的包装，原材料和成品的运输和保管，加工设备的维修，以及动力(电、压缩空气、液压等)供应等辅助劳动过程。

由于机械产品的主要劳动过程都使被加工对象的尺寸、形状和性能产生了一定的变化，即与生产过程有直接关系，因此称为直接生产过程，亦称为工艺过程。而机械产品的辅助劳动过程虽然未使加工对象产生直接变化，但也是非常必要的，因此称为辅助生产过程。因此，机械产品的生产过程由直接生产过程和辅助生产过程组成。

随着机械产品复杂程度的不同，其生产过程可以由一个车间或一个工厂完成，也可以由多个车间或多个工厂协作完成。

二、机械加工工艺过程

机械加工工艺过程是机械产品生产过程的一部分，是直接生产过程，其原意是指采用金属切削刀具或磨具来加工工件，使之达到所要求的形状、尺寸、表面粗糙度和力学物理性能，成为合格零件的生产过程。由于制造技术的不断发展，现在所说的加工方法除切削和磨削外，还包括其他加工方法，如电加工、超声加工、电子束加工、离子束加工、激光束加工，以及化学加工等。

机械加工工艺过程由若干个工序组成，其中每一个工序又可细分为工步、走刀、安装和工位。

1. 工序

工序是指一个(或一组)工人在同一个工作地点对一个(或同时对几个)工件连续完成的那一部分工艺过程。根据这一定义，只要工人、工作地点、工作对象(工件)之一发生变化或不是连续完成的，则应称为另一个工序。因此，同一个零件，同样的加工内容可以有不同的工序安排。例如，图 1.2 所示阶梯轴零件的加工内容是：加工小端面，对小端面钻中心孔；加工大端面，对大端面钻中心孔；车大端外圆，对大端倒角；车小端外圆，对小端倒角；铣键槽，去毛刺。这些加工内容可以安排在两个工序中完成(见表 1.1)，也可以安排在四个工序中完成(见表 1.2)，还可以有其他安排。工序安排和工序数目的确定与零件的技术要求、零件的数量和现有工艺条件等有关。显然，工件在四个工序中完成时，精度和生产率均较高。

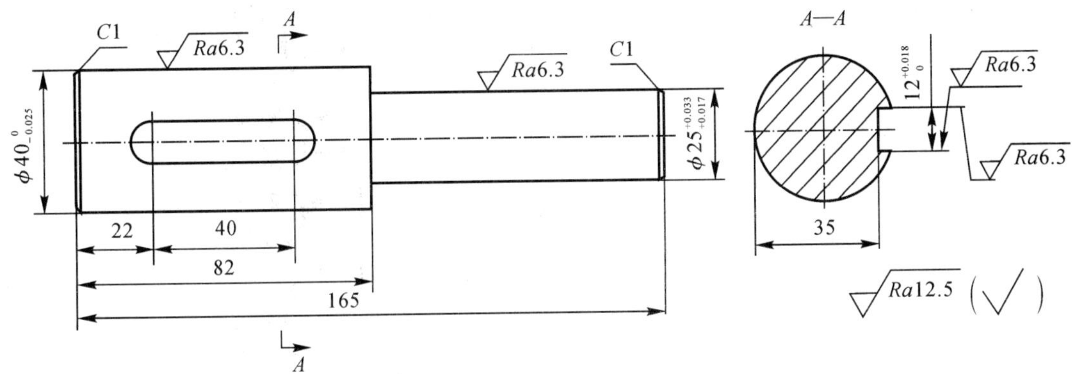

图 1.2 阶梯轴零件

表 1.1 阶梯轴第一种工序安排方案

工序号	工序内容	设备
1	加工小端面，对小端面钻中心孔；粗车小端外圆，对小端倒角；加工大端面，对大端面钻中心孔；粗车大端外圆，对大端倒角；精车外圆	车床
2	铣键槽，手工去毛刺	铣床

表 1.2 阶梯轴第二种工序安排方案

工序号	工序内容	设备
1	加工小端面，对小端面钻中心孔；粗车小端外圆，对小端倒角	车床
2	加工大端面，对大端面钻中心孔；粗车大端外圆，对大端倒角	车床
3	精车外圆	车床
4	铣键槽，手工去毛刺	铣床

2. 工步

在加工表面、切削用量和加工工具都不变的情况下，所连续完成的那一部分工序称为工步。图 1.3(b)所示为对图 1.3(a)所示零件中大孔 2 的加工工序，这一工序包括三个工步：①钻孔 2；②镗孔 2；③镗环槽 3。

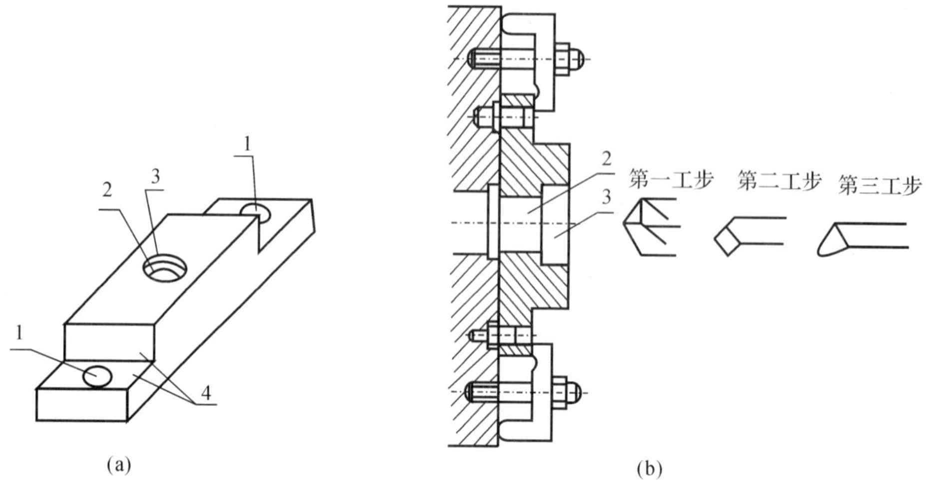

图 1.3　孔加工工步

(a)零件；(b)大孔加工工步

1—定位孔；2—大孔；3—环槽；4—台阶面

为了提高生产效率，将用几把刀具同时分别加工几个表面的工步称为复合工步。复合工步在工艺过程中应视为一个工步，如图 1.4 所示。

如果几个加工表面完全相同，所用的刀具及切削用量也不变，在工艺过程上则把它们当作一个工步看待，如图 1.5 所示。

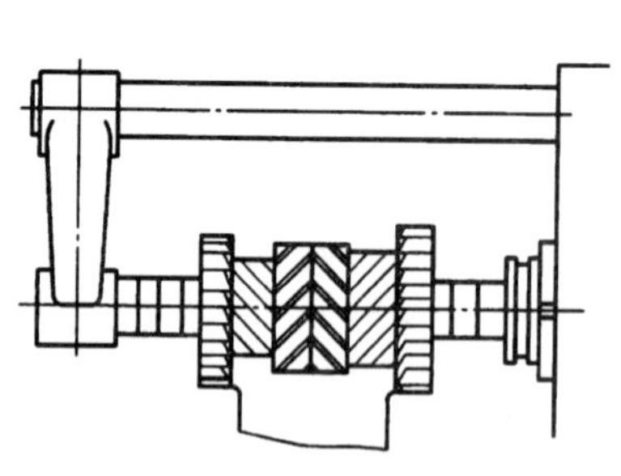

图 1.4　组合铣刀铣平面复合工步

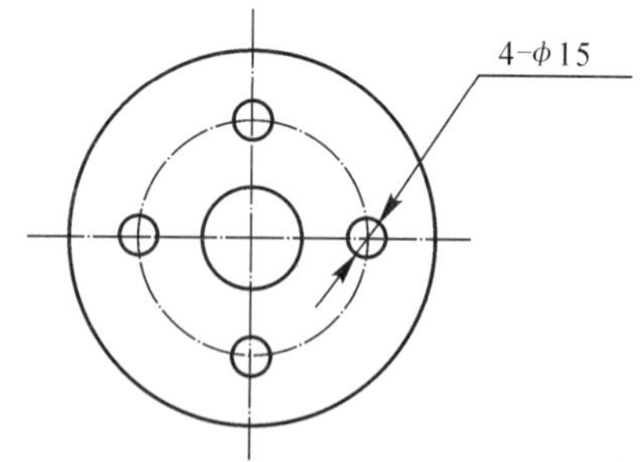

图 1.5　包括四个相同加工表面的工步

3. 走刀

切削刀具在加工表面上切削一次所完成的工步内容，称为一次走刀。一个工步可包括一次或数次走刀。当需要切去的金属层很厚，不可能在一次走刀下切完时，则需分几次走刀。

4. 安装

工件在一次装夹中所完成的那一部分工作称为安装。在同一道工序中，零件在加工位置上，可能只安装一次，也可能要安装几次。但应尽可能减少安装次数，因为每多安装一次，就多一次误差环节，而且会增加装卸工件的辅助时间。

5. 工位

在工件的一次安装中，通过分度（或移位）装置，使工件相对于机床床身变换加工位置，则把每一个加工位置上的安装内容称为工位。在一次安装中，可能只有一个工位，也可能需要多个工位。图1.6所示为利用夹具在两个工位上铣削平面的情况。

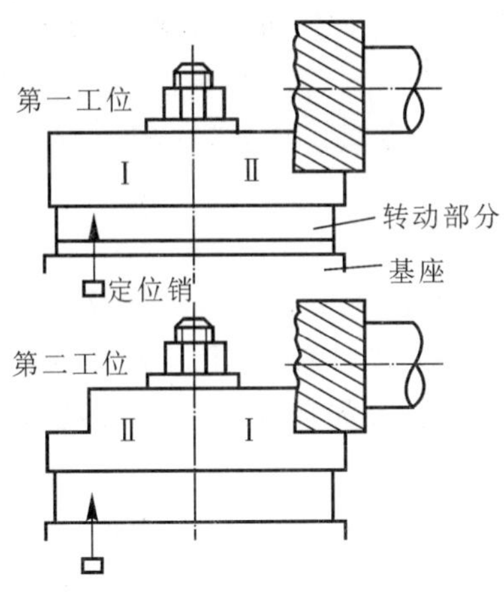

图1.6 两工位加工

以上说明了在机械制造工艺学中常用的名词和术语。现在通过六角头螺钉的加工工艺过程来说明上述常用术语的具体应用。六角头螺钉零件图如图1.7所示，其工艺规程见表1.3。

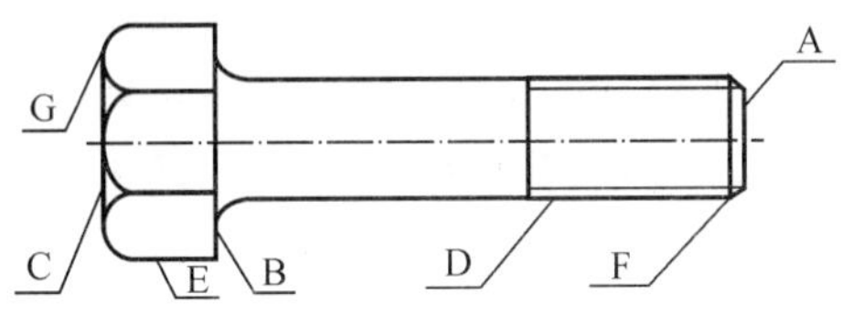

图1.7 六角头螺钉

表1.3 六角头螺钉机械加工工艺规程

工序	安装	工步	工位	走刀
Ⅰ车	1 （三爪卡盘）	（1）车端面A （2）车外圆E （3）车螺纹外径D （4）车端面B （5）倒角F （6）车螺纹 （7）切断	1	1 1 2 1 1 10 1
Ⅱ车	1 （三爪卡盘）	（1）车端面C （2）倒棱G	1	1
Ⅲ铣	1 （旋转夹具）	（1）铣六方 （复合工步）	3	3

三、机械加工工艺系统

对零件进行机械加工时，必须具备一定的条件，即要有一个系统来支持，称该系统为机械加工工艺系统。通常，一个系统由物质分系统、能量分系统和信息分系统所组成。

(1)机械制造工艺系统的物质分系统由工件、机床、工具和夹具组成。工件是被加工对象。机床是加工设备，如车床、铣床、磨床等，也包括钳工台等钳工设备。工具是各种刀具、磨具、检具，如车刀、铣刀、砂轮、游标卡尺等。夹具是指机床夹具，如果加工时是将工件直接装夹在机床工作台上，也可以不要夹具。因此，一般情况下，工件、机床和工具是必不可少的，而夹具可有可无。

(2)能量分系统是指动力供应。

(3)在用一般的通用机床加工时，多为手工操作，未涉及信息技术，而现代的数控机床、加工中心和生产线，则和信息技术关系密切，因此有了信息分系统。

机械加工工艺系统可以是单台机床，如自动机床、数控机床和加工中心等，也可以是由多台机床组成的生产线。

四、工件的安装与尺寸获得的方法

1. 工件的安装

在零件加工时，要考虑的重要问题之一就是如何将工件正确地装夹在机床上或夹具中，即工件的安装。所谓安装，有两个含义，即定位和夹紧。

定位是指确定工件在机床(工作台)上或夹具中占有正确位置的过程，通常可以理解为工件相对于切削刀具或磨具的一定位置，以保证加工尺寸、形状和位置的要求。夹紧是指在工件定位后将其固定，使其在加工过程中能承受重力、切削力等，同时保持定位位置不变。

(1)直接找正安装。由操作工人直接在机床上利用百分表、划线盘等工具进行工件的定位，俗称找正，然后夹紧工件，称为直接找正安装。图1.8所示为直接找正安装，将双联齿轮工件装在心轴上，当工件孔径大、心轴直径小、其间无配合关系时，则不起定位作用，这时靠百分表来检测齿圈外圆表面找正。找正时，百分表顶在齿圈外圆上，插齿机工作台慢速回转，停转时调整工件与心轴在径向的相对位置，经过反复多次调整，即可使齿圈外圆与工作台回转中心线同轴。用百分表找正定位精度可达0.02 mm左右。

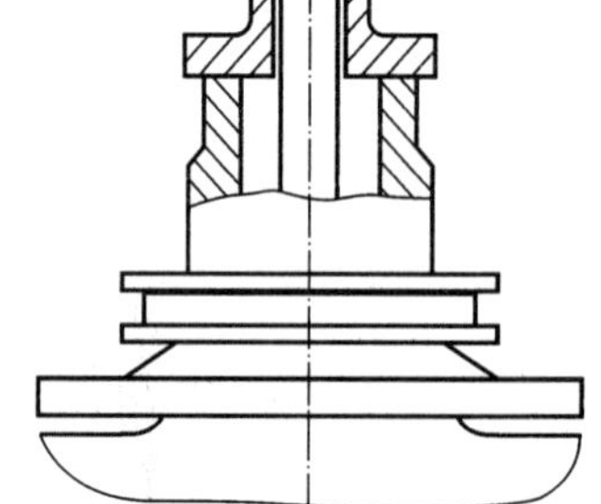

图1.8　直接找正安装

直接找正安装定位时费时费事，因此一般只适用于下面两种情况：

1)工件批量小，采用夹具不经济时；

2)对工件的定位精度要求特别高(例如小于0.01 mm)，采用夹具不能保证精度时，只能用精密量具直接找正定位。

(2)划线找正安装。这种装夹方法是事先在工件上划出位置线、找正线和加工线，装夹时按找正线进行找正，即定位，然后再进行夹紧。图1.9所示为一个长方形工件在单动卡盘上，用划线盘按欲加工孔的找正线进行装夹的情况。划线找正的定位精度一般只能达到0.1 mm左右。

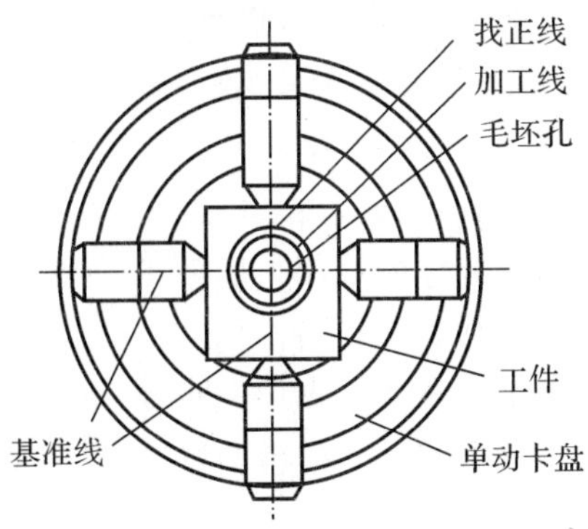

图1.9　划线找正安装

划线找正需要技术高的划线工，而且非常费时，因此一般只适用于下面几种情况：

1)批量不大，形状复杂的铸件；

2)尺寸和重量都很大的铸件和锻件；

3)毛坯的尺寸公差很大，表面很粗糙，一般无法直接使用夹具时。

(3)用夹具安装。对中小尺寸的工件，在批量较大时都用夹具定位来安装。夹具以一定的位置安装在机床上，工件以定位基准在夹具的定位件上实现定位，不需要进行找正。这样不仅能保证工件在机床上的定位精度（一般可达0.01 mm），而且装卸方便，可以节省大量时间。但是制造专用夹具的费用高、周期长，因此不宜在单件小批量生产中使用。

图1.10所示为双联齿轮装夹在插齿机夹具上加工齿形的情况。定位心轴3和基座4是该夹具的定位元件，夹紧螺母1及螺杆5是其夹紧元件，它们都装在插齿机的工作台上。

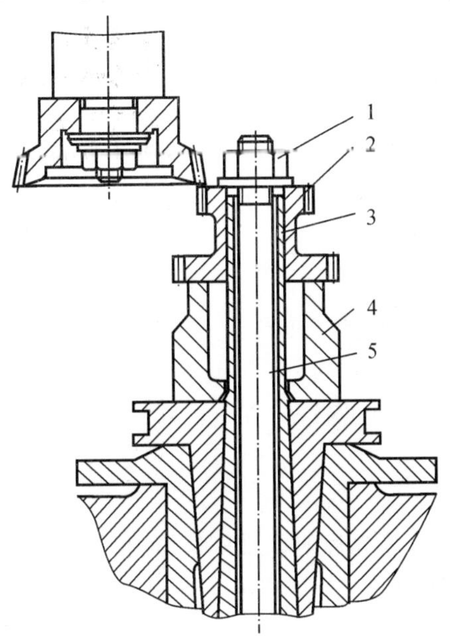

图1.10　夹具中装夹

1—夹紧螺母；　2—工件；　3—定位心轴；　4—基座；　5—螺杆

工件 2 以内孔定位在心轴 3 上，其间有一定的配合要求，以保证齿形加工面与内孔的同轴度，同时又以大齿轮端面紧靠在基座 4 上，以保证齿形加工面与大齿轮端面的垂直度，从而完成定位。再用夹紧螺母 1 将工件压紧在基座 4 上，从而保证了夹紧。这时双联齿轮的装夹就完成了。

2. 工件尺寸的获得方法

当零件进行机械加工时，要得到规定的尺寸与所要求的精度，主要有两种方法：试切法和自动获得尺寸精度法。

(1)试切法。试切法是指在被加工表面上先切一小段，测量尺寸，再试切，再测量，如此经过两三次试切和测量，在达到图纸要求的尺寸和精度后，再切削整个表面。

(2)自动获得尺寸精度法。

1)用定尺寸刀具。如用钻头、铰刀和槽铣刀等进行加工时，因为这些刀具尺寸是一定的，所以加工出来的孔和槽宽尺寸也是一定的(在一定的误差范围内)。

2)定距装刀。利用行程挡块、行程控制凸轮等预先按试切法调整好刀具相对于机床或夹具的位置，然后加工一批零件。

3)依靠刀具导引件(如钻套、靠模装置等)进行加工。

4)由设备本身保证规定的尺寸精度。使用一定的装置，当工件达到要求的尺寸时，自动停止工作，如采用自动测量或数字控制等。

自动获得尺寸精度的方法，是成批和大量生产中主要采用的方法，也是机械加工过程自动化的必要条件。本书中有关基准选择、尺寸换算和关于加工精度等问题的分析与研究，都是以采用自动获得尺寸精度的方法为前提条件的。

1.3 生产类型与工艺特点

一、生产纲领

企业根据市场需求和自身的生产能力制订生产计划。在计划期内，应当生产的产品产量和进度计划称为生产纲领。计划期为一年的生产纲领称为年生产纲领。通常，零件的年生产纲领计算公式为

$$N = Qn(1+\alpha)(1+\beta) \tag{1.1}$$

式中 N —— 零件的年生产纲领(件 / 年)；

Q —— 产品的年产量(台 / 年)；

n —— 每台产品中，该零件的数量(件 / 台)；

α —— 备品率(%)；

β —— 废品率(%)。

年生产纲领是设计和修改工艺规程的重要依据，是车间(或工段) 设计的基本文件。生产纲领确定后，还应该确定生产批量。

二、生产批量

生产批量是指一次投入或产出的同一产品或零件的数量。零件生产批量的计算公式为

$$n' = \frac{NA}{F} \tag{1.2}$$

式中 n' —— 每批中的零件数量；

N —— 零件的年生产纲领规定的零件数量；

A —— 零件应该储备的天数；

F —— 一年中工作日天数。

确定生产批量的大小是一个相当复杂的问题，应主要考虑以下几方面的因素。

1)市场需求及趋势分析。应保证市场的供销量，还应保证装配和销售有必要的库存。

2)便于生产的组织与安排。保证多品种产品的均衡生产。

3)产品的制造工作量。对于大型产品，其制造工作量较大，批量应小些，而中、小型产品的批量可大些。

4)生产资金的投入。批量小些，次数多些，投入的资金少，有利于资金的周转。

5)制造生产率和成本。批量大的，可采用一些先进的专用高效设备和工具，有利于提高生产率和降低成本。

三、生产类型及工艺特点

根据工厂(或车间、工段、班组、工作地)生产专业化程度的不同，可将生产按大量生产、成批生产和单件生产三种生产类型来分类。其中，成批生产又可分为大批生产、中批生产和小批生产。显然，产量越大，生产专业化程度应该越高。表1.4按重型机械、中型机械和轻型机械的年生产量列出了各种生产类型的规范。可见，对重型机械来说，其大量生产的数量远小于轻型机械的数量。

表1.4 各种生产类型的规范

生产类型	零件的年生产纲领/(件·年$^{-1}$)		
	重型机械	中型机械	轻型机械
单件生产	≤5	≤20	≤100
小批生产	>5～100	>20～200	>100～500
中批生产	>100～300	>200～500	>500～5 000
大批生产	>300～1 000	>500～5 000	>5 000～50 000
大量生产	>1 000	>5 000	>50 000

从工艺特点上看，小批生产和单件生产的工艺特点相似，大批生产和大量生产的工艺特点相似，因此生产上常按单件小批生产、中批生产和大批大量生产来划分生产类型，并且按这三种生产类型归纳了它们的工艺特点(见表1.5)。可以看出，生产类型不同，其工艺特点有很大差异。

随着技术进步和市场需求的变换，生产类型的划分正在发生着深刻的变化，传统的大批大量生产往往不能适应产品及时更新换代的需要，而单件小批生产的生产能力又跟不上市场的需求，因此，各种生产类型都在朝着生产过程柔性化的方向发展。

表 1.5　各种生产类型的工艺特点

项　目	特　点		
	单件小批生产	中批生产	大批大量生产
加工对象	经常变换	周期性变换	固定不变
毛坯的制造方法及加工余量	木模手工造型，自由锻。毛坯精度低，加工余量大	部分铸件用金属型，部分锻件用模锻。毛坯精度中等，加工余量中等	广泛采用金属型机器造型、压铸、精铸、模锻。毛坯精度高，加工余量小
机床设备及其布置形式	通风机床，按类别和规格大小，采用机群式排列布置	部分采用通用机床，部分采用专用机床。按零件分类，部分布置成流水线，部分布置成机群式	广泛采用专用机床，按流水线或自动线布置
夹具	通用夹具或组合夹具，必要时采用专用夹具	广泛使用专用夹具、可调夹具	广泛使用高效率的专用夹具
刀具和量具	通用刀具和量具	按零件产量和精度，部分采用通用刀具和量具，部分采用专用刀具和量具	广泛使用高效率的专用刀具和量具
工件的装夹方法	划线找正装夹，必要时采用通用夹具或专用夹具装夹	部分采用划线找正装夹，广泛采用通用或专用夹具装夹	广泛使用专用夹具装夹
装配方法	广泛采用配刮	少量采用配刮，多采用互换装配法	采用互换装配法
操作工人平均技术水平	高	一般	低
生产率	低	一般	高
成本	高	一般	低
工艺文件	用简单的工艺过程卡管理生产	有较详细的工艺规程，用工艺过程卡管理生产	详细制定工艺规程，用工序卡、操作卡及调整卡管理生产

习　　题

1.1　试论述制造技术的重要性。

1.2　试述广义制造论的含义。

1.3　从材料成形机理来分析，加工工艺方法可分为哪几类？它们各有何特点？

1.4　现代制造技术的发展方向有哪些？

1.5　什么是机械加工工艺过程？什么是机械加工工艺系统？

1.6　某机床厂年产 CA6140 车床 2 000 台，已知每台车床只有一根主轴，主轴零件的备品率为 14%，机械加工废品率为 4%，试计算机床主轴零件的年生产纲领。从生产纲领来分析，试说明主轴零件属于何种生产类型，其工艺过程有何特点。若按国家劳动法每年法定节假日 11 天，每周工作 5 天，一年有 365－(52×2＋11)＝ 250 个工作日，一个月按 21 个工作日来计算，试计算主轴零件月平均生产批量。

第 2 章　机械加工工艺过程设计

2.1　概　　述

一、机械加工工艺规程

把机械加工工艺过程按一定的格式用文件的形式固定下来，称为机械加工工艺规程。它是规定产品或零部件机械加工工艺过程和操作方法等的工艺文件，是所有有关生产人员都应严格执行、认真贯彻的纪律性文件。

机械加工工艺规程在生产中起到以下作用。

1)根据机械加工工艺规程进行生产准备(包括技术准备)。在产品投入生产以前，需要做大量的生产准备和技术准备工作。例如：技术关键的分析与研究，刀具、夹具和量具的设计、制造或采购，设备改装与新设备的购置或定做，等等。这些工作都必须根据机械加工工艺规程来展开。

2)机械加工工艺规程是生产计划、调度，工人的操作、质量检查等的依据。

3)新建或扩建车间(或工段)，其原始依据也是机械加工工艺规程。根据机械加工工艺规程确定机床的种类和数量，确定机床的布置和动力配置，确定生产面积的大小和工人的数量。

二、机械加工工艺规程的格式

通常，机械加工工艺规程被填写成表格(卡片)的形式。机械加工工艺规程的详细程度与生产类型、零件的设计精度和工艺过程的自动化程度有关。一般来说，采用普通加工方法的单件小批生产，只需填写简单的机械加工工艺路线卡片(见表 2.1)；大批大量生产类型要求有严密、细致的组织工作，因此还要填写机械加工工序卡片(见表 2.2)。对有调整要求的工序要有调整卡，检验工序要有检验卡。若机械加工工艺过程中有数控工序或全部由数控工序组成，则不管生产类型如何，都必须对数控工序做出详细规定，填写数控加工工序卡、刀具卡等必要的与编程有关的工艺文件，以利于编程和指导操作。

表 2.1　机械加工工艺路线卡片

<table>
<tr><td>材　料</td><td colspan="2">4Cr14Ni14W2Mo</td><td colspan="2" rowspan="3">工艺路线卡片</td><td colspan="2">产品型号</td><td>××××</td></tr>
<tr><td>每台件数</td><td colspan="2">1</td><td colspan="2">零件名称</td><td>加速活门衬套</td></tr>
<tr><td>毛坯种类尺寸</td><td colspan="2">棒料 $\phi 19\times 1\ 215$</td><td colspan="2">零 件 号</td><td>359 - 120</td></tr>
<tr><td>工序号</td><td>工序名称</td><td colspan="2">设备名称型号</td><td>夹　具</td><td>刀　具</td><td>量　具</td><td>备　注</td></tr>
<tr><td>0</td><td>毛　坯</td><td colspan="2"></td><td></td><td></td><td></td><td></td></tr>
</table>

续表

工序号	工序名称	设备名称型号	夹　具	刀　具	量　具	备　注
5	下　料	六角车床 C336－1				
10	热处理					正火
15	车端面及钻、铰孔	六角车床 C336－1				
20	车外圆	车床 C616A				
25	磨外圆及端面	磨床 M120				
30	车外圆、端面及镗孔	车床 C616A				
35	车　槽	车床 C616A				
40	车外圆及倒角	车床 C616A				
45	钻、铰小孔	台钻 Z4006	钻模 6304/0907			
50	去毛刺					
55	铣　槽	铣床 X8126	铣床夹具 6320/0013			
60	去毛刺					
65	研内孔					
70	研小孔					
75	研内孔					
80	清　洗					
85	检　验					
90	电　镀					
95	研磨内孔					
100	检验内孔					
105	防　锈					
110	热处理					氮化
115	除　铜					
120	磨端面	平面磨床 M7130	磨床夹具 6333/0076			
125	磨外圆	磨床 M120	磨床夹具 6331/0073			

续表

工序号	工序名称	设备名称型号	夹　具	刀　具	量　具	备　注
130	研小孔					
135	珩磨内孔	珩磨机 M425	专用夹具	珩磨头 2D618/079		
140	清　洗					
145	最终检验					
150	油封入库					
工艺更改登记		编　制		审　核		
		校　对		批　准		

表 2.2　机械加工工序卡片

××××厂		机械加工工序卡片		工序名称	车
车间	×　×			工序号	30
材料	4Cr14Ni14W2Mo	硬度		设　备	车床 616A

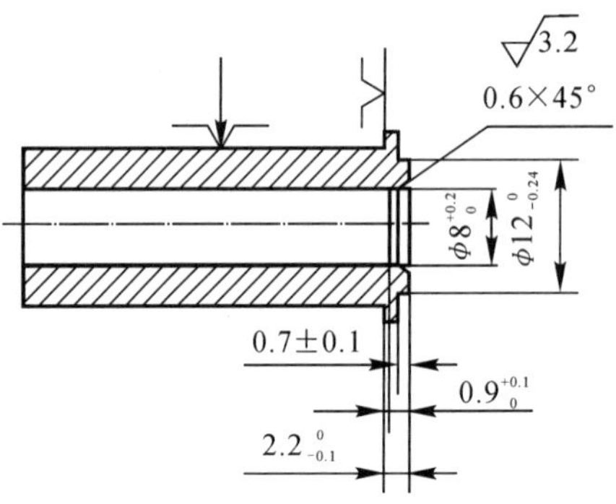

序号	工步内容及加工要求			夹　具	刀　具	量　具
1	车端面，保持尺寸 $2.2^{0}_{-0.1}$			三爪卡盘		
2	车外圆 $\phi 12^{0}_{-0.24}$，保持尺寸 0.7±0.1					
3	镗孔 $\phi 8^{+0.2}_{0}$，深 $0.9^{+0.1}_{0}$					
4	内孔倒角 0.6×45°					
				编　制		
				校　对		
标　记	更改单号	更改者签名	更改日期	审　批		

制定工艺规程的传统方法是技术人员根据自己的知识和经验，参考有关技术资料来确定。目前，随着计算机技术的广泛应用，国内外愈来愈多地研究和采用计算机辅助工艺规程设计技

术。它实现了烦琐、落后的工艺规程制定工作的最佳化、系统化和现代化，这是一个值得进一步研究和推广的新方法。

本课程的内容主要是研究机械加工工艺过程中的一系列问题。

三、制定机械加工工艺规程的技术依据和步骤

1. 制定工艺规程的依据和条件

(1)零件图、必要的装配图和有关的生产说明。

(2)毛坯图和型材规格资料。

(3)现场生产条件(包括设备、工具和工艺水平等)及其他技术资料。

(4)生产纲领。

2. 编制机械加工工艺规程的步骤

(1)分析产品的装配图和零件图。了解产品的用途、性能和工作条件，熟悉零件在产品中的地位和作用。

(2)工艺审查和分析。对零件图进行工艺审查和分析的主要内容有：①图纸上规定的各项技术条件是否合理；②零件的结构工艺性是否良好；③图纸上是否缺少必要的尺寸、视图或技术条件。过高的精度、过低的表面粗糙度和其他过高的技术条件会使工艺过程复杂，加工困难。应尽可能减少加工量，达到容易制造的目的。如果发现有问题应及时提出，与有关设计人员共同讨论研究，向产品设计部门提出修改建议，不能擅自修改图纸。

零件的结构工艺性是指在满足使用要求的前提下，制造该零件的可行性和经济性。功能相同的零件，其结构工艺性可以有很大差异。结构工艺性好，是指在一定的工艺条件下，既能方便制造，又有较低的制造成本。表 2.3 列举了在常规工艺条件下零件结构工艺性定性分析的例子，供对零件结构工艺性分析时参考。

表 2.3　零件结构工艺性分析举例

序号	零件结构			
	工艺性不好		工艺性好	
1	孔离箱壁太近：①钻头在圆角处易引偏；②箱壁高度尺寸大，需用加长钻头才能钻孔	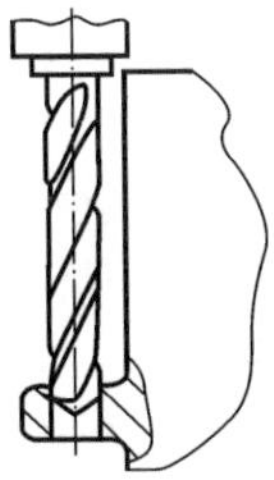	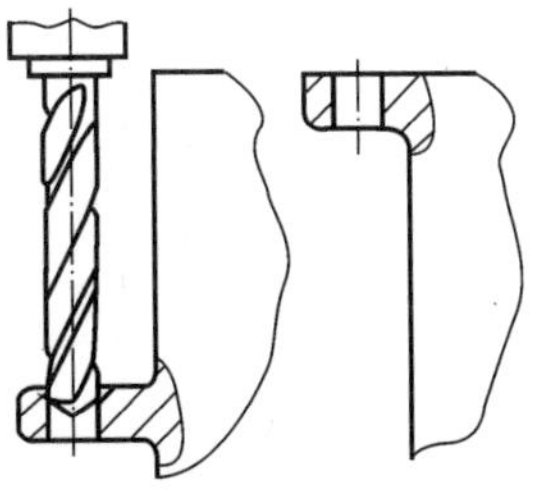 (a)　(b)	①加长箱耳，无须加长钻头即可钻孔。②将箱耳设计在某一端，则不须加长箱耳，可方便加工
2	车螺纹时，螺纹根部易打刀；工人操作紧张，且不能清根	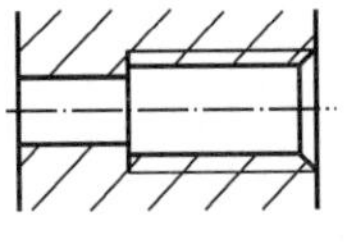	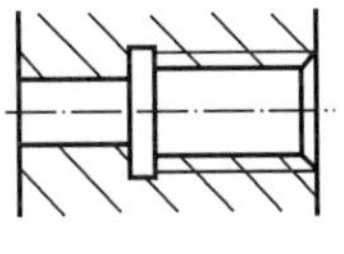	留有退刀槽，可使螺纹清根，操作相对容易，可避免打刀

续 表

<table>
<tr><th rowspan="2">序号</th><th colspan="4">零件结构</th></tr>
<tr><th colspan="2">工艺性不好</th><th colspan="2">工艺性好</th></tr>
<tr><td>3</td><td>插键槽时，底部无退刀空间，易打刀</td><td></td><td></td><td>留有退刀空间，可避免打刀</td></tr>
<tr><td>4</td><td>键槽底与左孔母线齐平，插键槽时易插到左孔表面</td><td></td><td></td><td>左孔尺寸稍加大，可避免划伤左孔</td></tr>
<tr><td>5</td><td>小齿轮无法加工，插齿无退刀空间</td><td></td><td></td><td>大齿轮可滚齿或插齿加工，小齿轮可以插齿加工</td></tr>
<tr><td>6</td><td>两端轴颈需磨削加工，因砂轮圆角而不能清根</td><td>Ra0.4 Ra0.4</td><td>Ra0.4 Ra0.4</td><td>留有砂轮越程槽，磨削时可以清根</td></tr>
<tr><td>7</td><td>斜面钻孔，钻头易引偏</td><td></td><td></td><td>只要结构允许，留出平台，可直接钻孔</td></tr>
<tr><td>8</td><td>外圆和内孔有同轴度要求，由于外圆需在两次装夹下加工，同轴度不易保证</td><td>φa φb A ◎ φ0.02 A</td><td>或</td><td>可在一次装夹下加工外圆和内孔，同轴度要求易得到保证</td></tr>
<tr><td>9</td><td>锥面需磨削加工，磨削时易碰伤圆柱面，并且不能清根</td><td>Ra0.4</td><td>Ra0.4</td><td>可方便地对锥面进行磨削加工</td></tr>
</table>

续表

序号	零件结构			
	工艺性不好		工艺性好	
10	加工面设计在箱体内，加工时调整刀具不方便，观察也困难	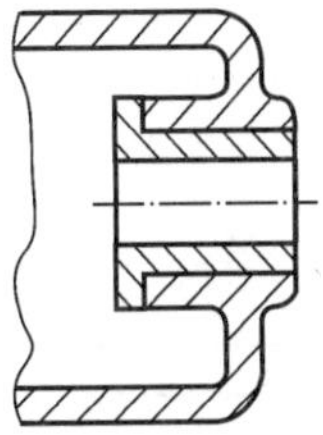	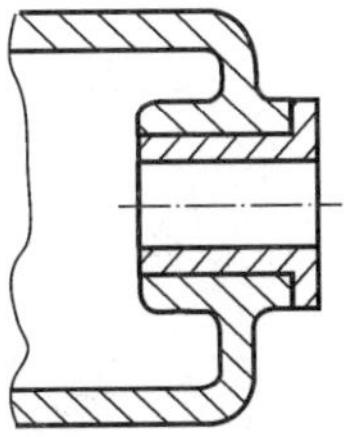	加工面设计在箱体外部，加工方便
11	加工面高度不同，需两次调整刀具加工，影响生产率	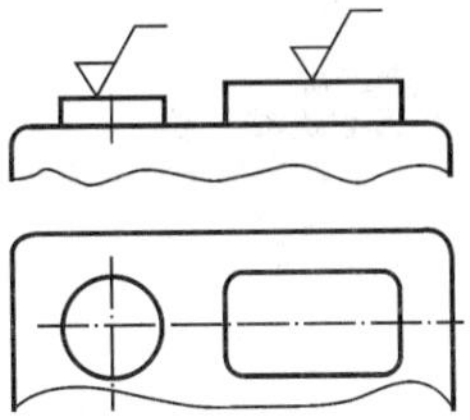	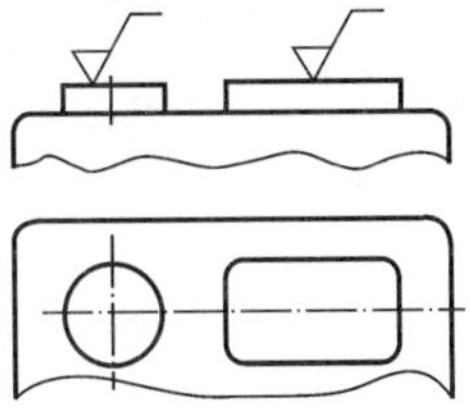	加工面在同一高度，一次调整刀具可加工两个平面
12	三个空刀槽的宽度有三种尺寸，需用三种不同尺寸的刀具加工	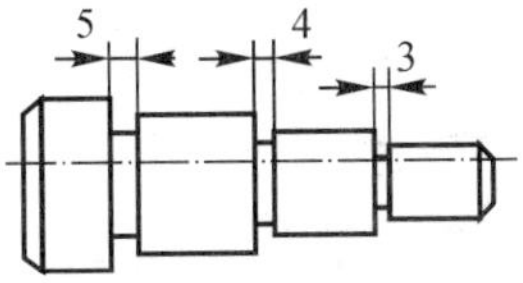 5　4　3	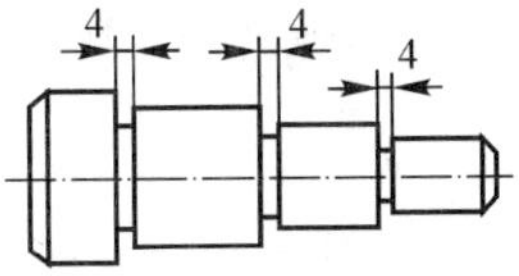 4　4　4	空刀槽宽度尺寸相同，使用同一刀具即可加工
13	同一端面上的螺纹孔尺寸相近，需换刀加工，加工不方便，装配也不方便	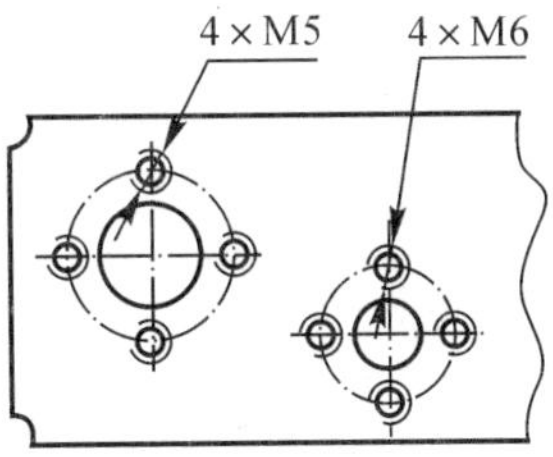 4×M5　4×M6	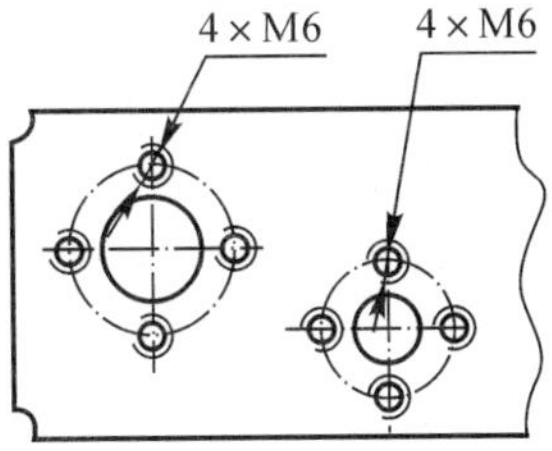 4×M6　4×M6	尺寸相近的螺纹孔，改为同一尺寸螺纹孔，可方便加工和装配
14	①内形和外形圆角半径不同，需换刀加工。②内形圆角半径太小，刀具刚度差	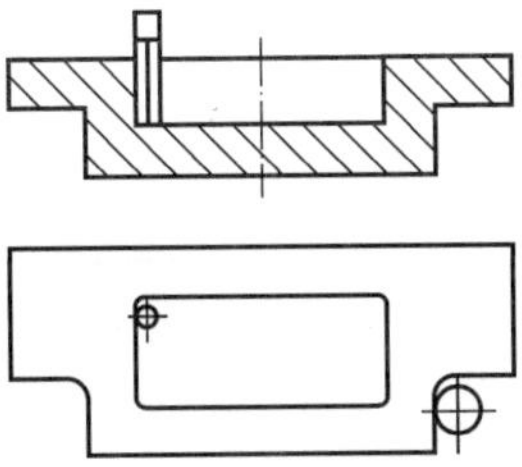	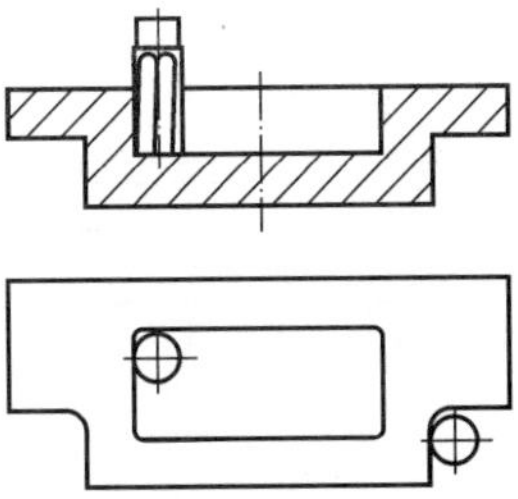	①内形和外形圆角半径相同，可减少换刀次数，提高生产率。②增大圆角半径，可以用较大直径立铣刀加工，增大刀具刚度
15	加工面大，加工时间长，并且零件尺寸越大，平面度误差越大	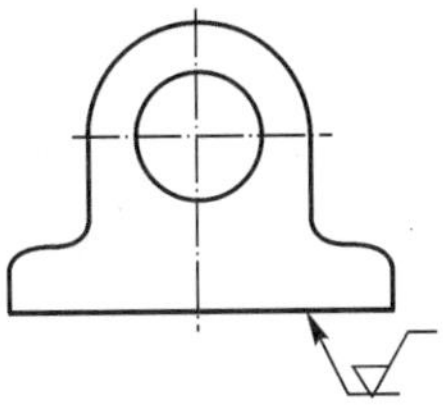	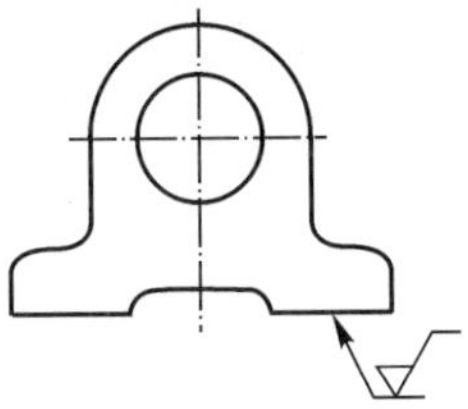	加工面减小，节省工时，减少刀具损耗，并且容易保证平面度要求

续 表

序号	零件结构			
	工艺性不好		工艺性好	
16	孔在内壁出口遇阶梯面，孔易钻偏，易使钻头折断			孔的内壁出口为平面，易加工，易保证孔轴线的位置度

(3)确定毛坯或按材料标准确定型材的尺寸。确定毛坯的主要依据是零件在产品中的作用、生产纲领以及零件本身的结构。常用的毛坯种类有：铸件、锻件、型材、焊接件和冲压件等。

(4)拟定机械加工工艺路线。这是制定机械加工工艺规程的核心。其主要内容有：选择定位基准、确定加工方法、划分加工阶段、安排加工顺序以及热处理、检验和其他工序等。

(5)确定各工序的尺寸及公差、技术要求及检验方法。

(6)确定满足各工序要求的工艺装备(包括机床、夹具、刀具和量具等)。对需要改装或重新设计的专用工艺装备应提出具体设计任务书。

(7)填写工艺文件。

2.2 基准的类别和定位基准的选择

基准是零件上用来确定其他点、线、面位置的那些点、线、面。基准的选择主要是研究在加工过程中如何保证零件表面之间相对位置精度，它与工艺路线制订是密切相关的。

一、基准的类别

根据作用的不同，基准常分为设计基准和工艺基准两大类，前者用在产品零件的设计图纸上，而后者用在工艺过程中。有关基准的分类如图 2.1 所示。

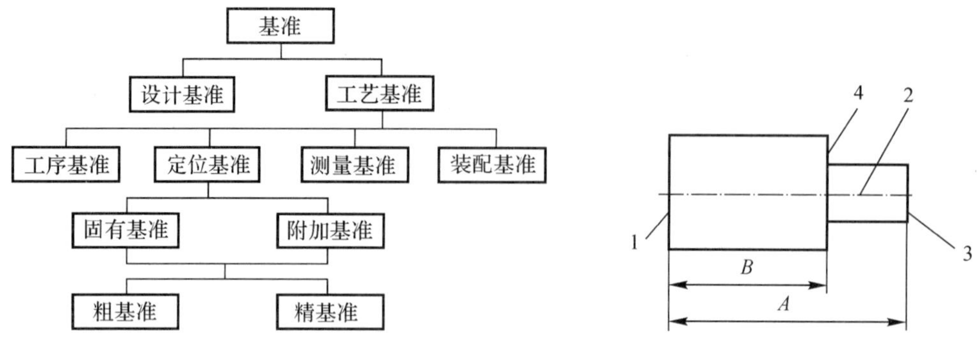

图 2.1　基准的分类

图 2.2　台阶轴的设计基准

1. 设计基准

设计者在设计零件时，根据零件在装配结构中的装配关系和零件本身结构要素之间的相互位置关系，确定标注尺寸(含角度)的起始位置，这些起始位置可以是点、线或面，称之为设计基准。简言之，设计图样上所用的基准就是设计基准。图 2.2 所示为一台阶轴的设计，其中，对尺寸 A 来说，面 1 和面 3 是它的设计基准；对尺寸 B 来说，面 1 和面 4 是它的设计基准；中心线 2 是所有直径的设计基准。

2. 工艺基准

零件在加工工艺过程中所用的基准称为工艺基准。工艺基准又可进一步分为工序基准、定位基准、测量基准和装配基准。

(1) 工序基准。在工序图上用来确定本工序的加工面加工后的尺寸、形状和位置的基准，称为工序基准。如图 2.3 所示的台阶轴的工序基准，对于轴向尺寸，在加工时通常是先车端面 1，再调头车端面 3 和端面 4，这时所选用的工序基准为端面 3，直接得到的加工尺寸为 A 和 C。对尺寸 A 来说，端面 1 和端面 3 均为其设计基准，因此它的设计基准与工序基准是重合的。对于尺寸 B 来说，它没有直接得到，而是通过尺寸 A 和尺寸 C 间接得到的，因此其设计基准与工序基准是不重合的。由于尺寸 B 是间接得到的，在此多了一个加工尺寸 A 的误差检测环节。

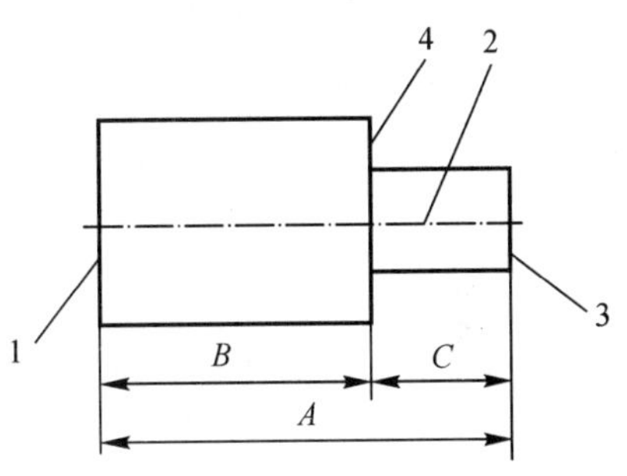

图 2.3　台阶轴的工序基准

(2)定位基准。在加工时用于工件定位的基准，称为定位基准。定位基准是获得零件尺寸、形状和位置的直接基准，占有很重要的地位，定位基准的选择是加工工艺中的难题。定位基准可分为粗基准和精基准，又可分为固有基准和附加基准。固有基准是零件上原来就有的表面，而附加基准是根据加工定位的要求在零件上专门制造出来的。如图 2.4(a)所示，轴类零件车削时所用的顶尖孔就是附加基准。床身零件由于背部是斜面，不便定位，在毛坯铸造时专门做出的两个凸台[见图 2.4(b)]，也是附加基准。

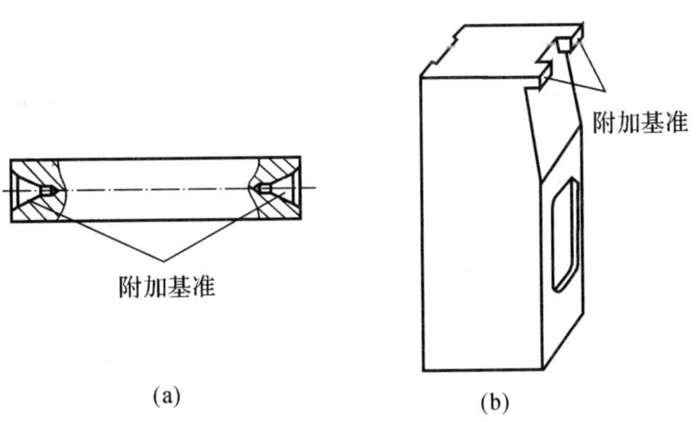

图 2.4　附加基准

(a)轴类零件附加基准；(b)床身零件附加基准

定位基准一般都是工件上实际的表面。它虽然是在编制工艺规程时由编制者自行选定的，但因它与夹具的定位和夹紧方法密切相关，所以应该考虑使其定位方便、夹具结构简单。

(3)测量基准。测量基准是测量时所采用的基准,如图 2.5 所示。测量基准是工件上的某个表面、表面上的母线或表面上的点。

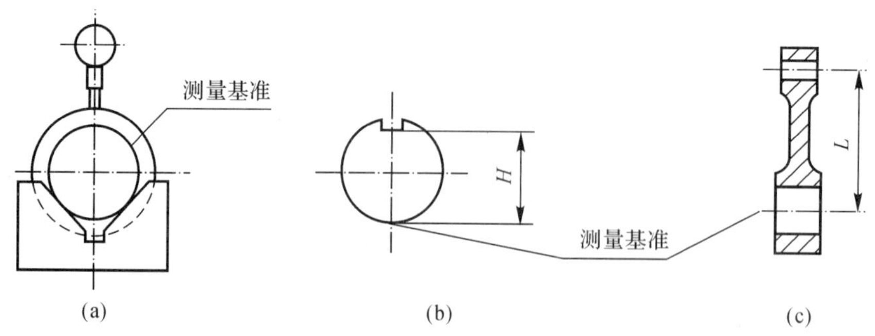

图 2.5 测量基准

(a)测同轴度; (b)测量槽深; (c)测量孔距

(4)装配基准。零件在装配时所用的基准,称为装配基准。

二、定位基准的选择

在零件加工的第一道工序和前几道工序中,只能使用毛坯的表面来定位,这种使用毛坯表面的定位基准就称为粗基准。在以后各工序的加工中,可以采用已经切削加工过的表面作为定位基准,这种使用已经加工过的表面的定位基准就称为精基准。

由于粗基准和精基准的情况和用途都不相同,因此,选择粗基准和精基准时所考虑的问题的侧重点也不同。下面分别予以讨论。

1. 粗基准的选择

当选择粗基准时,考虑的重点是如何保证各加工表面有足够的余量,不加工表面的尺寸、位置符合图纸要求。因此粗基准选择的原则如下:

(1)若需保证工件某重要加工面的余量均匀,则应选择该面为粗基准。例如,在车床床身加工中,导轨面是最重要的加工面,它不仅精度要求高,而且要求它有均匀的金相组织和较高的耐磨性,因此希望加工时导轨面去除余量要小而且均匀。此时应以导轨面为粗基准,先加工底面,然后再以底面为精基准,加工导轨面,如图 2.6(b)所示。这样就可以保证导轨面的加工余量均匀。否则,若违反本条原则,必将造成导轨工作面去除余量不均匀,如图 2.6(a)所示。

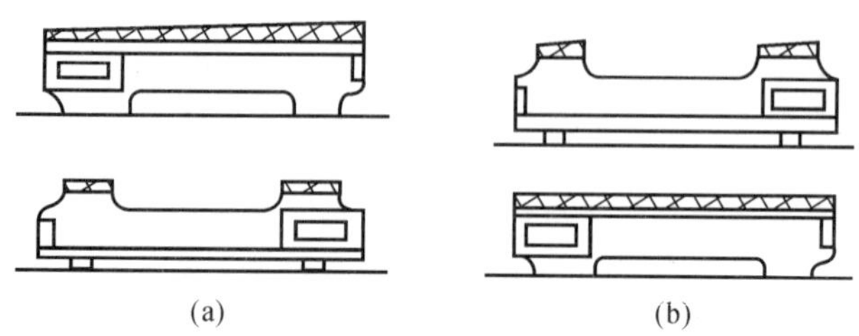

图 2.6 床身加工粗基准选择正误对比

(a)不正确; (b)正确

(2)若零件上有某个表面不需要加工,则应选择这个不需要加工的表面作为粗基准。这样做能提高加工表面和不加工表面之间的相对位置精度。如图 2.7 所示零件,在铸工时,孔和外圆难免有偏心。如果采用不加工的外圆面作为粗基准装夹工件进行加工,则加工出的内孔与不加工的外圆同轴,可以保证壁厚均匀,但是加工面的加工余量则不均匀,如图 2.7(a)所示。如果采用该零件的毛坯孔作为粗基准装夹工件进行加工,则加工余量是均匀的,但是加工出的内孔与不加工的外圆不同轴,即壁厚不均匀,如图 2.7(b)所示。

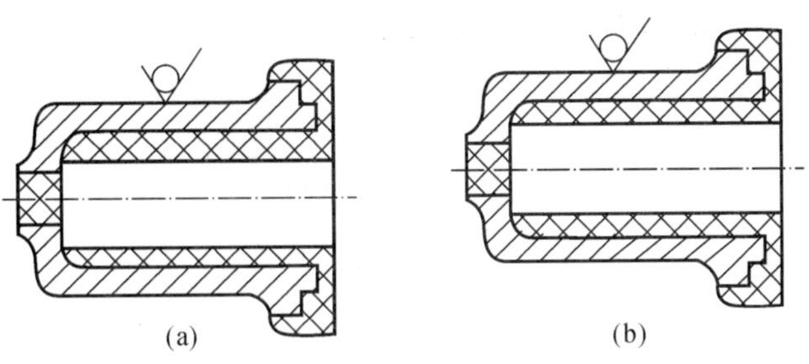

图 2.7　两种粗基准选择对比

(a)以外圆为基准；(b)以内孔为基准

若零件上有很多不加工表面,则应选择其中与加工表面有较高相对位置精度要求的表面作为粗基准。

(3)零件上的表面若全部需要加工,而且毛坯精确,其余量也不多时,则应选加工余量最少的表面作为粗基准。如图 2.8 所示的毛坯,表面 ϕA 的余量比 ϕB 大,因此,采用表面 ϕB 作为粗基准就比较合适 。

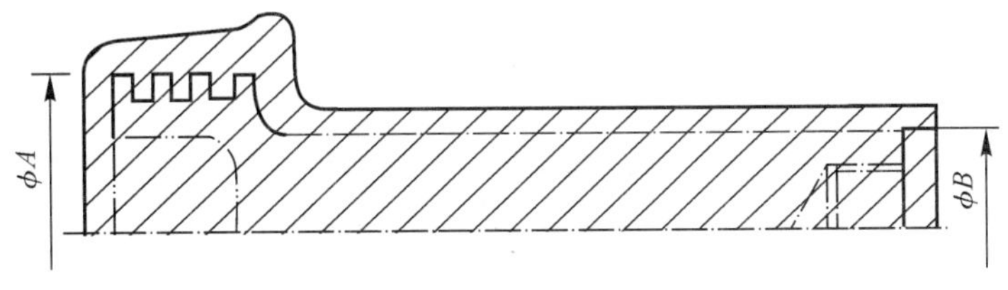

图 2.8　柱塞杆粗基准选择

(4)用作粗基准的表面应尽量平整,不应有锻造飞边或铸造浇冒口等缺陷,以保证定位准确、稳定和夹紧可靠。

(5)所选择的粗基准应能用来加工出以后所用的精基准,即粗基准在一个尺寸方向上只使用一次。

2. 精基准的选择

当选择精基准时,主要是解决两个问题,即保证加工精度和装夹方便。可参考下面所提的一些原则,综合分析比较,从而选定一种最合理的方案。

(1)基准重合原则。应尽可能选用设计基准作为定位基准,这样可以避免因基准不重合而引起的基准不重合误差,也称定基误差。

如图 2.9 所示零件,图(a)所示为零件图,图(b)和图(c)所示为磨削表面 2 的两种不同方案。从零件图中可以看出,待磨削表面 2 的设计基准为表面 3。

第 1 种方案选取表面 3 作为定位基准[见图 2.9(b)],直接保证尺寸 B。这时定位基准与设计基准重合，影响加工精度的只有与磨平面工序有关的加工误差，把此加工误差控制在 δb 的范围以内，就可以保证规定的加工精度。

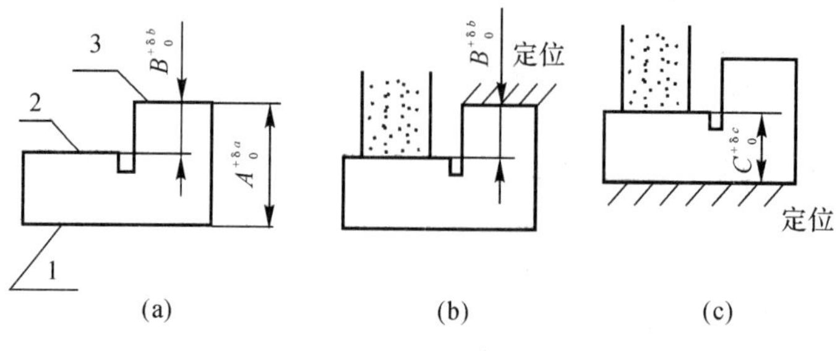

图 2.9　定位基准选择

第 2 种定位方案选取表面 1 作为定位基准[见图 2.9(c)]，直接保证尺寸 C，这时定位基准与设计基准不重合，所以尺寸 B 的精度是间接保证的，它取决于本工序尺寸 C 和前工序尺寸 A 的加工精度。尺寸 B 的精度，除了与磨平面有关的加工误差 δc 以外，还与已加工尺寸 A 的加工误差 δa 有关，后面这项误差(指尺寸 A 的加工误差 δa)是由于定位基准与设计基准不重合而引起的，所以称为定基误差，其数值等于定位基准与设计基准之间的尺寸的公差。很明显，要保证尺寸 B 的精度，必须控制尺寸 C 和 A 的加工误差 δc 和 δa 的总和不超过 δb，也就是说，必须满足条件(见图 2.10)：

$$\delta b \geqslant \delta c + \delta a$$

其中，当 $\delta a < \delta b$ 时，上式才有可能成立。如果图纸给定公差 $\delta a > \delta b$，上式不能成立，此时唯一的方法就是压缩公差 δa 和 δc 以满足 $\delta b \geqslant \delta c + \delta a$ 的条件。这样必然给前工序和本工序加工带来困难。

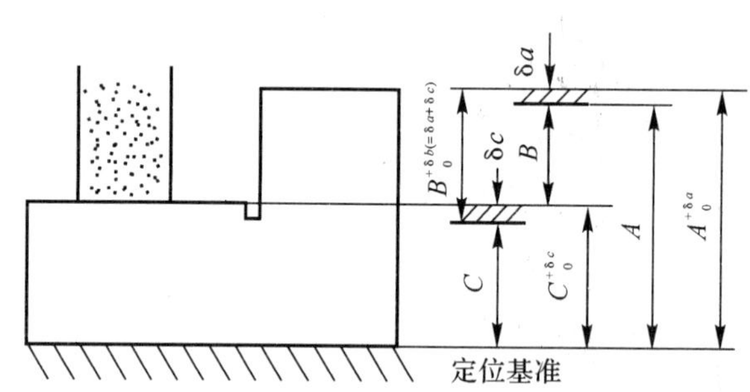

图 2.10　基准不重合误差分析

(2) 基准统一原则。基准统一原则即各工序所用的基准尽可能相同，其目的也是便于提高各被加工表面的位置精度，还可以减少设计制造夹具的时间和费用。如轴类零件加工，始终都是采用两中心孔作为定位基准的。又如在涡轮叶片加工中，所有的中间工序都是采用同样的两孔和一平面作为定位基准的。

(3) 便于装夹原则。所选的定位基准应能使零件定位准确、稳定、刚性好、变形小、夹具结构简单。

(4) 互为基准原则。某些位置度要求很高的表面，常采用互为基准反复加工的办法来达到位置度要求，称为互为基准原则。例如对于经过渗碳处理的齿轮表面的磨削加工，先以齿轮节圆为基准磨内孔,再以内孔为基准磨齿面,这样就可以保证它们之间有很高的同轴度精度,同时可以保证经过渗碳的齿轮表面余量去除均匀。

(5) 自为基准原则。旨在减小表面粗糙度值、减小加工余量和保证加工余量均匀的工序,常以加工面本身为基准进行加工,称为自为基准原则。

例如,图 2.11 所示的床身导轨面的磨削工序,用固定在磨头上的百分表 3,找正工件上的导轨面。当工作台纵向移动时,调整工件 1 下部的四个楔铁 2,至百分表的指针基本不动为止,夹紧工件,加工导轨面。即以导轨面自身为基准进行加工。工件下面的四个楔铁只起支撑作用。再如,拉孔、珩磨孔、铰孔、浮动镗刀镗孔等都是自为基准加工的典型例子。

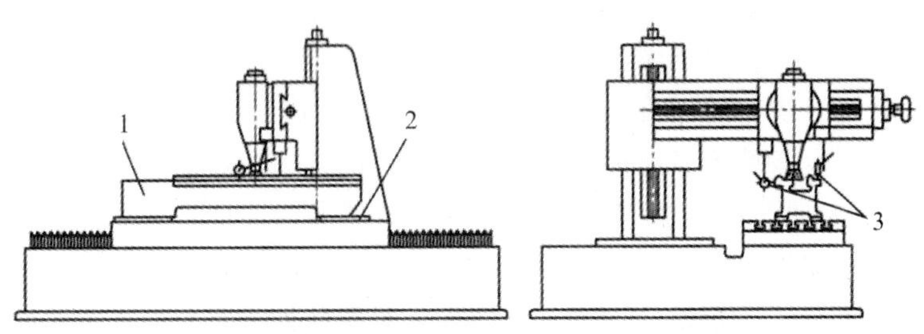

图 2.11　床身导轨面自为基准定位

1— 工件;　2— 楔铁;　3— 找正用百分表

3. 附加定位基准

某些零件由于结构特殊,很难以零件本身的表面作为定位基准,这时可以在零件上特意做出专门供定位用的表面,或把工件上原有某表面的加工精度提高而作为定位基准用。这种特意为定位要求而做出的定位表面称为附加定位基准。如图 2.12 所示的壳体,当铸造毛坯时,中心部分多制造出一段圆柱,作为加工时的粗基准。又如图 2.13(a) 所示的发动机上的涡轮叶片,在叶片端部增加了一个工艺凸台,利用凸台上的平面和小孔来进行定位,在加工完后再将凸台去除,而如图 2.13(b) 所示的活塞零件加工时加工出内圆面 D,都是用作附加定位基准的例子。

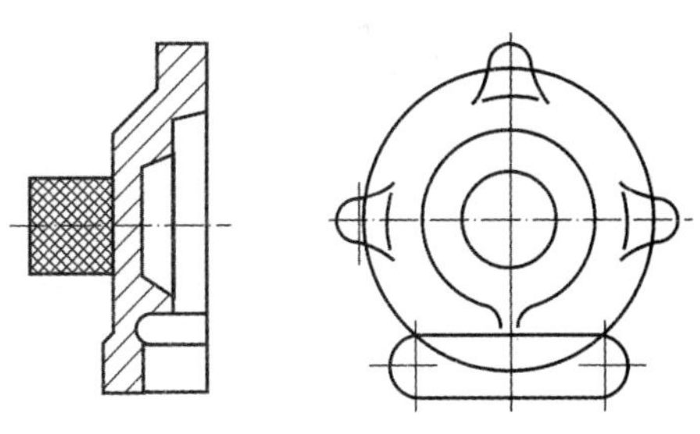

图 2.12　空气压缩泵盖毛坯上的附加定位基准

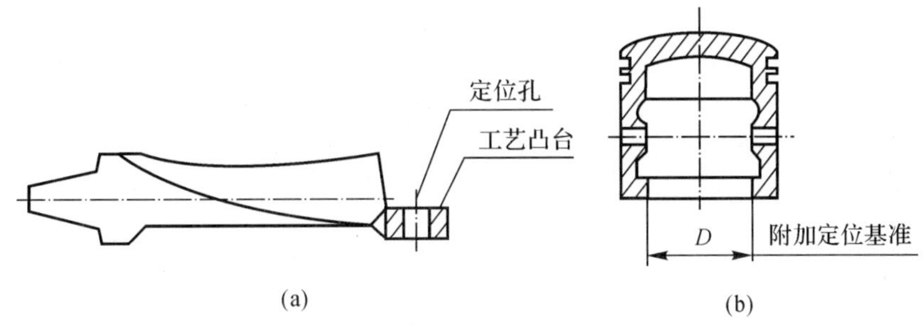

图 2.13　叶片和活塞的附加定位基准

(a)涡轮叶片;　(b)活塞零件

2.3 工艺路线的拟定

一、加工方法的选择

机械零件是由大量的外圆、内孔、平面或复杂的成形表面组合而成的。在分析研究零件图的基础上，应首先根据组成表面所要求的加工精度、表面粗糙度和零件的结构特点，选用相应的加工方法和加工方案。这里的主要问题是，选择零件表面的加工方案应能同时满足加工质量、生产率和经济性等方面的要求。表 2.4～表 2.7 所示为各种加工方法所能达到的经济加工精度。表 2.8～表 2.10 分别介绍了外圆表面、内孔表面和平面较常用的加工方案及其所能达到的经济加工精度和表面粗糙度。另外，当选择加工方法时还要考虑零件的材料和硬度、本厂现有的技术力量和设备情况、零件的外形尺寸和质量大小以及生产类型等。当选择加工方法时，首先选定主要表面的最后加工方法，然后选定最后加工前一系列准备工序的加工方法，接着再选次要表面的加工方法。

表 2.4 加工方法与公差等级的关系

加工方法	公差等级 IT																			
	01	0	1	2	3	4	5	6	7	8	9	10	11	12	13	14	15	16	17	18
精研磨	—	—	—																	
细研磨			—	—	—	—	—													
粗研磨					—	—	—	—												
终珩磨						—	—	—												
初珩磨								—	—											
精磨				—	—	—	—													
细磨						—	—	—												
粗磨								—	—	—										
圆磨							—	—	—											
平磨							—	—	—	—										
金刚石车削							—	—	—											
金刚石镗孔							—	—	—											
精铰								—	—	—										
粗铰										—	—	—	—							
精铣										—	—	—								
粗铣											—	—	—							
精车、精刨、精镗									—	—	—									
细车、细刨、细镗										—	—	—								
粗车、粗刨、粗镗												—	—	—						
插削												—	—	—						
钻削													—	—	—	—				
锻造																	—	—		
砂型铸造																—	—			

表 2.5　外圆和内孔的几何形状精度

机床类型			圆度误差	圆柱度误差
普通车床	最大直径	<400	0.02(0.01)	100 ∶ 0.015(0.010)
		<800	0.03(0.015)	300 ∶ 0.05(0.03)
外圆磨床	最大直径	<200	0.006(0.004)	500 ∶ 0.011(0.007)
		<400	0.008(0.005)	1 000 ∶ 0.02(0.01)
无 心 磨 床			0.010(0.005)	100 ∶ 0.008(0.005)
内圆磨床	最大直径	<50	0.008(0.005)	200 ∶ 0.008(0.005)
		<200	0.015(0.008)	200 ∶ 0.015(0.008)
珩 磨 床			0.010(0.005)	300 ∶ 0.02(0.01)
卧式镗床	镗杆直径	<100	外圆 0.04(0.025) 内孔 0.05(0.020)	200 ∶ 0.04(0.02)
		<160	外圆 0.05(0.030) 内孔 0.05(0.025)	300 ∶ 0.05(0.03)
立 式 金 刚 镗			0.008(0.005)	300 ∶ 0.02(0.01)

注：括号内的数字是新机床的精度。

表 2.6　孔的相对位置精度

加工方法	两孔轴线间或孔的轴线到平面间的距离误差	在 100 长度上孔的轴线对端面的垂直度误差
立钻上钻孔	0.5～2.0	0.5
铣床上镗孔	0.05～0.01	0.01～0.05
坐标镗床上镗孔	0.005～0.015	0.01
坐标磨床上磨孔	0.000 8～0.001 2	

表 2.7　平面的相对位置精度

机床类型			平行度误差	垂直度误差
牛头刨床	最大刨削长度	<500	0.06(0.03)	0.08(0.05)
		<1 000	0.07(0.04)	0.12(0.07)
插　　床	最大插削长度	<200	200 ∶ 0.05(0.025)	200 ∶ 0.05(0.025)
		<500	300 ∶ 0.05(0.03)	300 ∶ 0.05(0.03)
铣　　床			300 ∶ 0.06(0.04)	300 ∶ 0.06(0.03)
平面磨床			1 000 ∶ 0.02(0.015)	—
高精度平面磨床			500 ∶ 0.009(0.005)	100 ∶ 0.01(0.005)

注：括号内的数字是新机床的精度。

表 2.8　外圆表面加工方案及其经济加工精度

加工方案	经济加工精度 公差等级 IT	表面粗糙度 $Ra/\mu m$	适用范围
粗车 └→半精车 　└→精车 　　└→滚压(或抛光)	11 ～ 13 8 ～ 9 6 ～ 7 6 ～ 7	20 ～ 80 5 ～ 10 1.25 ～ 2.5 0.04 ～ 0.32	适用于除淬火钢以外的金属材料
粗车→半精车→磨削 　　└→粗磨→精磨 　　　　└→超精磨	6 ～ 7 5 ～ 7 5	0.63 ～ 1.25 0.16 ～ 0.63 0.02 ～ 0.16	除不宜用于有色金属外，主要适用于淬火钢件的加工
粗车 → 半精车 → 精车 → 金刚石车	5 ～ 6	0.04 ～ 0.63	主要用于有色金属
粗车→半精车→粗磨→精磨→镜面磨 　　└→精车→精磨→研磨 　　　　└→粗研→抛光	5 级以上 5 级以上 5 级以上	0.01 ～ 0.04 0.01 ～ 0.04 0.01 ～ 0.16	主要用于高精度要求的钢件加工

表 2.9　内孔表面加工方案及其经济加工精度

加工方案	经济加工精度 公差等级 IT	表面粗糙度 $Ra/\mu m$	适用范围
钻 └→扩 　└→铰 　└→粗铰→精铰 └→铰 └→粗铰→精铰	11 ～ 13 10 ～ 11 8 ～ 9 7 8 ～ 9 7 ～ 8	> 20 10 ～ 20 2.5 ～ 5 1.25 ～ 2.5 2.5 ～ 5 1.25 ～ 2.5	加工未淬火钢及铸铁的实心毛坯，也可用于加工有色金属(所得表面粗糙度 Ra 值稍大)
钻 → (扩) → 拉	7 ～ 9	1.25 ～ 2.5	大批量生产(精度可因拉刀精度而定)，如校正拉削后，Ra 可降低到 0.63 ～ 0.32 μm
粗镗(或扩) └→半精镗(或精扩) 　└→精镗(或铰) 　　└→浮动镗	11 ～ 13 8 ～ 9 7 ～ 8 6 ～ 7	10 ～ 20 2.5 ～ 5 1.25 ～ 2.5 0.63 ～ 1.25	除淬火钢外的各种钢材，毛坯上已有铸出或锻出的孔
粗镗(扩)→半精镗→磨 　└→粗磨→精磨	7 ～ 8 6 ～ 7	0.32 ～ 1.25 0.16 ～ 0.32	主要用于淬火钢，不宜用于有色金属
粗镗→半精镗→精镗→金刚镗	6 ～ 7	0.08 ～ 0.63	主要用于精度要求高的有色金属
钻→(扩)→粗铰→精铰→珩磨 └→拉→珩磨 粗镗 → 半精镗 → 精镗 → 珩磨	6 ～ 7 6 ～ 7 6 ～ 7	0.04 ～ 0.32 0.04 ～ 0.32 0.04 ～ 0.32	精度要求很高的孔，若以研磨代替珩磨，精度可达 IT6 级以上，Ra 可降低到 0.16 ～ 0.01 μm

表 2.10　平面加工方案及其经济加工精度

加工方案	经济加工精度公差等级 IT	表面粗糙度 $Ra/\mu m$	适用范围
粗车 └→半精车 　└→精车 　└→磨	11～13 8～9 6～7 6	20～80 5～10 1.25～2.5 0.32～1.25	适用于工件的端面加工
粗刨(或粗铣) └→精刨(或精铣) 　└→刮研	11～13 7～9 5～6	20～80 1.0～2.5 0.16～1.25	适用于不淬硬的平面(用端铣加工,可得较低的表面粗糙度)
粗刨(或粗铣)→精刨(或精铣)→宽刀精刨	6	0.32～1.25	生产批量较大,宽刀精刨效率高
粗刨(或粗铣)→精刨(或精铣)→磨 └→粗磨→精磨	6 5～6	0.32～1.25 0.04～0.63	适用于精度要求较高的平面加工
粗铣→拉	6～9	0.32～1.25	适用于大量生产中加工较小的不淬火平面
粗铣→精铣→磨→研磨 └→抛光	5～6 5级以上	0.01～0.32 0.01～0.16	适用于高精度平面的加工

二、加工阶段的划分

当零件的精度要求比较高时,若将加工面从毛坯面开始到最终的精加工或精密加工都集中在一个工序中连续完成,则难以保证零件的精度要求,或浪费人力、物力。这是因为以下几方面原因:

1)粗加工时,切削层厚,切削热量大,无法消除因热变形而带来的加工误差,也无法消除因粗加工留在工件表层的残余应力而产生的加工误差。

2)后续加工容易把已加工表面划伤。

3)不利于及时发现毛坯的缺陷。若在加工最后一个表面时才发现毛坯有缺陷,则前面的加工就白白浪费了。

4)不利于合理地使用设备。把精密机床用于粗加工,会使精密机床过早地丧失精度。

5)不利于合理地使用技术工人。让高技术工人完成粗加工任务是人力资源的一种浪费。

因此,通常可将高精度零件的工艺过程划分为几个加工阶段。根据精度要求的不同,可以划分为以下几个阶段:

(1)粗加工阶段。在粗加工阶段,以高生产率去除加工面多余的金属。

(2)半精加工阶段。在半精加工阶段减小粗加工中留下的误差,使加工面达到一定的精度,为精加工做好准备。

(3)精加工阶段。在精加工阶段,应确保主要表面尺寸、形状和位置精度以及表面粗糙度达到或基本达到图样规定的要求。

(4)精密、光整加工阶段。对精度要求很高的零件,在工艺过程的最后安排珩磨或研磨、精密磨、超精加工或其他特种加工方法加工，以达到零件最终的精度要求。

应当指出，上述阶段的划分并不是绝对的，主要由工件的变形对精度的影响程度来确定。当加工质量要求不高、工件的刚性足够、毛坯质量高、加工余量小时，则可以不划分加工阶段，例如在自动机上加工零件等。有些重型零件，由于安装、运输费时又困难，常不划分阶段，而在一次装夹中完成全部粗加工和精加工。

在机械加工工序中，如果零件需要进行热处理，则至少把工艺路线分为两个阶段。这是因为热处理往往要引起较大的变形，并使表面粗糙度增大。

在确定加工阶段以后，就确定了各表面加工的大致顺序。为将同一阶段中各加工表面组合成工序，下面对工序的集中与分散原则进行分析。

三、工序的集中与分散

当制订工艺路线时，在选定了各表面的加工方法和划分阶段之后，就可将同一阶段中的各加工表面组合成若干工序。组合时可以采用工序集中或工序分散的原则。

1. 工序集中原则

工序集中原则即将尽可能多的表面集中在一道工序内进行加工，从而使总工序数减少。工序集中有利于保证各加工面间的相互位置精度要求，有利于采用高生产率机床，节省装夹工件的时间，减少工件的搬动次数。

2. 工序分散原则

工序分散原则即将加工细分以简化工序内容，从而使总工序数增加。这样可使每个工序所使用的设备、刀具等比较简单，机床调整工作简化，对操作工人的技术水平要求也低些。

由于工序集中和工序分散各有特点，所以在生产上都有应用。传统的流水线、自动线生产多采用工序分散的组织形式(个别工序也有相对集中的形式，如对箱体类零件采用专用组合机床加工孔系)。这种组织形式可以实现高生产率生产，但是适应性较差，特别是那些工序相对集中、专用组合机床较多的生产线，转产比较困难。

采用数控机床(包括加工中心、柔性制造系统)以工序集中的形式组织生产，除了具有上述优点以外，还具有生产适应性强、转产容易的优点，特别适合于多品种、小批量生产的成组加工。

制订工艺路线时，对于工序集中和工序分散程序的考虑，要根据车间设备负荷、工人技术水平、生产批量大小、零件结构形式以及精度要求高低等情况来决定。一般来说，应该按照在减轻工人劳动强度的前提下，在生产自动化的基础上，适当考虑使工序集中，这也是机械加工发展的方向之一。但对于一些易变形的零件，为了确保其质量要求，而要考虑工序分散的原则。

四、工艺顺序的安排

零件上的全部加工面应安排在一个合理的加工顺序中加工，这对保证零件质量、提高生产率、降低加工成本都至关重要。

1. 切削加工工序的安排原则

(1)先加工基准面，再加工其他表面。这条原则有两个含义：①工艺路线开始安排的加工面应该是选作定位基准的精基准面，然后再以精基准定位，加工其他表面。例如，精度要求较高的轴类零件（机床主轴、丝杠，汽车发动机曲轴等），其第一道机械加工工序就是铣端面，钻中心孔，然后以顶尖孔定位加工其他表面。②为了保证一定的定位精度，当加工面的精度要求很高时，精加工前一般应先精修一下精基准。

(2)一般情况下，先加工平面，后加工孔。这条原则的含义是：①当零件上有较大的平面可作定位基准时，可先加工出来作定位面，以面定位，加工孔。这样可以保证定位稳定、准确，装夹工件往往也比较方便。②在毛坯面上钻孔，容易使钻头引偏，若该平面需要加工，则应在钻孔之前先加工平面。

(3)先加工主要表面，后加工次要表面。这里所说的主要表面是指设计基准面和主要工作面，而次要表面是指键槽、螺纹孔等其他表面。次要表面和主要表面之间往往有相互位置要求。因此，一般要在主要表面达到一定的精度之后，再以主要表面定位加工次要表面。要注意的是，“后加工”的含义并不一定是整个工艺过程的最后。

(4)先安排粗加工工序，后安排精加工工序。对于精度和表面粗糙度要求较高的零件。其粗、精加工应该分开，划分详细的加工阶段。

2. 热处理工序的安排

为了改善材料的切削性能而进行的热处理工序（如退火、正火、调质等），应安排在切削加工之前。

为了消除内应力而进行的热处理工序（如人工时效、退火、正火等），最好安排在粗加工之后。有时为了减少运输工作量，对精度要求不太高的零件，把去除内应力的人工时效或退火安排在切削加工之前（即在毛坯车间）进行。

为了改善材料的物理力学性质，在半精加工之后、精加工之前常安排淬火，淬火—回火，渗碳淬火等热处理工序。对于整体淬火的零件，淬火前应将所有需要加工的表面加工完。因为淬硬之后，再切削就有困难了。对于那些变形小的热处理工序（如高频感应淬火、渗氮），有时允许安排在精加工之后进行。

对于高精度精密零件（如量块、量规、铰刀、样板、精密丝杠、精密齿轮等），在淬火后安排冷处理（使零件在低温介质中继续冷却到－80℃）以稳定零件的尺寸。

3. 其他工序的安排

除了切削加工和热处理工序外，还有其他工序，其中包括中间检验、特种检验、洗涤防锈和表面处理等。这些工序的安排要根据具体情况而定。

(1)中间检验。此工序一般安排在转换车间时进行。如粗加工阶段要进行热处理，则在热处理前须进行一次中间检验。另外，在关键工序以后也需要进行中间检验，以便控制质量和避免浪费工时。

(2)特种检验。特种检验种类很多，X 射线、超声波探伤等都用于工件材料内部质量的检验，一般安排在工艺过程的开始。进行超声波探伤时零件必须经过粗加工。荧光检验、磁力探伤主要用于工件表面质量的检验，通常安排在精加工阶段。密封性检验、平衡等须视加工过程的需要进行安排。零件的质量检验，则安排在工艺过程的最后进行。

(3)洗涤防锈。此工序应用场合很广，在零件加工出现最终表面以后，每道工序结束都需要洗涤防锈工序来保护加工表面，防止氧化生锈；其他如抛光、研磨和磁力探伤后，总检前均须将工件洗净，故须安排洗涤工序。

(4)表面处理。为了提高零件的抗蚀能力、耐磨性、抗高温能力和电导率等，一般都采用表面处理的方法。例如，在零件的表面镀上一层金属镀层(铬、锌、镍、铜及金、银、铂等)，或涂上一层非金属涂层(油漆、陶瓷等)，或使零件表面形成一层氧化膜(如钢的发蓝、发黑，铝合金的阳极化和镁合金的氧化等)。

表面处理工序一般均安排在工艺过程最后进行(工艺上需要的原因除外，如防止渗碳时的镀铜等)。如当零件的某些配合表面不要求进行表面处理时，则可用局部保护或采用机械切除的方法。

表面处理后，工件表面本身尺寸的变化不大。但对精度要求高的表面，应考虑尺寸的变化，特别是电镀层的厚度可能较大，对零件尺寸就有影响，必要时可以通过工艺尺寸链的计算来控制零件的尺寸精度。

2.4 加工余量、工序尺寸及公差的确定

制订出工艺路线的方案以后，必须确定各工序尺寸及公差。要确定工序尺寸，首先要确定加工余量。加工余量的大小，应按加工要求来定。余量过大不仅浪费材料，而且增加切削工时，增大机床和刀具的负荷。但余量过小则不能修正前一工序的误差，会造成局部切不到的情况，影响加工质量，甚至会造成废品。

一、加工余量的概念

1. 加工总余量(毛坯余量)与工序余量

毛坯尺寸与零件设计尺寸之差称为加工总余量。加工总余量的大小取决于加工过程中各个工步切除金属层厚度的大小。每一工序所切除的金属层厚度称为工序余量。加工总余量和工序余量的关系可表示为

$$Z_0 = Z_1 + Z_2 + \cdots + Z_n = \sum_{i=1}^{n} Z_i \tag{2.1}$$

式中 Z_0—— 加工总余量；

Z_i—— 工序余量；

n —— 机械加工工序数目；

Z_1—— 第一道粗加工工序的加工余量。

Z_1 与毛坯的制造精度有关，实际上是与生产类型和毛坯的制造方法有关，若毛坯制造精度高(如大批大量生产的模锻毛坯)，则第一道粗加工工序的加工余量小，若毛坯制造精度低(如单件小批生产的自由锻毛坯)，则第一道粗加工工序的加工余量大(具体数值可参阅有关的毛坯余量手册)。

当制定工艺规程时，须根据各工序的性质确定工序加工余量，进而求出各个工序尺寸。但在加工过程中由于工序尺寸有公差，实际切除的余量是变化的，因此加工余量又有名义余量 Z、最大余量 Z_{max} 和最小余量 Z_{min} 之分。

从图 2.14 所示可知，无论是外表面还是内表面，名义余量 Z_1 均为

外表面：

$Z_{1max}=L_{2max}-L_{1min}=L_2-(L_1-\delta_1)=(L_2-L_1)+\delta_1=Z_1+\delta_1$

$Z_{1min}=L_{2min}-L_{1max}=(L_2-\delta_2)-L_1=(L_2-L_1)-\delta_2=Z_1-\delta_2$

$\delta Z=Z_{1max}-Z_{1min}=\delta_1+\delta_2$

内表面：

$Z_{1max}=L_{1max}-L_{2min}=(L_1+\delta_1)-L_2=(L_1-L_2)+\delta_1=Z_1+\delta_1$

$Z_{1min}=L_{1min}-L_{2max}=L_1-(L_2+\delta_2)=(L_1-L_2)-\delta_2=Z_1-\delta_2$

$\delta Z=Z_{1max}-Z_{1min}=\delta_1+\delta_2$

式中　L_1—— 本工序名义尺寸；

δ_1 —— 本工序尺寸公差；

L_2—— 前工序名义尺寸；

δ_2 —— 前工序尺寸公差；

δZ—— 本工序余量公差。

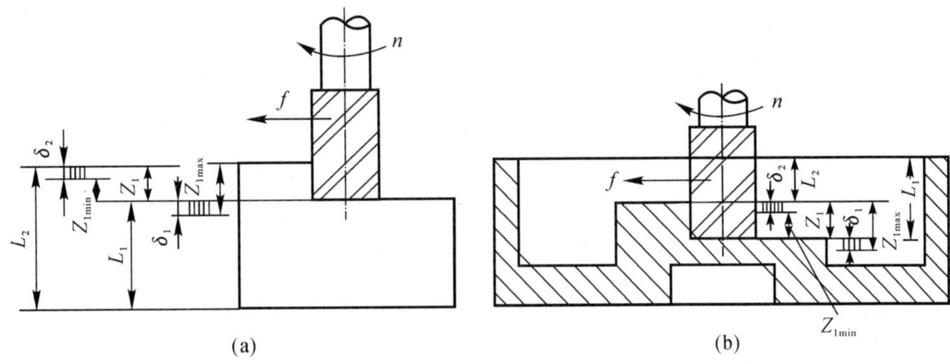

图 2.14　名义加工余量、最大加工余量和最小加工余量

(a) 外表面；(b) 内表面

计算结果表明，无论是内表面还是外表面，本工序余量公差总是等丁本工序尺寸公差与前工序尺寸公差之和。这个结论在计算和验算工序间余量时是非常有用的。

工序余量还有单面与双面之分。如图 2.14(a) 所示的平面，$Z_1=L_2-L_1$，是单面余量，而对图 2.15 所示的圆柱面来说，则有单面和双面余量之分，即余量可以用 $\phi_2-\phi_1=2Z_1$ 表示，为双面余量，也可用 $(\phi_2-\phi_1)/2=Z_1$ 表示，为单面余量。在计算和查阅手册时应注意单、双面余量的区别。

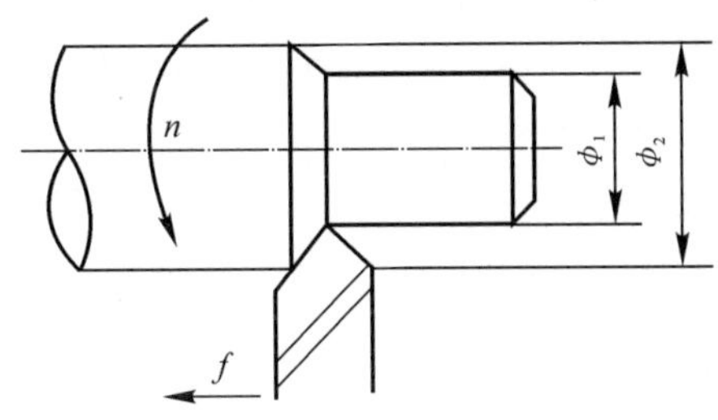

图 2.15　单面与双面余量

2. 工序余量的影响因素

工序余量的影响因素比较复杂，除前述第一道粗加工工序余量与毛坯制造精度有关以外，其他工序的工序余量主要有以下几个方面的影响因素。

(1) 上工序的尺寸公差 T。如图 2.14 所示，本工序的加工余量包含上工序的工序尺寸公差，即本工序应切除上工序可能产生的尺寸误差。

(2) 上工序产生的表面粗糙度 Rz 值(轮廓最大高度)和表面缺陷层深度 H_a。如图 2.16 所示，各种加工方法的 Rz 和 H_a 值可由实验获得。

(3) 上工序留下的几何误差 ε_a。这个误差可能是上道工序加工方法带来的，也可能是毛坯带来的，经前面工序加工仍未得到完全纠正。

(4) 本工序的装夹误差 ε_b。由于这项误差会直接影响加工面与刀具的相对位置，所以加工余量中应包括这项误差。

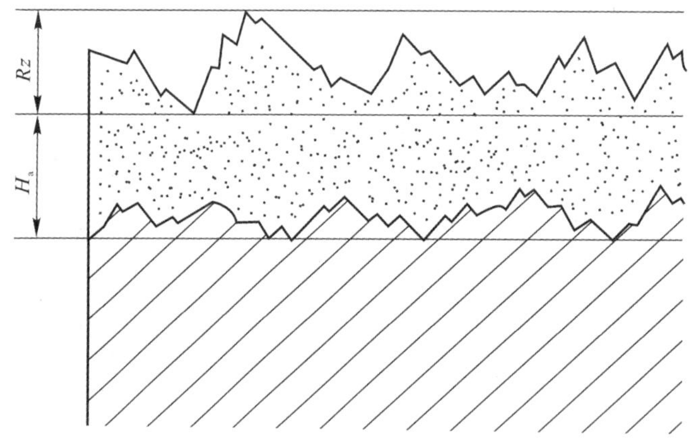

图 2.16　工件表层结构示意图

编制工艺规程的时候，主要以工厂生产实践和实验研究积累的经验所制成的表格为基础，并结合实际加工情况加以修正，确定加工余量。这种方法方便、迅捷，生产上应用广泛。

二、工序尺寸及其公差的确定

当工艺基准与设计基准重合时，同一表面经过多次加工才达到图纸尺寸的要求(例如外圆、孔和平面)，其中间工序尺寸可根据零件图的尺寸加上或减去工序余量而得到，即采用由后往前推的方法，由零件图上的尺寸，一直推算到毛坯尺寸。

现以查表法确定余量为例确定某零件(材料为钢)上的孔加工的各工序尺寸和公差。设毛坯为模锻件(孔已锻出)，零件孔要求达到 $\phi 72.5^{+0.03}_{0}$，表面粗糙度 Ra 为 0.2 μm，工艺过程为扩孔 → 粗镗 → 半精镗 → 精镗 → 精磨。

根据手册查得各工序名义余量为

精　磨：　0.7；

精　镗：　1.3；

半精镗：　2.5；

粗　镗：　4.0；

扩　孔：　　　5.0；

总余量：　　　13.5。

计算工序尺寸的方法是后道工序的工序尺寸加上（指外圆）或减去（指内孔）后道工序的加工余量为前道工序的工序尺寸。

精磨后：　按零件图规定为 $\phi 72.5$；

精镗后：　$\phi(72.5-0.7)=\phi 71.8$；

半精镗后：$\phi(71.8-1.3)=\phi 70.5$；

粗镗后：　$\phi(70.5-2.5)=\phi 68$；

扩孔后：　$\phi(68-4)=\phi 64$；

模锻孔：　$\phi(64-5)=\phi 59$。

工序尺寸公差应参考经济加工精度表决定，标注时按入体原则，即外表面标注成负偏差形式，如 $\phi 70_{-0.1}^{0}$；而内表面标注成正偏差形式，如 $\phi 40_{0}^{+0.1}$。因此

精　磨：　按零件图规定　　$\phi 72.5_{0}^{+0.03}$，$Ra0.2$；

精　镗：　能达 IT8 级精度　　$\phi 71.8_{0}^{+0.046}$，$Ra0.8$；

半精镗：　能达 IT10 级精度　　$\phi 70.5_{0}^{+0.12}$，$Ra3.2$；

粗　镗：　能达 IT11 级精度　　$\phi 68_{0}^{+0.19}$，$Ra6.4$；

扩　孔：　能达 IT12 级精度　　$\phi 64_{0}^{+0.3}$，$Ra12.8$；

模锻孔：　　$\phi 59_{-2}^{+1}$，∀。

为清楚起见，把上述计算和查表结果汇总于表 2.11 中，供参考。

表 2.11　工序尺寸、公差、表面粗糙度及毛坯尺寸的确定

工序名称	工序余量 /mm	工序精度		工序公称尺寸 /mm	工序尺寸的标注 /mm
		尺寸精度 /mm	表面粗糙度 $Ra/\mu m$		
精磨	0.7	$_{0}^{+0.03}$	0.2	72.5	$\phi 72.5_{0}^{+0.03}$
精镗	1.3	H8($_{0}^{+0.046}$)	0.8	71.8	$\phi 71.8_{0}^{+0.046}$
半精镗	2.5	H10($_{0}^{+0.12}$)	3.2	70.5	$\phi 70.5_{0}^{+0.12}$
粗镗	4.0	H11($_{0}^{+0.19}$)	6.4	68	$\phi 68_{0}^{+0.19}$
扩孔	5.0	H12($_{0}^{+0.3}$)	12.8	64	$\phi 64_{0}^{+0.3}$
毛坯（锻造）		$_{-2}^{+1}$		59	$\phi 59_{-2}^{+1}$

三、工艺尺寸的计算

当工艺基准与设计基准不重合时，工序尺寸和公差的确定就必须通过工艺尺寸的计算才能得到。工艺尺寸的计算是建立在尺寸链的基础上进行的，所以在讨论工艺尺寸的计算这个问题时，第一步就是要掌握尺寸链的概念及其计算的方法。

1. 工艺尺寸链的定义和特征

现以图 2.17 所示镗削活塞销孔为例。图(a) 和图(b) 所示尺寸 A_Σ、A_1、A_2 的关系可以简单地用图(c) 表示。这种互相联系的尺寸按一定顺序首尾相接排列的尺寸封闭图就定义为尺寸链。

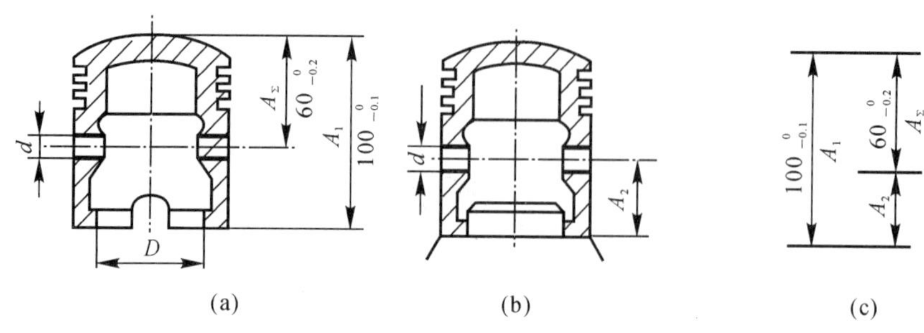

图 2.17 镗削活塞销孔工序中的工艺尺寸链

(a) 零件图； (b) 工序图； (c) 尺寸链图

前面已经提出，由于定位基准和设计基准不重合，往往必须提高工序尺寸的加工精度(见图 2.17 中的 A_1 和 A_2) 来保证图纸尺寸 A_Σ 的加工精度。这里要注意的是尺寸 A_1 和 A_2 是在加工过程中直接获得的，尺寸 A_Σ 是间接保证的。因此，尺寸链的主要特征如下：

(1) 尺寸链是由一个间接获得的尺寸和若干个对此有影响的尺寸(即直接获得的尺寸) 所组成的。

(2) 各尺寸按一定的顺序首尾相接。

(3) 尺寸链必然是封闭的。

(4) 直接获得的尺寸精度都对间接获得的尺寸精度有影响，因此直接获得的尺寸精度总是比间接获得的尺寸精度高。

2. 尺寸链的组成

组成尺寸链的各个尺寸称为尺寸链的环。如图 2.17 所示的尺寸 A_Σ、A_1、A_2 都是尺寸链的环。这些环又分为以下几种类型：

(1) 封闭环。最终被间接保证尺寸精度的那个环称为封闭环。如尺寸 A_Σ，它在工序图中不标注，但它是间接被保证的设计尺寸。或者按加工顺序在尺寸链图中是最后形成的一个环。

(2) 组成环。除封闭环之外的其他环皆称为组成环。如尺寸 A_1 和 A_2 就是组成环。按它对封闭环的影响不同，组成环又分为增环和减环。

当其余各组成环不变时，尺寸 A_1 增大，封闭环 A_Σ 随之增大，相反，A_Σ 随着 A_1 减小而减小，A_1 尺寸就称为增环。

当其余各组成环不变时，尺寸 A_2 增大，封闭环 A_Σ 随之减小，相反，A_Σ 随着 A_2 减小而增大，A_2 尺寸就称为减环。

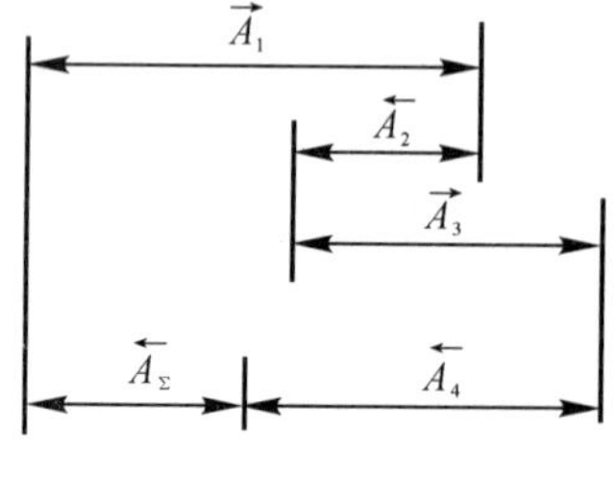

图 2.18 尺寸链图

尺寸链计算的关键是在画出正确的尺寸链后，先正确地确定封闭环，其次确定增环和减环。在这里可用一个简便的方法来确定增环和减环。如图 2.18 所示，先给封闭环任意定个方向，然后像电流一样形成回路，给每一尺寸环画出箭头。凡箭头方向与封闭环方向相反者为增环(如 $\overrightarrow{A_1}$)；反之，凡箭头方向与封闭环方向相同者为减环(如 $\overleftarrow{A_2}$)。

3. 尺寸链的基本计算公式

在尺寸链已建立，组成环和封闭环已经确定后，下一步任务就是进行尺寸链计算。用极值法解尺寸链的基本计算公式如下：

封闭环的基本尺寸等于增环的基本尺寸之和减去减环的基本尺寸之和，即

$$A_{\Sigma}=\sum_{i=1}^{m}\overrightarrow{A}_{i}-\sum_{i=m+1}^{n-1}\overleftarrow{A}_{i} \tag{2.2}$$

封闭环的最大极限尺寸等于增环最大极限尺寸之和减去减环最小极限尺寸之和，即

$$A_{\Sigma\max}=\sum_{i=1}^{m}\overrightarrow{A}_{i\max}-\sum_{i=m+1}^{n-1}\overleftarrow{A}_{i\min} \tag{2.3}$$

封闭环的最小极限尺寸等于增环最小极限尺寸之和减去减环最大极限尺寸之和，即

$$A_{\Sigma\min}=\sum_{i=1}^{m}\overrightarrow{A}_{i\min}-\sum_{i=m+1}^{n-1}\overleftarrow{A}_{i\max} \tag{2.4}$$

由式(2.3) 减去式(2.2) 得

$$ES(A_{\Sigma})=\sum_{i=1}^{m}ES(\overrightarrow{A}_{i})-\sum_{i=m+1}^{n-1}EI(\overleftarrow{A}_{i}) \tag{2.5}$$

即封闭环的上偏差等于增环上偏差之和减去减环下偏差之和。

由式(2.4) 减去式(2.2) 得

$$EI(A_{\Sigma})=\sum_{i=1}^{m}EI(\overrightarrow{A}_{i})-\sum_{i=m+1}^{n-1}ES(\overleftarrow{A}_{i}) \tag{2.6}$$

即封闭环的下偏差等于增环下偏差之和减去减环上偏差之和。

由式(2.5) 减去式(2.6) 得

$$T(A_{\Sigma})=\sum_{i=1}^{m}T(\overrightarrow{A}_{i})+\sum_{i=m+1}^{n-1}T(\overleftarrow{A}_{i}) \tag{2.7}$$

即封闭环的公差等于组成环公差之和。

式中　A_{Σ} —— 封闭环的基本尺寸；

$\overrightarrow{A}_{i}$ —— 增环的基本尺寸；

$\overleftarrow{A}_{i}$ —— 减环的基本尺寸；

$A_{\max}$ —— 最大极限尺寸；

$A_{\min}$ —— 最小极限尺寸；

ES —— 上偏差；

EI —— 下偏差；

T —— 公差；

m —— 增环的环数；

n —— 包括封闭环在内的总环数。

由式(2.7) 可见，封闭环的公差比任何一个组成环的公差都大。为了减小封闭环的公差，应使尺寸链中组成环的环数尽量少，这就是尺寸链的最短路线原则。

根据尺寸链计算公式解尺寸链时，常遇到以下两种类型的问题：

(1) 已知全部组成环的极限尺寸，求封闭环的极限尺寸，称为正计算问题。这种情况常用

于根据初步拟订的工序尺寸及公差验算加工后的工件尺寸是否符合设计图纸的要求，以及验算加工余量是否足够。

（2）已知封闭环的极限尺寸，求某一个或几个组成环的极限尺寸，称为反计算问题。通常，在制定工艺规程时，由于基准不重合而需要进行的尺寸换算就属于这类计算。

四、工艺尺寸链的计算举例

1. 基准不重合引起的尺寸换算

例 2.1 如图 2.19 所示套筒零件（径向尺寸从略），加工表面 A 时，要求保证图纸尺寸 $10_{0}^{+0.2}$，现在铣床上加工此表面，定位基准为 B 表面，试计算此工序的工序尺寸 H_{EI}^{ES}。

此题属于定位基准与设计基准不重合的情况。因基准不重合，故铣削 A 面时其工序尺寸 H 就不能按图纸尺寸来标注，而须经尺寸换算后得到。图纸尺寸 $30_{0}^{+0.05}$ 和 60 ± 0.05 在前面工序皆已加工完毕，是由加工直接获得的，故可根据此加工顺序建立尺寸链图，计算 H_{EI}^{ES}。

从图 2.19(c) 所示尺寸链图中可以看出：图纸需要保证的尺寸 $10_{0}^{+0.2}$ 是通过加工间接得到的，它为封闭环，H_{EI}^{ES} 和 $30_{0}^{+0.05}$ 为增环，60 ± 0.05 为减环。

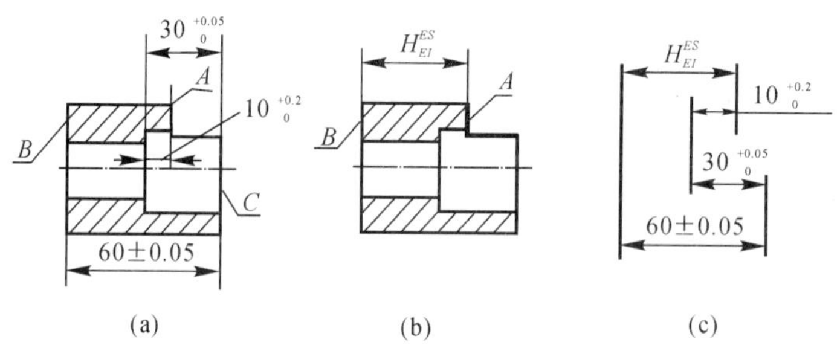

图 2.19 套筒工艺尺寸链

(a) 零件图；(b) 铣削工序图；(c) 尺寸链图

此题已知封闭环 $10_{0}^{+0.2}$，两个组成环 60 ± 0.05 和 $30_{0}^{+0.05}$，求另一个组成环 H_{EI}^{ES}，属于反计算。根据尺寸链计算公式求解：

$10=H+30-60$ $\qquad H=40$

$0.2=ES(H)+0.05-(-0.05)$ $\qquad ES(H)=0.1$

$0=EI(H)+0-0.05$ $\qquad EI(H)=0.05$

所以 H_{EI}^{ES} 为 $40_{+0.05}^{+0.1}$。

2. 由于多尺寸保证而进行的尺寸换算

例 2.2 图 2.20 所示为一压气机铝盘的零件简图和工序图，图(b) 和图(c) 所示为端面 E 的最后两道加工工序。现在要求按图(b) 所示工序加工端面 E 时，E 和 F 的距离 L 的尺寸和公差为多少才能使在图(c) 所示工序加工端面 E 中，车一刀要直接获得 $60_{-0.05}^{0}$，同时间接保证图纸尺寸 22 ± 0.1。

本题是一个多尺寸保证的例子。所谓多尺寸保证是指加工一个表面时，同时要求图纸尺寸保证几个位置尺寸。如图 2.20(c) 所示加工端面 E 时，不但要直接保证 $60_{-0.05}^{0}$，而且要间接保证图纸尺寸 22 ± 0.1。

根据加工顺序首先画出工艺尺寸链图[见图 2.20(d)]，其中先在 $60_{-0.05}^{0}$、$60.3_{-0.1}^{0}$ 和 Z 组成的尺寸链中，求出 Z 值；然后在 L、22 ± 0.1 和 Z 组成的尺寸链中，求出 L 值。也可用 L、22 ± 0.1、$60_{-0.05}^{0}$ 和 $60.3_{-0.1}^{0}$ 这个尺寸链直接求出 L 值。现在分两个尺寸链进行计算。

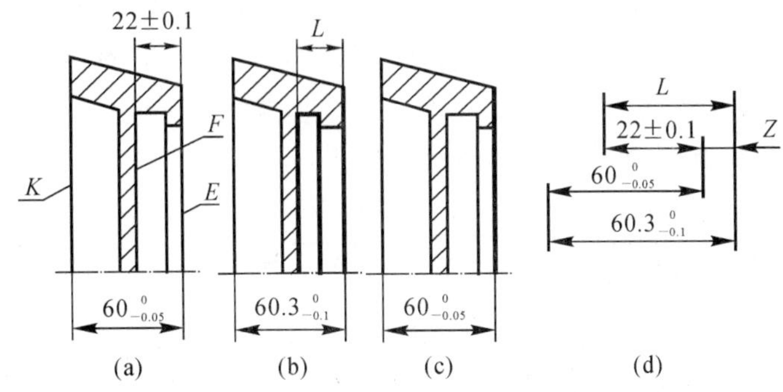

图 2.20　压气机铝盘工艺尺寸链

(a) 零件图；(b)(c) 工序图；(d) 尺寸链图

在由 $60_{-0.05}^{0}$、$60.3_{-0.1}^{0}$ 和 Z 组成的尺寸链中，Z 为 E 端面的加工余量，按加工顺序是最后得到的一环，所以 Z 为封闭环。此尺寸链属于正计算类型，Z 值应为

$$Z=60.3-60 \qquad Z=0.3$$

$$ES(Z)=0-(-0.05) \qquad ES(Z)=0.05$$

$$EI(Z)=-0.1-0 \qquad EI(Z)=-0.1$$

所以

$$Z=0.3_{-0.1}^{+0.05}$$

在由 L、22 ± 0.1 和 Z 组成的尺寸链中，22 ± 0.1 是间接保证的尺寸，是封闭环。尺寸 L 值应为

$$22=L-Z=L-0.3 \qquad L=22.3$$

$$+0.1=ES(L)-EI(Z)=ES(L)-(-0.1) \qquad ES(L)=0$$

$$-0.1=EI(L)-ES(Z)=EI(L)-0.05 \qquad EI(L)=-0.05$$

所以

$$L=22.3_{-0.05}^{0}$$

如果该零件的腹板刚性甚差，在车腹板时 $22.3_{-0.05}^{0}$ 的要求达不到，则可用缩小其他尺寸公差的方法来增大尺寸 L 的公差。如果将 $60.3_{-0.1}^{0}$ 改为 $60.3_{-0.05}^{0}$，则尺寸 L 将由 $22.3_{-0.05}^{0}$ 变为 22.3 ± 0.05。

3. 中间工序尺寸换算

例 2.3　图 2.21(a) 所示为在齿轮上加工内孔及键槽的有关尺寸。该齿轮图纸要求的孔径是 $\phi40_{0}^{+0.06}$，键槽深度尺寸为 $43.6_{0}^{+0.34}$。有关内孔和键槽的加工顺序如下：

工序 1：镗内孔尺寸至 $\phi39.6_{0}^{+0.1}$；

工序 2：插键槽尺寸至尺寸 X；

工序 3：热处理；

工序 4：磨内孔尺寸至 $\phi40_{0}^{+0.06}$。

现在要求工序 2 插键槽尺寸 X 为多少，才能使孔径磨削至 $\phi40_{0}^{+0.06}$ 时，能同时保证图纸尺寸 $43.6_{0}^{+0.34}$。

要解这道题,可有两种不同的尺寸链图。图 2.21(b) 所示的尺寸链是一个四环尺寸链。它表示 X 和其他三个尺寸的关系,其中 $43.6^{+0.34}_{0}$ 是封闭环。这里看不到工序间余量与尺寸链的关系。图 2.21(c) 所示是把图(b) 所示的尺寸链分成两个三环尺寸链,并引进半径余量 $Z/2$。从图 2.21(c) 所示的左图中可以看到 $Z/2$ 是封闭环;在右图中,$43.6^{+0.34}_{0}$ 是封闭环,$Z/2$ 则是组成环。由此可见,要保证 $43.6^{+0.34}_{0}$,就要控制工序余量 Z 的变化,而要控制这个余量的变化,就又要控制它的组成环 ——$19.8^{+0.05}_{0}$ 和 $20^{+0.03}_{0}$ 的变化。工序尺寸 X 可以由图2.21(b) 或图 2.21(c) 所示求出,前者便于计算,后者便于分析。

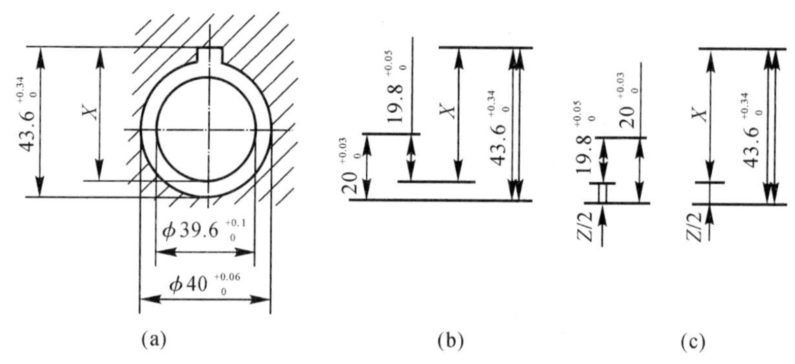

图 2.21 齿轮内孔及键槽的尺寸关系

(a) 零件图; (b) 四环尺寸链; (c) 两个三环尺寸链

现对图 2.21(b) 所示尺寸链进行计算。尺寸链中 X 和 $20^{+0.03}_{0}$ 是增环,$19.8^{+0.05}_{0}$ 是减环。利用计算公式可得

$$43.6 = X + 20 - 19.8 \qquad X = 43.4$$

$$0.34 = ES(X) + 0.03 - 0 \qquad ES(X) = 0.31$$

$$0 = EI(X) + 0 - 0.05 \qquad EI(X) = 0.05$$

所以

$$X = 43.4^{+0.31}_{+0.05}$$

当标注尺寸时,采用入体方向,即 $X = 43.45^{+0.26}_{0}$。

4. 为保证渗碳或渗氮层深度所进行的尺寸换算

当零件要求渗碳(或渗氮) 时,为了保证零件所要求的渗碳(或渗氮) 层深度,必须对渗碳(或渗氮) 工序的渗入深度作出规定,这就要进行尺寸换算。

例 2.4 图 2.22 所示为某轴颈衬套,内孔为 $\phi 145^{+0.04}_{0}$ 的表面要求渗氮,渗氮层深度要求为 0.3 ~ 0.5(即单边为 $0.3^{+0.2}_{0}$,双边为 $0.6^{+0.4}_{0}$)。

其加工顺序如下:

1) 磨内孔尺寸至 $\phi 144.76^{+0.04}_{0}$,$Ra\,0.8$;

2) 渗氮;

3) 磨孔尺寸至 $\phi 145^{+0.04}_{0}$,$Ra\,0.8$。

磨孔后零件内表面所留的氮层深度需在零件要求的 0.3 ~ 0.5 范围内。求渗氮工序渗氮层的深度为多少,才能保证上述要求。

从尺寸关系可以看出,渗氮深度 $0.3^{+0.2}_{0}$(双边为 $0.6^{+0.4}_{0}$) 是加工时间接保证的设计尺寸,是封闭环,它和渗氮前、后的磨孔尺寸 $\phi 144.76^{+0.04}_{0}$、$\phi 145^{+0.04}_{0}$ 以及渗氮工序的渗入深度 $t/2$(双

边为 t）组成尺寸链。

因此

$$0.6 = 144.76 + t - 145 \qquad t = 0.84$$

$$0.4 = 0.04 + ES(t) - 0 \qquad ES(t) = 0.36$$

$$0 = 0 + EI(t) - 0.04 \qquad EI(t) = 0.04$$

所以 $t = 0.84^{+0.36}_{+0.04}$ （双边）

$$\frac{t}{2} = 0.42^{+0.18}_{+0.02} \quad 或 \quad \frac{t}{2} = 0.44 \sim 0.6（单边）$$

即渗氮工序的渗氮层深度为 0.44 ～ 0.6。

保证渗碳层的尺寸链计算和渗氮情况相同。

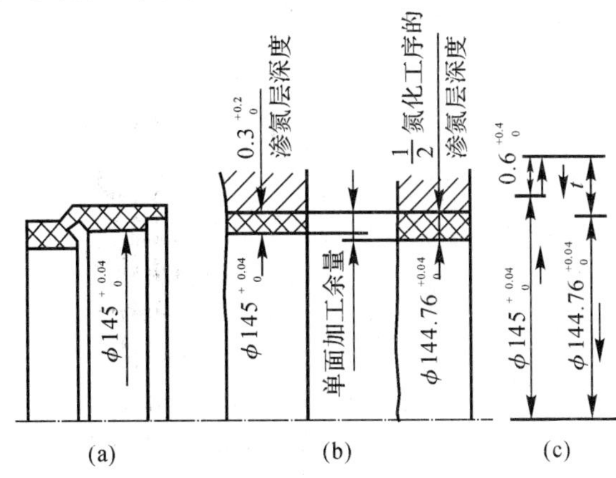

图 2.22　某轴颈衬套工艺尺寸链

(a) 零件图；(b) 氮层深度放大图；(c) 尺寸链图

5. 电镀零件的工序尺寸换算

零件上有尺寸精度要求的表面需要电镀时（镀铬、镀铜或镀锌等），为了保证得到一定的镀层厚度和零件表面尺寸精度，需要进行有关尺寸和公差的换算。这种尺寸换算，在生产中常碰到两种情况：一种是零件表面镀完镀层后可直接保证零件的设计要求，无须再加工；另一种是表面镀完镀层后须再加工，最后达到零件的设计要求。这两种情况在进行尺寸链计算时，其封闭环是不同的。现在分别叙述如下。

(1) 零件表面在镀完镀层后，就达到设计尺寸。这时，镀层厚度公差和零件镀前的尺寸公差，都对该表面的设计尺寸精度有影响，所以要间接保证的这个设计尺寸精度是封闭环。

例 2.5　图 2.23 所示为一个轴套零件简图，外径镀铬，镀层厚度为 0.025 ～ 0.04，该表面的加工顺序为车 → 磨 → 镀铬，求其镀铬前外圆磨工序的尺寸和公差。

从尺寸关系可以看出，$\phi28^{\ 0}_{-0.045}$、$0.08^{\ 0}_{-0.03}$（双边镀层范围）和磨削工序尺寸 A 组成尺寸链。当成批生产镀铬时，是以镀层厚度 0.025 ～ 0.04 为依据来控制其工艺用量（电流、温度、溶液浓度和时间等）的，而零件尺寸 $\phi28^{\ 0}_{-0.045}$ 是间接保证的，所以它是封闭环。现对其镀铬前磨削工序尺寸和公差计算如下：

$$28 = A + 0.08 \qquad A = 27.92$$

$$0 = ES(A) + 0 \qquad ES(A) = 0$$

$$-0.045 = EI(A) + (-0.03) \qquad EI(A) = -0.015$$

所以 $$A = 27.92_{-0.015}^{0}$$

(2) 当零件表面的精度要求高时，表面镀完镀层后，还须进行精加工。这样镀前和镀后表面加工工序的尺寸公差都将对镀层厚度产生影响，因而由三者所组成的尺寸链中，零件要求的镀层厚度(间接保证的) 为封闭环(此尺寸链的解法和计算渗氮层时相同)。

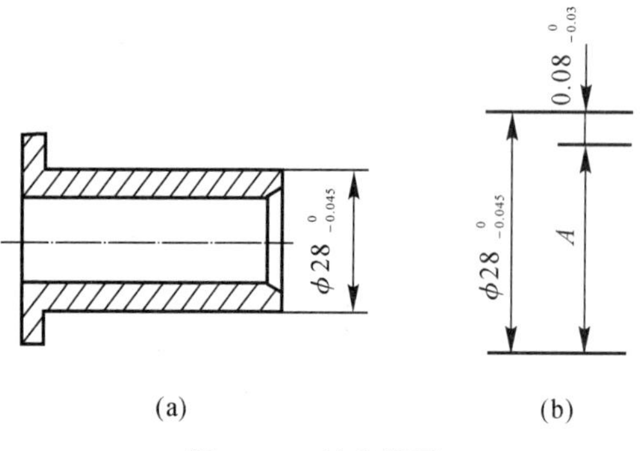

图 2.23　轴套简图

例 2.6　已知涡轮轴承座零件上 ϕM 表面要求镀银层厚度为 0.2 ～ 0.3，镀银后尺寸为 $\phi 63_{0}^{+0.03}$，此表面的加工顺序为镗孔→镀银→镗孔。试求镀银前镗孔工序中孔的直径尺寸及公差。

根据加工顺序列出尺寸链如图 2.24 所示，由图可知，镀银层厚度是由前、后两个镗孔工序尺寸来间接保证的，所以它是封闭环。图中，$t = 0.2_{0}^{+0.1}$，$\phi M_{后} = \phi 63_{0}^{+0.03}$。

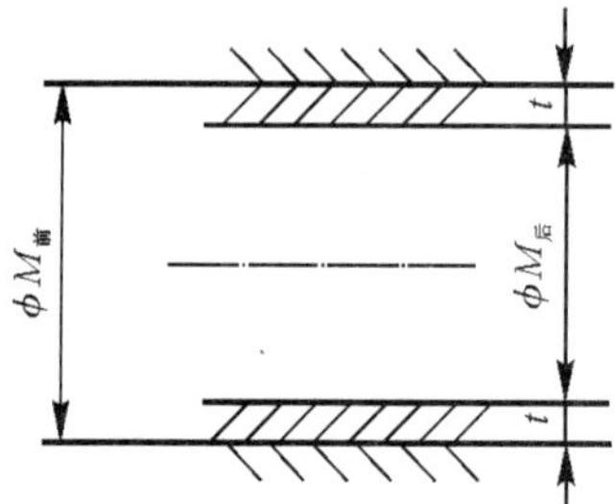

图 2.24　镀银层厚度尺寸链

代入尺寸链方程有：

$$2t = \phi M_{前} - \phi M_{后}$$

$$0.4 = \phi M_{前} - 63 \qquad \phi M_{前} = \phi 63.4$$

$$+0.2 = ES(M_{前}) - 0 \qquad ES(M_{前}) = 0.2$$

$$0 = EI(M_{前}) - 0.03 \qquad EI(M_{前}) = 0.03$$

所以 $$\phi M_{前\,EI(M_{前})}^{\;ES(M_{前})} = \phi 63.4_{+0.03}^{+0.2} \quad 或 \quad \phi 63.43_{0}^{+0.17}$$

6. 余量校核

工序余量的变化大小取决于本工序与上工序加工误差的大小。在已知本工序、上工序的工序尺寸及其公差的情况下，用工艺尺寸链来计算余量的变化，可以衡量余量是否能适应加工情况，防止余量过大或过小。

例 2.7　图 2.25(a) 所示压气机铝盘的简图，现以加工端面 E 为例，校核其余量。其加工顺序为[见图 2.25(a) ～ (c)]：

1) 车端面 K,工序尺寸为 $60.8_{-0.1}^{0}$。

2) 半精车端面 E,工序尺寸为 $60.3_{-0.1}^{0}$。

3) 精车端面 E,工序尺寸为 $60_{-0.05}^{0}$(定距装刀加工)。

端面 E 经两次加工,计算其每次余量是否够用。

根据加工顺序建立尺寸链图[见图 2.25(d)],可以看出,$60.8_{-0.1}^{0}$、$60.3_{-0.1}^{0}$ 和余量 Z_1 以及 $60.3_{-0.1}^{0}$、$60_{-0.05}^{0}$ 和余量 Z_2 各自组成一个工艺尺寸链。Z_1 和 Z_2 分别为两个尺寸链中的封闭环。

按工艺尺寸链的基本计算公式可解得 $Z_1=0.5\pm0.1$,$Z_2=0.3_{-0.1}^{+0.05}$。即半精车端面 E 时的余量 Z_1 在 $0.4\sim0.6$ 范围内变化,精车端面 E 的余量 Z_2 的变化范围是 $0.2\sim0.35$,其中精车的最小余量为 0.2,具体对这个零件来说是可以的,所以有关工序尺寸及公差决定的名义余量及其偏差是合适的。

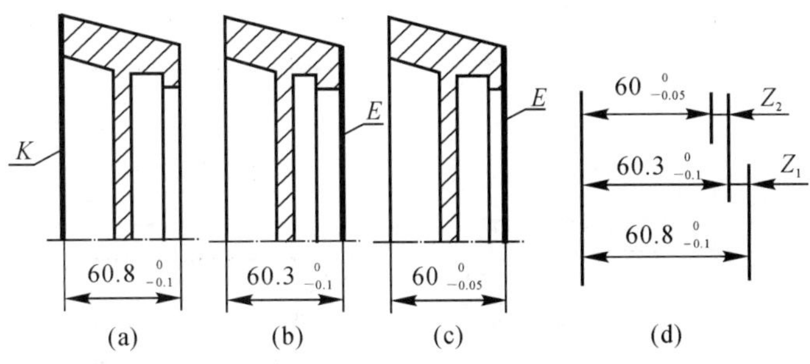

图 2.25　压气机铝盘工艺尺寸链

(a) 车端面 K;　(b) 半精车端面 E;　(c) 精车端面 E;　(d) 尺寸链图

通过以上实例,将尺寸链计算步骤总结如下:

(1) 正确作出尺寸链图。

(2) 按照加工顺序找出封闭环。

(3) 确定增环和减环。

(4) 进行正计算或反计算。

(5) 尺寸链计算完后,可按封闭环公差等于各组成环公差之和的关系进行校核。

五、尺寸图表

在工艺路线初步确定之后,就可用图表法来确定工序尺寸及公差。下面以图 2.26 所示的衬套零件为例,介绍尺寸图表法,图 2.27 所示是图 2.26 所示衬套零件的工艺路线。

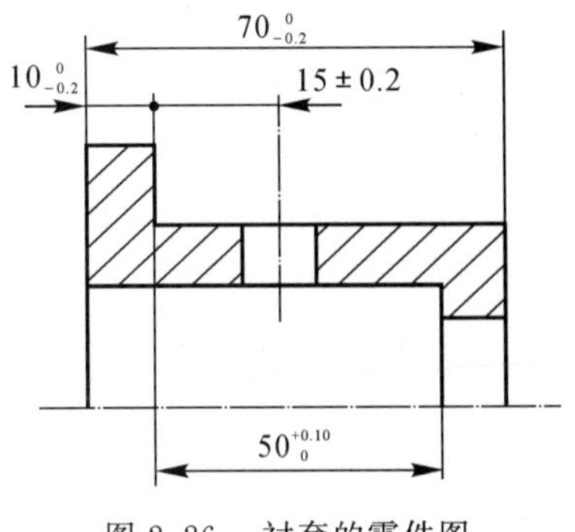

图 2.26　衬套的零件图

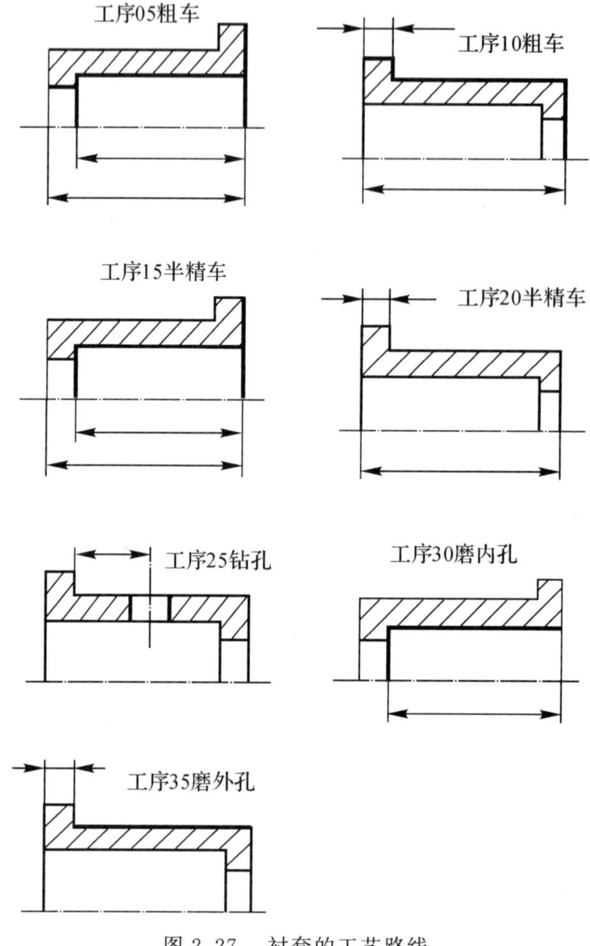

图 2.27　衬套的工艺路线

1. 尺寸图表的建立

建立尺寸图表的步骤如下：

(1) 画出零件的轴向剖面图(见图 2.28)，并从图中各轴向表面向下引出表面线，将各表面予以编号，如图 2.28 中的 A、B、C、D、E 所示。

(2) 按照拟订好的工艺路线，在引线的两侧列表。左侧表包括工序号、工序名称、工序平均尺寸和工序尺寸偏差，右侧表包括工序的平均余量和余量变动范围。工序号自上而下地增大，即先加工的放在上面，后加工的放在下面。

(3) 按照工艺路线中所选择的定位基准，将每个工序的工序尺寸依照加工的先后顺序自上而下地标在图表的中部，在定位基准处标注小圆点，在被加工表面处画一箭头。对图表中所有的工序尺寸可自下而上，也可自上而下加以编号。

为了使图表清晰简洁，图中不标出余量，即同一表面在不同工序加工时，工序尺寸线的箭头指向同一处。

(4) 在图表的右下方，按照零件图的长度尺寸列表，其中右栏为“图纸尺寸”，左栏为“结果尺寸”。

(5) 在“图纸尺寸”栏内，将零件的长度尺寸换算成对称偏差后填入。

(6) 在与“图纸尺寸”对应的大表中间，画出结果尺寸线，尺寸线的两端各画一圆点，以示有别于工序尺寸。

图 2.28 所示是根据图 2.26、图 2.27 所画出的衬套零件的尺寸图表。

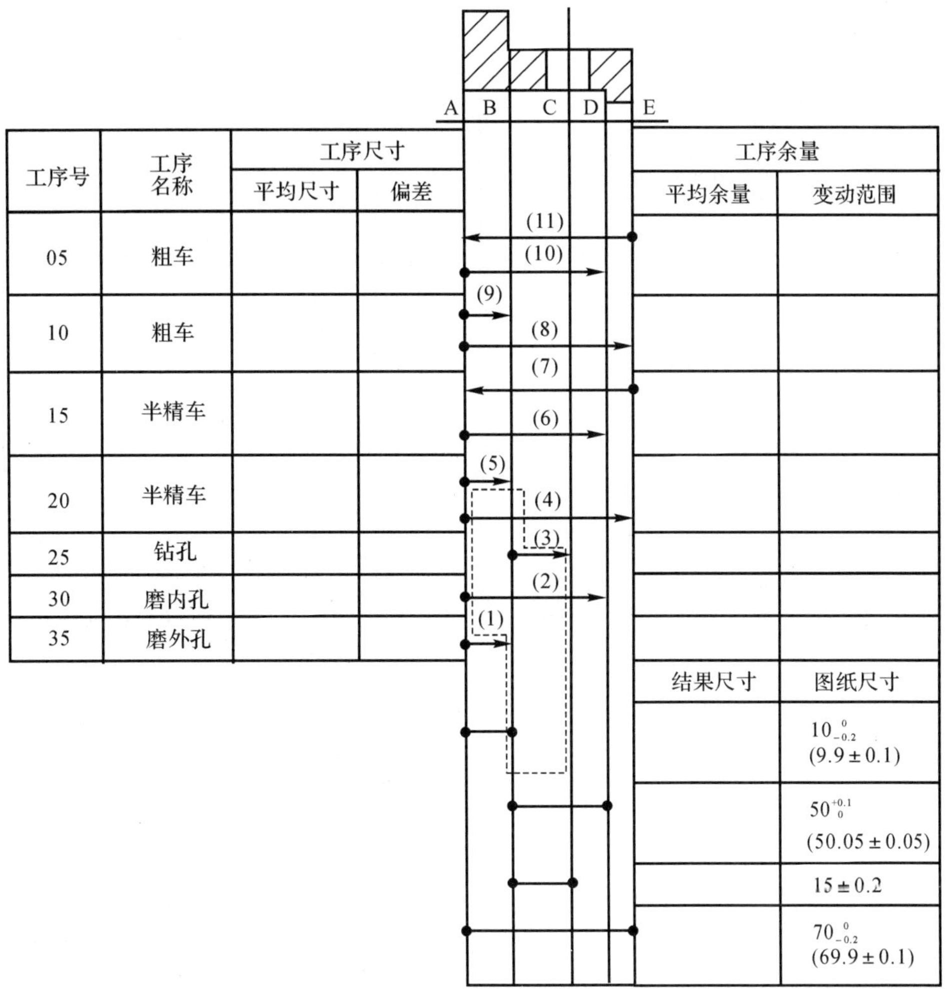

图 2.28　衬套零件的尺寸图表

2. 尺寸图表的计算

(1) 确定与设计尺寸有关的工艺组成环，并确定与设计有关的工序尺寸偏差和校对结果尺寸。

1) 确定与设计尺寸有关的工艺组成环，其方法如下：

a. 由某一设计尺寸的一端，垂直向上探索，首次遇到箭头即沿尺寸线的水平方向寻迹，至尺寸线的末端为止。

b. 由设计尺寸的另一端开始，仍按上述方法探索。

c. 当前两条探索线不相交时，则遇到定位基准继续垂直向上探索，遇到箭头继续沿水平方向顺尺寸线探索，直到两探索线交汇在代表加工面的垂直线上为止，这时两条探索线形成一个封闭的折线。

d. 封闭折线经过的所有工序的各工序尺寸，即为该设计尺寸的工艺组成环。当工艺组成环只有一个时，则该设计尺寸就被这个工序尺寸直接保证。

例如，在图 2.29 中，尺寸 69.9±0.1 的工艺组成环为尺寸(4)；尺寸 9.9±0.1 的工艺组成环为尺寸(1)；尺寸 50.05±0.05 的工艺组成环为尺寸(1)(2)；而尺寸 15±0.2 的工艺组成环则如图中虚线尺寸(1)(3) 和(5) 所示。

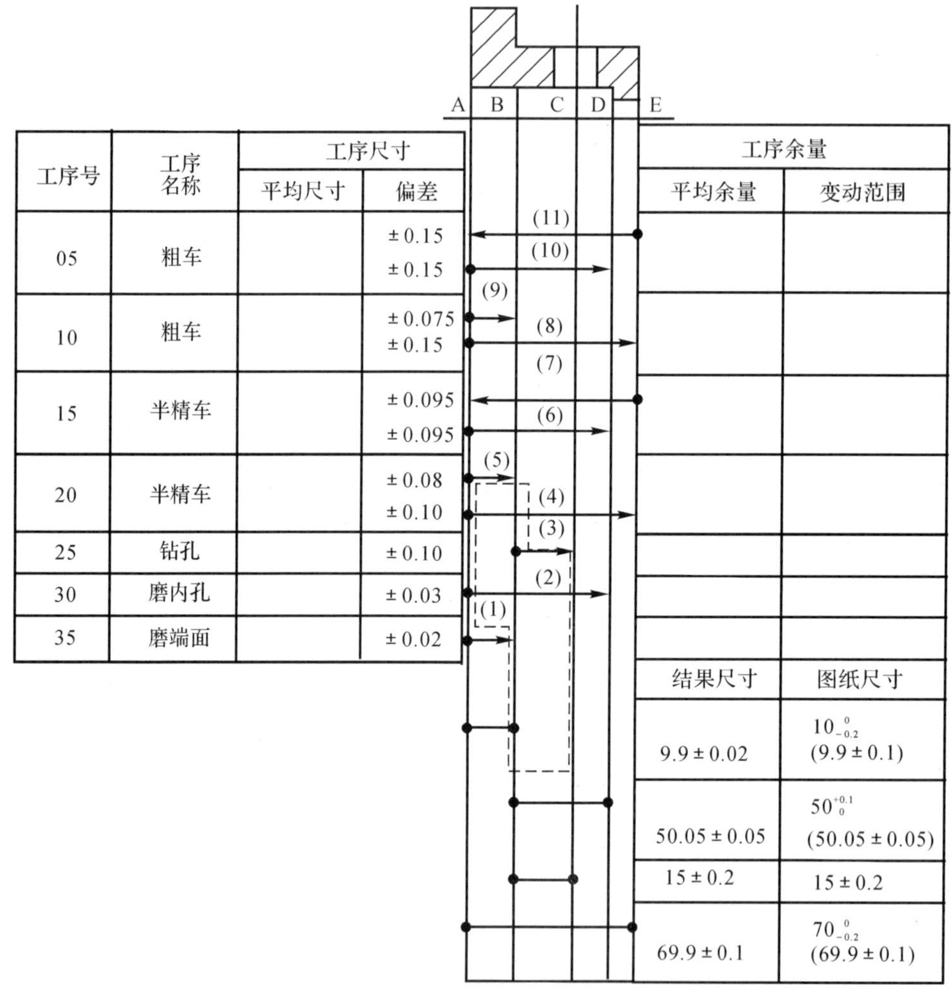

图 2.29　确定与设计尺寸有关的工艺组成环和工序尺寸偏差

2) 确定与设计尺寸有关的工序尺寸偏差，其方法为：

a. 当工序尺寸直接保证某一设计尺寸(即只有一个工艺组成环) 时，则该工序的尺寸偏差就等于设计尺寸的偏差，如图 2.29 所示工序 20 中的尺寸(4)，其尺寸偏差就等于 ±0.1。

b. 当一个工序尺寸参与保证几个设计尺寸时，则根据要求最高的设计尺寸来确定工序尺寸的偏差；而当一个设计尺寸由几个工序尺寸一起保证时，则将以对称偏差形式标注的设计尺寸公差以平均分配法或等精度法也采用对称偏差的形式分给各工序尺寸。

例如，图 2.29 所示尺寸(1) 参与保证 9.9±0.1、50.05±0.05 和 15±0.2 这三个设计尺寸。尺寸 15±0.2 的工艺组成环有工序尺寸(1)(3)(5)，组成环虽然多，但设计尺寸公差大，即使将设计尺寸公差平均分配，各工艺组成环的公差仍为 ±0.066，而 50.05±0.05 这个设计尺寸公差最小，其工艺组成环是尺寸(1) 和(2)，尺寸(2) 只参与保证设计尺寸 50.05±0.05，因而可根据 50.05±0.05 这个尺寸的 ±0.05 公差来确定尺寸(1)(2) 的偏差。尺寸(1) 还直接保证 9.9±0.1，因为这个设计尺寸公差较大，所以可不考虑。

由于设计尺寸和工序尺寸皆采用对称偏差形式，根据封闭环的公差等于组成环公差之和的原理，并考虑尺寸(2) 的公称值大于尺寸(1) 的公称值，可令尺寸(2) 的偏差为 ±0.03，则尺寸(1) 的偏差为 ±0.02。

尺寸(1)(3)(5) 共同保证设计尺寸 15±0.2，钻孔工序的偏差根据经验(对于两孔中心距或孔至端面的距离误差，当用钻模钻孔时，其误差为 0.1～0.2，当用划线钻孔时，其误差为 1～3) 可取为 ±0.1，因此尺寸(5) 的偏差值应为 ±0.08。

3) 校对结果尺寸。确定了与设计尺寸有关的工序尺寸偏差以后，将各设计尺寸的工艺组成环(即封闭折线所包括的各工序尺寸) 的公差相加以对称偏差形式填入结果尺寸栏中，作为结果尺寸的公差。结果尺寸的公称值即为换算成为对称偏差后的图纸尺寸公称值，于是，如图 2.29 所示，可以得到 69.9±0.1、9.9±0.02、50.05±0.05 和 15±0.2 这样四个结果尺寸。

为了避免差错，可以将结果尺寸的公差再与零件图纸尺寸公差(两者均为对称偏差) 进行比较。假如结果尺寸公差小于或等于零件图纸尺寸公差，则表示满足要求；假如结果尺寸公差大于零件图纸尺寸公差，说明在确定与设计尺寸有关的工序尺寸偏差时有错误，那就需要重新调整有关工序的工序尺寸偏差。

(2) 确定零件上各表面间的基本尺寸，并据此确定与保证设计尺寸无直接联系的工序尺寸偏差。

由于标准公差数值及余量规格表都是按尺寸段来制定的，当绘制尺寸图表时，各工序尺寸并未确定，同时工艺系统中的工序尺寸系统又不一定与零件图纸尺寸系统一致，所以要先算出各表面间基本尺寸的大小，看它属于哪一个尺寸段，以便作出选择经济精度的公差值和余量的依据。如图 2.29 所示，有

$$L_{AB}=9.9,\qquad L_{AD}=9.9+50.05=59.95$$
$$L_{AE}=69.9,\qquad L_{BC}=15$$

知道了各表面间的基本尺寸以后，便可对那些与设计尺寸无直接联系的工序尺寸公差按经济加工精度(例如粗车为 IT12，半精车为 IT11) 加以确定，然后再将公差值以对称偏差的形式填入尺寸图表中的工序尺寸偏差栏中。如图 2.29 所示工序 05 至工序 15 各工序尺寸的偏差，即是按上述方法确定的。

(3) 计算余量变动范围。由于工序加工余量受工序尺寸公差的影响，实际切除的余量在一定范围内变化。余量过大，费工费料；余量过小，加工困难，甚至加工成为不可能。为使所确定的余量比较合理，在确定了工序尺寸偏差以后，须计算出余量的变动范围。

计算某工序尺寸余量变动范围时，首先要确定影响该余量的有关工序尺寸。确定的方法与确定和设计尺寸有关的工艺组成环的方法一样，即从欲求的工序尺寸的两端垂直向上探索，遇到箭头即沿水平方向顺尺寸线寻迹，直到两条探索线在代表加工面的垂直线上为止，从而形成一个封闭的折线。将封闭折线上所有工序尺寸偏差(包括所求的工序尺寸的偏差) 都加起来，其总和就是所求工序尺寸的余量变动范围。

如图 2.30 所示计算余量变动范围，当计算尺寸(5) 余量变动范围时，其封闭折线所包括的

工序尺寸有(5)(7)(8)(9),因而其余量变动范围是±(0.08+0.095+0.15+0.075)=±0.40;当求尺寸(6)的余量变动范围时,其封闭折线所包括的工序尺寸有(6)(7)(8)(10),故工序尺寸(6)的余量变动范围是±(0.095+0.095+0.15+0.15)=±0.49。

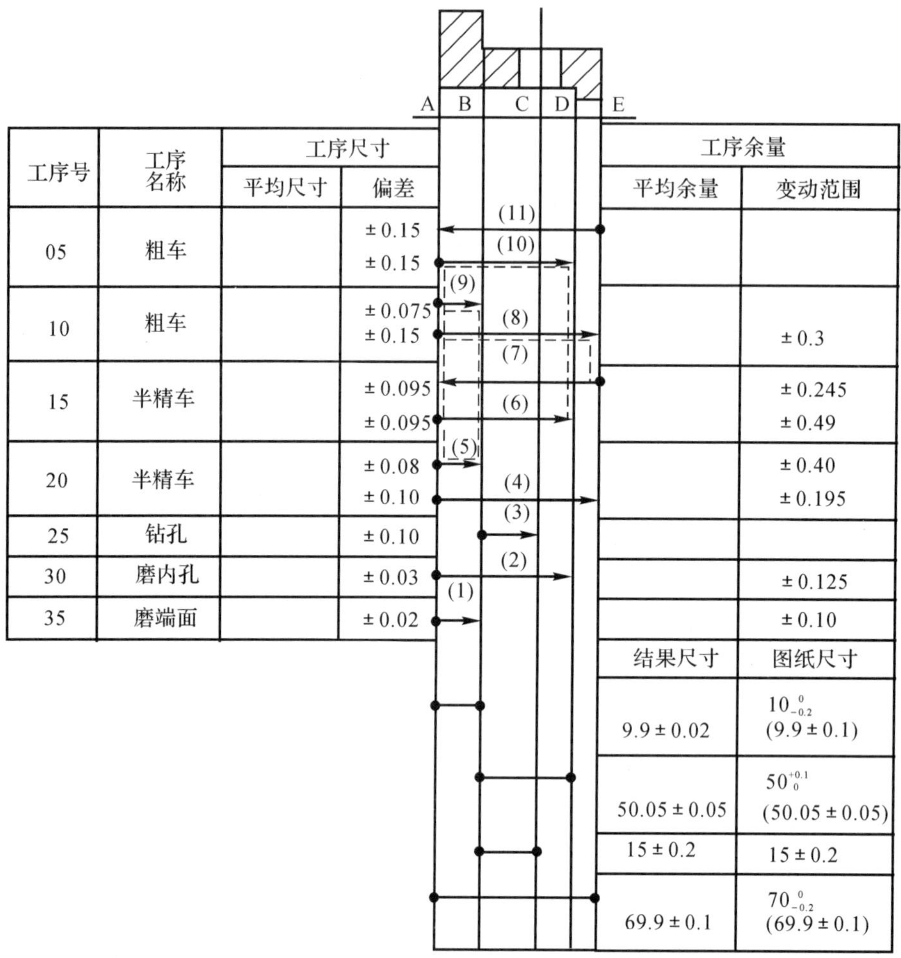

工序号	工序名称	工序尺寸 平均尺寸	工序尺寸 偏差	工序余量 平均余量	工序余量 变动范围
05	粗车		±0.15 ±0.15		
10	粗车		±0.075 ±0.15		±0.3
15	半精车		±0.095 ±0.095		±0.245 ±0.49
20	半精车		±0.08 ±0.10		±0.40 ±0.195
25	钻孔		±0.10		
30	磨内孔		±0.03		±0.125
35	磨端面		±0.02		±0.10

结果尺寸	图纸尺寸
9.9±0.02	$10_{-0.2}^{0}$ (9.9±0.1)
50.05±0.05	$50_{0}^{+0.1}$ (50.05±0.05)
15±0.2	15±0.2
69.9±0.1	$70_{-0.2}^{0}$ (69.9±0.1)

图 2.30 计算余量变动范围

按上述方法求出各工序尺寸的加工余量变动范围并标注在余量变动范围一栏内。尺寸(9)(10)(11)由毛坯加工得到,不必求余量变动范围,尺寸(3)是在圆柱面上钻削径向小孔,无所谓余量变动问题。

在工艺规程制定中,由于精加工阶段余量较小,所以经常只是计算精加工工序尺寸的加工余量变化,必要时,也可计算半精加工阶段的余量变化。

(4) 确定各工序的平均余量。在确定工序平均尺寸以前,首先要确定各尺寸的加工余量的平均值。各尺寸余量平均值是按所选择加工方法在有关资料或手册中查出而确定的。但平均余量的大小要结合已计算出的工序余量变动范围的大小考虑,应满足关系式:

$$Z_P - \frac{\delta}{2} \geqslant Z_{min}$$

式中 Z_P —— 平均余量;

δ —— 余量变动范围(图表中用 $\pm\frac{\delta}{2}$ 表示);

Z_{min} —— 保证各加工尺寸所必需的最小余量。

Z_{min} 的数值因加工方法和加工性质而异,下面数据仅供参考:

磨端面　　　$Z_{min}=0.08$

半精车端面　$Z_{min}=0.3$

粗车端面　　$Z_{min}=1.0$

在确定了平均余量公称值后,应按余量的变化情况检查最大、最小余量是否合适。如果最小余量太小,可增大公称余量值,或者调整工序尺寸偏差以减小余量变化范围;如果余量变化过大,则在加工困难增加不大的情况下,可适当压缩有关工序尺寸偏差,或调整工艺路线以达到改变有关尺寸链组成的目的;如果最大余量过大,则可在保证最小余量的情况下,适当减小平均余量的公称值。

图 2.31 所示为确定平均余量和工序平均尺寸,其中,对尺寸(5)可查表得到平均余量为 0.6,但其余量变化范围为 ±0.4,故 $Z_{min}=0.6-0.4=0.2$,而半精车最小余量推荐值为 0.3,所以将平均余量增大至 0.7。

粗加工余量可由毛坯总余量减去工序余量得到。

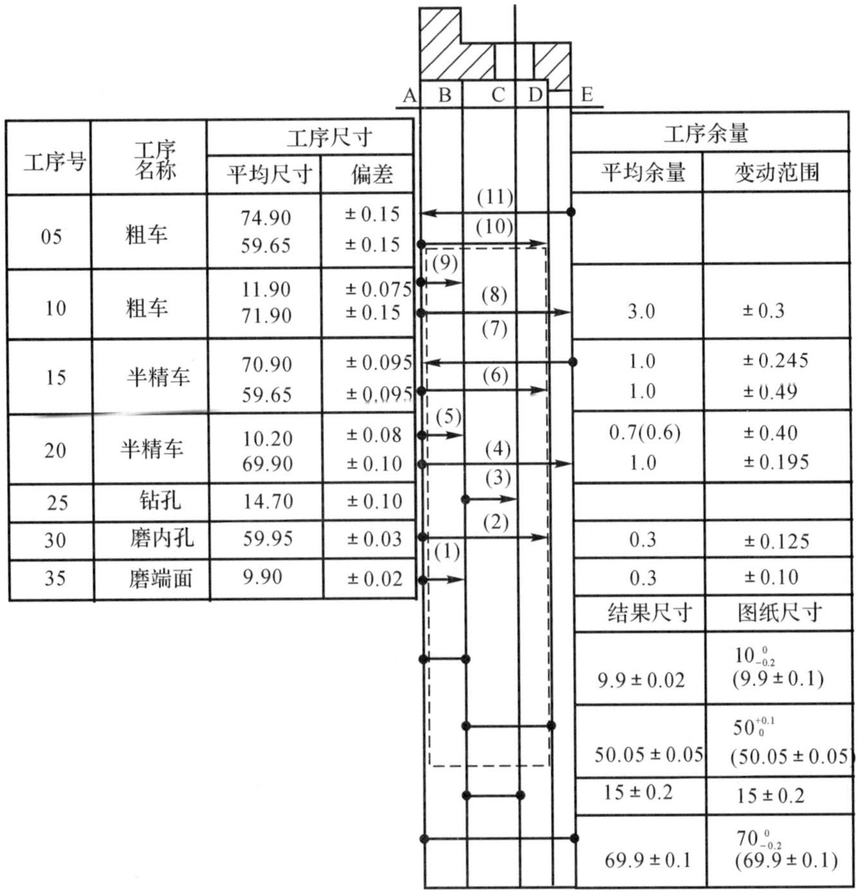

工序号	工序名称	工序尺寸		工序余量	
		平均尺寸	偏差	平均余量	变动范围
05	粗车	74.90 59.65	±0.15 ±0.15		
10	粗车	11.90 71.90	±0.075 ±0.15	3.0	±0.3
15	半精车	70.90 59.65	±0.095 ±0.095	1.0 1.0	±0.245 ±0.49
20	半精车	10.20 69.90	±0.08 ±0.10	0.7(0.6) 1.0	±0.40 ±0.195
25	钻孔	14.70	±0.10		
30	磨内孔	59.95	±0.03	0.3	±0.125
35	磨端面	9.90	±0.02	0.3	±0.10
				结果尺寸	图纸尺寸
				9.9±0.02	$10^{0}_{-0.2}$ (9.9±0.1)
				50.05±0.05	$50^{+0.1}_{0}$ (50.05±0.05)
				15±0.2	15±0.2
				69.9±0.1	$70^{0}_{-0.2}$ (69.9±0.1)

图 2.31　确定平均余量和工序平均尺寸

(5) 确定工序平均尺寸。确定了各工序尺寸的平均余量以后,即可确定各工序的平均尺寸。具体方法是从欲求的工序尺寸的尺寸线两端开始沿垂直线向下探索,至结果尺寸的两端为止,然后在结果尺寸上加上或减去在两边探索线上所遇到的除本身尺寸以外的加工面(即所遇到的箭头)的平均余量。当被加工面是内表面时,应减去平均余量;当被加工面是外表面时,应加上平均余量。

如图 2.31 所示,尺寸(1) 两端至结果尺寸两探索线未遇到加工面,故其平均尺寸为 9.90;同理,尺寸(2) 的平均尺寸为 50.05＋9.9＝59.95;尺寸(10) 探索线如图中虚线所示,其加工 1 次,左侧 15 工序加工 1 次,余量为 1,它使得尺寸变小,相当于外表面,应加余量,而右侧在工序 15 和 30 各加工 1 次,余量分别为 1 和 0.3,相当于内表面加工,故应减去余量,所以尺寸(10) 的平均尺寸应为 59.95＋1－1－0.3＝59.65。

(6) 标注各工序尺寸。在上述图表计算完成以后,将各工序尺寸及偏差转换为入体形式标注在工序图上。各工序径向尺寸也须根据工序余量算出加以标注。

2.5 数控加工工艺设计

一、数控加工的主要特点

数控加工的主要特点如下:

(1) 数控机床传动链短、刚度高,可通过软件对加工误差进行校正和补偿,因此加工精度高。

(2) 数控机床是按设计好的程序进行加工的,加工尺寸的一致性好。

(3) 在程序控制下,几个坐标轴可以联动,并能实现多种函数的插补运算,所以能完成普通机床难以加工或不能加工的复杂曲线、曲面及型腔等。

此外,有的数控机床(加工中心) 带自动换刀系统和装置、转位工作台以及可自动交换的动力头等,在这样的数控机床上可实现工序的高度集中,生产率比较高,并且夹具数量少,夹具的结构也相对简单。

由于数控加工的上述特点,所以在安排工艺过程时,有时要考虑安排数控加工。

二、数控加工工序设计

如果在工艺过程中安排有数控工序,则不管生产类型如何都需要对该工序的工艺过程做出详细规定,形成工艺文件,指导数控程序的编制,指导工艺准备工作和工序的制定。从机械加工工艺角度来看数控工序,其主要设计内容和普通工序没有差别。这些内容包括定位基准的选择、加工方法的选择、加工路线的确定、加工阶段的划分、加工余量及工序尺寸的确定、刀具的选择以及切削用量的确定等。但是,数控加工工序设计必须满足数控加工的要求,其工艺安排必须做到具体、细致。

1. 建立工件坐标系

数控机床的坐标系统已标准化。标准坐标系统是右手直角笛卡儿坐标系统。工件坐标系的建立与编程中的数值计算有关。为简化计算,坐标原点可选择在工序尺寸的尺寸基准上。

在工件坐标系内可以使用绝对坐标编程，也可以使用相对坐标编程。在图2.32中，从 A 点到 B 点的坐标尺寸可以表示为 $B(25,25)$，即以坐标原点为基准的绝对坐标尺寸，也可以表示为 $B(15,5)$，这是以 A 点为基准的相对坐标尺寸。

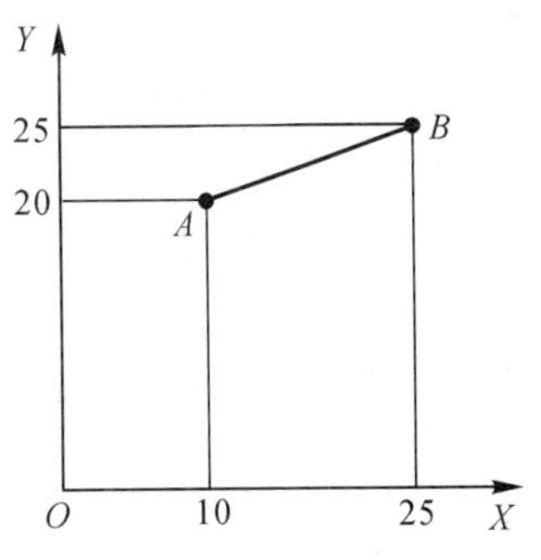

图 2.32　绝对坐标与相对坐标

2. 编程数值计算

数控机床具有直线和圆弧插补功能。当工件的轮廓由直线和圆弧组成时，在数控程序中只要给出直线与圆弧的交点、切点（简称基点）坐标值，加工中遇到直线，刀具将沿直线指向直线的终点，遇到圆弧将以圆弧的半径为半径指向圆弧的终点。当工件轮廓由非圆曲线组成时，通常的处理方法是用直线段或圆弧段去逼近非圆曲线，通过计算直线段或圆弧段与非圆曲线的交点（简称节点）的坐标值来体现逼近结果。随着逼近精度的提高，这种计算的工作量会很大，需要借助计算机来完成。因此，编程前根据零件尺寸计算出基点或节点的坐标值，是必不可少的工艺工作。除此之外，编程前应将单向偏差标注的工艺尺寸换算成对称偏差标注；当粗、精加工集中在同一工序中完成时，还要计算工步之间的加工余量、工步尺寸及公差等。

3. 确定对刀点、换刀点、切入点和切出点

为了使工件坐标系与机床坐标系建立确定的尺寸联系，加工前必须对刀。对刀点应直接与工序尺寸的尺寸基准相联系，以减少基准转换误差，保证工序尺寸的加工精度。通常选择在离开工序尺寸基准一个塞尺的距离，用塞尺对刀，以免划伤工件。此外，还应考虑对刀方便，以确保对刀精度。

由于数控加工工序集中，常需要换刀。若用机械手换刀，则应有足够的换刀空间，避免发生干涉，确保换刀安全。若采用手工换刀，则应考虑换刀方便。

切入点和切出点的选择也是设计数控工序时应该考虑的一个问题。刀具应沿工件的切线方向切入和切出（见图 2.33），避免在工件表面留下刀痕。

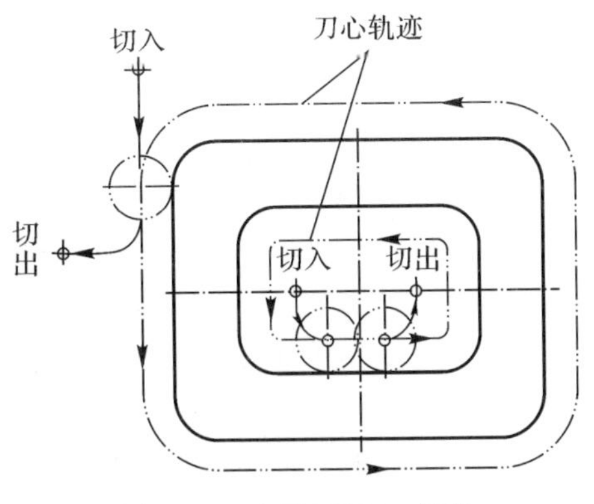

图 2.33　立铣刀切入、切出

4. 划分加工工步

由于数控工序集中了更多的加工内容，所以工步的划分和工步设计就显得非常重要，它将影响到加工质量和生产率。例如，同一表面是否需要安排粗、精加工，不同表面的加工先后顺

序应该怎样安排，如何确定刀具的加工路线，等等。所有这些工艺问题都要按一般工艺原则给出确定的答案。同时还要为各工步选择加工刀具（包括选择刀具类型、刀具材料、刀具尺寸以及刀柄和连接件），分配加工余量，确定切削用量等。

此外，数控工序还应确定是否需要有工步间的检查，何时安排检查；是否需要考虑误差补偿；是否需要切削液，何时开关切削液；等等。总之，在数控工序设计中要回答加工过程中可能遇到的各种工艺问题。

三、数控编程简介

根据数控工序设计，按照所用数控系统的指令代码和程序格式，正确无误地编制数控加工程序是实现数控加工的关键环节之一。数控机床将按照编制好的程序对零件进行加工。可以看出，数控编程工作是非常重要的，没有数控编程，数控机床就无法工作。数控编程方法分为手工编程和自动编程。手工编程是根据数控机床提供的指令由编程人员直接编写数控加工程序。手工编程适用于简单程序的编制。自动编程有两种形式：一种是由编程人员用自动编程语言编制源程序，计算机根据源程序自动生成数控加工程序；另一种是利用 CAD/CAM 软件，以图形交互方式生成工件几何图形，系统根据图形信息和相关的工艺信息自动生成数控加工程序。自动编程适用于计算量大的复杂程序的编制。

1. 数控程序代码及其有关规定

目前，国际上通用的数控程序指令代码有两种标准：一种是国际标准化组织（ISO）标准，另一种是美国电子工业协会（EIA）标准。我国规定了等效于 ISO 标准的准备功能 G 代码（比如，G00 表示点定位，G01 表示直线插补）和辅助功能 M 代码（比如，M00 表示程序停止，M02 表示程序结束）。除上述 G 代码和 M 代码以外，ISO 标准还规定了主轴转速功能 S 代码，刀具功能 T 代码，进给功能 F 代码和尺寸字地址码 X、Y、Z、I、J、K、R、A、B、C 等，供编程时选用。

由于标准中的有些 G 代码和 M 代码属于“不指定”和“永不指定”的情况，加上标准中标有“#”号的代码亦可选作其他用途，所以不同数控系统的数控指令含义就可能有差异。编程前，必须仔细阅读所用数控机床的说明书，熟悉该数控机床数控指令代码的定义和代码使用规则，以免出错。

2. 程序结构与格式

数控程序由程序号和若干个程序段组成。程序号由地址码和数字组成，如 05501。程序段由一个或多个指令组成，每条指令为一个数据字，数据字由字母和数字组成。例如：

N05　G00　X－10.0　Y－10.0　Z8.0　S1000　M03　M07

为一个程序段。其中，数据字 N05 为程序段顺序号；数据字 G00 使刀具快速定位到某一点；X、Y、Z 为坐标尺寸地址码，其后的数字为坐标数值，坐标数值带＋、－符号，＋号可以省略；S 为机床主轴转速代码，S1000 表示机床主轴转速为 1 000 r/min；M03 规定主轴顺时针旋转；M07 规定开切削液。在程序段中，程序段的长度和数据字的个数可变，而且数据字的先后顺序无严格规定。

上述程序段中带有小数点的坐标尺寸表示的是以毫米表示的长度。在数据输入中，若漏输小数点，有的数控系统会认为该数值为脉冲数，其长度等于脉冲数乘以脉冲当量。因此，在输入数据或检查程序时，对小数点要给予特别关注。

四、工序安全与程序试运行

数控工序的工序安全问题不容忽视。数控工序的不安全因素主要来源于加工程序中的错误。将一个错误的加工程序直接用于加工是很危险的。例如，程序中若将 G01 错误地写成 G00，即把本来的进给指令错误地输入成快进指令，则必然会发生撞刀事故。再如，在立式数控钻铣床上，若将工件坐标系设在机床工作台台面上，程序中错误地把 G00 后的 Z 坐标数值写成 0.00 或负值，则刀具必将与工件或工作台相撞。另外，程序中的任何坐标数据错误都会导致产生废品或发生其他安全事故等。因此，对编写完的程序一定要认真检查和校验，并进行首件试加工。只有确认程序无误后，才可投入使用。

2.6　计算机辅助工艺过程设计

工艺过程设计是连接产品设计与产品制造的桥梁，对产品质量、制造成本、生产周期等具有重要的影响。应用计算机辅助工艺过程设计(Computer Aided Process Planning，CAPP)技术，不仅可以使工艺人员从烦琐重复的事务性工作中解脱出来，快速编制出完整的工艺规程，缩短工艺准备周期，而且可逐步促进企业工艺过程的优化以及工艺规程的规范化、标准化，从根本上改变工艺过程设计依赖于个人知识和经验的状况，提高工艺过程设计的质量，为企业生产管理提供更加科学的依据。

一、产品工艺过程设计及管理

机械产品的类型和结构虽然千差万别，但其设计和制造过程却大同小异。产品制造一般包括工艺过程设计(简称工艺设计)、工装准备、生产计划制定、零件制造、产品装配、检验等主要环节。工艺过程设计主要是指零件制造工艺设计和产品装配工艺设计，所形成的工艺规程是生产计划制定和生产准备的主要依据。

1. 零件制造工艺设计

零件制造工艺过程是指主要用机械加工方法逐步改变毛坯的状态(形状、尺寸和表面质量)，使之成为合格零件所进行的全部过程。把工艺过程按一定的格式用文件的形式固定下来，便成为工艺规程。

零件制造工艺设计就是依据产品装配图和零件图及其技术要求、零件批量、设备工装条件以及工人技术情况等，确定所采用的工艺过程，形成工艺规程。

零件制造工艺设计一般按照以下步骤进行：

(1)分析研究产品装配图和零件图，进行工艺审查和分析。

(2)确定毛坯或按材料标准确定型材尺寸。

(3)拟订工艺路线。它包括确定加工方法、安排加工顺序、确定定位和夹紧方法，以及安排热处理、检验和其他辅助工序。工艺路线拟订是工艺设计的关键步骤，一般需要提出几个方案，进行分析对比，寻求最经济合理的方案。

(4)确定各工序所采用的设备和工装(刀具、夹具、量具和辅助工具等)。如果加工需要专用的工装，则应提出具体的工装设计任务书和工装请制申请书。

(5)确定工序尺寸、技术要求和检验方法。

(6)确定切削用量。

(7)确定工时定额。

(8)编写工艺文件,形成工艺规程。

(9)编制零件数控加工程序。

2. 产品装配工艺设计

按照产品规定的技术要求,将零件、合件、组件或部件进行配合和连接,使之成为半成品或成品的工艺过程称为装配工艺过程。将装配工艺过程按一定格式编写成工艺文件,就是装配工艺规程。它是组织装配工作、指导装配作业的基本依据。

产品装配工艺设计的主要过程及内容如下。

(1)产品分析。分析产品装配图、技术要求等原始资料,深入了解产品及各部件的结构、各部件之间的相互关系、结合方式及要求,并对产品结构进行尺寸分析和工艺分析。

(2)确定装配组织形式。装配组织形式分固定式装配与移动式装配两种。装配组织形式的选择主要取决于产品的结构、尺寸、质量和生产批量,并应考虑现有生产技术条件和设备状况。装配组织形式一经确定,工作地布置、运输方式等内容也就相应确定,这对总装和部装、工序划分、工序的集中与分散、所用的工装和设备等有很大影响。

(3)拟订装配工艺过程。装配工艺过程拟订包括以下几个方面的内容:

1)划分产品装配单元。从装配工艺的角度出发,将产品分解为可以独立进行装配的各级部件及组件,即装配单元,以便组织装配工作的并行及流水作业。

2)确定装配顺序。选择装配基准件,确定各部件、组件的装配顺序。

3)绘制装配系统图。对于结构简单、零部件少的产品,可以只绘制产品的装配系统图。对于结构复杂、零部件很多的产品,还需要绘制各装配单元的装配系统图。

4)划分装配工序。其主要工作包括:确定工序集中与分散的程度;划分装配工序,确定各工序的作业内容;确定各工序所需的设备及所用的工具、夹具、量具等,专用工装要提出设计任务书;制定各工序操作规范;制定各工序装配质量要求、检测项目和方法;确定各工序工时定额,并平衡各工序的生产节拍。

(4)编写工艺规程。根据企业要求,编写装配工艺过程卡和装配工序卡等工艺文件。

(5)制定产品的检测和试验规范。按设计要求制定检测和试验规范,其内容一般为检测和试验的项目及质量指标,检测和试验的方法、条件及环境要求,所需工装的选择与设计,检测和试验程序及操作规程,质量问题的分析方法和处理措施。

3. 工艺管理

工艺管理是指企业中对各项工艺工作的计划、组织和控制等一系列管理活动。其主要内容包括以下几个方面:

(1)产品工艺设计工作的计划制定、组织、任务分配和控制。

(2)各类工艺数据的统计、汇总和报表编制。

(3)工艺装备设计和制造的计划制定、申请、审批和控制。

(4)车间现场工艺问题的处理和控制。

(5)工艺文件管理,如工艺文件分类管理、版次管理、更改管理等。

(6)工艺标准、规范的制定、实施和管理。

二、CAPP 的概念及内容

工艺过程设计是典型的复杂问题，包含了分析、选择、规划、设计、优化等不同性质的业务工作和要求，不仅涉及的范围十分广泛，用到的信息量相当庞大，而且与具体的制造环境以及个人技术水平和经验密切相关，因此是一项技术性和经验性很强的工作。长期以来，工艺过程设计都是依靠工艺设计人员个人积累的经验采用手工方式完成的。这种手工设计方式与现代制造技术的发展要求不相适应，主要表现在以下三个方面：

(1) 工艺过程设计要花费相当多的时间，但其中实质性的技术工作可能只占总时间的5%～10%，工艺人员的大部分时间用于重复性劳动和填写表格等事务性工作。这不仅加大了工艺人员的劳动强度，容易出错，而且延长了工艺准备周期。

(2)同一零件的工艺过程由不同的工艺人员设计时，往往会得到不同的结果；即使由同一位工艺人员设计，每次的设计结果也可能不完全相同。也就是说，人工编写的工艺规程，一致性差，难以保证工艺文件的质量和实现工艺的规范化、标准化。

(3)烦琐且重复的密集型劳动会束缚工艺人员的设计思想，妨碍他们从事创造性工作，并且工艺人员的知识积累过程太慢，而服务时间相对过短，因而不利于工艺水平的迅速提高。

计算机技术的迅速发展，促使人们在工艺过程设计中应用计算机技术以解决上述问题。CAPP 是指全部或部分利用计算机技术进行工艺过程设计，完成工艺规程编制工作。计算机技术在工艺过程设计中的辅助作用主要体现在交互处理、图形处理、工艺决策、数值计算、数据存储与管理等方面。

计算机作为计算工具的优越性显而易见。人工计算容易发生错误的问题使用计算机可以完全克服；许多复杂运算只有计算机才能完成，例如复杂曲面处理、有限元分析等离开计算机便难以实现。计算机作为计算工具提高了计算精度，保证了结果的准确性。

计算机的海量数据存储能力使其能够在数据存储与管理方面发挥重要作用。例如，常规工艺设计时，工艺人员必须从有关的技术文件或设计手册中查找数据，费时而且容易出错。使用 CAPP 系统进行工艺设计时，相关标准的数据存放在统一的数据库中，检索迅速、准确，使用非常方便。有了数据库，工艺人员便不再需要记忆具体的数据，也不必关心数据的存储位置，可以全神贯注于创造性的工作。

图样是工程语言，是人们交流思想的工具。在工艺设计中，工艺简图的绘制工作量往往很大，有时可达 60%以上，因此计算机绘图是对工艺设计工作的有力辅助。

随着人工智能技术的发展，人们将人工智能融入工艺设计中，使计算机能够帮助工艺人员完成许多逻辑决策，从而提高 CAPP 系统的智能化水平。

CAPP 技术研究在初期仅涉及工艺设计问题，并且绝大多数研究都集中在零件机械加工工艺设计方面。但随着技术的发展和应用，CAPP 开始涉及产品装配工艺设计以及工艺管理工作。因此，从内容上说，CAPP 应包括零件制造工艺设计、产品装配工艺设计和工艺管理的全部内容。

三、CAPP 系统的基本组成

CAPP 系统一般包括三个基本组成部分：产品设计信息输入、工艺决策、产品工艺信息输出。

1. 产品设计信息输入

工艺设计所需要的原始信息是产品设计信息。对于零件制造工艺设计而言，这些原始的信息是指产品、零件的结构形状和技术要求。表示产品、零件的结构形状和技术要求的方法有多种，如常用的工程图纸和CAD系统中的零件模型。工艺人员在进行工艺设计时，首先通过阅读工程图纸获取有关工艺设计所需的产品和零件的设计信息。应用CAPP系统进行工艺设计时，必须先将这些有关的产品和零件设计信息转换成系统所能“读”懂的信息。目前，CAPP系统的信息输入方法主要有两种：一种是人机交互输入所需的产品设计信息；另一种是直接从CAD系统读取所需的产品设计信息。

2. 工艺决策

所谓工艺决策，是指根据产品和零件设计信息，利用工艺知识和经验，考虑具体的制造资源条件，确定产品的工艺过程。总体来看，工艺决策要解决三种类型的问题：①选择性问题，如加工方法选择、设备工装选择等；②规划性问题，如工序安排与排序、工步安排与排序等；③计算性问题，如工序尺寸计算、工时定额计算等。

对于计算性问题，可通过建立数学模型和算法加以解决；对于选择性问题和规划性问题，CAPP系统所采用的基本工艺决策方法有修订式和生成式两种。

(1)修订式方法(Variant Approach)。修订式方法的基本思路是将相似零件归并成零件族，工艺设计时检索出相应零件族的标准工艺规程，并根据设计对象的具体特征加以修订。因此，有些文献将修订式方法称为派生式或检索式方法。通常人们把采用修订式方法的CAPP系统称为修订式CAPP系统。

(2)生成式方法(Generative Approach)。生成式方法也称为创成式方法，其基本思路是将人们设计工艺过程时的推理和决策方法转换成计算机可以处理的决策逻辑和算法，在使用时由计算机程序采用内部的决策逻辑和算法，依据工艺知识和制造资源信息，自动生成零件的工艺过程。通常，人们把采用生成式方法的CAPP系统称为生成式CAPP系统。

一个实用的CAPP系统一般都会综合使用修订式方法和生成式方法，所以也有人提出综合式(Hybrid)方法或半生成式(Semi - Generative)方法的概念，并把这类系统称为综合式CAPP系统。

在20世纪80年代和90年代初期，CAPP技术的研究与开发主要集中在专家系统(Expert System，ES)及人工智能(Artificial Intelligence，AI)技术的应用方面。虽然在CAPP中所采用的人工智能技术多种多样，但基本上都是针对工艺决策问题的求解应用，CAPP系统也基本是按专家系统的结构进行构造的，因此，这样的系统常被称为工艺决策专家系统或CAPP专家系统。国内外开发的大多数CAPP专家系统，所采用的工艺决策方法基本上都是生成式方法，但也有在修订式CAPP系统中采用专家系统技术的。

3. 产品工艺信息输出

工艺决策的结果通常采用工艺信息库和工艺规程两种形式输出。CAPP系统一般将工艺决策的结果信息存储在工艺信息库中，以方便工艺信息的使用和共享；同时，CAPP系统都具有工艺规程输出功能，可根据企业的实际要求输出纸质或电子工艺规程，如工艺过程卡、工序卡、刀具清单等各类工艺文件。

四、修订式 CAPP 系统

1. 修订式工艺决策的原理

修订式工艺决策的基本原理是利用零件的相似性，即相似的零件有相似的工艺过程。一个新零件的工艺规程，是通过检索相似零件的工艺规程并加以筛选或编辑修改而成的。

相似零件的集合称为零件族。能被一个零件族使用的工艺规程称为标准工艺规程或综合工艺规程。标准工艺规程可看成是为一个包含该族内零件的所有形状特征和工艺特征的假想复合零件而编制的。根据实际生产的需要，标准工艺规程的复杂程度、完整程度各不相同，但至少应包括零件加工的工艺路线（工序序列），并以零件族号作为关键字将其存储在数据文件或数据库中。

当对某个零件编制工艺规程时，首先通过某种方式（如零件编码）将该零件划归到特定的零件族，然后可根据零件族号检索出该族的标准工艺规程，对其进行修订（包括筛选、编辑或修改）。修订过程在 CAPP 系统控制下以交互或自动方式进行。

2. 修订式 CAPP 系统的开发

修订式 CAPP 系统的开发可大致划分为以下五个阶段。

(1)分类编码系统选择。分类编码系统的选择应针对本企业所生产的产品，分析各种零件的几何形状、工艺特征，在此基础上选用现有的比较成熟的系统。如果现有系统不能完全适合本企业零件分类编码的要求，则可以对所选用系统进行修改或扩充。

(2)零件族划分。对划定范围内的零件进行编码，并把它们划分为各个零件族。所划定的零件范围可以是企业生产的全部零件，也可以是部分零件，但一般来说，应先从部分零件或容易实现分类的零件开始。划分零件族的原则是以工艺过程相似性为主，兼顾零件几何形状的相似性。划分的过程可以由计算机辅助进行。

(3)标准工艺规程编制。标准工艺规程一般需要在总结现有工艺规程的基础上进行编制。所编制的工艺规程代表一个零件族的制造工艺，因此应满足族内所有零件的要求。标准工艺规程的编制对 CAPP 系统的性能有着决定性的作用，因此与分类编码工作一样，都有较大的工作量。

(4)标准工艺规程数据库结构设计。设计工艺规程数据库结构时应考虑检索的方便，其存储方式一般采用数据库系统，但也可以存储在数据文件中，这主要取决于信息量的大小。

(5)系统程序设计、编码、调试与试运行。CAPP 系统既可以采用通用计算机语言，也可以采用数据库管理系统进行程序设计。

对于某些类型的零件，可以不采用专门的分类编码系统及划分零件族的方法，这能够大大减少系统开发的工作量。例如，轴承类零件由于其系列化程度高，在一个系列的一定范围内，同类零件的形状不仅基本相同，工艺过程也很相似，自然形成了一个典型的零件族。此外，轴承代号中含有多项技术信息，可以作为检索和决策的依据，因而也就没有必要采用另外的分类编码系统对零件进行编码分类。

从技术上讲，修订式 CAPP 系统容易实现，因此，目前国内外实际应用的 CAPP 系统大都应用了修订式方法。但是，标准工艺规程未考虑生产批量、制造技术、制造资源等因素的变动，如果这些因素发生变化，则系统不易修改。因此，修订式 CAPP 系统主要适用于零件族数较少、每族内零件项数较多以及零件种类、生产批量和制造技术相对稳定的制造企业。此外，在产品装配工艺设计中也可采用修订式方法。

3．修订式 CAPP 系统的应用

修订式 CAPP 系统开发完成后，工艺人员就可以使用该系统为实际零件编制工艺规程。编制工艺规程的具体步骤如下：

(1)按照采用的分类编码系统，对实际零件进行编码。

(2)检索该零件所在的零件族。

(3)调出该零件族的标准工艺规程。

(4)利用系统的交互式编辑界面，对标准工艺规程进行筛选、编辑或修改。有些系统还提供自动修订的功能，但这需要补充输入该零件的一些具体信息。

(5)将修订好的工艺规程存储起来，并按给定的格式打印输出。

修订式 CAPP 系统的应用，不仅可以减轻工艺人员编制工艺规程的工作，而且相似零件的工艺过程可达到一定程度上的一致性。但修订式 CAPP 系统的使用仍需要有经验的工艺人员。

五、生成式 CAPP 系统

1．生成式方法的原理

生成式方法的基本思路是，将人们设计工艺过程时使用的推理和决策方法转换成计算机可以处理的决策模型、算法以及系统程序，从而依靠系统决策，自动生成产品或零件的工艺过程。

生成式 CAPP 系统实际上是一种智能化程序，它可以克服修订式系统的固有缺点。但由于工艺设计问题的复杂性，目前尚没有适用于所有产品或零件类型的 CAPP 系统能够做到全部工艺决策都完全自动化。一些自动化程度较高的系统或者是针对某些零件类型实现了工艺决策的自动化，或者是某些工艺决策仍需要一定程度的人工干预。从技术发展看，短期内也不一定能开发出功能完全、自动化程度很高的生成式 CAPP 系统。因此，人们把一些能够自动完成主要工艺决策任务的 CAPP 系统也归入生成式 CAPP 系统。于是，有人提出所谓的半创成式 CAPP 系统等。

2．工艺决策方法

对于生成式 CAPP 系统，软件设计的核心内容是各种工艺决策逻辑的表达和实现，即工艺决策模型的建立。尽管工艺设计包括各种性质的决策，决策逻辑也很复杂，但表达方式却有许多共同之处，可以应用软件设计方法和工具来表达和实现。

决策表(Decision Table)是一种常用的工艺决策方法，下面对其进行简要介绍。决策表是表达各种事件或属性间复杂逻辑关系的形式化方法，具有下述明显的优点：

(1)可以明晰、准确、紧凑地表达复杂的逻辑关系。

(2)易读、易理解，可以方便地检查遗漏及逻辑上的不一致。

(3)易于转换成程序流程和代码。

因此，可以采用决策表表达工艺决策逻辑。例如，一种选择孔加工链所用的决策表如表 2.12 所示。

表 2.12　孔加工链选择决策表

直径≤12	T	T	T	T	F	F	F	F	F	F	F	F
12<直径≤25	F	F	F	F	T	T	T	T	T	F	F	F
25<直径≤50	F	F	F	F	F	F	F	F	F			
50<直径	F	F	F	F	F	F	F	F	F			
位置度≤0.05	F	F			F	F	F	F	T	F	F	
0.05<位置度≤0.25	F	F			F	F	T	T	F	F		
0.25<位置度	T	T	F	F	T	T	F	F	F	T		
公差≤0.05	F		F	T	F		F	T	T	F	F	T
0.05<公差≤0.25	F			F	F		T	F	F	F	T	F
0.25<公差	T	F		F	T	F	F	F	F	T	F	F
钻孔	1	1	1	1	1	1	1	1	1	1	1	1
铰孔		2										
半精镗				2				2	2			2
精镗			2	3		2	2	3	3		2	3

注：T—条件为真；F—条件为假；1、2、3—当对应列的条件成立时，选择的动作或结论。

由表 2.12 可以看出，决策表由四部分构成。横粗实线的上半部分表示条件，下半部分表示动作或结论；竖粗实线的左半部为条件或动作的文字说明，右半部分为条件集对应的动作集；每一列表示一条决策规则，其中数字表示动作的执行顺序。

各种工艺决策逻辑的模型化和算法化是生成式 CAPP 系统开发的核心工作。工艺设计各阶段的决策是多种多样的，除以数值计算为主的问题可以依靠数学模型处理外，大多数决策过程属于逻辑决策，需要依靠工艺专家丰富的生产实践经验和技巧来实现。在生成式 CAPP 系统开发中，由于不同的生产对象、不同的生产环境、不同的功能需求，可能会总结归纳出不同的工艺决策模型。这方面的研究还不成熟，尚需做大量研究工作。目前，在国内外的研究中，加工方法选择等选择性问题的解决相对成熟。下面简要介绍加工方法选择的决策。

如前所述，零件是由若干个形状特征构成的。对于每个特征 f，一般要经过多次加工 P_i，从而形成特征的加工序列 S，其可表示为

$$S=\{P_1,f_1,P_2,f_2,\cdots,P_n,f\}$$

式中　f_i—— 对特征 f 经过一次加工 P_i 所形成的过渡特征或形状。

在确定特征的加工序列时，大多数 CAPP 系统采用反向设计，即从零件(最终要求)通过推理获得毛坯的过程。与此相反，从毛坯通过推理获得零件的过程称为正向设计。反向设计有两种实现方法：一种是从后往前逐步有序地选择出特征，形成加工工序序列的加工方法；另

一种是直接选择出特征的加工序列——常称为加工链(在许多工艺手册中都有各类形状特征或表面的加工链选择表)。

对于工序安排与排序等规划性决策问题,目前尚无成熟的解决方法,许多CAPP系统都是在限定的条件下给出决策模型。因此,对工艺设计问题本身进行深入研究和分析,建立工艺决策模型仍是生成式CAPP系统开发的关键问题之一。

3. 工艺决策专家系统

所谓专家系统,就是一种在特定领域内具有专家水平的计算机程序系统。它将人类专家的知识和经验以知识库的形式存入计算机,并模拟人类专家解决问题的推理方式和思维过程,运用这些知识和经验对现实中的问题作出判断和决策。从本质上看,专家系统提供了一种新型的程序设计方法,可以解决用传统的程序设计方法难以解决的问题。

知识库和推理机是专家系统的两大主要组成部分。知识库存储从领域专家那里得到的关于某个领域的专门知识,它是专家系统的基础。工艺决策知识是人们在工艺设计实践中所积累的认识和经验的总结和概括。工艺设计经验性强、技巧性高,工艺设计理论和工艺决策模型化工作仍不成熟,因此工艺决策知识获取更为困难。目前,除了一些工艺决策知识可以从书本或有关资料中直接获取外,大多数工艺决策知识还必须从具有丰富实践经验的工艺人员那里获取。在工艺决策知识获取中,可以针对不同的工艺决策子问题(如加工方法选择、刀具选择、工序安排等),采用对现有工艺资料分析、集体讨论、提问等方式进行工艺决策知识的收集、总结与归纳。在此基础上,进行整理与概括,形成可信度高、覆盖面宽的知识条款,并组织具有丰富工艺设计经验的工艺师,逐条进行讨论、确认,最后进行形式化表示。

推理是按某种策略由已知事实推出另一事实的思维过程。在专家系统中,普遍使用三种推理方法:正向演绎推理、反向演绎推理、混合演绎推理。正向演绎推理是从已知事实出发推出结论的过程,其优点是比较直观,但由于推理时无明确的目标,可能导致推理的效率较低;反向演绎推理是先提出一个目标作为假设,然后通过推理去证明该假设的过程,其优点是不必使用与目标无关的规则,但当目标较多时,可能要多次提出假设,也会影响问题求解的效率;混合演绎推理是联合使用正向演绎推理和反向演绎推理的方法,一般先用正向演绎推理帮助提出假设,然后用反向演绎推理来证实这些假设。对于工艺设计等工程问题,一般多采用正向演绎推理或混合演绎推理方法。

在专家系统中,推理以知识库中已有知识为基础,是一种基于知识的推理,其计算机程序实现构成推理机。推理机控制并执行对问题的求解,是专家系统的核心。它根据已知事实,利用知识库中的知识,按一定的推理方法和搜索策略进行推理,得到问题的答案或证实某一结论。在工艺决策专家系统中,工艺知识存储于知识库中,当用它为产品或零件设计工艺过程时,推理机从产品的设计信息(如零件特征信息)等原始事实出发,按某种策略在知识库中搜寻相应的知识,从而得出中间结论(如选择出特征的加工方法),然后再以这些结论为事实推出进一步的中间结论(如安排出工艺路线),如此反复进行,直到推出最终结论,即产品的工艺过程。像这样不断运用知识库中的知识,逐步推出结论的过程就是推理。

同传统程序设计方法相比,知识库与推理机相分离是专家系统的显著特征。除了知识库和推理机,还需要一个用于存放推理的初始事实或条件、中间结果以及最终结果的工作存储器,称其为动态数据库或黑板。此外,一个完整或理想的专家系统,还包括人机界面、知识获取和解释机构等部分。专家系统的构成如图 2.34 所示。

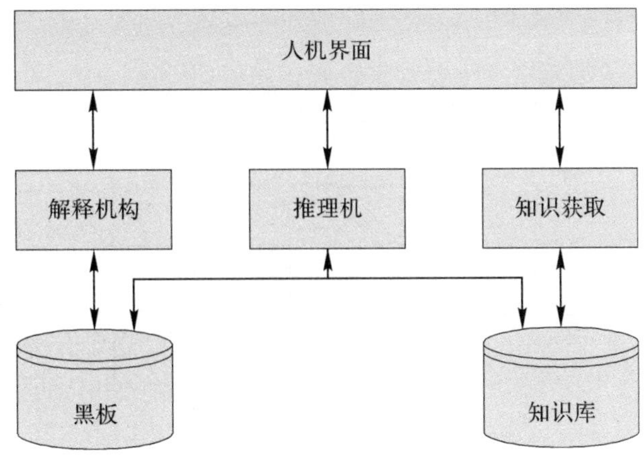

图 2.34　专家系统的构成

专家系统一般具有如下特点：

(1)知识库和推理机相分离，有利于系统维护。

(2)系统的适应性好，并具有良好的开放性。

(3)有利于追踪系统的执行过程，并对此做出合理解释，使用户相信系统所得出的结论。

(4)系统决策的合理程度取决于系统所拥有的知识的数量和质量。

(5)系统决策的效率取决于系统是否拥有合适的启发式信息。

采用专家系统技术，可以实现工艺知识库和推理机的分离。在一定范围内或理想情况下，当 CAPP 系统应用条件发生变化时，可以修改或扩充知识库中的知识，而无须从头进行系统的开发。

习　　题

2.1　试分析图 2.35 所示零件有哪些结构工艺性问题，并提出正确的改进方法。

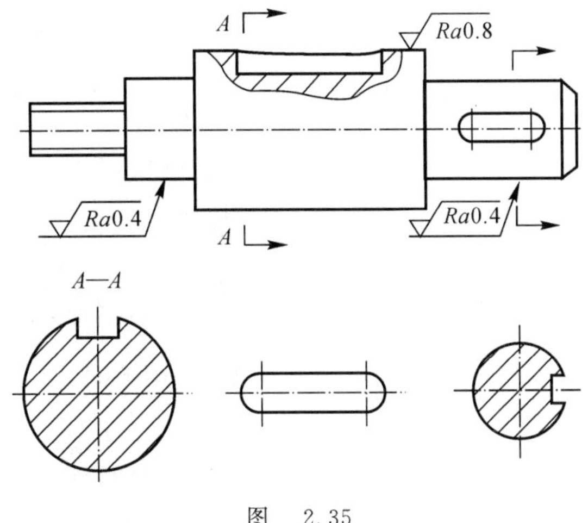

图　2.35

2.2 试述在零件加工过程中，定位基准（包括粗基准和精基准）选择的原则。根据原则试分析图 2.36 所示零件，镗孔 $D^{+\delta d}_{0}$ 工序中的精基准选择的几种方案，确定其最佳方案。

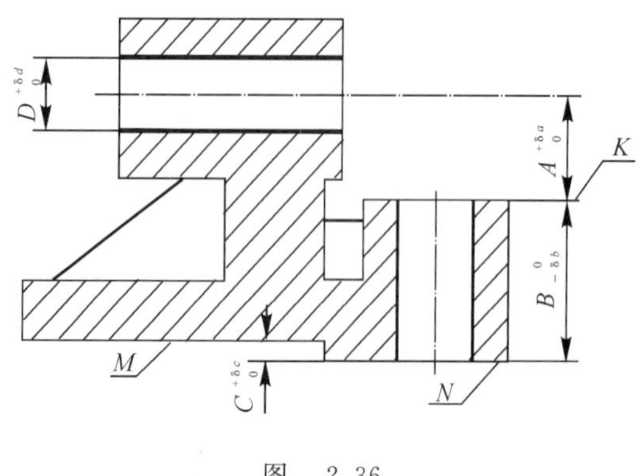

图 2.36

2.3 试述在零件加工过程中，划分加工阶段的目的和原则。

2.4 试述在机械加工零件的工艺过程中，安排热处理工序的目的、常用热处理的方法及其在工艺过程中安排的位置。

2.5 某轴套类零件，材料为 38CrMoAlA 氮化钢，内孔为 ϕ90H7，表面粗糙度 Ra 为 0.03 μm，内孔表面要求氮化，渗氮表面硬度 HRC $\geqslant$ 58，零件心部调质处理硬度为 28 ~ 34 HRC。试选择零件孔 ϕ90H7 的加工方法，并安排孔的加工工艺路线。

2.6 一根长为 100 的轴，材料为 12CrNi3A 渗碳钢，外圆直径为 ϕ10H7，要求表面粗糙度 Ra 值小于 0.03 μm，外圆表面要求渗碳、淬火，渗碳、淬火后表面硬度为 HRC $\geqslant$ 60，试选择零件外圆 ϕ10H7 的加工方法，并安排外圆加工工艺路线。

2.7 一根光轴，直径为 $\phi 30\text{f6}\left(^{-0.020}_{-0.033}\right)$，长度为 240，在成批生产条件下，试计算外圆表面加工各道工序的工序尺寸及其公差（其加工顺序为棒料 → 粗车 → 精车 → 粗磨 → 精磨。经查手册可知各工序的名义余量分别为粗车 3、精车 1.1、粗磨 0.3、精磨 0.1。其公差分别为 0.39、0.16、0.062 和 0.013）。

2.8 求图 2.37 所示各尺寸链中的 F^{ES}_{EI}，H^{ES}_{EI} 为多少（双线为封闭环）。

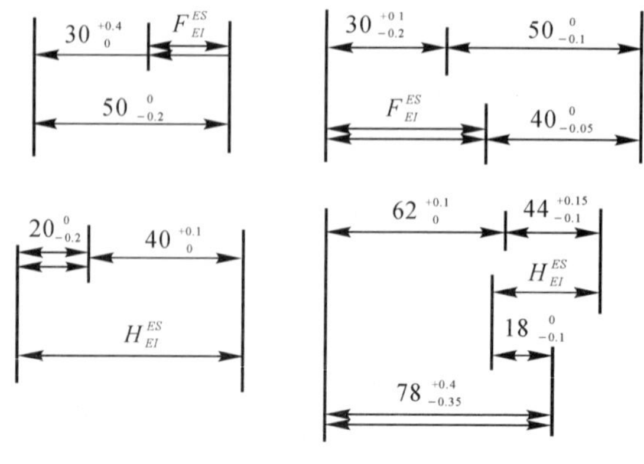

图 2.37

2.9　求图 2.38 所示几种情况下，加工指定表面时的定基误差的数值：

(1) 求图 2.38(a) 所示工序 15 半精车端面时的定基误差；

(2) 求图 2.38(b) 所示工序 20 铣槽时的定基误差。

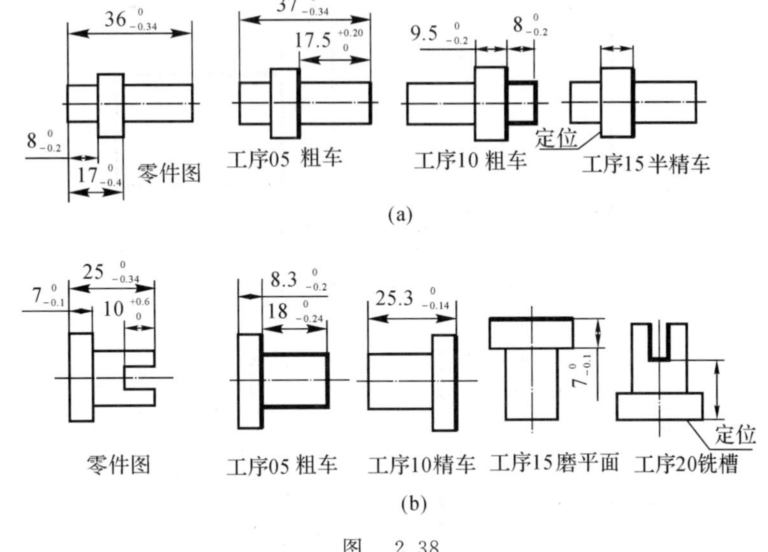

图　2.38

2.10　试从图 2.39 所示零件图、工艺过程部分工序图[见图 2.39(b)(c)]中，核算零件图的尺寸能否保证。

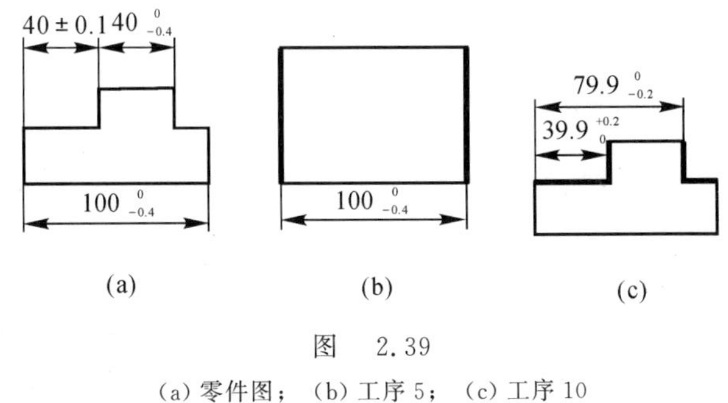

图　2.39

(a) 零件图；(b) 工序 5；(c) 工序 10

2.11　如图 2.40(a) 所示零件，为测量方便，现以图(b) 或图(c) 所示方式标注工序尺寸，试解：尺寸 t 或 h 及公差应为多大才能满足图纸要求。

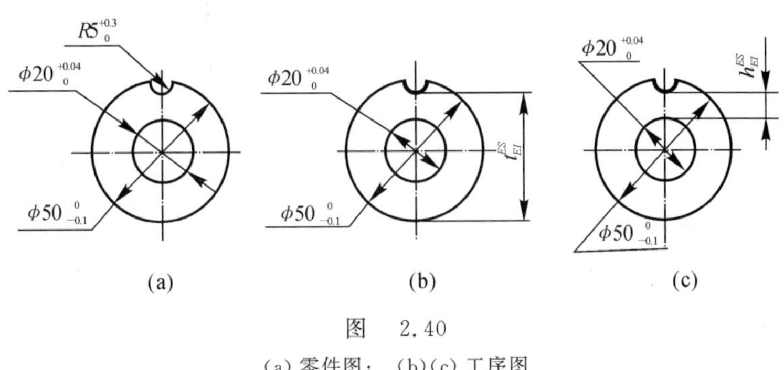

图　2.40

(a) 零件图；(b)(c) 工序图

2.12　在如图 2.41 所示零件图和部分工序图中，试问，零件图中尺寸 $40_{-0.3}^{0}$ 能否保证？H_{EI}^{ES} 为多少？

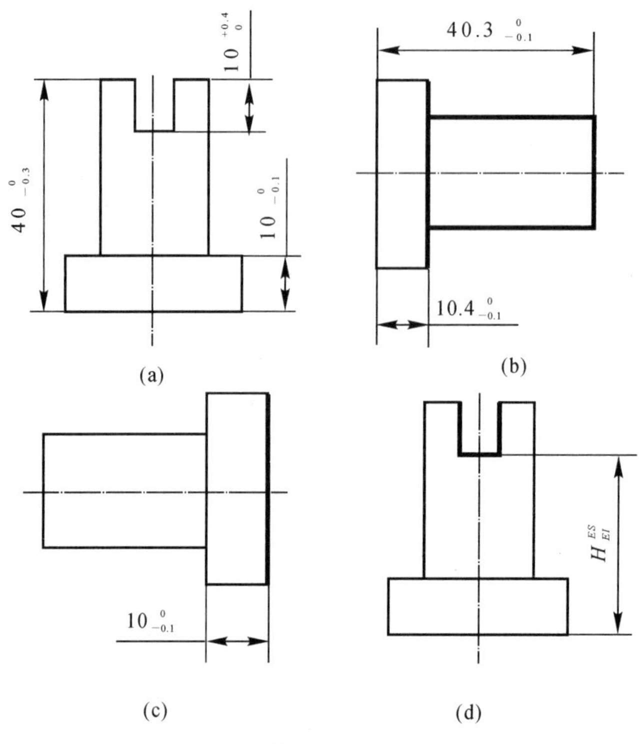

图　2.41

(a) 零件图；(b) 工序 15；(c) 工序 20；(d) 工序 25

2.13　某零件加工工艺过程如图 2.42 所示，试校核工序 15 精车端面余量是否足够。

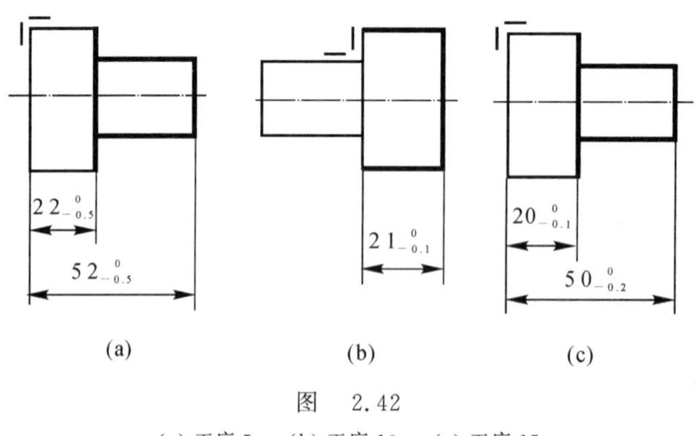

图　2.42

(a) 工序 5；(b) 工序 10；(c) 工序 15

2.14　某零件的外圆 $\phi106_{-0.013}^{0}$ 上要渗碳，渗碳深度为 0.9 ～ 1.1(即单边为 $0.9_{0}^{+0.2}$)。此外圆加工顺序安排是先按 $\phi106.6_{-0.03}^{0}$ 车外圆，然后渗碳并淬火，其后再按零件尺寸 $\phi106_{-0.013}^{0}$ 磨削此外圆，所留渗碳层深度要在 0.9 ～ 1.1 范围内。试问，渗碳工序的渗入深度应控制在多大范围？

2.15　在图 2.43 所示工件中，$L_1=70_{-0.050}^{-0.025}$，$L_2=60_{-0.025}^{0}$，$L_3=20_{0}^{+0.15}$，L_3 不便直接测量，试重新给出测量尺寸，并标注该测量尺寸的公差。

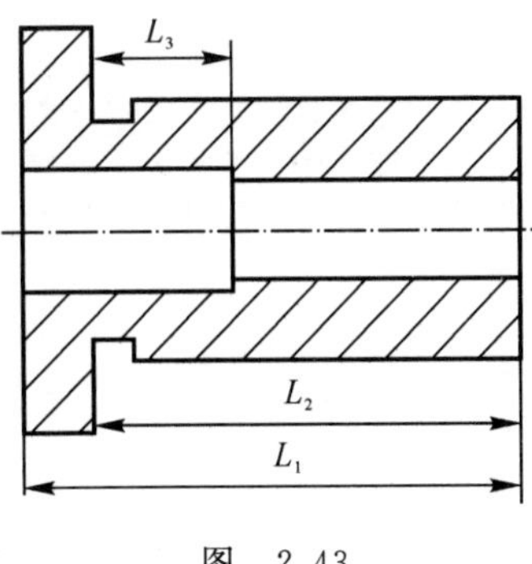

图　2.43

2.16　机械制造企业工艺工作主要包括哪些内容?

2.17　什么是 CAPP? CAPP 技术的发展分为几个阶段?

2.18　简述 CAPP 系统的基本组成。

2.19　工艺决策方法主要有哪几种? 分别叙述其原理。

2.20　根据所学的工艺过程设计知识举例说明什么是决策表，它有什么作用?

2.21　什么是专家系统? 专家系统的特点是什么? 你认为开发一个 CAPP 专家系统的关键问题有哪些?

2.22　简述机械制造企业应用 CAPP 系统的好处。

第 3 章　机械加工精度及其控制

3.1　概　　述

机械制造的基本问题是优质、高产、低消耗地生产技术性能好和使用寿命长的产品，以满足整个国民经济发展的需要。为了满足产品技术性能好和使用寿命长的要求，必须保证零件的加工质量。零件的加工质量包括零件的机械加工精度和加工表面质量两大方面。本章的任务是讨论零件的机械加工精度问题，关于表面质量的问题将在第 4 章中论述。

一、机械加工精度

机械加工精度是指零件加工后的实际几何参数（尺寸、形状和表面间的相互位置）与理想几何参数的符合程度。符合程度越高，加工精度就越高。在机械加工过程中，由于各种因素的影响，加工出的零件不可能与理想的要求完全符合。

加工误差是指加工后零件的实际几何参数（尺寸、形状和表面间的相互位置）相对理想几何参数的偏离程度。从保证产品的使用性能分析，没有必要把每个零件都加工得绝对精确，可以允许有一定的加工误差。

加工精度在数值上通过误差的大小来表示。误差愈大，精度愈低；反之，误差愈小，精度愈高。当某一参数超过规定的公差范围时，零件即为不合格零件。

研究加工精度的目的，就是要把各种误差控制在所允许的公差范围之内。为此，需要分析产生误差的各种原因，从而找出减小加工误差、提高加工精度的工艺措施。

二、加工误差产生的原因

当切削加工时，刀具的切削刃与工件的被加工表面按一定的规律做相对运动。刀具固定在刀架上，或通过其他方法与机床相连接，工件则通过夹具固定在机床上。因此，机床-夹具-工件-刀具组成了加工系统，也称为工艺系统。加工误差主要来源于两个方面：一方面是工艺系统各组成环节本身及其相互间的几何关系、运动关系、调整状态等方面偏离理想状态而造成的加工误差；另一方面是在加工过程中载荷和其他干扰（如受力变形、受热变形、振动、磨损等）使工艺系统偏离理想状态而造成的加工误差。

三、研究加工精度的方法

研究加工精度的方法有以下两种。

1. 单因素分析法

研究某一确定因素对加工精度的影响，为简单起见，研究时一般不考虑其他因素的同时作用。通过分析计算或测试、实验，得出该因素与加工误差间的关系。

2. 统计分析法

以生产中一批工件的实测结果为基础，运用数理统计方法进行数据处理，用以控制工艺过程的正常进行。当发生质量问题时，可以从中判断误差的性质，找出误差出现的规律，以指导解决有关的加工精度问题。统计分析法只适用于批量生产。

在实际生产中，这两种方法常结合起来应用。一般先用统计分析法寻找误差的出现规律，初步判断产生加工误差的可能原因，然后运用单因素分析法进行分析、实验，以便迅速、有效地找出影响加工精度的主要原因。本章将分别对它们进行讨论。

3.2 工艺系统误差对加工精度的影响

一、理论误差

理论误差是因为在加工时采用了近似的运动方式或者形状近似的刀具而产生的。为了简化机床设备或者刀具的结构，当加工一些复杂型面时，常常采用近似的运动或近似形状的刀具，这就必然产生理论误差。这种误差不应超过工件相应公差的10%～15%。

采用形状近似的刀具加工在生产中经常使用。例如，用模数铣刀加工齿轮时，如果工件的齿数和铣刀齿形原设计的齿数不符，就会由于基圆不同而产生方法性的齿形误差。再如，加工某种涡轮叶片的叶盆时（见图3.1），叶盆型面是斜圆锥表面，而加工时，圆锥形刀具的旋转运动只能形成正圆锥表面，这样每个截面上的理论曲线（圆弧）便由椭圆来代替，造成了理论误差 δ。为了使叶盆仍然为斜圆锥型面，最后再加一道抛光工序。

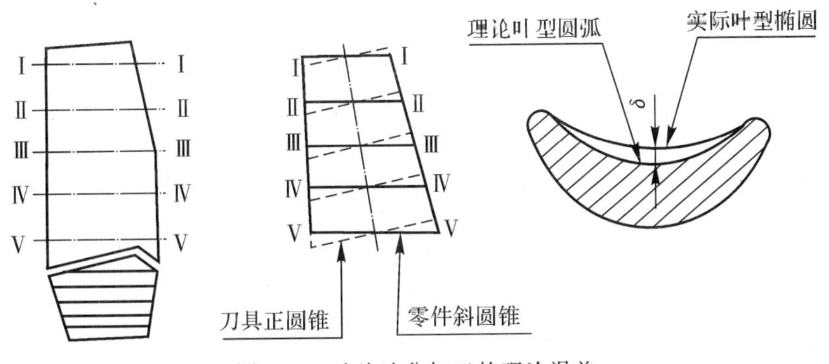

图3.1 叶片叶盆加工的理论误差

近似的运动方式在数控加工曲面时普遍存在。例如，在三坐标数控铣床上铣削复杂型面零件时（见图3.2），通常要用球头铣刀采用“行切法”加工。所谓行切法，就是球头刀与零件轮廓的切点轨迹是一行一行的，而行间距 s 是按零件加工要求确定的。究其实质，这种方法是将空间立体型面视为众多的平面截线的集合，每次走刀加工出其中的一条截线。每两次走刀之

间的行间距 s 可以按下式确定：

$$s = \sqrt{8Rh}$$

式中　R —— 球头铣刀半径；

h —— 允许的表面不平度。

由于数控铣床一般只具有空间直线插补功能，所以即便是加工一条平面曲线，也必须用许多很短的折线段去逼近它。当刀具连续地将这些小线段加工出来，也就得到了所需的曲线形状。逼近的精度可由每条线段的长度来控制。因此，就整个曲面而言，在三轴联动数控铣床上加工，实际上是以一段一段的空间直线逼近空间曲面，或者说整个曲面就是由大量加工出来的小直线段逼近的。这说明，在曲线或曲面的数控加工中，刀具相对于工件的成形运动是近似的。

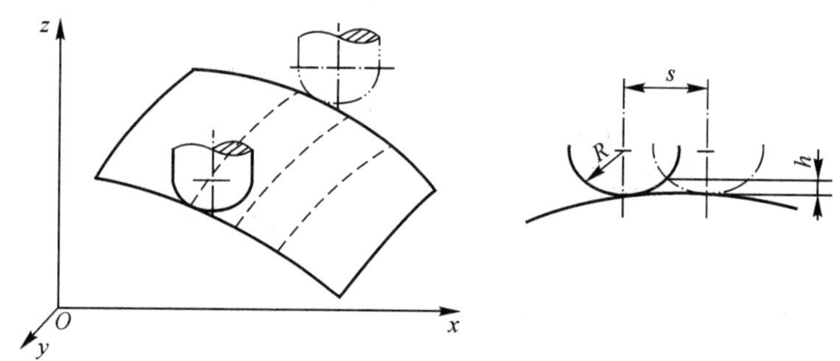

图 3.2　空间复杂曲面的数控加工误差

二、机床误差的影响

机床影响加工精度的主要因素是主轴的回转精度、移动部件的直线运动精度以及成形运动的相对关系。

1. 机床主轴的回转精度

机床主轴是用来装夹工件或刀具并传递主要切削运动的重要零件。它的回转精度是机床精度的一项重要指标，主要影响零件加工表面的几何形状精度、位置精度和表面粗糙度。

主轴回转轴线的运动误差主要反映为径向圆跳动、轴向窜动和角度摆动三种基本形式，如图 3.3 所示。

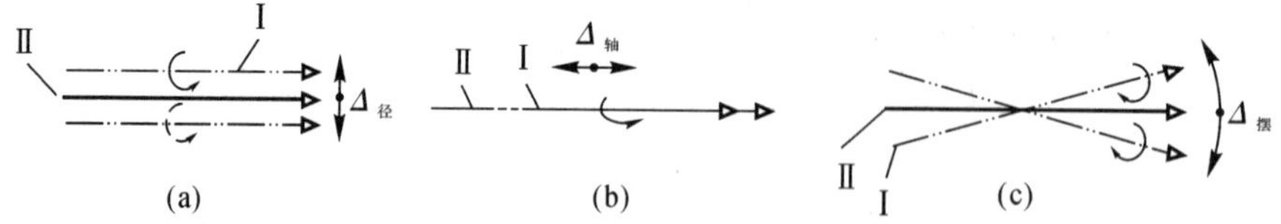

图 3.3　主轴回转精度的基本形式

(a) 径向圆跳动；(b) 轴向窜动；(c) 角度摆动

Ⅰ — 主轴回转轴线；Ⅱ — 主轴平均回转轴线

主轴的径向跳动会使工件产生圆度误差。引起主轴径向跳动的主要原因是主轴轴颈和轴承孔的圆度误差及两轴颈或两轴承孔之间的同轴度误差，滑动轴承的轴颈和轴套的圆度误差及波纹度，滚动轴承滚道的圆度误差及波纹度，滚动轴承滚子的圆度误差及尺寸差、配合间隙，等等。不同的加工条件，影响各不相同。

在车床上车外圆，假设切削力的比值不变，则切削力的合力通过零件使主轴轴颈在加工过程中始终与轴承孔的某个固定点 K 接触，这样，主轴轴颈的圆度误差就会传给工件，而轴承孔的形状误差则影响不大。若主轴轴颈为一椭圆，那么由于在加工过程中其旋转中心发生变化，从而随其一起旋转的工件成为一个椭圆，不过椭圆的大小与主轴不同，且相位相差一个 β 角，如图 3.4 所示。

实际加工时，由于余量、材料和切削条件等因素的影响，切削力的方向不可能保持不变，因此轴承孔的形状误差也会对工件的加工精度产生影响，不过影响较小。一般车床主轴的径跳动为 0.01 ～ 0.015，精密丝杠车床的径向跳动为 0.003。

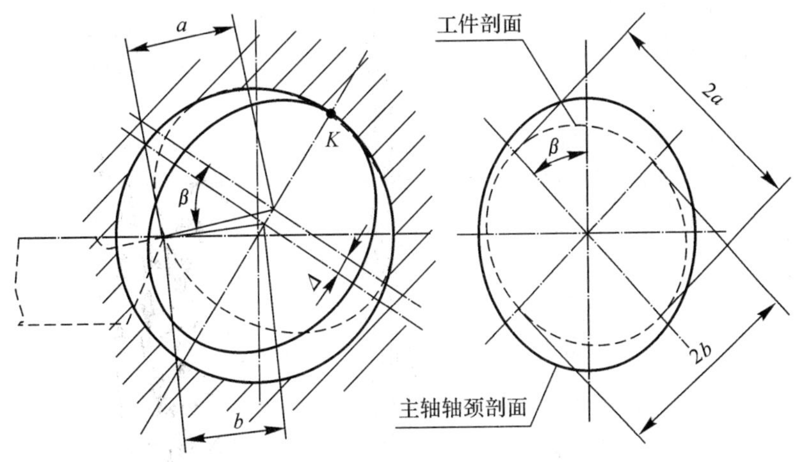

图 3.4　轴颈的圆度误差引起的加工误差

镗床上镗孔时，由于刀具装在旋转着的主轴上，所以切削力的方向随镗刀旋转而发生变化(见图 3.5)。主轴轴颈上的一条母线依次与轴承孔的各条母线相接触，所以轴承孔的形状误差将反映到工件上，而主轴的几何形状误差则对工件影响甚小。

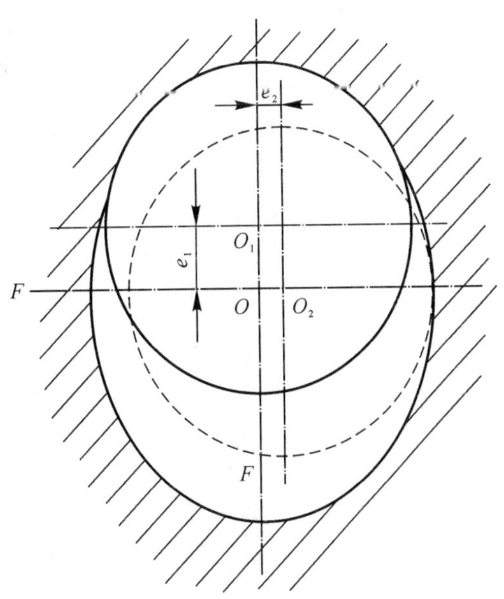

图 3.5　轴承的圆度误差引起的加工误差

在外圆磨削中，由于作为定位件的前、后顶尖可以都不转动，只起定心作用，所以可以避免工件头架主轴回转误差的影响。砂轮头架的径向跳动，不会引起工件的圆度和锥度等几何形状误差，但会产生棱度和波度，降低表面质量。

主轴的轴向窜动对圆柱面的加工精度没有影响，但在加工端面时，会使车出的端面与圆柱面不垂直，如图 3.6(a) 所示。如果主轴回转一周，来回跳动一次，则加工出的端面近似为螺旋面：向前跳动的半周形成右螺旋面，向后跳动的半周形成左螺旋面。端面对轴线的垂直度误差随切削半径的减小而增大，其关系为

$$\tan\theta = \frac{A}{R} \tag{3.1}$$

式中　A —— 主轴轴向窜动的幅值；

R —— 工件车削端面的半径；

θ —— 端面切削后的垂直度偏角。

加工螺纹时，主轴的轴向窜动将使螺距产生周期误差，如图 3.6(b) 所示。因此，通常对机床主轴轴向窜动的幅值都有严格的要求，如精密车床的主轴轴向窜动规定为 2 ～ 3 μm，甚至更严。

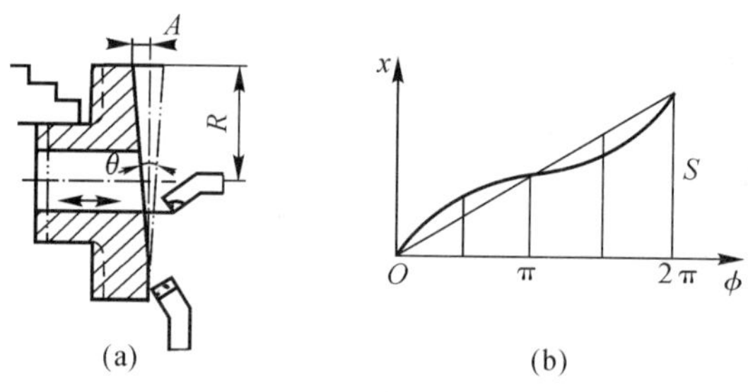

图 3.6　主轴轴向窜动对加工精度的影响

(a) 工件端面与轴线不垂直；(b) 螺距周期误差

2. 移动部件的直线运动精度

移动部件的直线运动精度主要取决于机床导轨精度，主要包括导轨在水平面内的直线度，在垂直面内的直线度，以及前、后导轨的平行度(扭曲) 三个方面。

以车床为例，导轨在水平面内的直线度误差，使得刀尖的直线运动轨迹产生同样程度的位移 Δy，而此位移刚好发生在被加工表面的法线方向，所以工件的半径误差 ΔR 就等于 Δy(见图 3.7)。

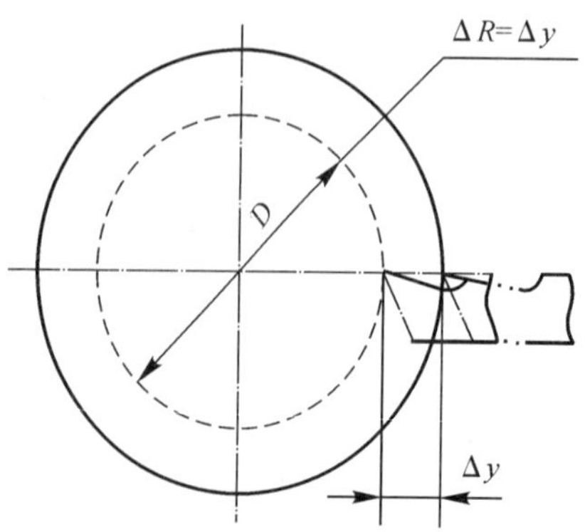

图 3.7　车床导轨水平面内直线度误差引起的加工误差

车床导轨在垂直面内的直线度误差，使得刀尖在被加工表面的切线方向产生了位移 Δz，从而造成加工误差 $\Delta R \approx \frac{\Delta z^2}{D}$（见图 3.8）。由此可以看出，车床导轨在垂直面内的直线度误差对加工误差的影响是很小的，可忽略不计。

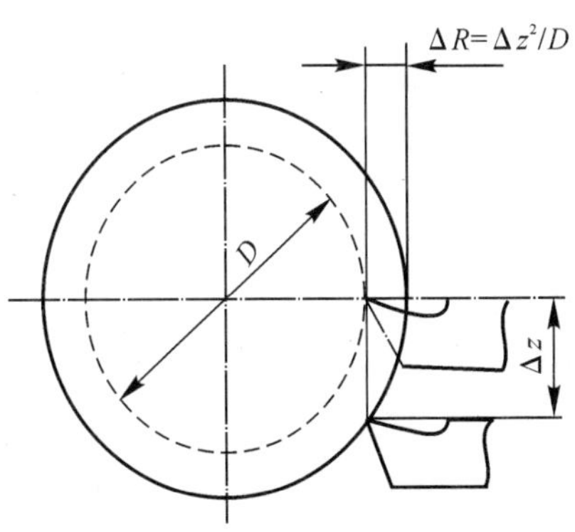

图 3.8　车床导轨垂直面内直线度误差引起的加工误差

机床导轨除制造误差外，使用过程中的不均匀磨损以及安装不好，都会造成前、后导轨不平行（扭曲），而产生加工误差。

设在垂直于纵向走刀的任意截面内，前、后导轨的扭曲量为 Δx（见图 3.9），由于 Δx 很小，所以 $\alpha \approx \alpha'$，工件半径的变化量 ΔR 可由下式求出：

$$\Delta R \approx \Delta y = (H/B)\Delta x \tag{3.2}$$

一般车床 $H/B \approx 2/3$，外圆磨床 $H \approx B$，故 Δx 对加工形状误差的影响不容忽视。由于沿导轨全长上不同位置处的 Δx 不同，因此工件将产生圆柱度误差。

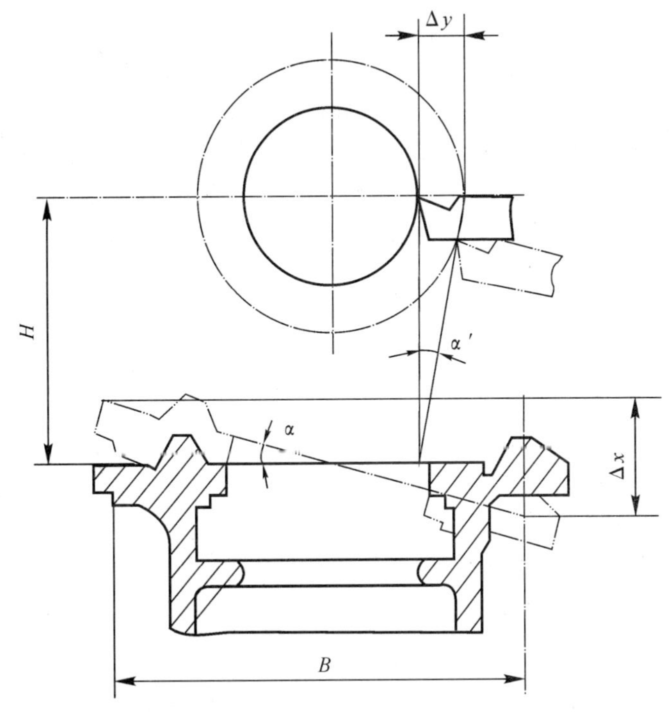

图 3.9　机床导轨的扭曲对加工误差的影响

3. *成形运动的相对关系误差*

成形运动相对关系主要是指主运动与进给运动之间的几何关系。如：车削或磨削圆柱体时，车刀或砂轮的直线运动轨迹与工件回转轴线是否平行；铣床上用端铣刀铣削平面时，铣刀的回转轴线与工件进给的直线运动是否垂直；等等。

当车削或磨削圆柱体时，如果车刀或砂轮的直线运动轨迹与工件轴线在水平面内不平行，加工出的将是圆锥表面，如图 3.10 所示。圆柱度误差的大小为 $2\Delta y = 2L\tan\alpha$，零件愈长，圆柱度误差愈大。

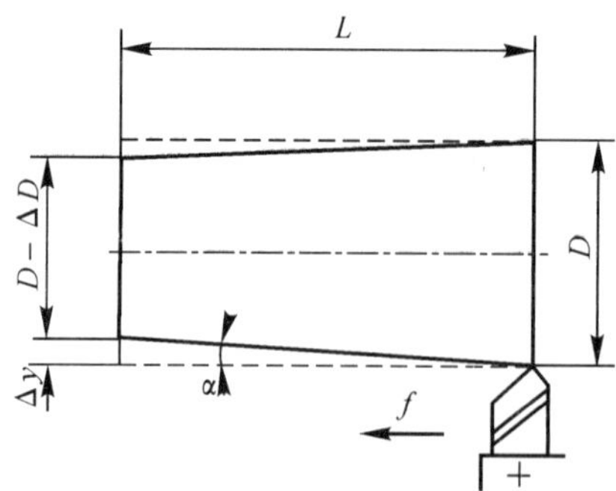

图 3.10　车刀直线运动轨迹与工件轴线在水平面内不平行而造成的加工误差

当车刀或砂轮的直线运动轨迹与工件轴线彼此交叉时，加工出来的表面是一个旋转双曲面(见图 3.11)，造成了圆柱度误差。其大小为 $2\Delta R \approx \frac{h_x^2}{R_0}$。它在数值上很小，可以忽略不计。

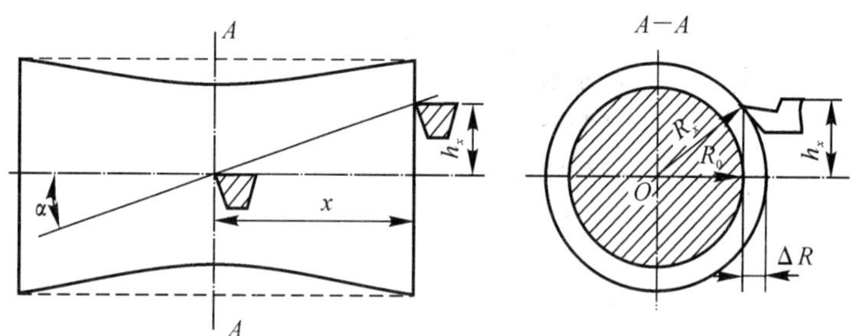

图 3.11　车刀直线运动轨迹与工件轴线在垂直面内不平行而造成的形状误差

由于车刀或砂轮的直线运动轨迹与工件回转轴线在水平面内和垂直面内的平行度误差对工件的形状误差的影响相差很大，所以一般车床和磨床的前、后顶尖在水平方向都可以调整，而上、下的等高则在一次装配后不再调整。

镗床镗孔时，当工件直线进给运动方向与镗杆的回转轴线不平行时(见图 3.12)，镗出的孔在垂直于进给方向的截面内为一椭圆，整个内孔是一个椭圆柱面。

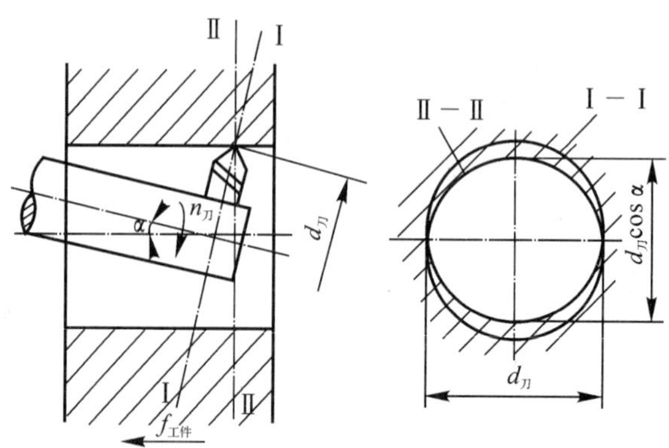

图 3.12　工件直线进给运动方向与镗杆回转轴线不平行所引起的工件形状误差

当用立铣刀铣平面时，如果铣刀的回转轴线与工作台直线进给运动不垂直，工件表面就会呈凹形而产生平面度误差 Δ，如图 3.13 所示。

成形运动的速度关系不准确，同样会使工件产生误差，如螺纹的螺距误差、螺距累积误差、齿轮的周节误差以及周节累积误差等。

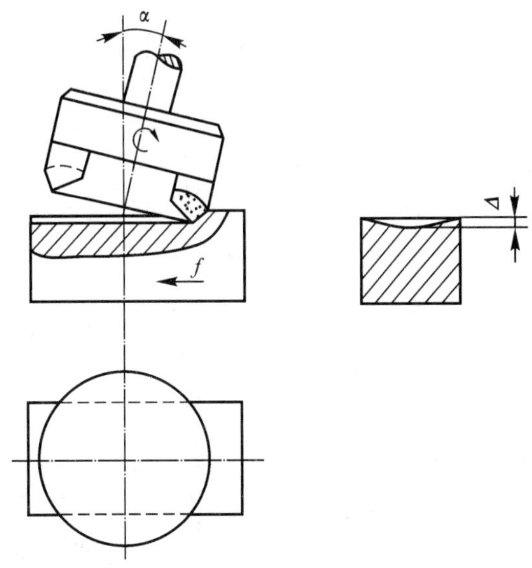

图 3.13　立铣刀倾斜后造成的误差

三、刀具误差的影响

刀具误差对加工精度的影响，根据刀具的种类不同而不同。

(1) 采用定尺寸刀具(如钻头、铰刀、键槽铣刀、拉刀等) 加工时，刀具的尺寸精度直接影响工件的尺寸精度。

(2) 采用成形刀具(如成形车刀、成形铣刀、成形砂轮等) 加工时，刀具的形状精度将直接影响工件的形状精度。

(3) 展成刀具(如齿轮滚刀、花键滚刀、插齿刀等) 的切削刃形状必须是加工表面的共轭曲线。因此，切削刃的形状误差会影响加工表面的形状精度。

(4) 对于一般刀具(如车刀、镗刀、铣刀)，其制造精度对加工精度无直接影响，但这类刀具的寿命较低，刀具容易磨损。

任何刀具在切削过程中都会不可避免地产生磨损，并由此引起工件尺寸和形状误差。例如：用成形刀具加工时，刀具刃口的不均匀磨损将直接复映在工件上，造成形状误差；在加工较大表面(一次进给需较长时间) 时，刀具的尺寸磨损会严重影响工件的形状精度；用调整法加工一批工件时，刀具的磨损会扩大工件尺寸的分散范围。

四、夹具误差的影响

夹具的误差主要是指以下方面：

(1) 定位元件、刀具导向元件、分度机构、夹具体等的制造误差。

(2) 夹具装配后，以上各种元件工作面间的相对尺寸误差。

(3) 夹具在使用过程中工作表面的磨损。

夹具误差将直接影响工件加工表面的位置精度或尺寸精度。在图 3.14 中,钻套中心线至夹具体上定位平面间的距离误差,直接影响工件孔至工件底平面的尺寸精度;钻套中心线与夹具体上定位平面间的平行度误差,直接影响工件孔中心线与工件底平面的平行度;钻套孔的直径误差也将影响工件孔至底平面的尺寸精度与平行度。

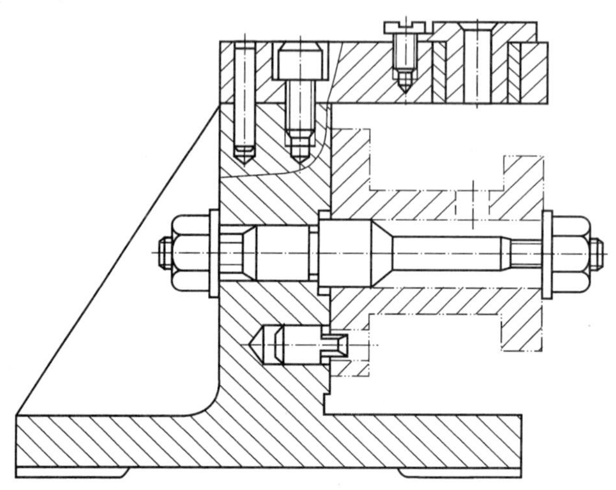

图 3.14 钻孔夹具误差对加工精度的影响

一般来说,夹具误差对加工表面的位置误差影响最大。在设计夹具时,凡影响工件精度的尺寸都应严格控制其制造误差,精加工用夹具一般可取工件上相应尺寸或位置公差的 1/3 ~ 1/2,粗加工用夹具则可取为 1/10 ~ 1/5。

五、调整误差

在机械加工的每一个工序中,总是要对工艺系统进行这样或那样的调整工作。由于调整不可能绝对地准确,因而会产生调整误差。

在大批大量生产中,广泛采用调整法,预先调整好刀具与工件的相对位置,并在一批零件的加工过程中保持这种相对位置不变来获得所要求的零件尺寸。这时,这些定程机构的制造精度与调整,以及与它们配合使用的离合器、电气开关、控制阀等的灵敏度就成为调整误差的主要来源。

当夹具在机床上安装时,有些利用夹具上与机床的连接面定位,如铣床夹具的底面和导向键;有些夹具和一些要求高的夹具,在机床上安装时须精细调整,如镗床夹具安装时就需要用百分表找正夹具上的安装面。夹具的安装误差对工件的加工精度有较大影响。

在自动机床、多刀车床、转塔车床,以及组合机床上,刀具与夹具定位面之间的相对位置、几个刀架之间刀具的相对位置、凸轮与空挡之间的相对位置等都要进行调整,由于调整得不可能绝对准确,所以都将影响工件的加工精度。刀具磨损或重新更换刀具后,也要进行新的调整。

引起调整误差的因素有调整时所用的刻度盘、定程机构(行程挡块、凸轮、靠模等) 的精度,以及与它们配合使用的离合器、电气开关、控制阀等元件的灵敏度。此外,调整误差还与测量样板、标准件、仪表本身的误差有关。

六、工件在机床或夹具上安装时的定位和夹紧误差

工件安装时，基准不重合、定位件和定位面本身的制造误差以及它们之间的配合间隙，都将引起工件的定位误差。夹具上的夹紧机构以及工件夹紧处的状态，影响工件的夹紧误差。

如图 3.15 所示，活塞以止口及其端面为定位基准，在夹具中定位，并用菱形销插入经半精镗的销孔中作周向定位。固定活塞的夹紧力作用在活塞的顶部。这时就产生了由设计基准（顶面）与定位基准（止口端面）不重合，以及定位止口与夹具上凸台、菱形销与销孔的配合间隙而引起的定位误差，还存在由夹紧力过大而引起的夹紧误差。这两项原始误差统称为工件的装夹误差。

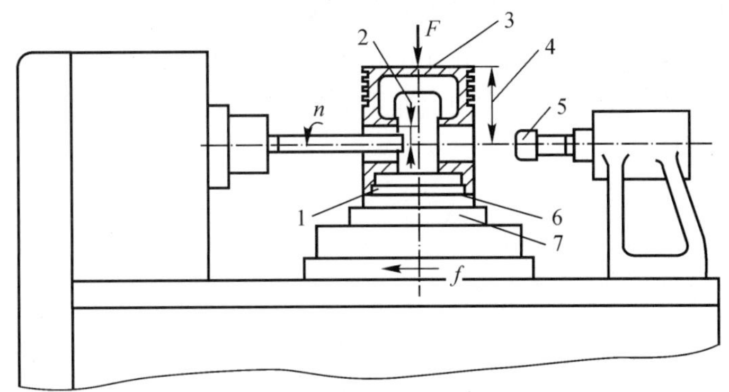

图 3.15　钻孔夹具误差对加工精度的影响

1— 定位止口；2— 对刀尺寸；3— 设计基准；4— 设计尺寸；5— 定位用菱形销；6— 定位基准；7— 夹具

定位误差和夹紧误差都会引起加工误差。关于定位误差的分析以及夹紧原则和夹紧机构的选择将在夹具设计部分专门阐述。

3.3　工艺系统受力变形所引起的加工误差

一、基本概念

切削加工时，由机床、刀具、夹具和工件组成的工艺系统，在切削力、夹紧力以及重力等的作用下，将产生相应的变形，使刀具和工件在静态下调整好的相互位置，以及切削成形运动所需要的正确几何关系发生变化，而造成加工误差。

例如，在车削细长轴时，工件在切削力的作用下会发生变形，使加工出的轴出现中间粗、两头细的情况，如图 3.16 所示。

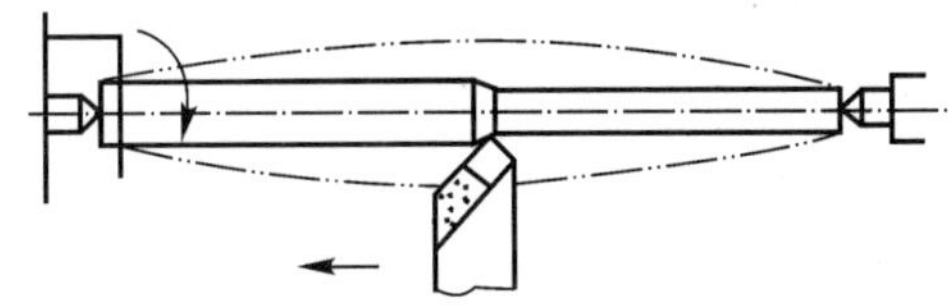

图 3.16　车削细长轴时工艺系统变形引起的误差

由此可见，工艺系统的受力变形是加工中一项很重要的原始误差。事实上，它不仅严重地影响工件的加工精度，而且还影响加工表面质量，限制加工生产率的提高。

工艺系统受力变形通常是弹性变形。一般来说，工艺系统抵抗弹性变形的能力越强，则加工精度越高。工艺系统抵抗变形的能力用刚度来描述。所谓工艺系统刚度($K_{系统}$)，是指工件加工表面在切削力法向分力F_y 的作用下，与刀具相对工件在该方向上位移 y 的比值，即

$$K_{系统}=\frac{F_y}{y} \tag{3.3}$$

二、工艺系统刚度对加工精度的影响

1. 切削力作用点位置变化引起的工件形状误差

切削过程中，工艺系统的刚度会随切削力作用点位置的变化而变化，因此使工艺系统受力变形也随之变化，引起工件形状误差。下面以在车床顶尖之间加工光轴为例来说明这个问题。

由图 3.17 所示可知

$$y_{系统}=y_{工件}+y_{机床}=y_{工件}+y_{头架}+(y_{尾架}-y_{头架})\frac{x}{L}+y_{刀架}=$$

$$y_{工件}+\left(1-\frac{x}{L}\right)y_{头架}+y_{尾架}\frac{x}{L}+y_{刀架} \tag{3.4}$$

式中　$y_{工件}$、$y_{机床}$、$y_{头架}$、$y_{尾架}$、$y_{刀架}$——工件、机床、床头、尾架及刀架在加工过程中的 x 位置处的变形量。

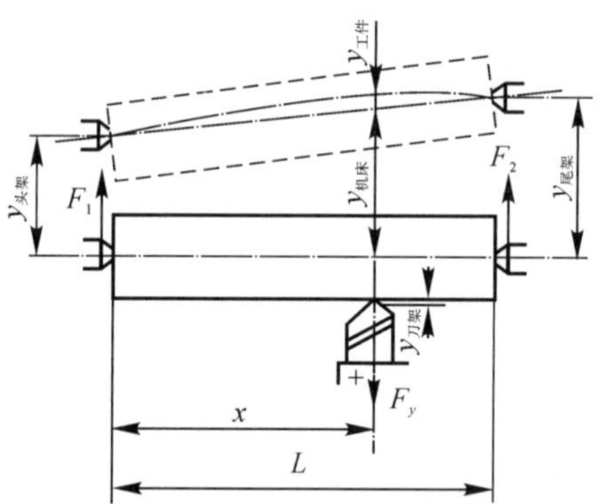

图 3.17　光轴车削时的受力变形

根据材料力学的公式，可以得到

$$y_{工件}=\frac{F_yL^3}{3EJ}\left(\frac{x}{L}\right)^2\left(\frac{L-x}{L}\right)^2$$

由于力F_y 的作用，作用在床头上的力为F_1，作用在尾架上的力为F_2。由于

$$F_1=\frac{L-x}{L}F_y,\quad F_2=\frac{x}{L}F_y$$

从而有

$$y_{头架}=\frac{F_y}{K_{头架}}\left(1-\frac{x}{L}\right)$$

$$y_{尾架}=\frac{F_y}{K_{尾架}}\frac{x}{L}$$

刀架的位移量$y_{刀架}$根据下式计算：

$$y_{刀架}=\frac{F_y}{K_{刀架}}$$

将上述各项代入式(3.4)中并加以简化，可得

$$y_{系统}=\frac{F_yL^3}{3EJ}\left(\frac{x}{L}\right)^2\left(\frac{L-x}{L}\right)^2+\frac{F_y}{K_{头架}}\left(1-\frac{x}{L}\right)^2+\frac{F_y}{K_{尾架}}\left(\frac{x}{L}\right)^2+\frac{F_y}{K_{刀架}} \tag{3.5}$$

式中　E —— 弹性模量(N/mm^2)；

J —— 截面惯性矩(mm^4)；

$K_{头架}$、$K_{尾架}$、$K_{刀架}$ —— 床头、尾架和刀架的刚度(N/mm)。

当在车床上加工细长轴时，由于刀具在两端时系统刚度最高，因而工件变形很小；当在工件中间时，由于工件刚度很低而变形很大，因此加工后出现腰鼓形，如图 3.18(a) 所示。

假设工件材料为钢，尺寸为 $\phi30\times600$，$F_y=300$ N，当只考虑工件变形时，则

$$y_{工件}=\frac{F_yL^3}{3EJ}\left(\frac{1}{2}\right)^2\left(\frac{1}{2}\right)^2=\frac{F_yL^3}{48EJ}$$

式中

$$E=2\times10^5\ N/mm^2$$

$$J=\frac{\pi D^4}{64}=\frac{3.14\times30^4}{64}\ mm^4$$

则

$$y_{工件}=\frac{300\times600^3}{48\times2\times10^5}\times\frac{64}{3.14\times30^4}=0.170$$

这时，加工后的中间直径将比两端大 0.34 mm，误差很大。

另外，当在车床上车削短而粗的高刚度轴时，工件几乎不变形，这时由于机床的刚度在各个位置不等而使加工出的零件形状与细长轴正好相反，两头大而中间小，成马鞍形，如图 3.18(b) 所示。

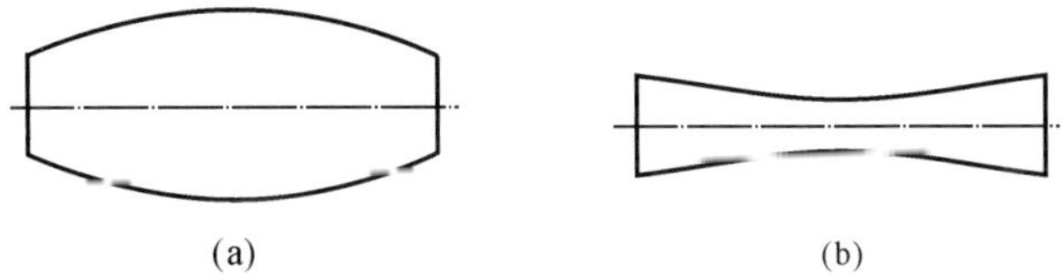

图 3.18　车削时由于工件和机床刚度不足而造成的加工误差

由于工艺系统刚度在加工不同部位处不相等而造成加工误差的实例很多。如图 3.19(a)(b) 所示，由于工件壁厚不均匀而在拉削或铰削后产生圆柱度误差和圆度误差。

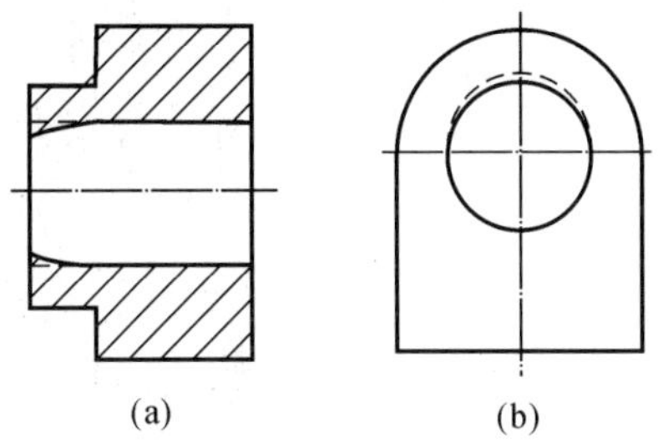

图 3.19　工件壁厚不均匀造成的加工误差

当磨削外圆时，如果磨床刚度不足，会出现类似车床刚度不足的情况，零件呈抛物线形(见图 3.20)。当磨内孔时，如果零件刚度不足，会出现缩口现象[见图 3.21(b)]，如果砂轮杆刚度不足，则会产生喇叭口[见图 3.21(c)]。

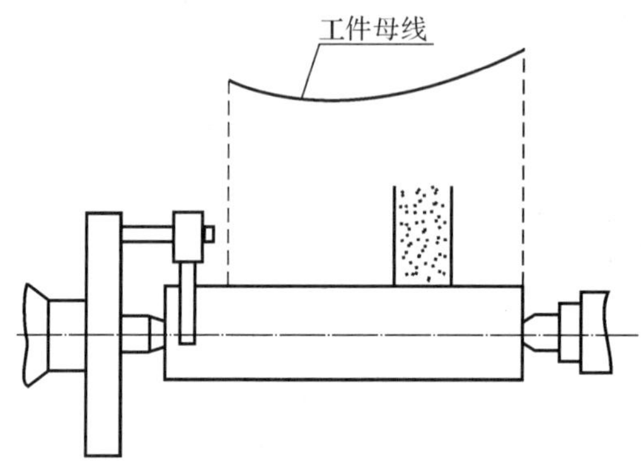

图 3.20　外圆磨床刚度不足对加工精度的影响

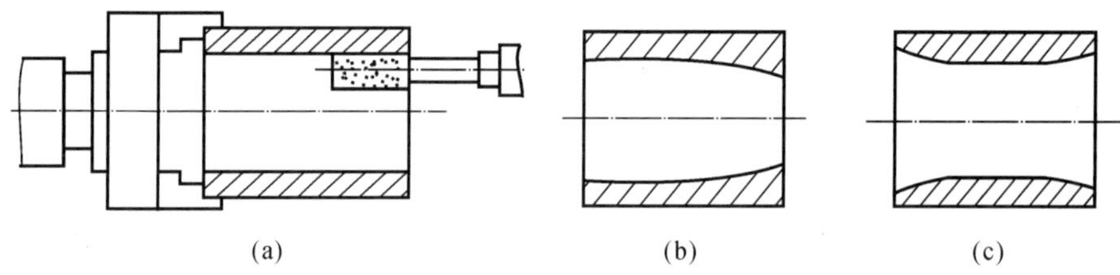

图 3.21　磨内孔时零件和砂轮杆刚度不足对加工精度的影响

当在单臂刨床或铣床上加工平面时，由于机床悬壁，加工时因着力点不同而机床刚度不等，这样就会造成平面度误差，如图 3.22 所示。

当在镗床上镗孔时，如果镗杆是悬臂的，镗孔后，孔会产生图 3.23 所示的圆柱度误差。

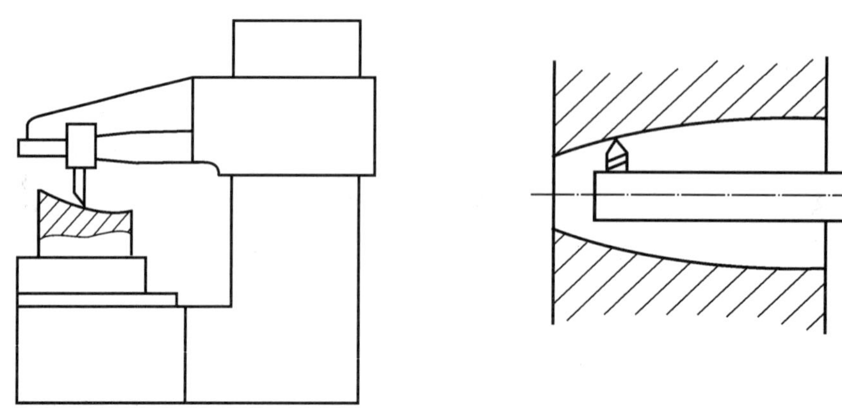

图 3.22　单臂刨床或铣床刚度不等而造成的加工误差

图 3.23　镗杆刚度对加工精度的影响

2. 切削力大小变化引起的加工误差

在车床上加工短轴，工艺系统的刚度变化不大，可近似地看作常量。这时如果毛坯形状误差较大或材料硬度很不均匀，工件加工时切削力的大小就会有较大变化，工艺系统的变形也就会随切削力大小的变化而变化，因而引起工件加工误差。下面以车削一椭圆形横截面毛坯（见图 3.24）为例来做进一步分析。

当毛坯有圆度误差时，将刀尖调整到要求的尺寸后，在工件每一转的过程中，切削深度将发生变化。车刀切至椭圆长轴时为最大切深a_{p1}，切至椭圆短轴时为最小切深a_{p2}，其余处则在a_{p1}和a_{p2}之间。因此，切削力也随切深a_p的变化而由最大值F_{ymax}变到最小值F_{ymin}，它所引起的变形量也由y_{max}变到y_{min}，所以加工后工件仍有圆度误差。毛坯的形状误差以类似的形式复映到加工后的工件表面上，这种现象称为误差复映。

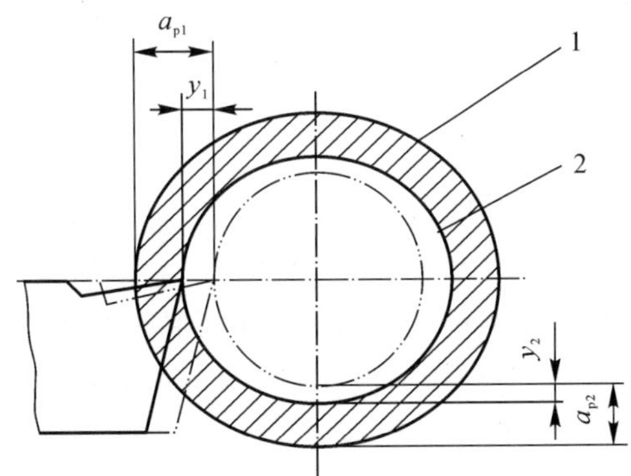

图 3.24　车削时的误差复映

1— 毛坯外形；　2— 工件外形

误差复映的程度以误差复映系数 ε 来表示，其大小可根据系统刚度 $K_{系统}$ 来计算。由图 3.24 可知

$$\Delta_{工件} = y_1 - y_2 = \frac{F_1 - F_2}{K_{系统}} \tag{3.6}$$

由切削原理可知

$$F = Ca_p$$

式中　C—— 与进给量和切削条件有关的系数。

将其代入式(3.6) 则有

$$\Delta_{工件} = \frac{F_1 - F_2}{K_{系统}} = \frac{C}{K_{系统}}(a_{p1} - a_{p2}) = \frac{C}{K_{系统}}\Delta_{毛坯} \tag{3.7}$$

令

$$\frac{C}{K_{系统}} = \varepsilon$$

则

$$\Delta_{工件} = \varepsilon\Delta_{毛坯} \tag{3.8}$$

式中　ε—— 误差复映系数。

可以看出，工艺系统刚度愈高，误差复映系数就愈小，复映在零件上的误差也愈小。当镗孔、磨内孔和车细长轴时，工艺系统刚度较低，误差复映现象比较严重。为了减小误差复映系数，可以改善刀具的几何形状和刃磨质量以减小 C，也可以减小进给量以减小 C，还可以分几次走刀来逐步消除$\Delta_{毛坯}$。

当加工材料硬度不均匀的工件时，也会引起工艺系统的变形不等而造成加工误差。如图 3.25 所示，因铸造后轴承盖硬度常常高于轴承座，故镗孔后产生了圆度误差；锻造后，由于下部冷却快而硬度高，在加工时也会产生形状误差。

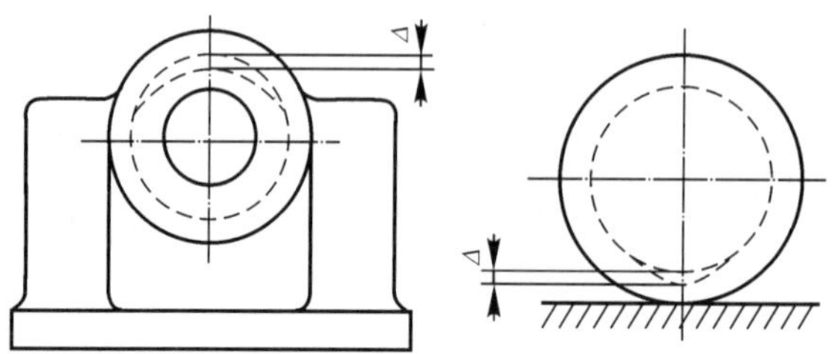

图 3.25 由于硬度不均匀而造成的加工误差

3. 由夹紧变形而引起的加工误差

当工件刚度较差时，由于夹紧不当而产生夹紧变形，这也常常引起加工误差。如图 3.26 所示，用三爪卡盘夹持薄壁套筒来镗孔。夹紧前如图 3.26(a)所示；夹紧后外圆与内孔成三角棱圆形[见图 3.26(b)]；镗孔后如图 3.26(c)所示，外圆形状不变，而内孔呈圆形；松开三爪卡盘后则如图 3.26(d)所示，外圆恢复圆形而内孔则呈三角棱圆形。

如图 3.26(e)(f)所示，可在工件外面加一个开口的过渡环或加大卡爪接触面积，以使夹紧均匀，从而减小变形。

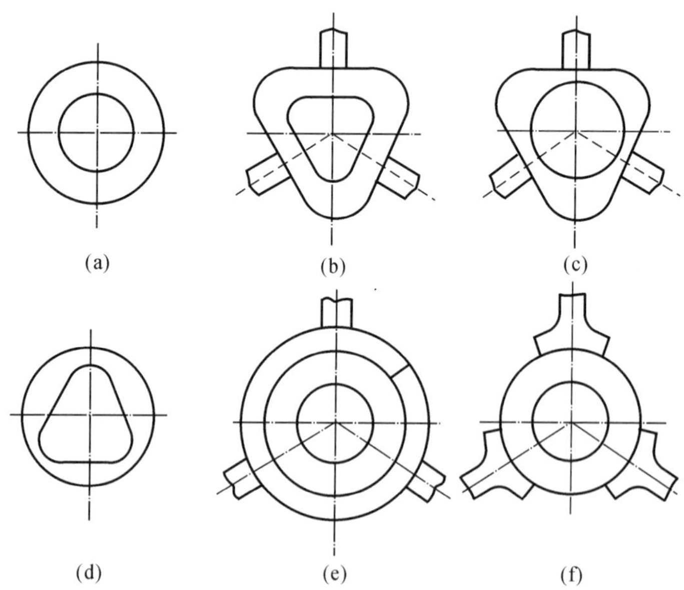

图 3.26 由夹紧变形而造成的加工误差

在飞机和发动机上有许多薄壁的整体零件和环形件，材料又多为铝镁合金，刚性低，易变形，所以加工时多采用轴向夹紧。为了消除由于夹紧力使零件变形而带来的加工误差，往往在半精加工后，将夹紧螺钉稍松一下，以便让零件恢复变形后再进行精加工。另外，要控制切削用量,减小切削力,有时使用增强零件刚性的辅助夹具,以减小零件加工时的变形。

4. 其他力所引起的加工误差

在切削力很小的精密机床中,工艺系统因有关部件自身重力作用所引起的变形而造成加工误差也较突出。例如,用带有悬伸式磨头的平面磨床磨平面时,磨头部件的自重变形将使得磨削平面产生平行度和平面度误差,如图 3.27(a)所示;在双柱坐标镗床上加工孔系时,由于主轴部件重力而引起横梁变形会使孔系产生位置误差,如图 3.27(b)所示。

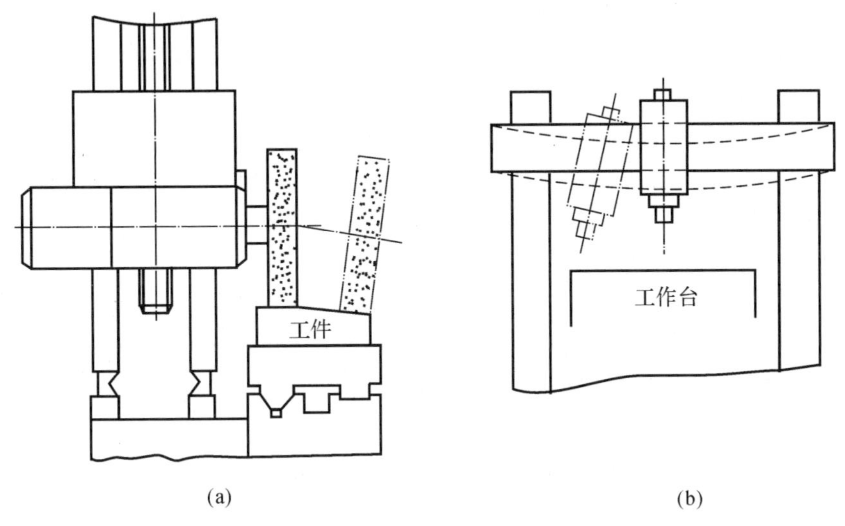

图 3.27　由于重力变形而造成的加工误差

在高速切削时,如果工艺系统中有不平衡的高速旋转的构件,就会产生离心力。在工件的每一转中不断变更方向,引起工件几何轴线做摆角运动,故理论上讲也会造成工件圆度误差。但要注意的是当不平衡质量的离心力大于切削力时,车床主轴轴颈和轴套内孔表面的接触点就会不停地变化,轴套孔的圆度误差将传给工件的回转轴心。因此,机械加工中若遇到这种情况,可采用“对重平衡”的方法来消除这种影响,即在不平衡质量的反向加装重块,使两者的离心力相互抵消。必要时亦可适当降低转速,以减少离心力的影响。

三、减小工艺系统受力变形对加工精度影响的措施

减小工艺系统受力变形是保证加工精度的有效途径之一。在生产实际中,常从两个方面采取措施来予以解决:一是提高工艺系统刚度,二是减小载荷及其变化。从加工质量、生产效率、经济性等问题全面考虑,提高工艺系统中薄弱环节的刚度是最重要的措施。

1. 提高工艺系统的刚度

在设计工艺装备时,应尽量减少连接面的数目,并注意刚度的匹配,防止有局部低刚度环节出现。在设计基础件、支撑件时,应合理选择零件结构和截面形状。一般来说,截面积相等时,空心截面形状比实心截面形状的刚度高,封闭的截面形状又比开口的截面形状刚度高。在适当部位增添加强肋也有良好的效果。装配时,精心调整间隙等以提高机床、夹具的刚度。加工中,使用中心架、跟刀架、导套等来提高工件的刚度。从刀具材料、结构和热处理方面采取措施来提高刀具的刚度等。

2. 减小载荷及其变化

采取适当的工艺措施，如合理选择刀具材料和切削用量；及时刃磨刀具；通过热处理改善材料的加工性；精加工时采用多次走刀；控制夹紧力大小使其均匀分布；使机床旋转部件平衡以减小离心力和惯性力；等等。

四、工件残余应力引起的变形

内应力是在没有外界载荷的情况下，存在于零件内部互相平衡的应力。当加工时，内应力的平衡遭到破坏，要重新进行平衡。在重新平衡后，零件会发生变形，破坏原有精度。内应力愈大，加工后的变形也愈大。

内应力一方面是由铸、锻、焊和热处理等热加工过程中零件各个表面冷却速度不均匀、塑性变形程度不一致而又互相牵制造成的；另一方面是由在机械加工过程中的塑性变形、局部高温以及局部相变引起局部体积变化，而各部分又彼此互相牵制、不能自由伸缩造成的。就整个工件而言，内应力是互相平衡的，所以在零件内部，内应力是成对出现的。

图 3.28(a)所示是一个铸造毛坯，壁 1 和壁 2 较壁 3 薄，因而冷却也较壁 3 快。当壁 1 和壁 2 冷却到常温而变硬时，壁 3 的温度仍较高，尚处于塑性状态，当壁 3 继续冷却到弹性状态时，企图收缩，但受到温度已很低的壁 1 和壁 2 的限制，因此壁 3 产生拉应力，壁 1 和壁 2 产生压应力，并处于平衡状态。如果在壁 2 处铣一个缺口，则壁 2 的应力消失，在壁 1 和壁 3 的内应力作用下，工件将发生图 3.28(b)所示的变形，以达到新的平衡。

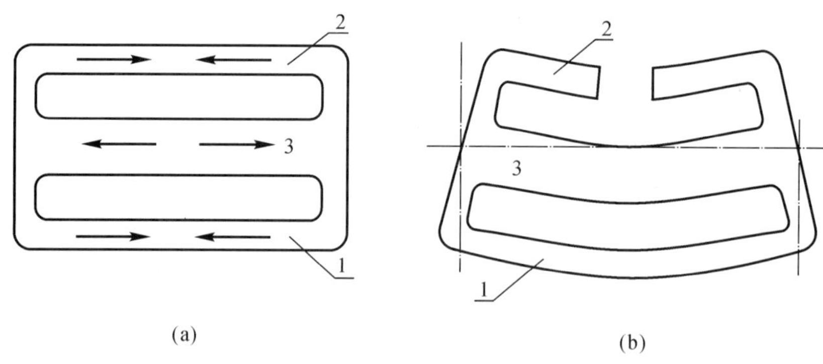

3.28　由内应力引起的变形

为了克服内应力的重新分布而引起的变形，一般采取以下几个措施：

(1)安排热处理工序来消除毛坯和零件粗加工后产生的内应力，对于特别精密的零件，还要进行多次消除内应力的热处理工序。例如，对于航空陀螺仪表框架的铝合金压铸毛坯，为了消除其内应力，稳定尺寸，减小加工和使用过程中的变形，常常采用高、低温处理，即在 250～350℃和－50～－60℃的温度下反复放置一定时间，逐渐消除内应力。

(2)对于构造复杂、刚度低的零件，将工艺过程分为粗、半精、精等三个加工阶段，以减小内应力引起的变形。

(3)严格控制切削用量和刀具磨损，使零件不致产生较大的内应力。

(4)合理设计零件结构，尽量减小各部分厚度尺寸差值，以减小毛坯制造中的内应力。

(5)采用无切削力的特种工艺方法，如电化学加工、电蚀加工等。

3.4　工艺系统受热变形对加工精度的影响

一、概述

在机械加工过程中，工艺系统会受到各种热的影响而产生温度变形，一般也称为热变形。这种变形将破坏刀具与工件的正确几何关系和运动关系，造成工件的加工误差。

热变形对加工精度影响比较大，特别是在精密加工和大件加工中，热变形所引起的加工误差通常会占到工件加工总误差的 40%～70%。在航空产品中，铝镁合金的壳体较多，而铝镁合金的线膨胀系数约为钢的 2 倍，因此，受热后产生的变形更不容忽视。

引起热变形的原因是工艺系统在加工过程中有内部和外部热源。内部热源有机床运动副的摩擦热，动力源（电动机、油马达）和液压系统、冷却系统工作时生成的热，加工时的切削热。外部热源有由于空气对流而传来的热，阳光、灯光、加热器的辐射热。

二、机床热变形对加工精度的影响

机床在工作过程中，受到内、外热源的影响，各部分的温度将逐渐升高。由于各部件的热源不同，分布不均匀，以及机床结构的复杂性，因此不仅各部件的温升不同，而且同一部件不同位置的温升也不相同，形成不均匀的温度场，使机床各部件之间的相互位置发生变化，破坏了机床原有的几何精度而造成加工误差。

机床空运转时，各运动部件产生的摩擦热基本不变。运转一段时间之后，各部件传入的热量和散失的热量基本相等，即达到热平衡状态，变形趋于稳定。机床达到热平衡状态时的几何精度称为热态几何精度。在机床达到热平衡状态之前，机床几何精度变化不定，对加工精度的影响也变化不定。因此，精密加工应在机床处于热平衡之后进行。

对于磨床和其他精密机床，除受室温变化等影响之外，引起其热变形的热量主要是机床空运转时的摩擦发热，而切削热影响较小。在分析机床热变形对加工精度的影响时，也应首先注意其温度场是否稳定。一般机床，如车床、磨床等，其空运转的热平衡时间为 4～6 h，中小型精密机床为 1～2 h，大型精密机床往往要超过 12 h，甚至达数十个小时。

车床主轴发热使主轴箱在垂直面内和水平面内发生偏移和倾斜，如图 3.29 所示。在垂直平面内，主轴箱的温升将使主轴升高；又因主轴前轴承的发热量大于后轴承的发热量，主轴前端将比后端高。此外，由于主轴箱的热量传给床身，床身导轨将向上凸起，故加剧了主轴的倾斜。对卧式车床热变形试验结果表明，影响主轴倾斜的主要因素是床身变形，它约占总倾斜量的 75%。而主轴前、后轴承温度差所引起的倾斜量只占 25%。

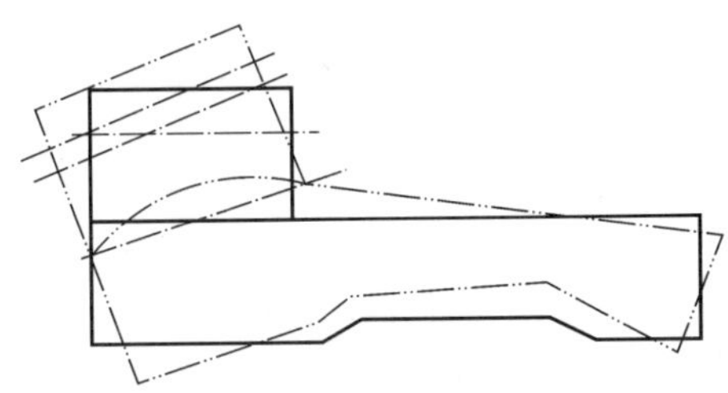

图 3.29　车床受热变形示意图

为了减小机床的热变形，凡是可能从机床分离出去的热源，如电动机、变速箱、液压系统、冷却系统等均应移出，使之成为独立单元。对于不能分离的热源，如主轴轴承、丝杠螺母副、高速运动的导轨副等，则可以从结构、润滑等方面改善其摩擦特性，减少发热。例如，采用静压轴承、静压导轨，改用低黏度润滑油、锂基润滑脂，或使用循环冷却润滑等。利用恒温间放置机床也是很重要的工艺措施。

三、工件热变形对加工精度的影响

工件的热变形主要是切削热引起的。车、铣、刨、镗约有 10%～30%的切削热传给工件，钻孔产生的切削热约为 50%，而磨削时传给工件的切削热约占切削热的 84%。精密零件往往要进行磨削，因此工件的热变形对精密零件来说，是不可忽视的影响加工精度的重要因素。

1. 工件均匀受热

切削加工时，工件如果均匀受热，将只引起尺寸的变化而不产生形状误差，宽砂轮切入磨削即属这种情况。当加工精度要求高的长轴时，开始加工时，温升为零，随着加工的继续，工件温度逐渐升高，直径则逐渐增大，加工终了时直径增大量最大。但此逐渐增大的量被切去，待工件冷却后，将出现尾座处工件直径最大，而床头处直径最小的现象，形成了锥度。

如不考虑工件温升后的散热，其热变形可以按下式求出：

$$\Delta L = a \times L \times \Delta t \tag{3.9}$$

例如，磨削轴套外径时，钢件直径为 $\phi112$，磨削时工件温度由室温 18℃ 均匀地升到 37℃，则

$$\Delta d = 1.17 \times 10^{-5} \times 112 \times (37 - 18) = 0.025$$

受热变形的影响，工件在机床上测量直径为 112，冷却至室温后，直径将减小 0.025。

2. 工件不均匀受热

铣、刨、磨平面时，除在沿进给方向有温差外，更严重的是工件只是在单面受到切削热的作用，上、下表面间的温差将导致工件向上拱起，加工时中间凸起部分被切去，冷却后工件变成下凹形，造成平面度误差。在平面磨床上磨削薄片类工件时，工件由于热变形而产生的平面度误差，如图 3.30 所示。

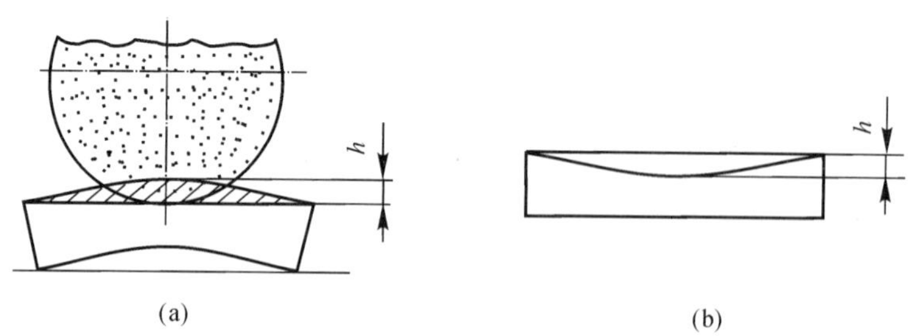

图 3.30　薄片磨削时的热变形

四、刀具热变形对加工精度的影响

刀具热变形主要是由切削热引起的。通常传入刀具的热量并不太多，但由于热量集中在切削部分，以及刀体小，热容量小，故刀具仍会有很高的温升。例如，车削时，高速钢车刀的工作表面温度可达 700～800℃，而硬质合金切削刃温度可达 1 000℃以上。

连续切削时，刀具的热变形在切削初始阶段增加得很快，随后变得较缓慢，经过不长的时间(约 10～20 min)后便趋于热平衡状态。此后，热变形变化量就非常小。刀具总的热变形量可达 0.03～0.05 mm。刀具的热伸长与刀具的磨损对零件加工精度的影响在一定条件下(如一批短零件的头几个零件的加工)有一定的补偿作用。

为了减小刀具热变形，应合理选择切削用量和刀具几何参数，并给以充分冷却和润滑，以减少切削热，降低切削温度。

3.5　工艺系统磨损及测量误差对加工精度的影响

一、工艺系统磨损所造成的加工误差

在零件加工过程中，组成工艺系统各部分的有关表面之间，由于存在着力的作用和相对运动，经过一段时间后，不可避免地要产生磨损。无论是机床，还是夹具、刀具，有了磨损都会破坏工艺系统原有的精度，从而对零件的加工精度产生影响。但是，一般来说，机床、夹具的磨损很慢，而刀具的磨损很快，甚至在一个零件的加工过程中可能出现不能允许的磨损，特别是在大尺寸零件精加工中表现得更为突出。

在加工过程中，刀具的磨损将直接影响刀刃与工件的相对位置，从而造成一批零件的尺寸误差或加工面较大的单个零件的形状误差。成形刀具的磨损，将直接引起加工表面的形状误差。为了减缓刀具的磨损，就要合理地选择刀具材料及切削用量；选择恰当的冷却润滑液，以减少热与摩擦的影响。也可采取热处理的办法来改善材料的加工性能。

机床有关零、部件的磨损，会破坏机床原有的成形运动精度，从而造成加工零件的形状和位置误差。夹具有关零件的磨损，会影响工件的定位精度，在加工一批零件的情况下，将造成零件加工表面与基准面之间的位置误差。为延缓机床、夹具的磨损，就要合理地设计机床有关零、部件的结构(如采用防护装置、静压结构等)，提高有关零、部件的耐磨性(如降低相对运动表面的粗糙度，采用合理的润滑方式等)。

二、测量误差对加工精度的影响

零件加工精度的提高，往往首先受到测量精度的限制。目前从工艺方法上看，有些零件完全可以加工得很准确，但由于测量误差大而无法分辨。因此，必须把测量误差作为加工过程中产生加工误差的一项重要因素来考虑。

影响测量误差的原因很多，如测量工具本身的极限误差(包括示值误差、示值稳定性、回程误差和灵敏度)和使用过程中的磨损，量具与工件的温度不一致，非标准温度下测量时量具与工件材料不一致，量具与工件的相对位置不准确，测量力不适当，以及测量者的视力、判断能力和测量经验等。

铝镁合金制造的壳体零件，由于材料线膨胀系数约比钢材料大一倍，所以热变形大，必须特别加以注意。在用钢质测量工具检验这类壳体零件时，材料线膨胀系数的不同也会带来误差，所以一般应在车间采用与工件材料和尺寸都相同的标准件来校正测量工具。对于大型铝镁合金零件，加工后要用压缩空气吹零件，以加速使零件温度与室温一致，然后再进行测量。

测量误差的大小与所用的量具和测量条件(温度、测量力、视差等)有关，一般将测量误差

控制在工件相应公差的1/10～1/5之内。对于大型、精密零件的测量，应在标准温度下的恒温间测量。

3.6 加工误差的统计分析

前面已对影响加工精度的各种主要因素进行了分析，并提出了一些保证加工精度的措施。从分析方法上来讲，上述内容属于单因素分析法。而生产实际中，影响加工精度的因素往往是错综复杂的，有时很难用单因素分析法来分析、计算某一工序的加工误差，这时就必须通过对生产现场中实际加工出的一批工件进行检查、测量，运用数理统计的方法加以处理和分析，从中发现误差的规律，找出提高加工精度的途径。这就是加工误差的统计分析法。

一、加工误差的性质

根据加工一批工件时误差出现的规律，加工误差可分为以下两种。

1. 系统误差

在顺序加工一批工件中，其加工误差的大小和方向都保持不变，或者按一定规律变化，统称为系统误差。前者称为常值系统误差，后者称为变值系统误差。

加工原理误差，机床、刀具、夹具的制造误差，均与加工时间无关，其大小和方向在一次调整中也基本不变，因此都属于常值系统误差。机床、夹具、量具等磨损引起的加工误差，在一次调整的加工中也均无明显差异，故也属于常值系统误差。

机床、刀具和夹具等在热平衡前的热变形误差，刀具的磨损等，都是随加工时间而有规律地变化的，因此由它们引起的加工误差属于变值系统误差。

2. 随机误差

在顺序加工的一批工件中，其加工误差的大小和方向的变化是随机的，称为随机误差。如毛坯误差(余量大小不一、硬度不均匀等)的复映、定位误差(基准面精度不一、间隙影响)、夹紧误差、多次调整的误差、残余应力引起的变形误差等都属于随机误差。

应该指出，在不同的场合下，误差的表现性质也有所不同。例如，机床在一次调整中加工一批工件时，机床的调整误差是常值系统误差。但是，当多次调整机床时，每次调整时发生的调整误差就不可能是常值，变化也无一定规律，因此，对于经多次调整所加工出来的大批工件，调整误差所引起的加工误差又称为随机误差。

二、分布曲线分析法

1. 实际分布曲线

某一工序加工出来一批零件，由于误差的存在，各个零件的尺寸不尽相同。测量每个零件的加工尺寸并记录下来，然后按尺寸大小分成若干组，每一组中的零件尺寸都处在一定的间隔范围内。同一尺寸间隔内的零件数称为频数，以 m_i 表示。频数与该批零件总数 n 之比叫作频率。以频数或频率为纵坐标，以零件尺寸为横坐标，可画出直方图，进而根据各组中值和频率(或频数)可画出一条折线。图3.31所示就是根据表3.1的数据画出的。当零件数目增多、尺寸间隔很小时，这条折线非常接近曲线，这就是所谓的实际分布曲线。

表 3.1　某零件直径测量结果

组 别	尺寸范围 / mm	m_i	m_i/n	$x_i - x_{平均}$ / mm	$(x_i - x_{平均})^2$ / μm^2	$(x_i - x_{平均})^2 m_i$ / μm^2
1	(80 − 0.012) ～ (80 − 0.01)	3	3/100	−0.009 5	90.25	270.75
2	(80 − 0.01) ～ (80 − 0.008)	6	6/100	−0.007 5	56.25	337.50
3	(80 − 0.008) ～ (80 − 0.006)	9	9/100	−0.005 5	30.25	272.25
4	(80 − 0.006) ～ (80 − 0.004)	14	14/100	−0.003 5	12.25	171.50
5	(80 − 0.004) ～ (80 − 0.002)	16	16/100	−0.001 5	2.25	36.00
6	(80 − 0.002) ～ (80 + 0)	16	16/100	+0.000 5	0.25	4.00
7	(80 + 0) ～ (80 + 0.002)	12	12/100	+0.002 5	6.25	75.00
8	(80 + 0.002) ～ (80 + 0.004)	10	10/100	+0.004 5	20.25	202.50
9	(80 + 0.004) ～ (80 + 0.006)	6	6/100	+0.006 5	42.25	253.50
10	(80 + 0.006) ～ (80 + 0.008)	5	5/100	+0.008 5	72.25	361.25
11	(80 + 0.008) ～ (80 + 0.01)	3	3/100	+0.010 5	110.25	330.75
$x_{平均} = \dfrac{\sum x_i m_i}{n} = 79.998\ 5$				$\sigma = \sqrt{\dfrac{\sum (x_i - x_{平均})^2 m_i}{n}} = 0.004\ 8$		

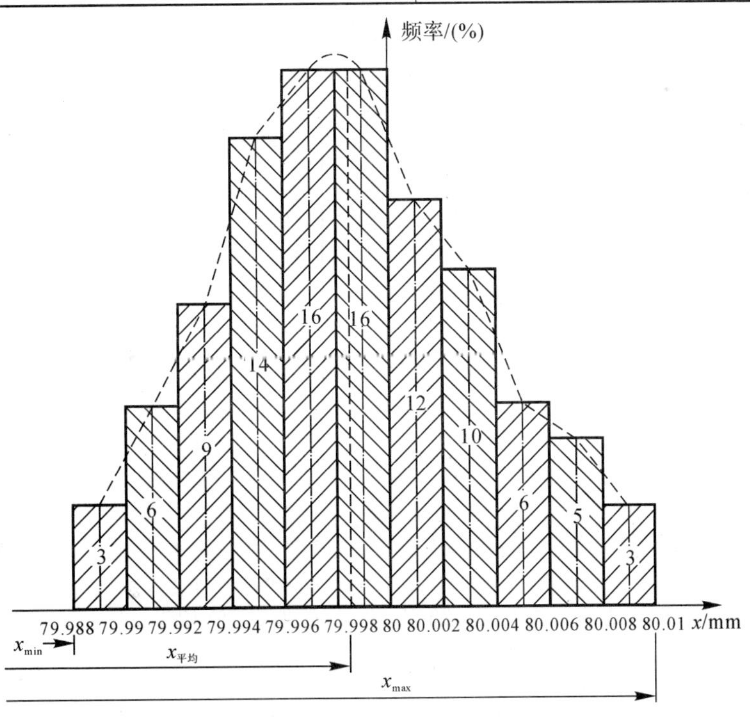

图 3.31　分布曲线的绘制

表3.1中的 x_i 指的是各尺寸区间的平均值，n 是一批零件的总数，$x_{平均}$ 称为尺寸平均值。从分布曲线可以看出，大部分零件的尺寸聚集在尺寸平均值附近，所以尺寸平均值 $x_{平均}$ 又称为差量聚集中心。σ 称为均方根偏差，在分析误差时，它有着特别重要的作用，它决定着尺寸

散布的程度，比直接由测量得出的散布界$V=x_{max}-x_{min}$更能正确地反映工序加工条件对尺寸散布的影响。

由测量统计得来的分布曲线往往是折线，不便于找出一般规律。可以用数理统计学中的一些理论分布曲线近似地表达相应的实际分布曲线，然后根据理论分布曲线来研究加工误差问题。当实际分布曲线转化为理论分布曲线时，重要的参数仍是σ。

2. 理论分布曲线

实践证明，在一般情况下(即无某种优势因素影响)，在机床上用调整法加工一批零件所得的尺寸分布曲线符合正态分布曲线。

正态分布曲线的数学表达式为

$$y=\frac{1}{\sqrt{2\pi}\sigma}e^{-\frac{x^2}{2\sigma^2}} \tag{3.10}$$

式中　x—— 各个实际尺寸与尺寸平均值的差量；

y—— 概率密度；

σ—— 均方根偏差；

e—— 自然对数的底数(e＝2.718 3)。

理论分布曲线的形状如图 3.32 所示。在这一坐标系统中，差量聚集中心即为坐标的原点，即$x_{平均}=0$。

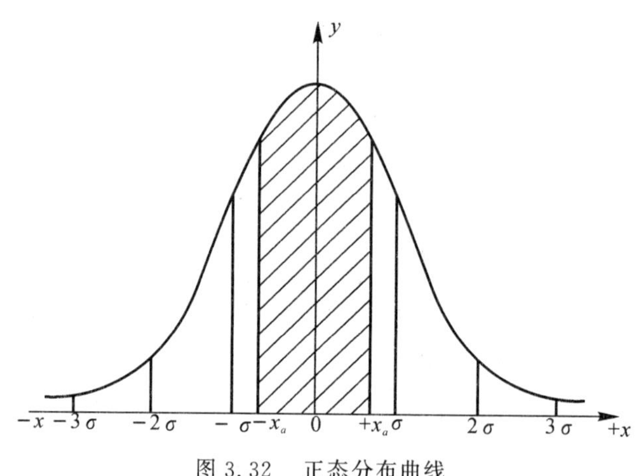

图 3.32　正态分布曲线

从正态分布方程式和分布曲线可以看出，曲线呈钟形。当$x=0$时，有

$$y=y_{max}=1/(\sqrt{2\pi}\sigma)$$

是曲线的最大值；曲线相对纵坐标对称，即当$x=\pm a$时，y值相等；当$x=\pm\sigma$时，有两个转折点，这时

$$y_\sigma=1/(\sqrt{2\pi e}\sigma)=y_{max}/\sqrt{e}=0.6y_{max}=0.24\frac{1}{\sqrt{\sigma}}$$

当x趋近于$\pm\infty$时，y值趋近于零，即曲线以x轴为渐近线。

曲线下的面积为

$$F=\int_{-\infty}^{+\infty}y\,dx$$

将 y 的表达式代入，则

$$F=\frac{1}{\sigma\sqrt{2\pi}}\int_{-\infty}^{+\infty}\mathrm{e}^{-\frac{x^2}{2\sigma^2}}\mathrm{d}x=\frac{1}{\sqrt{2\pi}}\int_{-\infty}^{+\infty}\mathrm{e}^{-\frac{1}{2}\left(\frac{x}{\sigma}\right)^2}\mathrm{d}\left(\frac{x}{\sigma}\right)=\frac{1}{\sqrt{2\pi}}\frac{2\sqrt{\pi}}{2\sqrt{1/2}}=1 \tag{3.11}$$

即曲线下的面积等于 1，亦即相当于具有随机性误差的全部零件数。由于曲线下面积为一常数值 1，所以当 σ 值小时，最大值 $y_{\max}=1/(\sigma\sqrt{2\pi})$ 大，曲线两侧向中间紧缩，曲线中部向上伸展；当 σ 值大时，$y_{\max}$ 值小，曲线趋向平坦并向两侧伸展。因此，σ 值表征了分布曲线的形状，也是决定随机性误差影响程度的参数。图 3.33 所示为不同 σ 值下的 3 条正态分布曲线。

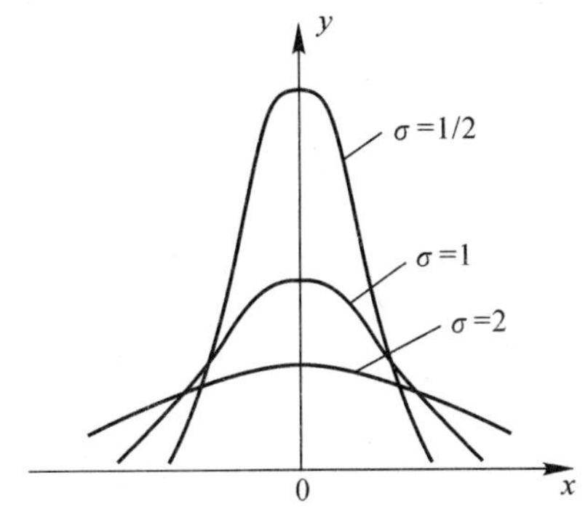

图 3.33　在各种 σ 数值下的正态分布曲线

既然曲线下的面积相当于具有随机性误差的全部零件数，那么任意尺寸范围内所具有的零件数占全部零件数的百分比（即频率）自然可通过相应的定积分求得。例如，尺寸在 $\pm\frac{x}{\sigma}$ 范围内的工件频率，即在 $\pm\frac{x}{\sigma}$ 范围内的面积可通过如下的积分来计算，即

$$F=\frac{1}{\sqrt{2\pi}}\int_{-\frac{x}{\sigma}}^{+\frac{x}{\sigma}}\mathrm{e}^{-\frac{1}{2}\left(\frac{x}{\sigma}\right)^2}\mathrm{d}\left(\frac{x}{\sigma}\right) \tag{3.12}$$

不同 x/σ 时的 F 值可由表 3.2 查得。

表 3.2　不同 x/σ 时的 F 值

x/σ	F	x/σ	F	x/σ	F
0	0.0	1.10	0.728 6	2.30	0.972 8
0.05	0.039 8	1.20	0.769 8	2.40	0.983 6
0.10	0.079 4	1.30	0.806 4	2.50	0.987 6
0.20	0.158 6	1.40	0.838 4	2.60	0.990 6
0.30	0.235 8	1.50	0.866 4	2.70	0.993 0
0.40	0.310 8	1.60	0.890 4	2.80	0.994 0
0.50	0.383 0	1.70	0.910 8	2.90	0.996 3
0.60	0.451 4	1.80	0.928 2	3.00	0.997 3
0.70	0.516 0	1.90	0.942 6	3.10	0.998 1
0.80	0.576 2	2.00	0.954 4	3.20	0.998 6
0.90	0.631 8	2.10	0.964 2	3.30	0.999 0
1.00	0.682 6	2.20	0.972 2	3.40	0.999 3

根据表 3.2 的数值可知，零件尺寸出现在 $x = \pm 3\sigma$ 以外的频率仅占 0.27%，这个数值很小，可以忽略不计，因而可以认为正态分布曲线的实用分散范围是 $\pm 3\sigma$。如果规定的零件公差带 $\delta > 6\sigma$，且尺寸散布对公差带中间值对称而又符合正态分布规律时，则可认为产生废品的概率是可以忽略的。

常值系统性误差对正态分布曲线的形状没有影响，只改变分布曲线在 x 坐标轴上的位置（即聚集中心的位置），也就是说，只改变尺寸平均值的数值。如图 3.34 所示，图中的 Δn 为常值系统性误差，它使尺寸散布界 Δp 加大，尺寸的变化范围为 $\Delta n + \Delta p$。

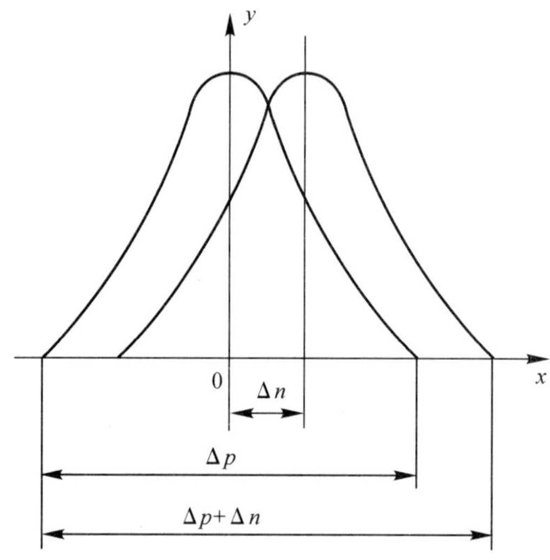

图 3.34　常值系统误差对分布曲线位置的影响

利用正态分布曲线，可以判断所选的加工方法是否合适，并判断废品率的大小，可以用来指导下一次生产。

例 3.1　在一批零件上钻孔，尺寸要求是 $\phi 10 \pm 0.01$，即公差 $\delta = 0.02$。在加工一批零件后，测量零件孔的尺寸，整理结果求得

$$\sigma = 0.0066$$

这样

$$6\sigma = 6 \times 0.0066 = 0.0396 \approx 0.04$$

由于

$$6\sigma = 0.04 > \delta = 0.02$$

因此必然产生废品。

当加工时的尺寸聚集中心调整到和公差带中心重合时（见图 3.35），其尺寸过大和过小的废品率计算如下：

因　$x/\sigma = 0.01 \Big/ \left(\dfrac{0.04}{6}\right) = 1.5$

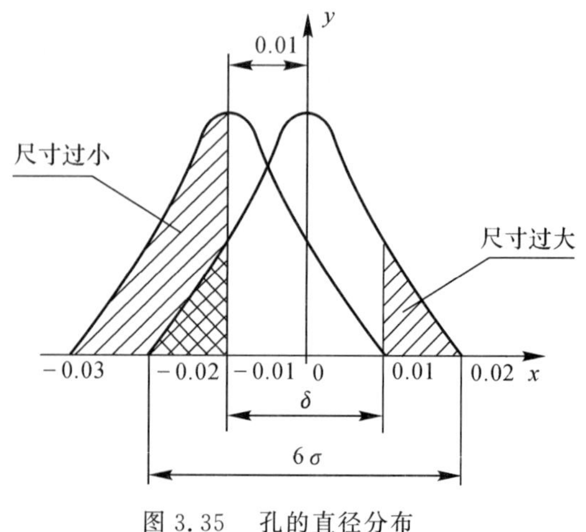

图 3.35　孔的直径分布

由表 3.2 查得

$$F = 0.8664$$

故废品率为

$$P=(1-0.8664)\times 100\%=13.36\%$$

如果将尺寸聚集中心调整到离公差带中心小于 0.01 处，就不会出现尺寸过大的废品率，而只有尺寸过小的可修废品，其废品率为 50%。

要想消除废品，只有采取加工精度更高的方法，即采用 $\sigma=0.0033$ 的高精度加工方法。

例 3.2　车削一批轴的外圆，工序尺寸要求 $\phi 20_{-0.1}^{\ 0}$。根据测量结果，尺寸的分布符合正态分布曲线规律，均方根偏差 $\sigma=0.025$，但曲线顶峰位置相对公差带中间位置向右偏移0.03，如图 3.36 所示。试求废品率。

合格率按 A 和 B 两部分计算：

$$\frac{x_{\mathrm{A}}}{\sigma}=\pm\frac{\frac{\delta}{2}+0.03}{0.025}=\pm\frac{0.05+0.03}{0.025}=\pm 3.2$$

$$\frac{x_{\mathrm{B}}}{\sigma}=\pm\frac{\frac{\delta}{2}-0.03}{0.025}=\pm\frac{0.05-0.03}{0.025}=\pm 0.8$$

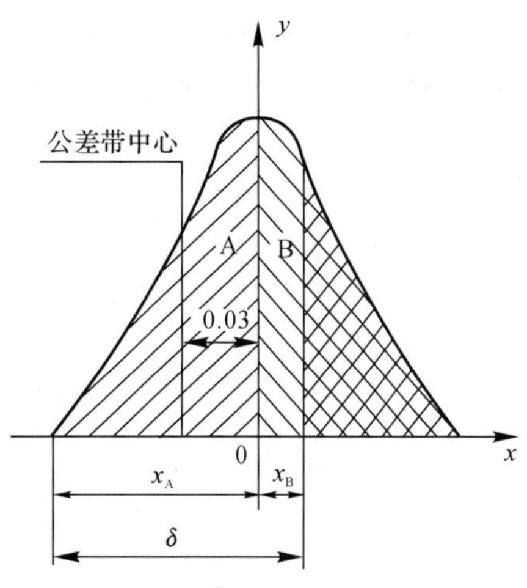

图 3.36　轴的直径分布

查表 3.2 可知，当 $x/\sigma=\pm 3.2$ 时，合格率为 99.86%；当 $x/\sigma=\pm 0.8$ 时，合格率为 57.62%，所以全部零件的合格率为

$$\frac{1}{2}\times(99.86+57.62)\%=78.74\%$$

故废品率为

$$1-78.74\%=21.26\%$$

这些废品的尺寸大于工序尺寸，所以是可修复的废品。在这种情况下，正态分布曲线对公差带中间位置的偏移，说明加工过程中有常值系统性误差，大小是 0.03，所以应该加以调整。

通过上述例子可以看出，分布曲线是工序精度的客观标志，可以利用分布曲线制定各种典型工序的精度标准，并可预测产生废品的可能性。

三、质量控制图

工艺过程的分布图分析法是分析工艺过程精度的一种方法。应用这种分析方法的前提是工艺过程应该是稳定的。在这个前提下，讨论工艺过程的精度指标才有意义。

如前所述，任何一批工件的加工尺寸都有波动性，因此样本的平均值和标准差也会波动。假如加工误差主要是随机误差，而系统误差影响很小，那么这种波动属于正常波动，这一工艺过程也就是稳定的；假如加工中存在着影响较大的变值系统误差，或随机误差的大小有明显变化，那么这种波动就是异常波动，这样的工艺过程也就是不稳定的。

分析工艺过程的稳定性，通常采用质量控制图法。质量控制图是用来控制加工质量指标随时间而发生波动的图表，是分析工序是否处于稳定状态，以及保持工序处于控制状态的有效工具。它是根据数理统计原理制定的。

在数理统计学中，称研究对象的全体为总体，而其中每一个单位则称为个体。总体的一部分称为样本，样本中所含的个体数称为样本容量。

在加工过程中，每隔一定时间随意地抽取样本，经过一段时间后，就得到若干个样本。样本中个体 $x_1, x_2, \cdots, x_m$ 的平均数称为样本均值 $\bar{x}$，则

$$\bar{x} = \frac{1}{m}\sum_{i=1}^{m} x_i \tag{3.13}$$

式中　m——样本容量。样本个体中最大值与最小值之差称为样本极差 R，则

$$R = \max(x_1, x_2, \cdots, x_m) - \min(x_1, x_2, \cdots, x_m) \tag{3.14}$$

式中　$\max(x_1, x_2, \cdots, x_m)$、$\min(x_1, x_2, \cdots, x_m)$——$x_1, x_2, \cdots, x_m$ 中的最大值与最小值。

由数理统计学可知，总体的分布近似于正态分布，则样本均值 $\bar{x}$ 的分布也接近于正态分布。但只有平均数还不能反映分布的特征，还必须有一个反映离散程度的指标。为了便于计算，常用样本极差来度量。因此最常见的质量控制图是用 $\bar{x}$ 和 R 的数据做成的，称为 $\bar{x}-R$ 图。

图 3.37 所示为某零件的 $\bar{x}-R$ 图。该工件内孔的工序尺寸为 $\phi 16.4^{+0.07}_{0}$。样本容量 $m=5$，共取 16 个随机样本，经过计算后，样本均值 $\bar{x}$ 和样本极差 R 的数值如表 3.3 所示。

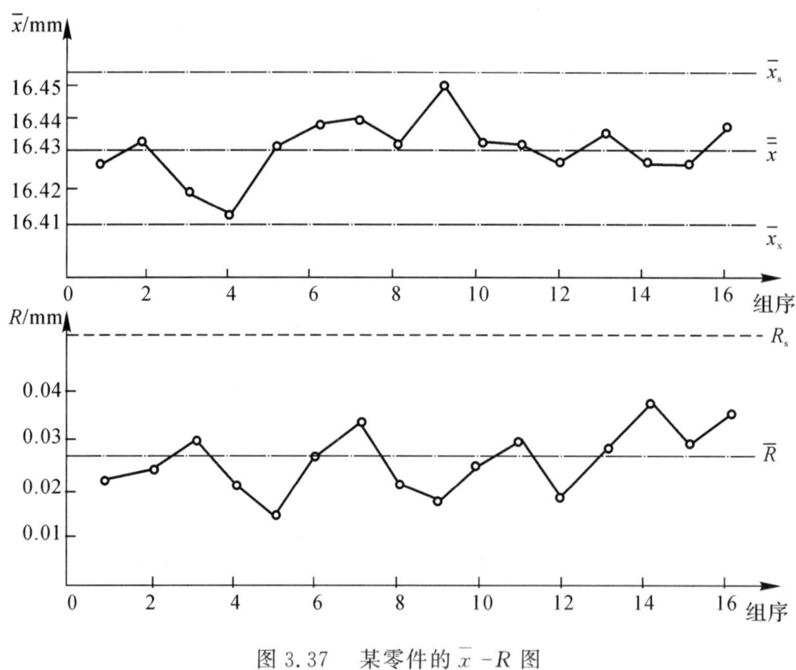

图 3.37　某零件的 $\bar{x}-R$ 图

表 3.3　某零件样本均值和极差

样本号	均值 $\bar{x}$/mm	极差 R/mm	样本号	均值 $\bar{x}$/mm	极差 R/mm
1	16.430	0.020	9	16.445	0.015
2	16.435	0.025	10	16.435	0.025
3	16.425	0.030	11	16.435	0.030
4	16.420	0.020	12	16.430	0.020
5	16.435	0.015	13	16.440	0.030

续 表

样本号	均值 $\bar{x}$/mm	极差 R/mm	样本号	均值 $\bar{x}$/mm	极差 R/mm
6	16.440	0.025	14	16.430	0.040
7	16.440	0.035	15	16.430	0.030
8	16.435	0.020	16	16.425	0.035

在 $\bar{x}-R$ 图上有中心线和控制线，控制线是用以判断工艺是否稳定的界限线。

$\bar{x}$ 图的中心线是 $\bar{x}$ 的数学期望，即

$$\bar{\bar{x}} = \sum_{i=1}^{j} \bar{x}_i / j \tag{3.15}$$

R 图的中心线是 R 的数学期望，即

$$\bar{R} = \sum_{i=1}^{j} R_i / j$$

式中　j —— 样本数；

$\bar{x}_i$ —— 第 i 组的样本均值；

R_i —— 第 i 组的样本极差。

上、下控制线的位置可按下式计算：

$\bar{x}$ 图的上控制线为

$$\bar{x}_s = \bar{\bar{x}} + AR \tag{3.16}$$

$\bar{x}$ 图的下控制线为

$$\bar{x}_x = \bar{\bar{x}} - AR \tag{3.17}$$

R 图的上控制线为

$$R_s = D_4 R \tag{3.18}$$

R 图的下控制线为

$$R_x = D_3 R \tag{3.19}$$

式中　A、D_3、D_4 —— 根据数理统计原理定出的数值。它们与样本容量有关。

分布愈接近正态分布，样本容量可以取得愈小，一般 m 取 4 或 5。A、D_3 和 D_4 的数值如表 3.4 所示。

表 3.4　A、D_3 和 D_4 值

m	2	3	4	5	6	7	8	9	10
A	1.880	1.023	0.729	0.577	0.483	0.419	0.373	0.337	0.308
D_3	0	0	0	0	0	0.076	0.136	0.184	0.223
D_4	3.267	2.575	2.282	2.115	2.004	1.924	1.864	1.816	1.777

从质量控制图（$\bar{x}-R$ 图）上可以看出，图中的点都没有超出控制线，说明本工序的工艺是稳定的。若点超出控制线或有超出控制线的趋势，则工艺是不稳定的。也就是说，一个过程（如一个工序）的质量参数的总体分布，其平均值 $\bar{x}$ 和均方根偏差 σ 在整个过程中若能保持不变，则过程是稳定的，否则是不稳定的。

对于不稳定的工艺过程，须分析其原因并采取相应措施使工艺过程稳定，而不能用加大废品率的办法来制定质量控制线。

对于某些尺寸公差较宽的不稳定工艺过程，可允许过程有一定程度的不稳定，但仍需用上述方法来制定质量控制图。其控制线根据公差带、允许的废品率按数理统计的原理予以确定。

利用 $\bar{x}-R$ 图可以看出系统误差和随机误差变化的情况，同时还可以在加工过程中(不必等到一批工件加工完毕)提供加工状态信息。这将有利于对加工过程进行控制，这也是它相比于分布曲线的优越之处。

习　　题

3.1　在普通车床上车外圆，若导轨存在扭曲，工件将产生什么样的误差？

3.2　在镗床上镗孔，镗床主轴与工作台面有平行度误差时，问：

(1) 当工作台做进给运动时，所加工的孔将产生什么误差？

(2) 当主轴做进给运动时，所加工的孔将产生什么误差？

3.3　在立轴式六角车床上加工外圆时，为什么不水平装夹车刀而垂直装夹车刀(见图 3.38)？

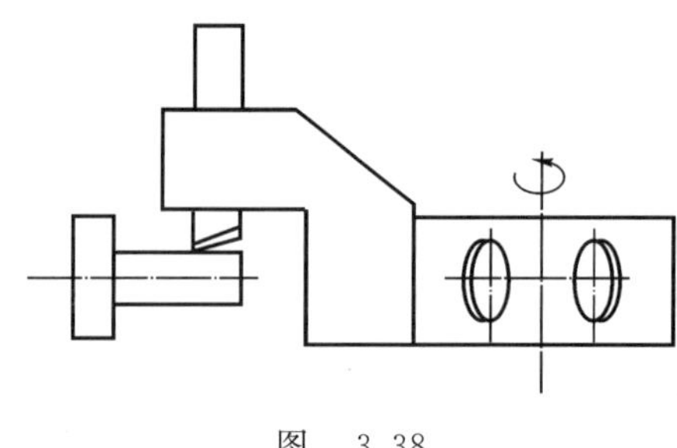

图　3.38

3.4　如图 3.38 所示，在立轴式六角车床上加工外圆，影响直径误差的因素中，导轨在垂直面内和水平面内的弯曲，哪项影响大？与普通车床比较有什么不同？为什么？

3.5　在磨床上磨外圆，常使用死顶尖，为什么？

3.6　在车床或磨床上加工相同尺寸及相同精度的内、外圆柱面时，加工内圆表面的走刀数往往较外圆多，为什么？

3.7　在卧式铣床上铣削键槽，经测量发现工件两端的槽深大于中间的槽深，且都比调整的深度尺寸小，为什么？

3.8　在车床上镗孔时，刀具的直线进给运动和主轴回转运动均很准确，只是它们在水平面内或垂直面内不平行。试分析在只考虑工艺系统本身误差的条件下，加工后将造成什么样的形状误差。

3.9　在车床上车削一细长轴，加工前工件横截面有圆度误差，且床头刚度大于尾架刚度，试分析在只考虑工艺系统受力变形影响的条件下，一次走刀加工后工件的横向及纵向形状误差。

3.10　在车床上加工圆盘端面时，有时会出现图 3.39(a) 所示的圆锥面或图 3.39(b) 所示的端面凸轮似的形状，试分析是什么原因造成的。

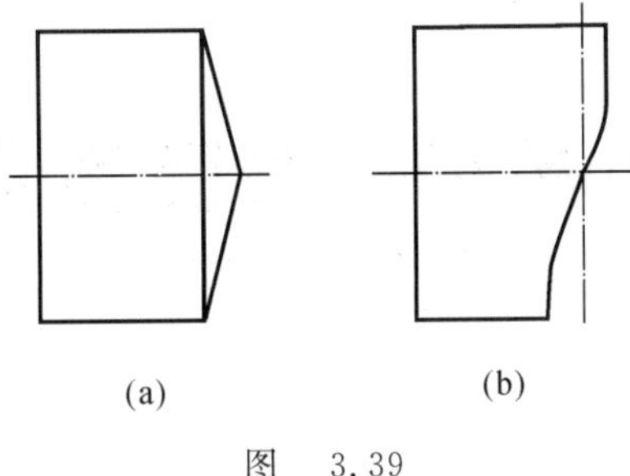

图　3.39

3.11　如图 3.40 所示，在车床上半精镗一工件上已钻出的斜孔，试分析在车床本身具有准确成形运动的条件下，一次走刀后能否消除原加工的内孔与端面的垂直度误差。为什么？

3.12　如图 3.41 所示，铸件的一个加工面上有一冒口未铲平，试分析在加工后，该表面会产生什么误差。

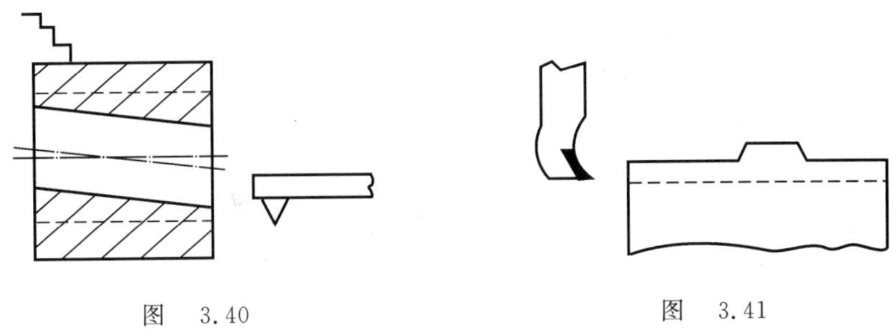

图　3.40　　　　图　3.41

3.13　一个工艺系统，其误差复映系数为 0.25，工件在本工序前的圆度误差为 0.5，为保证本工序 0.01 的形状精度，本工序最少走刀次数是几次？

3.14　在车床上镗加工某零件内孔，尺寸要求为$\phi 19.97^{+0.06}_{0}$，加工后测量一批工件的实际尺寸，经整理得到 $\sigma=0.02$。

(1) 加工后，如果 $x=20$，试用分布曲线图标出合格部分与废品部分(包括可修复与不可修复废品两部分)；

(2) 如果要把废品全部变为可修复废品，则 $\bar{x}$ 是多少？用图表示之。

3.15　在无心磨床上加工一批小轴，其设计尺寸为 $\phi 30^{\ 0}_{-0.06}$，从中抽查 100 件，经计算 $\bar{x}=29.98$，呈正态分布，$\sigma=0.01$，试计算该工序的废品率并用图表示之。

3.16　在普通镗床上镗加工箱壁两同心孔时，由于镗杆不能伸得太长，否则刚性不好，往往是镗一孔后，工作台转 180°，再镗另一侧的孔，结果两孔出现同轴度误差，试分析误差产生的原因。

3.17　当加工工件平面时，若只考虑工艺系统受力变形的影响，试分析采用龙门刨床和牛头刨床加工，哪种可获得较高的形状和位置精度。为什么？

3.18　当在内圆磨床上磨孔时，有时出现喇叭口形状，试分析产生的原因。

第 4 章　机械加工表面质量及其控制

4.1 概　　述

一、研究表面质量的重要意义

近年来随着科学技术的发展，人们对产品零件工作性能和可靠性的要求越来越高，尤其在高温强度、疲劳强度以及抗腐蚀能力等方面的要求更为突出。在实际工作中也不断出现因零件表面层受损伤而产生的故障，如齿轮等零件表面的磨削烧伤及裂纹、叶片根部的磨削裂纹等。

零件在工作时只要有载荷，它的工作应力总是受到所用结构材料疲劳特性的限制。使用经验表明，疲劳破坏通常发源于零件表面，因此疲劳性能与零件表面状态有关。零件的表面质量对其使用性能有如此重大的影响，其原因如下：

(1)零件的表面是金属的边界，机械加工破坏了晶粒的完整性，从而降低了表面层的机械性能，但实际上零件表面层承受的外部载荷所引起的应力是最大的。

(2)经过加工后零件表面产生了如裂纹、裂痕、加工痕迹等各种缺陷。在动载荷的作用下，这些缺陷可能引起应力集中而导致零件破坏。

(3)零件表面经过切削加工或特种加工后，表面层的物理-机械性能、金相组织、化学性能都变得和基体材料不同。这些变化对零件的使用寿命有重大的影响。

研究加工表面质量的目的，就是要掌握机械加工中各种工艺因素对加工表面质量的影响规律，以便应用这些规律控制加工过程，最终达到提高加工表面质量、提高产品使用性能和使用寿命的目的。

二、表面质量的基本内容

1. *加工表面的几何形貌*

加工表面的几何形貌，是由加工过程中刀具与被加工工件的相对运动在加工表面上残留的切痕、摩擦、切屑分离时的塑性变形以及加工系统的振动等因素的作用，在工件表面上留下的表面结构。它包括表面粗糙度、表面波纹度、纹理方向和表面缺陷等四个方面的内容。

(1)表面粗糙度。表面粗糙度轮廓是加工表面的微观几何轮廓，其波长与波高比值一般小于 50。

(2)表面波纹度。加工表面上波长与波高的比值等于 50～1 000 的几何轮廓称为表面波纹度。它是由机械加工中的振动引起的。加工表面上波长与波高比值大于 1 000 的几何轮廓称为宏观几何轮廓，它属于加工精度范畴。

(3)纹理方向。纹理方向是指表面刀纹的方向，它取决于表面形成过程中所采用的加工方法。

(4)表面缺陷。表面缺陷是指加工表面上出现的缺陷，如砂眼、气孔、裂痕等。

2. 表层金属的力学物理性能和化学性能

由于机械加工中力因素和热因素的综合作用，加工表层金属的力学物理性能和化学性能将发生一定的变化，主要反映在以下几个方面。

(1)表层金属的冷作硬化。表层金属硬度的变化用硬化程度和硬化层深度两个指标来衡量。在机械加工过程中，工件表层金属都会有一定程度的冷作硬化，使表层金属的显微硬度有所提高。一般情况下，硬化层的深度可达 0.05～0.30；若采用滚压加工，硬化层的深度可达几毫米。

表面层硬化的程度 N 可表示为

$$N=\frac{H_{\mathrm{m}}-H'_{\mathrm{m}}}{H'_{\mathrm{m}}}\times 100\%$$

式中　H_{m}—— 表层金属的硬度；

H'_{m}—— 工件内部金属原来的硬度。

(2) 表层金属的金相组织。机械加工过程中，切削热的作用会引起表层金属的金相组织发生变化。在磨削淬火钢时，磨削热的影响会引起淬火钢马氏体的分解，或出现回火组织等。

(3) 表层金属的残余应力。由于切削力和切削热的综合作用，表层金属晶格会发生不同程度的塑性变形或产生金相组织的变化，使表层金属产生残余应力。

(4) 化学性质。在加工过程中，电解液或切削冷却液会引起晶间腐蚀或选择性浸蚀，氢脆会引起零件表面脆化。在生产中并不是对所有零件都要进行上述各项的研究和检查，一般是根据零件工作的重要性来决定在生产中要控制和检查的项目。

4.2　加工后表面层的状态

一、表面粗糙度

任何加工方法得到的加工表面都不是绝对光滑的，而是近似刀具切削运动轨迹的遗痕。正像加工精度在数值上是通过加工误差的大小来表示一样，表面粗糙程度在数值上是通过表面粗糙度的大小来表示的。

影响表面粗糙度的因素是多方面的，但主要的有残留面积、积屑瘤、振动、鳞刺等。

1. 残留面积对表面粗糙度的影响

在一般情况下，由于刀具上主偏角 κ_{r} 及副偏角 κ'_{r} 的存在，切削时刀刃在工件上运动的轨迹是螺旋线，因此在工件表面上形成细小的螺纹(刀花)。从切削剖面上来看，在工件表面上残留下一块小小的三角形面积，把它叫作残留面积。残留面积的高度 H 直接影响已加工表面的粗糙度，H 越小，表面粗糙度越低。

图4.1给出了车削、刨削时残留面积高度的计算示意图。图4.1(a)是用尖刀切削的情况，切削残留面积的高度为

$$H=\frac{f}{\cot\kappa_{r}+\cot\kappa_{r}'} \tag{4.1}$$

图4.1(b)是用圆弧切削刃切削的情况，切削残留面积的高度为 $H=\frac{f}{2}\tan\frac{\alpha}{4}=\frac{f}{2}\sqrt{\frac{1-\cos(\alpha/2)}{1+\cos(\alpha/2)}}$，式中 α 为两相邻圆弧形刀痕交点到圆弧中心的包心角，如图4.1(b)所示。由图可知，$\cos\frac{\alpha}{2}=\frac{r_{\varepsilon}-H}{r_{\varepsilon}}=1-\frac{H}{r_{\varepsilon}}$，将它代入上式，略去二次微小量，整理得

$$H\approx\frac{f^{2}}{8r_{\varepsilon}} \tag{4.2}$$

式中　f——进给量。

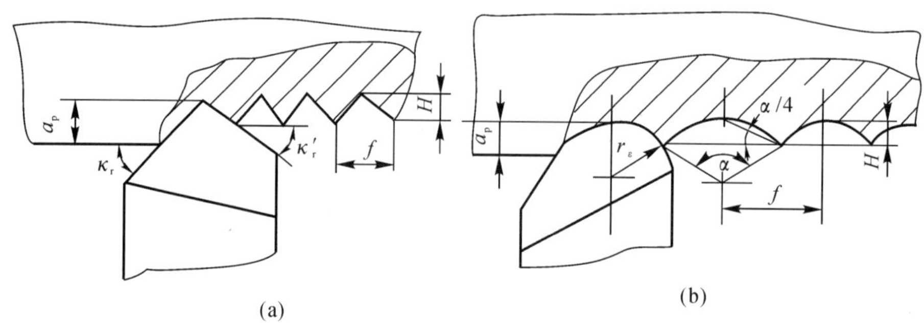

图4.1　车削、刨削时残留面积的高度

由式(4.1)和式(4.2)求得的 H 值，纯粹是从几何图形推算出来的。实际切削时，切削层的塑性变形以及切屑瘤等因素的影响，会使残留面积挤歪或沟纹加深。在 f 较小、切屑较薄、金属材料塑性较大的情况下，差别就更大。所以实际残留面积的高度要比计算值大些。式(4.1)和式(4.2)还可说明，减小进给量，减小主偏角及副偏角，增大刀尖圆弧半径，都可以减小残留面积的高度，降低表面粗糙度。

2. 鳞刺对表面粗糙度的影响

在较低的速度下切削塑性金属(如低碳钢、中碳钢、铸钢、20Cr钢、40Cr钢、不锈钢、铝合金、紫铜等)时，在加工表面上经常出现鳞片状的毛刺，叫作鳞刺。这是一种很严重的表面缺陷，可使已加工表面变得很粗糙。可见，鳞刺是提高表面质量的一大障碍。

关于鳞刺产生的原因，一种观点认为，鳞刺是切削过程中刀具后刀面与已加工表面产生强烈的摩擦而引起的；另一种观点认为，这种毛刺是嵌入工件表面的积屑瘤碎片。但是有人研究认为，即使在没有产生积屑瘤的情况下，也能产生鳞刺。从这个前提出发进行研究的结果认为，鳞刺是由刀具前刀面摩擦力的周期变化所引起的。当摩擦力大时，切屑在短时间内会冷焊在刀具前刀面上，使切屑代替刀具进行切削，这样会产生很大的推挤力量，使已加工表面出现拉应力，从而使切削层和工件之间出现导裂现象，如图4.2所示。等推挤到一定程度之后，切削力增大，克服了切屑与刀具前刀面上的黏结和摩擦力，切屑又开始流动，因而把导裂留在加

图 4.2　鳞刺

工表面上成为鳞刺，严重地影响了已加工表面的质量。

在切削速度比较低的情况下，可以采取一些措施来抑制鳞刺，如：减小切削厚度、增大前角、采用润滑性能好的切削液等。当切削速度比较高时可以采用硬质合金刀具，进一步提高切削速度，对工件材料作调质处理，减小前角。采取这些措施的目的在于提高切削温度，只要切削温度足够高（切削钢材料时，温度在 500℃ 以上），鳞刺便不会出现。

3. 积屑瘤对表面粗糙度的影响

在加工塑性材料的时候，在一定的切削速度范围内，有时候在刀具前刀面靠近切削刃的部位黏附着一小块很硬的金属，这就是积屑瘤，也称刀瘤。图 4.3 描述了加工弹塑性材料时切削速度对表面粗糙度的影响。当切削速度 v 为 20～50 m/min 时，表面粗糙度值最大，因为此时常容易出现积屑瘤，使加工表面质量严重恶化；当切削速度超过 100 m/min 时，表面粗糙度值下降，并趋于稳定。在实际切削时，选择低速、宽刀精切和高速精切，往往可以得到较小的表面粗糙度值。

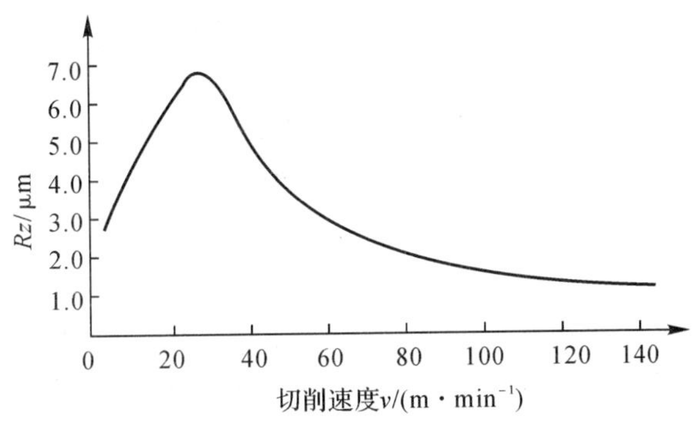

图 4.3　加工弹塑性材料时切削速度对表面粗糙度的影响

加工脆性材料，切削速度对表面粗糙度的影响不大。一般来说，切削脆性材料比切削弹塑性材料容易达到表面粗糙度的要求。对于同样的材料，金相组织越是粗大，切削加工后的表面粗糙度值也越大。为减小切削加工后的表面粗糙度值，常在精加工前进行调质等处理，目的在于得到均匀、细密的晶粒组织和较高的硬度。

二、加工表面冷作硬化

1. 冷作硬化现象

在零件加工后，因加工过程中塑性变形及温度高等的影响，使表面层在物理-机械性能、金相组织、化学性质等方面与基体金属不同，这一层称为表面层或表面缺陷层。

在切削加工的过程中，刀具前刀面迫使被切削金属受挤压而形成塑性变形区。如图 4.4 所示，由于刀具刃口有一圆角半径 ρ，当刀具和工件继续进行相对运动时，在点 A 以下的金属将受很大的挤压变形。在刀具刃口离开后，工件表面上这部分受挤压的金属，由于材料的弹性恢复，将与刀具后刀面发生摩擦，这就使表面变得粗糙，并使表面层金属受到拉伸。图 4.5 所示为加工后的表面硬化层。

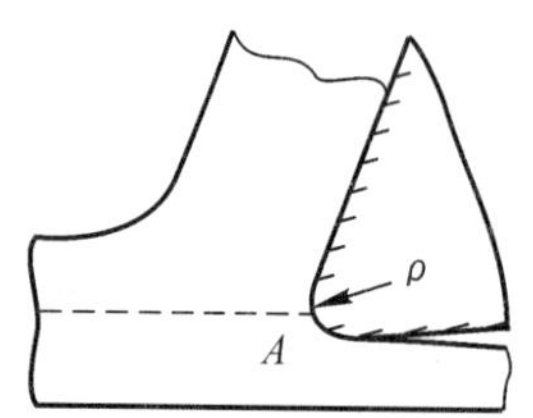

图 4.4　表面层的形成

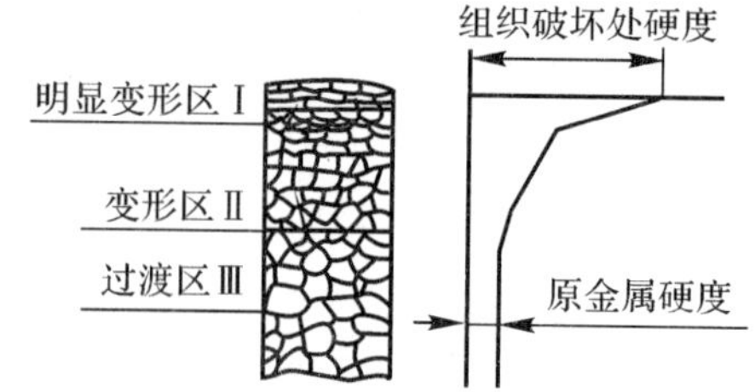

图 4.5　加工后的表面硬化层

零件表面层经上述塑性变形后其金属性质发生了很大变化，其具体特点如下：

(1) 晶体形状改变，部分晶体被挤碎，晶体的一致性遭到破坏。

(2) 晶体的方向改变。在未变形前，其晶体的方向是不规则的，而在塑性变形以后，常产生纤维组织，并形成一定方向。

(3) 变形抵抗力增加，即金属产生了冷作硬化，亦称强化。金属强化时晶格的畸变和晶体的破坏都进一步提高了产生塑性变形所需的临界剪应力，即变形抗力。由于变形抗力的增加，屈服点及极限强度将上升，硬度也随之增加，金属的塑性则降低。另外，其导电性、导磁性和导热性方面也有所变化。

(4) 表面层产生了残余应力。工件加工后，表面硬化层的硬度大约是原来工件材料硬度的 1.8 ～ 2 倍。表面硬化层的深度受到进给量、切削深度、切削速度和切削角的影响。

在加工过程中，零件表面金属不只是强化，同时还存在恢复过程。晶格扭曲等强化现象都有恢复正常的趋势，因为在加工过程中产生切削热，热的作用会加强恢复的过程。当温度超过一定数值时(即 $0.4T_{熔}$ 时，$T_{熔}$ 代表该金属熔点的绝对温度)，将开始再结晶过程，强化现象逐渐消失。因此凡是使塑性变形区温度降低(如改善冷却情况、减少摩擦等)、热作用时间缩短(如提高工件速度等)的因素，都会使工件表层的强化程度增强。

2. 影响加工表面冷作硬化的因素

(1) 切削用量的影响。切削用量中以进给量和切削速度的影响为最大。图 4.6 给出了在切削 45 钢时，进给量和切削速度对冷作硬化的影响。加大进给量时，表层金属的显微硬度将随之增大，这是因为随着进给量的增大，切削力也增大，表层金属的塑性变形加剧，冷硬程度增大。但是，这种情况只是在进给量比较大时才是正确的。

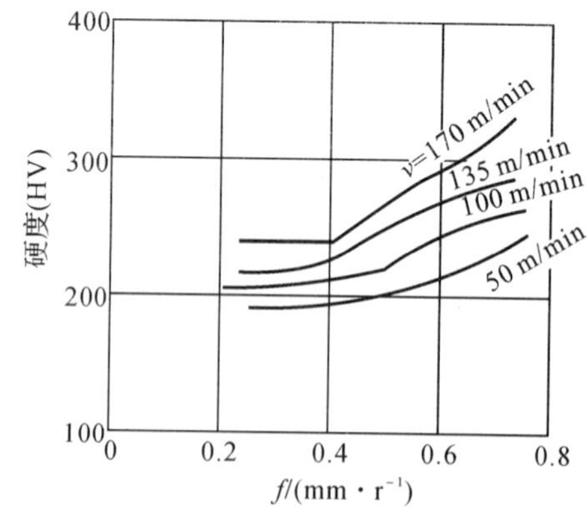

图 4.6　进给量对冷作硬化的影响

增大切削速度，刀具与工件的作用时间减少，使塑性变形的扩展深度减小，因而冷硬层深度减小；但增大切削速度，切削热在工件表面层上的作用时间也缩短了，将使冷硬程度增加。

(2) 刀具几何形状的影响。切削刃钝圆半径的大小对切屑形成过程有决定性影响。实验证明，已加工表面的显微硬度随着切削刃钝圆半径的加大而明显地增大。这是因为切削刃钝圆半径增大，径向切削分力也将随之加大，表层金属的塑性变形程度加剧，导致冷硬增大。

前角在 ±20° 范围内变化时，对表层金属的冷硬没有显著影响。

刀具磨损对表层金属的冷作硬化影响很大。实验证明，刀具后刀面磨损宽度从 0 增大到 0.2，表层金属的显微硬度由 220 HV 增大到 340 HV。这是由于磨损宽度加大之后，刀具后刀面与被加工工件的摩擦加剧，塑性变形增大，导致表面冷硬增大。

刀具后角，主、副偏角及刀尖圆弧半径等对表层金属的冷作硬化影响不大。

(3) 加工材料性能的影响。工件材料的塑性越大，冷硬倾向越大，冷硬程度也越严重。碳钢中含碳量越高，强度越高，其塑性就越小，因而冷硬程度就越小。有色合金的熔点低，容易弱化，冷作硬化现象比钢材轻得多。

三、表面残余应力

金属在塑形变形和局部受热后还会产生残余应力。所谓残余应力就是那些在引起应力出现的外因消除后，仍然残留在零件中的应力。它可分为三类：第一类是在零件整个尺寸范围内平衡的残余应力。例如切削加工中的零件表面层，就因塑性变形不均匀而产生残余应力。又如在焊接过程中由于零件各部分的温度不同而产生残余应力。当这种残余应力的平衡受到破坏时会引起零件的翘曲变形。第二类是在晶粒范围内平衡的残余应力。第三类是在晶胞(原子的最小组合)间平衡的残余应力。后两类一般不影响零件的变形，但对金属性能有一定的影响。

当切削加工时，表面层中的残余应力可能是拉应力(用正值表示)，也可能是压应力(用负值表示)，这与加工条件有关。这里先对切削加工时产生残余应力的主要原因分析如下。

1. 塑性变形的影响

一方面，零件在切削加工时产生塑性变形，使部分原子从稳定的晶格位置上移动，晶格被扭曲，破坏了原来紧密的原子排列，因此密度下降，比体积增大。工件表面层的金属由于塑性变形使比体积增大，体积膨胀，而四周基体又阻止其膨胀，因此受到压应力。另一方面，由于刀刃后刀面的摩擦与挤压，工件表面层的晶格被拉长，当刀具离开工件表面后，被拉长的表层就会受到下面基体的作用，使表层在切削方向受到压应力，里层则产生残余拉应力与其相平衡。相反，如果表面层产生收缩塑性变形，则由于基体金属的阻碍，表面层将产生残余拉应力。

2. 温度的影响

切削区的高温，使工件表层受热伸长，如果在此温度下，金属的弹性并没有消失，则四周基体阻止其伸长，表层受到压应力。当冷却时，压应力逐渐消失，冷却到室温就恢复原来状态。如果温度很高，例如对钢来说，温度高到 800 ～ 900℃ 时，金属的弹性几乎全部消失。这时在高温下，表面层处于塑性状态，表层的伸长因受基体金属的限制而全被压缩掉，不产生任何压应力。当冷却时，表层收缩。当温度低到使表层金属恢复弹性时，表层就会因基体阻止其收缩而产生拉应力。因此，当切削区温度超过某一极限值时，工件的表层会产生拉应力，下层则会产生压应力。

3. 金相组织变化的影响

切削时产生的高温常常引起金属的相变，而相变又常常会引起比体积的变化。由于表面层的温度不同，因此在不同深度上相变也不相同。由金属学知，各种金相组织具有不同的相对密度($r_{马}=7.75$，$r_{奥}=7.96$，$r_{铁}=7.88$，$r_{珠}=7.78$)和比体积。马氏体组织相对密度最小，比体积最大；奥氏体相对密度最大，比体积最小。因此，当磨削淬火工件时，如果表层出现回火结构，则表层比体积减小。体积要缩小，而基体又阻止其收缩，故表层产生拉应力。如果最外层有二次淬火结构，则在最外层，由于金相组织变化而产生压应力。

在实际加工中，上述几种原因可能同时起作用。因此，零件表面层中最后的应力取决于各组成因素的综合结果。

图 4.7 所示为淬火钢在磨削切深为 0.05 mm/行程时不同砂轮速度下磨出的表面层的应力状态。当 $v=30$ m/s时，得到以产生相变影响为主的应力层(曲线1)。因为里层的回火组织比基体回火马氏体组织小，所以产生拉应力。而表层由于产生淬火马氏体组织，体积比里层的回火组织大，因而产生压应力。当 $v=10$ m/s 时，得到以塑性变形影响为主的残余压应力(曲线 2)。表层因有温度影响，其压应力值较小。图 4.8 所示为 $v=30$ m/s 时改变磨削切深对残余应力的影响，当磨削切深减小至一定值时，得到的是低残余应力值。

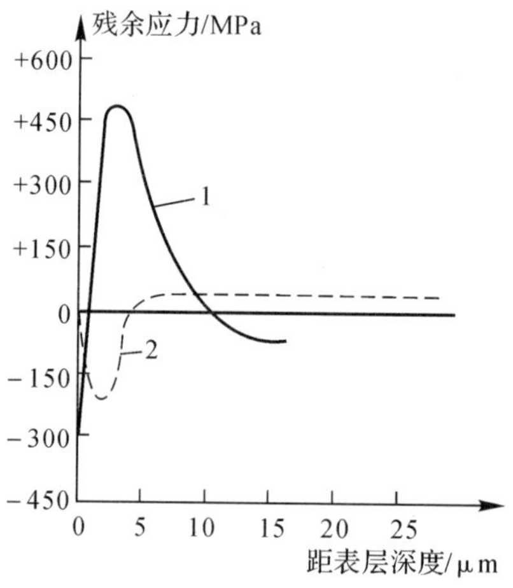

图 4.7　砂轮速度对残余应力的影响

曲线 1—$v=30$ m/s；　曲线 2—$v=10$ m/s

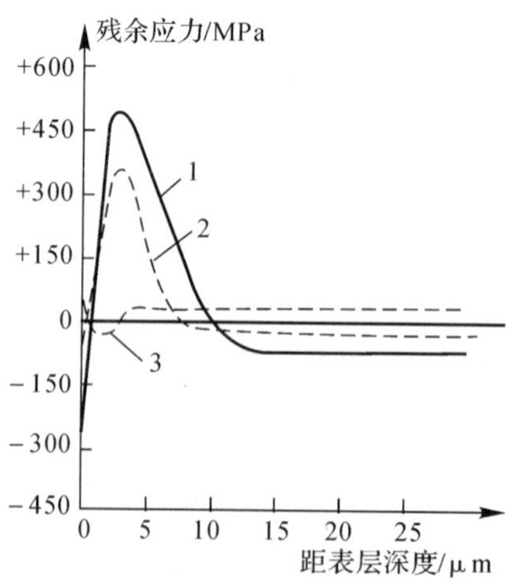

图 4.8　磨削切深对残余应力的影响曲线

曲线 1— 切深 0.05 mm/行程；　曲线 2— 切深 0.025 mm/行程；

曲线 3— 低残余应力

4.3　表面质量对零件使用性能的影响

一、耐磨性

在没有润滑的情况下，两个相互摩擦的表面，最初只是在表面凸峰部分接触，它传递的压力实际上只是分布在那些微小的面积上，如图 4.9 所示。例如，车削和铣削后的实际接触面只有计算接触面的 15% ～ 25%，细磨后也仅为 30% ～ 50%，研磨后才能达到 90% ～ 95%。因此，在正压力 F 的作用下，在凸峰处产生很大的挤压应力，使表面粗糙部分产生弹性和塑性变形。当相互运动时，还有一部分被剪切掉。当有润滑时，情况要复杂一些，但在最初阶段仍可发现凸峰划破油膜而产生上述类似的现象。

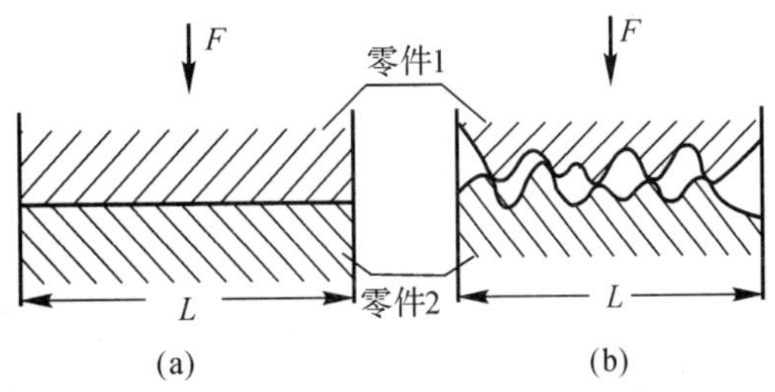

图 4.9　零件表面的接触情况

(a) 理论接触情况；(b) 实际接触情况

实践表明，磨损过程在不同条件下基本规律是一样的，图 4.10 所示为磨损量与工作时间的关系。

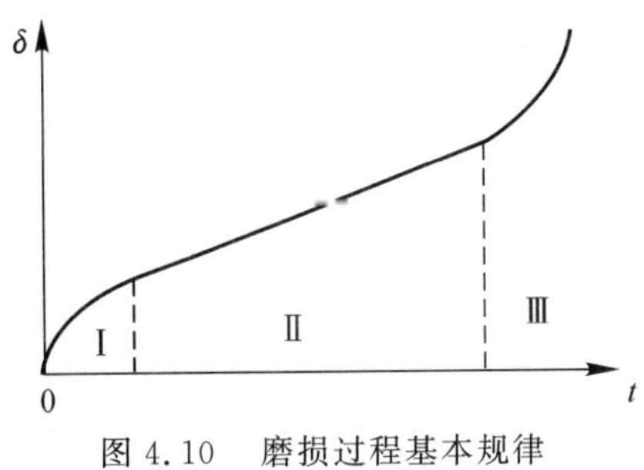

图 4.10　磨损过程基本规律

磨损的第 Ⅰ 阶段是装配后零件的磨配阶段。其特点是装配时所保证的间隙此时迅速增大，粗糙度高度可能降低 65% ～ 75%。其后，就开始了正常工作的第 Ⅱ 阶段。此阶段接触面积逐渐增大，单位压力下降，磨损趋于缓和，这是正常工作阶段。超过这个阶段就出现了急剧磨损的第 Ⅲ 阶段。此时由于油膜破坏及滞涩等原因，摩擦副的作用破坏了，因而产生急剧磨损。

在不同的条件下，初期磨损和正常工作阶段的时间与表面粗糙度有极密切的关系，而且也与加工痕迹和表面滑动的相对方向有关系。

图 4.11 所示为表面粗糙度与磨损量间的关系。一对摩擦副在一定的工作条件下通常有一最佳粗糙度。表面粗糙度过大会引起工作时的严重磨损，过小也会产生同样的结果。这是

因为过低的表面粗糙度由于接触面贴合，在较大的正压力作用下，润滑油被挤出而减弱润滑作用，并产生分子间的亲和力，接触面上的金属分子会相互渗透而产生冷焊现象，当相互运动时就发生撕裂作用，使磨损增加。例如，活塞式发动机活塞环滑动面的最佳表面粗糙度值为0.8 μm，如果表面粗糙度值改为0.05 ~ 0.1 μm，则只经短期作用后，表面质量就会迅速变坏。汽缸套的最佳表面粗糙度值为0.2 μm。

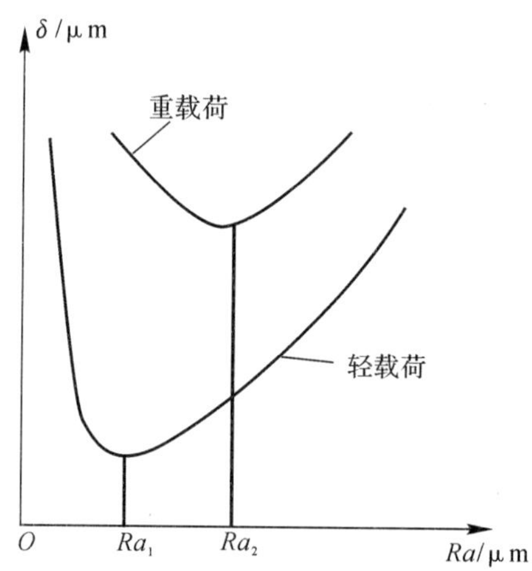

图 4.11　磨损量与表面粗糙度的关系

冷作硬化一般都能使耐磨性有所提高。但并不是冷作硬化的程度愈高，耐磨性就愈高。如图 4.12 所示，当冷作硬化提高到 380 HB 左右时（工具钢 T7A），耐磨性达到最佳值，如再进一步加强冷作硬化程度，耐磨性反而降低，其原因是过度的硬化即过度的冷态塑性变形将引起金属组织的过度疏松，严重时则出现疲劳裂纹，都会使耐磨性降低。

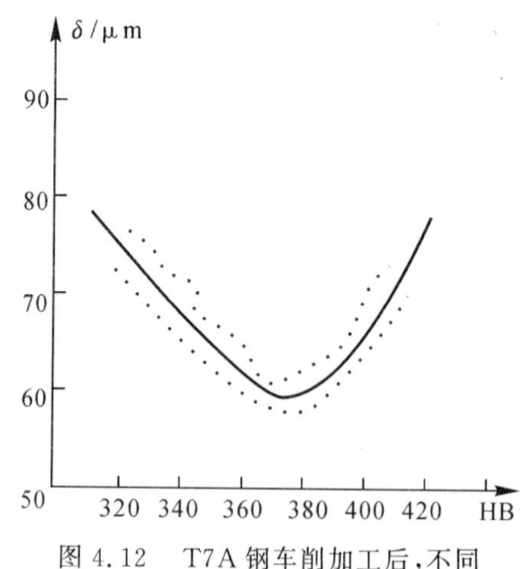

图 4.12　T7A 钢车削加工后，不同冷硬程度与耐磨性的关系

二、疲劳强度

在周期交替变化的负荷作用下，当零件工作表面粗糙度较大时，就会产生应力集中，在凹底部的应力可能比作用于表面层的平均应力大 0.5 ~ 1.5 倍。这样，就促使疲劳裂纹的形

成。实验表明，合金钢的试件在做疲劳试验时，粗车的试件和经过精细抛光的试件比较，后者疲劳强度可提高 30%～40%。材料对应力集中越敏感，这种效果就越明显。所以承受交变负荷的零件表面常常需较低的表面粗糙度。

表面冷作硬化能提高零件的疲劳强度，因为强化过的表面层会阻止已有的疲劳裂纹扩大和产生新的裂纹。同时，硬化会显著地减少表面外部缺陷和表面粗糙度的有害影响。

残余应力的大小和正负都对疲劳强度有影响。当表面层具有残余压应力时，它能使表面显微裂纹合拢，从而提高零件的疲劳强度。如果有拉应力则使表面显微裂纹加剧，将降低疲劳强度。图 4.13 所示为 40Cr 钢试件残余压应力 $-\sigma$ 与疲劳强度 σ_{-1} 的关系。

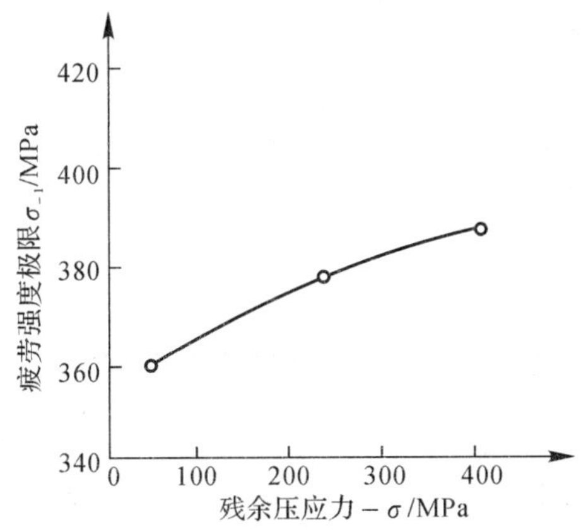

图 4.13　40Cr 钢试件残余压应力与疲劳强度的关系

对高强度金属，如在低于恢复温度下工作的耐热钢和耐热合金，残余应力对疲劳强度有重大的影响。

随着零件工作温度的提高和时间的增长，冷作硬化将变为不利因素。这是因为冷作硬化可以由高温引起的回火作用而消失。例如，对于高温下使用的耐热钢和高温合金来说，在高温的工作条件下，材料中原子扩散增强，再结晶过程加剧，使金相组织发生变化，表面硬度改变，表层内的残余压应力也会发生松弛。同时由于合金元素的氧化以及晶界层的软化，高温性能有所降低，进而会导致沿冷作硬化层晶界形成起始裂纹。

所以对于在高温（一般指工作温度高于材料的再结晶温度）下使用的耐热钢和高温合金零件来说，能保证疲劳强度和持久强度的最佳表面层，应是没有加工硬化或者只有极小变形硬化的表面层。也就是说，用低应力加工方法所获得的表面层最好。

可以采用在零件表面不会生成冷硬层的方法造成压应力，以便提高零件的疲劳强度，例如表面淬火、渗碳、渗氮等。其中，渗氮对表面带有缺陷和粗糙切痕的零件尤为有效。

三、耐蚀性

零件在潮湿的空气中或在有腐蚀性的介质中工作时，常会发生化学腐蚀或电化学腐蚀。化学腐蚀是由于大气中的气体及水汽或腐蚀介质容易在粗糙表面的谷底处积聚而发生化学反应，逐步在谷底形成裂纹，在拉应力作用下扩展以至破坏。电化学腐蚀是由于两个不同金属材料的零件表面相接触时，在表面的粗糙度顶峰间产生电化学作用而被腐蚀掉。因此，降低表面粗糙度，可以提高零件的抗腐蚀性。

零件在应力状态下工作时，会产生应力腐蚀。这是因为金属零件处于特殊的腐蚀环境中，在这种条件下，在一定的拉应力作用下，便会产生裂纹并进一步扩展，引起晶间破坏，或者使表面受腐蚀而氧化，降低了抗腐蚀性能。凡零件表面存在残余拉应力，都将降低零件的耐蚀性。

由于钛合金和其他合金在进行电化学加工时有晶界腐蚀和局部腐蚀的倾向，所以在这些工序后，还应有其他的强化工序。

四、配合质量的稳定性及可靠性

间隙配合零件的表面如果表面粗糙度太大，初期磨损量就大，工作一段时间后配合间隙就会增大，以至改变了原来的配合性质，影响动配合的稳定性。对于过盈配合表面，轴在压入孔内时表面粗糙度的部分凸峰被挤平，从而使实际过盈量变小，影响过盈配合的可靠性。因此，对有配合要求的表面都要求较低的表面粗糙度。另外，零件表面层的残余应力如过大，而零件本身刚性又差，这就会使零件在使用过程中继续变形，失去原有的精度，从而降低机器的工作质量。

4.4 磨削的表面质量

一、磨削加工的表面粗糙度

磨削的表面质量对零件使用性能的影响是很大的，因为一般要求较高的零件表面，多以磨削作为终加工工序。

磨削加工与用一般刀具进行切削加工相比，又有很多的特点。磨削是由砂轮外表面上的很多砂粒进行切削的。这些砂粒在砂轮表面上的分布不规则，几何角度也各不相同。磨削表面就是由这些大量与加工基准等距或相近的磨粒刻痕所构成的。如单纯从几何角度考虑，可以认为在单位加工面积上，刻痕愈多，表面粗糙度就愈低。或者说，通过单位加工面的磨粒数愈多，表面粗糙度就愈低。因此，砂轮线速度 $v_{砂}$ 愈高，工件线速度 $v_{工}$ 愈低，纵向走刀量 $f_{纵}$ 愈低，则表面粗糙度愈低。砂轮粒度愈细，表面粗糙度也愈低。这些已为实验所证明。

修整砂轮的纵向进给量对磨削表面的表面粗糙度影响甚大。用金刚石修整砂轮时，金刚石在砂轮外缘打出一道螺旋槽，其螺距等于砂轮每转一转时金刚石笔在纵向的移动量。砂轮表面的不平整在磨削时将被复映到被加工表面上。修整砂轮时，金刚石笔的纵向进给量越小，砂轮表面磨粒的等高性越好，被磨工件的表面粗糙度值就越小。小表面粗糙度值磨削的实践表明，修整砂轮时，砂轮每转一转，金刚石笔的纵向进给量如能减少到 0.01 mm，磨削表面粗糙度 Ra 值就可达 0.1 ～ 0.2 μm。

二、磨削加工的冷作硬化

事实上，在磨削表面的形成中，不仅有几何因素，而且有塑性变形方面的因素。虽然从切削速度的角度来看，磨削的切削速度远比一般切削加工的切削速度高得多，但不能认为磨削加工中塑性变形不严重。事实证明，由于磨粒相对来说并不锋利尖锐，“刀尖”圆弧半径常达十几微米，而每个颗粒所切的切削厚度一般仅为0.2 μm左右或更小。因此大多数磨粒在磨削过程中，只在加工面上挤过，根本没有切削，磨除量是在很多后继磨粒的多次挤压下，经过充分的塑性变形出现疲劳后剥落的。由此可见，加工表面的塑性变形是很严重的。

综上所述，磨削表面层的冷作硬化程度一般大于车削和铣削，而硬化层的深度不如车削和铣削。图 4.14 所示为 T8A 工件淬火后磨削表面硬度的变化情况。磨削后外表面的显微硬度比原硬度上升了 40% 左右。这是表层发生了塑性变形的结果。从外表向里层，硬度迅速下降，至 0.04 ～ 0.06 深处已降到原来的淬火硬度。

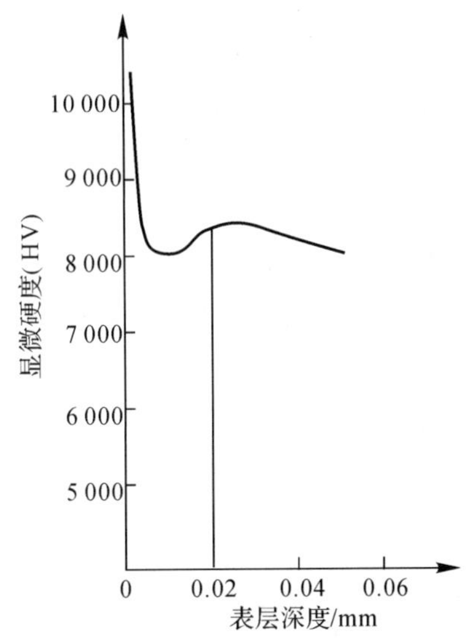

图 4.14　淬火钢 T8A 磨削后表面层显微硬度变化

增加磨削深度 a_p 和纵向走刀量 $f_{纵}$，将使塑性变形程度增加，冷作硬化程度上升，表面粗糙度也变大。如过大地增加磨削用量而冷却条件又不好，就可能发生烧伤而转变成新的金相组织；同时，温度剧烈变化，也是产生残余应力的主要原因。如果产生的拉应力过大，就会产生裂纹。无论发生烧伤或裂纹，零件只能报废，无从返修。因此磨削中必须防止这些情况的发生。

三、烧伤

工件表层发生烧伤，关键在于磨削温度过高，高温作用时间过长，从而引起了金属组织变化（相变），改变了原始硬度。根据磨削烧伤性质的不同可分为以下两种。

1. 回火烧伤

当磨削淬火或低温回火钢工件时，如果用量偏大，冷却液不充分，表层温度超过了淬火钢工件的回火温度，那么表层中的淬火组织（马氏体）会转变成回火组织（索氏体、屈氏体），表层的硬度和强度将显著降低，这就称为回火烧伤。

发生回火烧伤的表面都带有氧化膜，氧化膜的颜色因温度的高低而不同。这种氧化膜可以作为烧伤的鉴别标志。但表面没有烧伤色并不等于表面层未受热损伤。如在磨削过程中采用的无进给磨削加工，仅磨去了表面烧伤色，但却未能去掉烧伤层，留在工件上就会成为使用中的隐患。

2. 夹心烧伤(淬火烧伤)

当磨削淬火钢零件时,温度超过了奥氏体的转变温度,表层内的马氏体会在瞬时内转变为奥氏体。随即充分冷却,如果冷却速度超过了淬火的临界速度,那么在表面又形成二次淬火组织(马氏体)。这一层是非常薄的。它的下面是一层回火层,其硬度要比原淬火硬度低得多,如图 4.15 所示。原因是高温传入表层内部,使这层温度高于回火温度,原淬火组织(马氏体)转变为回火组织(索氏体、屈氏体),从而发生了回火烧伤。

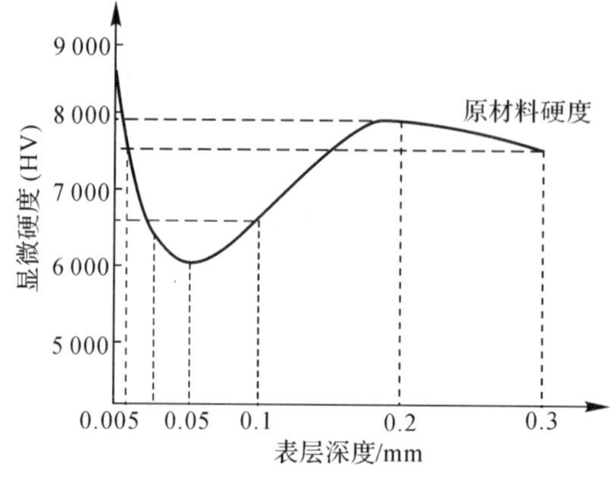

图 4.15 夹心烧伤层的硬度变化

这种烧伤的表面,有时不带氧化膜,因此不易鉴别,受压后会下凹。带这种烧伤的零件同样不能使用。

四、裂纹

如果磨削时表面产生的残余应力是拉应力,其值超过了材料的强度极限,零件表面就会产生裂纹。从外观来看,裂纹可分为如下两类。

1. 平行裂纹

裂纹垂直于磨削方向,这是因为磨削时表面产生的残余拉应力超过了晶体界面的强度极限,从而发生界面破坏的微观裂纹[见图 4.16(a)(b)]。有时凭眼睛不一定能发现,只有经探伤或酸洗后才能暴露出来。裂纹的产生与烧伤可能同时出现。在这种微观裂纹的基础上,工作时会引起宏观裂纹,使零件发生破坏。

磨削裂纹的产生与材料及热处理工序有很大关系。由于硬质合金脆性大、抗拉强度低以及导热性差,所以磨削时容易产生裂纹。含碳量高的钢,由于晶界脆弱,磨削时也易产生裂纹。工件淬火后,如果存在残余拉应力,即使在正常的磨削条件下也可能出现裂纹。

2. 网状裂纹

渗碳、渗氮时如果工艺不当,就会在表面层晶界面上析出脆性的碳化物、氮化物。当磨削时,在热应力作用下就容易沿这些组织发生脆性破坏而出现网状裂纹。它经酸洗后可清楚地显示出来。避免产生网状裂纹,只有从热处理工艺入手,即从根本上防止碳化物和氮化物的析离,这样才能保证在磨削中不会出现网状裂纹[见图 4.16(c)]。

采取常规的甚至不良的磨削所造成的金相组织变化,有时并不立即产生裂纹,但造成了延迟出现裂纹的条件。裂纹可能在零件架上或在使用中过早地出现。

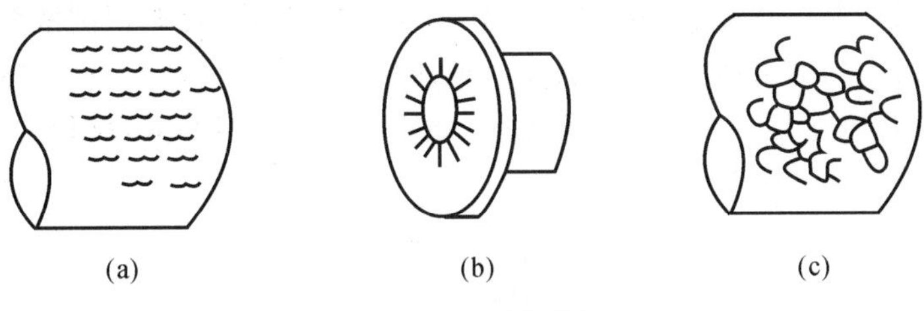

(a)　　(b)　　(c)

图 4.16　磨削裂纹

(a) 平行裂纹；(b) 端面裂纹(平行性的)；(c) 网状裂纹

五、减小磨削烧伤的工艺途径

1. 正确选择砂轮

磨削导热性差的材料(如耐热钢、轴承钢及不锈钢等)，容易产生烧伤现象，应特别注意合理选择砂轮的硬度、黏结剂和组织。硬度太高的砂轮，砂轮钝化之后不易脱落，容易产生烧伤。为避免烧伤，应选择较软的砂轮。选择具有一定弹性的黏结剂(如橡胶黏结剂、树脂黏结剂)，也有助于避免烧伤现象的产生。此外，为了减少砂轮与工件之间的摩擦热，在砂轮的孔隙内浸入石蜡之类的润滑物质，对降低磨削区的温度、防止工件烧伤也有一定效果。

2. 低应力磨削

低应力磨削是获得良好表面质量的有效方法。它可以减少表面金相组织的改变和裂纹的产生，也可以减小因磨削引起的变形。具体做法是要求在精磨时仔细地控制磨削余量还剩 0.25 mm 时的向下进给量。首先以 0.013 mm/ 行程去掉 0.2 mm；最后去除 0.05 mm 余量时，采用连续的逐渐减小切除量，目的是逐步去掉前次磨削行程中产生的表面损伤层，最后得到小而浅的残余压应力(见图 4.8 曲线 3)。其用量是①0.013 mm/ 行程，两次；②0.01 mm/ 行程；③0.007 mm/ 行程；④0.005 mm/ 行程；⑤0.002 mm/ 行程。或者最后的 0.05 mm 以 0.005 mm/ 行程的向下进给量去除也可以。

3. 改善冷却条件

磨削时磨削液若能直接进入磨削区，对磨削区进行充分冷却，则能有效地防止烧伤现象的产生。因为水的比热容和汽化热都很高，在室温条件下，1 mL 水变成 100℃以上的水蒸气至少能带走 2 512 J 的热量；而磨削区热源每秒钟的发热量，在一般磨削用量下都在 4 187 J 以下。据此可以推测，只要设法保证在每秒钟时间内有 2 mL 的磨削液进入磨削区，将有相当可观的热量被带走，就可以避免产生烧伤。然而，目前通用的冷却方法(见图 4.17)效果很差，实际上没有多少磨削液能够真正进入磨削区。需采取切实可行的措施，改善冷却条件，防止烧伤现象产生。

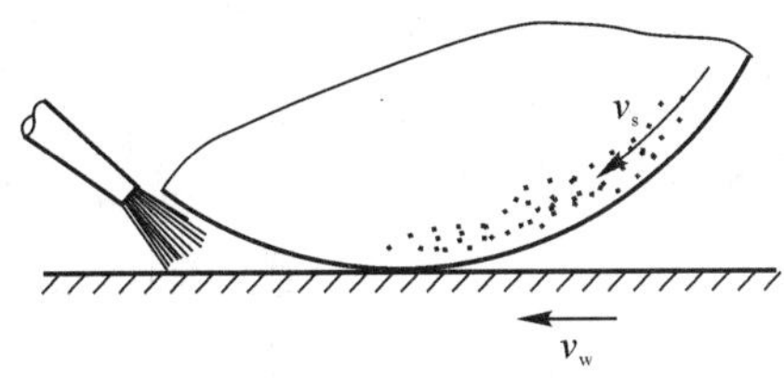

图 4.17　目前通用的冷却方法

内冷却(见图 4.18)是一种较为有效的冷却方法。其工作原理是,经过严格过滤的切削液通过中空主轴法兰套引入砂轮中心腔 3 内,由于离心力的作用,这些切削液会通过砂轮内部的孔隙向砂轮四周的边缘洒出,因此切削液就有可能直接进入磨削区。目前,内冷却装置尚未得到广泛应用,其主要原因是使用内冷却装置时,磨床附近有大量水雾,操作工人劳动条件差,精磨时无法通过观察火花试磨对刀。

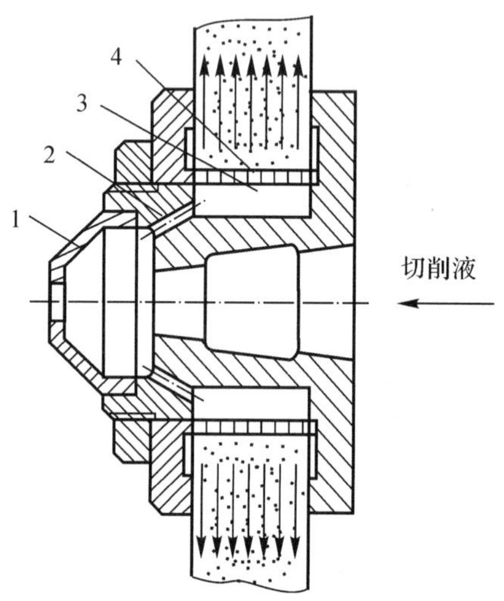

图 4.18　内冷却装置

1—锥形盖；2—通道孔；3—砂轮中心腔；4—有径向小孔的薄壁套

4. 选用开槽砂轮

在砂轮的圆周上开一些横槽,能使砂轮将切削液带入磨削区,对防止工件烧伤十分有效。开槽砂轮的形状如图 4.19 所示。目前常用的开槽砂轮有均匀等距开槽[见图 4.19(a)]和在 90°之内变距开槽[见图 4.19(b)]两种形式。采用开槽砂轮,能将切削液直接带入磨削区,可有效改善冷却条件。在砂轮上开槽还能起到风扇作用,可改善磨削过程的散热条件。

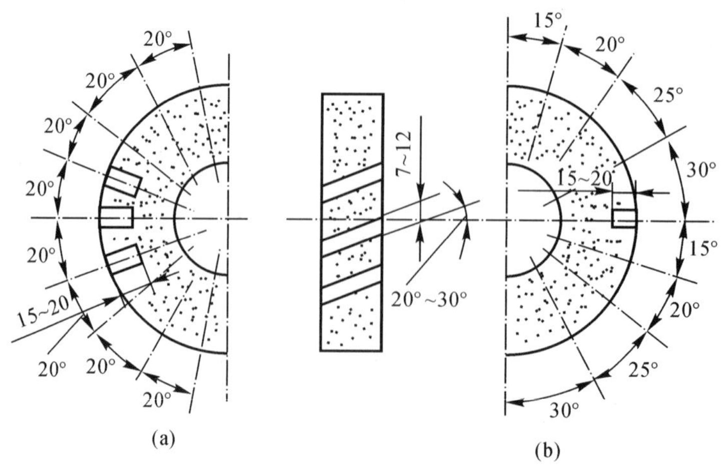

图 4.19　开槽砂轮

(a)槽均匀分布；(b)槽不均匀分布

4.5　表面强化工艺

零件表面的冷作硬化和残余压应力，在一般情况下对零件的使用寿命是有利的。之所以喷丸强化、表面滚压、内孔挤压等强化工艺和渗碳、渗氮、渗铝、氰化等表面处理方法经常用来提高零件的疲劳强度，是因为这些方法的共同特点是可在零件表面上造成压应力。此外，用振动光饰等光整加工方法，不但可以降低表面粗糙度，而且对提高疲劳强度有利。

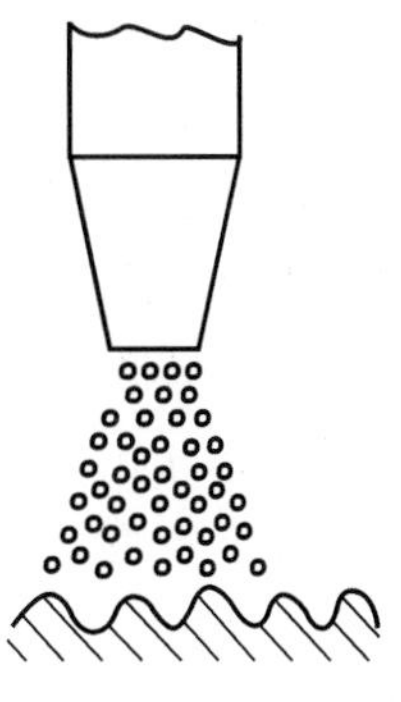

图 4.20　喷丸加工

一、喷丸强化

喷丸加工是提高零件疲劳强度的重要方法之一，目前在国内外都得到广泛的应用。进行喷丸加工时是将大量的直径(0.04 ～ 0.84) 细小的丸粒向零件的表面射击，犹如无数小锤对表面进行锤打(见图 4.20)。丸粒是利用片轮转动时的离心力甩出，或利用喷嘴喷出的。图 4.21 所示为喷嘴原理图，压缩空气以高速经喷嘴 1 流出，在出口处速度很高，压力很低，利用造成的压力差，把弹丸从储存器中吸到喷嘴喉部，同压缩空气一齐喷射到工件上。用喷嘴对复杂表面加工较为方便。加工钢件时一般用钢丸；加工铝合金、不锈钢、耐热合金等材料时用玻璃丸。工件表面粗糙度值 Ra 为 0.2 μm。

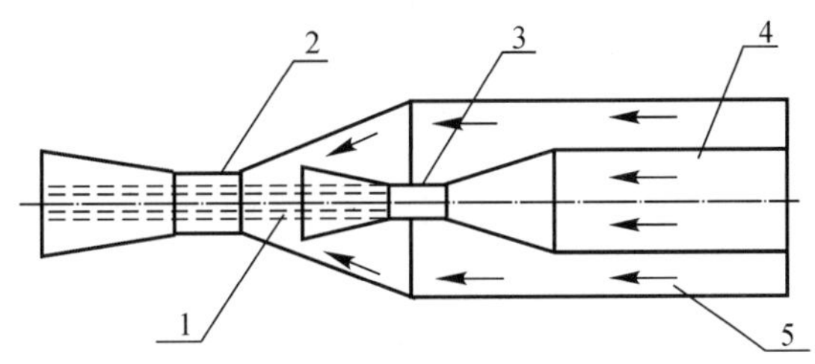

图 4.21　喷嘴原理图

1— 高速气流；　2— 喷嘴 2；　3— 喷嘴 1；　4— 压缩空气；　5— 磨流

在喷丸过程中，由于表面层的塑性变形，零件表面产生很大的压应力，由此提高了零件的疲劳强度。但是在零件承受交变载荷的过程中，压应力是会逐渐释放的。为使零件表面维持具有一定数值的压应力水平，当零件工作达到一定寿命而进行翻修时，可以对零件表面再度采用喷丸强化处理。

当工件的表面粗糙度要求较低时，如齿轮的齿面，可在喷丸强化后再磨掉薄层(0.02 ～ 0.05)，这对强化效果没有重大影响。

喷丸加工不仅能显著地提高零件的疲劳强度，而且还能提高零件的耐腐蚀能力。例如，铝、镁合金，它们一般是不耐海水腐蚀的，但经喷丸强化之后，其耐盐水腐蚀的能力获得成百倍的提高。

此外，喷丸加工还具有以下作用：

(1) 提高电镀零件的疲劳强度。钢质零件电镀后表面易产生残余拉应力，使镀层微裂纹向基体发展，降低疲劳强度。因此在电镀前或在电镀前后各进行一次喷丸，可进一步改善零件的疲劳强度和抗腐蚀能力。

(2) 消除电解、化学铣切、磨削等加工零件有害残余拉应力、裂纹或晶界腐蚀等有害影响，并产生残余压应力。

(3) 可增进渗碳、渗氮或高温处理钢件的疲劳强度，减少其脆性破坏的机会。渗碳淬火齿轮喷丸强化后，不但造成表面压应力，提高表面硬度，而且可促进表面层内残余奥氏体的转变。试验表明，将氰化后的齿轮进行喷丸，疲劳寿命可提高 12 倍。

(4) 防止涂层零件的疲劳强度降低。为提高零件的防腐抗磨性能，涂层技术得到广泛应用。为提高涂层与基体的结合力，涂前零件表面粗糙度值要糙化到 $Ra3.2\ \mu m$，这会使零件的疲劳强度降低。若在糙化前进行喷丸，则可弥补这一损失，使疲劳强度相当于表面粗糙度值 Ra 为 $0.1\ \mu m$ 时的水平。

近年来的一些研究表明，喷丸强化能用于高温合金材料，但其工作温度不宜超过松弛残余应力的区域。如有的资料报道，认为冷作硬化现象对工作温度在 650 ～ 700℃ 下的耐热合金的疲劳强度是有利的，超过这个界限后才会产生不利的影响，表 4.1 所示为接受喷丸加工材料的工作温度界限。

表 4.1　接受喷丸加工材料工作温度的界限

材料名称	工作温度 /℃	材料名称	工作温度 /℃
碳　钢	260	镍基合金(Inconel)	733
不锈钢	566	铝合金	121
模具钢	454	钛合金	330

喷丸工艺还可用于整机整体壁板的成形和其他金属薄壁零件的校形。这种工艺方法的原理是利用喷丸产生的压应力层，当应力重新分布时使零件产生所需的弯曲变形。

目前一些技术先进的国家，几乎对所有承受高应力和交变载荷，又有一定寿命要求的零件都进行喷丸处理，在航空工业中应用最广，如螺旋桨、叶片、起落架、齿轮、涡轮盘等大都采用喷丸处理。强化的部位，主要是应力集中区。

二、滚压加工

滚压加工是利用经过淬硬和精细研磨过的滚轮或滚珠，在常温状态下对金属表面进行挤压，将表层的凸起部分向下压，凹下部分往上挤(见图 4.22)，逐渐将前道工序留下的波峰压平，从而修正工件表面的微观几何形状。此外，它还能使工件表面金属组织细化，形成残余压应力。

图 4.22　滚压加工原理图

滚压加工可减小表面粗糙度值，表面硬度一般可提高 10% ～ 40%，表面金属的疲劳强度一般可提高 30% ～ 50%。

4.6　机械加工过程中的振动

在机械加工过程中，有时会产生振动，它使正常的切削工作受到干扰和破坏，不仅会恶化加工精度和表面质量，而且会缩短机床和刀具的寿命。振动时还会发出噪声，污染环境，损害工人健康。为了避免振动，有时不得不改用较低的切削用量，从而限制了生产率的提高。因此，了解机械加工过程中振动产生的原因及其发展规律，找出消减振动的途径和措施是提高机械加工精度及表面质量的一个重要课题。

机械加工过程中振动的基本类型有自由振动、强迫振动和自激振动。

机械加工过程中的自由振动是由切削力突然变化或其他外界偶然原因引起的，是一种迅速衰减的振动，它对加工过程的影响较小。强迫振动是在外界周期性变化的干扰力作用下产生的振动；自激振动则是切削过程本身引起切削力周期变化的振动。这两种振动皆是非衰减性的振动，其危害性较大。下面主要讨论强迫振动和自激振动。

一、机械加工过程中的强迫振动

1. 强迫振动产生的原因

(1) 离心惯性力引起的振动。工艺系统中的旋转零件如齿轮、皮带轮、电机转子、砂轮、卡盘、联轴器等，如果它们的材质不均匀，或者形状不对称、安装偏心、制造质量不好等都会产生离心干扰力，使工艺系统受到方向周期性变化的干扰力，从而产生振动。

如假设电机转子的偏心质量为 m，偏心距为 R，偏心质量的旋转角速度为 ω，则离心力 $F = m\omega^2 R$。该力对电机的支撑板呈周期性的变化，引起支撑板的强迫振动。

(2) 传动机构的缺陷。如皮带传动中平皮带的接头、三角皮带厚度不均匀，轴承滚动体尺寸不均匀，往复运动换向时的冲击及液压传动油路中油压的脉动等，都会引起强迫振动。

(3) 切削过程的间歇特性。如某些加工方法导致切削力发生周期性变化，其中常见的有铣削、拉削及周边磨损不均的砂轮等。此外，加工断续表面，如有槽的表面常会发生冲击。

(4) 邻近设备和通道运输设备等的振动，通过地基传输，激起工艺系统发生振动。

2. 强迫振动的动态特性

由机械原理可知，振动的强弱不仅取决于激振力的大小，而且与工艺系统的动态特性有关。工艺系统的动态特性可以用工艺系统在动态力作用下所产生的运动(响应)来表示。现以单自由度系统为例说明工艺系统动态特性的一些基本概念。

图 4.23 所示为内圆磨削加工示意图，在加工中磨头受周期性变化的干扰力而产生振动。由于磨头系统的刚度远比工件系统的刚度低，故可把磨削系统简化为一单自由度系统的动力模型。首先把磨头简化为一个等效质量 m，磨头系统受力后会发生变形，因此可把等效质量 m 支撑在刚度为 K 的等效弹簧上。系统中或多或少地存在阻尼，相当于和等效弹簧并联着一个等效阻尼 r。设作用在 m 上的交变力 $F_0 \sin\omega t$ 是系统的干扰力，这样就可以得到单自由

度系统的典型动力模型。在干扰力的作用下，若 m 偏离平衡点的位移为 x，则速度 $v=\dot{x}$，加速度 $a=\ddot{x}$，因此 m 的受力情况如图 4.23(c) 所示。经过受力分析，可以得出单自由度强迫振动的方程式为

$$m\ddot{x}+r\dot{x}+Kx=F_0\sin\omega t \tag{4.3}$$

解此方程，当系统进入稳态振动时，得

$$x=A\sin(\omega t-\varphi) \tag{4.4}$$

式中 A—— 振动幅值；

ω—— 干扰力角频率；

φ—— 振动体位移与干扰力之间的相位角。

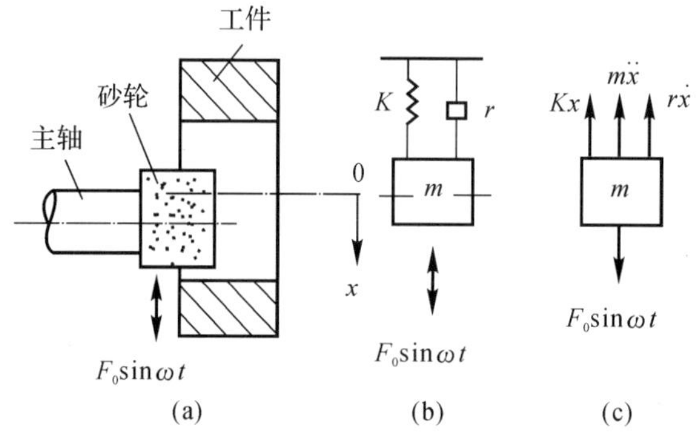

图 4.23 内圆磨削系统

(a) 内圆磨削示意图； (b) 简化动力学模型； (c) 受力图

由式(4.4) 得

$$A=\frac{A_0}{\sqrt{(1-\lambda^2)^2+4(D\lambda)^2}} \tag{4.5}$$

$$\tan\varphi=\frac{2D\lambda}{1-\lambda^2} \tag{4.6}$$

式中 λ —— 频率比，即干扰频率与系统无阻尼固有频率的比值，$\lambda=\omega/\omega_0$；

D—— 阻尼比，即系统等效阻尼系数与临界阻尼系数的比值，$D=r/r_c$，临界阻尼系数 $r_c=2\sqrt{mK}$；

A_0—— 与激振力幅值相等的静力 P_0 作用下系统的静位移，$A_0=P_0/K$。

单位振幅所需的激振力 K_d 称为动刚度，$K_d=P_0/A$，据式(4.5) 得

$$K_d=K\sqrt{(1-\lambda^2)^2+4D^2\lambda^2} \tag{4.7}$$

式(4.5) 表示了振幅与干扰力角频率 ω 之间的依从关系，称为振动的幅频特性。式(4.6) 表示了振动中位移与干扰力之间的相位与干扰力角频率 ω 的依从关系，称为振动的相频特性。式(4.7) 表示了系统的刚度 K_d 与干扰力角频率 ω 之间的依从关系，称为刚度频率特性。

为了说明它们之间的关系，现以振幅比 $\eta=A/A_0$ 作纵坐标，以干扰力角频率 ω 与振动系统固有频率 ω_0 的频率比 $\lambda=\omega/\omega_0$ 作横坐标，以阻尼比 D 为参变量，由式(4.5) 得图 4.24 所示的幅-频特性曲线。相位角 φ 与 ω，ω_0 和 D 有关。若以 φ 为纵坐标，以频率比 λ 为横坐标，阻尼比 D 为参变量，由式(4.6) 得图 4.25 所示的相-频特性曲线。以刚度比 K_d/K 为纵坐标，以

频率比 λ 为横坐标，由式(4.7)得图4.26所示的关系曲线。

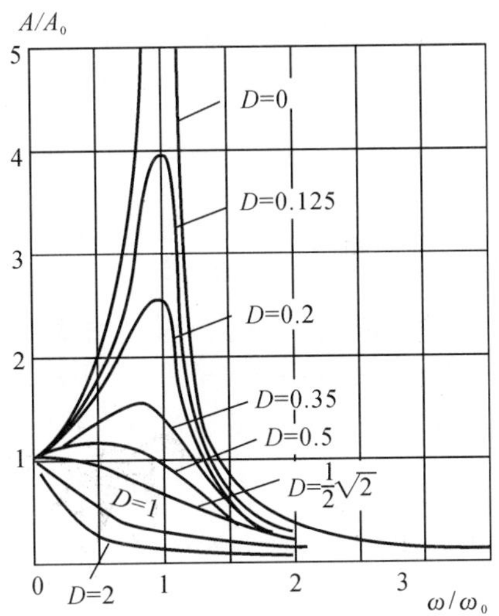

图4.24　幅-频特性曲线

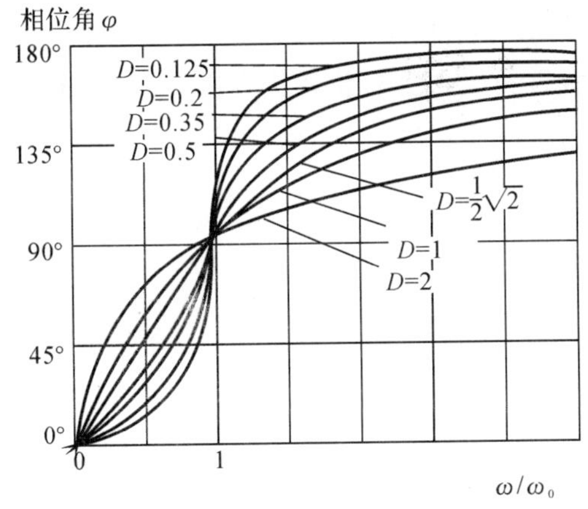

图4.25　相-频特性曲线

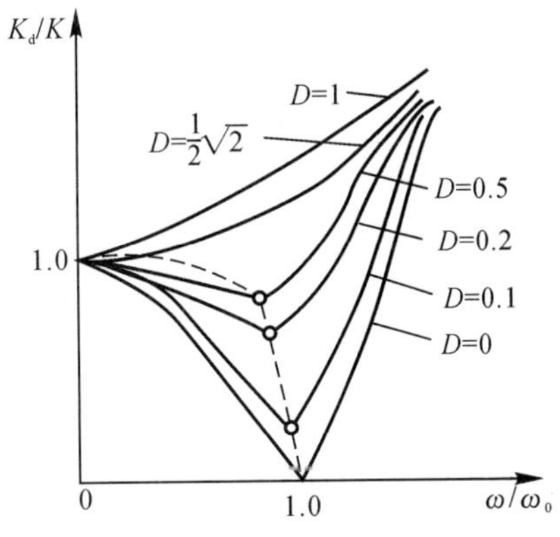

图4.26　动静刚度比与频率比的关系

由式(4.4)可以得出以下结论：

(1) 强迫振动的稳态过程是谐振，在交变的干扰力消除后，强迫振动就停止。

(2) 强迫振动的频率等于干扰力的频率。

由图4.24可以看出：

(1) 当 $\omega=0$ 或 $\lambda=\dfrac{\omega}{\omega_0}\ll 1$ 时，$\dfrac{A}{A_0}\approx 1$，即 $A\approx A_0=\dfrac{P_0}{K}$。这时相当于干扰作为静载荷加在系统上，使系统产生静位移，称为准静态区。在该区内增加系统刚度即可消振。

(2) 当 $\dfrac{\omega}{\omega_0}\approx 1$ 时，振幅急剧增加，称为共振。共振一般是不允许存在的。

(3) 增大系统阻尼，对共振区有显著的影响，即能有效地降低振幅值。

(4) 当$\frac{\omega}{\omega_0} \gg 1$时,振幅放大系数 $\eta=0$,振幅迅速下降。这是因为干扰力变化太快,振动系统由于本身的惯性跟不上干扰力的变化,所以干脆不振动了,称为惯性区。

由图4.25可以看出,角 φ 总是正值,所以强迫振动的位移总是滞后于干扰力。当$\lambda=1$时,φ 总是等于$\frac{\pi}{2}$;当 $\lambda<1$ 时,$\varphi<\frac{\pi}{2}$;当 $\lambda>1$ 时,$\varphi>\frac{\pi}{2}$。在 $\lambda=1$ 前后,φ 突然发生 180° 的变化,称为反相。阻尼愈小,反相愈明显。反相是产生共振的明显标志。

由图 4.26 可以看出:

(1) 当 $\omega=0$ 时,动载荷转化成为静载荷,$K_d=K$,产生静位移。

(2) 当 $\omega=\omega_0$,发生共振时,K_d 出现最小值。在相同频率比的条件下,系统动刚度随 D 的增大而增大,也就是说,增加阻尼对提高系统刚度、减小振动是有利的。

3. 减小强迫振动的途径

强迫振动是由周期性外激振力引起的,因此,消除振动,首先要找出引起振动的根源——振源。由于振动的频率总是和激振频率相同或成倍数关系,故可将实测的振动数据同各个可能激振的振源进行比较,然后确定。减小强迫振动的途径主要有以下几种。

(1) 减小激振力。减小激振力即减小因回转元件的不平衡所引起的离心惯性力及冲击力等。对高速旋转的零件,如砂轮、卡盘、电动机转子及刀盘等,必须给予平衡。

提高皮带、链、齿轮及其他传动装置的稳定性,如采用较完善的皮带接头,使其连接后的刚度和厚度变化最小;采用纤维织成的传动带;以斜齿轮或人字齿轮替代直齿轮;在主轴上安装飞轮等。对于高精度小功率机床,尽量使动力源与机床脱离,用丝带传动。适当调整皮带拉力,合理选择皮带长度,使其扰动频率远离主轴转速。

(2) 调节振源频率。当选择转速时,尽可能使旋转件的频率远离机床有关元件的固有频率,也就是避开共振区,使工艺系统各部件在准静态区或惯性区运行,以免共振。

(3) 提高工艺系统刚性及增加阻尼。提高系统刚性,是增强系统抗振性,从而防止振动的积极措施,它在任何情况下都能防止强迫振动。

增加系统的阻尼,如适当调节零件某些配合处的间隙,以及采取阻尼消振装置等,将增强系统对激振能量的消耗作用,保证系统平稳工作。

(4) 采用消振和隔振措施。对于某些动力源如电机、油泵等最好与机床分开,用软管连接。隔振是使振源的干扰不向外传。常用的隔振材料有橡皮、金属弹簧、泡沫乳胶、软木、矿渣棉、木屑和玻璃纤维等。中小型机床多用橡皮衬垫,重型机床则必须用金属的弹性元件。常见的如外圆磨床的电机用厚橡皮衬垫将电机与机床隔开,其效果很明显。

对于工件本身不平衡,加工表面不连续及刀齿断续切削等引起的周期性切削冲击振动,可采用阻尼器或减振器消振。

二、机械加工过程中的自激振动

1. 自激振动的概念

自激振动不是因为来自外界周期性变化的干扰力的作用,而是由振动过程本身引起切削力周期性的变化,又由这一周期性变化的切削力反过来加强和维持的一种振动。在切削过程中,自激振动的频率较高,通常又称为颤振。自激振动的主要特点如下:

(1) 自激振动是一种不衰减的振动。振动过程本身能引起某种力周期性的变化，而振动系统能通过这种力的变化，从不具备交变特性的能源中周期性地获得补充能量，从而维持这个振动。运动一停止，这种力的周期性变化和能量的补充过程也都立即跟着停止。

(2) 自激振动的频率等于或接近于系统的固有频率。

(3) 自激振动是否产生及振幅的大小，取决于每一振动周期内系统所获得的能量与所消耗的能量的对比。当振幅为某一数值时，如果获得的能量大于消耗的能量(如图 4.27 中，振幅为 A_1 值时)，振幅将不断增加；反之，振幅则不断减小(如图 4.27 中，振幅为 A_2 值时)。振幅一直增加或减小到其所获得的能量和消耗的能量相等时为止。如果振幅在任何数值时系统所获得的能量都小于消耗的能量，则自激振动就不可能产生。当振幅达到 A_0 值时，系统振动将处于稳定状态。

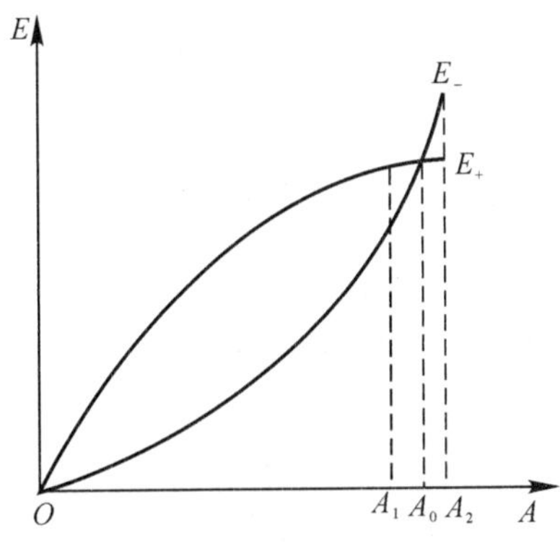

图 4.27　自激振动的能量关系

减弱和消除自激振动的根本途径是尽量减少振动系统所获得的能量，以及增加它所消耗的能量。

2. 产生自激振动的学说

对于切削过程产生自激振动的原因，虽经长期研究，但至今尚无一种能阐明各种情况下的切削自激振动的理论。下面介绍 3 种解释自激振动的学说。

(1) 负阻尼(负摩擦) 激振原理。这种理论认为，当切削韧性材料时，刀具前刀面与切屑之间存在着摩擦力，而其摩擦力又随着两者之间相对滑移速度的增加而下降(称为负摩擦，大多数材料的摩擦因数在一定滑移速度范围内都有这种特性)。这种特性称为负摩擦特性，正是这种特性引起了颤振。

车削加工可以将其简化为单自由度振动系统，如图 4.28(a) 所示。刀具相当于重物，只做 y 方向运动，刀架相当于弹簧。图 4.28(b) 所示为径向切削分力 F_y 与切屑和刀具前面相对摩擦速度 v 的关系曲线图。当稳定切削时，工件表面的切削速度为 v_0，而刀具和切屑的相对滑动速度为 $v_1=\dfrac{v_0}{\xi}$(ξ 为切屑收缩系数)。当刀具产生振动时，刀具前面与切屑的相对摩擦速度将受振动速度 $\dot{y}$ 的影响而发生变化。当刀具切入工件时，相对摩擦速度为 $v_1+\dot{y}$，这时由于相对摩擦速度增大，摩擦力将下降为 F_{y1}。在弹簧力减弱之后，刀具与工件分开，这时刀具运动方向与切屑流动方向相同，相对摩擦速度减小为 $v_1-\dot{y}$，切屑与刀具前刀面的摩擦力增大为 F_{y2}，压缩弹簧使其储能。可以看出,刀具切入的半个周期中,切削分力小于刀具切出的半个周期的切削分力。因此其所做的负功(因刀具的运动方向与切屑流出方向相反,做负功)也小于刀具切出时所做的正功(刀具运动方向与切屑流出方向同向,做正功)。在一个振动周期中,有多余的能量输入振动系统,振动将继续维持下去。

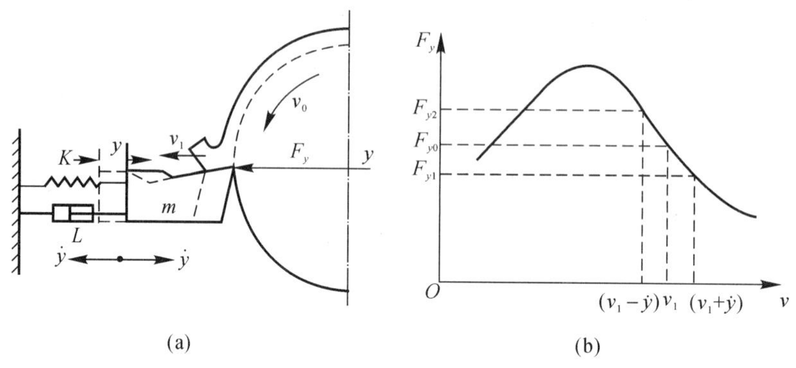

图 4.28　负阻尼激振原理

(2) 再生自激振动原理。当车削加工时,如果刀具的进给量不大,刀具的副偏角又较小,则当工件转过一圈,开始切削下一圈时,刀刃必然与已加工过的上一圈表面接触,即产生重叠。磨削加工尤为如此。从图 4.29 可以看出,当砂轮宽度 B 大于工件每转进给量 f_a 时,后一转切削表面与前一转已加工表面会有重叠,其重叠系数为

$$\mu=\frac{B-f_a}{B}$$

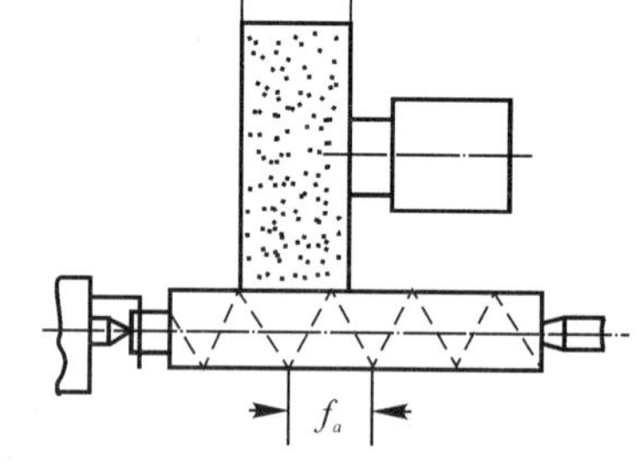

图 4.29　磨削加工时重叠切削示意图

当 $\mu>0$ 时,如果前一转切削时由于某种原因在加工表面上留下了振纹,则在后一转切削时,刀具将在具有振纹的表面上进行切削。这时切削厚度就会发生周期性的变化,从而引起切削力的周期变化,使刀具产生振动,而在本转加工的表面上产生新的振纹,这个振纹又影响到下一转的切削,从而引起持续的再生自激振动。

当然,如果工艺系统稳定,或者创造适当的条件,也不一定就会产生自激振动。因此,需要进一步分析系统是在怎样的条件下才被激发产生振动的。

在振动的一个周期内,只有能量输入才能维持自激振动。图 4.30 所示四种情况:图(a)表示前、后两转的振纹没有相位差,即 $\varphi=0$,这时可以看出,切入、切出时切削厚度没有变化,切削力也就无变化,因此不会产生自激振动;图(b)表示前、后两转的振纹相位差为 $\varphi=\pi$,这时,切入、切出的平均切削厚度不变,两者没有能量差,也不可能产生自激振动;图(c)表示后一转的振纹相位超前,即 $0<\varphi<\pi$,切入的平均切削厚度大于切出的平均切削厚度,负功大于正功,也不可能产生自激振动;图(d)表示后一转的振纹相位滞后,即 $0>\varphi>-\pi$,这时切出比切入时有较大的切削力,推动刀架(弹簧)后移,使刀架储能,即可产生自激振动。因此,只有当后一转的振纹相位滞后于前一转的振纹相位,即当 $0>\varphi>-\pi$ 时,才有可能产生自激振动。相位角 φ 与工件每转中的振动次数 f 有如下的关系:

$$f=\frac{60f_z}{n}=J+\varepsilon \tag{4.8}$$

式中　f_z —— 自激振动频率(Hz)；

n —— 工件转速(r/min)；

J —— 工件一转中振动次数的整数部分；

ε —— 工件一转中振动次数的小数部分，并规定 $-0.5<\varepsilon\leqslant 0.5$。

相位角 $\varphi=2\pi\varepsilon=360\varepsilon\,(^\circ)$。

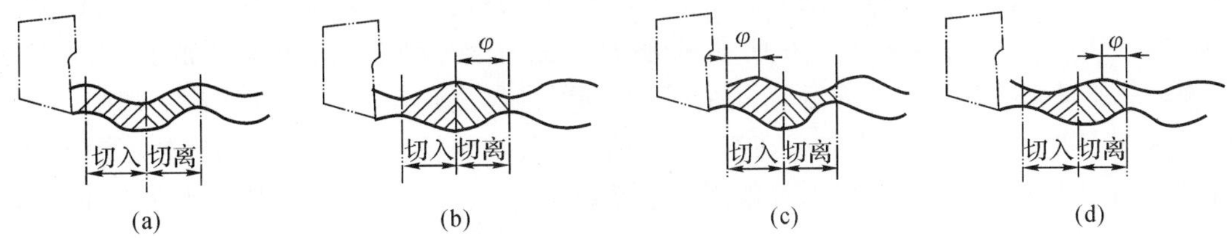

图 4.30　再生自激振动分布图

(a)$\varphi=0$；(b)$\varphi=\pi$；(c)$0<\varphi<\pi$；(d)$0>\varphi>-\pi$

当振动频率与工件转速不成整数倍，且只有在 $-0.5<\varepsilon<0$ 时，才会产生再生自激振动。现举例计算如下：

1) 工件转速为 200 r/min，$f_z=160$ Hz，则

$$J+\varepsilon=\frac{60\times 160}{200}=48$$

此时，$J=48$，$\varepsilon=0$，前一转振纹与后一转振纹相同，没有相位差，故不产生自激振动。

2) 工件转速为 200 r/min，$f_z=158$ Hz，则

$$J+\varepsilon=\frac{60\times 158}{200}=47.4$$

此时，$J=47$，$\varepsilon=0.4$，相位角 $\varphi=0.4\times 360=144^\circ$，这时第二转的振纹超前，对振动起了抑制作用，故不产生自激振动。

3) 工件转速为 200 r/min，$f_z=163$ Hz，则

$$J+\varepsilon=\frac{60\times 163}{200}=48.9$$

此时，$J=49$，$\varepsilon=-0.1<0$，$\varphi=-0.1\times 360^\circ=-36^\circ$，第二转比第一转振纹滞后 36°，这时可能产生自激振动。

由此可见，适当调整切削用量，可以抑制自激振动的产生。

(3) 振型耦合自激振动原理。当加工方牙螺纹外圆时，工件前、后两转并未产生重叠切削，若按再生自激振动原理，理应不产生自激振动。但在实际加工中，当切削深度达到一定值时，仍会产生自激振动，其原因可用振型耦合理论来解释。

实验用电子示波器测得刀尖在切削过程中的位置是变化的，而其轨迹呈椭圆形，如图4.31所示。刀尖由 A 点到 C 点，由 C 点再到 B 点，然后由 B 点经过 D 点回到 A 点。这样，切削深度不断地变化，切削力也就跟着变化，所以引起了自激振动。

刀尖轨迹还说明了切削过程的自激振动，不是单自由度振动系统，而是多自由度的振动系

统，通常看成是两个自由度的振动系统。如图4.31所示，假定刀具及与刀具有联系的机床零部件（如刀架、刀架拖板等）的质量为m，集中在刀具上。质量m以刚度分别为K_1和K_2的两根弹簧支持着。两根弹簧的轴线分别为x_1和x_2，它们互相垂直。x_1与y轴相交成α_1角，x_2与y轴相交成α_2角，切削力F_d与y轴相交成β角，实际上刀具系统在x_1和x_2方向上的刚度不同，质量m同时在x_1和x_2两个方向上振动，结果由于在两个方向上振动的合成运动，刀尖振动的轨迹呈椭圆形。质量m在x_1上的位移量大，即椭圆形的长轴；在x_2上的位移量小，即椭圆形的短轴。常称x_1为弱刚度主轴，称x_2为强刚度主轴。假定图中刀尖A是按箭头方向运动的，当从A点到B点时，切削力的作用方向与运动方向相反；另外半周从B点到A点时，切削力的方向与运动方向相同。在前半周，振动的能量被振动系统的运动所抵消，而在后半周，振动的能量却被加强。因为运动的后半周平均切削深度较大，所以在这半周中切削力平均值也较前半周大些。这就使得在振动的一个周期中，传递到振动系统中的能量，较振动系统所消耗的能量大些，剩余的能量可以补偿因工艺系统（即自激振动系统）的阻尼而损失的能量，因而使自激振动得以维持。

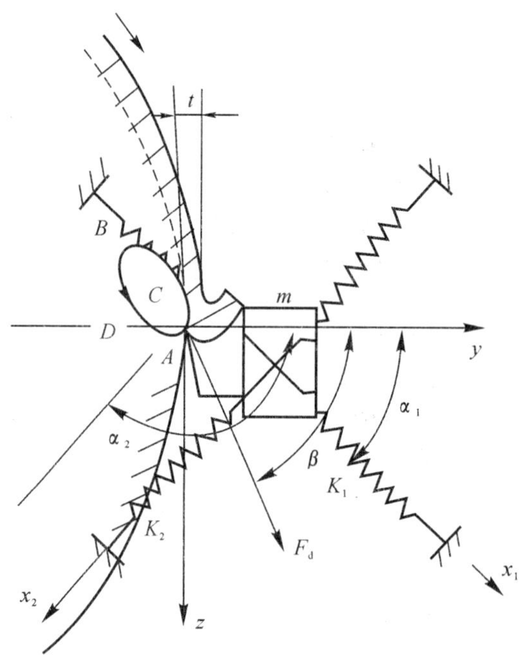

图4.31　具有两个自由度的振动系统简图

如果x_1和x_2的方向以及K_1和K_2的数值选择得合理，可以使刀尖振动的振幅（即位移量y）最小。根据理论分析并经实验证明，如果要使工艺系统在任何切削用量下不产生振动，必须符合下述条件：

若x_1在y与F_d之间，即$0<\alpha_1<\beta$，当$K_1>K_2$时，则工艺系统内不会产生自激振动；当$K_1<K_2$时，就会产生自激振动。

由此可见，振动系统的刚度主轴x_1和x_2，对于切削力F_d的坐标位置影响着自激振动。

有以下两种方法可以避免工艺系统中产生自激振动：

1）正确地布置x_1，x_2和F_d的相对位置。由于切削力F_d的位置由刀具位置决定，所以要正确布置刚度主轴和刀具的位置。

2) 正确地选定工艺系统的两个坐标轴上的刚度 K_1 和 K_2。

实验证明，在车床上安装车刀的方位，对提高车削加工过程的稳定性，避免产生自激振动具有很大的影响。图 4.32 给出了车床上各种不同方位的车刀位置，即将车刀分别装在 $\alpha=0°$，30°，60°，90°，120°，150° 及 180° 等 7 个方位上进行切削，试验其切削过程的稳定性。在实验过程中求得车刀在各个方位上不同的极限切削宽度 b。b 为产生自振时切削厚度极限值，当切削厚度大于等于 b 时，会立即产生自激振动。将实验结果所得的 b 值绘于极坐标图中，如图 4.32(b) 所示。角度坐标表示 y 轴与水平面之间的夹角 α，径向坐标表示极限切削宽度 b。实验结果表明，普通车床车刀通常装在水平面上，其稳定性最差($b=2.7$)。而将车刀装在 $\alpha=60°$ 的方位上，车削过程的稳定性最好，此时 $b=8$。这是改变角 α 以达到消除工艺系统中的自激振动的一个重要实例。

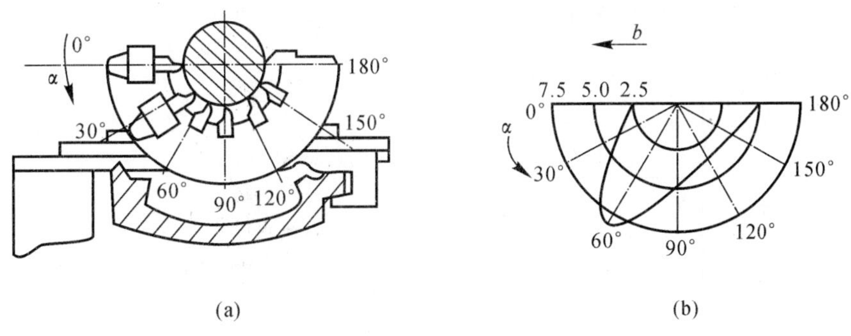

图 4.32　车刀在不同方位对稳定性的影响

改变两个坐标轴 x_1 和 x_2 上的刚度 K_1 和 K_2 以达到消除工艺系统中自激振动的最好例子是扁形镗杆。镗孔时，镗杆的直径和悬伸长度常因受工作尺寸限制，刚度差，容易引起振动。若将圆镗杆在 x_2 的方向上削去两边，如图 4.33 所示，这样刚度 K_2 值就小于 K_1 值。从图中可以看出，这时 $0<\alpha_1<\beta$，且 $K_1>K_2$。由前边结论可知，采用这种扁形镗杆，镗孔过程是稳定的，不会产生自激振动，因而可以选取大的切削深度和进给量，以提高生产率并获得较小的表面粗糙度。

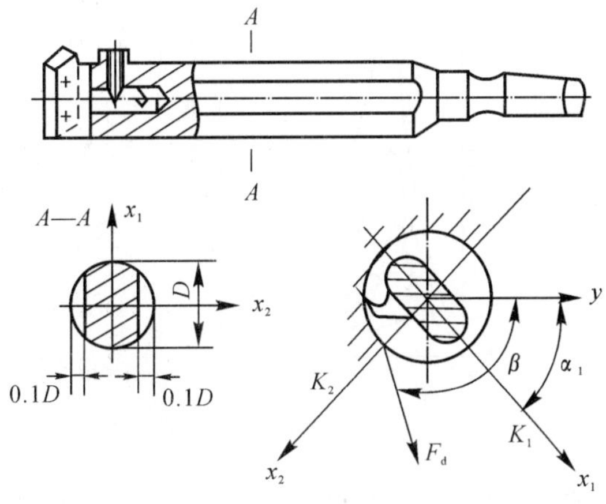

图 4.33　扁形镗杆

3. 控制自激振动的途径

从上述的几种学说可以看出，自激振动与切削过程本身有关，与工艺系统的结构性能也有关，所以控制自激振动的基本途径是减小和抵抗激振力。

(1) 合理选择切削用量。首先是合理选择切削速度 v。以车削为例，在 $v=30\sim70$ m/min 范围内容易产生自振，若高于或低于这个范围，则振动减弱。当精密加工时，以采用低速切削为宜，一般加工则宜采用高速切削。

由图 4.34 可以看出，增大进给量 f 可使振幅 A 减小。因此在加工表面粗糙度允许的情况下，可选取较大的进给量以避免自激振动。

根据切削深度 a_p 与切削宽度 b 的关系 $\left(b=\dfrac{a_p}{\sin\kappa_r}\right)$，当 a_p 增加时，b 亦增加。如图 4.35 所示表明，随着 a_p 的增大，振动不断加强。这是由于切削宽度 b 对振动影响较大，故选择 a_p 时，一定要考虑切削宽度 b 对振动的影响。

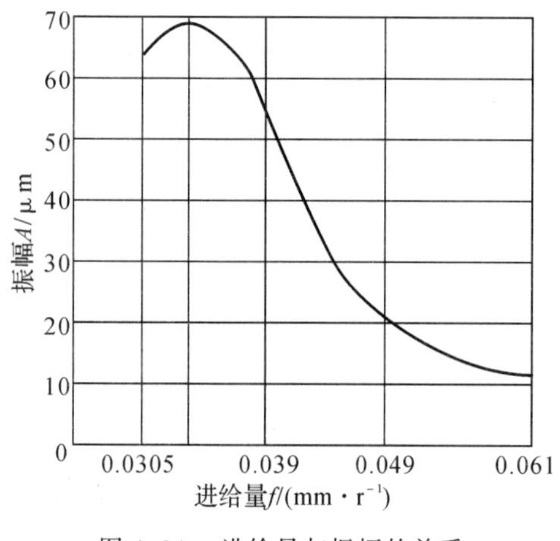

图 4.34　进给量与振幅的关系

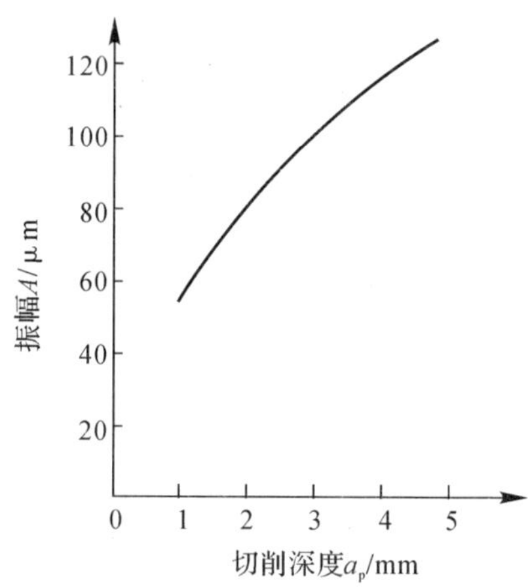

图 4.35　切削深度与振幅的关系

(2) 合理选择刀具的几何角度。前角 γ_o 对振动强度的影响也很大(见图 4.36)，前角愈大，切削过程愈平稳，故应采取正前角($\gamma_o>0$)。有时为了提高刀具的耐用度，还可磨出倒棱。

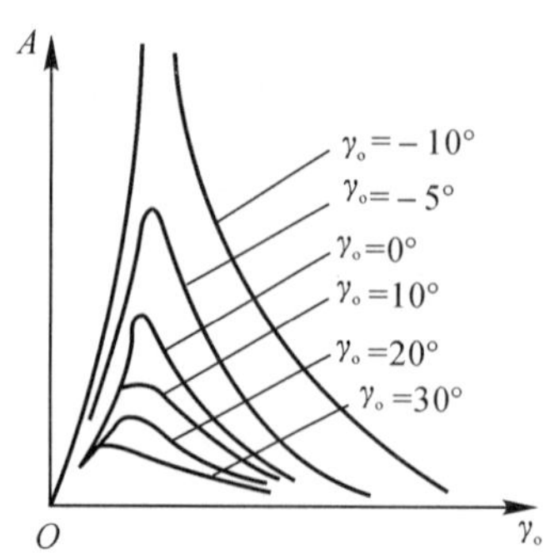

图 4.36　刀具前角对切削稳定性的影响

由图 4.37 可知，主偏角 κ_r 应尽可能选得大些，这是因为 κ_r 增加，垂直于加工表面方向的切削分力 P_y 就减小，且实际切削宽度 b 亦减小，因此不易产生切削中的颤振。在此条件下，x

方向上的切削分力最大，而一般来说，工艺系统的刚度在 x 方向上比 y 方向上要好得多，故不易发生振动。

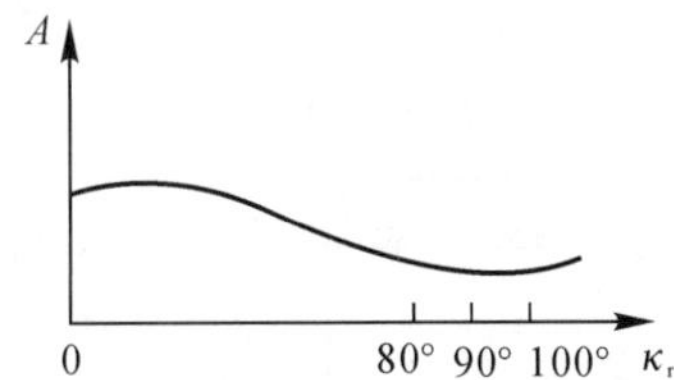

图 4.37　刀具主偏角 κ_r 对振动的影响

后角 α_o 应尽可能取小些，但不能太小，以免刀具后刀面与加工表面之间发生摩擦，反而容易引起振动。通常在刀具的主后刀面上磨出一段负的倒棱，能起到很好的消振作用。此种刀具也称消振车刀。

(3) 提高工艺系统的抗振性。机床的抗振性在整个工艺系统的抗振性中占主导地位。衡量机床结构的抗振性的主要指标是动刚度，提高机床的抗振性，也就是要提高机床的动刚度，特别是振动中起主振作用的部件（主轴、刀架、尾座等）的动刚度。

对于一台现有机床来说，要改变它的结构往往是难以办到的。这时主要是确切地了解机床的动态特性，掌握其薄弱环节，便可采取措施提高它的抗振性。例如，薄弱环节的刚度和固有频率在很大程度上取决于连接表面的接触刚度和接触阻尼，因此往往通过刮研连接表面、增强连接刚度来提高机床的抗振性。

机床与基础之间的连接刚度对机床的静特性影响不明显，但对其动刚度却有很大的影响。机床与基础之间的连接刚度越高，机床的动刚度也就越高。对于高速运转或往复运动中冲击惯性大的机床来说，增强机床与基础之间的连接刚度尤为重要。

提高刀具和工件的装夹刚度也是非常重要的。细长件、薄壁件等类型零件的刚性差，加工时容易产生振动，在装夹时应特别加以注意，例如对细长轴应增加中心架、跟刀架。此外，顶尖的结构对安装刚性的影响也很大。一般来说，死顶尖刚度较好，活顶尖中滚针比滚柱的刚性要高。

在工件及其支撑件刚度相同的情况下，刀具及刀具的支撑件（刀杆）会成为工艺系统的薄弱环节。例如悬臂镗削时，镗杆的刚度越高，发生切削颤振的对应切削速度也越高。

(4) 采用减振装置。当使用上述各种措施仍然不能达到减振的目的时，可考虑使用减振装置。减振装置具有结构轻巧、效果显著等优点，对于消除强迫振动和自激振动同样有效，已受到广泛的重视和应用。常用的减振装置有以下几种类型：

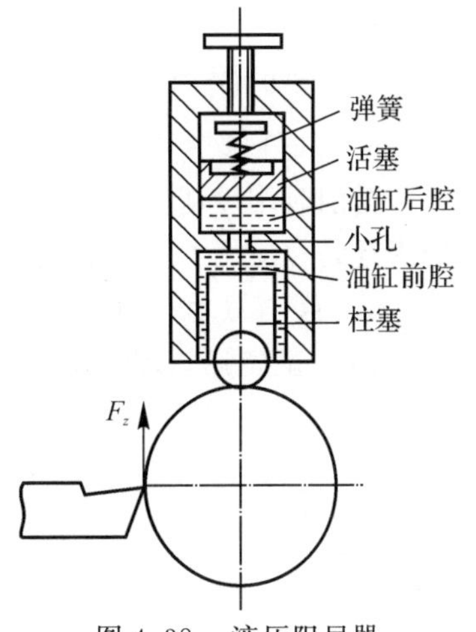

图 4.38　液压阻尼器

1) 阻尼器。它基于阻尼的作用，能把振动能量变成热能消散掉，以达到减小振动的目的。阻尼越大，减振的效果越好。常用的有液体摩擦阻尼、固体摩擦阻尼和电磁阻尼等。图 4.38 所示为利用液体流动阻力的阻尼作用消除振动。

2) 吸振器。吸振器可分为动力式吸振器、冲击式吸振器和摩擦式吸振器。图 4.39 所示是用于镗刀杆的有阻尼动力吸振器。其原理是用弹性元件把一个附加质量连接到振动系统上，利用此附加质量的动力作用，尽量使弹性元件加在系统上的力与系统的激振力相抵消，以减弱振动。这种吸振器用微孔橡皮衬垫做弹性元件，并有附加阻尼作用，因而能得到较好的消振效果。

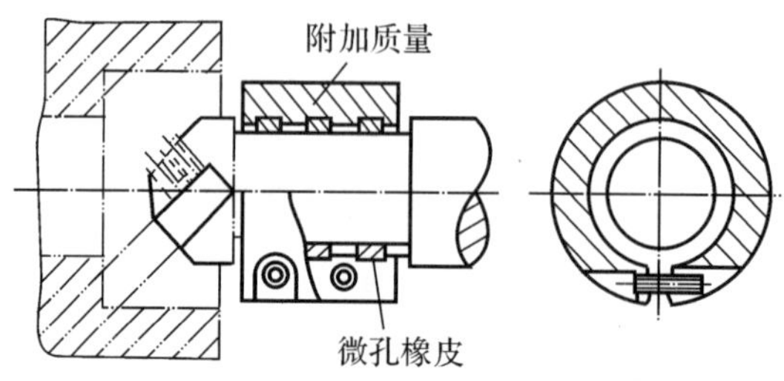

图 4.39　用于镗刀杆的动力吸振器

(5) 合理安排机床、工件、刀具的相对坐标位置。根据振型耦合自激振动原理，刚度比 K_1/K_2 及方位角 α 的合理选择可以提高抗振性，抑制自激振动。如前所述，采用扁形镗杆调整切削力与低刚度主轴的相对位置，有助于避免切削的颤振，这便是一例。另外，进行车削加工时，工件的正转与反转对振动的影响往往不同。在很多情况下，工件反转切削时，其切削力方向往往与系统的高刚度方向一致，因此切削的稳定性较好。

习　　题

4.1　机械加工表面质量包含哪些具体内容？

4.2　当机械加工时，工件表面层产生残余应力的主要原因有哪些？试解释之。

4.3　什么叫夹心烧伤？对零件使用性能有何影响？

4.4　磨削淬火钢零件时表面有时会产生裂纹，其主要原因是什么？应采取什么措施防止产生裂纹？

4.5　一块薄平板在加工时表面层产生拉应力，将零件从机床上拿下来后，平板会产生怎样的变形？应力如何重新分布？以图表示之。

4.6　在高温下工作的零件，表面层的冷作硬化层和残余应力会对使用性能产生怎样的影响？

4.7　喷丸和冷滚压零件表面后为什么能提高零件的疲劳强度？

4.8　在外圆磨床上磨削一个刚度较大的 20 钢光轴，在磨削时工件表面温度曾升高到 850℃，磨削时用冷却液。问：工件冷却到室温(20℃)时，表面上会产生多大的残余应力？是压应力还是拉应力？(钢的线膨胀系数 $\alpha = 11.5 \times 10^{-6}$ ℃$^{-1}$，钢的弹性模量 $E = 2.1 \times 10^{11}$ Pa)

4.9　强迫振动有何特征？减小强迫振动有哪些措施？

4.10　试阐述切削加工中产生再生自激振动的机理。

第 5 章　机床夹具设计基础

5.1 概　　述

一、机床夹具的分类

在机械加工中，为完成需要的加工工序、装配工序及检验工序等，首先要将工件固定，使工件占有确定的位置，这种保证一批工件占有确定位置的装置，统称为夹具。例如，焊接过程中用的焊接夹具、检验中用的检验夹具、装配中用的装配夹具、机械加工中用的机床夹具等，这些都属于泛指的夹具范畴。

夹具的种类和形式很多，一般按夹具的应用范围可分为下面几类：

(1)通用夹具。它是指已经标准化的夹具。在通用机床上一般都附有通用夹具，如车床上的三爪卡盘或四爪卡盘、顶尖，铣床上的平口钳、分度头和回转工作台等。它们有较大的适用范围，无须调整或稍加调整就可以用来装夹不同的工件。这类夹具一般已标准化，由专业工厂生产，作为机床附件供给用户。通用夹具主要用于单件小批量生产，缺点是定位精度不高。

(2)专用夹具。专用夹具是针对某一种工件的某道工序而专门设计的，无须考虑它的通用性，但是需要专门设计制造，生产周期长，夹具成本高。当产品变更时，就不能再使用。专用夹具适用于产品固定的大批量生产中，这类夹具也是本章要研究的主要对象。

(3) 可调整夹具。可调整夹具是通过少量的零件更换或调节之后，使一套夹具可适用于多个工序并可多次重复使用。可调整夹具与专用夹具相比，可缩短生产准备周期，降低产品成本的 30% ～ 50%。目前，可调整夹具大致分为两大类：通用可调整夹具和成组可调整夹具。

可调整夹具由通用件和可调整件两部分组成。通用部分包括夹具体、动力装置、传动机构和操纵部件等，这部分长期安装在机床上(使用期内)。可调整部分包括定位件、夹紧件、导向件等。

(4) 组合夹具。组合夹具是由一套预先准备好的各种不同形状、不同规格尺寸的标准元件与合件(规格化部件) 所组成的，可根据工件形状和工序要求装配成各种机床夹具。夹具用完后，将夹具拆开，经过清洗、油封后存放起来，待需要时再重新组装成其他夹具。这些标准元件不会因夹具取消而报废，且标准元件的多次使用还带来了明显的经济效益。

(5) 随行夹具。这是一种在自动线或柔性制造系统中使用的夹具。工件安装在随行夹具上，除完成对工件的定位和夹紧外，还载着工件由输送装置送往各机床，并在各机床上被定位和夹紧。

在实际生产中应用的专用夹具很多，分类方法也有多种，通常可以根据不同的工序特征进行分类，以便于研究和考虑夹具的构造形式。专用夹具可分为以下几类：

(1) 车床类夹具。车床类夹具包括车床、内外圆磨床、螺纹磨床等的夹具,其特点是夹具与工件一起做旋转运动。

(2) 铣床类夹具。铣床类夹具包括铣床、刨床、平面磨床等的夹具,其特点是夹具固定在机床工作台上,只做纵向、横向送进运动。

(3) 钻床类夹具。用于在钻床上进行钻孔、扩孔、铰孔等工序的夹具称为钻模,用于在镗床上进行镗孔加工的工具称为镗模。其特点是夹具在机床上不动(固定或不固定),由刀具完成送进运动。

(4) 其他机床夹具,如拉削夹具、齿轮加工夹具等。

二、专用夹具的功用与组成

1. 专用夹具的功用

为了说明专用夹具的功用,先来分析一个实例。

图 5.1 所示为一个在铣床上使用的夹具。其中,图 5.1(a) 所示为在该夹具上加工的连杆零件图,图 5.1(b) 为夹具实体图,图 5.1(c) 为夹具装配图。工序要求工件以一面两孔定位,分四次安装铣削大头孔两端面处的共八个槽。工件以端面安放在夹具底板 4 的定位面 N 上,大、小孔分别套在圆柱销 5 和菱形销 1 上,并用两个压板 7 压紧。夹具通过两个定向键 3 在铣床工作台上定位,并通过夹具底板 4 上的两个 U 形槽,用 T 形槽螺栓和螺母紧固在工作台上。铣刀相对于夹具的位置则用对刀块 2 调整。为防止夹紧工件时压板转动,在压板的一侧设置了止动销 11。

从上面这个例子可以看出,专用夹具的主要功用有以下几个方面:

(1) 保证加工质量。机床夹具的首要任务是保证加工精度,特别是保证被加工工件的加工面与定位面之间,以及被加工表面相互之间的尺寸精度和位置精度。也就是说,夹具所能保证的主要是位置尺寸和表面的相互位置精度。如图 5.1 所示,槽的角度尺寸 $45°\pm30'$ 以及槽的深度尺寸 $3.2^{+0.4}_{0}$,使用夹具后,这种精度主要靠夹具和机床来保证,不再依赖于工人的技术水平。

(2) 提高劳动生产率、降低成本。使用夹具后可减少划线、找正等辅助时间,而且易于实现多件、多工位加工。在现代夹具中,广泛采用气动、液压等机动夹紧装置,还可使辅助时间进一步减小。

(3) 扩大机床工艺范围。在机床上使用夹具可使加工变得方便,并可扩大机床的工艺范围。例如,在车床或钻床上使用镗模,可以代替镗床镗孔。又例如,使用靠模夹具,可在车床或铣床上进行仿形加工。

(4) 改善工人劳动条件。使用夹具后,装卸工件方便、省力、安全。如采用气动、液压等机动夹紧装置,可以大大减轻工人的劳动强度。

2. 专用夹具的组成

通过对图 5.1 所示夹具的分析,可以看到组成专用夹具的各基本元件,在夹具中所起的作用各不相同。下面分析专用夹具的各组成部分。

(1) 定位件。它包括定位件或元件的组合,其作用是确定工件在夹具中的位置,如图 5.1 中的夹具底板 4(顶面 N)、圆柱销 5 和菱形销 1。

(2) 夹紧件。它包括夹紧元件或其组合以及动力源,其作用是将工件压紧夹牢,保证工件在定位时所占据的位置在加工过程中不会因受力而产生位移,同时防止或减少振动,如图5.1

中的压板 7、螺母 9、螺栓 10 等。

(3) 导向、对刀元件。这类元件用于引导刀具或确定刀具与被加工面之间的正确位置，如图 5.1 中的对刀块 2。

(4) 连接元件。这类元件用于确定夹具本体在机床的工作台或主轴上的位置。例如铣床夹具与铣床工作台连接的定向键，或与机床主轴(车床、磨床) 连接的锥柄等，如图 5.1 中的定向键 3、夹具底板 4 上的 U 形槽等。

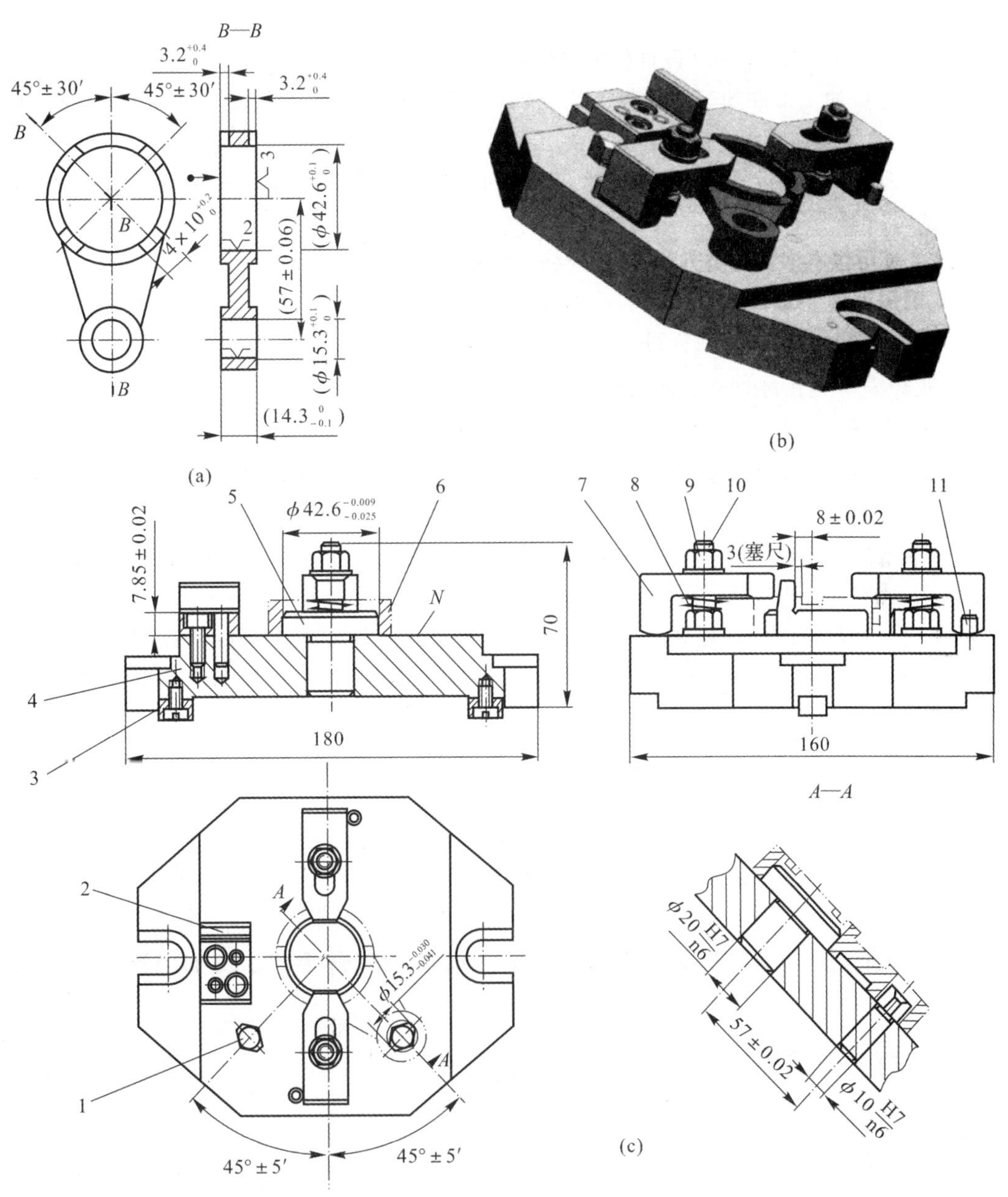

图 5.1　连杆铣槽夹具

1—菱形销；2—对刀块；3—定向键；4—夹具底板；5—圆柱销；6—工件；7—压板；8—弹簧；9—螺母；10—螺栓；11—止动销

(5) 夹具体。它是夹具的基座和骨架，用来连接或固定夹具上各元件，使之成为一个整体。

(6) 其他装置和元件。这类装置或元件主要有分度装置、靠模装置、顶出器等。图 5.1 中的止动销 11 便属于此类元件。

在上述组成部分中，定位件、夹紧件和夹具体是必需的，其他不是所有夹具都需要的。

三、设计专用夹具的依据和主要原则

1. 设计专用夹具的依据

夹具设计人员在接受夹具设计任务书之后，应做好下面几项工作：

(1) 研究被加工工件的工序图与工艺规程，着重了解本工序的工序尺寸、精度要求、工件的材料和生产批量。

(2) 研究本工序的定位基准(工艺人员已确定)以及该基准与工序基准的关系，以便确定定位方法。

(3) 了解并掌握使用该夹具的机床规格与状况。

(4) 了解并掌握夹具制造车间的技术水平。

(5) 检索类似夹具的有关资料。

2. 设计专用夹具时应遵循的主要原则

夹具设计人员在设计夹具时应遵循的主要原则如下：

(1) 结构简单。结构复杂的夹具往往并非是最好的夹具，相反只能增加夹具的制造成本，应在保证加工精度和生产率的条件下，使夹具的结构尽可能简单。

(2) 采用标准夹具元件。采用标准夹具元件可有效地缩短夹具制造周期和减少夹具的制造成本，并能保证夹具质量，设计时尽可能选择标准元件。

(3) 减少夹具元件的热处理与精加工工序。夹具元件除配合面、耐磨面需要进行热处理与精加工外，其他非配合面以及与保证夹具精度无关的元件与表面，都不应提出这类要求，以减少制造成本和缩短制造周期。

(4) 合理选取夹具的公差。夹具上的公差通常取工件公差的 1/5 ～ 1/3，工件公差大者取下限，工件公差小者取上限。

(5) 简化设计图纸。绘图工作量的大小直接影响夹具的设计费用，夹具图纸上应省略不必要的投影与说明，以符号(几何公差)代替文字说明。

5.2 工件的定位原理、定位方法和定位设计

一、工件的定位原理

1. 定位基本原理

任何一个工件在夹具中未定位之前，都可以看成是空间直角坐标系中的自由物体。任何一个自由物体，都有 6 个活动的可能性，即在直角坐标系中，沿 X、Y、Z 三个坐标轴的移动和绕 X、Y、Z 三个坐标轴的转动，这通常称为空间自由物体的 6 个自由度。要使工件在某个方向上有确定的位置，就必须限制工件在该方向的自由度，当 6 个自由度完全被限制时，工件在空间

的位置就被确定了。在分析工件定位时，通常是用 1 个支撑点限制工件的 1 个自由度。

用合理分布的 6 个支撑点限制工件的 6 个自由度，使工件在夹具中的位置完全确定，这就是通常说的“六点定则”。

下面通过一个例子，来进一步说明“六点定则”的原理。

如图 5.2(a) 所示，如果在长方体的底部有 3 个支撑点与其接触，这便限制了长方体沿 Z 轴的移动和绕 X 轴与 Y 轴的转动。在其侧面若有两个支撑点与其接触，则限制了它沿 X 轴的移动和绕 Z 轴的转动。若在端面再有一点与其接触，那么长方体的最后一个自由度，即沿 Y 轴的移动也被限制了。如果将坐标轴移到夹具上，即在上述例子中，长方体是被加工工件，其支撑点是夹具上的支撑销钉，如图 5.2(b) 所示，那么被加工工件相对于夹具上的位置也就被完全限制了，即工件在夹具中已完全定位。

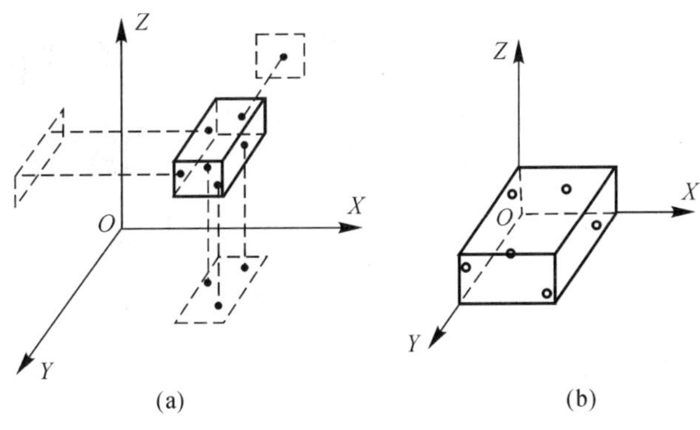

图 5.2　6 点定位图

在分析支撑点限制工件在空间的自由度时，要注意下面两点：

(1) 支撑点限制工件自由度的作用，就是支撑点与工件的定位基准始终保持紧密贴合接触，如果两者脱离，就表示支撑点失去了限制工件自由度的作用。

(2) 在分析定位支撑点起定位作用时，不应考虑力的影响。

工件在某一方向上的自由度被限制，是指工件在该方向上有了确定的位置，并不是指工件在受到使工件脱离支撑点的外力时，不能运动。使工件在外力作用下不运动是夹紧的任务，要特别注意定位和夹紧是两个不同的概念。

工件定位是指保证同一批工件先、后放在夹具中都占有一致的正确加工位置。

夹紧是指工件定位后，使工件在切削力、自身重力、惯性力、离心力等作用下，不破坏工件已确定的位置，这个过程就是夹紧。先定位，后夹紧。

通过上面的分析，可以把定位基本原理归纳为如下几点：

(1) 工件在夹具中的定位，是通过在空间直角坐标系中，用定位支撑点限制工件自由度的方式来实现的。

(2) 工件在定位时应该被限制的自由度数目，完全由工件在该工序的加工技术要求(工序尺寸的数量及方向分布) 所确定。

(3)1 个定位支撑点只能限制工件的 1 个自由度。因此，当工件在夹具中定位时，所用定位支撑点的数目，绝不多于 6 个。

(4) 每个定位支撑点所限制的自由度，原则上不允许重复或互相矛盾。

2. 应用定位基本原理时应注意的问题

(1) 完全定位与不完全定位。工件的6个自由度全部被限制而在空间占有完全确定的唯一位置,这叫完全定位。将工件应限制的自由度(并不是6个)加以限制而使工件在空间占有确定的位置,这叫不完全定位。需要指出的是,采用完全定位或不完全定位,主要是由工序的技术要求所决定的,不能理解为不完全定位要比完全定位差。下面通过实例来理解这两个概念。

图5.3(a)所示是在一个长方体的工件上,铣削一个不通的槽,从图上可以看出,在 X、Y、Z 3个方向上均有尺寸要求,现在来分析限制的自由度。

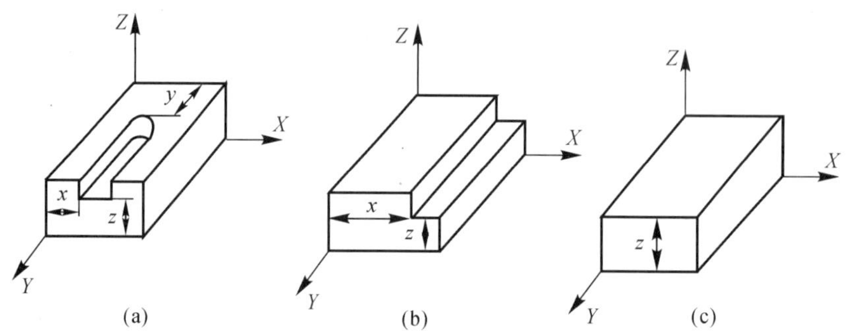

图5.3 几个工序需要限制的自由度

为了保证尺寸 z,应限制 $\hat{X}$、$\hat{Y}$、$\vec{Z}$ 3个自由度;

为了保证尺寸 x,应限制 $\vec{X}$、$\hat{Z}$ 2个自由度;

为了保证尺寸 y,应限制 $\vec{Y}$ 1个自由度。

那么在加工这个工件时,应限制6个自由度(完全定位)。

如图5.3(b)所示,在 Y 方向上无尺寸要求,可以不限制 $\vec{Y}$,从对图5.3(a)的分析可以看出,只需限制 $\vec{X}$、$\vec{Z}$、$\hat{X}$、$\hat{Y}$、$\hat{Z}$ 5个自由度,就可保证加工要求(不完全定位)。

如图5.3(c)所示,在 Z 方向上有尺寸要求,只需限制3个自由度,即 $\vec{Z}$、$\hat{X}$、$\hat{Y}$、3个自由度(不完全定位),即可保证加工要求。

由上述可以看出,对工件自由度的限制,最多是6个,除磨滚珠等特殊工序外,一般不少于3个。

实际上,夹具是用各种形式的定位件来限制工件自由度的,如定位板、定位衬套、圆柱销、V形块及其他定位装置等,它们各起几个定位支撑点的作用,而并不像上例那么直观明显,必须从它所能限制自由度的作用去分析。现以图5.1所示的夹具为例来分析:夹具底板4的定位面 N 和工件的基准端面(精基准)接触后,就相当于该定位件用了3个支撑点,从而限制了工件的3个自由度。工件的大端孔套在定位销5上,该定位销就相当于用2个支撑点限制了工件2个自由度。夹具又用菱形销1插入工件小端的小孔中,这又限制了工件绕其轴线转动的1个自由度。这样就完全把工件的6个自由度限制了,达到正确限定工件位置的目的,也符合“六点定位”法则。

通过上面的实例可以看出,在确定必须限制的自由度数目时,应先研究工序的要求及定位基准的分布情况,要明确工序尺寸的数目和方向。

(2) 欠定位与过定位。这两种定位都是违反定位原理而造成的非正常定位情况。

1) 欠定位。欠定位是指定位点少于应消除的自由度数目,按工序的加工要求,实际上某些应该消除的自由度没有消除，工件定位不足，称为欠定位。

如图 5.3(a) 所示，本应该限制 6 个自由度，如果端面的支撑点不存在，那么就无法保证尺寸 y。由此可知，在确定工件在夹具中的定位方案时，绝不允许发生欠定位的错误。

2) 过定位(重复定位)。当具体选择定位方案时，往往会出现这样的情况，即某一个定位件有限制工件某个自由度的作用，而另一个定位件也有限制同一个自由度的能力。如果某个自由度被限制了两次或两次以上，则称为过定位(重复定位)。过定位会造成工件定位的不确定性，甚至会使工件或定位件产生严重变形。在一般情况下，过定位是应该避免的。下面通过举例来说明过定位问题。

图 5.4 所示为连杆在加工时的定位情况。连杆以内孔和端面作定位基准，若用长圆柱销和平板作定位件来实现定位，如图 5.4(a) 所示，该连杆绕 X 和 Y 轴转动的自由度都被重复限制着。在此情况下，如果连杆的孔和端面不垂直，在夹紧力 P 的作用下，连杆就会产生变形，或者使夹具上的定位销歪斜。这就是过定位的弊端。如果夹具改用短圆柱销，如图5.4(b) 所示，则由于短圆销与工件基准孔接触面缩短，$\widehat{X}$ 和 $\widehat{Y}$ 这两个旋转自由度仅由定位平面来限制，过定位就避免了。

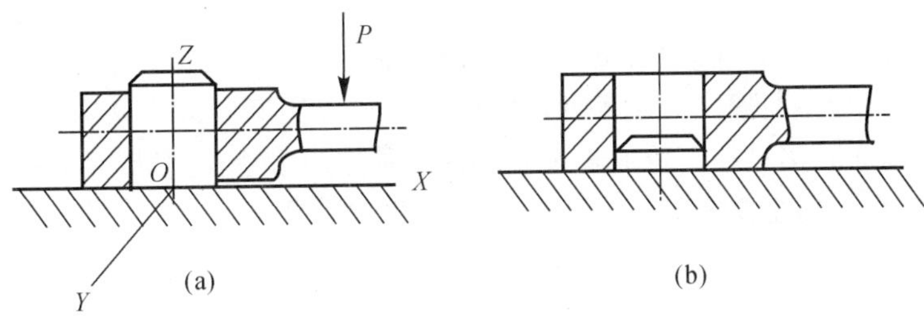

图 5.4　过定位示例一

如图 5.5 所示的工件是个衬套，要求加工右端面，保证尺寸 C。如果夹具定位件同时采用两个端面和工件两个基准面 A、B 相接触来定位，如图 5.5(a) 所示，那么沿尺寸 C 方向上移动的自由度则被重复限制了两次，这也是过定位。由于在一批工件中，各工件的端面 A 与 B 之间的距离尺寸不可能完全一样，必然有某些工件会产生图 5.5(b) 所示的情况，这就直接影响了尺寸 C 的精度。若按图5.5(c) 所示的方法定位，只让定位件的一个端面和工件的 B 面相接触，就可以避免过定位的产生。

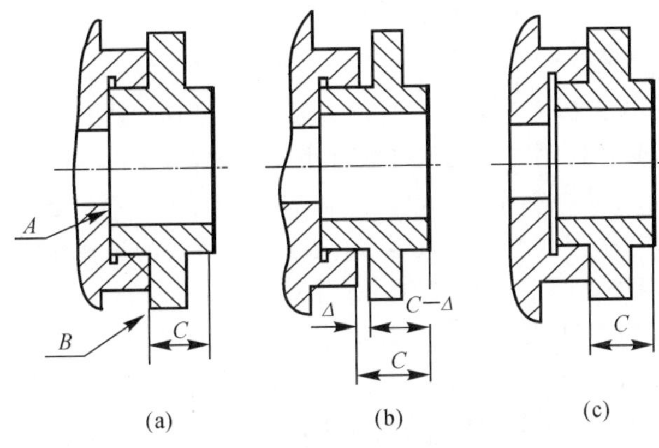

图 5.5　过定位示例二

从上面两个例子可以看出，过定位会产生下列不良后果：① 可能使定位变得不稳定而使定位精度下降；② 可能使工件或定位元件受力后产生变形；③ 导致部分工件不能顺利地与定位件配合，即可能阻碍工件装入夹具中。

过定位造成的不良后果取决于定位基准与定位表面的误差大小，误差越大，造成的不良后果越严重。

在某些情况下，过定位不仅是允许的，而且还会带来一定的好处，特别在精加工和装配中，过定位有时是必要的。例如，在加工长轴时，为了增强刚性、减少加工变形，也常常采用过定位的定位法，即将长轴的一端用三爪卡盘定心夹紧，而另一端又用尾顶尖顶住，这样就在限制长轴两个转动自由度（工件绕横、竖两个坐标轴的转动）上产生过定位。只要事先适当提高该长轴基准外圆与顶尖孔的同轴度，调整车床尾座和修整好三爪卡盘（减小其同轴度误差），就可以大大减轻过定位带来的不利因素，从而获得增加支撑刚性、提高加工精度的效果。

过定位的定位法还可用于提高定位精度（如多孔定位、叶片型面的精密定位和全型面定位等），减小切削变形、阻尼振动、均衡误差和其他目的等方面。

二、定位方法、定位元件和定位误差

工件的形状虽然千变万化，但其定位基准面一般不外乎下面几种：平面、外圆柱面、圆柱孔、圆锥孔、外圆锥面、型面等。对于各种形状的表面可以用不同的方法来实现定位。这部分内容主要是利用前面介绍过的定位原理来正确地选择定位方法、定位元件和分析、计算定位误差，这些都是夹具设计的主要内容。

由于工件不是直接安放在夹具体上，而是安装在定位元件上，工件与定位元件要直接接触。因此，定位元件应满足以下基本要求：

(1) 定位元件应有较高的精度，以保证定位精度。定位元件的制造公差，一般为工件相应公差的 1/2 ～ 1/5。

(2) 定位元件的工作表面必须具有较高的硬度和耐磨性。定位元件经常与工件接触或配合，容易磨损，从而降低定位精度。定位元件一般用 20 钢或 20Cr，经渗碳淬火处理，渗碳层深度为 0.8 ～ 1.2，淬火后硬度为 50 ～ 60 HRC；或用 45 钢，淬硬至 45 ～ 50 HRC。

(3) 定位元件应有足够的刚度和强度。在工件重力、夹紧力、切削力的作用下，定位元件可能发生较大的变形，从而影响加工精度，或因强度不够而损坏定位元件。

(4) 定位元件要有良好的工艺性，易于制造、装配方便、易修理等。

1. 工件以平面为基准的定位

(1) 平面定位的定位方法。当工件以平面为基准定位时，常用支撑销钉或定位平板作为定位件来实现定位，但具体使用时究竟选择哪种定位件为宜，要视基准表面的质量而定。通常把平面定位基准分成未经机械加工的和已经机械加工的两类。对于已经机械加工的平面，虽然其表面的粗糙度有差异，但数值上相差很小，对于定位方法的选择和定位件的设计不会引起原则性的差别。现就两类不同平面的定位问题分析如下：

1) 工件以未经机械加工的平面定位。未经机械加工的平面，一般是指锻、铸后作了喷砂、酸洗或转筒清理之后的毛坯上的平面，其表面不平度较大。在较复杂零件的第一道加工工序中，往往就用未经机械加工的平面定位，此时如果定位表面（定位件的工作表面）也是平面，则其接触部分可能只有 3 个点，而且这 3 个点的位置对每一个工件来说都不一样，3 个点可能集中在基准面的一边，也可能分散在基准面的各边。因此，这 3 个点所构成的支撑三角形大小不一，位置不一，这样就使得定位不稳定。如果夹紧力和切削力落在支撑三角形以外，就会造成接触点改变，使工件在夹紧或加工过程中发生错动。为了使 3 个接触点合理地分布，构成的支撑三角形足够大且稳定，应采用 3 个支撑点来定位。图 5.6 所示就是用 3 个支撑销钉作为定位件的情况。

用 3 个点支撑的定位方法，在两种情况下是不合适的：① 基准表面很窄，此时很难安排出合适的支撑三角形，如图 5.7(a) 所示；② 工件刚性不足，夹紧力和切削力又不可能恰好作用在支撑点上，采用 3 个点支撑会造成很大的工件变形，图 5.7(b) 所示是在一个薄板上钻孔的情况，此时若采用 3 个点支撑将是错误的。

2) 工件以已经机械加工的平面定位。工件的基准平面经过机械加工后误差较小，可以直接放在平面上定位。但为了提高定位的稳定性，对于刚度较大、定位基准的粗糙度较低、轮廓尺寸又大于 50 的工件，应将定位平面的中间部分挖低一些，如图 5.8(b) 所示。这是因为加工平面时最容易发生中间部分凸出的情况，而这对于平面定位的稳定性和定位精度都是不利的。对于刚性较差或定位基准的平面粗糙度、平面度都较好的工件，定位基准与定位平面的接触面积可以大些。但为了便于排屑，在定位平面上也往往开有若干窄的小槽，如图 5.8(a) 所示。定位平面的轮廓尺寸应该小于基准面的轮廓尺寸，否则经过长期磨损之后，定位平面上将出现不平的痕迹，以后别的工件定位时，可能因此造成倾斜，影响定位精度，如图 5.8(c) 所示。

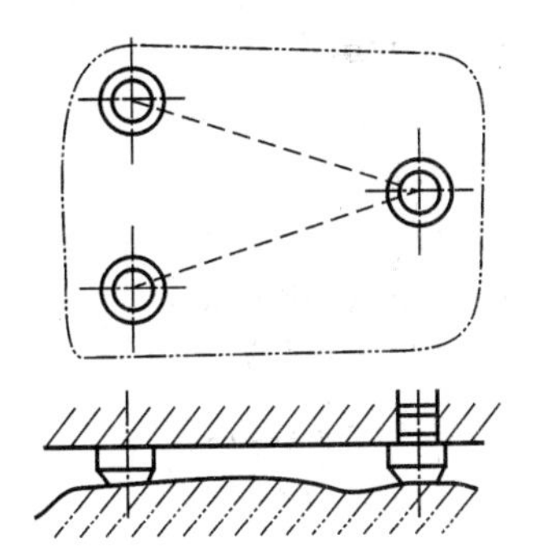

图 5.6　用 3 个支撑销钉作定位件

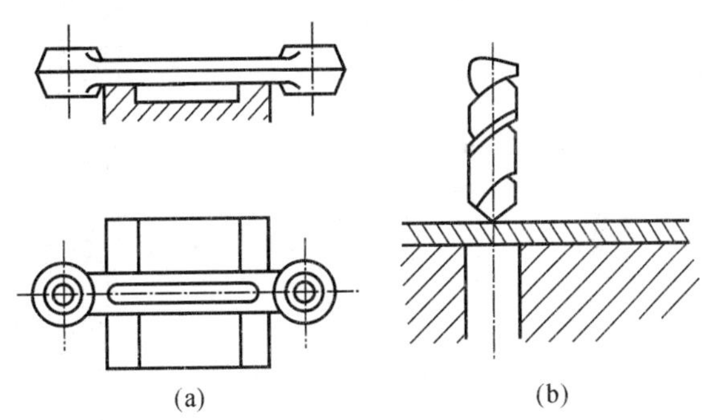

图 5.7　不宜用 3 个点支撑方法定位的情况

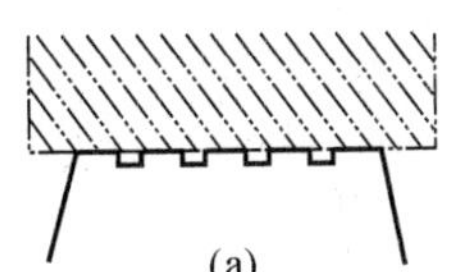

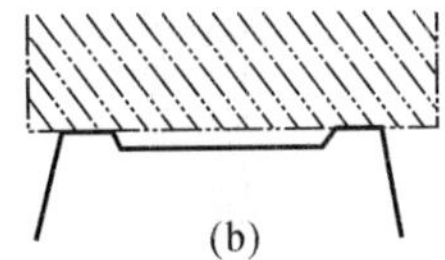

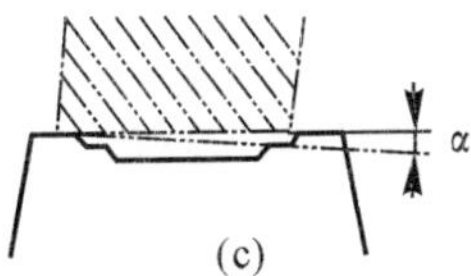

图 5.8　工件以已经机械加工的平面定位

(2) 平面定位的定位件。当工件以平面为基准定位时，常用的定位件是支撑销钉和定位板。下面分析介绍平面定位件的构造特点。

1) 固定支撑。固定支撑有支撑钉和支撑板两种形式。图 5.9(a) 所示是平头支撑钉，它与定位基准之间的接触面大，压强小，可避免压坏定位基面，这种支撑钉用于已加工过的平面。另外，在夹具装配时，应将几个支撑钉的顶面在平面磨床上一次同时磨出，使支撑面保持在同一平面内。

图 5.9(b) 所示是圆头支撑钉,用于未加工的粗糙平面定位,它与定位基准面为点接触,可保证接触点位置的相对稳定,但接触面积小,易磨损。

图 5.9(c) 所示是花纹顶面支撑钉,它能增大与定位基面间的摩擦,防止工件移动,但槽中易积切屑,不宜用作光洁平面或水平方向的定位支撑,常用于工件以未加工的侧面定位。

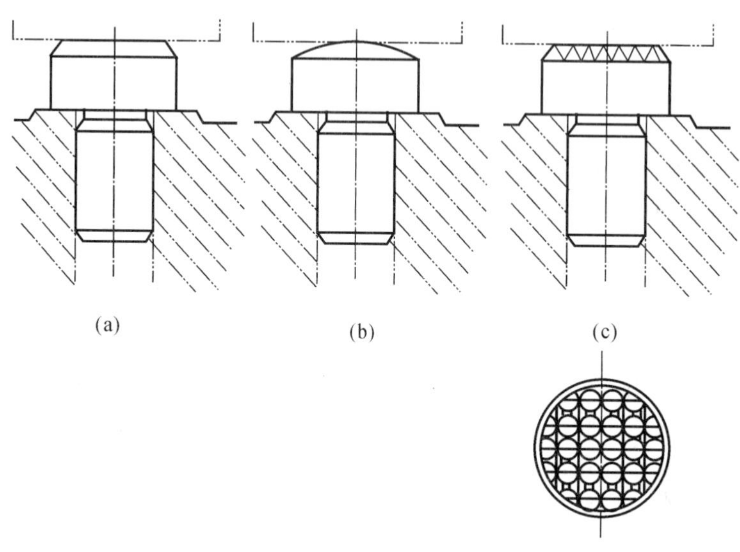

图 5.9　固定支撑钉

固定支撑钉可以直接安装在夹具体的孔中,与孔的配合为过渡配合(H7/n6) 或过盈配合(H7/r6)。夹具体上装配支撑钉的表面应稍高 2 ~ 5,以减少加工面,并把各个凸出面一次加工成一个平面。为了使固定支撑钉在磨损后容易取出,通常把安装固定支撑钉的孔做成通孔。

图 5.10 所示为国家标准规定的两种固定支撑板,其中 B 型用得较多,A 型由于不利于清屑,常用于工件的侧面定位。支撑板结构简单,易于制造,可用两个螺钉固定在夹具体上。为了提高定位板的稳定性,可加圆柱销定位,使支撑板不致因受力而滑动。支撑板最好是紧固在夹具体的凸出表面上,以减少凸出表面的加工面积。为了使所有定位表面能保持在同一平面上,支撑板上要留有 0.2 ~ 0.3 的磨削余量,装配后可将支撑板磨削到要求的尺寸,保证各支撑板在同一水平面上。

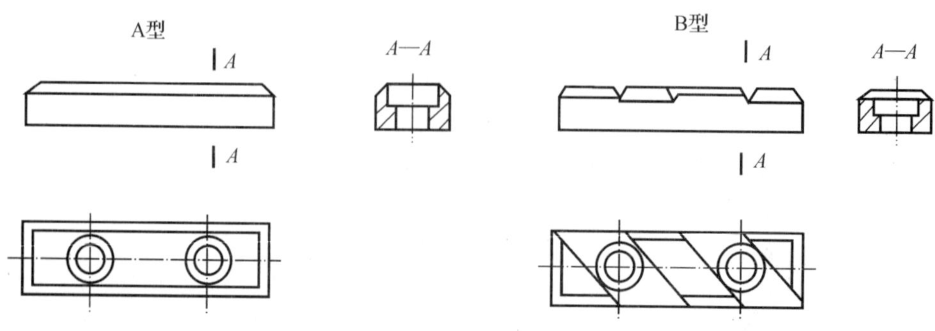

图 5.10　固定支撑板

通过上述分析可以看出，支撑钉一般用于较小的定位基准面，而支撑板用于较大的已加工的定位基准面。

2）可调支撑。支撑点的位置可以调整的支撑称为可调支撑。图 5.11 所示为几种常见的可调支撑。当工件定位表面不规整或工件批与批之间毛坯尺寸变化较大时，常使用可调支撑。可调支撑也可用作成组夹具的调整元件。

应该注意的是，可调支撑在一批工件加工前调整一次，在同一批工件加工中，其作用相当于固定支撑。因此，可调支撑在调整后，都需要用锁紧螺母锁紧，以防止其位置变化。

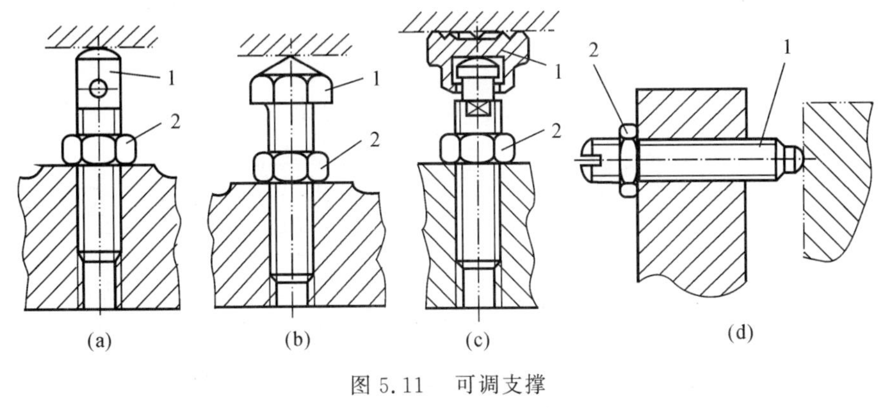

图 5.11　可调支撑

1— 调节支钉；　2— 锁紧螺母

3）自位支撑。对于尺寸大而刚性差的工件，若采用 3 点支撑，其单位压力很大，工件的变形严重。如果再增多支撑点，势必造成过定位，因此要采用自位支撑。具有若干个活动工作点的支撑叫自位支撑。

图 5.12 所示为两点式和三点式自位支撑。这些工作点间的联系是这样的：加于任一点的力，除使此点下降外，还同时迫使其他点上升，直到这些点都与基准面接触为止。自位支撑相当于一个固定支撑，限制一个自由度。自位支撑适用于尺寸大而刚性差的工件。

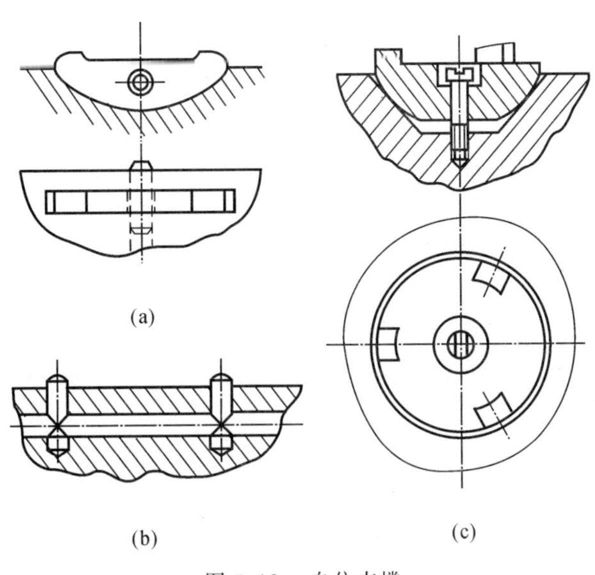

图 5.12　自位支撑

4）辅助支撑。辅助支撑是在工件完成定位后才参与支撑的元件，它不起定位作用，而只起支撑作用，常用于在加工过程中加强被加工部位的刚度。辅助支撑有多种形式，图 5.13 所示为其中的三种。其中，图 5.13(a) 所示辅助支撑，结构简单，但转动支撑 1 时，可能因摩擦力而带动工件。图 5.13(b) 所示辅助支撑，结构避免了第一种结构的缺点，转动螺母 2，支撑 1 只上下移动。这两种结构动作较慢，且用力不当会破坏工件已定好的位置。图 5.13(c) 所示为自动调节支撑，靠弹簧 3 的弹力使支撑 1 与工件接触，转动手柄 4 可将支撑 1 锁紧。

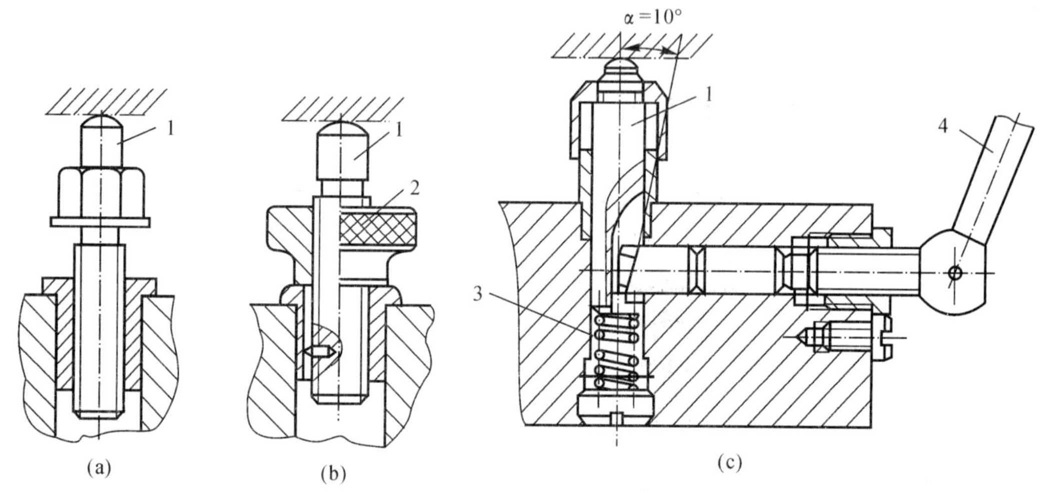

图 5.13　辅助支撑

1— 支撑；　2— 螺母；　3— 弹簧；　4— 手柄

(3) 平面定位的定位误差。当工件在夹具上定位时，总希望能准确地把它放在规定的加工位置上。但是由于定位基准和定位元件的不准确，以及它们之间的配合间隙等，要做到绝对准确是不可能的，总会产生一些位移。把工件定位基准对其规定位置的最大可能位移量称为定位误差。该定位误差只是在工序尺寸方向上对工件的工序尺寸产生影响，所以在计算时，应取定位误差在工序尺寸方向上的投影值。

工件以平面作定位基准时，定位误差的大小主要取决于工件上定位基准平面的质量，以及对规定位置的尺寸公差的位置精度。在一般情况下，当工件用精基准平面作定位基准时，该基准与定位平面接触良好，其定位误差甚小，可以忽略不计。当工件用粗基准(毛坯面) 来定位时，其定位误差虽然不小，但由于工序尺寸公差很大，后续工序的余量也很多，计算定位误差的意义不大，所以都不作计算，也就是采用平面定位时的定位误差等于零。

2. 工件以外圆柱面为基准的定位

当工件以外圆柱面为基准在夹具中定位时，应力求使其轴线处于规定的位置。常见的定位方法有圆柱孔定位、半孔定位、V 形块定位和自动定心装置定位等。

(1) 圆柱孔定位。

1) 定位方法和定位件构造。用圆柱孔定位是一种常用的定位方法，定位时把工件的定位基准 —— 外圆柱面(轴) 直接放入定位孔中，即可实现定位。

当用孔定位时，往往与其端面配合使用。当工件的端面较大时，定位孔应做得短一些，以免造成过定位。定位孔较短，与工件基准面的配合长度较短，可以限制工件的 2 个自由度(沿工件半径方向的两个移动)，相当于 2 个定位支撑点，定位件的大端面限制了工件的 3 个自由度($\vec{Z}$、$\widehat{X}$、$\widehat{Y}$)。定位孔较长时，与工件基准面的配合长度较长，可以限制工件的 $\vec{X}$、$\vec{Y}$ 和$\widehat{Y}$、$\widehat{X}$ 4 个自由度，相当于 4 个定位支撑点。

定位件常做成套筒形式，如图 5.14 所示。定位衬套的材料常用 20 钢，经过渗碳淬火，硬度可达 55 ～ 60 HRC。小衬套用过盈配合 H7/s6，H7/r6，压入本体；大衬套则用过渡配合 H7/k6，H7/js6，装入本体后再用螺钉固定。

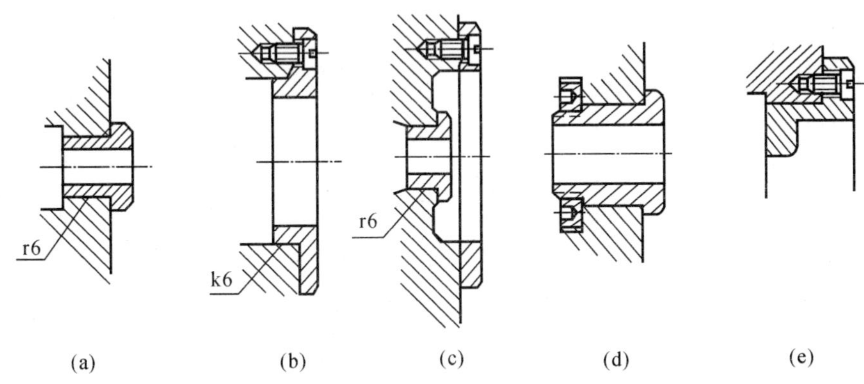

图 5.14　定位衬套的结构

2) 定位误差分析。当用圆柱孔定位时，为了使工件装卸容易，保证一批工件能顺利放入定位衬套中，工件的基准面(轴) 与定位孔之间，应满足最小的孔必须大于最大的轴的要求。

定位误差就是工件基准轴线对其规定位置的最大位移量。很显然，当工件以外圆柱面作为定位基准，用孔作为定位件时，其定位误差就等于轴(工件) 与孔(定位件) 之间的最大配合间隙。

假设以 a 表示基准轴的公差，$a_{定}$ 表示定位孔的公差，Δ 表示两者配合的最小间隙(也就是定位孔的下偏差)，那么定位误差就是

$$\delta_{定位} = a + \Delta + a_{定} \tag{5.1}$$

例如，工件的基准轴尺寸是 $\phi 60_{-0.02}^{\ 0}$，在 $\phi 60_{+0.010}^{+0.040}$ 的定位孔中定位时，其定位误差为

$$\delta_{定位} = a + \Delta + a_{定} = 0.02 + 0.01 + (0.04 - 0.01) = 0.06$$

3) 定位孔极限尺寸的确定。由上面情况可以知道，用圆柱孔定位的情况与一般机械中轴与孔的配合定位相似，当确定定位孔的极限尺寸时，可根据工件定位基准的基本尺寸，按公差标准中基轴制的规定，选择公差等级 G7 或 F8。也就是说，定位孔的基本尺寸应等于工件基准外圆的最大尺寸，公差等级 G7，F8 可作为选择。

例 5.1　工件定位基准尺寸是 $\phi 60_{-0.019}^{\ 0}$，要确定的定位孔尺寸是多少?

解　定位孔的基本尺寸是 $\phi 60$，公差等级按 G7 选择，则定位孔尺寸是 $\phi 60_{+0.010}^{+0.040}$，其定位误差为

$$\delta_{定位} = a + \Delta + a_{定} = 0.019 + 0.010 + (0.040 - 0.010) = 0.059$$

例 5.2　工件定位基准尺寸是 $\phi 60_{+0.041}^{+0.060}$，要确定的定位孔尺寸是多少?

解　定位孔的基本尺寸是 $60 + 0.060 = 60.06$，公差等级按 G7 选择，则定位孔尺寸为 $\phi 60.06_{+0.010}^{+0.040}$，其定位误差为

$$\delta_{定位} = a + \Delta + a_{定} = (0.060 - 0.041) + 0.01 + (0.04 - 0.01) = 0.059$$

4）圆孔定位时防止工件倾斜的措施。由于轴和孔之间有一定的间隙，所以基准轴线不但可以相对规定轴线平行移动，而且可能发生倾斜。通常解决的方法是采用与基准相连接的端面作支靠，如图 5.15 所示。一般端面与基准圆柱面在同一次安装中加工，它们之间的垂直度要求很高。在工件定位夹紧后，基准轴线对定位孔的平行度将必然得到保证。在利用端面作支靠时，应注意两端面贴靠部分的面积和定位孔长度之间的关系，当定位孔较长时，贴靠面积应小些[见图 5.15(a)]，当定位孔较短时，贴靠面积应大些[见图 5.15(b)]，以避免产生过定位。

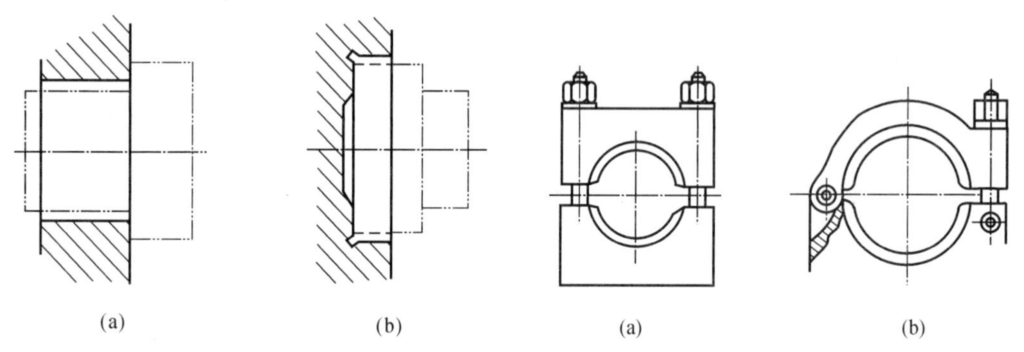

图 5.15　圆孔定位时防止工件倾斜的措施　　图 5.16　半孔定位件的构造

（2）半孔定位。

1）定位方法及定位件构造。把一个圆孔分为两半，即定位元件是半圆形，下半圆固定在夹具体上，起定位作用；上半圆做成可卸式或铰链式的盖，起夹紧作用。这种下半圆定位、上半圆夹紧的方法称为半孔定位，如图 5.16 所示。

两半孔通常不直接做在夹具本体上，而是做成衬套镶在本体上，这样衬套可选用耐磨性较好的材料，如铜或中碳钢经调质处理硬度可达 35 HRC 左右。衬套和夹具体及盖的配合采用 H7/js6 或 H7/h7，并用螺钉固定，以防止衬套松动或脱落。另外，当夹具定位孔的尺寸不合格时，不至于把整个夹具报废，只需更换衬套即可使用，衬套结构如图 5.17 所示。

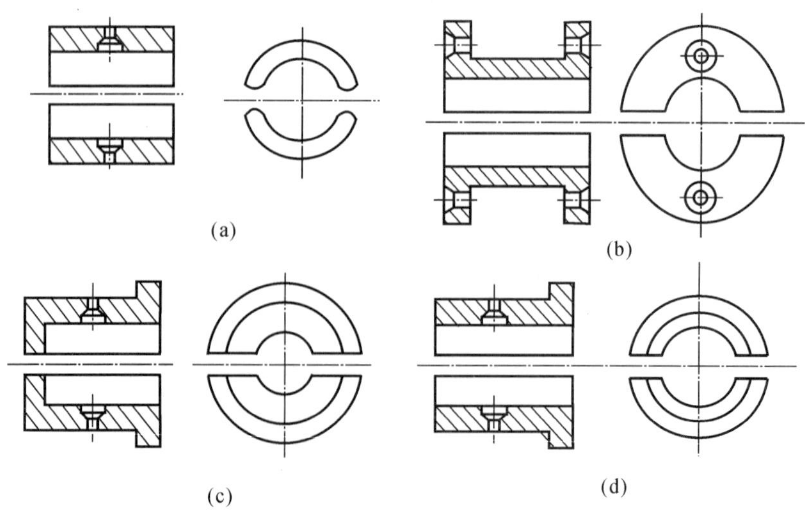

图 5.17　半孔衬套的构造形式

2) 定位误差分析。当采用半孔定位时，由于工件可以从上面放下，因此轴与孔之间并不需要保证间隙。但当定位时，定位基准表面的误差与定位半孔直径的误差将会引起定位误差，而且定位基准(工件)只能向下半孔移动，如图 5.18 所示，因而定位误差为

$$\delta_{定位} = (a + a_{定})/2 \tag{5.2}$$

这里要注意，为了保证夹紧可靠，在上、下半孔之间必须留有间隙 t。

半孔定位主要用于不适宜用孔定位的大型轴类零件，如曲轴、涡轮轴。

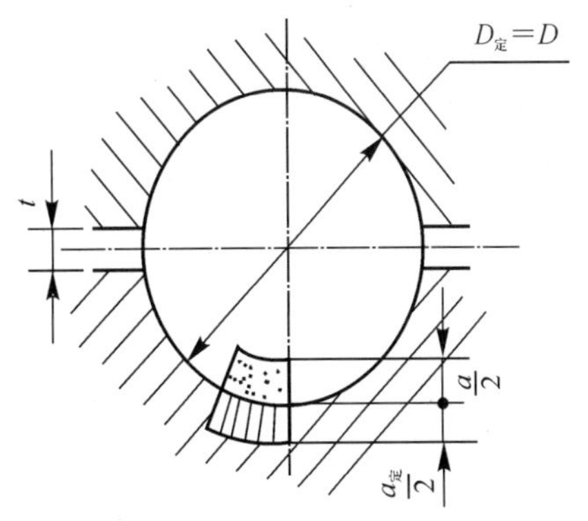

图 5.18　半孔定位误差分析

半孔定位的优点是定位较整圆孔方便，夹紧力均匀地分布在基准表面上，所以夹紧变形可以大大地减小。

(3)V 形块定位。

1) 定位方法。不论工件外圆柱表面是否经过加工或是否是完整的圆，都可以用 V 形块来定位，V 形块是由两个互为 γ 角(60°,90°,120°)的平面组成的定位件。用 V 形块定位，不仅装卸工件方便，并且在垂直于 V 形块对称面的方向上误差等于零，即对中性好，所以 V 形块特别适用于下列情况。

a. 当垂直于 V 形块底面的方向上工序尺寸的公差较大，而水平方向的位置尺寸要求较高时，也就是当键槽或孔的对称性要求较高时，如图 5.19 所示，用 V 形块定位最为合适，不会因为工件外圆直径有误差而使键槽与孔的位置偏离其轴线。

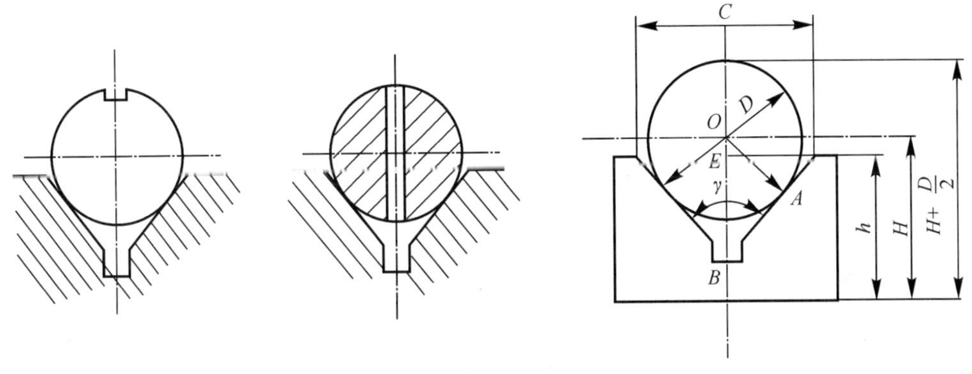

图 5.19　适用于 V 形块定位的例子　　图 5.20　V 形块的尺寸关系

b. 用于任何由 180°－γ 的一段圆弧面作为定位基准的时候，这是别的方法所不及的，这时多用 V 形块作为角向定位件。

c. 当以外圆柱表面作为定位基准而不适合用孔定位时，如长轴定位或两端大而中间小的台阶轴必须以中间小的部分作为定位基准，这时可选 V 形块作为定位件。

用 V 形块定位也和用孔定位一样，如果 V 形块比较长，可以认为限制 4 个自由度，如果 V 形块比较短，可以认为限制 2 个自由度。

2）V形块的构造。V形块的尺寸关系如图5.20所示，V形块夹角γ有60°，90°，120°三种，而以90°用得最多。尺寸C和h是加工V形块时所必需的，而当最后检验和调整其位置时，则是利用一个等于基准的基本直径D的量规，放在V形块上测量其高度H。由图5.20可知

$$H - h = \overline{OB} - \overline{EB}$$

因为

$$\overline{OB} = \frac{\overline{OA}}{\sin\frac{\gamma}{2}} = \frac{D}{2\sin\frac{\gamma}{2}}$$

$$\overline{EB} = \frac{C}{2\tan\frac{\gamma}{2}}$$

则

$$H = h + \frac{1}{2}\left(\frac{D}{\sin\frac{\gamma}{2}} - \frac{C}{\tan\frac{\gamma}{2}}\right)$$

当$\gamma = 90°$时，则

$$H = h + 0.707D - 0.5C \tag{5.3}$$

3）V形块定位时的定位误差。如图5.21所示，当工件以圆柱面$D-a$作为定位基准放在V形块上时，因该基准尺寸有误差，基准轴线的位置会有由O'点到O点的变化。基准的这种最大位移量OO'就是定位误差。由图示的几何关系可得

$$\delta_{定位} = \overline{OO'} = \frac{a}{2\sin\frac{\gamma}{2}} \tag{5.4}$$

式中　$\delta_{定位}$——工件沿着V形块对称面方向上的定位误差。它对垂直于对称轴面方向上的位移并无影响（即在此方向上的$\delta_{定位}=0$）。因此用V形块定位能很好地保证工件的对称性要求。

中小型V形块常用20钢制成，经渗碳淬火后硬度达55～60 HRC，或用45钢直接淬火使硬度达到40～45 HRC。

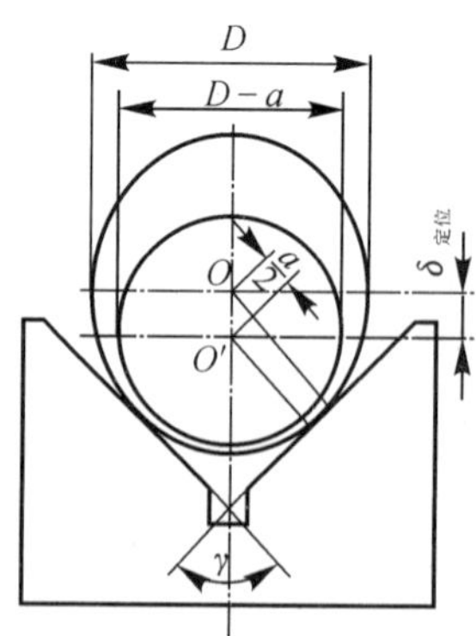

图5.21　V形块定位时的定位误差

4）用作辅助定位件的V形块。作为角向定位的V形块，做成能够移动的结构要比做成固定的结构好得多。可移动的V形块结构由于能够消除工件基准误差的影响，所以它的角向定位精度要比固定的结构高得多。这两种V形块的构造如图5.22所示。V形块的结构，在设计

时可以按标准选用。

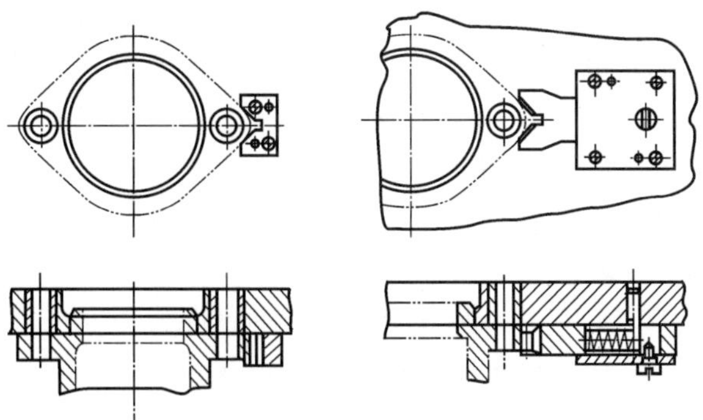

图 5.22　角向定位的 V 形块

3. 工件以孔为基准的定位

工件以圆孔作为定位基准，其定位方法有外圆柱面（定位销或心轴）定位、外圆锥面定位和自动定心装置定位等。

(1) 用外圆柱面定位。

1) 定位方法和定位件构造。工件以圆孔为基准装入定位销（心轴）后即实现了定位。其定位面也有长、短之分，长的可限制 4 个自由度，而短的只限制 2 个径向移动的自由度。定位件有心轴和定位销两类，定位心轴将在车床类夹具设计中详述，定位销的构造如图 5.23 所示。不更换的定位销，如图 5.23(a)(c) 所示，可按过盈配合 H7/r6 直接压入夹具体。要更换的定位销应按 H7/js6 或 H7/h6 装入衬套中，再用螺母或螺钉紧固在夹具体上，如图 5.23(b)(d) 所示。定位销材料常用 20 号钢，经渗碳淬火使硬度达到 55 ～ 60 HRC，以提高其耐磨性。

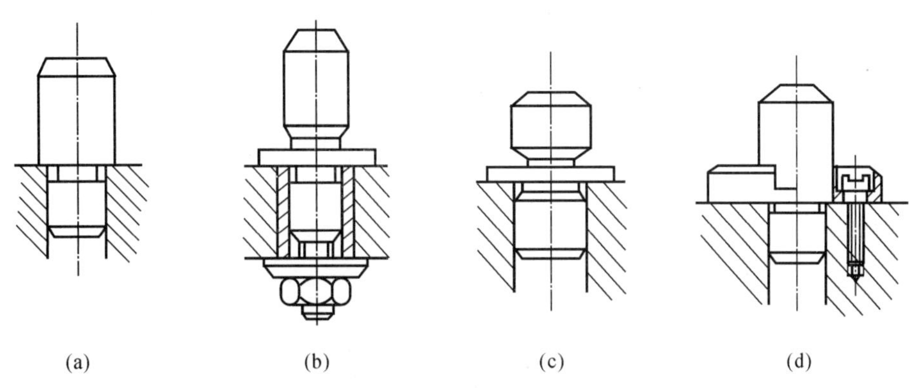

图 5.23　定位销的构造

2) 定位销尺寸的确定和定位误差计算。定位销设计和定位误差计算，与工件以外圆柱面为基准在圆孔中定位类似，定位销尺寸公差应按 g6 或 f7 确定。其定位误差为

$$\delta_{定位} = a + \Delta + a_{定} \tag{5.5}$$

(2) 用外圆锥面定位。工件以圆孔为基准，在圆锥形定位件上实现定位时，可消除其配合间隙，获得很高的径向定位精度。常用的方法有两种：一种是利用小锥度定位，另一种是利用

大锥度和相应的端面来组合定位。

1）小锥度心轴定位法。采用1/1 000～1/5 000锥度的心轴，能楔在工件基准孔中。由于基准孔的微小弹性变形而形成一段接触长度 l_k，如图 5.24 所示。由此产生的摩擦力，足以抵抗切削力而保持其位置不变，因此用小锥度定位时工件可以不再夹紧。由于锥度小，因此工件基准孔的精度应较高，一般为 IT6～IT7 级精度，否则其轴向位移太大。当工件外轮廓尺寸很长或定位基准与心轴的接触长度 l_k 较短时，如图 5.25 所示，则不宜用小锥度定位，因为加工时的切削力容易使工件发生倾斜。

2）大锥度定位法。此法的特点是除了利用工件的基准孔外，还须使用工件上另一基准面来防止工件倾斜。这个基准面可以是与基准孔同轴的顶尖孔[见图 5.26(a)]，也可以是工件上与基准孔轴线垂直的端面[见图 5.26(b)]。此时的锥度部分必须能够轴向移动，以保证工件能与该锥体及定位端面很好地接触，这种定位法要求工件的基准孔与其端面有高的垂直度，否则径向定位精度将受其影响。

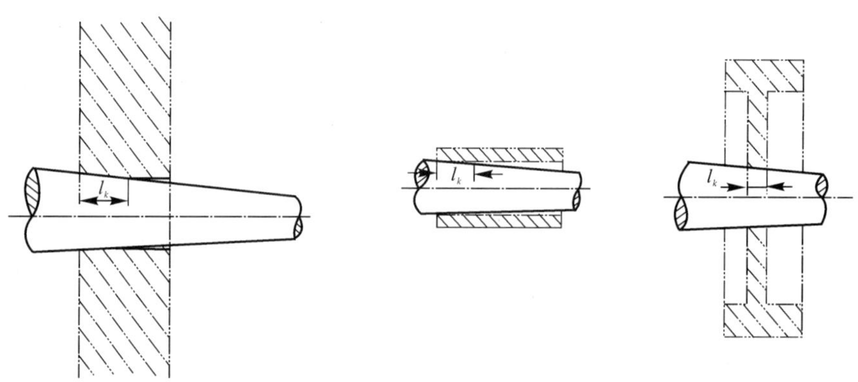

图 5.24　小锥度心轴定位法　　　图 5.25　不宜用小锥度定位的情况

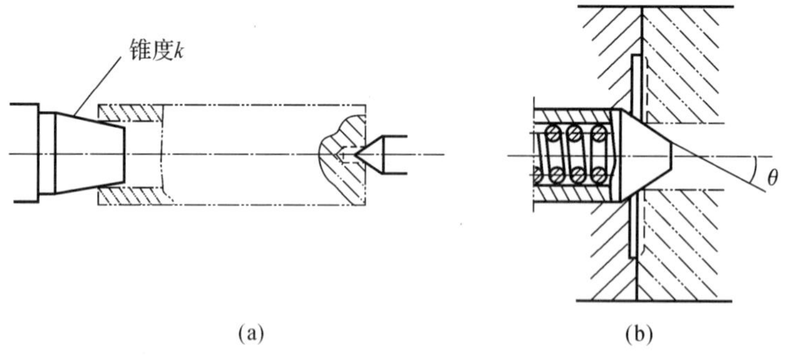

图 5.26　大锥度定位法

4. 工件以特型表面为基准的定位

工件除了以平面、圆柱孔和外圆表面定位外，有时也用其他形式的表面定位。除前述常用的表面外，有时还用螺纹面、齿轮的齿面、型面、锥面、花键及外形等表面作为定位基准。

工件以螺纹表面定位时，因螺纹配合间隙较大(如 M24～M40 螺距为 1.5 的螺纹，其中径公差达0.1，相当于 IT10 级精度的圆柱面)，所以定位误差相当大，且装卸工件费时，故用得不多。

齿轮件在精磨内孔或某些检验中，有的也用轮齿齿面作为定位基准，如图 5.27 所示。3 个定位圆柱 6(称为节圆柱)均布(或近似均布)插入齿间,实现分度圆定位。在推杆 1 的作用下,弹性薄膜卡盘 2 向外凸出,带动三个卡爪 4 张开,可以安放工件。工件就位后,推杆 1 收回,弹性薄膜卡盘 2 在自身弹性回复力的作用下,带动卡爪 4 收缩,将工件夹紧。该夹具广泛用于齿轮热处理后的磨孔工序中,可保证齿轮孔与齿面之间的同轴度。

图 5.27　工件以渐开线齿面定位

1— 推杆；　2— 弹性薄膜卡盘；　3— 保持架；　4— 卡爪；　5— 螺钉；　6— 节圆柱；　7— 工件(齿轮)

工件以型面为定位基准的情况可见于某些叶片的加工中。其定位可用型面定位件,也可用几个定位销构成组合定位的形式。

工件以锥面作为基准在相应的锥面定位件上定位,多见于喷嘴、喷管等类工件的加工,其定位简单易行。工件以花键面作为基准用得很少。工件以外形作为基准仅用在精度要求很低的定位上(常用眼睛观察来确定其位置),其应用很少,本书从略。

三、组合定位

工件在夹具上定位只使用一个定位基准的情况甚少,多半都是用几个基准面组合起来在相应的几个定位面上实现定位的。在实际生产中,常见的组合方式有一个孔和其端面、一个轴和其端面、一个平面和其上的两个圆孔等,也有用一对垂直相交的孔(或轴)为基准的。组合方式很多,其中最为典型的是工件以一个平面和其上的两个孔为基准的组合定位情况,简称为两孔定位。它所涉及的问题也可作为其他组合定位的借鉴,下面来讨论两孔定位。

1. 工件以两孔作定位基准,定位件为两个圆柱销

当工件以两孔作为定位基准时,最简单的定位方法是用两个圆柱销来定位。设两圆柱销的直径及公差分别为 $d_{定1}{}_{-a_{定1}}^{\ 0}$ 及 $d_{定2}{}_{-a_{定2}}^{\ 0}$,两圆柱销间的距离分别为 $L \pm l_{定}$,两基准孔的直径及公差分别为 $D_1{}_{\ 0}^{+a1}$ 和 $D_2{}_{\ 0}^{+a2}$,两孔间的距离分别为 $L \pm l$。在决定定位件的尺寸与公差时,必须考虑工件装卸方便和满足定位精度的要求。

(1) 为了便于分析,假定两基准孔间距离及两定位销间距离为基本值(即 $2l$ 及 $2l_{定}$ 为零),如图 5.28 所示。此时为了保证全批工件能自由装卸,定位销的最大直径分别为

$$d_{定1} = D_1 - \Delta_1$$

$$d_{定2} = D_2 - \Delta_2$$

式中　Δ_1、Δ_2—— 便于工件孔 1、2 装入的保证间隙。

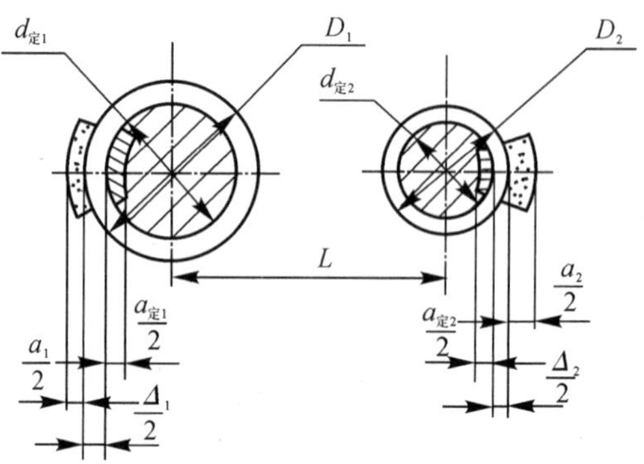

图 5.28　$2l$ 及 $2l_{定}$ 为零情况下的定位方式

(2) 假定定位销与基准孔间不需要保证间隙 Δ_1、Δ_2，两定位销间距离尺寸为基本值(即 $2l_{定}=0$)。由于两定位基准间有距离尺寸公差 $2l$，只能通过减小第二个定位销直径 $d_{定2}$ 的办法补偿，如图 5.29 所示。此时为了保证全批工件能自由装卸，定位销的最大直径分别为

$$d_{定1} = D_1$$
$$d_{定2} = D_2 - 2l$$

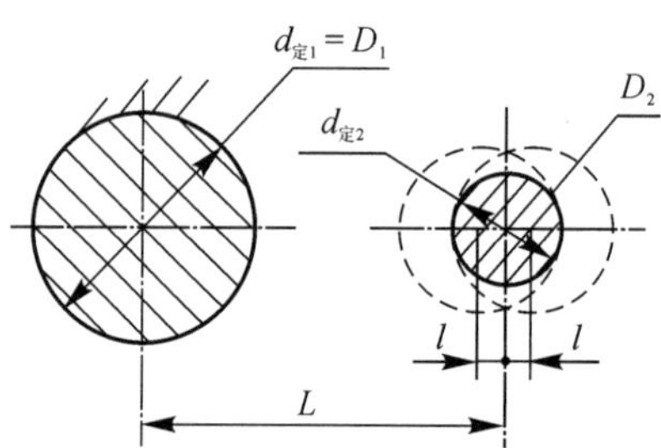

图 5.29　$l_{定}=0, d_{定1}=D_1$ 情况下的定位方式

如果两定位销间有距离尺寸公差 $2l_{定}$，而基准孔的距离尺寸为基本值(即 $2l=0$)，此时要保证全批工件能自由装卸，也只能缩小 $d_{定2}$ 的尺寸，定位销的最大直径分别为

$$d_{定1} = D_1$$
$$d_{定2} = D_2 - 2l_{定}$$

(3) 实际情况是两基准孔及两定位销间都有距离尺寸公差 $2l$ 及 $2l_{定}$，装卸时也都需要有最小保证间隙 Δ_1、Δ_2，此时为了保证全批工件能自由装卸，两定位销最大直径应分别为

$$d_{定1} = D_1 - \Delta_1$$
$$d_{定2} = D_2 - \Delta_2 - 2l - 2l_{定}$$

这时定位销的最小直径分别为 $d_{定1} - a_{定1}$，$d_{定2} - a_{定2}$。

由前面工件以孔定位时的定位误差分析可知，第一基准在中心连线方向上的定位误差等于最大的径向间隙，即

$$\delta_{定位1x} = a_1 + \Delta_1 + a_{定1} \tag{5.6}$$

第二基准在同一方向上的定位误差则为

$$\delta_{定位2x}=\delta_{定位1x}+2l$$

$\delta_{定位2x}$ 的值之所以取决于 $\delta_{定位1x}$，是因为两个基准在同一个工件上。如果仅就第二个基准的定位情况来看，它的可能位移量为 $a_2+\Delta_2+a_{定2}+2l+2l_{定}$。但是对整个工件来说，第一定位销已经限制了整个工件在 X 方向上的移动。

在与两孔连心线垂直方向（Y 方向）上的定位误差，对两个基准孔分别为

$$\delta_{定位1y}=a_1+\Delta_1+a_{定1} \tag{5.7}$$

$$\delta_{定位2y}=a_2+\Delta_2+a_{定2}+2l+2l_{定} \tag{5.8}$$

因此，基准孔中心线与定位销中心连线之间的最大倾斜角 α（见图 5.30）为

$$\tan\alpha=\frac{\delta_{定位1y}+\delta_{定位2y}}{2L}=\frac{a_1+\Delta_1+a_{定1}+a_2+\Delta_2+a_{定2}+2l+2l_{定}}{2L} \tag{5.9}$$

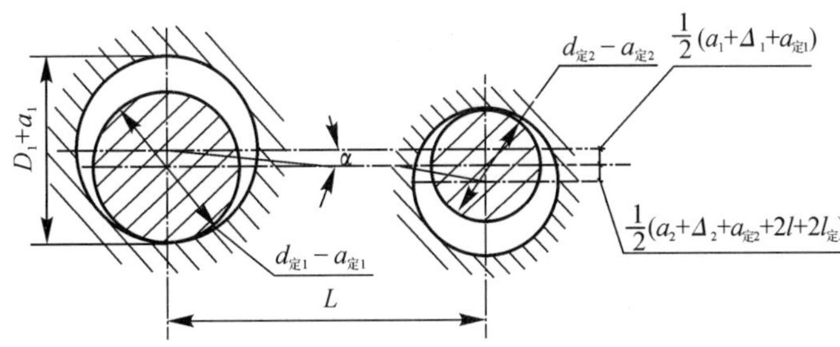

图 5.30　求倾斜角 α 的原理图

必须指出，工件倾斜之后，工件上各点的定位误差是不同的，因此对工序尺寸的影响也各不相同。对于位于两基准之间的各点，其误差值将介于 $\delta_{定位1y}$ 与 $\delta_{定位2y}$ 之间，计算时应根据工序尺寸的情况具体分析。

2. 用一个圆柱销和一个菱形销来定位

当用两个圆柱销定位时，左边短销可限制 $\vec{X}$、$\vec{Y}$ 两个自由度；当右边短销与左边短销组合使用时，又可限制 $\vec{X}$、$\widehat{Z}$ 两个自由度，这样 $\vec{X}$ 被两个定位销同时限制，在两孔中心连线方向上出现了过定位现象。因此，当安装工件时，两个孔可能不能同时装入夹具的两个定位销上。

为了使工件能顺利定位，可以采用扩大一个定位孔的直径或缩小定位销的直径，使销孔间配合间隙加大，但这样会造成工件有较大的角向误差。为了减小这一角向误差，通常用菱形销代替减小直径的短销，也就是把第二个定位销在沿两孔中心连线方向上削去一部分，以保证装卸方便和在 X 方向上第二个定位销不起定位作用，如图 5.31 所示。

为了增强削边销的刚性，常把它做成菱形，称为菱形销。这种削了边的定位销与基准孔的配合，在直径上也留有最小的间隙 Δ_2，但它在沿连心线方向上的间隙却要大得多。只要在连心线方向上两边的最小间隙都等于 $l+l_{定}$，就可以完全补偿距离误差的有害影响。其情况如图5.32 所示，这样就可以计算出该销圆柱部分的宽度尺寸 b。从图 5.32 所示的几何关系可知

$$\overline{OH}^2=\overline{OB}^2-\overline{HB}^2=\left(\frac{D_2-\Delta_2}{2}\right)^2-\left(\frac{b}{2}\right)^2$$

$$\overline{OH}^2=\overline{OA}^2-\overline{HA}^2=\left(\frac{D_2}{2}\right)^2-\left[\frac{b}{2}+(l+l_{定})\right]^2$$

上述两式相等，即得

$$b=\frac{\frac{D_2\Delta_2}{2}-\frac{\Delta_2^2}{4}-(l+l_{定})^2}{l+l_{定}}$$

式中，Δ_2^2 和$(l+l_{定})^2$ 的数值很小，可以忽略不计，因而

$$b=\frac{D_2\Delta_2}{2(l+l_{定})} \tag{5.10}$$

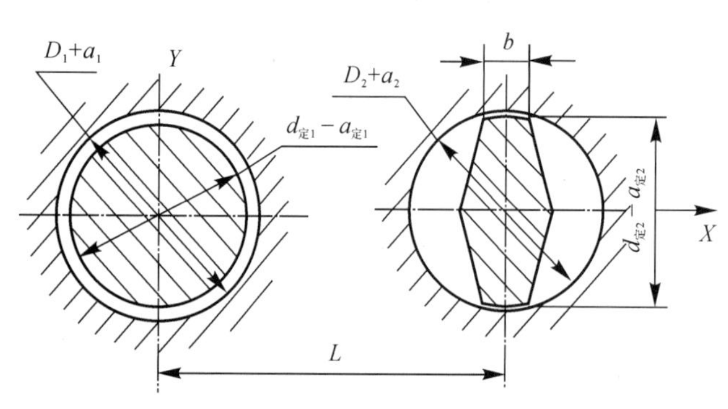

图 5.31 圆柱销-菱形销的定位情况

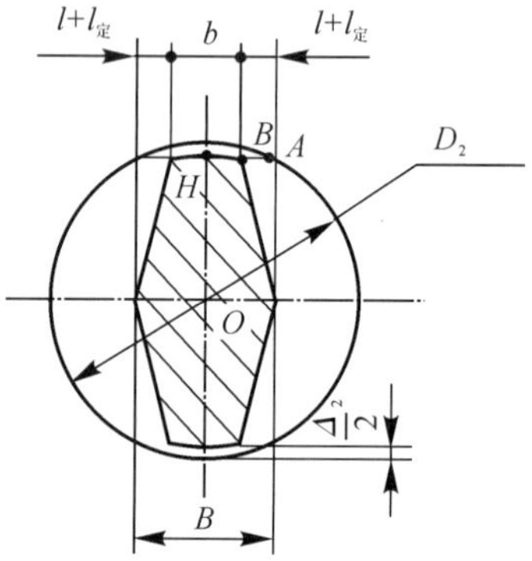

图 5.32 菱形销圆柱部分宽度计算

菱形销的直径尺寸仍按 g6 或 f7 选定公差，再按其最小间隙 Δ_2，利用上述公式计算出菱形销圆柱部分的宽度尺寸 b。实用尺寸可比 b 的计算值略大（因为 Δ_1 的作用并未考虑，何况基准孔和定位销都按最坏情况出现的概率极小）。菱形销常用的尺寸 b 和 B 可以参考表 5.1 所示数据选取。

表 5.1 菱形销常用尺寸

销直径 d	4～6	6～10	10～18	18～30	30～50	＞50
b	2	3	5	8	12	14
B	$d-1$	$d-2$	$d-4$	$d-6$	$d-10$	

用菱形销后的定位误差为

$$\delta_{定位x}=a_1+\Delta_1+a_{定1} \tag{5.11}$$

$$\delta_{定位1y}=a_1+\Delta_1+a_{定1} \tag{5.12}$$

$$\delta_{定位2y}=a_2+\Delta_2+a_{定2} \tag{5.13}$$

最大倾角为

$$\tan\alpha=\frac{a_1+\Delta_1+a_{定1}+a_2+\Delta_2+a_{定2}}{2L} \tag{5.14}$$

因影响 $\tan\alpha$ 的值中没有 $2(l+l_{定})$，所以角向定位精度就大大提高了。

对于选择圆柱销还是菱形销定位，应遵循以下原则：

(1) 根据被加工表面位置尺寸的要求（基准重合）选择。如图 5.33(a) 所示，如果被加工表面（孔 n）的位置尺寸 A_n 标注自孔 1，则应在孔 1 中配以圆柱销，而在孔 2 中配以菱形销，这样有利于保证被加工表面的位置精度。

(2) 当基准不重合时，应根据定基误差的大小确定。定基误差是指由工序基准与定位基准不重合引起的工序基准相对定位基准的变化，其大小等于两基准之间的距离尺寸的公差。

如图 5.33(b) 所示，如果被加工表面(孔 n) 对定位基准孔 1 和孔 2 都没标注直接位置尺寸，即当定位基准与工序基准不重合时，应考虑定基误差的大小。假设图中尺寸 A_1 的公差(定基误差) 小于尺寸 A_2 的公差，则应在孔 1 中配以圆柱销，而在孔 2 中配以菱形销，这样有利于保证被加工表面的位置精度。

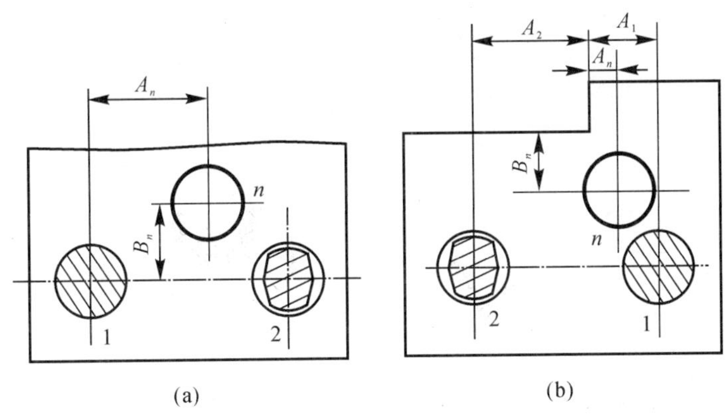

图 5.33　圆柱销-菱形销定位选择

(3) 根据工件装卸的方便程度选择。对于大型或重型工件，更应注意这一点。一般可在靠近重心部位的基准孔中配以圆柱销，而在偏离重心较远的基准孔中配以菱形销，以利于定位的稳定。

这里要特别注意，当在夹具中装配菱形销时，菱形销的长轴必须垂直于两销的中心连线，否则菱形销不仅失去了定位作用，还可能使工件不能同时安装在两个定位销上。另外，为了装卸工件方便，菱形销应比圆柱销低 2 ～ 3。

3. 组合定位的组合原则

如果工序中有几个方向的工序尺寸，则必须用一组定位基准来定位，而这些定位基准，最常用的还是平面，内、外圆柱面，只不过是把它们组合在一起而已。下面通过一个实例的分析，最终总结出组合定位的原则。

图 5.34 所示工件要求加工两个小孔，但是孔的位置尺寸有两种标注方法。

图 5.34(a) 所示是以大孔为工序基准来标注尺寸 A_1。图 5.34(b) 所示是以底平面为工序基准来标注尺寸 A_1。

按图 5.34(a) 所示的标注方式，可以用大圆孔作为主要定位基准保证原始尺寸 A_1、A_2 和 A_3。实际上所加工的这两个小孔，其中心连线还应与底平面平行，只不过精度要求不高，图上未标注而已。因此除了用大圆孔作为定位基准外，还必须选择另一个定位基准(底平面) 面来限制工件绕大孔轴线的转动，图 5.34(c)(e) 所示就是按图 5.34(a) 所示标注方法进行定位的。

按图 5.34(c) 所示的定位方法，在工件底面用一个定位板来限制工件的转动，这样在垂直于底面方向上(工序尺寸方向上) 产生过定位，尺寸误差 $2h$ 将可能使工件装不上。要解决这一问题，就必须缩小圆柱销或加大工件底面与定位板间的间隙，这样会使定位误差增大。

采用图 5.34(e) 所示的定位方法，大孔仍用圆柱销，而在工件底面采用楔块，这样可以消

除距离公差 $2h$ 带来的影响，从而保证加工要求。

按图 5.34(b) 所示标注方法，应采用底平面作为定位基准来控制工件在工序尺寸方向上的位置，另外在大圆孔中配以菱形销以保证尺寸 A_2 和 A_3，图 5.34(d) 所示就是这样做的。

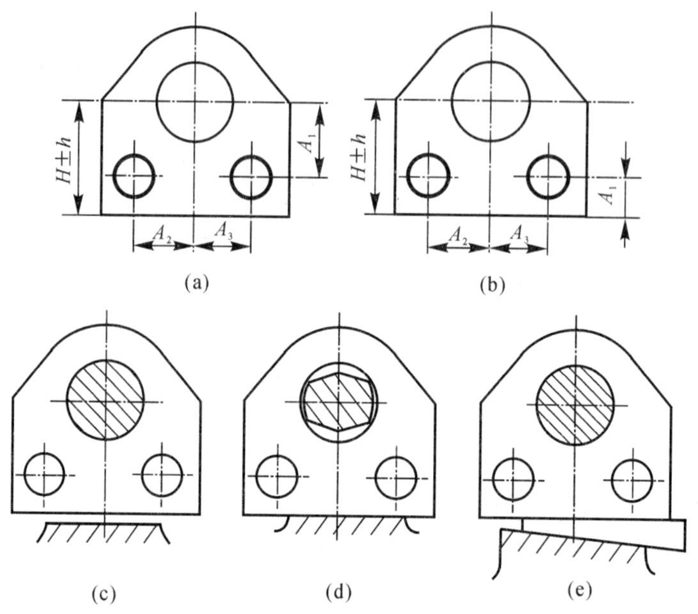

图 5.34　工件以孔-平面定位的分析

通过上面的实例分析，工件在采用组合定位时，要遵循如下两个原则：

(1) 采用基准重合的原则。主定位基准尽量与工序基准一致，以避免产生基准不重合误差。

(2) 避免过定位。这一原则是组合定位时应特别注意的。

四、工件在夹具定位过程中的误差分析

工件因定位而出现的误差，根据其产生的原因，可分为性质不同的两部分：一是工序基准与定位基准不重合引起的基准不重合误差，简称定基误差 $\delta_{定基}$；二是定位误差 $\delta_{定位}$，其在前面已讨论过。

当工序基准与定位基准重合时，$\delta_{定基}=0$，这时工件在夹具定位过程中出现的误差仅有定位误差一项。

在有些情况下，对于同一加工面，由于工序基准不同，在计算定位过程中出现误差时会出现几种不同的算法。

图 5.35 所示是三种不同工序基准标注方法，工件以外圆柱表面作为定位基准，用 V 形块作为定位件来加工键槽。

图 5.35(a) 所示是基准重合的情况，其 $\delta_{定基}=0$，而 $\delta_{定位}=\dfrac{a}{2\sin\dfrac{\gamma}{2}}$；图 5.35(b) 所示为基准不重合的情况，其 $\delta_{定基}=a/2$。由于 $\delta_{定位}$ 和 $\delta_{定基}$ 对工序尺寸 H 的影响相同(都使 H 变小)，所以定位过程中出现的误差应为两者之和，即

$$\delta_{定位}+\delta_{定基}=\frac{a}{2\sin\frac{\gamma}{2}}+\frac{a}{2}=\frac{a}{2}\left(\frac{1}{\sin\frac{\gamma}{2}}+1\right) \tag{5.15}$$

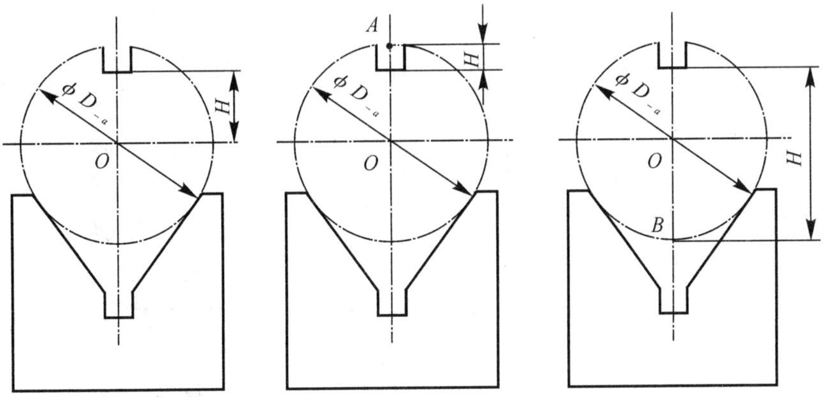

(a)　(b)　(c)

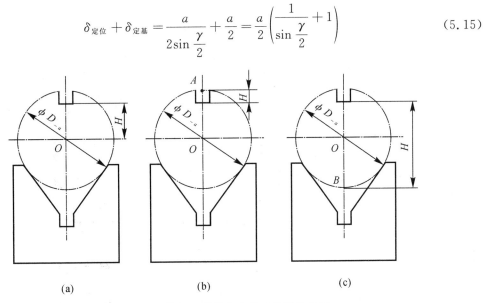

图 5.35　工件在 V 形块上定位时的误差分析

如图 5.35(c) 所示，也是基准不重合情况（工序基准是 B），这时，$\delta_{定位}$ 和 $\delta_{定基}$ 对工序尺寸 H 的影响恰好相反（$\delta_{定位}$ 会使 H 变大，而 $\delta_{定基}$ 却使 H 变小），所以总的误差则应取两者之差，即

$$\delta_{定位}+\delta_{定基}=\frac{a}{2\sin\frac{\gamma}{2}}-\frac{a}{2}=\frac{a}{2}\left(\frac{1}{\sin\frac{\gamma}{2}}-1\right) \tag{5.16}$$

由此可以看出，当在圆柱表面上加工键槽时，应该按图 4.35(c) 所示的方法标注尺寸，不仅是因为在 V 形块上定位的误差最小，而且因为容易测量。

前面所介绍的各种定位方法、定位件及其有关定位的误差分析计算，都应该从被加工工件的实际出发，有的放矢地解决问题。在确定定位方案时，应注意以下问题：

(1) 要正确地限制必限的自由度。这要根据加工工序的要求，采用适当的定位件来限制。

(2) 要确保定位精度，使定位所产生的误差小于工序相应尺寸公差的 1/3 ～ 1/5(因为还有其他误差也会影响工序尺寸)。在提高定位精度的同时，还应考虑制造条件和经济性。

(3) 要使定位稳定可靠，一般情况下应避免过定位。

(4) 尽量选用标准化定位元件。对于非标准的定位元件要合理地选取材料和规定硬度、尺寸精度、表面粗糙度的要求，以保证良好的强度、刚度等。

5.3　工件的夹紧及典型夹紧装置

一、夹紧装置的组成及设计要求

1. 夹紧装置的组成

前面主要研究了工件在夹具中的定位问题，但是即使把工件的定位问题解决得十分好，也只是完成了工件装夹任务的一半工作。只有定位，在大多数场合下还是无法进行加工，只有把定位和夹紧问题都解决了，才能够进行加工，本节就主要研究工件的夹紧问题。要研究夹紧问题，就先要搞清楚夹紧装置由哪些部分组成。夹紧装置一般由三部分组成：

(1) 力源部分。力源部分也就是产生原始力的部分。机动夹紧装置的力通常由汽缸、油缸、电力等产生。手动夹紧装置的力，通常由操作工人来提供。

(2) 中间传力机构。它是在力源部分和夹紧元件之间的传力机构，用来承受原始力，并且把原始力转变成夹紧力。其作用是：① 改变夹紧力方向；② 扩大力量；③ 夹紧可靠，具有自锁性。

(3) 夹紧元件。它是与工件相接触的部分，是实现夹紧的最终执行元件，如压板、压块等元件。

以上三部分的相互关系，可用如图 5.36 所示的方框图表示。夹紧装置的设计内容就是这三个部分。夹紧装置的具体组成是通过综合考虑工件结构特点、定位方式的确定、工件加工条件等来确定的。

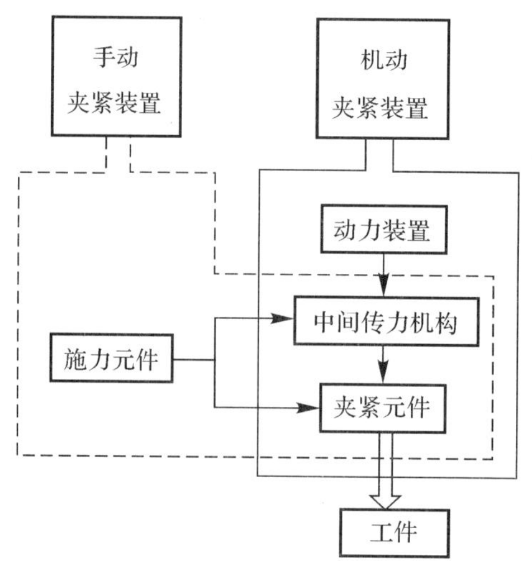

图 5.36　夹紧装置的组成方框图

2. 夹紧装置的设计要求

在设计夹紧装置时，应注意满足以下要求：

(1) 在夹紧过程中应能保持工件定位时所获得的正确位置。

(2) 夹紧力大小适当。夹紧机构应能保证在加工过程中工件不产生松动或振动。同时又要避免工件产生不适当的变形和表面损伤。夹紧机构一般应有自锁作用。

(3) 夹紧装置应操作方便、省力和安全。

(4) 夹紧装置的复杂程度和自动化程度应与生产批量和生产方式相适应。结构设计应力求简单、紧凑，并尽量采用标准化元件。

二、夹紧力的确定

定位和夹紧是安装工件时密切相关的两个问题，关系到工件的加工质量、生产率和工人的劳动条件，必须一起考虑。因为工件在定位后，可能因其自身重力、加工中的切削力、惯性力或离心力的作用而发生位移，从而使原先的定位破坏。为了确保工件在整个加工过程中始终保持在定位件所确定的准确位置，必须将工件夹紧。夹紧装置应在保证此任务的前提下，尽量使夹紧迅速、使用方便和易于制造。

设计夹紧装置时，首先要确定夹紧力的三要素 —— 方向、大小和作用点，然后再进一步确定传力方式和具体设计夹紧机构。在确定夹紧力时，应遵循如下原则。

1. 夹紧力方向的确定

(1) 夹紧力的作用方向应有利于工件的准确定位，而不能破坏定位。为此，一般要求主要夹紧力应垂直指向主要定位面。如图 5.37 所示，在直角支座零件上镗孔，若要求保证孔与端面的垂直度，则应以端面 A 作为第一定位基准面，此时夹紧力的作用方向应如图中 F_{j1} 所示。若要求保证孔的轴线与支座底面平行，则应以底面 B 作为第一定位基准面，此时夹紧力的作用方向应如图中 F_{j2} 所示。否则，A 面与 B 面的垂直度误差，将会引起孔轴线相对于 A 面(或 B 面)的位置误差。

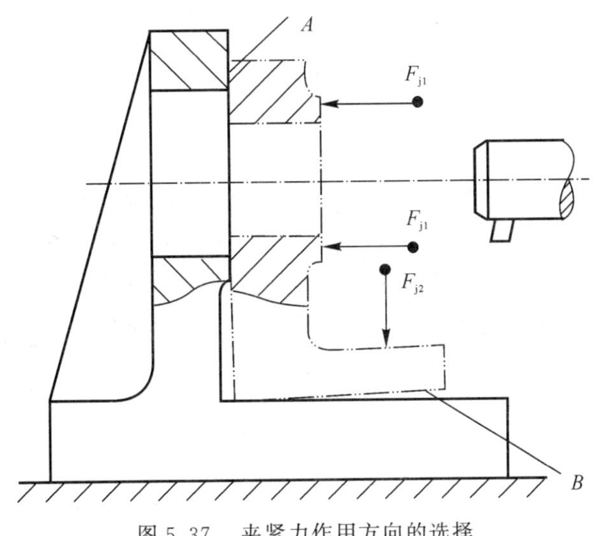

图 5.37　夹紧力作用方向的选择

(2) 夹紧力作用方向应尽量与工件刚度大的方向相一致，以减小工件夹紧变形。如图 5.38(b) 所示，此夹紧方式要比图 5.38(a) 所示的夹紧方式好，工件不易变形。

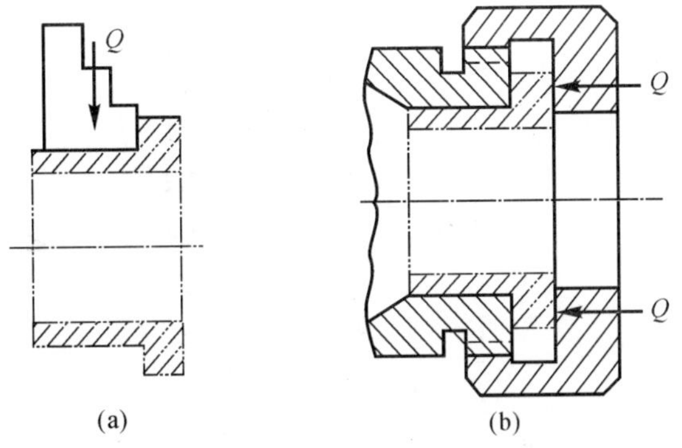

图 5.38　夹紧力方向与工件刚性的关系

2. 夹紧力作用点的确定

(1) 夹紧力作用点应正对支撑元件或位于支撑元件所形成的支撑面内，以保证工件已获得的定位不变。如图 5.39 所示，夹紧力作用点不正对支撑元件，产生了使工件翻转的力矩，有可能破坏工件的定位。夹紧力的正确位置应如图 5.39 中虚线箭头所示。

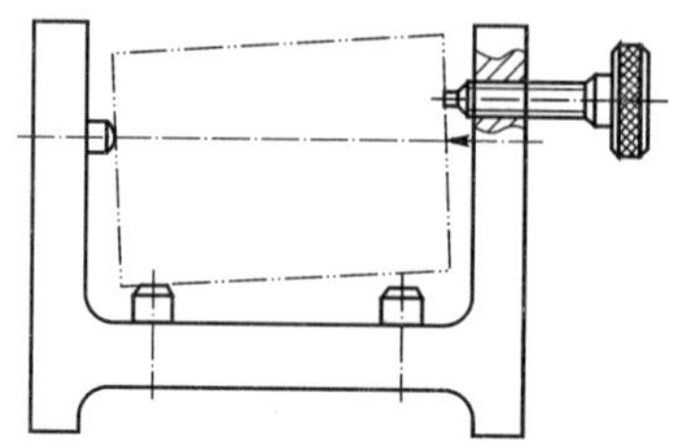

图 5.39　夹紧力作用点的位置

(2) 夹紧力作用点应处于工件刚度较好的部位，以减小工件夹紧变形。如图 5.40(a) 所示，夹紧力作用点在工件刚度较差的部位，易使工件产生变形。若改为图 5.40(b) 所示的情况，将一个作用点变为多个作用点，增大接触面积，夹紧力均匀分布在环形接触面上，可使工件整体和局部变形都很小。

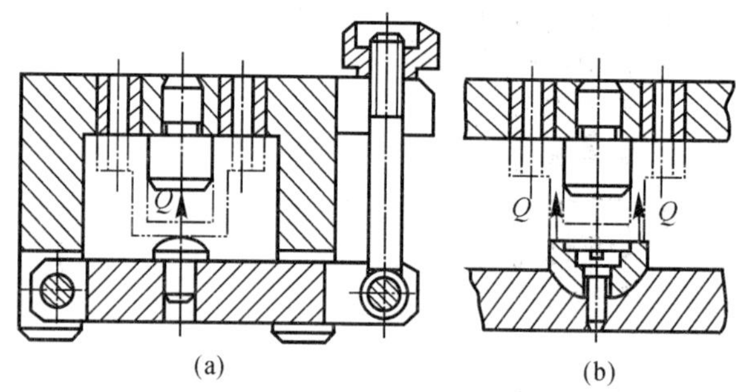

图 5.40　分散夹紧力的作用点

(3) 夹紧力作用点应尽量靠近加工面，以减小切削力对工件造成的翻转力矩。必要时应在工件刚度差的部位增加辅助支撑并施加夹紧力，以减小切削过程中的振动和变形。图 5.41 所示零件加工部位刚度较差，在靠近切削部位增加辅助支撑并施加夹紧力，可有效防止切削过程中的振动和变形。

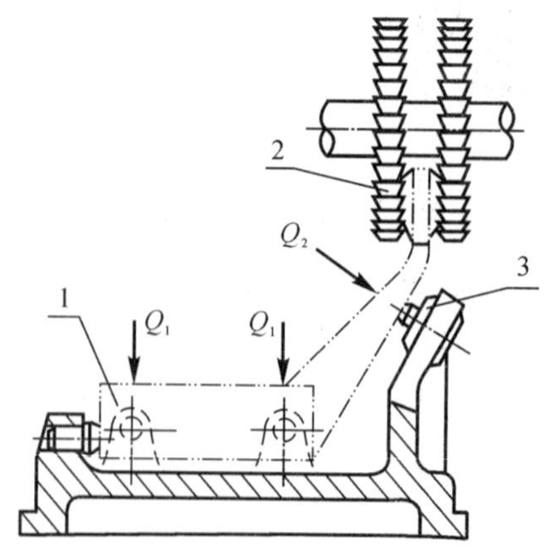

图 5.41　辅助支撑与附加夹紧

1—工件；2—铣刀；3—辅助支撑

3. 夹紧力大小的估算

估算夹紧力的一般方法是将工件视为分离体，并分析作用在工件上的各种力，再根据力系平衡条件，确定保持工件平衡所需的最小夹紧力，最后将最小夹紧力乘以一适当的安全系数，即可得到所需的夹紧力。

图 5.42 所示为在车床上用自定心卡盘装夹工件车外圆的情况。加工部位的直径为 d，装夹部位的直径为 d_0。取工件为分离体，忽略次要因素，只考虑主切削力 F_c 所产生的力矩与卡爪夹紧力 F_j 所产生的力矩相平衡，可列出如下关系式：

$$F_c \frac{d}{2} = 3F_{jmin}\mu \frac{d_0}{2}$$

式中　μ —— 卡爪与工件之间的摩擦因数；

F_{jmin}—— 所需的最小夹紧力。

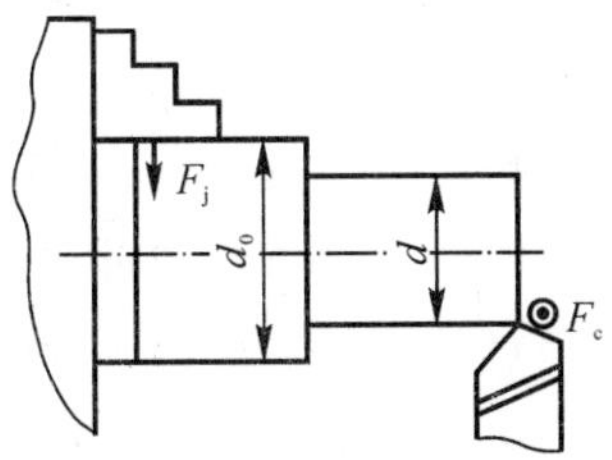

图 5.42　车削时夹紧力的估算

由上式可得

$$F_{jmin} = \frac{F_c d}{3\mu d_0}$$

将最小夹紧力乘以安全系数 k，得到所需的夹紧力为

$$F_j = k\frac{F_c d}{3\mu d_0} \tag{5.17}$$

三、典型夹紧装置

在确定好所需夹紧力的大小、方向和作用点之后，接着就要具体设计或选用夹紧装置来实现夹紧方案。

不论采用哪种动力源形式，一切外加的作用力要转化成夹紧力都必须通过夹紧装置，下面就介绍几种典型的夹紧装置。

1. 楔块夹紧装置

楔块夹紧是利用楔形斜面把原始力转变为夹紧力的装置。

图 5.43 所示是利用楔块夹紧的钻具，夹紧时用榔头以 P 力敲打楔块的大端，这样 P 力按力的分解原理在楔块的两侧面上产生两个扩大了的分力 Q 和 R，也就是对工件的夹紧力 Q 和对夹具体的压力 R，最终把工件楔紧。

根据图 5.43(b)，按力的平衡关系，可计算出楔块所产生的夹紧力 Q 的大小：

$$Q = \frac{P}{\tan(\alpha + \varphi_2) + \tan\varphi_1} \tag{5.18}$$

式中　P—— 施加在楔块上的原始力；

α—— 楔块的升角，考虑自锁时常取 $6^{\circ}\sim 10^{\circ}$；

φ_1—— 楔块底面与工件表面间的摩擦角；

φ_2—— 楔块斜面与夹具体间的摩擦角。

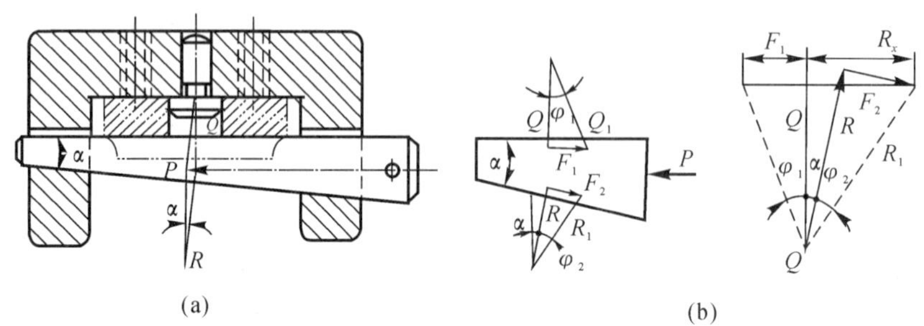

图 5.43　楔块夹紧

如果 $\varphi_1=\varphi_2=\varphi$，一般钢铁件间的摩擦因数($\tan\varphi$) 为 $0.1\sim 0.15$，也就是 $\varphi=5^{\circ}43'\sim 8^{\circ}28'$，于是可算得夹紧力 Q 为作用力 P 的 2 倍多。由此可见，楔块夹紧力是不大的。

楔块的自锁性。楔块夹紧后能够自锁(原始力解除后，仍能夹紧工件)，但是自锁是有条件的，由力学知道，楔块自锁的条件是当楔块的升角 α 小于其摩擦角 $\varphi_1+\varphi_2$ 时，可保证自锁，即

$$\alpha \leqslant \varphi_1+\varphi_2 \tag{5.19}$$

另外，由于楔块夹紧操作不方便，夹紧力不大，很少在夹具中单独使用，通常与其他夹紧方式组合使用，或者用于夹紧力不大的工序中。

2. 螺旋夹紧装置

螺旋夹紧装置是利用螺旋直接夹紧工件或与其他元件组合实现夹紧工件的装置，由于这类夹紧机构结构简单，夹紧可靠，通用性强，所以在机床夹具中得到广泛应用。其主要缺点是工作效率低。

螺旋夹紧装置所用的构件主要是螺钉和螺母。

螺旋夹紧装置常用的夹紧机构有以下两种：

(1) 螺钉夹紧机构。组成螺钉夹紧机构的主要元件有螺杆、压块、手柄等，如图 5.44 所示。

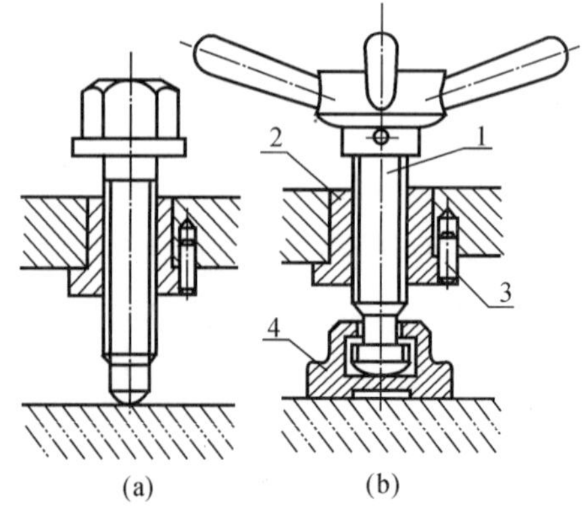

图 5.44　螺钉夹紧装置

1— 螺杆；　2— 螺套；　3— 销子；　4— 浮动压块

图 5.44(a) 所示机构只有螺杆，用扳手旋紧螺杆就可以把工件夹紧。该结构的缺点是夹紧力集中，易压伤工件和引起工件变形。而图 5.44(b) 所示结构则克服了夹紧力集中的缺点，它是在螺钉的底部安装有浮动压块，由于压块底面积大，可避免压伤工件，也减小了工件变形；又由于压块底面上的摩擦反力矩比螺钉底部与压块间的摩擦力矩大，所以螺钉在转动时，压块不会跟着一起转动，当然也就不会破坏工件的定位。

螺钉夹紧机构的主要元件已经标准化，其规格形式、使用材料、结构尺寸、性能特点等在夹具设计手册中均可查阅。图 5.45 所示为标准化压块。

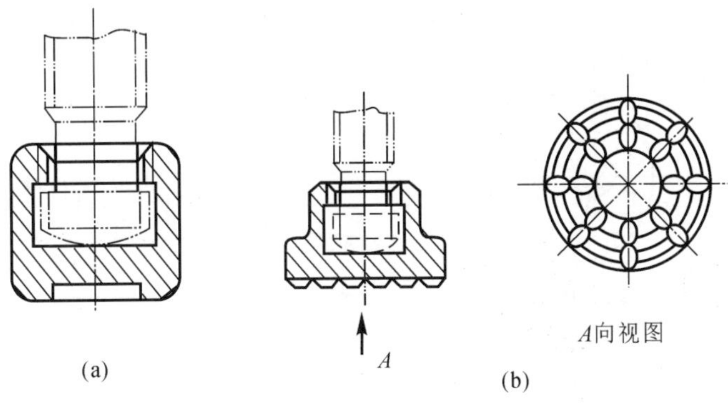

图 5.45　标准化压块

(2) 螺母夹紧机构。螺母夹紧机构的主要元件有螺母、螺栓、垫圈、压板等。这些元件也已经标准化，选用或设计各种机构可查阅有关手册。螺母夹紧机构也存在操作费时的问题，为提高效率，采用了快卸螺母、快卸垫圈和快卸螺杆等各种结构形式。

图 5.46 所示为快卸垫圈的螺母夹紧机构。在如图所示三种形式中，只要螺母松开，不必旋出，垫圈即可快卸或移开。螺母的最大径向尺寸比垫圈或工件的穿通孔要小，以便螺母能通过，这样松开螺母便可取下工件。

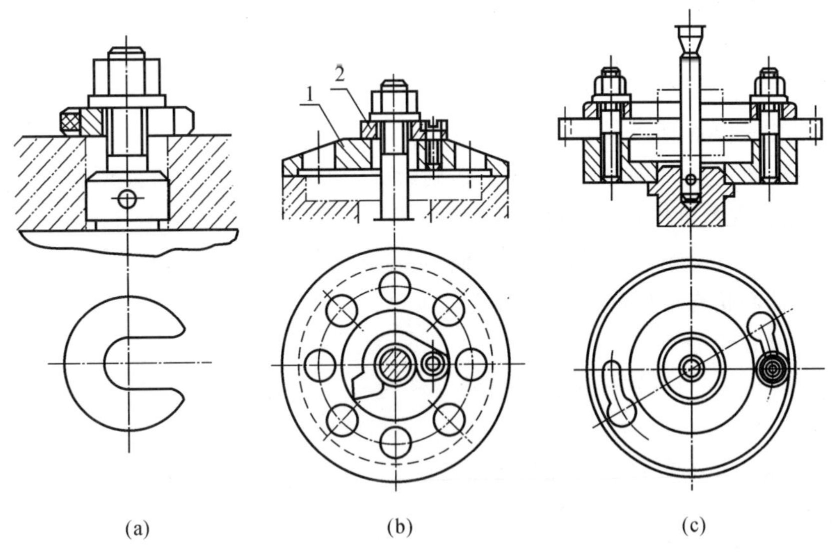

图 5.46　带有快卸垫圈的螺母夹紧装置

1— 压板；　2— 垫圈

螺钉与螺母均用标准件，其螺纹升角甚小。如以 M8 ～ M48 的螺钉为例，$\alpha = 3°10' \sim 1°15'$，远比摩擦角 φ 小，故可牢固保证自锁。但由于螺旋夹紧难以用在机动夹紧装置中，所以一般用在手动夹紧的夹具中。

3. 偏心夹紧装置

常用的偏心夹紧件是偏心轮(轴)，其构造如图 5.47 所示，都已标准化了。它的优点是操作迅速，构造简单；缺点是工作行程小(取决于偏心距)，自锁性较差，只宜用在切削力较小和振动不大的工序中。

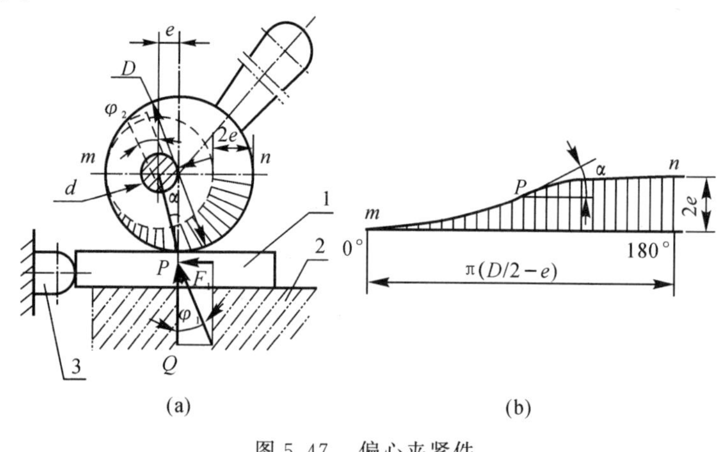

图 5.47　偏心夹紧件

1— 压板；2— 工件；3— 定位销

偏心夹紧装置好似一个弧形楔作用在转轴和工件之间。夹紧的最大行程虽是 $2e$(e 为偏心距)，但通常是在 60° ～ 90° 范围内使用，所以其实用行程为 $2e/3 \sim e$。根据偏心轮的升角在点 P 附近变化的特点，偏心的夹紧工作段就选取在点 P 前、后各 30° ～ 45° 的范围内。

下面分析偏心夹紧装置的自锁条件。

如果已知偏心轮工作时其夹紧点的确定位置，那就可以使偏心轮在该点的升角小于摩擦角 φ 来保证其自锁。

当 m 点为夹紧位置时，$\gamma = 0°$，$\alpha = 0°$。

当 n 点为夹紧位置时，$\gamma = 180°$，$\alpha = 0°$。

当偏心轮转动到点 P 夹紧时，升角 α 达到最大，如果 $\alpha_{max} \leqslant \varphi$，那么其他各点的升角也都小于摩擦角，偏心夹紧机构自锁。即

$$\tan\alpha_{max} \leqslant \tan\varphi, \quad 而\ \tan\varphi = \mu, \quad \tan\alpha_{max} = e/R$$

式中　μ—— 偏心轮与工件间的摩擦因数；

　　R—— 偏心轮的半径；

一般 $\mu = 0.1 \sim 0.15$，这样可得出自锁条件为

$$D/e \geqslant 14 \sim 20, \quad D \geqslant (14 \sim 20)e \tag{5.20}$$

式中　D—— 偏心轮的直径。一般都按 $D \geqslant 14e$ 或 $D \geqslant 20e$ 来设计偏心轮。

当偏心夹紧工件时，若取其手柄长 $L = (2 \sim 2.5)D$，其夹紧力约为作用力的 12 倍。在使用标准偏心件时，其夹紧力一般约为 1 600 ～ 2 450 N。因此偏心夹紧宜使用在切削负荷不大且振动较小的工序中。

上述 3 种典型夹紧装置，都是利用斜面原理来增大夹紧力，但是扩力倍数各不相同，扩力倍数最大的是螺旋夹紧装置，其次是偏心夹紧装置，最后是楔块夹紧装置；在使用性能方面，螺旋夹紧的工作行程不受限制，夹紧可靠，但夹紧费时，而偏心夹紧动作迅速，但工作行程小，自锁性能较差。自锁性最好的是螺旋夹紧装置，楔块夹紧装置因夹紧力不大，通常与其他夹紧元件组合起来使用。3 种夹紧装置的对比如表 5.2 所示。可以看出，螺旋夹紧装置在各方面都较好，所以在生产中使用得最为广泛。

表 5.2　3 种夹紧装置的对比

夹紧装置	自锁性	夹紧行程	夹紧力
楔块夹紧	一般	一般	夹紧力小
偏心夹紧	最差	受限制	一般
螺旋夹紧	最好	不受限制	夹紧力最大

四、组合夹紧装置与多位夹紧装置

1. 组合夹紧装置

前面介绍了夹具设计中应用较广泛且又较为典型的几种最基本的夹紧装置，这些夹紧装置可以单独使用，但是在多数情况下，它们都是组合起来使用的。下面介绍几种常用的组合夹紧装置。

(1) 螺钉-压板夹紧装置。图 5.48 所示是常见的螺钉-压板夹紧装置。图 5.48(a)(b) 所示两种装置只是操作施力的螺钉位置不一样，两压板中间都有长孔，以便压板松开时能往后移动，使工件装卸方便。两压板的高低位置也可调整，即把支撑螺钉和施力螺钉位置高低调节适中即可。图 5.48(c) 所示为铰链压板，螺母略转几圈不必取下即可夹紧或松开。按照杠杆原理可知，这三种螺钉-压板的结构形式所产生的夹紧力是不一样的，其受力分析如图 5.48 分图的下面部分所示。

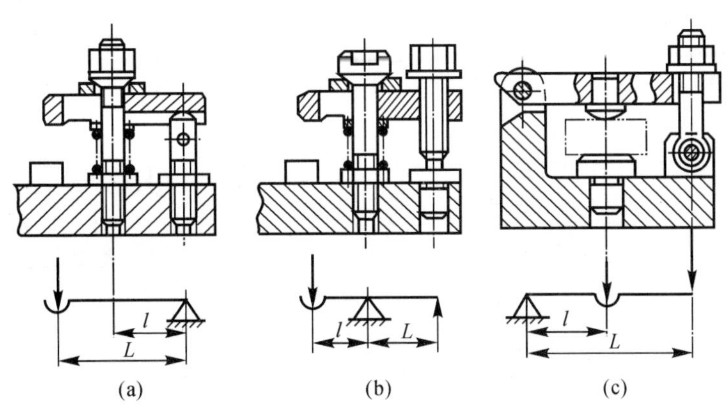

图 5.48　螺钉-压板夹紧装置

(2) 偏心轮-压板夹紧装置。如图 5.49 所示，图(a) 为手动夹紧，偏心轮与压板通过销子连成一体，借助于手柄顺时针转动偏心轮，压板左移，并将工件夹紧，反之则松开工件。图(b) 则是夹紧、松开、移动压板的联动机构，它是分步进行的。

第一步　工件定位后，逆时针转动偏心轮，拨销 1 推动挡销 2 使压板进到夹紧位置。

第二步　继续逆时针转动偏心轮，拨销 1 与挡销 2 脱开，同时偏心轮恰好顶紧压板而夹紧工件。

第三步　松开工件，顺时针转动偏心轮，偏心轮逐渐失去作用，松开压板，偏心轮再继续转动时，拨销 1 推动挡销 3 使得压板右移，这样就可以取下工件。

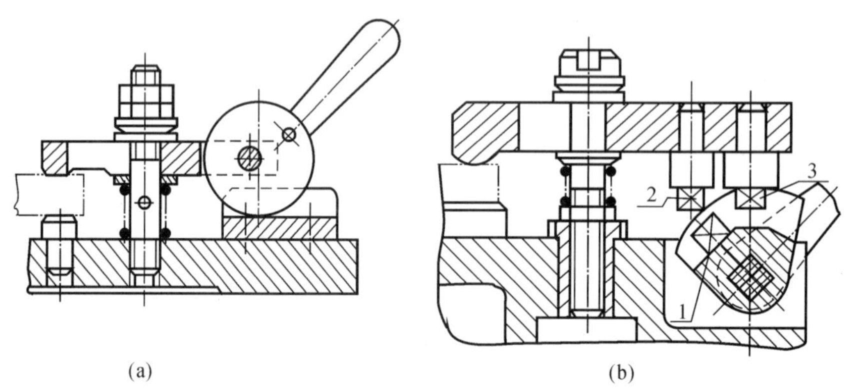

图 5.49　偏心轮-压板夹紧装置

1— 拨销；2、3— 挡销

(3) 其他形式组合夹紧装置。图 5.50 所示为三种组合夹紧装置。图 5.50(a) 所示是端面凸轮与摆动压板组合的装置，图的下方为端面凸轮工作面的展开图。图 5.50(b) 所示为偏心轮与楔块组合装置，楔块的斜面可为大升角以利快速夹紧，由偏心轮保证自锁，弹簧使楔块快速退回。图 5.50(c) 所示为螺钉、楔块、杠杆组合装置。转动螺钉使楔块前、后移动，楔块斜面为大升角，不需自锁，以利快速夹紧，夹紧时的自锁性能是由螺钉保证的。

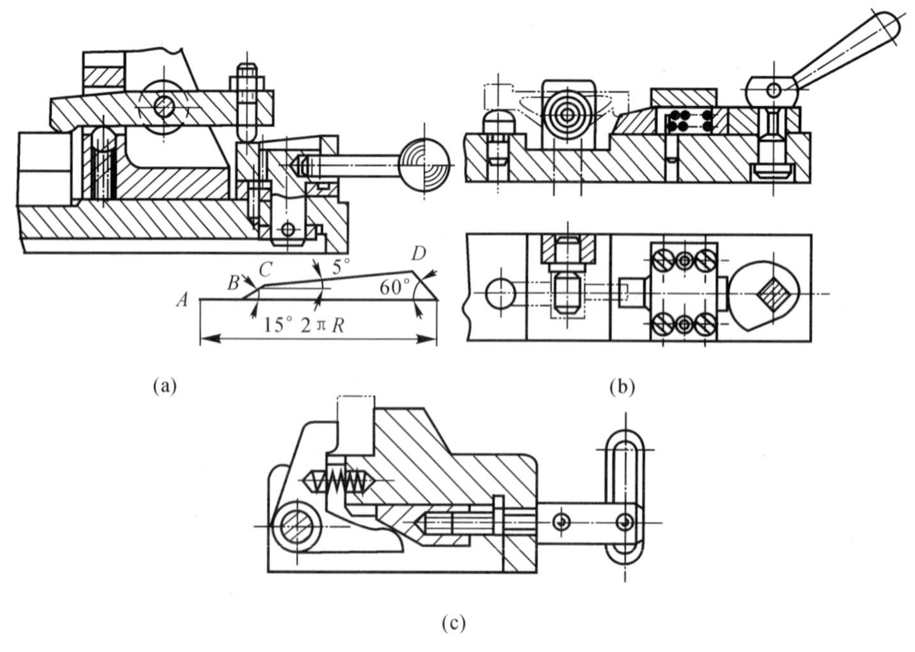

图 5.50　其他形式组合夹紧装置

2. 多位夹紧装置

在机械加工中，根据工件的结构特点和生产规模的要求，常常需要对一个工件施加几个夹紧力，或者在一个夹具中同时安装几个工件。如果分别依次从各个方向上对工件夹紧，或者逐个对工件夹紧，不仅夹紧费时，而且还易造成夹紧力不均匀，引起工件产生夹紧变形，或者造成工件发生位移而破坏定位。因此在生产中常用联动夹紧装置，只需要操纵一个手柄，就能同时从各个方向均匀地夹紧一个工件，或者同时夹紧几个工件。下面介绍几种联动装置。

(1) 单件多位夹紧装置。用一个原始力，通过一定的机构分散到几个点上，对一个工件进行夹紧，叫作单件多位夹紧装置，如图 5.51 所示。

转动图 5.51(a) 中的手柄，通过回转板传力给压块，把工件压向下定位面。与此同时，通过杠杆与压块，把工件压向侧定位面，最终从两个方向上夹紧工件。

旋转图 5.51(b) 中右边的螺母，通过浮动件 —— 杠杆，使两个钩形压板同时夹紧工件(两个夹紧方向相同，都是向下压紧工件)。

图 5.51(c) 所示是利用偏心轮、杠杆和压板从两个方向上同时夹紧工件。

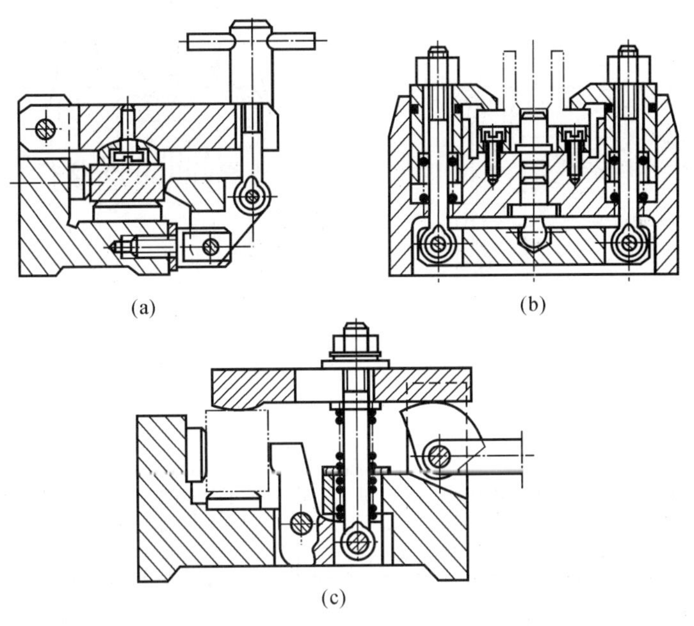

图 5.51　单件多位夹紧装置

(2) 多件多位夹紧装置。用一个原始力，通过一定的装置实现对几个相同的工件进行夹紧，叫作多件多位夹紧装置。

多件多位夹紧装置的两种基本形式是多件平行夹紧装置和多件依次连续夹紧装置。图 5.52 所示是多件多位夹紧装置，其中图(a)(b) 所示是多件平行夹紧装置，而图(c) 所示是多件依次连续夹紧装置。

多件平行夹紧是施加一个原始作用力，通过传力件平行地把作用力传给各工件，同时把全部工件夹紧。其优点是不产生积累误差；缺点是作用力被工件均分，使夹紧装置需要较大的原始力。

多件依次连续夹紧是施加一个原始力，然后由各工件依次传递夹紧力直到把全部工件夹紧为止。其优点是各工件所受夹紧力相同；缺点是在夹紧过程中会产生误差，而且愈到最后误差积累愈大[见图 5.52(c)]。

3. 设计多位夹紧机构应注意的问题

(1) 多位夹紧机构必须能同时而均匀地夹紧工件。要做到这点，就要求夹紧元件必须采用能够浮动的结构形式，如图 5.53(a) 所示；由于工件有尺寸公差，就有两个工件夹不住，改为图 5.53(b) 所示的浮动压板，4 个工件就能同时被夹紧。如果采用液性塑料自行调节夹紧力则更好，其结构如图 5.54 所示。

(2) 夹紧力方向必须和定位方式及加工方法相适应。如图 5.52(c) 所示，这种夹紧方法只适用于被加工面与夹紧方向平行的情况，也就是说，它只适用于一把铣刀沿夹紧方向依次一个一个地加工工件的情况。如果要在各工件中央铣开口槽，那么开槽的方向必须与夹紧方向平行一致，这样在夹紧时所产生的积累误差对工件的原始尺寸(垂直于夹紧方向) 就不会有影响。

(3) 保证每个工件都有足够的夹紧力。在平行多位多件夹紧时，总夹紧力 $\boldsymbol{Q}$ 是各作用点夹紧力的矢量和。如果各作用点夹紧力方向相同，总夹紧力就是各点夹紧力的代数和。

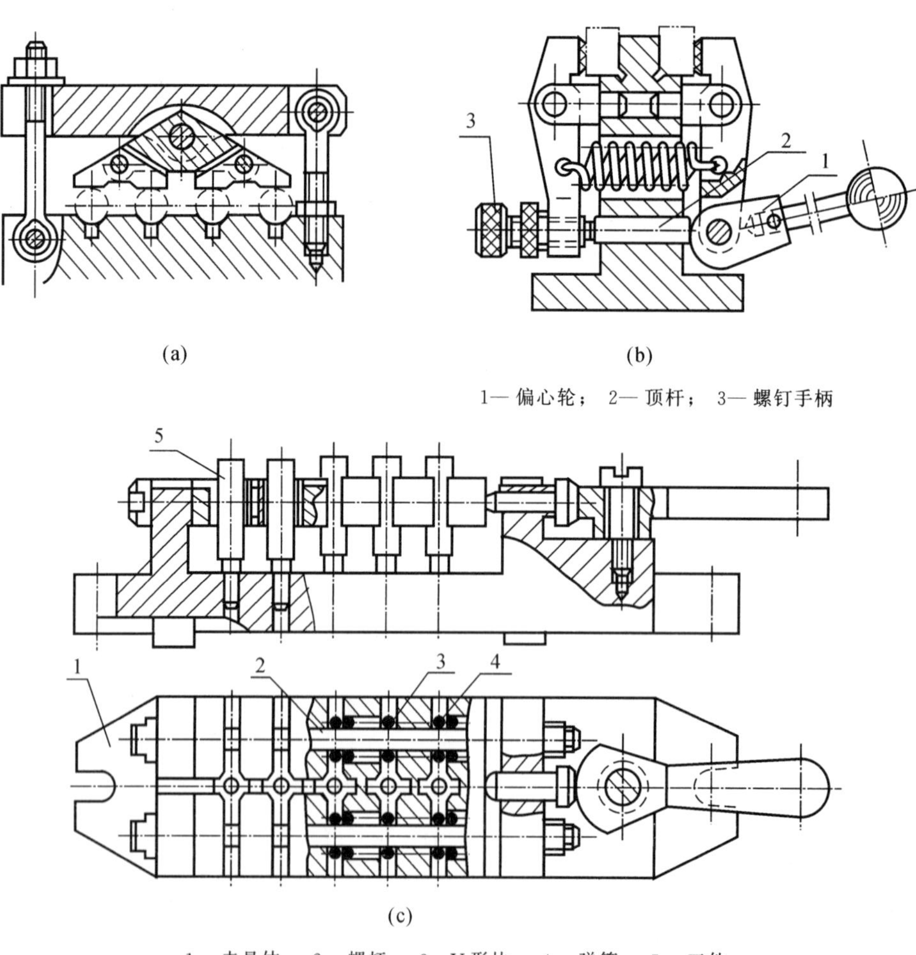

(a)

(b)

1— 偏心轮； 2— 顶杆； 3— 螺钉手柄

(c)

1— 夹具体； 2— 螺杆； 3—V 形块； 4— 弹簧； 5— 工件

图 5.52　多件多位夹紧装置

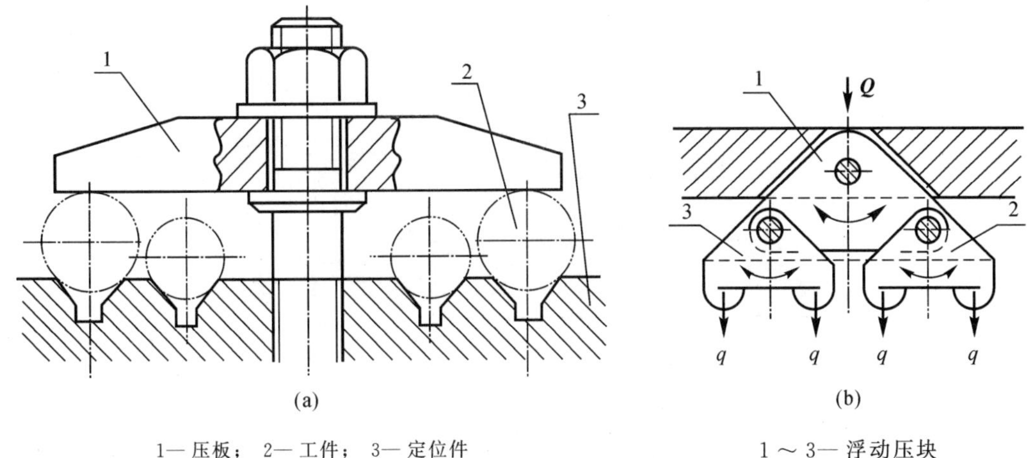

1— 压板；　2— 工件；　3— 定位件　　　　　　1 ～ 3— 浮动压块

图5.53　多位夹紧装置的合理设计

对于多件依次先后夹紧，如图5.52(c)所示，由于夹紧机构中各元件之间存在摩擦，总夹紧力也不等于单个工件上的夹紧力，而且离原始力愈远的工件所受的夹紧力愈小。基于这种原因，对这类夹紧装置必须限制被夹紧工件的数目。

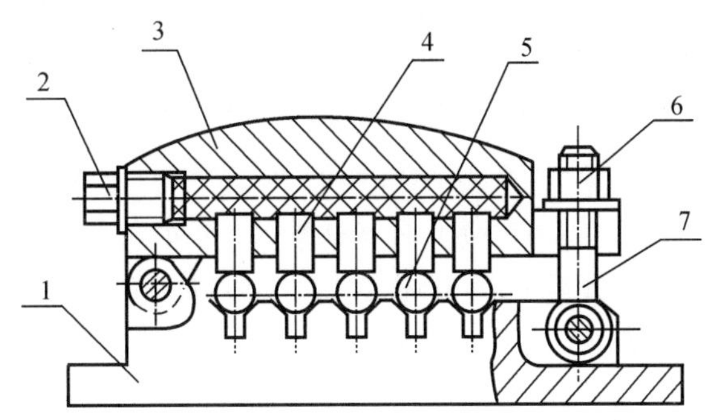

图5.54　使用液性塑料自动调节夹紧力

1— 夹具体；　2— 加压螺钉；　3— 压板；　4— 夹紧件；　5— 工件；　6— 螺母；　7— 活节螺栓

(4) 在多件夹紧装置中，夹紧件和传力件要具有足够的刚性。由于多件夹紧装置中所需的夹紧力较大，机构中传力的元件较多，存在着许多可动的环节，使得整个机构刚度变差，夹紧后易发生弹性变形，影响夹紧的可靠性，所以在设计时，应使夹紧件和传力件具有足够的强度和刚度。

五、机动夹紧装置

手动夹紧不需要专门的动力装置，夹具结构比较简单，但是人的力量是有限的，即便是通过增力机构，夹紧力通常也满足不了使用要求；另外，在大批量生产中，夹紧动作频繁，操作工人也很劳累。为了解决手动夹紧的不足，适应大批量生产，通常采用机动夹紧来代替手动夹紧。

机动夹紧装置由三部分组成，如图 5.55 所示。

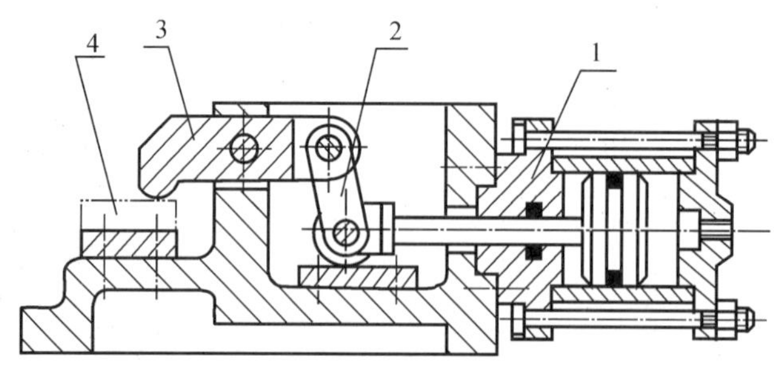

图 5.55　机动夹紧装置的组成

1— 液压油缸；2— 连杆；3— 夹紧件；4— 工件

(1) 动力装置。动力装置用来产生原始力(可由汽缸、油缸产生原始力)，并把原始力传给中间传动机构。

(2) 中间传动机构。中间传动机构传递原始力给夹紧元件变为夹紧力，它可改变夹紧力的大小和方向。

(3) 夹紧件。它与工件直接接触，承受中间传动机构传过来的力，完成夹紧任务。

常用的机动夹紧装置有气动、液压、电动等装置，这些装置不管结构多么复杂，都可以简化成上述三部分。

气动夹紧装置用得较多，其气源是车间里的压缩空气(0.4 ～ 0.6 MPa)，经除水、调压后通过分配阀进入夹具的汽缸。图 5.56 所示仅为车床上使用的一种气动夹紧装置，夹具体 1 通过过渡盘 2 固定在主轴 3 的前端，汽缸体 6 通过过渡盘 5 固定在主轴的尾部。当压缩空气由配气接头 8 进入汽缸的右腔时，活塞左移，并通过拉杆 4 带动三个压爪将工件夹紧。反之，当压缩空气进入左腔时(右腔则排气)，活塞右移而松开工件。气压元件和汽缸等都已标准化或规格化，设计时可参阅手册。

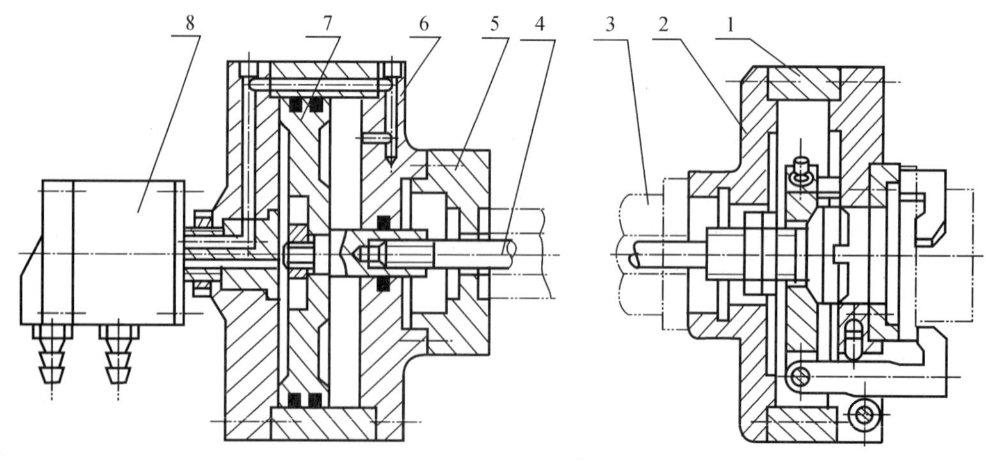

图 5.56　汽缸式夹紧装置

1— 夹具体；　2— 过渡盘；　3— 主轴；　4— 拉杆；　5— 过渡盘；　6— 汽缸体；　7— 活塞；　8— 配气接头

薄膜气盒式夹紧装置，是气动夹紧装置的一种。薄膜气盒式夹紧装置分为单向作用式和双向作用式两种，最常用的为单向作用式。单向作用式的薄膜气盒的结构如图 5.57 所示。气盒由壳体 1，2 组成，中间橡皮薄膜 6 代替了活塞的作用，将气室分为左、右两腔。当压缩空气通过接头 5 进入左室时，便推动橡皮膜 6 和推杆 3 向右移动而实现夹紧。当左室由接头 5 经分配阀放气时，由弹簧 4 的作用力使推杆左移而复位。气盒已标准化，选用时可查手册，并可直接外购。

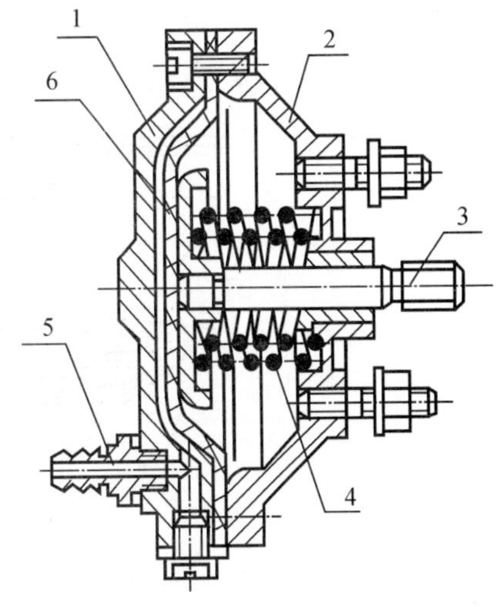

图 5.57　薄膜气盒式夹紧装置

1— 左盖；2— 右盖；3— 推杆；4— 弹簧；5— 管接头；6— 橡皮膜

薄膜气盒式夹紧装置有以下优点：

(1) 结构紧凑，质量轻，成本低。

(2) 密封良好，压缩空气损耗少。

(3) 摩擦部位少，使用寿命长，可工作到 6 万个行程才需修理。

其缺点是推杆的行程受薄膜变形的限制，一般行程仅在 30 ～ 40 之内。

电力夹紧装置包括电动机传动和电磁夹紧两种方式。电磁夹紧又分为永磁式和感应式两种。感应式电磁夹紧装置是由直流电流通过一组线圈产生磁场吸力而将工件夹紧。图 5.58 所示为车床用感应式电磁卡盘。当线圈 1 通上直流电时，在铁芯 4 上产生磁力线，避开隔磁体 5 使磁力线通过工件 3 和外盘体 6 及夹具体 7 形成闭合回路(如图中虚线所示)，工件被磁力吸附在盘面上。断电后，磁力消失，取下工件。电磁夹紧装置的特点是夹紧力不大，但分布均匀，要求工件必须导磁。电磁夹紧装置适合切削力不大，小型、较薄的导磁工件和要求变形小的精加工工序。

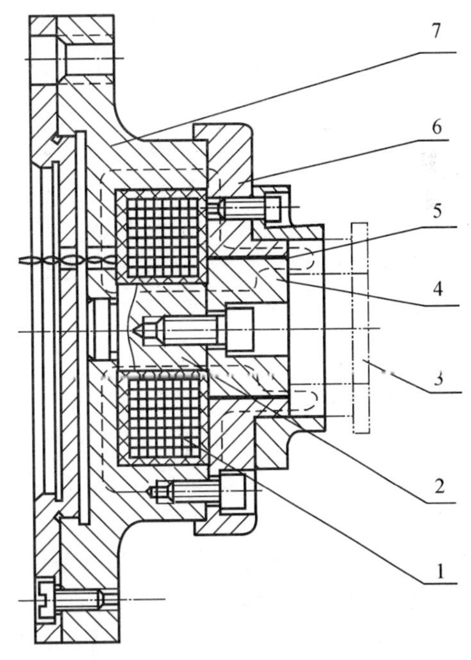

图 5.58　车床上用的电磁卡盘

1— 线圈；　2— 铁芯；　3— 工件；　4— 铁芯；　5— 隔磁体；　6— 外盘体；　7— 夹具体

真空夹紧装置在航空产品生产中有着独特的作用。用铝、铜、塑料等非磁性材料制成的薄壁件和许多大型薄壁零件(如方向舵壁板、机翼等)，在加工时要求能均匀施压夹紧，这正可发挥真空夹紧装置的优点。这种装置是用真空泵抽出工件定位基准部件空腔中的空气(四周有橡皮圈密封)，靠外界均匀的大气压来夹紧工件。其具体结构如图 5.59 所示，夹具体 1 上的定位表面按样板制造，其上开着许多纵横相交的窄槽(便于从各处抽气)，周围用 O 形密封条密封。抽气孔通过导管 4、管嘴 3 与真空泵相连。工件(飞机方向舵壁板)

放在夹具定位面上，抽真空后工件就被均匀地吸紧，夹具空腔与大气相通时就松开工件。

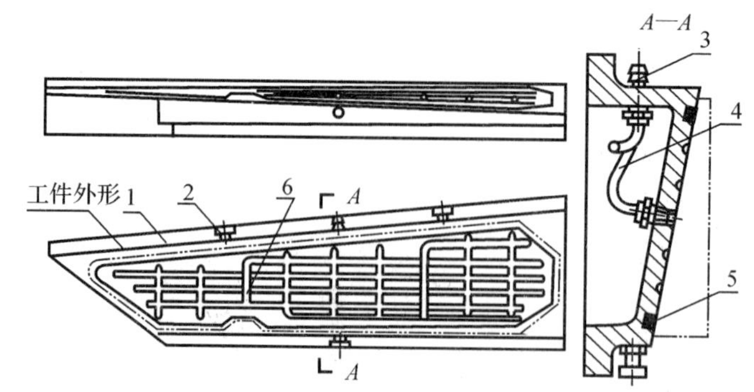

图 5.59　铣削飞机方向舵壁板的真空夹具

1— 夹具体；　2— 起吊接头；　3— 管嘴；　4— 导管；　5— 密封条；　6— 抽气口

5.4　机床夹具的典型装置

在机床夹具构造中，除了定位和夹紧两种主要的装置和元件外，根据工件被加工表面的特点和不同的技术要求，有时还要采用一些其他相应的装置，例如用于确定对称中心的自动定心装置、用来改变工位的分度装置和适应加工型面的靠模装置等。

一、自动定心装置

5.2 节和 5.3 节中介绍了夹具上的两种主要元件和装置 —— 定位件和夹紧装置。定位件用来确定工件在夹具上所占有的一定位置；而夹紧装置则用来把工件在定位后的位置固定下来，并保证在加工过程中不改变这一位置。定位和夹紧是分别进行的，但是有一种装置可以使定位和夹紧同时起作用，这就是自动定心装置。

自动定心装置是夹具上的一种定位夹紧机构，这种装置的定位件之间存在一定的联系，通过机构上的这种联系，使定位元件上的定位表面可以同时而等速地互相移近或分离，从而将工件定位并夹紧。

例如常见的车床上的三爪卡盘，就是一种自动定心装置，在夹紧工件过程中，卡盘上的三个卡爪可以同时径向移近或离开工件定位表面，它不仅起了夹紧工件的作用，而且也起了定心作用。

自动定心装置能起定心作用的条件是：① 工件上定位基准须具有对称的外形；② 定位件必须能同时等速地相对移动。

从理论上分析，似乎定位装置的定位误差为零，但是实际上由于该装置在制造中存在误差，并且在使用过程中还有不均匀的磨损和变形，这些总会造成一定的定位误差。根据定位精度的高低，可选用不同的定心装置，以满足加工要求。根据传动机构的特点，常用的自动定心装置有螺旋式、楔块式、偏心式、弹簧片式和液性塑料式，现分述如下。

1. 螺旋式自动定心装置

这种定心装置的原理是利用螺旋来带动几个定心夹紧件，以同时等速地移近或离开工件的定位基准面来实现对工件的定心夹紧或松开。这种装置的传动方式有螺杆与螺母传动和盘形螺旋槽与齿条啮合传动两种。常用的三爪卡盘就是利用端面螺旋槽的传动机构来进行定心夹紧的典型实例,此外还有利用具有左、右螺纹的螺杆、螺母传动机构的定心夹紧装置。

图 5.60 所示是采用螺杆、螺母传动的自动定心装置,当转动支靠在叉形件 4 上的螺杆 3 时,螺杆上的左、右螺纹(螺距相等)就使两螺母与分别固定在上面的 V 形块 1 和 2 作同时等速移动,从而将工件定心并夹紧,反转螺杆则会将工件松开。

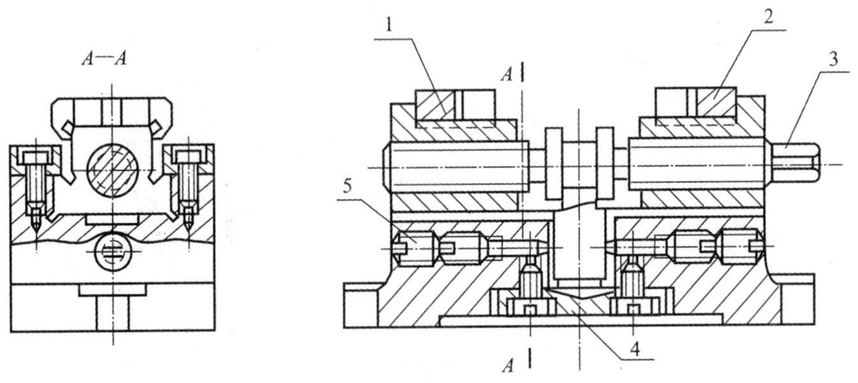

图 5.60　螺旋自动定心装置

1、2—V 形块；　3— 螺杆；　4— 叉形件；　5— 调节螺钉

螺旋自动定心装置的特点是结构较简单、工作行程大、通用性好,但定心精度不高,其精度一般为 $\phi 0.05 \sim \phi 0.1$。这主要由螺旋机构的制造误差、配合间隙、调整误差和不均匀磨损等所致,所以,它常用于定心精度要求不太高的工件。

2. 楔块式自动定心装置

这种定心装置的原理是利用楔块和卡爪间的相对滑动,使卡爪同时移近或离开工件,从而实现对工件的定心夹紧或松开。根据结构的不同特点,楔式自动定心装置分为爪式和弹簧夹筒式两种。

图 5.61 所示是机动爪式自动定心装置。工件以内孔和左端面为基准安放在装置上之后,汽缸(或其他机动力)通过拉杆使 6 个卡爪 1 左移,由于本体 2 上斜面的作用,卡爪 1 在左移的同时又向外胀开,从而将工件定心夹紧。反之,卡爪向右移动时,由于弹簧卡圈 3 而收拢,则将工件松开。

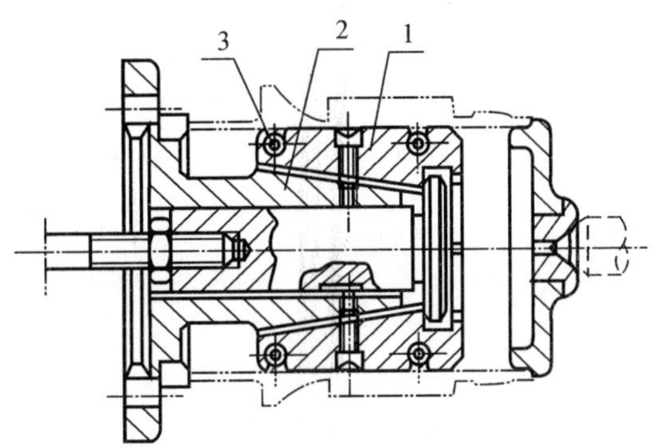

图 5.61　机动爪式自动定心装置

1— 卡爪；　2— 本体；　3— 弹簧卡圈

图 5.62 所示是几种弹簧夹筒式自动定心装置的实例。其中，图(a) 所示是用于工件以外圆和端面作定位基准的情况。图(b) 所示是工件以内孔和端面作定位基准的外胀式结构。图(c) 所示是机动操作的例子，由于工件的定位基准孔较长，结构上采用了双边锥面的弹性夹筒形式。在以上结构中，对工件轴向的定位是另设置了定位件，而图(d) 所示的弹簧夹筒能限制工件的 5 个自由度，适用于对环、盘类等短工件的定心夹紧。

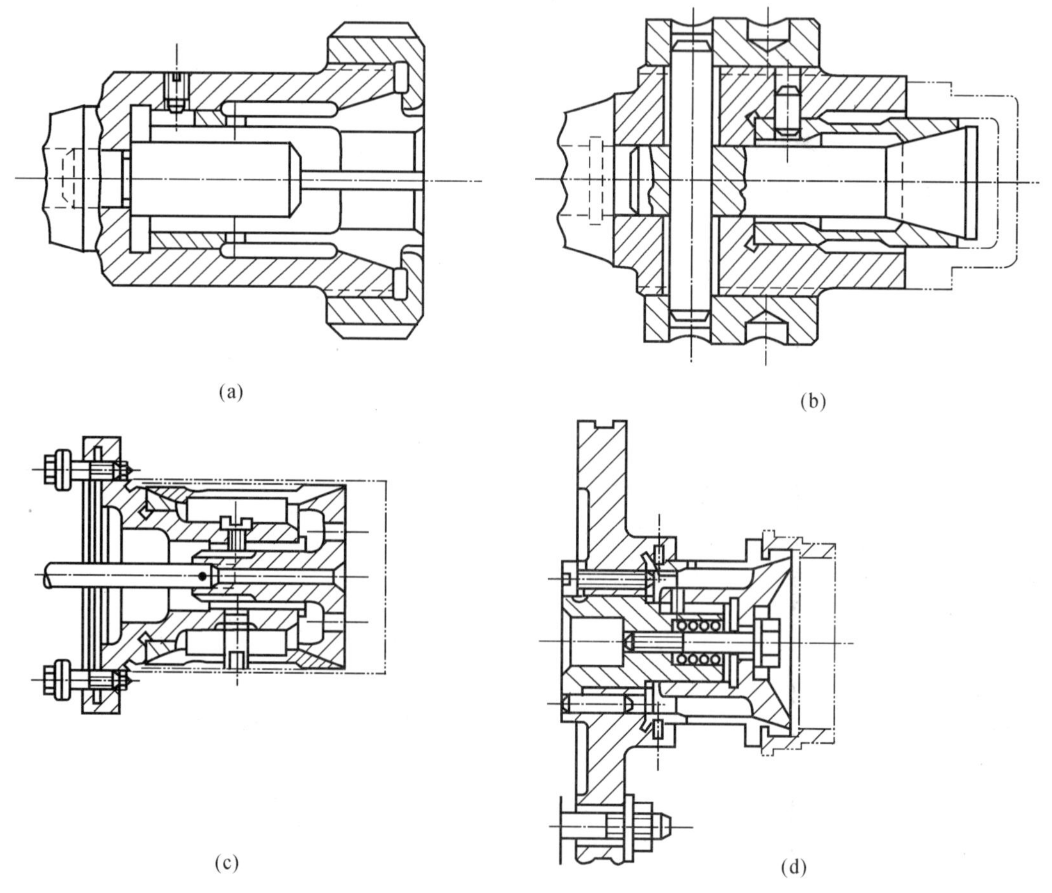

图 5.62 弹簧夹筒式自动定心装置

以上这些弹簧夹筒的结构简单紧凑，操作方便，所以用得比较广泛。但由于夹筒锥面处接触不良常易磨损，加之弹性部分变形不均匀，所以定心精度一般只达 $\phi 0.02$。另外，由于弹簧夹筒的变形不能过大，所以对工件定位基准的要求较高，其精度一般应达 IT7 ～ IT10。

3. 偏心式自动定心装置

这种装置的原理是利用机构中带有偏心型面的零件，在旋转时将定位件移近或分开，从而实现对工件的定心夹紧。该装置的原理如图 5.63 所示，其中，图(a) 所示是利用偏心轮 1 上的两条偏心槽通过圆销来推动两个滑动卡爪 2 做相向移动时，将工件定心并夹紧的。反转偏心轮 1 则将工件松开。图(b) 是利用切削力使工件得以自动定心及夹紧的原理图，在工件套上后，先将其顺时针拨转(或转动隔离圈 1)，使 3 个滚柱 3 在编心轮 2 的偏心型面上滚动时，向外胀开而楔紧工件(定心) 的，加工时的切削力会进一步将工件楔紧。这种装置操作迅速，定心夹紧可靠。

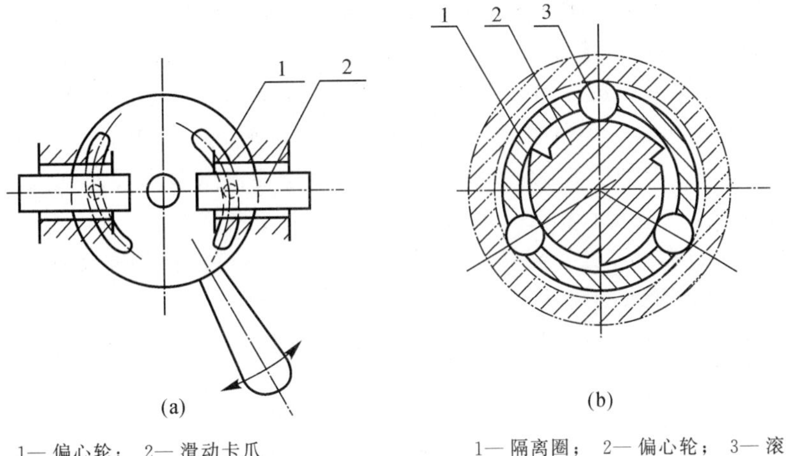

1— 偏心轮；　2— 滑动卡爪　　　　1— 隔离圈；　2— 偏心轮；　3— 滚柱

图 5.63　偏心式自动定心原理图

图 5.64 所示为偏心式 3 滚棒自动定心心轴。工件以内孔和端面为基准装在心轴上，用于加工外圆及右端面。在具有 3 个均布平面的心轴体 1 上滑套着套筒 6，套筒 6 上 3 个均匀分布的槽内各有一滚棒。当转动套筒 6 使这 3 个滚棒处于缩回位置时，将工件套入。镶在心轴体圆周槽中的弹簧 5 的作用，推动套筒 6 转动，心轴体上 3 个平面（相当于偏心型面）就会迫使 3 个滚棒向外推出，从而将工件定心和预夹紧。再旋转螺帽 4，迫使小球 3 沿垫块 2 上的斜面移动，小球即与工件内孔接触并使工件左端靠紧。当开始加工时，由于切削力的作用，滚棒进一步将工件撑紧。

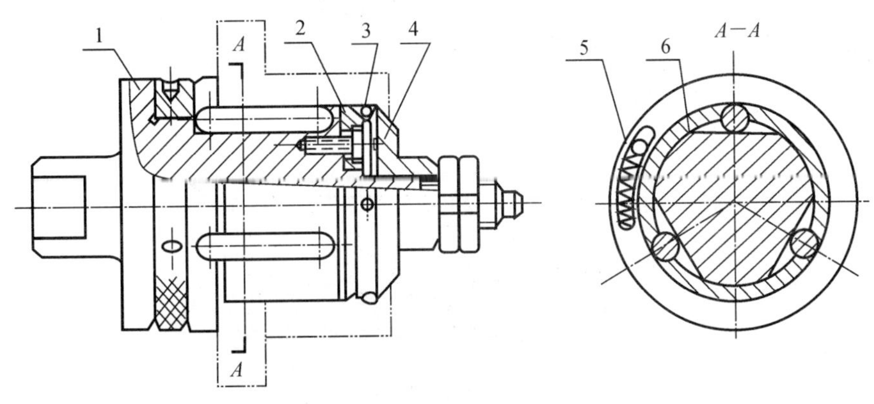

图 5.64　偏心式 3 滚棒自动定心心轴

1— 心轴体；　2— 垫块；　3— 小球；　4— 螺帽；　5— 弹簧；　6— 套筒

这种定心装置的工作行程短，但操作时动作快。由于几段偏心型面（或槽）很难制造得对称（均匀），因此影响行程的一致性，加之运动环节的间隙和磨损等，会影响定心精度。偏心式自动定心精度一般约达 $\phi 0.05 \sim \phi 0.01$，所以它只适用于对定心精度要求不高的工序中。

4. 弹簧片式自动定心装置

这种装置的原理是利用薄板（片）受力后产生的弹性变形来将工件定心并夹紧。根据弹性薄壁件结构的不同，可分为碟形弹簧片式、碗形弹簧片式和膜片卡盘式。

(1) 碟形弹簧片式自动定心装置。这种装置是采用成组的弹簧片，当其受轴向压缩时，外径胀大，内径缩小，从而使工件定心夹紧。图 5.65 所示就是这种装置的构造。在图(a) 中，旋转螺钉使左、右两组碟形弹簧片同时受压，外径胀大，从而将工件定心夹紧。图(b) 所示的结构是在弹簧片外圆上再套一个薄壁套筒，当拉杆向左拉动时，它的锥面使滚珠径向外移，两个滑动套就同时压缩左、右两组弹簧片，使之变平，进而迫使薄壁套筒径向胀大，将工件定心夹紧。这种结构有利于提高定心精度并能防止划伤工件的定位基准面。

碟形弹簧片的结构尺寸已经规格化了，设计时可根据工件定位基准尺寸的大小，选择近似的规格，然后加工到所要求的尺寸。

这里需要注意的是，应根据工件定位基准长度 L 与直径 D 之比来确定弹簧片的组数和片数，即当 $\frac{L}{D} \leqslant 1$ 时，用 1 组，共 4 ～ 5 片；当 $\frac{L}{D} > 1$ 时，用 2 ～ 5 组，每组 3 ～ 4 片。

另外，还要对压板的轴向移动量加以限制，以防止弹簧片受压变形过大而发生卡死或压伤工件的现象。例如在图 5.65 所示的两种结构中，都是用夹具体中导引孔的端面来限制滑动压板[见图 5.65(a)] 或拉杆[见图 5.65(b)] 的轴向移动量的。

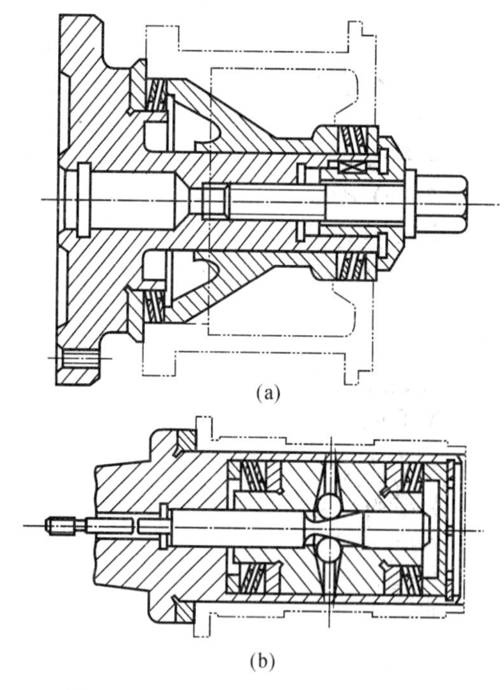

图 5.65　碟形弹簧片式自动定心装置

(2) 碗形弹簧片式自动定心装置。这种装置利用形似碗状的弹性件，在轴向力作用下，会发生外径胀大或内径缩小的变形，来实现对工件的定心夹紧。图 5.66 所示就是碗形弹簧片及用它组成的自动定心装置。

图 5.66(a) 所示的工件是以内孔与端面为基准的情况，当旋转螺钉 4 时，由于螺钉左端的螺母同螺钉锁成一体又有垫圈阻挡，所以螺钉 4 只能转动不能移动。而套在中部的螺套 2 由于具有两个凸起键置于本体 1 的槽中，因而不能转动却可移动。正转螺钉 4 则螺套 2 右移，推

动碗形膜片 3 中部向右变形，而膜片 3 的薄壁外圈被压板紧压着形似支点，此时膜片的右边外缘则随之向外扩张，使工件得以定心夹紧。

图 5.66(b) 所示的工件是以外圆和端面为基准的实例，当旋转螺钉时，膜片中部向左变形，定位孔收缩，将工件外圆定心夹紧。

这种装置的优点是定心精度高(可达 $\phi 0.01$)，膜片制造容易，夹紧力大。但其只宜用于定位基准直径大而短的工件。

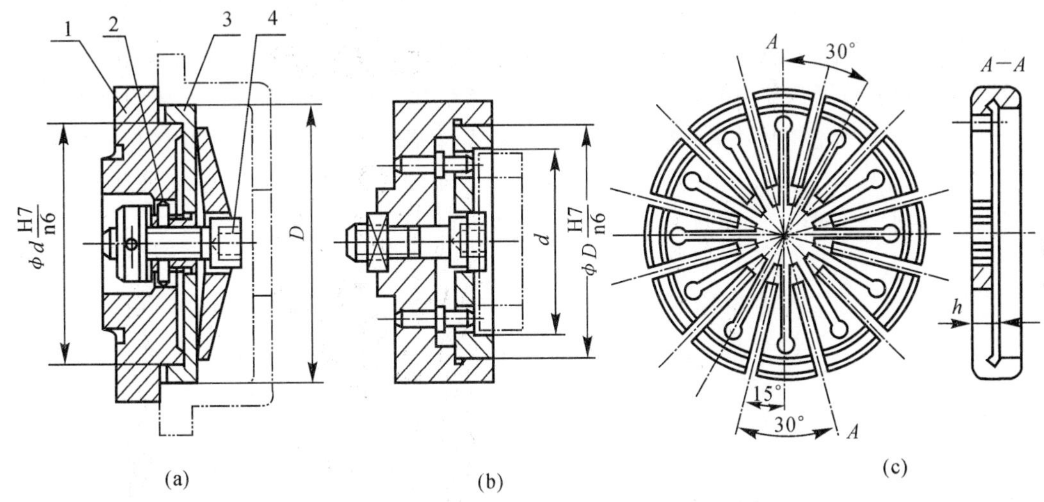

图 5.66　碗形弹簧片式自动定心装置

1— 本体；　2— 螺套；　3— 膜片；　4— 螺钉

(3) 膜片卡盘。这种装置利用具有弹性的薄片圆板，在轴向力作用下，膜片发生弹性变形，使其卡爪式定位表面胀大或缩小，来实现对工件的定心夹紧。

图 5.67 所示是一种膜片卡盘。工件以内孔和端面为基准放置在具有 6 个或更多的卡爪 5 上，并紧靠定位件 1。当正转顶在止动件 3 上的螺钉 4 时，就迫使膜片发生弹性变形，此时膜片上的卡爪则同时向外扩张(实则绕紧固点转动)，从而将工件定心夹紧。该夹紧力的大小可由螺钉 4 旋转的多少来控制。

生产实践证明，使用膜片卡盘有以下优点：

1) 定心精度高，若调整适当，工件的定心精度可达 $\phi 0.005 \sim \phi 0.01$。

2) 生产率高，使用方便，装卸工件容易。

3) 定位件一般是可调的或在装配后再精磨，因而使夹具设计、制造和装配大为简便。

由于膜片卡盘能承受的切削转矩不大，所以一般常用于磨削或对有色金属件的车削加工工序。

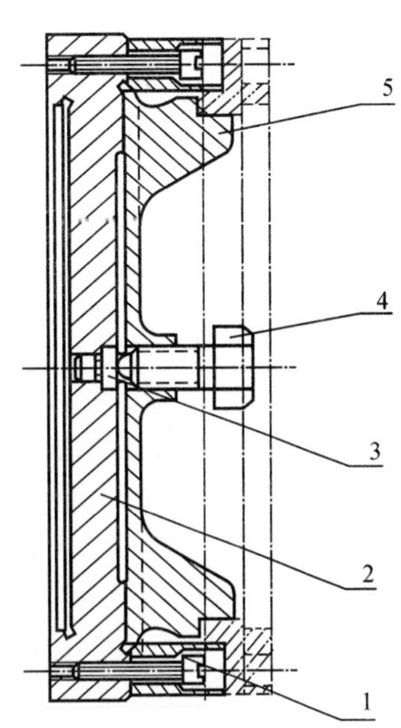

图 5.67　用于撑紧工件内孔的膜片卡盘

1— 定位件；　2— 夹具体；　3— 止动件；

4— 螺钉；　5— 卡爪

5. 液性塑料式自动定心装置

这种装置的原理是利用填充在密闭容腔中的液性塑料作为传递压力的介质，液性塑料受压后，使薄壁套筒产生均匀的胀大或缩小的弹性变形，消除工件与薄壁套筒间的间隙，来实现对工件的定心夹紧。

图 5.68 所示为这类装置的两种结构，图(a) 所示是用以对工件的内孔实现定心与夹紧；图(b) 所示是用以对工件的外圆实现定心与夹紧。两者的基本结构和工件原理是相同的，直接起着定心夹紧作用的弹性元件是薄壁套筒 2，它的两端以过盈配合装于夹具体 1 上，在所构成的容腔中注满了液性塑料 3。在把工件装到薄壁套筒 2 上之后，旋紧螺钉 5，通过柱塞 4 使液性塑料受压，处于密闭容腔中的液性塑料就将其压强传递到各个方向。因此，薄壁套筒 2 的薄壁部分便产生径向弹性变形，从而使工件定心并夹紧。在拧松螺钉 5 后，薄壁套筒则会发生弹性恢复而将工件松开。图(a) 中的限位螺钉 6，用以限制加压螺钉 5 的最大行程，以防薄壁套筒超负荷而产生永久变形。

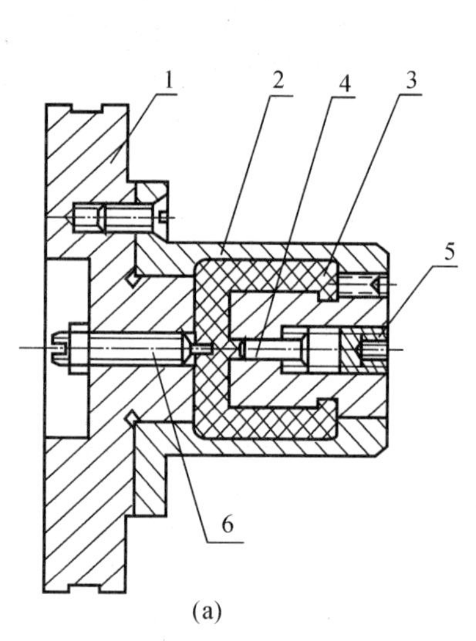

(a)

1— 夹具体； 2— 薄壁套筒； 3— 液性塑料；
4— 柱塞； 5— 螺钉； 6— 限位螺钉

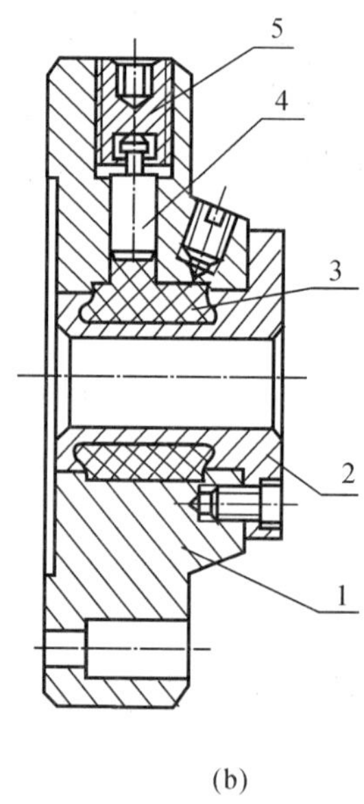

(b)

1— 夹具体； 2— 薄壁套筒； 3— 液性塑料；
4— 柱塞； 5— 螺钉

图 5.68 液性塑料式自动定心装置

液性塑料式自动定心装置的特点有以下几方面：

(1) 定心精度高。由于它的定位表面和工件定位基准是圆柱面接触，接触面可以达到整个套筒薄壁长度的 80%，而且夹紧均匀，工件定位基准面不致因夹紧而损坏，所以能保证高的定心精度，一般为 $\phi0.005 \sim \phi0.01$。

(2) 结构简单紧凑，操作方便。

(3) 对工件的定位基准精度有较高要求。由于薄壁套筒的变形量受材料屈服极限的限制不能过大，否则会产生永久变形或开裂，因而要求工件与套筒间的间隙不能过大，也就是要求工件定位基准有较高的精度。当 $D \leqslant 40$ 时，孔精度按 IT7 选择，轴精度按 IT6 选择；当 $D > 40$ 时，孔精度按 IT8 选择，轴精度按 IT7 选择。

(4) 对液性塑料所加压力不能过大(一般不超过 300 kgf/cm^2,1 $kgf/cm^2 = 9.8 \times 10^4$ Pa),否则会使液性塑料渗漏或薄壁套筒胀裂。

薄壁套筒的材料常用 40Cr,65Mn,30CrMnSiA 等合金钢,也可用 T7A,45 钢等,热处理后硬度可达 38 ~ 42 HRC。

二、分度装置

1. 分度装置的功用与组成

当编制工艺规程时,常常遇到需要在某些工件上加工出形状、尺寸相同而位置等分或不等分的表面的情况,如六角螺母的 6 个面、花键轴上的花键等。在这种情况下,为了能在工件一次装夹定位中完成这类等分表面的加工,保证必要的精度和生产率,需要在加工过程中对工件进行分度,即按照工件被加工表面的位置转动一定的角度,变换加工位置进行加工。

所谓分度,就是工件在一次装夹定位中,不必使工件松开而能连同定位元件相对于刀具(或机床) 转过一定角度或移动一段距离,从而占有一个新的加工位置。具有这种功能的装置称为分度装置。分度装置按照其原理和结构的不同,可分为机械、光学和电感等类型。但在机械加工中,最常用的还是机械式分度装置。

机械式分度装置的结构,有蜗轮蜗杆式、差动齿轮式、分度盘式和端齿盘式等数种,前两者多用在通用的分度头中,后两者常用在专用夹具及组合夹具上。这里将详细地介绍分度盘式分度装置。

图 5.69 所示为在扇形工件上钻 5 个 $\phi 10$ 径向孔的轴向插销式分度装置。该扇形工件以圆柱凸台和端面为基准,在转轴 4 的端部圆孔和分度盘 3 的端平面上定位,还以一个小孔为基准装在菱形销 1 上作角向定位。用两个钩形压板 9 将工件压紧在分度盘上。当钻好一个孔后要变换工位时,可用锁紧手柄 6 松开分度盘,再转动手柄 7 拔出分度销 8,然后转动分度盘到下一工位,再插入分度销 8,用锁紧手柄 6 把分度盘轴向锁紧。这样就可将工件在一次安装中,用分度方法来变更工位,依次钻出 5 个 $\phi 10$ 的径向孔。

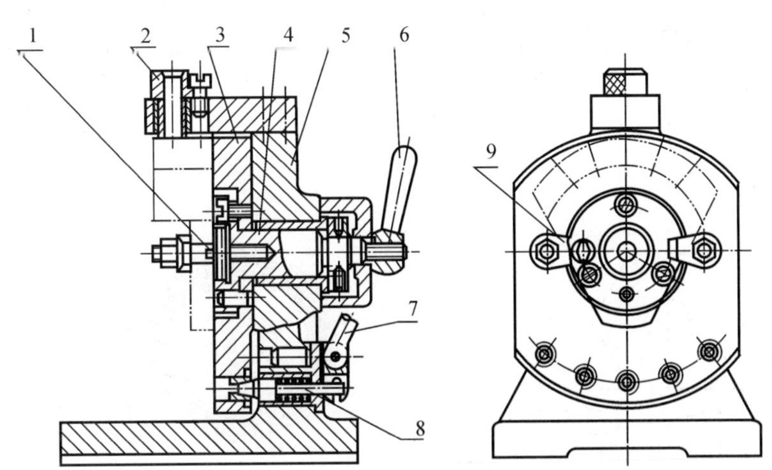

图 5.69　分度销轴向插入的分度装置

1— 菱形销； 2— 钻套； 3— 分度盘； 4— 转轴； 5— 夹具体；
6— 锁紧手柄； 7— 手柄； 8— 分度销； 9— 钩形压板

从上面例子可以看出，机械式分度装置要完成分度必须有两个元件——分度盘和分度销，两者缺一不可。

2. 分度盘与分度销

在分度装置中，分度盘和转轴一般是由不同材料分别做成的，然后固连在一起。工作时，分度盘与转轴一起转动，对于结构简单、尺寸小的分度装置，分度装置与转轴可以做成一体。有时分度盘固定不动，分度销装在夹具活动部分上随之转动分度。不论分度盘是转动的还是固定的，在分度盘上必须开有与分度销相适应的孔或槽。根据分度销插入的方向，分度盘上的分度孔和槽可以分布在圆周上(径向)或端面上(轴向)。分度盘的结构如图 5.70 所示。

图 5.70(a) 所示的分度孔沿轴向分布在分度盘的端面上，由于分度孔直径较小，在硬度不高的情况下，应在坐标镗床上加工这些分度孔，以保证分度孔的精度和位置精度。为了减少分度孔在使用过程中的磨损，提高其耐磨性，常在分度孔中压入淬过火的衬套(用 TA7,T8A，淬火后硬度为 55 ~ 60 HRC)。

图 5.70(b)(c) 所示的分度槽是沿分度盘径向分布的。图(b) 所示是单斜面槽，径向的直侧面起着分度的定位作用，以确定分度盘的角向位置，直侧面通过分度盘中心，斜侧面仅起消除分度销与分度盘配合间隙的作用，只要求与分度销斜面的角度(一般为 30°) 一致，保证接触良好即可。图(c) 所示是双斜面槽，两侧面共同确定分度盘的位置，并要求两侧面对称中心线通过分度盘中心，制造时难以保证精度，故使用不多。而如图(b) 所示结构易于制造。图(d) 所示是多边形分度盘，边数与所需的分度数相等，结构简单。用楔块 1 作为分度销，可消除配合间隙，减小分度误差，受其边数限制，分度数不宜过多。图(e) 所示是滚柱式分度盘，它由内环、外环和一系列滚柱组成，在圆周上镶有一圈精密滚柱，它是利用两相隔滚柱间的间隙来进行分度的。

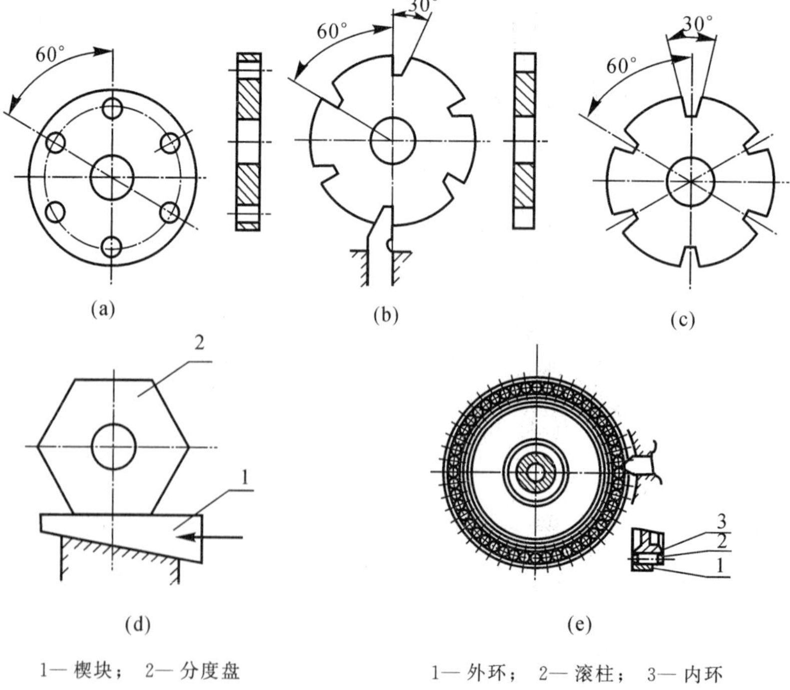

1— 楔块； 2— 分度盘

1— 外环； 2— 滚柱； 3— 内环

图 5.70 分度盘

对于分度盘，如直径不是很大时，可用 T7A，T8A 或低碳钢制造，配合部分局部渗碳淬火提高硬度；如直径较大时，可采用组合式结构。

分度装置按其操作方式分为直拉式分度装置和侧面操纵式分度装置等。图 5.71 所示为几种直拉式分度销。图 5.72 所示为几种侧面操纵式分度销。

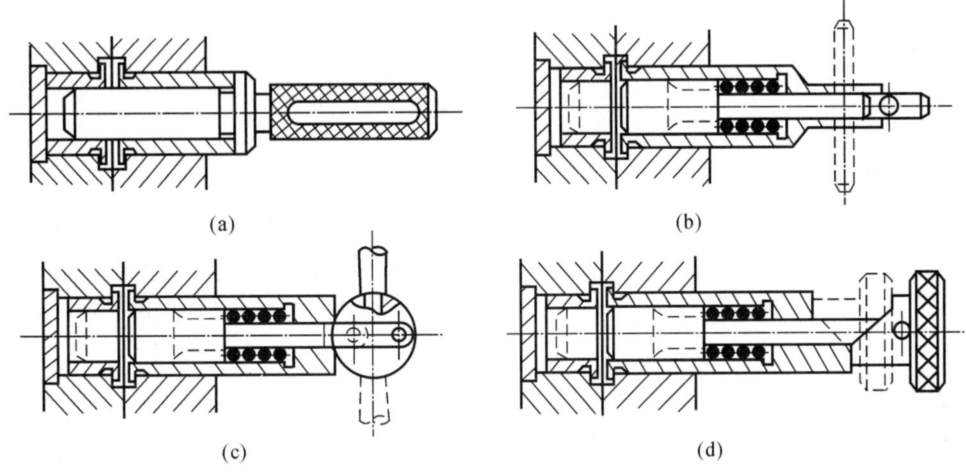

图 5.71　直拉式分度销

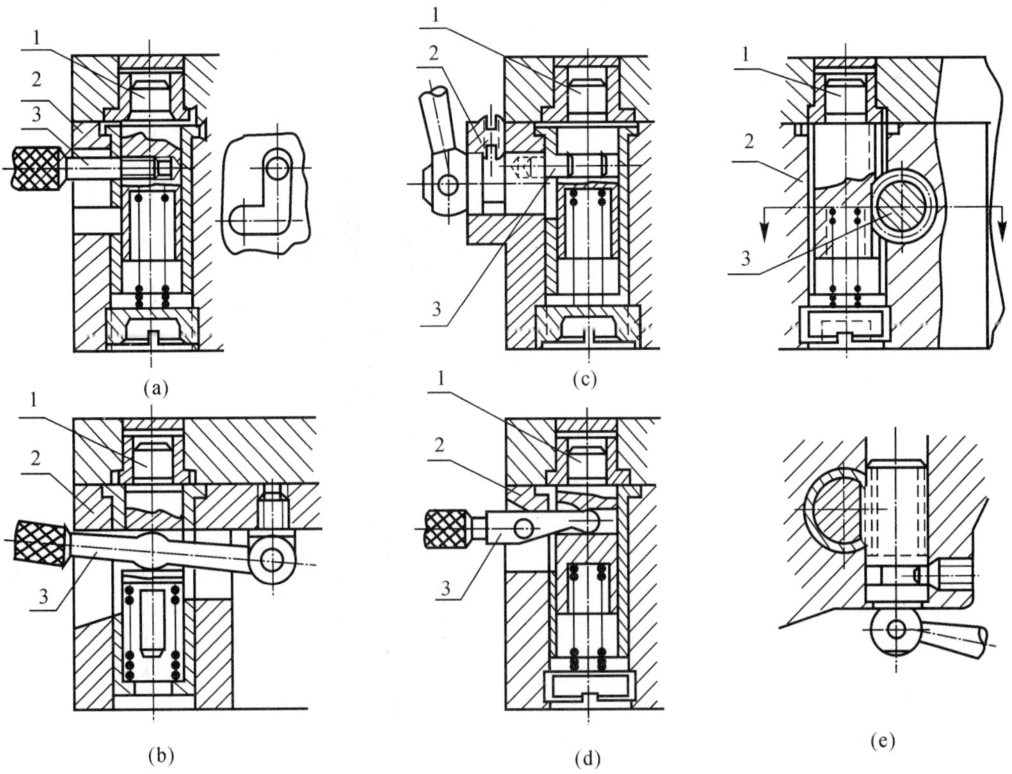

图 5.72　侧面操纵式分度销

1— 分度销；　2— 本体；　3— 手柄

以上介绍的是轴向插入式分度销的构造，对于径向插入的分度销也可采用类似的方法。

设计分度销时应注意以下几点：

(1) 分度销受力不应过大，否则会发生变形，影响分度。

(2) 分度销形状应与分度盘上孔(或槽)的形状一致。

(3) 应防止切屑或脏物落入，以免影响分度精度，尤其是圆锥销、楔形销较易出现这一问题。

(4) 当采用菱形分度销时，应注意其装入的方向，应使其削边部分对着分度盘的轴心，以补偿分度孔与分度盘轴心的距离误差。

3. 分度盘的锁紧部分

通常分度盘与转轴是分开的，分度盘绕转轴旋转。当分度装置所承受的负荷较小时(用于检验、钻小孔等)，分度盘可不必锁紧。但当负荷较大时，为防止加工过程中的振动和避免分度销受力，应把分度装置的活动部分锁紧。锁紧方法通常有轴向锁紧，径向、切向锁紧和端面锁紧 3 种。

轴向锁紧是通过主轴使活动部分沿轴向紧压在分度装置的固定部分上。在图 5.69 所示的钻孔分度装置中，就是用锁紧手柄 6 上的螺母作轴向锁紧。

径向、切向锁紧是在转动部分(分度盘或转轴)的圆周部位，沿径向或切向锁紧分度装置。图 5.73 所示是切向锁紧机构。转动手柄 1，使螺杆 3 与套筒 2 相对移动，即可锁紧主轴 4。

图 5.74 所示是直接用螺旋压板沿分度盘外圆台肩进行锁紧的机构(端面锁紧)。当转动手柄时，为防止压板 1 转动，旁边设有两个挡销 2。为使分度盘压紧均匀，应沿分度盘外圆设置 2 个或 3 个这种锁紧机构。

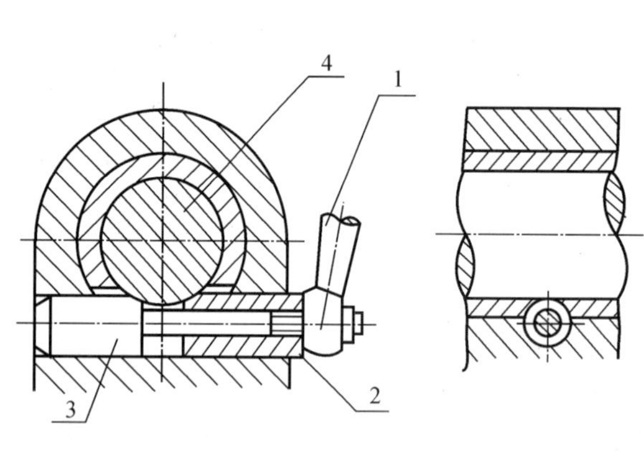

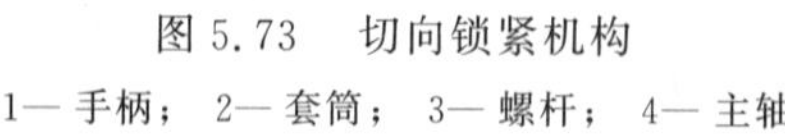
图 5.73　切向锁紧机构

1— 手柄； 2— 套筒； 3— 螺杆； 4— 主轴

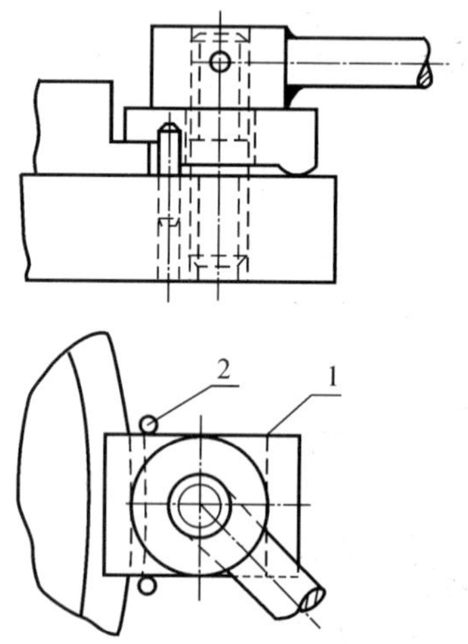

图 5.74　螺旋压板从端面锁紧的机构

1— 压板； 2— 挡销

图 5.75 所示为生产中常用的一种将分度销操纵和分度盘转轴锁紧联系起来，只用一个手柄操纵的机构。其锁紧是利用包在转轴下端的锥体和卡箍收缩而起作用。操纵过程是当逆时针转动手柄 1 时，固定在螺杆 2 上的销 3 将在齿轮 4(活套在螺杆上) 的扇形槽内走一段空程(见 $C—C$ 剖面)，这时只是螺杆后退而松开卡箍 5(分度盘也被松开)。当销 3 碰到扇形槽时，

就会带动齿轮 4 转动而将切有齿条的分度销 7 从分度孔中拔出，这就可以转动分度盘 8 了。当顺时针转动手柄时，弹簧将分度销向上推入分度孔，同时齿条也迫使齿轮顺转。当分度销已进入分度孔不能再向上时，齿轮也不再转动了，而螺杆继续转动(销子在扇形槽中走空程) 就会通过卡箍 5 和锥套口将分度盘的轴 9 夹紧。

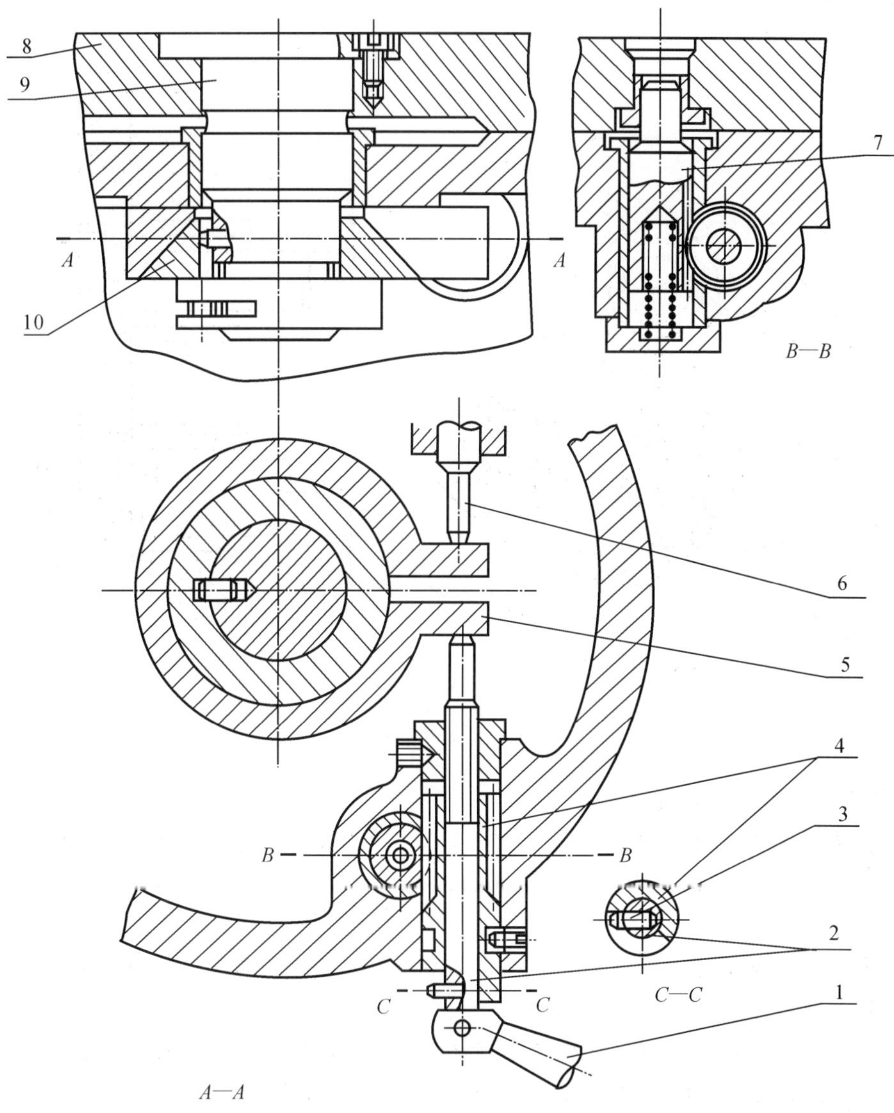

图 5.75　分度与锁紧的联动机构

1— 手柄；2— 螺杆；3— 销；4— 齿轮；5— 卡箍；6— 顶杆；
7— 分度销；8— 分度盘；9— 轴；10— 锥套

4. 影响分度精度的因素及提高分度精度的措施

(1) 影响分度精度的因素。分度装置的精度是指分度装置所能保证的各工位之间相互位置的精度。现以图 5.76 所示的常用结构为例来分析影响分度精度的因素。

1) 分度装置各主要元件间的配合间隙，如：分度销与分度孔之间的配合间隙为 Δ_1，分度销与导套之间的间隙为 Δ_2，转轴与轴承的配合间隙为 Δ_3。

2) 有关元件工作表面的相互位置误差，如：分度盘上各孔座之间的角度误差 $\pm\Delta\alpha$ 或距离尺寸误差 $\pm\Delta s$（或按位置度允差表示），分度盘上分度孔衬套内、外表面的同轴度误差 ε，等等。

以上诸因素并非都是按最大值出现，估计其分度误差 δ 时可依具体情况而异，通常可按均方根值计算，即

$$\delta=\pm\sqrt{\Delta s^2+\Delta_1^2+\Delta_2^2+\varepsilon^2} \tag{5.21}$$

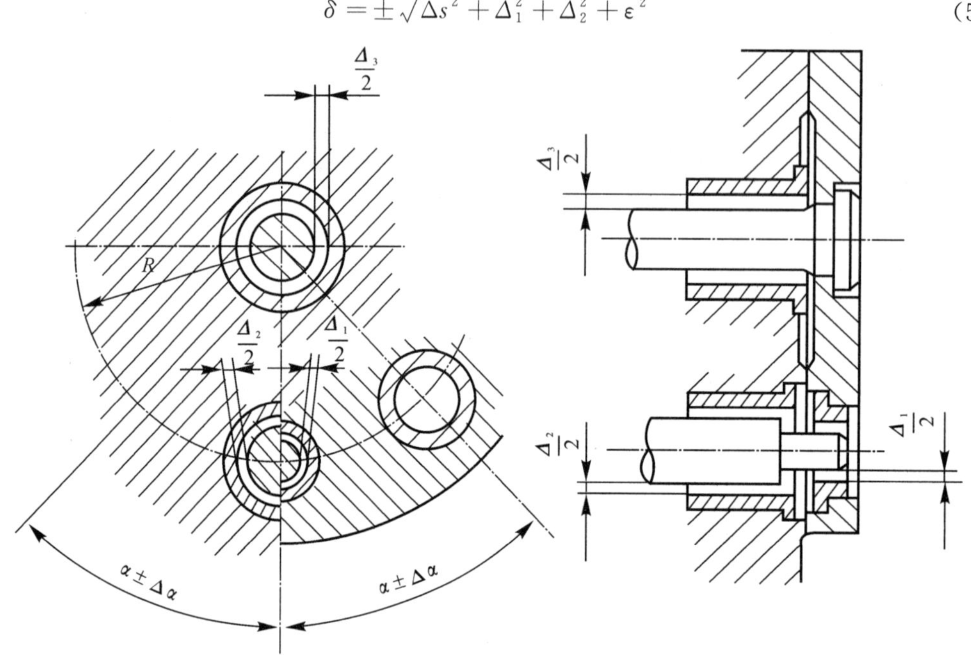

图 5.76　常用分度结构

(2) 提高分度精度的措施。

1) 提高夹具有关零件的精度。 这里按工艺水平而定，例如，在坐标镗床上加工时，其距离精度可达 0.01～0.005(精密的也可达 0.002)。衬套内、外圆的同轴度一般可控制在 ϕ0.01～ϕ0.05 之间。

2) 增大分度孔座距分度盘中心的半径 R。因为当分度销处的配合间隙一定时，R 愈大，则角度误差愈小。

3) 正确安排分度销的位置。如果考虑转轴与轴承之间的间隙 Δ_3，那么分度销就应置于距工件被加工表面最近的部位。这样 Δ_3 所造成的影响将会很小。

4) 采取减小或消除配合间隙的措施，如采用菱形分度销、锥形分度销、楔形分度销等。

三、靠模装置

绝大部分零件是由圆柱面、圆锥面或平面等规则表面组成的，但也有一些零件，由于使用性能的要求，需要由不规则的型面组成，如飞机发动机上的叶片、凸轮轴的凸轮轮廓形状等。这些表面称为型面，而加工型面的方法很多(成型刀具、仿形机床等)，受工厂条件限制，在普通机床上加工工件上的型面时，常采用靠模装置。靠模装置的种类较多，有液压的、电气的和机械的，等等，而机械靠模装置目前在生产中应用得最为广泛。近几年来虽然采用数控机床直接

加工型面的情况日益增多，但对于成批大量生产来说，机械靠模装置的应用却有着较好的经济效益，并且质量稳定，使用方便。

机械靠模装置是附加在机床上的，在充分利用机床运动系统的条件下，由于靠模的控制作用，刀具相对于工件产生一种辅助送进运动，从而加工出工件的型面。加工型面所必需的送进运动可分为送进量恒定的基本送进及送进量的大小和方向由靠模控制的辅助送进。这些运动都是根据工件型面的形成规律来确定的。

1. 靠模装置的构造

机械靠模装置的形式很多，根据送进运动的特点，可分为以下几种：

(1) 基本送进和辅助送进都是直线运动的靠模装置。图5.77所示是在车床上加工旋转型面的靠模装置。具有双向靠模板3和4的基座6被固定在床身上，装有滚轮1和刀具的滑板2固定在车床溜板上(取掉了横向丝杠)，滚轮置于两个靠模型面所构成的槽中。当机床溜板托着滑板2纵向送进时，靠模型面就迫使滚轮-刀具做出相应的横向送进，从而就在旋转的工件上加工出与靠模曲线相对应的型面来。

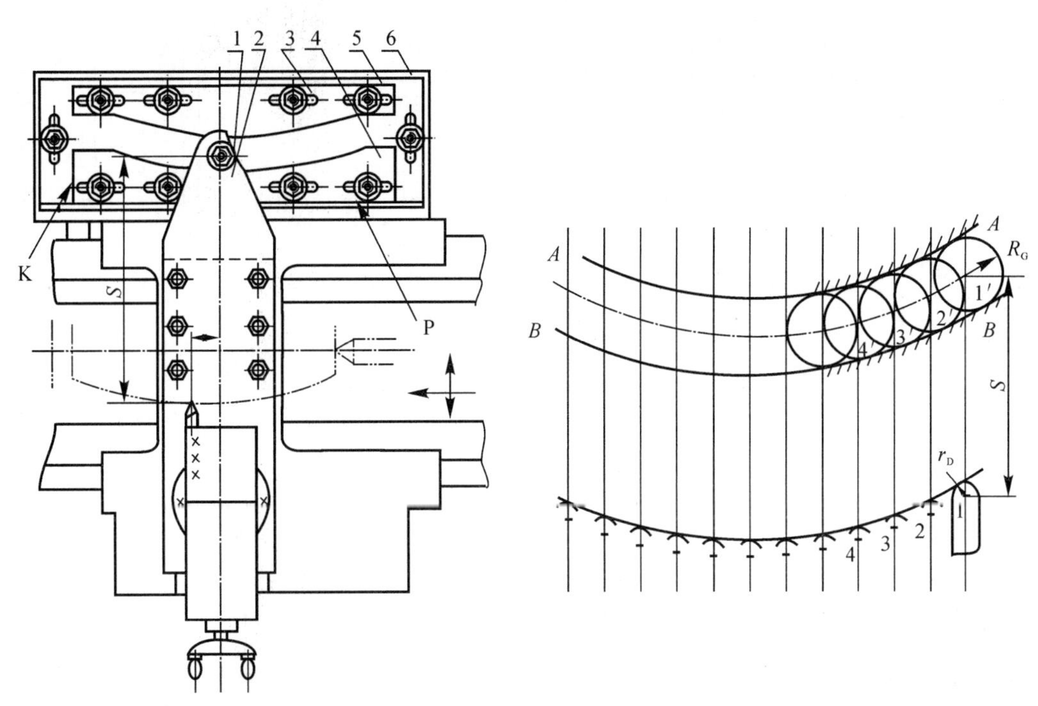

图5.77　车床上用的靠模装置

1—滚轮；2—滑板；3—靠模板；4—靠模板；5—托板；6—基座

(2) 基本送进是圆周运动而辅助送进是直线运动的靠模装置。图5.78所示是在立铣床上使用的回转式靠模装置。工件1和靠模2同轴安装在转盘3上，转盘3下部固定着蜗轮，可以由蜗杆5带动着在滑台4上绕轴转动，滑台4安装在底座6上的燕尾形导轨上。滚轮安装在不动的支板7上，支板7与支架8被一起固定在底座6上。由于弹簧9的作用，靠模型面始终都紧贴着滚轮。当加工时，通过手轮10或由机床送进机构带动蜗杆5旋转，蜗轮便随同转盘、靠模和工件一起转动，构成圆周运动的基本送进。同时，由于靠模型面的起伏，位置固定的滚轮就推动滑台左、右移动，形成工件相对于刀具的辅助送进运动。

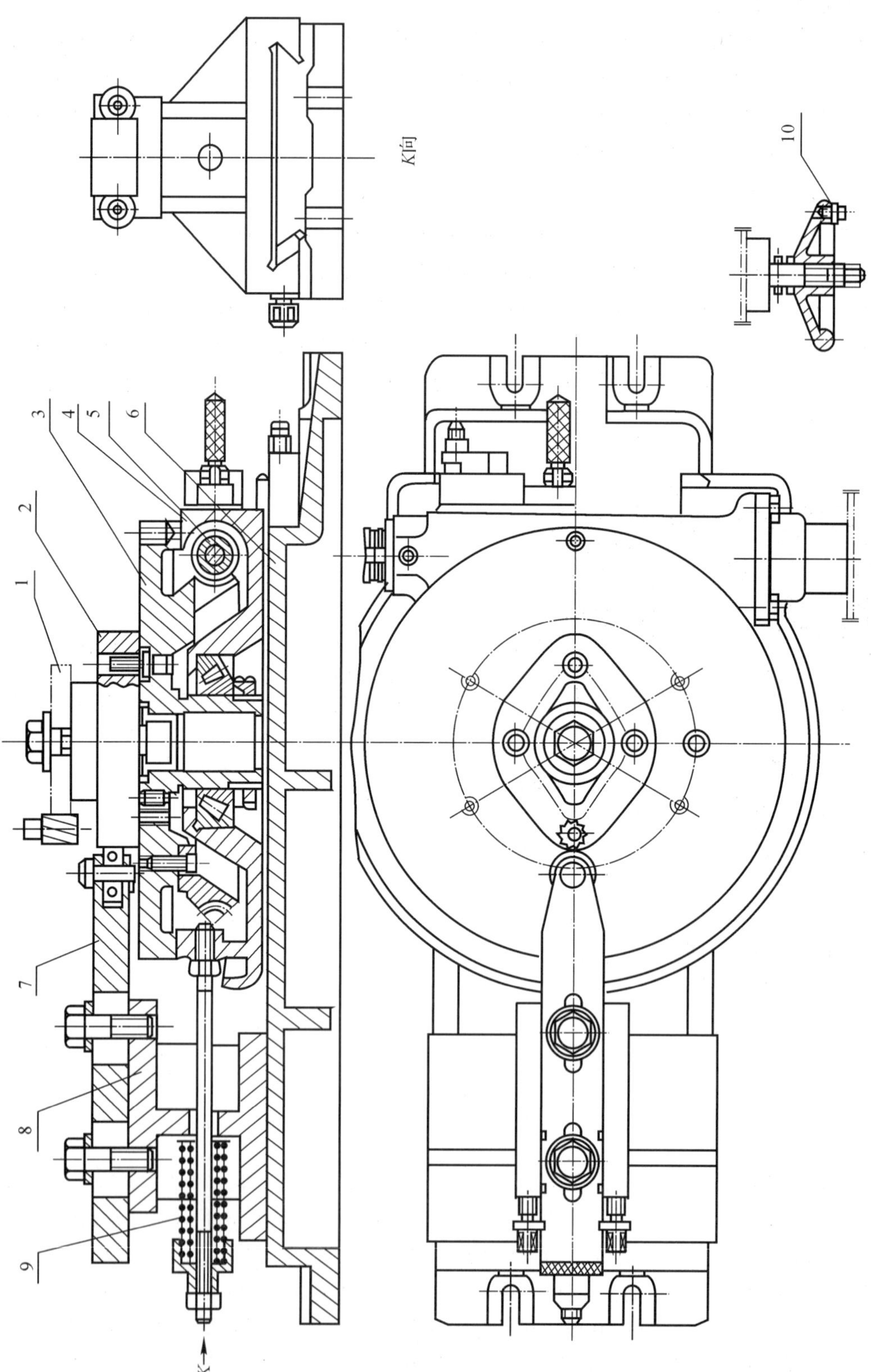

图 5.78 立铣床上用的回转式靠模装置

1—工件；2—靠模；3—转盘；4—滑台；5—蜗杆；6—底座；7—支板；8—支架；9—弹簧；10—手轮

(3) 基本送进为直线运动,辅助送进为摆动的靠模装置。图5.79所示是铣削叶片叶背型面的靠模装置。安装工件的定位件和靠模板都固定在可摆动的平板上,弹簧使靠模板与固定在铣床床身上的滚轮保持接触。当加工时,靠模支架随同工作台纵向送进,滚轮就通过靠模的工作型面迫使平板做上、下摆动。这两种送进运动的合成,就会使刀具铣出叶片的型面来。

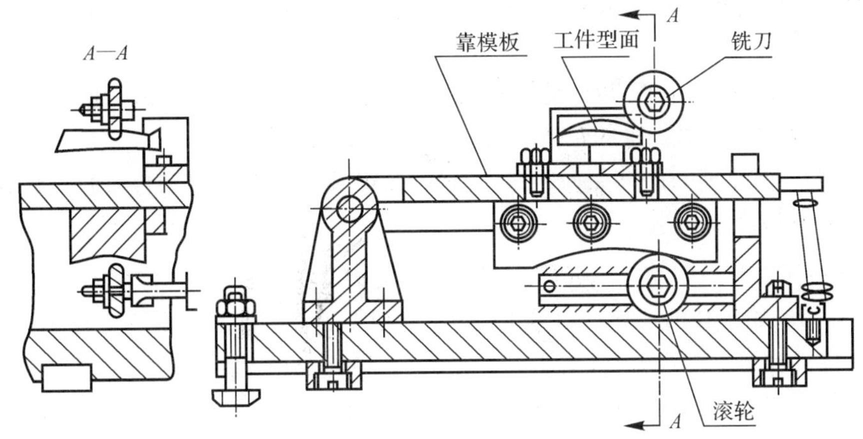

图5.79　摆动式靠模装置

2. 靠模装置的设计方法

(1) 确定靠模装置的工件原理。按照工件型面的特征(形成规律)和机床的运动特性,在确定其送进运动方向和靠模机构的总体方案时应注意以下两点。

1) 应充分利用机床原有的运动系统。基本送进运动最好采用机床本身现成的机构,同时应使辅助送进运动的变化幅度最小、机构最简单。

2) 所选的辅助送进方向,应使工件型面上各处的压力角(型面某处的法线与辅助送进方向的夹角)变化最小,从而使刀具在切削过程中的主、副偏角变化最小,使合成的送进量变化也最小,这样才有利于保证加工质量。

从上面的例子可以看出,靠模装置在工作过程中,靠模、工件、刀具和滚轮是紧密联系在一起的,并存在着一定的相互位置关系。当设计靠模装置时,除了要根据工件型面特点决定送进运动方式外,就是确定它们的相互位置关系。其中靠模工作面的设计是一项主要工作,下面就介绍靠模工作面的设计。

(2) 靠模工作型面的设计。靠模工作型面是根据工件型面和送进运动的方式来设计的,可采用图解法或解析法。解析法是把与刀具各个位置相应的滚轮中心的坐标计算出来,然后以滚轮半径作一系列圆弧,这些圆弧所构成的包络线即是靠模工作面(这项工作可以在坐标镗床上进行)。当然,用解析法所得的滚轮中心的坐标,也可再编出数控加工程序,在数控机床上加工靠模型面。图解法是通过作图的方法求得靠模的工作型面,这是最常见的方法。现就图解法做一介绍。

现以图5.77中所用的靠模工作面为代表,介绍其设计方法和步骤。

1) 选取刀具和滚轮的尺寸。

2) 用合适的放大比例准确地绘出被加工型面的曲线。点选得越密,型面的精度越高。型面变化大时,点要选得更密。增大比例可以提高型面精度,通常可选比例为2∶1,5∶1,10∶1,

15∶1,20∶1。

3）按加工状态，画出刀具的瞬时位置（也就是标出刀尖圆弧中心在各瞬时的位置，如图5.77中1,2,3,…）。

4）通过刀具各圆角半径中心，沿着辅助送进运动方向画直线，并截取等长S线段（这个线段等于刀具中心距滚轮中心的距离），从而得到滚轮中心在各瞬时的位置，即图5.77中的1′,2′,3′,…。

5）以1′,2′,3′,…为中心，以滚轮半径为半径，绘出滚轮外圆在各瞬时的位置。

6）绘制出滚轮各瞬时位置的包络线，就可以得到靠模工作面。

应注意的是，对于非封闭的型面曲线的两端，应按其行进方向分别再延长一段长度，以便于引入和退出刀具。

3. 靠模设计中的几个问题

（1）刀具与滚轮半径的选择。刀具半径$R_{刀}$应根据工件凹面最小曲率半径ρ_{min}来选择，为保证切削良好性和加工面不失真，应使$R_{刀}<\rho_{min}$。滚轮半径大小也必须选择得当，否则会使靠模型面不正常，甚至得不出型面。当靠模上有凸面时，必须使滚轮半径R_G小于滚轮中心运动轨迹的最小曲率半径ρ_{Gmin}，即$R_G<\rho_{Gmin}$。

（2）靠模型面压力角控制。靠模型面上某处的压力角，是指该点处的法线与辅助送进运动方向之间的夹角。压力角较小，则机构运动灵活。压力角愈大，机构运动愈显困难。当压力角过大时，运动机构就会因不能滑移而被压坏。为了保证靠模机构良好的运动状况，应将其压力角控制在45°以下，压力角的变化也应尽可能小些。一般来说，压力角的大小和变化主要取决于工件型面。但合理安排传动方案等也可对其加以控制，例如采用改变送进运动方向、改变圆周送进的靠模回转中心、改变滚轮与刀具的相对位置等方法，都可有效地改善靠模型面各处的压力角。

（3）滚轮与靠模的接触方式。靠模装置在工作过程中，必须保持使滚轮与靠模始终有良好可靠的接触。保证良好接触的方法有两种。一种方法是采用双面靠模板结构（运动接触），不需要另外增加外力，而是在运动中保证接触，如图5.77和图5.80(c)所示。滚轮置于两个型面的槽中运动，由于滚轮与靠模存在间隙，滚轮与靠模哪一型面接触是随机的，影响工件加工精度，但是接触稳定可靠，滑行自如，多用于粗加工中。另一种方法是采用单面靠模板结构（强力接触），借助外力，强迫滚轮与靠模板相接触，这一外力可由弹簧产生，也可以配重块来完成，其结构如图5.80(a)(b)所示。这种方法接触可靠，没有配合间隙，但靠模面受力较大，设计时须考虑靠模的刚度和工作面的耐磨性。

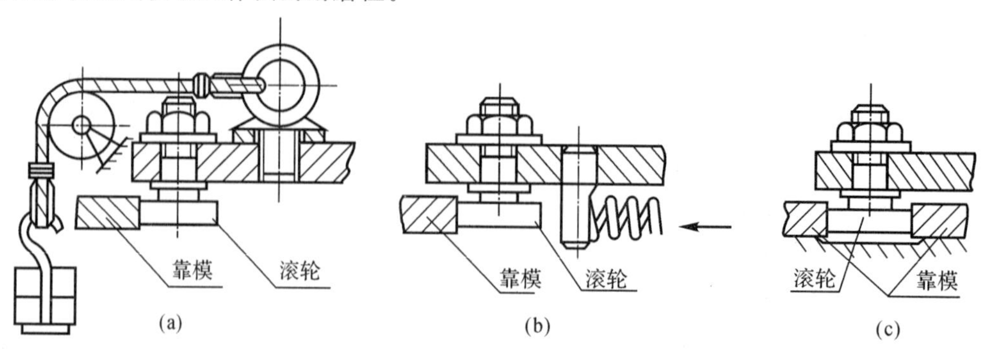

图5.80　保证滚轮与靠模面接触的方法

5.5　各类机床夹具及其设计特点

任何一种机床夹具，通常都是由定位元件、夹紧装置、夹具体或其他装置所组成的。但是各类机床的加工工艺特点不同，夹具与机床的连接方式也不相同，所以对各类机床夹具的设计也就提出了不同的要求。现分别来介绍各类机床夹具的设计方法和设计要求。

一、车床类夹具

1. 车床类夹具的类型

车床类夹具包括用于各种车床、内外圆磨床等机床的夹具。这类夹具都是安装在机床主轴上，要求定位件与机床主轴的旋转轴线有高的位置精度。车床类夹具大致可分为心轴、圆盘式、花盘式和角铁式等几种。

(1) 心轴。工件以孔作定位基准时，常用心轴来安装。心轴的结构简单，所以应用得较多。按照同机床主轴的连接方式，心轴可分为顶尖式心轴（见图 5.81）、锥柄式心轴（见图 5.82）。前者可加工长筒形工件或同时加工多个工件，而后者仅能加工短套或盘状工件。

锥柄式心轴的锥柄应和机床主轴锥孔的锥度相一致。锥柄尾部的螺纹孔是拉杆拉紧心轴时用的，以便承受较大的负荷。

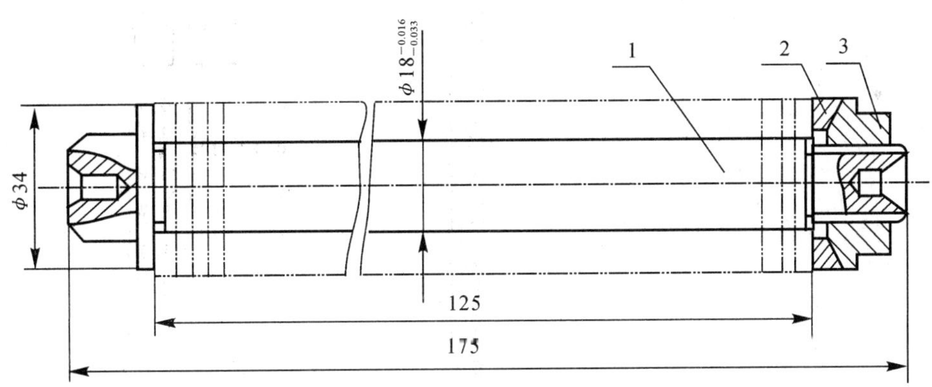

图 5.81　顶尖式心轴

1— 光轴；　2— 垫块；　3— 螺母

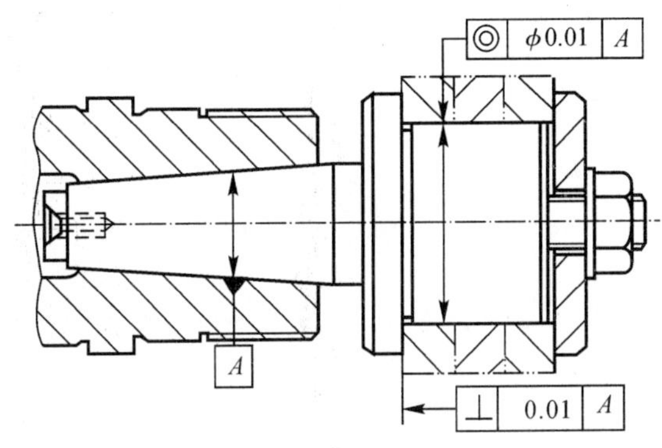

图 5.82　锥柄式心轴

为了保证工件被加工表面的位置精度，心轴上的定位面应对顶尖孔或锥柄提出较高的要求。设计时可参考表 5.3 所列的数据。

表 5.3 车、磨床夹具的跳动量允差

工件的允许跳动量	夹具定位面对旋转轴线的允许跳动量	
	心轴类夹具	一般车床夹具
0.05 ～ 0.1	0.005 ～ 0.01	0.01 ～ 0.02
0.1 ～ 0.2	0.01 ～ 0.02	0.02 ～ 0.04
0.2 以上	0.02 ～ 0.03	0.04 ～ 0.06

(2) 圆盘式车床夹具。这类夹具适用于各种轴类、盘类和齿轮类等外形对称的旋转体工件，所以不必考虑平衡问题。图 5.83 所示就是一种典型结构。它是加工套筒内孔用的车床夹具。套筒工件以大端外圆和端面为基准在定位件 2 中定位，三个压板 3 将工件夹紧。夹具上的校正环是用来保证夹具回转中心与机床主轴回转中心同轴的，以减小安装误差。

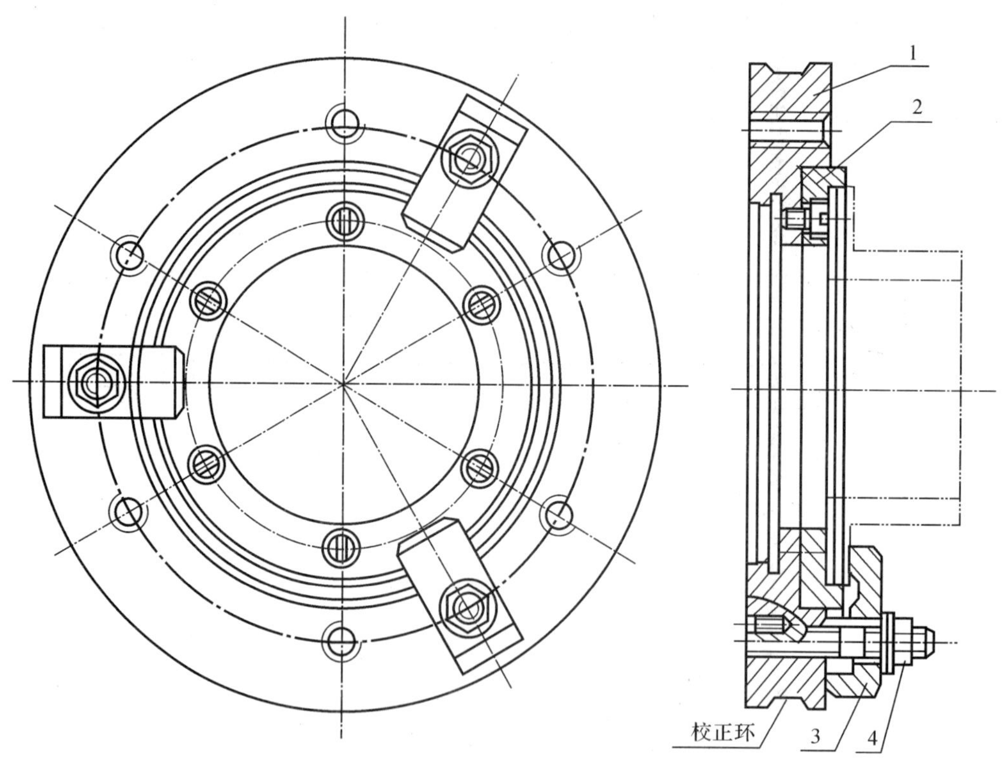

图 5.83 圆盘式车床夹具

1— 夹具体； 2— 定位件； 3— 压板； 4— 螺母

圆盘式夹具不是直接安装在机床主轴上的，它是通过过渡盘安装在机床主轴上的，过渡盘的结构如图 5.84 所示。使用过渡盘，使夹具省去了与特定机床主轴的连接部分，夹具安装部分的结构也简单化了，增加了夹具的通用性，而且便于用百分表在校正环或定位面上用找正的办法来减少其安装误差。因此在设计这类夹具时，应在其夹具体外圆上设置一个安装找正用的校正环，对夹具定位面与校正环的同轴度应有严格的要求。另外，定位面对其安装端面的垂直度也应严格控制，以提高加工精度。

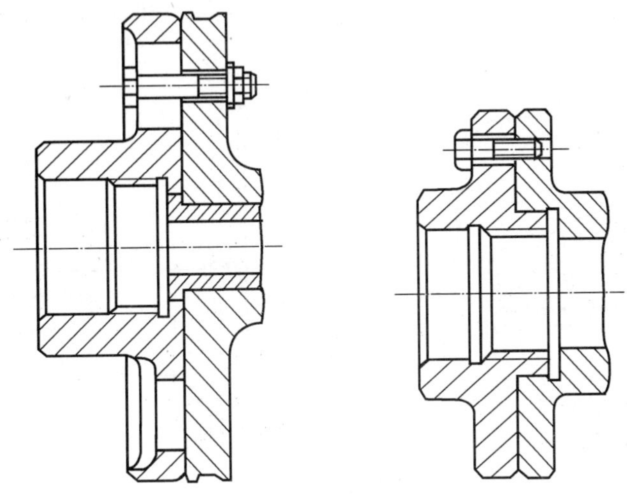

图 5.84　过渡盘

(3) 花盘式车床夹具。图 5.85 所示为一花盘式车床夹具，用于加工连杆零件的小头孔。工件 6 以已加工好的大头孔(4 点)、端面(1 点)和小头外圆(1 点)定位，夹具上相应的定位元件是弹性胀套 3、夹具体 1 上的定位凸台 2 和活动 V 形块 7。工件安装时，首先使连杆大头孔与弹性胀套 3 配合，大头孔端面与夹具体定位凸台 2 接触；然后转动调节螺杆 8、活动 V 形块 7，使其与工件小头孔外圆对中；最后拧紧螺钉 4，使锥套 5 向夹具体方向移动，弹性胀套 3 胀开，对工件大头孔定位并同时夹紧，即可加工连接杆的小孔。

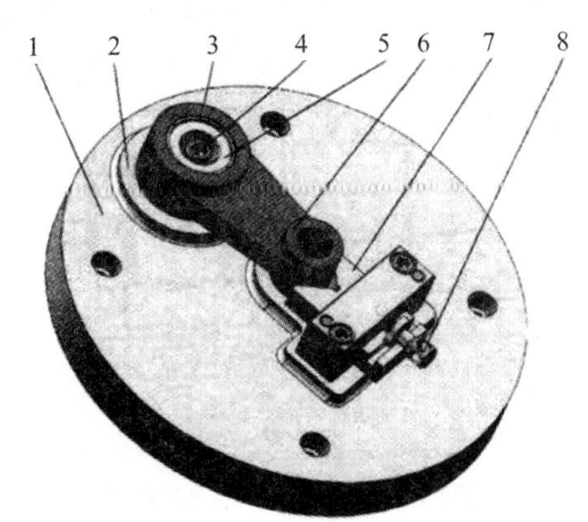

图 5.85　花盘式车床夹具

1— 夹具体；　2— 定位凸台；　3— 弹性胀套；　4— 螺钉；
5— 锥套；　6— 工件；　7— 活动 V 形块；　8 — 调节螺杆

(4) 角铁式车床夹具。这种夹具主要用于工件形状特殊，被加工表面的轴线与定位基准平行或成一定角度，从而使夹具的构形不能对称的情况，因其形似角铁，故称为角铁式车床夹具。对这种夹具，不但平衡问题要认真解决，而且旋转时的安全问题也要认真对待(可加防护罩)。

图5.86所示的夹具是用来加工气门杆端面的。由于气门杆的形状不便采用自动定心装置(基准外圆很细而左端却很大),在夹具上就采用了半孔定位的方式,于是夹具必然就成了角铁状。该夹具是采用在质量大的一侧钻几个孔(减轻质量)的办法来解决平衡问题的。

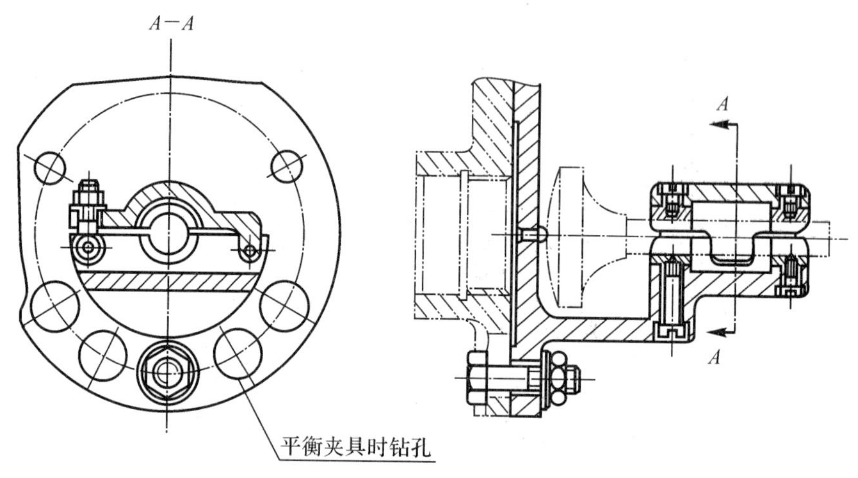

图5.86 角铁式车床夹具

2. 设计车床夹具应注意的几个问题

(1) 定位装置设计特点。由于车床夹具主要用来加工回转体表面,因此它的定位装置的主要特点是使被加工表面的回转轴线与机床主轴的回转轴线重合,夹具上的定位装置必须保证这点。

(2) 夹紧装置设计特点。设计夹紧装置必须考虑主轴高速旋转的特点。在加工过程中,除受到切削力作用外,夹具还受到离心力作用,转速越高离心力越大。另外,切削力、工件重力和离心力相对于定位装置的位置是变化的,所以夹紧力必须足够,自锁性能要可靠,以防止工件在加工过程中脱离定位元件的工作表面。但是夹紧力不能过大,以防止工件变形或使夹具产生较大的夹紧变形。

(3) 车床夹具的连接。根据车床夹具径向尺寸的大小和机床主轴端部结构,夹具和机床主轴的连接分为以下两种形式:

1) 对于径向尺寸$D<140$的小型夹具,一般通过锥柄直接安装在车床主轴锥孔中,并用螺栓拉紧,这种连接形式定心精度较高。

2) 对于径向尺寸大的夹具,一般通过过渡盘与机床主轴轴颈连接,然后,用螺栓紧固,过渡盘与主轴配合表面形状取决于主轴前端的结构。这种连接形式定心精度受到配合精度的限制,为了提高定心精度,安装夹具时,可用找正环找正夹具与车床主轴的同轴度。

(4) 夹具的平衡问题。如果夹具及工件在旋转过程中不平衡,就会产生离心力,转速越高,离心力越大,离心力不仅增加主轴与轴承的磨损,而且会产生振动,影响工件加工质量,降低刀具使用寿命。因此,当设计车床夹具时,特别是设计高速旋转的车床夹具时,必须考虑平衡问题。平衡方法有两种:设置配重块和加减轻孔。

(5) 车床夹具设计的其他问题。当定位表面不能作为找正使用时,应在夹具本体上做出找正环,而夹具本体最好做成圆盘形,以适应旋转运动的平衡要求。夹具轴向尺寸应尽可能小,以减小其悬伸长度。夹具上的所有元件和机构,不应在径向有特别突出的部分,并应防止各元件松脱,必要时要加防护罩。

二、铣床类夹具

铣床类夹具包括用在铣床、刨床、平面磨床上的夹具。工件安装在夹具上,随同机床工作台一起做送进运动。铣削加工是断续切削,切削力大,易产生振动,所以要求工件定位要可靠,夹紧力要足够大,铣床夹具要有足够的刚度与强度,并牢固地紧固在机床工作台上。

铣床夹具在结构上的重要特征是采用了定向键与对刀装置,这两个元件主要用来确定夹具与机床、夹具与刀具之间的位置关系。下面介绍铣床夹具的构造和设计要点。

1. 铣床夹具的构造

图 5.87 所示为铣工件斜面 A 的铣床夹具。工件 5 以一面两孔定位,为保证夹紧力作用方向指向主要定位面,压板 2 和 8 的前端做成球面。联动机构既使操作简便,又使两个压板夹紧力均衡。为了确定对刀圆柱 4 及圆柱定位销与菱形销 6 的位置,在夹具上设置了工艺孔 O。

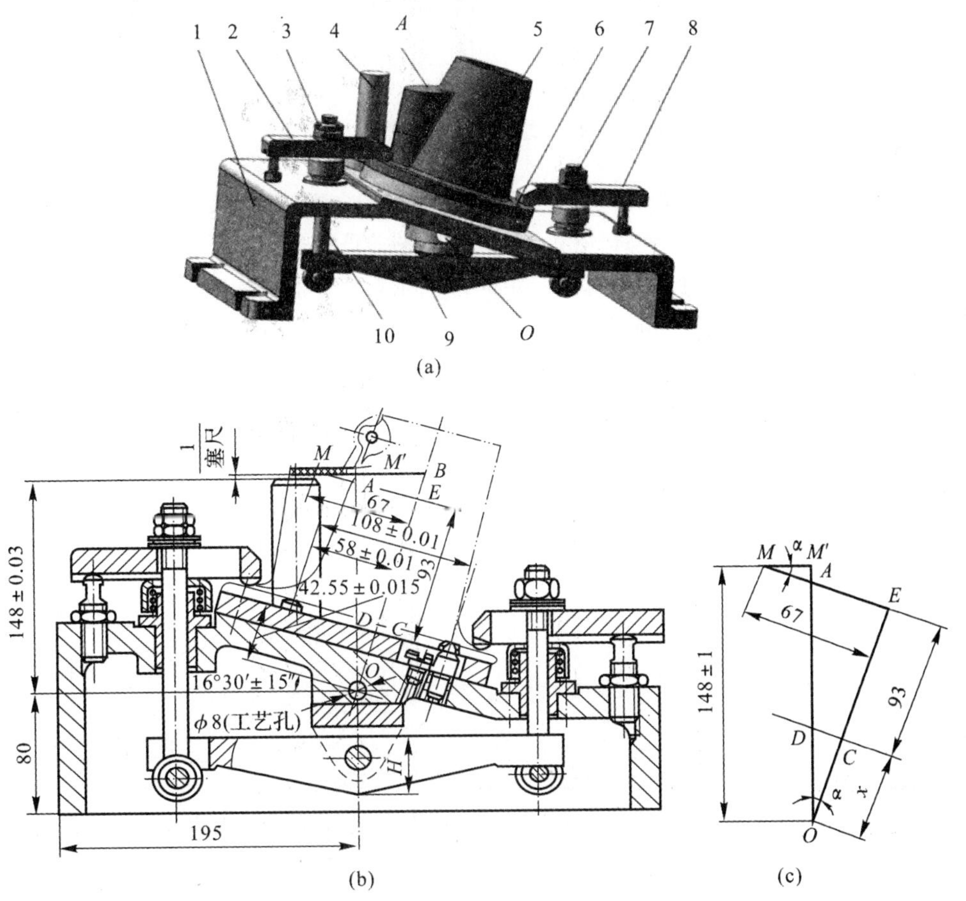

图 5.87　铣斜面夹具

(a) 夹具实体图；(b) 夹具结构图；(c) 工艺尺寸计算简图

1— 夹具体；2、8— 压板；3— 圆螺母；4— 对刀圆柱；5— 工件；6— 菱形销；7— 夹紧螺母；9— 杠杆；10— 螺柱；A— 加工面；O— 工艺孔

2. 铣床夹具的设计要求

(1) 铣床夹具的安装。铣床夹具在机床工作台上的安装,直接影响着工件被加工表面的位置精度。铣床夹具在机床上的安装,包括夹具在机床上的定位与夹紧。铣床夹具在铣床上的定位,一般是通过两个定向键与机床工作台上的T形槽配合来实现的。铣床夹具在铣床上的夹紧,是用T形螺栓把夹具紧固在机床工作台上。定向键一般为一列,一列有两个定向键,两个定向键之间的距离,在夹具底座的允许范围内应尽可能大些,以提高夹具在机床上的安装精度。定向键的构造已标准化,可根据机床工作台上T形槽的尺寸来选择定向键尺寸,定向键与夹具体以及工作台T形槽的配合都是H9/h8。图5.88所示是定向键的安装情况,定向键通常是与铣床工作台的精度最高的所谓中央T形槽相配合的。由于定向键与T形槽之间存在着间隙,为了提高夹具的安装精度,当安装夹具时,实际上常把定向键推向一边,使定向键靠向T形槽的一侧,以消除配合间隙造成的误差。

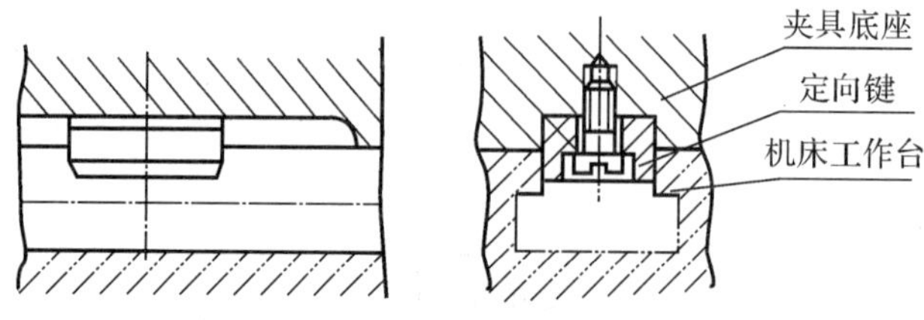

图 5.88 定向键的构造和安装

采用定向键虽然便于安装夹具,但其位置精度不高。对于位置精度要求高的夹具,常在夹具体的一侧设置一个校正面(将夹具体的一个侧面磨平即可),安装夹具时,就以校正面为准用百分表找正。该校正面同时也作为定位件、定向件等在夹具体上装配和检验时的基准。

(2) 铣床夹具的对刀装置。铣床夹具在工作台上安装好之后,还要调整铣刀对夹具的相对位置,以便于进行定距加工。这可以采用试削调整、用标准件调整和用对刀装置调整等方法,其中以用对刀装置(对刀块和塞尺)调整最为方便。

图5.89所示是用对刀块调刀的简图。铣刀与对刀块之间的间隙(用以控制对刀精度),常用塞尺检查。因为当用刀具直接与对刀块接触时,其接触情况难于察觉,极易发生碰伤,所以用塞尺检查比较方便和安全。

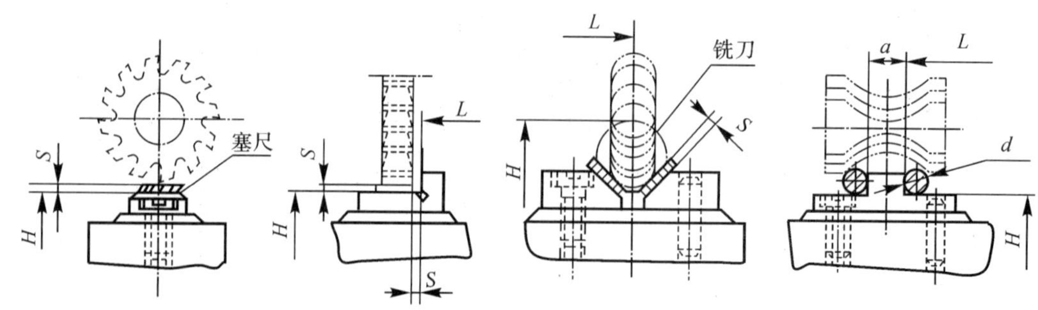

图 5.89 对刀块的形状和安装

对刀块的形状和安装情况如图5.89所示。标准对刀块的结构尺寸可参阅夹具零件及部件手册。若结构上不便采用标准对刀块时,可以设计非标准的特殊对刀块。对于对刀块工作表面的位置尺寸(见图 5.89),一般都是从定位表面标注起,其值应等于工件上相应尺寸(定位基准至被加工表面的尺寸)的平均值再减去塞尺的厚度 S。该位置尺寸的公差,常取工件相应尺寸公差的 1/3 ～ 1/5。例如,工件被加工表面距定位基准面的距离尺寸要求是 $40_{-0.2}^{0}$,该尺寸的平均值就是将公差转化成上、下等偏差时的基本尺寸,即 39.9 ± 0.1。假设所用塞尺的厚度为 1,则夹具上对刀块的工作表面距定位面的距离尺寸为 38.9,该尺寸的偏差如按 ± 0.1 的 1/5 选取,即为 ± 0.02,所以该对刀面的位置尺寸和公差标注是 38.9 ± 0.02。对刀装置在铣床夹具中的位置,应设在刀具开始铣削的一端。

三、钻床类夹具

钻床类夹具是用于各种钻床、镗床和组合机床上加工孔的夹具,简称钻模(用作镗孔的称镗模)。它的主要作用是控制刀具的位置和导引其送进方向,以保证工件被加工孔的位置精度要求。

1. 钻床类夹具的构造和种类

(1) 固定模板式钻模。图 5.90 所示是在某壳体上钻孔的固定模板式钻具。工件以凸缘端面和短圆柱为基准在定位件 1 上定位,并用凸缘上的一个小孔套到菱形销上以定角向位置。拧紧螺母 4 通过开口垫圈 3 夹紧工件。装有钻套的钻模板用两个销钉和四个螺钉固定在夹具体上。由于工件被加工的是个台阶孔,所以采用了快换钻套(每个钻套都需和刀具相适应)。这种钻模刚性好,模板固定不动,便于提高被加工孔的位置尺寸精度。它常用于从一个方向来加工轴线平行的孔。由于被加工的孔很小,所以就不必将夹具体固定。但当加工较大的孔时,例如在摇臂钻床上或在镗床上使用时,则需要将夹具固定在工作台上。

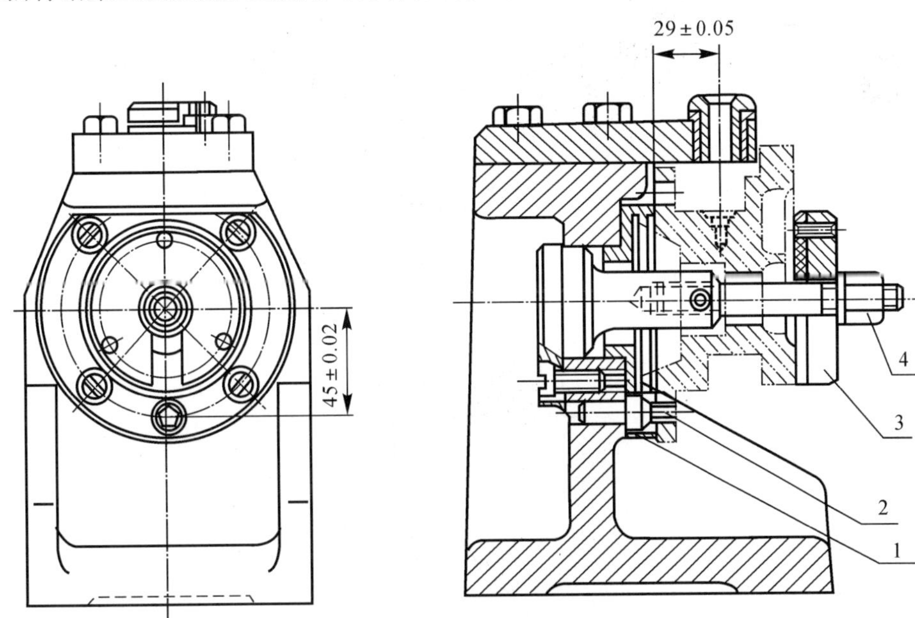

图 5.90　固定模板式钻模

1— 定位件；2— 菱形销；3— 开口垫圈；4— 螺母

(2) 覆盖式钻模。此类钻模的模板是可卸的,钻模板可以覆盖在工件上(无须夹具体),也可以和钻具本体用定位销或铰链连接。

图 5.91 所示为加工轴流式航空发动机中机匣的前、后整流舱接合端面上精密螺栓孔用的覆盖式钻模。加工时，钻模套在工件的基准外圆及端面上，用钻模圆周上刻线 P 对准工件的接合缝(工件是由左、右两半组成的)作角向定位，用钩形压板夹紧工件，工件以另一端面放在机床工作台上。在这个钻模的两面各有一套定位表面，分别加工前、后整流舱的精密螺栓孔。这种用来加工两个相配工件上的接合孔用的钻模也叫镜面钻模，它可以有效地保证两个相配工件上接合孔的位置精度。覆盖式钻模不用夹具体，甚至有的还不用夹紧装置，如图 5.92 所示，所以对大型工件很适用，不但简化了夹具构造，节省了材料，而且减轻了工人的劳动强度。

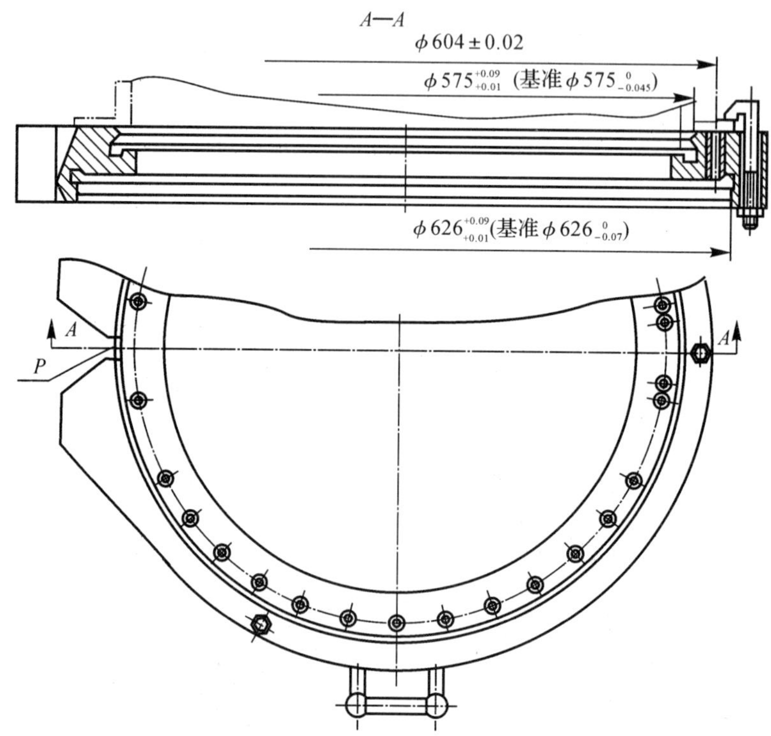

图 5.91　加工前、后整流舱端面接合孔用的覆盖式钻模

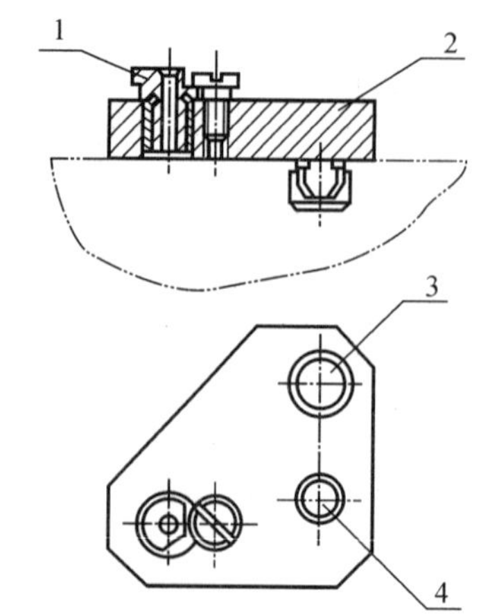

图 5.92　无夹紧装置的覆盖式钻模

1— 钻套；　2— 钻模板；　3— 圆柱销；　4— 菱形销

图 5.93 所示是一种用铰链连接模板的钻模，工件安装好以后，盖上钻模板就可进行加工。

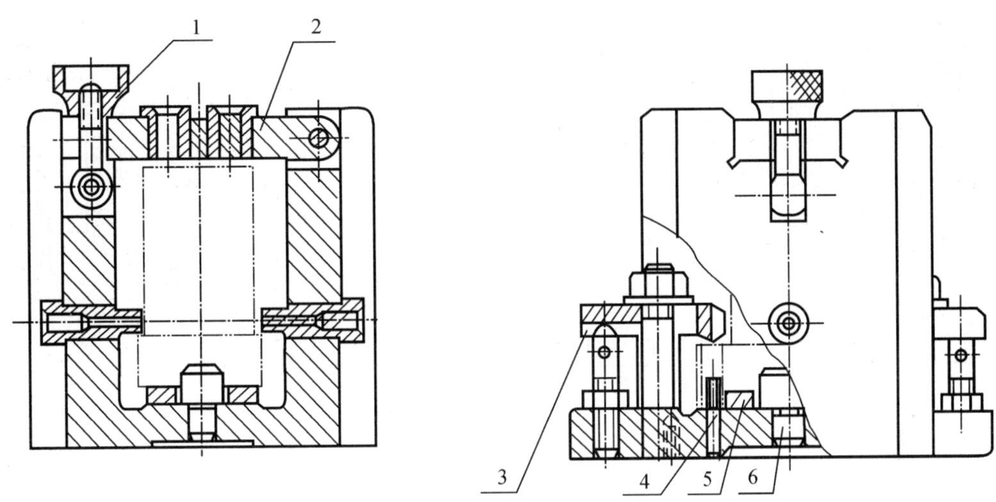

图 5.93　用铰链连接模板的钻模

1— 螺母； 2— 钻模板； 3— 压板； 4— 菱形销； 5— 定位板； 6— 定位销

(3) 翻转式钻模。工件安装在钻模中后可以一起翻转，用以加工不同方向上的孔。图 5.94 所示是在套筒工件上钻不同方向的 8 个孔的翻转式钻模。整个钻模呈正方形，为了便于钻 8 个径向孔，另设计一个 V 形块作底座使用。

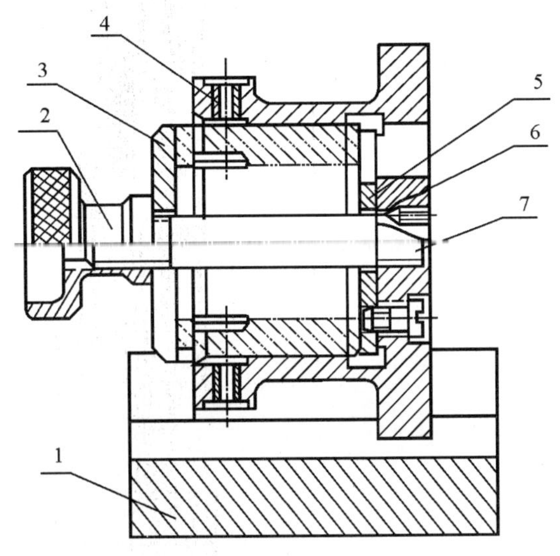

图 5.94　钻 8 个孔的翻转式钻模

1—V 形块； 2— 螺母； 3— 开口垫圈； 4— 钻套； 5— 定位板； 6— 夹具体； 7— 螺杆

图 5.95 所示为支柱式钻模。工件以 3 个相互垂直的平面为基准，在定位件 1 和钻模板 2 的底面上定位，用钩形压板 3 夹紧。该钻具上有 4 个支柱脚将钻具撑起，所以称为支柱式钻模。支柱脚采用 4 个而不是 3 个，这是为了便于观察支脚下面是否黏有切屑等污物，以保证钻

套能处于正确位置(防止钻模歪斜时折断钻头)。

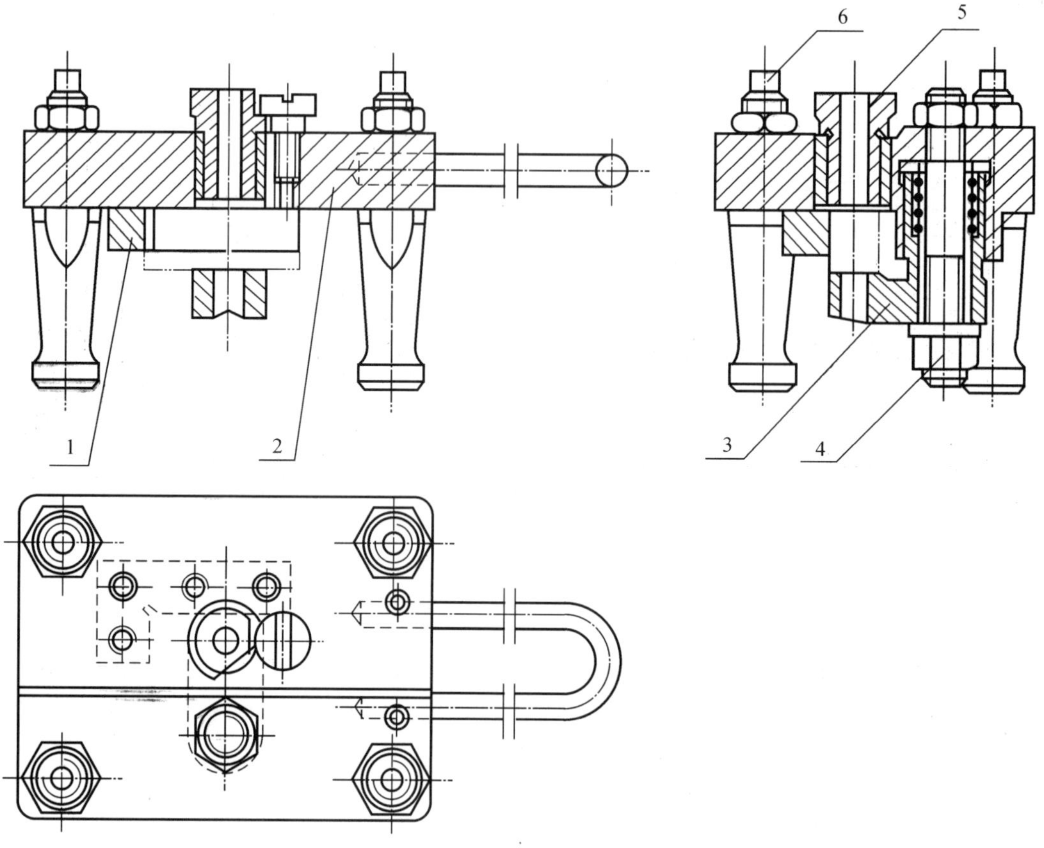

图 5.95　支柱式钻模

1— 定位件； 2— 钻模板； 3— 钩形压板； 4— 螺母； 5— 钻套； 6— 支柱

图 5.96 所示是在小轴套工件上钻两个孔用的箱式钻模,夹紧螺钉装在能拨转的板上以便于装卸工件。钻孔后可用左边的顶出器将工件从夹具腔中推出。

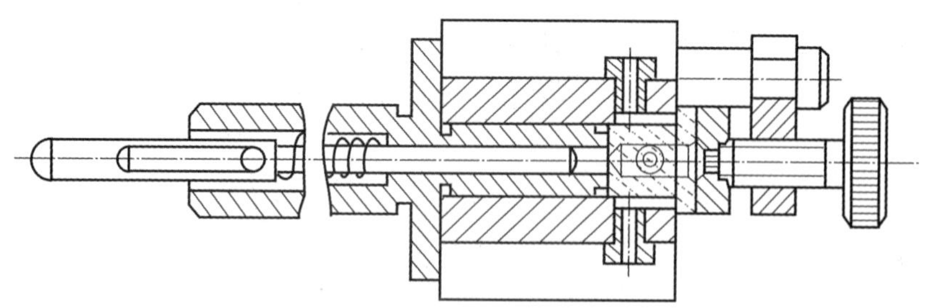

图 5.96　带顶出器的箱式钻模

(4) 回转式钻模。该钻模用来加工沿圆周分布的许多孔(或许多径向孔)。当加工这些孔时,常用两种办法来变更工位。一种是利用分度装置使工件改变工位(钻套不动);另一种是每个孔都使用一个钻套,用钻套来决定刀具对工件的位置。

图 5.97 所示为带分度装置的回转钻模,用于加工工件上三个截面上的径向孔。工件以孔

和端面为基准在定位件上定位，用螺母 4 夹紧。钻完一个工位上的孔后，松开锁紧分度盘 2 的螺母 1，拔出分度销 5 后就可进行分度。分度完成后，再用螺母 1 将分度盘锁紧，以加工另一个工位的孔。

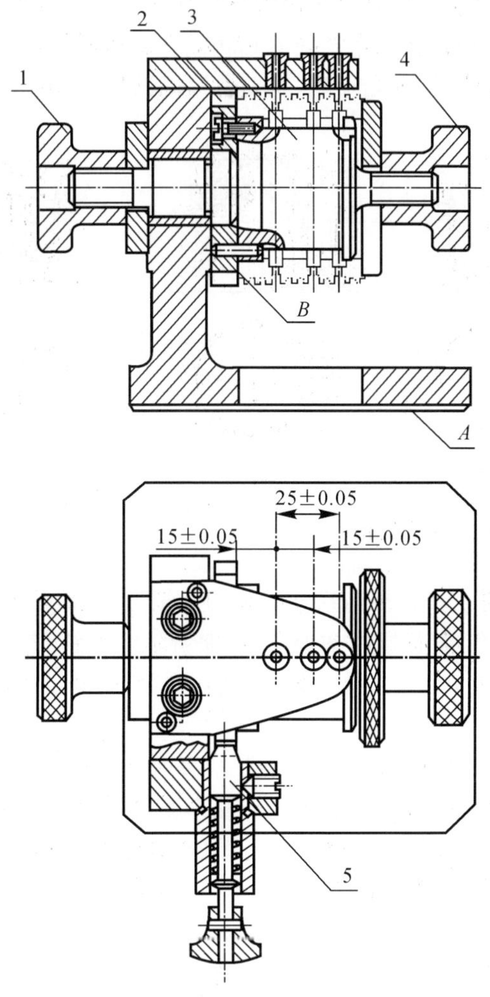

图 5.97　带分度装置的回转式钻模

1— 螺母；　2— 分度盘；　3— 转轴；　4— 螺母；　5— 分度销

2. 钻套的种类及设计

钻套是钻模上特有的一种元件，钻头的引导作用是通过钻套来实现的，钻套的作用是确定刀具的位置和在加工中导引刀具。用于铰刀的又称铰套，用于镗削的又称镗套。导引的刀具虽不相同，但它们的结构相近，设计方法相同。

(1) 钻套的种类。

1) 固定钻套。固定钻套采用紧配合压入钻模板，其结构如图 5.98(a)(b) 所示，常用的配合为 H7/r6 或 H7/n6。图 5.98(a) 所示钻套结构最简单，容易制造。图 5.98(b) 所示钻套上带有凸缘，其端面可用作刀具送进时的定程挡块。这种固定钻套磨损到一定限度时(平均寿命为 10 000 ～ 15 000 次) 必须更换，即将钻套压出，重新修正座孔，再配换新钻套。它最适合中小批量生产的使用。

2）可换钻套。在大批大量生产中，为了方便更换已磨损的钻套以及在成组夹具上使用，常采用易于拆卸的可换钻套，其结构如图 5.98(c) 所示。这种钻套是以 H6/g5 或 H7/g6 配合装入耐磨损的衬套内(衬套和钻模板的配合按 H7/r6 或 H7/n6)，有时也可按 H7/js6 或 H7/k6 配合直接装在钻模板上。为了防止钻套随刀具转动或被切屑顶出，常用固定螺钉紧固。此种钻套虽可较方便地更换，但还不能适应钻、扩、铰的连接加工使用(因拆卸螺钉费时间)。

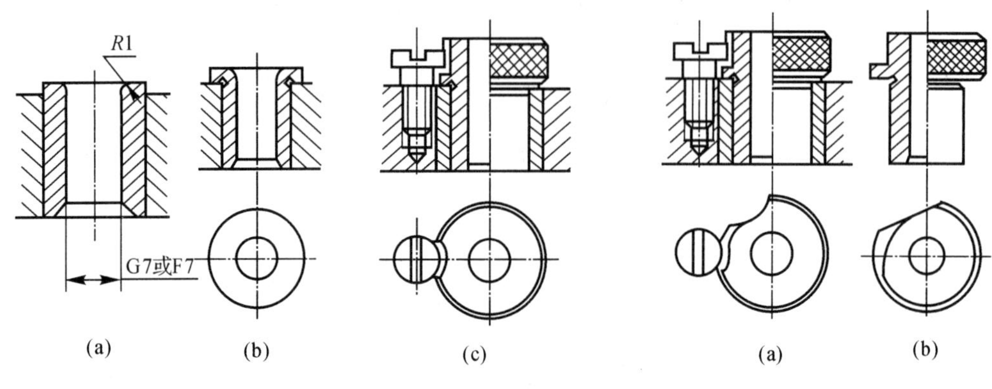

图 5.98　标准钻套　　　　图 5.99　快换钻套

3）快换钻套。当被加工孔需要依次连续地用几把刀具(如钻、扩、铰) 进行加工时，为更换钻套迅速，须采用快换钻套，其标准结构如图 5.99 所示。该钻套与衬套的配合也采用 H7/g6 或 H6/g5 的间隙配合。由于钻套上有一缺口，所以更换时，只要将钻套逆时针转动一下，即可迅速地取下。

对于工件上不同位置而直径相差不大的孔，在采用几个快换钻套时，最好使钻套的外径也不相同，以免放错位置，把孔钻错。当工件上有几个直径相同的孔需要在同一钻模上加工时，只需用一个快换钻套即可。另外还须指出的是，当钻削较深的孔时，快换钻套通常只在开始钻削时使用，当钻出一定深度后，为了便于排屑，常把钻套取下来，这时就以钻出的孔本身作引导来继续加工。

4）特种钻套。当工件的形状或工序的加工条件不宜采用上述的标准钻套时，就要针对具体情况设计特种钻套。图 5.100 所示为几种例子。

图 5.100(a) 所示是几个被加工孔相距很近时所用的钻套。上图是把钻套相邻的侧面切去；下图是在一个钻套上制有 8 个导引孔，钻套凸肩上有一槽，用销子嵌入槽中以限定角向位置。图 5.100(b) 所示为在斜面上钻孔用的钻套。图 5.100(c) 所示则是在工件凹腔内钻孔用的钻套，装卸工件时可将钻套提起。为了减小与刀具的接触长度以减轻磨损，常将导引孔上段的孔径加大。图 5.100(d) 所示结构是在加工间断孔时用的，这对于细而深的间断孔加工特别有利(防止刀具引偏)。

以上钻套除特种钻套外，都已标准化了，设计时可参阅国家标准《机床夹具零件及部件　固定钻套》(JB/T 8045.1—1999)、《机床夹具零件及部件　可换钻套》(JB/T 8045.2—1999)、《机床夹具零件及部件　快换钻套》(JB/T 8045.3—1999) 等。

(2) 钻套设计。在钻套的结构类型确定之后，就需要确定钻套的结构尺寸及其他问题。钻套的结构尺寸包括钻套的内径和钻套高度。

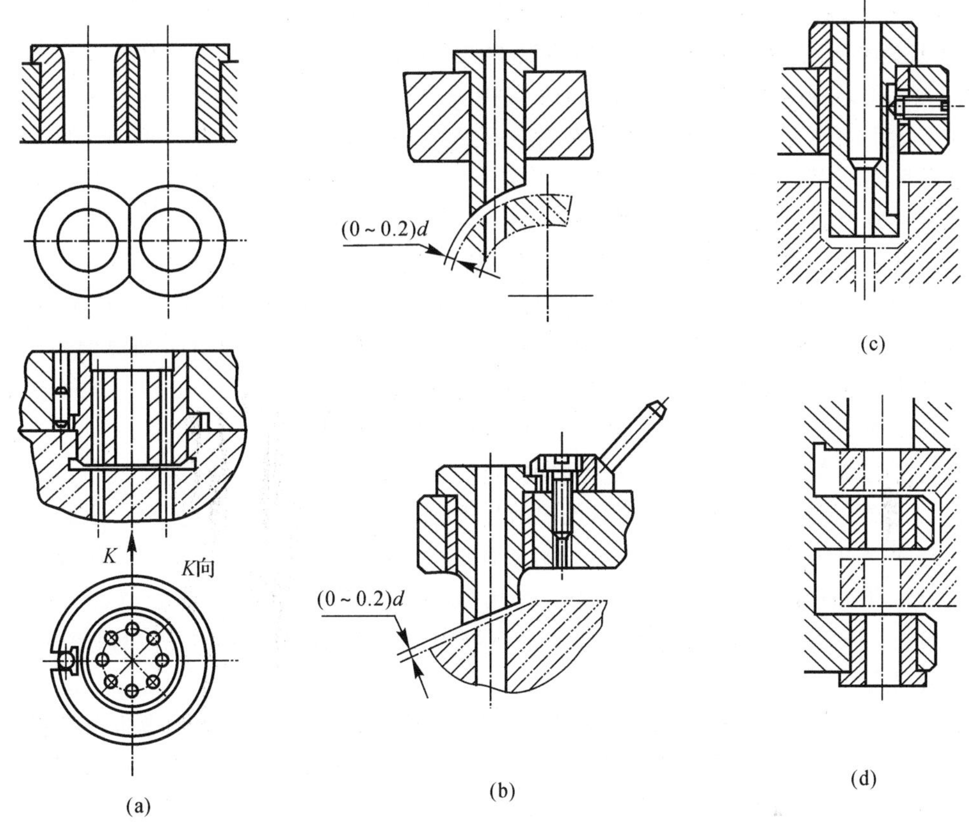

图 5.100　特种钻套

1) 钻套的内径尺寸、公差及配合的选择。钻套内径 d 应按钻头或其他孔加工刀具的引导部分来确定，即钻套内径的基本尺寸应等于所用刀具的最大极限尺寸。

例如：钻头 $\phi10_{-0.021}^{-0.007}$，最大尺寸为 $\phi9.993$，则 $d=\phi9.993$。

钻套内径与刀具之间，应保证一定的配合间隙，以防止刀具与钻套内径咬死，一般根据所用刀具和工件的加工精度要求来选取钻套内径的公差。具体来说，钻孔、扩孔时选择公差等级为 F8 或 F7；粗铰时选择公差级 G7；精铰时选择公差等级 G6。

例 5.3　今加工孔 $\phi20H7(_{0}^{+0.021})$，拟采用钻、扩、粗铰、精铰四个工步，试计算所用钻套的内径尺寸和公差。

第一工步　用 $\phi18_{-0.027}^{0}$ 标准麻花钻钻孔，其钻套内径按 F8 配合为 $\phi18_{+0.016}^{+0.043}$。

第二工步　用 $\phi19.8_{-0.033}^{0}$ 扩孔钻进行扩孔，其钻套内径仍按 F8 配合，其值为 $\phi19.8_{+0.020}^{+0.053}$。

第三工步　进行粗铰，所用铰刀为 $\phi19.9_{-0.042}^{+0.063}$，按基轴制 G7 的配合确定铰套内径为 $\phi19.963_{+0.007}^{+0.028}$ 即 $\phi19.9_{+0.070}^{+0.091}$。

第四工步　用精铰刀 $\phi20_{+0.008}^{+0.018}$ 进行精铰，其铰套内径也是根据铰刀的最大尺寸且按基轴制 G6 配合确定为 $\phi20_{+0.025}^{+0.038}$。

2) 钻套高度 H。钻套的高度对刀具的引导作用和钻套的磨损影响很大，当高度 H 较大时，刀具与钻套间可能产生的偏移量很小(导向性好)，但是会加快刀具和钻套之间的磨损；当高度 H 过小时，钻套的导向性不好，刀具易倾斜。通常钻套高 H 是由被加工孔距精度、工件材料、加工孔的深度、刀具刚度、工件表面形状等因素决定的。一般情况下，H 按$(1 \sim 3)d$ 选取(d 为钻套内径)。如果在斜面上钻孔或加工切向孔时，H 按$(4 \sim 8)d$ 选取。另外，在高强度的材料上钻孔，或在粗糙表面上钻孔，或钻头刚度较低时，宜选用长钻套。

3) 钻套与工件距离 S。钻套与工件间应留适当间隙 S。如果 S 过小，则切屑排除困难，这不仅会损坏加工表面，有时还可能把钻头折断。如果 S 过大，会使钻头的引偏值增大，不能发挥钻套导引刀具的作用。间隙 S 的大小应根据钻头直径、工件材料及孔深来确定。选取的原则是引偏量小而且易于排屑。当加工铸铁等脆性材料时，$S=(0.3 \sim 0.7)d$；加工钢等带状切屑材料时，$S=(0.7 \sim 1.5)d$。工件材料硬度越高，其系数越应取小值；钻孔直径越小，钻头刚性就越差，其系数越应取大值，以免切屑堵塞而使钻头折断。但是下列几种情况例外：

a. 当孔的位置精度要求较高或加工有色金属时，允许 $S=0$；

b. 在斜面上钻孔时，为保证起钻良好，S 应尽量取小些，$S=(0 \sim 0.2)d$；

c. 钻深孔($L/d>5$) 时，要求排屑顺利，这时 $S=1.5d$。

4) 钻套的材料。钻套在导引刀具的过程中容易磨损，所以应选用硬度高、耐磨性好的材料。一般常用的材料为 T10A，T12A，CrMn 钢或 20 钢渗碳淬火，其中 CrMn 钢常用于孔径 $d \leqslant 10$ 的钻套，而大直径的钻套($d \geqslant 25$) 常用 20 钢经渗碳淬火制造。钻套经热处理之后，硬度应达 60 ~ 64 HRC。由于钻套孔径及内外圆同轴度要求都很高，所以在热处理之后，需要进行磨削或研磨。

需要指出，钻套内径进口处应做成圆角，以有利于钻头的引进；内径下端也要做成圆(倒)角，有利于排屑；钻套的外径选择应不要使钻套壁太薄。对钻模的设计而言，在保证钻模板有足够刚度的前提下，要尽量减轻其质量。在生产中，钻模板的厚度通常按钻套高度来确定，厚度一般取 12 ~ 30，或与钻套高度相等，如果钻套较长，可将钻模板局部加厚。另外，钻模板不宜直接作为夹紧件来对工件进行夹紧。

3. 钻模的精度分析

在钻模结构设计之后，为了验证其能否保证工件被加工孔的位置尺寸公差，有必要对可能出现的误差进行分析计算，使各项误差的总和不超出工序允许的限度。对于钻模来说，影响被加工孔轴线位移的因素主要有两项，那就是与工件在夹具上安装有关的误差和刀具因对刀、调整和引偏而造成的误差。

图 5.101 所示为钻孔时位置误差的分析简图。被加工孔 1 需要保证的位置尺寸是$L_1 \pm l_1$。被加工孔 2 需要保证的位置尺寸是 $L_2 \pm l_2$。该工件是以平面来定位的，可以认为其定位误差为零。影响 L_1，L_2 两尺寸误差的主要因素是对刀和加工中刀具的引偏。具体对于孔 1 来说，影响 L_1 的因素有下列几方面：

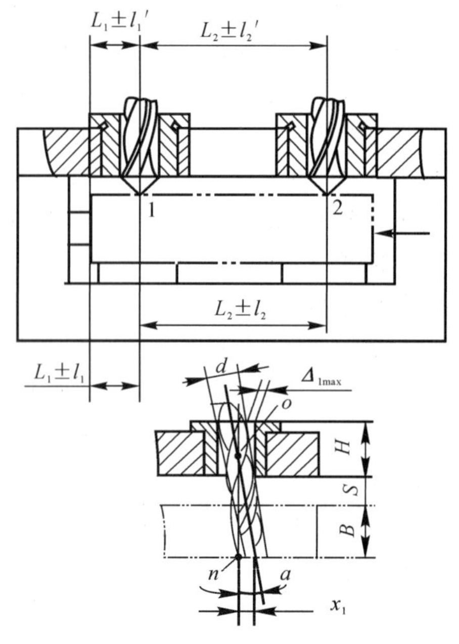

图 5.101　钻模误差分析简图

(1) 衬套内孔轴线至定位表面距离 L_1 的制造公差 $\pm l_1'$；

(2) 钻套内、外圆的不同轴度 ε_1(即跳动量)；

(3) 钻套和衬套之间的配合间隙 Δ_{1max}'；

(4) 刀具的引偏量 $\pm x_1$。工件在被加工孔较浅时，宜按偏移考虑，其值为刀具和钻套孔最大的配合间隙 Δ_{1max}；当被加工孔较深时，则应按偏斜(即 $\pm x_1$) 计算。从图 5.101 所示可知

$$x_1 = \overline{on} \cdot \tan\alpha = \left(\frac{H}{2} + S + B\right)\frac{\Delta_{1max}}{H} \tag{5.22}$$

式中　S—— 钻套底面至工件间的距离；

B—— 工件被加工孔的深度；

H—— 钻套导引孔的长度(钻套高度)。

以上这些因素都是按最大值计算的，然而实际上，各项误差不可能都达其最大值。因此，在计算总误差时，若按上述各项误差最大值相加，由于工件位置允差的限制，必然要缩小钻模的有关公差才能符合要求，这就使钻模制造困难，但却有较大的精度储备。在一般情况下，应该按概率法计算，这样算得的总误差 $\delta_{总}$ 与实际比较接近，即

$$\delta_{总} = \sqrt{(2l_1')^2 + \varepsilon_1^2 + \Delta'^2_{max} + (2x_1)^2} \tag{5.23}$$

同理，影响尺寸 L_2 的误差因素如下：

(1) 两个衬套内孔轴线的距离公差 $\pm l_2'$；

(2) 两个钻套内、外圆的不同轴度 $\varepsilon_1, \varepsilon_2$；

(3) 两钻套和两衬套之间的配合间隙 $\Delta'_{1max}, \Delta'_{2max}$；

(4) 刀具分别在两处的引偏量 $\pm x_1$ 和 $\pm x_2$。

$$\delta_{总} = \sqrt{(2l_2')^2 + \varepsilon_1^2 + \varepsilon_2^2 + \Delta'^2_{1max} + \Delta'^2_{2max} + (2x_1)^2 + (2x_2)^2} \tag{5.24}$$

以上分析，只适用于固定模板式钻模。对于其他可卸模板等，还得考虑钻模板本身在钻具体上定位时的误差影响。所以，计算误差时，要视具体结构而定。

5.6　机床专用夹具的设计步骤和方法

一、专用夹具设计的基本要求

专用夹具设计的基本要求可以概括为如下几个方面。

(1) 保证工件加工精度。这是夹具设计的最基本要求，其关键是正确地确定定位方案、夹紧方案、刀具导向方式及合理确定夹具的技术要求。必要时应进行误差分析与计算。

(2) 夹具结构方案应与生产纲领相适应。在大批量生产时应尽量采用快速、高效的夹具结构，如多件夹紧、联动夹紧等，以缩短辅助时间；对于中、小批量生产，则要求在满足夹具功能的前提下，尽量使夹具结构简单、制造方便，以降低夹具的制造成本。

(3) 操作方便、安全、省力。如采用气动、液压等夹紧装置，以减轻工人的劳动强度，并可较好地控制夹紧力。夹具操作位置应符合工人操作习惯，必要时应有安全防护装置，以确保使用安全。

(4) 便于排屑。切屑积集在夹具中，会破坏工件的正确定位；切屑带来的大量热量会引起夹具和工件的热变形；切屑的清理会增加辅助时间。切屑积集严重时，还会损伤刀具，甚至引发工伤事故。因此，排屑问题在夹具设计中必须给以充分重视，在设计高效机床和自动线夹具

时尤为重要。

(5) 有良好的结构工艺性。设计的夹具要便于制造、检验、装配、调整和维修等。

二、机床夹具设计方法和步骤

一般来说，机床夹具设计的全过程可分为 4 个阶段：① 设计前的准备工作；② 拟定夹具结构方案和绘制方案草图；③ 绘制夹具总图；④ 绘制夹具零件图。

1. 设计前的准备工作

夹具设计人员接到设计任务书之后，必须要做好如下的准备工作：

(1) 熟悉工序图。根据使用该夹具的工件工序图(必要时可参阅零件图和毛坯图)，了解工件的结构特点、尺寸、形状、材料和使用要求等，以便针对工件的结构、刚度和材料的加工性能来采取减小变形、便于排屑等有效措施。根据工艺规程和工序单，了解本工序的内容、使用该夹具要求承担的任务、先行工序所提供的条件(工件已达的状态，尤其是定位基准、夹紧表面等情况)，以便于采用合适的定位、夹紧、导引等措施。

(2) 了解所用的机床、刀具的情况。对于机床夹具结构的设计，需要知道所用机床的规格、技术参数、运动情况和安装夹具部位的结构尺寸，也要了解所用刀具的有关结构尺寸、制造精度和技术条件等。

(3) 了解生产批量和对夹具的需用情况。根据生产批量的大小和使用的特殊要求，来决定夹具结构的复杂程度。若生产批量大，就应使夹具功能强(结构完善)、自动化程度高，尽可能地缩短辅助时间以提高生产率。若批量小或应对急用，则力求结构简单，以便迅速制成交付使用。对于某些特殊要求，应该结合工序特点和生产的具体情况，有的放矢地采取措施。

(4) 了解夹具制造车间的生产条件和技术现状。根据已有生产条件，使所设计的夹具便于制造出来，并充分利用夹具制造车间的工艺技术专长和经验，使夹具的质量得以保证。

(5) 准备好设计夹具要使用的各种标准、工厂的有关规定资料、典型夹具图册和有关夹具设计的指导性及参考性资料等。

下面就以成批生产小连杆为例，叙述机床夹具设计的具体方法和步骤。

图 5.102 所示为连杆的铣槽工序图。工序要求铣工件两个端面上的 8 个槽，槽宽为 $10^{+0.2}_{0}$，深为 $3.2^{+0.4}_{0}$，表面粗糙度 Ra 为 6.4 μm，槽的中心线与两孔中心连线成 $45°\pm30'$ 夹角。先行工序已加工好的表面可以作定位基准，那就是厚度为 $14.3^{0}_{-0.1}$ 的两个平行端面、直径分别为 $\phi42.6^{+0.1}_{0}$ 和 $\phi15.3^{+0.1}_{0}$ 的两个孔，这两个基准孔的中心距为 57 ± 0.06。加工时用三面刃盘铣刀在 X62W 卧式铣床上进行。槽宽 $10^{+0.2}_{0}$ 由刀具保证，槽深和角度位置要求则须用夹具保证。

根据两面铣槽的工序特点，工件在夹具上至少需要安装两次，每次安装有两个工位。也可以分为四次安装，分别在四个工位上铣削好 8 个槽。每次安装的基准都是两个孔和一端面，并均在大孔端面上进行夹紧。

2. 拟定夹具的结构方案

确定夹具的结构方案，主要包括以下几种。

(1) 对工件的定位方案：确定其定位方法和定位件。

(2) 对工件的夹紧方案：确定其夹紧方法和夹紧位置。

(3) 刀具的对刀或导引方案：确定对刀装置或刀具导引件的结构形式和布局(导引方向)。

(4) 变更工位的方案：决定是否采用分度装置，当采用分度装置时，要选定其结构形式。

(5) 夹具在机床上的安装方式以及夹具体的结构形式。工件的定位基准和夹紧位置虽然在工序图上已经规定，但在拟定定位、夹紧方案时，仍然应对其进行分析研究，考查定位基准的选择是否能满足工件位置精度的要求，夹具的结构能否实现。在铣连杆槽的例子中，工件在槽深方向的工序基准是与槽相连的端面，若以此端面作平面定位基准，可以满足基准重合的原则，但是由于要在此面上铣槽，那么夹具的定位面就必须设计成朝下的，而且要给铣刀让开位置，这就必然给定位夹紧结构带来麻烦，使整个夹具结构变得复杂。如果选择另一端面作定位基准，则会因为基准不重合而引起定基误差，其大小等于工件两端面间的尺寸公差(0.1)。该误差远小于槽深尺寸的公差(0.4)，还可以保证该工序尺寸要求，且可以使结构简单，定位夹紧可靠，操作方便，所以应当选择底面作定位基准。

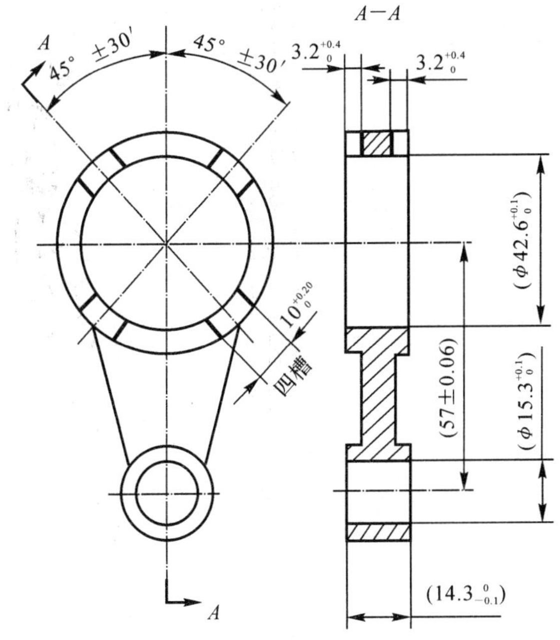

图 5.102　连杆铣槽工序图

在保证角向位置 45°±30′ 方面，其工序基准是两孔的连心线，若以两孔为定位基准在一个圆销和一个菱形销上定位，可使之基准重合，而且装卸工件也方便。由于被加工槽的角度要求是以大孔中心为基准的(槽的中心线要通过大孔的中心)，因此应将圆柱销放在大孔，菱形销放在小孔，其安置情况如图 5.103(a) 所示。

在拟定夹具结构方案中，遇到的另一个问题，就是工件每一面上的两对槽该如何进行加工(如何改变工位)。在夹具结构上的实现，这里可有两种方案：一种是采用分度装置，在加工完一对槽后，将工件和分度盘一起转过 90° 来变更工位，再加工另一对槽；另一种方案是在夹具上安装两个相差为 90° 的菱形销[见图 5.103(a)]，在铣好一对槽后，卸下工件，将工件转过 90° 而套在另一个菱形销上，重新进行夹紧后，再加工另一对槽。很显然，采用分度装置的结构要复杂一些，而且分度盘与夹具体之间也需要锁紧，在操作上所节省的时间并不多。鉴于该产品的批量不大，因而采用后一方案还是可行的。

夹紧点选在工件大孔端面是可取的，因为夹紧点接近于加工部位，可使夹紧可靠。但对夹紧机构的高度要加以限制，以防止和铣刀杆相碰。在夹紧装置的选择上，鉴于该工件较小，批量又不大，考虑到为使夹具结构简单，宜采用手动的螺旋压板夹紧装置，如图 5.103(b) 所示。

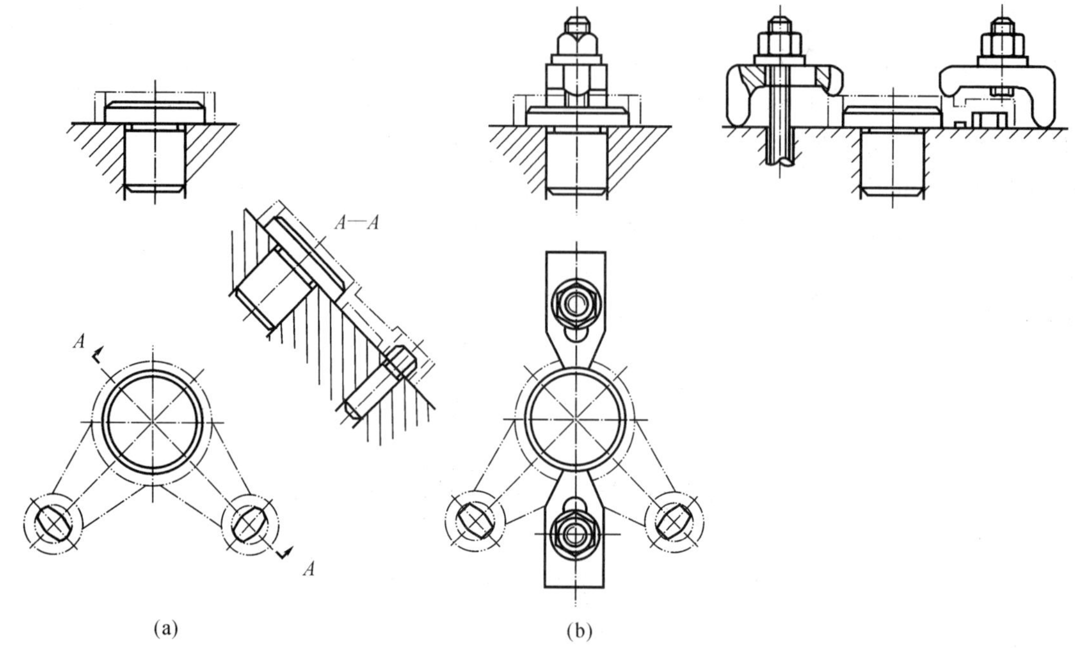

图 5.103　连杆铣槽夹具设计过程图

3. 绘制夹具总图

在夹具的结构方案确定之后，就可以正式绘制夹具总图。绘图比例最好按 1 ∶ 1(直观性好)。主要视图必须按照加工时的工位状态表示，而主视图尽可能选取与操作者正对着的位置。被加工的工件要用双点画线绘出，这是对工件假想位置的表示，它丝毫不遮挡夹具零件的绘制。

绘制夹具总图的步骤如下：

(1) 用双点画线画出工件在加工位置的外形轮廓和主要表面，这里主要表面是指定位基准面、夹紧表面和被加工表面。

(2) 按工件形状和位置，依次画出定位件、夹紧件、对刀件、导引件和有关装置(如分度装置、动力装置等)，最后用夹具体把上述的元件和装置连成一体。在夹具总图上，到底需要绘制几个视图，这里没有特别的规定，原则上要求视图能反映清楚整个结构(尤其是连接配合部分)。按照上述步骤，就可以绘制出连杆铣槽的夹具总图，如图 5.104 所示。

4. 绘制夹具零件图

夹具总图设计完毕后，还要绘制夹具中非标准件的零件图，并对其提出相应的技术要求。所设计的零件图要求结构工艺性良好，以便于制造、检验和装配。由于夹具制造属于单件生产性质，加工精度又高，因此零件图上某些尺寸的标注或技术要求的规定，就要从单件生产性质出发。例如钻模板、对刀块等元件在夹具体上定位所用的销钉孔，就应按相配加工的办法制作，有的宜在装配时加工。因此在这些有关的零件图上就要注明“两销孔与件 ×× 同钻铰”，有的却要注成“两孔按件 ×× 配作”。后者的用意是因零件(如对刀块)已经淬硬，不能再作钻铰加工，只应按该件去加工另一个装配件(如夹具体)。对于那些配合性质要求比较高的装配件，尤其是要求严格控制配合间隙的零件(例如分度销与导套的配合间隙)，应该在相配尺寸上注明“与件 ×× 相配，保证总图要求”。当然，总图上则须注明其配合间隙要求。

一套夹具中的非标准件应该尽可能地少，而标准件所占的比例则应尽可能地多，只有这样，才能大大减少夹具的制造费用。

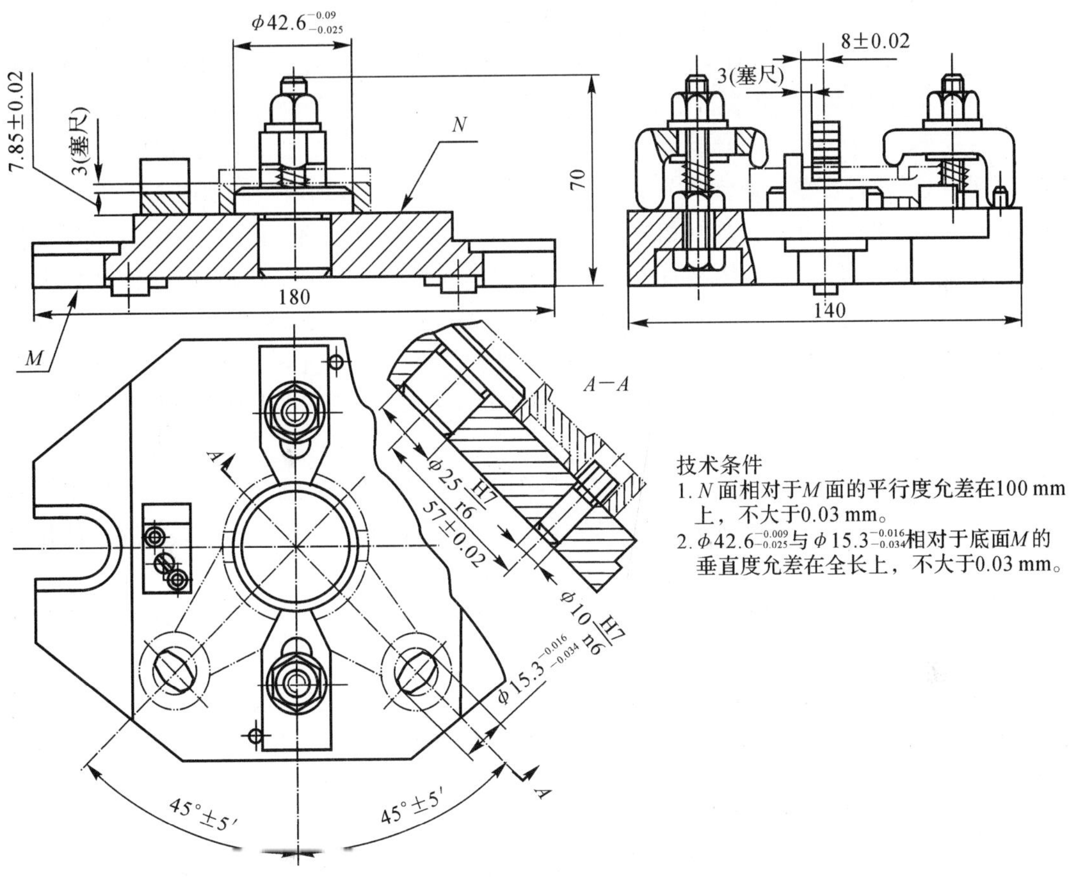

图 5.104　铣连杆槽夹具总图

三、夹具总图上尺寸、公差配合和技术条件标准

1. 夹具总图上的尺寸标注

(1) 夹具外形的最大轮廓尺寸(长、宽、高)。它表示夹具在机床上所占据的空间位置和可能的活动范围。对于升降式夹具，应标出最高与最低尺寸，对于回转式夹具，应标出最大回转半径或直径。标出这些尺寸，可检查夹具是否与机床、刀具等发生干涉。

(2) 与定位元件间的联系尺寸。它包括定位销(轴) 的直径尺寸和公差，两定位销的中心距尺寸和公差等。

(3) 与刀具的联系尺寸和相互位置要求。它用来确定刀具对夹具的位置，如对刀元件的工作表面对定位元件的工作表面的位置尺寸和相互位置要求，钻套与定位元件间的位置尺寸、公差，钻套间的位置尺寸、公差，钻套内径尺寸、公差等。

（4）夹具的安装尺寸。这是指夹具在机床上安装时有关的尺寸，例如车床类夹具（如心轴等）在主轴上安装用的连接尺寸（如锥柄的锥度和直径）、铣床夹具上的定向键尺寸等。

（5）主要配合尺寸。夹具上凡是有配合要求的部位，都应该标注尺寸和配合精度，如工件与定位销、定位销与夹具体、分度销与分度孔、钻套与衬套的配合尺寸，定向键与机床工作台的配合尺寸，等等。

2. 夹具总图中的尺寸公差与配合

（1）与工件加工尺寸公差有关的公差。夹具上主要元件之间的尺寸应取工件相应尺寸的平均值，其公差应视工件精度要求和该距离尺寸公差的大小而定，一般常按工件相应尺寸公差的1/3～1/5取值，来作为夹具上该尺寸的公差。当工件该尺寸的公差甚小时，也可按1/2～1/3取值；反之，也可取得严些。通常的公差可达±0.02～±0.05范围内。例如图5.104，两定位销之间的距离尺寸公差就是按连杆相应尺寸公差（±0.06）的1/3，取值为±0.02。再如定位平面 N 到对刀面之间的尺寸，因夹具上该尺寸要按工件相应尺寸的平均值标注，而连杆上相应的这个尺寸是由 $3.2^{+0.4}_{0}$ 和 $14.3^{0}_{-0.1}$ 间接决定的，经尺寸链计算（封闭环是 $3.2^{+0.4}_{0}$）为11.1，将此写成双向等偏差的形式即10.85±0.15。该平均尺寸10.85再减去塞尺厚度3后，即为7.85。夹具上将此尺寸的公差取为±0.02（约为±0.15的1/8），所以，夹具上所标注的尺寸公差为7.85±0.02。

夹具上主要角度公差，一般按工件相应角度的1/2～1/5选取。通常取为±10′，要求严的常取±5′～±1′。在图5.104所示的夹具中，45°角的公差取值较严，为±5′，其值为工件相应角度公差（±30′）的1/6。

由上述可知，夹具上主要元件间的位置尺寸公差和角度公差，一般是按工件相应公差的1/2～1/5取值。

当工件上有位置公差要求时，夹具上位置公差可以取工件相应位置公差的1/2～1/5，最常用的是取1/2～1/3。当工件未注明要求时，夹具上的那些主要元件间的位置允差，可以按经验取为100：0.02～100：0.5，或要求其在全长上不大于0.03～0.05。

（2）与加工要求无直接关系的夹具公差。例如定位件与夹具体的装配尺寸的公差、衬套与夹具座孔的配合公差、钻套与衬套的配合公差等，这些公差并不是说它们对工件加工精度无影响，而是说无法直接从工件相应的加工尺寸的公差值中，取多少作为夹具尺寸的允差值，它们的选定可参考夹具设计手册。

一般情况下，夹具上的公差应对称分布，以利于制造和装配，如工件相应的公差是单向分布时，应先化为对称分布，然后再确定夹具公差值。

3. 夹具总图上技术条件的制定

夹具总图上各重要工作表面之间的形位公差与有关夹具制造和使用的文字说明（如平衡、密封试验、装配要求等），习惯上称为技术条件，现将各类夹具应标注的形位公差分述如下。

（1）车床类夹具。

1）定位表面对夹具轴线（或找正圆环面）的跳动。

2）定位表面对顶尖孔或锥柄轴线的跳动。

3）定位表面间的垂直度或平行度。

4）定位表面对安装端面的垂直度和平行度。

5）夹具定位表面的轴线对回转轴线的同轴度。

6）与安装配重有关的使用说明或附注。

（2）铣床类夹具。

1）定位表面对夹具安装面的平行度或垂直度。

2）定位表面对定向键侧面的平行度或垂直度。

3）对刀面对定位表面的平行度或垂直度。

4）对刀面对夹具安装面的平行度或垂直度。

5）定位表面间的平行度或垂直度。

（3）钻床类夹具。

1）定位表面对本体底面的平行度或垂直度。

2）钻套轴线对本体底面的垂直度。

3）钻套轴线对定位表面的垂直度或平行度。

4）两同轴线钻套的同轴度。

5）处于同一圆周位置的钻套所在圆的圆心对定位件轴线的同轴度或位置度。

6）翻转式钻模中各底面之间的相互位置精度。

至于应标注哪几条，需根据工序的加工要求来确定。

4．编写夹具零件的明细表

对总装图上零件明细表的编写，与一般机械装配图上的明细表相同，如图上的编号应按顺时针或逆时针方向顺序标出，相同零件（数目多、位置各异）只编一个号，零件的名称、规格、数量、材料等填在明细表内，等等。

四、夹具精度分析

在夹具结构方案确定及总图设计完之后，还应对夹具精度进行分析和计算，以确保设计的夹具能满足工件的加工要求。

1．影响精度的因素（造成误差的原因）

在加工工序所规定的精度要求中，与夹具密切相关的是被加工表面的位置精度——位置尺寸精度和相互位置关系的要求。影响工件被加工表面位置精度的因素可分为定基误差 $\delta_{定基}$、安装误差 $\delta_{安装}$ 和与加工方法有关的加工误差 $\delta_{加工}$ 三部分，夹具设计者应充分考虑和估算各部分的误差，使其综合影响不超过工序所允许的限度。

$\delta_{定基}$ 是指由于定位基准与工序基准不重合而引起的工序尺寸的误差，它的大小已由工艺规程所确定，夹具设计者对它无法直接控制，如果有必要减少或消除 $\delta_{定基}$，则可建议修改工艺规程，另选定位基准，最好是采用基准重合的原则。

$\delta_{安装}$ 是指与工件在夹具上以及夹具在机床上安装的有关误差，它包括以下因素。

（1）工件在夹具上定位时所产生的定位误差 $\delta_{定位}$，夹具设计者可以通过合理选择定位方法和定位件，将其限制在规定的范围内。

（2）工件因夹紧而产生的误差 $\delta_{夹紧}$，是指在夹紧力作用下，因夹具和工件的变形而引起的工序基准或加工表面在工序尺寸方向上的位移。在成批生产中，如果这一变形量比较稳定，则可通过调整刀具与工件之间的位置等措施，将它基本消除。

(3) 夹具在机床上的安装误差 $\delta_{夹安}$,是指由于夹具在机床上的位置不正确而引起的工序基准在工序尺寸方向上的最大位移。造成 $\delta_{夹安}$ 的主要因素有二:其一是夹具安装面与定位件之间的位置误差(如心轴的定位面对两顶尖孔的跳动量、铣床类夹具上的校正面对定位面的平行度误差等),这可在夹具总图上作出规定;其二是夹具安装面与机床配合间隙所引起的误差或安装找正时的误差。$\delta_{夹安}$ 的数值一般都很小。在安装夹具中还可采用仔细校正或精修定位面等办法来减小 $\delta_{夹安}$。

$\delta_{加工}$ 是指在加工中由于工艺系统变形、磨损以及调整不准确等而造成的工序尺寸的误差,它包括下列因素。

(1) 与机床有关的误差 $\delta_{机床}$,如车床主轴的跳动、主轴轴线对溜板导轨的平行度或垂直度误差等。

(2) 与刀具有关的误差 $\delta_{刀具}$,如刀具的形状误差、刀柄与切削部分的同轴度误差以及刀具的磨损等。

(3) 与调整有关的误差 $\delta_{调整}$,如定距装刀的误差、钻套轴线对定位件的位置误差等(这项可在夹具总图中予以限定)。

(4) 与变形有关的误差 $\delta_{变形}$,这取决于工件、刀具和机床的受力变形及热变形。

以上诸因素都是造成被加工表面位置误差的原因,它们在工序尺寸方向上的总和应小于该尺寸的公差 δ,即应满足不等式:

$$\delta \geqslant \delta_{定基} + \delta_{定位} + \delta_{夹紧} + \delta_{夹安} + \delta_{加工}$$

此式称为计算不等式,各符号分别代表各误差在工序尺寸方向上的最大值。当工序尺寸不止一个时,应分别计算。当然,这些误差也不会都按最大值出现,在校核计算中,应该按上述因素分析后,对总误差的合成宜按概率法计算,使其小于工件的允差 δ。

2. 精度分析举例

例 5.4 图 5.105 所示的钻模,是加工陀螺马达壳体上 4 个凸耳孔用的。该工件以孔 $\phi10^{-0.004}_{-0.020}$(C7)、端面 A 和凸耳平面 B 作定位基准,装在定位销 5 上并以端面支撑,再用可调支撑钉 2 作角向定位。当拧紧螺栓 8 上的螺母 7 时,通过铰链式压板 9 上的浮动压块 6 夹紧工件。

工件上 4 个被加工孔 $\phi3.5$ 的位置尺寸如图 5.105(a) 所示,分别为 13.4 ± 0.1 和 23.3 ± 0.1。对如图 5.105(b) 所示的钻模能否确保工件的精度要求,下面将进行有关误差的分析和校核。

(1) 影响工序尺寸 13.4 ± 0.1 的误差分析。

1) 由于定位基准和工序基准重合,所以定基误差 $\delta_{定基} = 0$。

2) 由于是平面定位,定位误差 $\delta_{定位}$ 很小,因而可以忽略不计。

3) 当夹紧工件时,定位端面的接触变形甚小,工件薄壁部分可能产生一些弹性变形,但其值较小,估计不会大于 0.01,因而可按 $\delta_{夹紧} = 0.01$ 来估算。

4) 考虑到夹紧力所致的变形方向对该工序尺寸无影响,所以可以不考虑 $\delta_{夹安}$。

5) 调整误差 $\delta_{调整}$,可分作两项。一项是钻套座孔轴线对定位端面的距离尺寸(即工件相应尺寸的平均尺寸,此处是 13.4) 公差,其值可取工件相应尺寸公差(± 0.1) 的 1/3 ~ 1/5,今按 1/5 取值为 ± 0.02;另一项是钻套内、外圆的同轴度允差,一般取 0.01 ~ 0.005,今取为 0.01。这两项之和为 0.05。

6) 钻头在加工中的偏斜。由于垂直于工件轴线的这两个孔很浅，因而应按偏移考虑，其最大偏移量为钻头和钻套内孔之间的最大间隙。该工序使用的钻头直径是 $\phi 3.5_{-0.008}^{\ 0}$。钻套内径如按 F8 选取为 $\phi 3.5_{+0.010}^{+0.028}$，假定允许钻头的磨损量为 0.02，则在钻头磨损后的最大偏移量为0.056(即 0.008 + 0.028 + 0.02 = 0.056)。

以上各项误差的极限值相加为

$$0.01 + 2 \times 0.02 + 0.01 + 0.056 = 0.116 < 0.2$$

这说明诸项误差之总和远小于工序尺寸(13.4±0.1)的允差值 0.2，所以该钻具能够确保工件的精度要求。

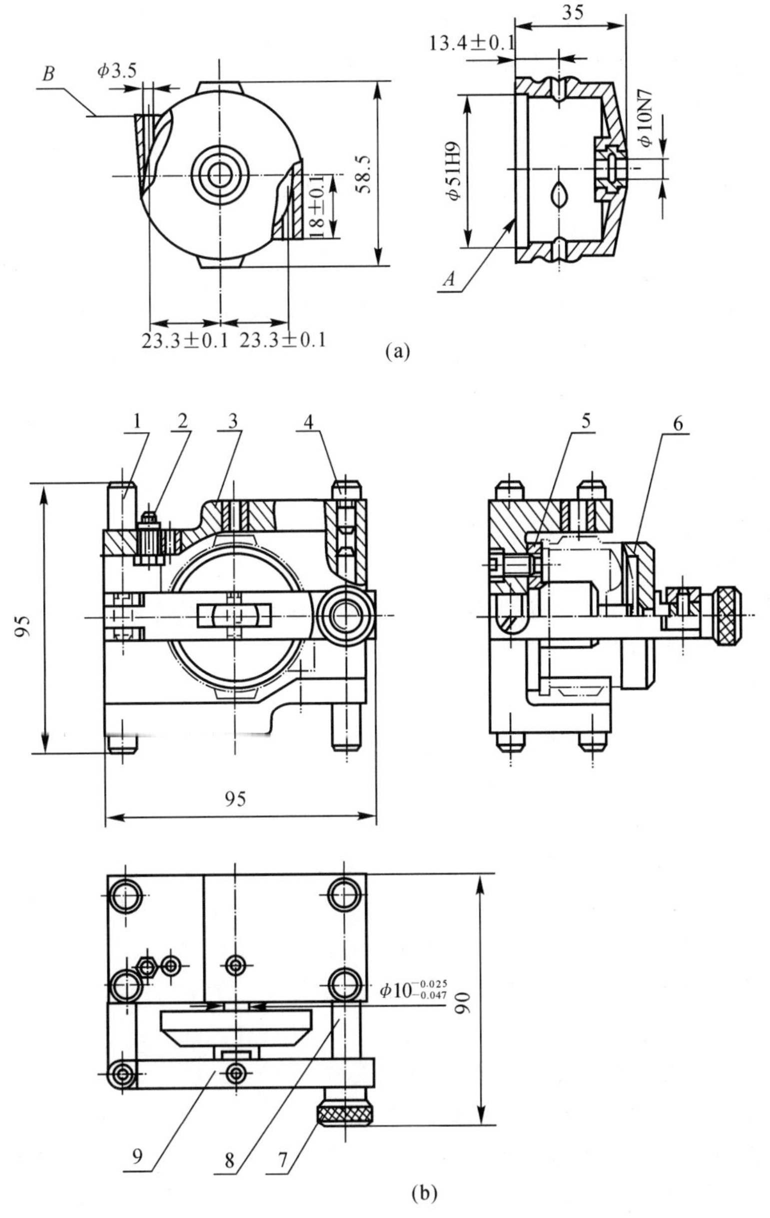

图 5.105　夹具精度分析举例

1— 支柱；　2— 支撑钉；　3— 钻模板；　4— 销；　5— 定位销；　6— 压块；　7— 螺母；　8— 螺栓；　9— 压板

(2) 影响尺寸 23.3 ± 0.1 的误差分析。

1) 由于定位基准和工序基准重合，即同为 $\phi10_{-0.020}^{-0.004}$(N7) 孔，故 $\delta_{定基}$ 为零。

2) 定位误差 $\delta_{定位}$，即基准孔 $\phi10_{-0.020}^{-0.004}$(或 $\phi9.98_{0}^{+0.016}$) 和定位件 $\phi10_{-0.034}^{-0.025}$(即 $\phi9.98_{-0.014}^{-0.005}$) 之间的最大间隙，其值为 0.03。

3) 因夹紧力所引起的变形方向对该工序尺寸无影响，故夹紧所致的误差 $\delta_{夹紧}$ 为零。

4) 钻模在钻床上的安装误差 $\delta_{夹安}$ 对工序尺寸的影响甚小，可以按 $\delta_{夹安}$ 为零考虑。

5) 调整误差 $\delta_{调整}$，如前所述也是两项。一项是定位轴到钻套座孔轴线的距离公差，其值仍按工件相应尺寸公差(±0.1) 的 1/5 选取为 ±0.02；另一项是钻套内、外圆的同轴度允差(跳动量)，也取 0.01。这两项之和为 0.05 mm。

6) 钻头的引偏量 $\pm x$。因加工此切向孔时极易引偏，且属深孔(孔深按 18 计)，所以应按倾斜计算误差量。根据钻斜孔和切向孔时对钻套高度 H 的选取经验，即 $H=(4\sim8)d$ 的关系，今再参考标准数据，选取 $H=18$。钻套底面到被加工孔暂不留间隙(即 $S=0$)。钻头仍用 $\phi3.5_{-0.008}^{0}$，钻套内孔也按 $\phi3.5_{+0.010}^{+0.028}$，钻头磨损量亦定为 0.02，则有

$$x=\left(\frac{H}{2}+S+B\right)\frac{\Delta_{\max}}{H}=\left(\frac{18}{2}+0+18\right)\times\frac{0.028+0.008+0.02}{18}=0.084$$

以上各项误差，若仍按最大值相加，其总和为 0.248，超过了工件允差 0.2。今考虑到上述误差因素较多，不可能恰好都呈最大值出现，总误差的合成应按概率法计算才符合实际情况。其总误差是

$$\delta_{总}=\sqrt{\Sigma\delta^2}=\sqrt{(0.03)^2+(2\times0.02)^2+(0.01)^2+(2\times0.084)^2}=0.176<0.2$$

由于总误差 0.176 小于工序尺寸公差 0.2，尚有一定的精度储备，所以可认为该钻模能保证工件的加工精度要求。

例 5.5 图 5.104 所示为连杆上铣槽夹具，现对该夹具的精度进行分析和计算。

(1) 槽深 $3.2_{0}^{+0.4}$(见图 5.102) 的校核。

1) 基准不重合误差 $\delta_{定基}$。其值为 0.1[即厚度 $14.3_{-0.1}^{0}$(见图 5.102) 的公差 0.1]。

2) 定位误差 $\delta_{定位}$。因属平面定位，其可忽略不计。

3) 夹紧误差 $\delta_{夹紧}$。因 $\delta_{夹紧}$ 甚小，可忽略不计。

4) 夹具的安装误差 $\delta_{安装}$。由于夹具定位面 N 和底面的平行度误差等会引起工件的倾斜，从而造成被加工槽底面的倾斜，因而会使槽深精度发生变化。夹具技术要求第一条中规定的允差为在 100 上不大于 0.03，所以在大孔端面大约 50 范围内的影响值将不大于 0.015。

5) 与加工方法有关的误差 $\delta_{加工}$。对刀块的位置尺寸误差、调刀误差、铣刀的跳动、机床工作台面的倾斜和变形等所引起的加工方法误差，可根据生产经验并参照经济加工精度，大约取 0.15。

以上诸项可能造成的最大误差为 0.265，这远小于工序公差 0.4。

(2) 角度 45° ± 30′(见图 5.102) 的校核。

1) 由于定位销与基准孔之间的间隙所造成的定位误差，有可能导致工件两基准孔中心连线的倾斜，其最大倾斜量为

$$\tan\alpha=\frac{a_1+a_{定1}+\Delta_1+a_2+a_{定2}+\Delta_2}{2L}=\frac{0.1+0.025+0.1+0.034}{2\times57}=0.002\ 27$$

即最大倾斜角是 ±7.8′。

2）夹具定位销所构成角度误差（45°±5′）会直接影响工件被加工槽的位置，其值是 ±5′。

3）机床纵向走刀方向与夹具校正面（或两定向键侧面）的平行度允差约在 100 上不大于 0.03。经换算相当于角度误差为 ±1′。

综合以上主要的三项，最大角度误差为 ±13.8′，此误差远小于工序所要求的角度公差 ±30′。

从以上所进行的初步分析来看，这个铣槽夹具能保证工件的精度要求。

习　题

5.1　试分析如图 5.106 所示工件在加工时（图中粗黑线表示被加工表面），工序要求限制哪几个自由度？应该选择哪些表面作定位基准？拟采用何种定位件？实际限制了几个自由度？

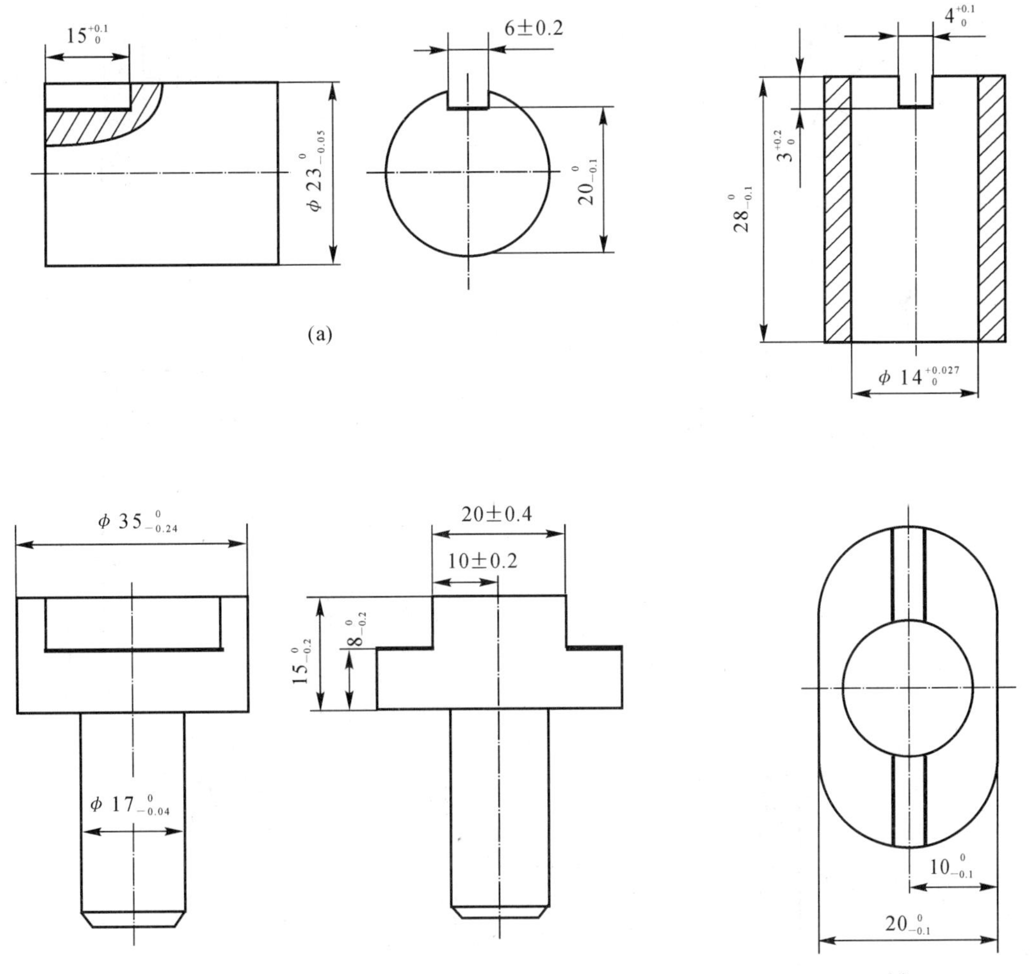

图　5.106

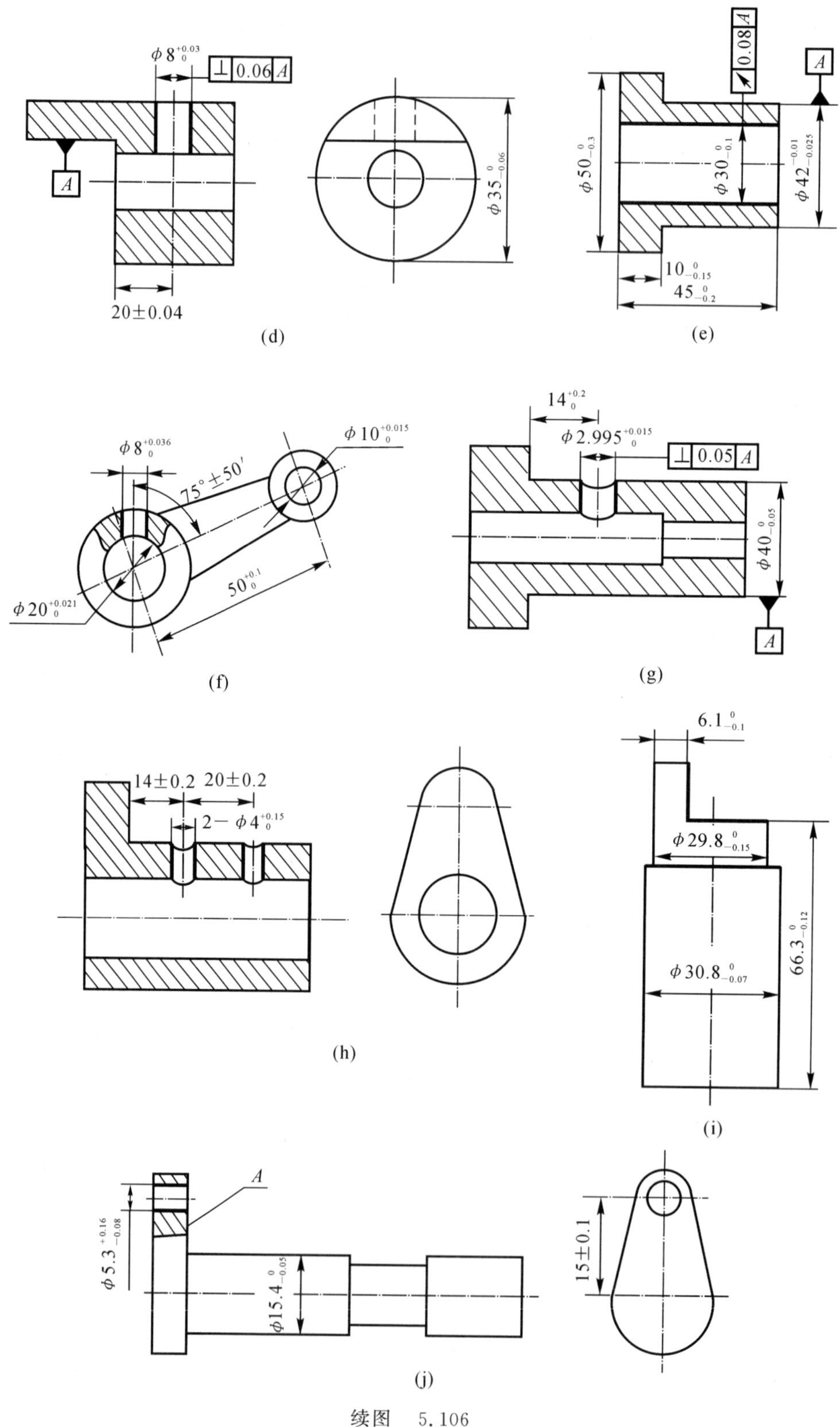

φ8 +0.03 0
⊥ 0.06 A
A
20±0.04
φ35 0 -0.06
(d)
0.08 A
A
φ50 0 -0.3
φ30 0 -0.1
φ42 -0.01 -0.025
10 0 -0.15
45 0 -0.2
(e)
φ8 +0.036 0
75°±50′
φ10 +0.015 0
φ20 +0.021 0
50 +0.1 0
(f)
14 +0.2 0
φ2.995 +0.015 0
⊥ 0.05 A
φ40 0 -0.05
A
(g)
14±0.2
20±0.2
2−φ4 +0.15 0
(h)
6.1 0 -0.1
φ29.8 0 -0.15
66.3 0 -0.12
φ30.8 0 -0.07
(i)
A
φ5.3 +0.16 -0.08
φ15.4 0 -0.05
15±0.1
(j)

续图　5.106

5.2　在图 5.107 所示定位方法中,各定位件分别限制着工件哪些自由度？其间有无过定位现象？在限制哪个自由度时产生了过定位？

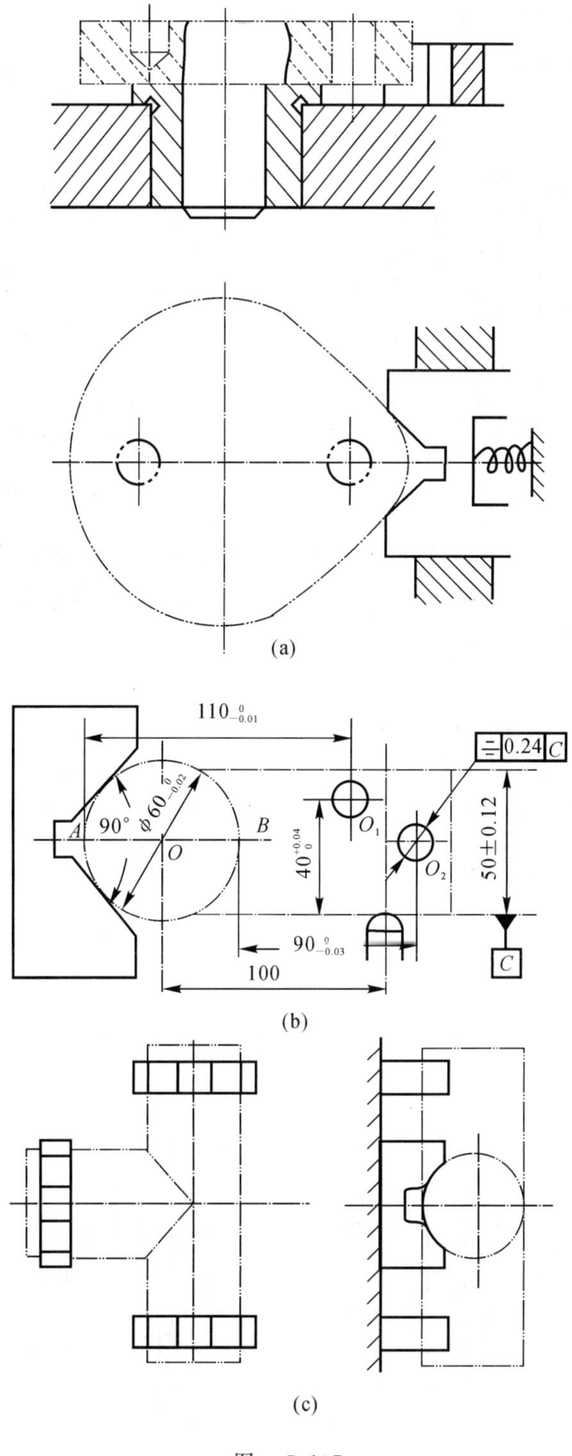

图　5.107

5.3　图 5.108 所示为在车床上镗孔的工序图，工件定位基准轴的尺寸为 $\phi 36_{-0.041}^{-0.025}$，试确定夹具定位孔的尺寸和公差，并计算其定位误差和定基误差。

5.4　图 5.106(i) 所示工件以 $\phi 30.8_{-0.07}^{0}$ 作为定位基准在 V 形块(90°) 上定位，要保证工序尺寸为 $6.1_{-0.1}^{0}$，试计算 $\delta_{定位}$ 和 $\delta_{定基}$。

5.5　图 5.109 为成形车刀前刀面的铣削工序图，若以 $\phi 50_{-0.017}^{0}$ 作定位基准，试确定其定位方法和定位件，计算 $\delta_{定位}$，分析 $\delta_{定位}$ 对工序尺寸的影响情况。

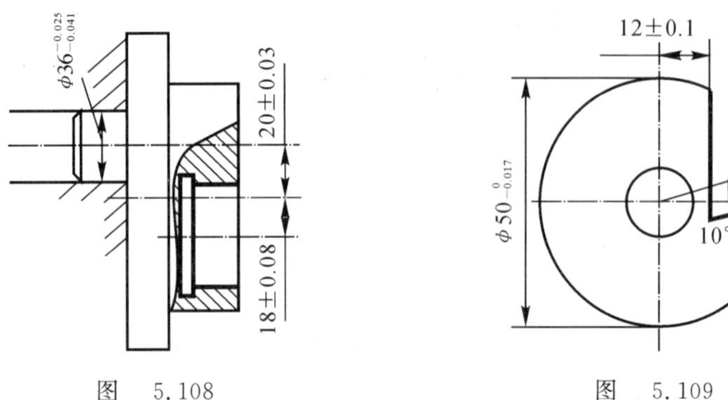

图　5.108　　　　图　5.109

5.6　对于图 5.110 所示的连杆，若以两孔 $\phi 32_{+0.015}^{+0.030}$ 为定位基准，夹具的两个定位销应采用什么形式、尺寸和配合？这种定位方案对铣圆弧 A 时会产生多大的壁厚差？在铣削表面 B 时可能要产生的平行误差(对 $X—X$) 有多大？

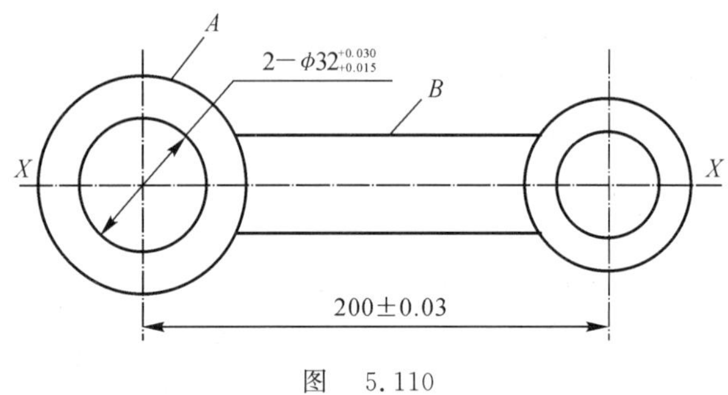

图　5.110

5.7　试针对图 5.111 所示的工序图，设计定位方案和夹紧方案，并分析计算 $\delta_{定位}$ 对工序技术要求的影响量。

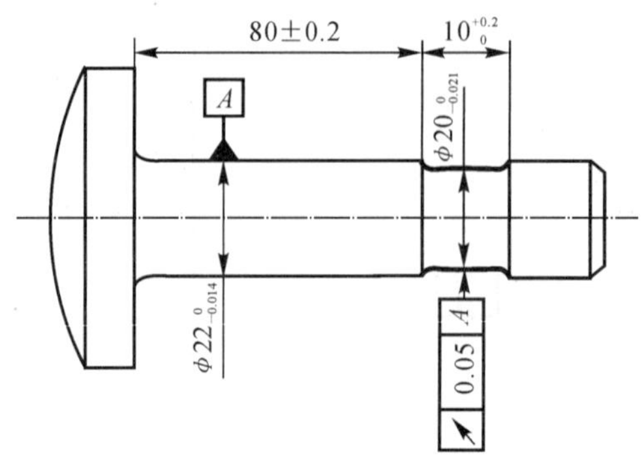

图　5.111

5.8　试设计图 5.106(f) 所示工件的钻孔夹具。

5.9　试将几种简单夹紧件按其夹紧力大小、增力比、自锁性、夹紧行程和使用特点做分析比较。

5.10　有一衬套工件，已知基准孔为 $\phi 42^{+0.025}_{0}$，要求被磨的外圆与基准孔的同轴度允差为 0.015，试提出两种可用的定位方案，并确定出定位件的结构尺寸。

5.11　设计靠模型面时，其压力角度应该如何控制？如果压力角过大会出现什么问题？

5.12　在铣床夹具中，如何调整铣刀的位置（定距加工）？对刀尺寸和公差如何标注？

5.13　影响钻孔位置精度的主要因素有哪些？在什么情况下要按刀具偏移计算？在什么情况下按倾斜计算？

5.14　针对图 5.106(g) 所示的工件，要保证被加工孔对基准外圆轴线的垂直度允差，试确定钻套的导引孔直径、公差及孔长（设刀具的尺寸为 $\phi 2.995^{+0.010}_{+0.004}$）。

5.15　现加工 $\phi 14^{+0.043}_{0}$ 的孔，拟采用钻、扩、铰三个工步，先用 $\phi 13.2^{0}_{-0.043}$ 的标准麻花钻钻孔，再用 $\phi 14^{-0.21}_{-0.25}$ 的扩孔钻扩孔，最后用 $\phi 14^{+0.028}_{+0.014}$ 的标准铰刀铰孔，试求各相应快换钻套的导引孔尺寸和公差。

第 6 章　金属切削原理与刀具

6.1 概　　述

一、我国切削加工技术的发展

切削加工是指利用刀具切除被加工零件多余材料的方法。经切削加工后的零件能获得要求的尺寸精度与表面质量，是机械制造业中最基本的加工方法。切削加工在国民经济中占有重要地位。

我国古代切削加工方面有着光辉的成就。公元前 2000 多年的青铜时代就已出现了金属切削的萌芽。当时，青铜刀、锯、锉等已经类似于现代的刀具。春秋时代中晚期，有一部现存最早的工程技术著作《考工记》，上面介绍了木工、金工等三十个专业技术知识。书中指出，“材美工巧”是制成良器的必要条件。“材美”是指用优良的材料，“工巧”是指采用合理的制造工艺。由大量出土文物与文献推测，最迟在 8 世纪(唐代)，我国就已经有了原始的车床。

公元 1668 年(明代)加工的直径 2 m 的天文仪器铜环，其外径、内孔、平面及刻度的精度与表面粗糙度均达到相当高的水平。如图 6.1 所示，当时采用畜力带动铣刀进行铣削，用磨石进行磨削。铣刀已类似现代的镶片铣刀，刀片磨钝后用图 6.2 所示的脚踏刃磨机刃磨。

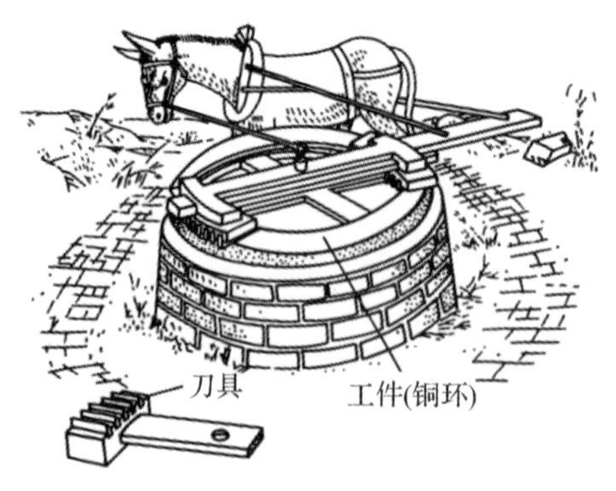

图 6.1　1668 年的畜力铣磨机

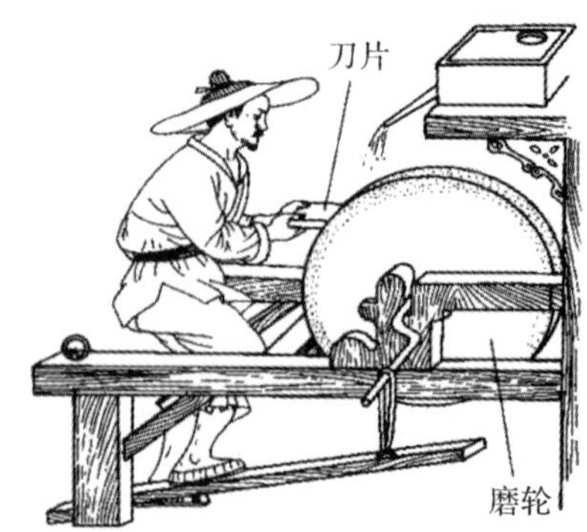

图 6.2　1668 年的脚踏刃磨机

在长期生产实践中，古人已注意总结刀具的经验。明代张自烈著的《正字通》中指出：“刀为体，刃为用，利而后能载物，古谓之芒。刃从坚则钝，坚非刃本义也。”由此可见，古人已十分强调切削刃的作用，正确阐明了切削刃的“利”与“坚”的关系，对切削原理已有了朴素的唯物辩证的论述。

近代历史中，由于封建制度的腐败和帝国主义的侵略，我国机械工业非常落后。据统计，直到 1915 年，上海荣昌泰机器厂才制造出国产的第一台车床，1947 年，民用机械工业只有三千多家，拥有机床两万多台。当时使用的是工具钢刀具，切削速度很低。

新中国成立以来，我国切削加工技术得到飞速的发展。20 世纪 50 年代起广泛使用了硬质合金，推广高速切削、强力切削、多刀多刃切削，兴起了改革刀具的热潮。1950 年，上海机床厂工人师傅首创了 550 m/min 的切削速度，继而又改革成功了 75°强力车刀。1953 年，北京永定机械厂工人师傅创造了内凹圆弧刃的麻花钻刃形。1965 年召开了全国工具展览会，总结交流了全国各地劳动模范、先进工作者创造的先进刀具，如群钻、75°强力车刀、高速螺纹刀、细长轴车刀、宽刃精刨刀、强力铣刀、拉削丝锥、深孔钻等。同时，一些工具研究所、大专院校普遍建立了切削实验室，开展了切削机理的研究。有关单位不断生产出新型刀具材料，如高性能高速钢、粉末高速钢、涂层刀具材料、复合陶瓷、超硬刀具材料等。上海工具厂有限公司、株洲钻石切削刀具股份有限公司、厦门金鹭特种合金有限公司、汉江工具厂、哈尔滨第一工具厂、哈尔滨量具刃具厂、成都量具刃具厂等主要工具制造企业不断改革工艺，革新产品，制造出了各类普通、复杂刀具。

改革开放以来，机械行业从国外引进的先进技术中得到了进一步发展。在与国际学术组织、专家学者的交流活动中，促进了我国切削技术水平的进一步提高。随着数控机床、加工中心等先进设备的引进，使用高精度的新型复合涂层材料的数控刀具，采用信息技术进行生产、技术、质量管理等，已经形成了一批现代化的制造业，例如汽车工业、航空航天工业等。我国的切削技术正向着国际先进水平迈进。

21 世纪使用的刀具材料更加广泛，传统的高速钢、硬质合金材料的技术性能不断提高。硬材料如切削陶瓷、聚晶立方氮化硼、聚晶金刚石得到了更多的应用。化学涂层和物理涂层技术的不断发展，使新型复合涂层材料日新月异。例如氮铝钛硬涂层、金刚石涂层以及纳米涂层技术的发展等，为解决高速切削各类高精度、高硬度难加工材料创造了条件。

当今能切削的材料十分广泛，除传统的金属材料外，非金属材料愈来愈多，包括从软的橡胶、塑料到坚硬的花岗岩石，从普通的钢材到高强度钢、钛合金、冷硬铸铁、淬硬钢以及 70 HRC 左右的热喷涂等硬材料。切削技术不但能解决各种硬、韧、脆、黏等难加工材料的加工，而且能解决各种特高精度特长、深、薄、小等特形件的加工。计算机已在切削研究、刀具设计与制造、机械加工生产线中得到广泛的应用。目前已有一批我国自己开发的刀具 CAD/CAM、CAPP、CAI、切削数据库软件。新的刀具标准参照了国际标准化组织(ISO)标准作了修订，已与国际接轨。

二、刀具在现代机械制造业中的作用与地位

机械制造的主要加工方法是切削加工，切削加工系统中包含着软件与硬件两类要素。硬件系统中有机床、夹具、刀具、附件、切削液；软件系统中有运动控制系统、检测控制系统、环境控制系统。硬件中刀具最小，投入比机床要少得多。但刀具最为活跃，灵活多样，对加工质量、效率、成本影响显著。

善于改革刀具的企业家，往往能取得事半功倍的效果。因为变革刀具与变更机床、夹具相比，其投入少、效果好、周期短、见效快。古语有云："工欲善其事，必先利其器"。

刀具是机床实现切削加工的直接执行者，没有刀具，机床就无法工作。重视刀具，首先体

现在刀具的选型，要选择与加工材料匹配的新型刀具材料，并且要有足够的精度、先进的结构。计算刀具的投入，要以加工零件的单件费用作为比较条件。其次是要优化加工程序，以充分发挥刀具的内在潜力，达到优质、高产、高寿命。

重视刀具，最终还体现在刀具专业的人才培养上，要继续教育，培养既懂刀具选型，又熟悉刀具应用软件的现场工程师。

在制造业的发展中除了能看到高性能刀具所产生的直接的切削效果外，还可以看到切削技术在创新工艺方面所产生的更大效果，这是当今切削技术发展的重要特点，也是切削技术进入新时代的显著特征。近年来，不断开发的新切削技术，已成为推动制造业中装备、模具制造业和汽车、航空航天等产业部门快速发展的关键技术。

自 20 世纪 70 年代以来，随着数控机床发展而发展起来的数控刀具，引领着切削刀具朝着高效率、高精度、高可靠性和专用化方向不断发展，把传统的刀具产品发展成为高附加值、高科技含量的产品。

目前，我国已成为制造大国，并正在朝着建设制造强国的目标迈进。然而，我国的切削加工水平与世界先进切削技术相比，仍有一定差距。切削加工的经济分析指出：由于刀具成本在零件制造成本中所占的比例仅为 3%～5%，即使把刀具的购买价格降低 30%，企业也只能节省 1%的零件制造成本；但是如果选用性能优异的刀具，从而改善切削能力，提高加工效率，那么就能节省 15%的零件制造成本。至今，这个理论已经被很多切削加工的实例所证实。因此，更新观念是应用先进刀具提高切削加工效率的前提，观念新了，实现了高效加工，就能投资少、见效快，使企业资源得到充分利用。因此，无论是为了实现建设制造强国的宏伟目标，还是为了企业自身的发展，都必须更新观念，加快开发和应用先进的切削技术和刀具。对于企业来说，提高刀具的使用技术和水平，不仅可以提高企业当前切削加工的效率，而且可以为企业今后进一步开发和采用切削新技术打下基础，使企业走上健康持续发展的道路。

本章主要讲述刀具几何定义、刀具材料、金属切削过程基础、金属切削基本规律及应用等金属切削原理知识，此外还介绍常用刀具的种类及用途。

6.2 刀具几何定义

切削加工是用一种硬度高于工件材料的单刃或多刃刀具，在工件表层切去一部分预留量，使工件达到预定的几何形状、尺寸精度、表面质量以及低加工成本的要求。

金属切削过程是工件和刀具相互作用的过程。刀具要从工件上切去一部分金属，并在保证高生产率和低成本的前提下，使工件达到符合技术要求的形状、尺寸精度和表面质量。为了实现这一切削过程，必须具备以下三个条件：①工件与刀具之间要有相对运动，即切削运动；②刀具材料必须具有一定的切削性能；③刀具必须具有适当的几何参数，即切削角度等。

本节以外圆车刀为例，讲解刀具切削部分基本定义及有关名词术语，同时说明刀具几何形状的分析及其图示方法。理解、掌握这些内容是学习切削原理、刀具设计与使用的重要基础。

一、切削运动与切削用量

1. 切削运动

切削加工时，按工件与刀具的相对运动所起的作用不同，切削运动可分为主运动与进给运动。

（1）主运动。使工件与刀具产生相对运动以进行切削的最基本的运动，称为主运动。这个运动的速度最高，消耗功率最大。车（见图6.3）、镗削等的主运动是工件的旋转运动，铣、磨削等的主运动是刀具的旋转运动，平面刨削的主运动是刀具的直线往复运动（见图6.4）。主运动是由工件或刀具来完成的，其形式可以是旋转运动也可以是直线运动，但每种切削加工方法的主运动通常只有一个。

（2）进给运动。使主运动能够继续切除工件上多余的金属，以便形成工件表面所需的运动，称为进给运动，例如外圆车削时车刀的纵向连续直线进给运动（见图6.3）和平面刨削时工件的间歇直线进给运动（见图6.4）。进给运动也是由工件或刀具来完成的，但进给运动可能不止一个。它的运动形式可以是直线运动、旋转运动或两者的组合，但无论是哪种形式的进给运动，它消耗的功率都比主运动要小。

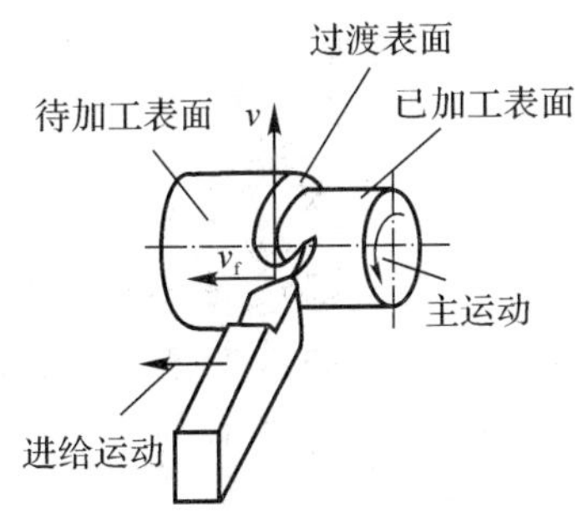

图6.3　外圆车削的切削运动与加工表面

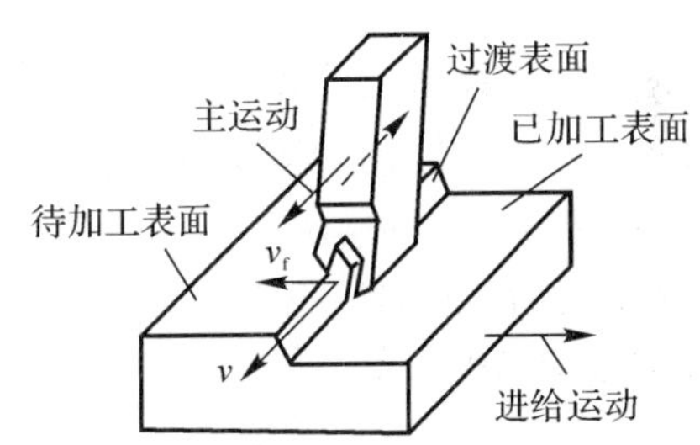

图6.4　平面刨削的切削运动与加工表面

总之，任何切削加工方法都必须有一个主运动，可以有一个或多个进给运动。主运动和进给运动可以由工件或刀具分别完成，也可以由刀具独立完成（如在钻床上钻孔或铰孔），甚至还可以由刀具结构实现（如拉削的进给运动由后排刀齿对前排刀齿的齿升量来实现）。

2. 工件上的加工表面

在切削过程中，通常工件上存在三个表面，如图6.3及图6.4所示，它们分别是：

（1）待加工表面。它是工件上即将被切去的表面，随着切削过程的进行，它将逐渐减小，直至全部切去。

（2）已加工表面。它是刀具切削后在工件上形成的新表面，并随着切削的继续进行而逐渐扩大。

（3）过渡表面。它是刀刃正切削的表面，并且是切削过程中不断改变着的表面，但它总是处在待加工表面与已加工表面之间。

3. 切削用量、切削时间与材料切除率

切削用量是指切削加工过程中的切削速度、进给量和背吃刀量三者的总称。它表示主运动与进给运动量，用于调整机床的工艺参数。

（1）切削速度 v_c。切削速度 v_c 是指切削刃上选定点相对于工件的主运动的瞬时速度，单位为 m/s 或 m/min。刀刃上各点的切削速度可能是不同的。

当主运动为旋转运动时，刀具或工件最大直径处的切削速度计算公式为

$$v_c=\frac{\pi dn}{1\ 000}=\frac{dn}{318} \tag{6.1}$$

式中　n —— 主运动工件或刀具的转速，单位为 r/min；

d —— 主运动工件或刀具的选定点旋转直径，单位为 mm。

(2) 进给量 f。进给量为刀具在进给运动方向上相对工件的位移量，可用工件每转（行程）的位移量来度量，单位为 mm/r。

进给量又可用进给速度 v_f 表示，v_f 指切削刃选定点相对于工件进给运动的瞬时速度，单位为 mm/s 或 m/min。车削时进给运动速度为

$$v_f = nf \tag{6.2}$$

(3) 背吃刀量 a_p。背吃刀量 a_p 又称为切削深度，对于外圆车削（见图 6.3）和平面刨削（见图 6.4）而言，背吃刀量 a_p 等于工件已加工表面与待加工表面间的垂直距离，单位为 mm。外圆车削的背吃刀量为

$$a_p = \frac{d_w - d_m}{2} \tag{6.3}$$

式中　d_w —— 工件待加工表面的直径，单位为 mm；

d_m —— 工件已加工表面的直径，单位为 mm。

(4) 切削时间 t_m。切削时间 t_m 又称机动时间，是指切削时直接改变工件尺寸、形状等工艺过程所需要的时间，单位为 min。它是反映切削效率高低的一个指标。由图 6.5 可知，车削外圆时 t_m 的计算式为

$$t_m = \frac{lA}{v_f a_p} \tag{6.4}$$

式中　l —— 刀具行程长度，单位为 mm；

A—— 半径方向加工余量，单位为 mm。

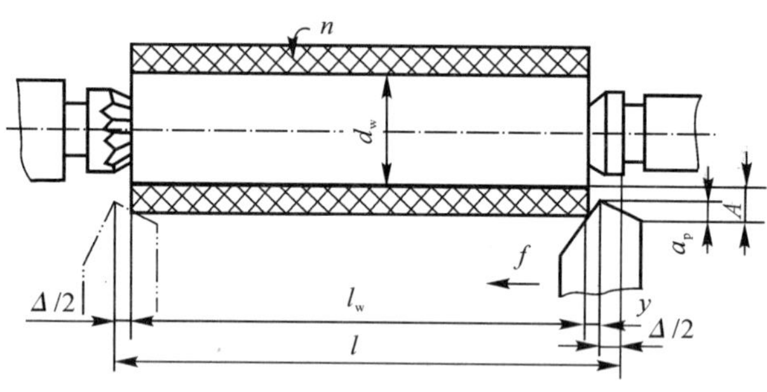

图 6.5　车外圆时切削时间计算图

将式(6.1)和式(6.2)代入式(6.4)中，可得

$$t_m = \frac{\pi dlA}{1\,000 a_p f v_c} \tag{6.5}$$

由式(6.5)可知，提高任一切削用量均可降低切削时间。

(5) 材料切除率 Q。材料切除率 Q 是单位时间内所切除材料的体积，是衡量切削效率高低的另一个指标，单位为 mm^3/min。

$$Q = 1\,000 a_p f v_c \tag{6.6}$$

4. 合成切削运动与合成切削速度

主运动与进给运动合成的运动称为合成切削运动。切削刃上选定点相对工件合成切削运

动的瞬时速度称为合成切削速度，如图 6.6 所示，有

$$\boldsymbol{v}_e = \boldsymbol{v}_c + \boldsymbol{v}_f \tag{6.7}$$

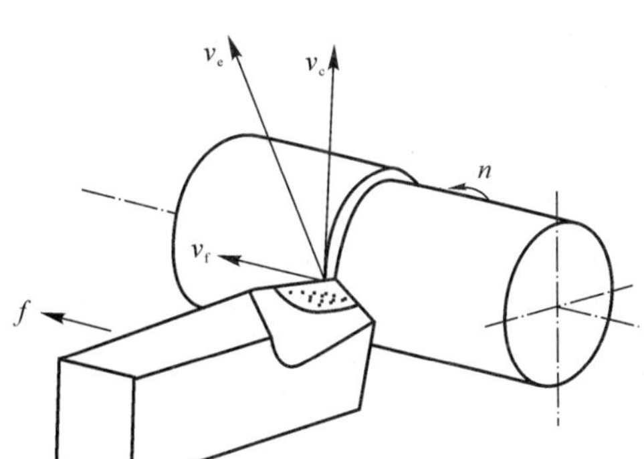

图 6.6　车削时合成切削速度

二、刀具切削部分的基本定义

用于不同切削加工方法的刀具，种类很多，但是它们参加切削的部分在几何特征上却具有共性。外圆车刀的切削部分可以看作是各类刀具切削部分的基本形态；其他各类刀具，包括复杂刀具，根据它们的工作要求，都是在这个基本形态上演变出各自的特点。因此本小节以外圆车刀切削部分为例，给出刀具几何参数方面的有关定义。

1. 刀具的组成

如图 6.7 所示，车刀由切削部分和刀杆两部分组成，刀杆用于装夹。

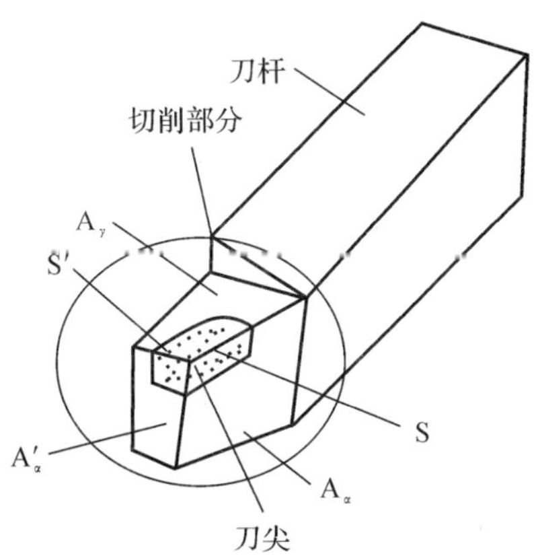

图 6.7　外圆车刀切削部分

刀具切削部分由刀面和切削刃构成。刀面用字母 A 与下角标组成的符号标记，切削刃用字母 S 标记。副切削刃及其相关的刀面在标记时用右上角加上一撇“′”以示区别。

(1) 刀面。

1) 前刀面 A_γ，又称前面，指刀具上切屑流过的表面。

2) 后刀面 A_α，又称后面或主后刀面，指与过渡表面相对的表面。

3) 副后刀面 A_α'，又称副后面，指与已加工表面相对的表面。

前刀面与后刀面之间所包含刀具实体部分称为刀楔。

(2) 切削刃。

1) 主切削刃 S。它是前刀面与后刀面相交而得到的边锋，用以形成工件的过渡表面，完成主要的切除工作。

2) 副切削刃 S′。它是前刀面与副后刀面相交而得到的边锋，协同主切削刃完成金属切除工作，以最终形成工件的已加工表面。

(3) 刀尖。主切削刃和副切削刃连接处的一小段刀称为刀尖。它可以是小的直线段或圆弧。

由于切削刃不可能刃磨得绝对锋利，总有一些刃口圆弧，刀楔的放大部分，如图 6.8(a) 所示。刃口的锋利程度用在主切削刃上的法断面 $p_n - p_n$ 中的钝圆半径 r_n 表示，一般工具钢刀具 r_n 约为 0.01 ～ 0.02，硬质合金刀具 r_n 约为 0.02 ～ 0.04。

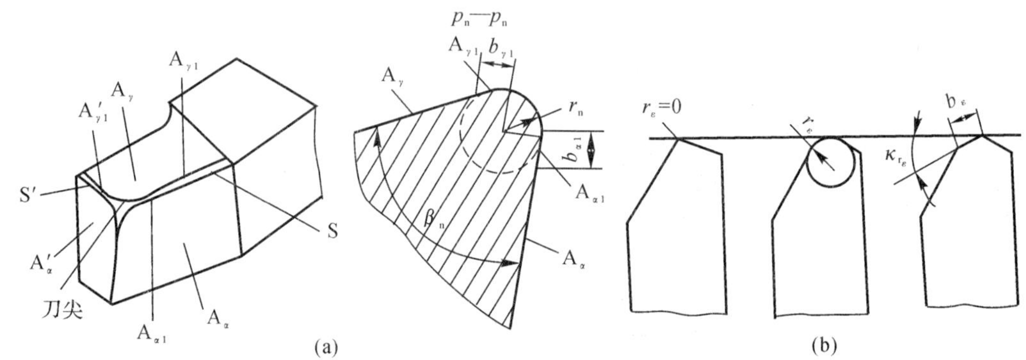

图 6.8 刀楔、刀尖形状参数

(a) 刀楔及刀楔断面形状； (b) 刀尖形状

为了提高刃口强度以满足不同加工要求，在前、后刀面上均可磨出倒棱面 $A_{\gamma 1}$、$A_{\alpha 1}$，如图 6.8(a) 所示。$b_{\gamma 1}$ 是第一前刀面 $A_{\gamma 1}$ 的倒棱宽度；$b_{\alpha 1}$ 是第一后刀面 $A_{\alpha 1}$ 的倒棱宽度。在后刀面上磨出 0° 侧棱面俗称为刃带。

为了改善刀尖的切削性能，常将刀尖做成修圆刀尖或倒角刀尖，如图 6.8(b) 所示。其中参数有：

1) 刀尖圆弧半径 r_ε，它是在基面上测量的刀尖倒圆的公称半径。

2) 倒角刀尖长度 b_ε。

3) 刀尖倒角偏角κ_{r_ε}。

不同类型的刀具，其刀面、切削刃数量不同。但组成刀具的最基本单元是两个刀面汇交形成的一个切削刃，简称两面一刃。任何复杂的刀具都可将其分为一个个基本单元进行分析。前、后刀面为曲面时，可以通过切削刃观察点作为前、后刀面的切平面，仍可用两面一刃的方法来分析刀具几何参数。

2. 刀具角度参考系

刀具角度是确定刀具切削部分几何形状的重要参数。用于定义刀具角度的各基准坐标平面称为参考系。参考系分为以下两类：

刀具标注角度参考系，又称刀具角度静态参考系，它是刀具设计时标注、刃磨和测量的基准，用此定义的刀具角度称为刀具标注角度(或称为刀具静态角度)。以外圆车削为例，刀具标注角度参考系是在不考虑进给运动影响的情况下，并假定主切削刃选定点安装于工件中心高度，刀杆中心线垂直于进给方向，刀具的安装基面与切削速度方向垂直。

刀具工作角度参考系，它是确定刀具切削工作时角度的基准，用此定义的刀具角度称为刀具工作角度。

刀具设计时标注、刃磨、测量角度最常用的是正交平面参考系。但在标注可转位刀具或大刃倾角刀具时，常用法平面参考系。在刀具制造过程中，如铣削刀槽、刃磨刀面时，常需要用假定平面、背平面参考系中的角度，或使用前、后刀面正交平面参考系中的角度。这四种刀具角度参考系是 ISO 3002－1:1982 标准所推荐的。本书仅介绍前三种。

(1) 正交平面参考系。正交平面参考系如图 6.9(a) 所示，由以下三个平面组成：

1) 基面(p_r)。它是过切削刃选定点而和该点假定主运动方向垂直的平面。车刀的基面可理解为平行刀具底面的平面。

2) 主切削平面(p_s)。它是过切削刃选定点与切削刃相切并垂直于基面的平面。选定点在主切削刃上者为主切削平面，选定点在副切削刃上者为副切削平面。未特别说明时，切削平面即是指主切削平面。

3) 正交平面(p_o)。它又称正交剖面或主剖面，过切削刃选定点并同时垂直于基面和切削平面的平面(或过切削刃选定点并垂直于切削刃在基面上的投影的平面)。选定点在主切削刃上者为主正交平面，选定点在副切削刃上者为副正交平面。

(2) 法平面参考系。法平面参考系由基面 p_r、主切削平面 p_s 和法平面 p_n 三个平面组成，如图 6.9(b) 所示。其中法平面 p_n 是过切削刃选定点且垂直于切削刃(若切削刃为曲线，则垂直于切削刃在该点的切线) 的平面。

(3) 背平面假定工作平面参考系。背平面假定工作平面参考系由基面 p_r、背平面 p_p 和假定工作平面 p_f 三个平面组成，如图 6.9(c) 所示。其中：

1) 假定工作平面 p_f，又称横向平(剖) 面，它是过切削刃选定点，垂直于基面且与假定进给运动方向平行的平面。

2) 背平面 p_p，又称纵向剖面，它是过切削刃选定点且同时垂直于基面和假定工作平面的平面。

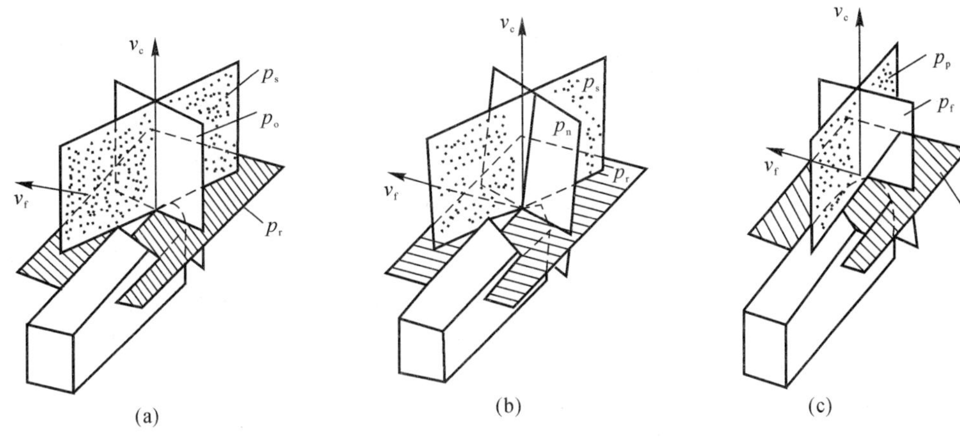

图 6.9　三种刀具角度标注参考系

(a) 正交平面参考系；(b) 法平面参考系；(c) 背平面假定工作平面参考系

3. 刀具角度

刀具角度是刀具标注角度参考系中确定刀具切削刃和各刀面在空间方位的角度参数。在各类参考系中最基本的角度类型只有四个，即前角、后角、偏角和刃倾角。

(1) 正交平面参考系刀具角度定义。

1) 前角 γ_o。它是在正交平面 p_o 内度量的，基面 p_r 与前刀面 A_γ 的夹角。

2) 后角 α_o。它是在正交平面 p_o 内度量的，主切削平面 p_s 与后刀面 A_α 的夹角。

3) 主偏角 κ_r。它是在基面 p_r 内度量的，主切削平面 p_s 与进给速度 v_f(或假定工作平面 p_f) 的夹角。

4) 刃倾角 λ_s。它是在主切削平面 p_s 内度量的，主切削刃 S 与基面 p_r 的夹角。

刀具角度标注符号下标的英语小写字母，与测量该角度用的参考系平面符号下标一致。例如 r 表示基面 p_r，s 表示切削平面 p_s，o 表示正交平面 p_o。n 表示在法平面 p_n，f 表示在假定工作平面 p_f，p 表示在背平面 p_p。右上角加一撇表示副切削刃上的平面或角度。

通过上述四个角度就能确定主切削刃及其前、后刀面的方位，其中前角 γ_o 和刃倾角 λ_s 可确定前刀面的方位，后角 α_o 和主偏角 κ_r 可确定后刀面的方位，主偏角 κ_r 和刃倾角 λ_s 可确定主切削刃的方位。副切削刃及相关前、后刀面方位也可以由副前角 γ'_o、副后角 α'_o、副偏角 κ'_r 和副刃倾角 λ'_s 四个角度确定。

如图 6.10 所示，普通车刀的主切削刃与副切削刃共处在同一前刀面上，主切削刃的前刀面也是副切削刃的前刀面。当标注了前角 γ_o 和刃倾角 λ_s 两角后，前刀面的方位就确定了，副切削刃前刀面的定向角副前角 γ'_o 和副刃倾角 λ'_s 属于派生角度，不必再标注，它们可以由前角 γ_o、刃倾角 λ_s、主偏角 κ_r 和副偏角 κ'_r 等角度换算得出。

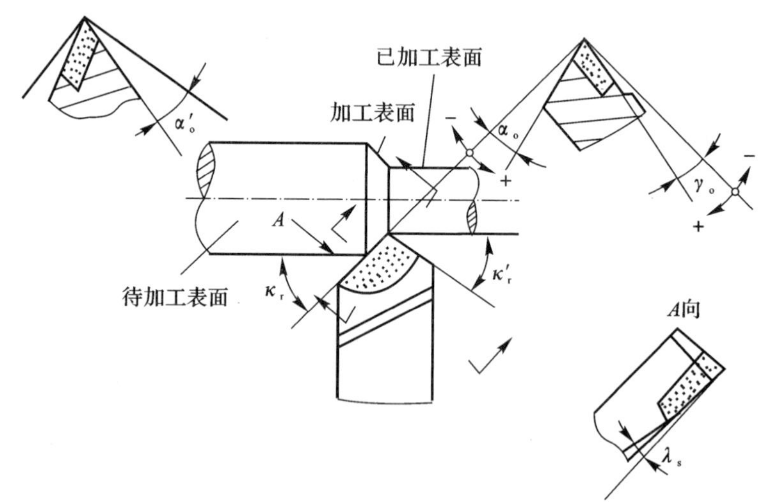

图 6.10　外圆车刀在正交平面参考系中的角度

$$\tan\gamma'_o = \tan\gamma_o\cos(\kappa_r + \kappa'_r) + \tan\lambda_s\sin(\kappa_r + \kappa'_r) \tag{6.8}$$

$$\tan\lambda'_s = \tan\gamma_o\sin(\kappa_r + \kappa'_r) + \tan\lambda_s\cos(\kappa_r + \kappa'_r) \tag{6.9}$$

因此，普通车刀的刀具标注角度在正交平面参考系中的定义，仅需标注前角 γ_o、后角 α_o、主偏角 κ_r、刃倾角 λ_s、副偏角 κ'_r 和副后角 α'_o 六个角度。

此外，为了比较切削刃、刀尖的强度，刀具上还定义了两个角度，它们也属于派生角度，分别是：

1）楔角 β_o。它是正交平面中测量的前刀面与后刀面间的夹角。

$$\beta_o = 90° - (\gamma_o + \alpha_o) \tag{6.10}$$

2）刀尖角 ε_r。它是基面投影中，主、副切削刃间的夹角。

$$\varepsilon_r = 180° - (\kappa_r + \kappa_r') \tag{6.11}$$

（2）其他参考系刀具角度。在法平面测量的前、后角称为法前角 γ_n 和法后角 α_n，如图 6.11 所示。

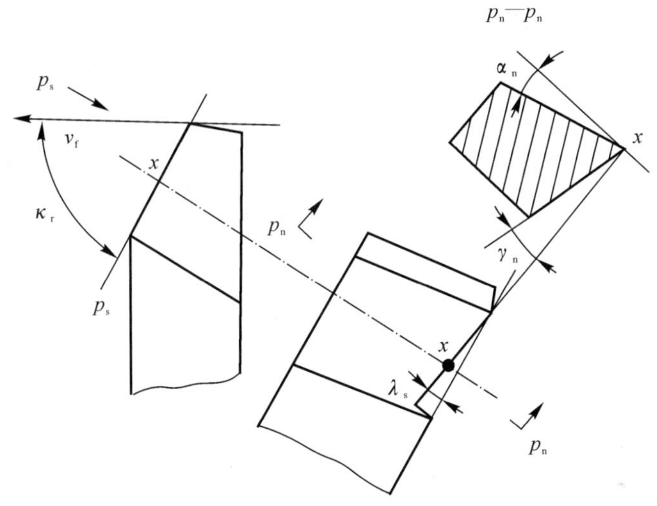

图 6.11　法平面参考系中的刀具角度

在背平面假定工作平面参考系中测量的刀具角度有侧前角 γ_f、侧后角 α_f、背前角 γ_p 和背后角 α_p，如图 6.12 所示。

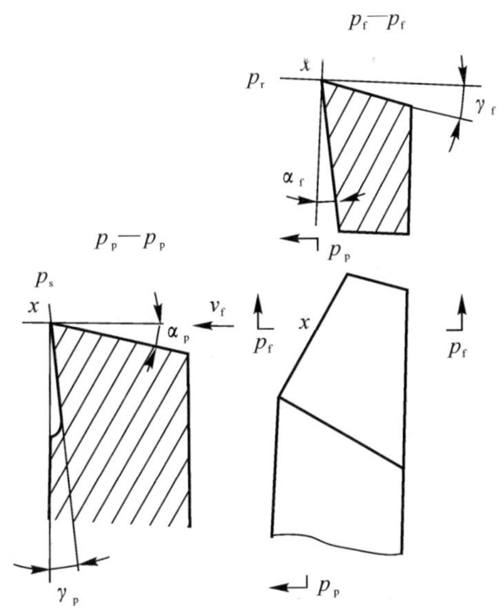

图 6.12　背平面假定工作平面参考系中的刀具角度

(3) 刀具角度正负的规定。如图 6.13 所示，前刀面与基面平行时前角为零。前刀面与切削平面之间夹角小于 90° 时，前角为正，大于 90° 时，前角为负。后刀面与基面间夹角小于 90° 时，后角为正，大于 90° 时，后角为负。

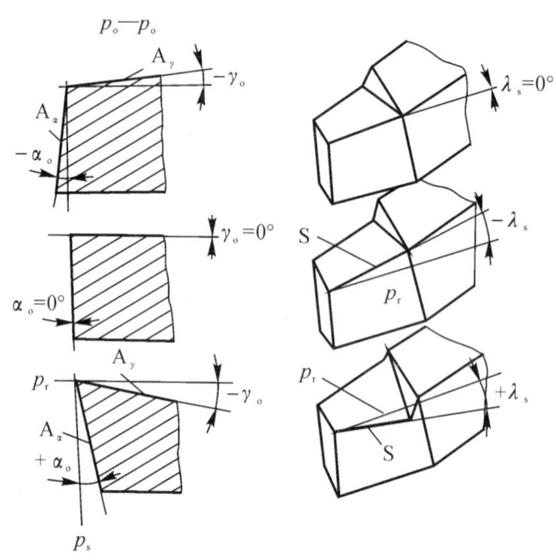

图 6.13　刀具角度正负规定

刃倾角是前刀面与基面在切削平面中的测量值，因此其正负的判断方法与前角类似。切削刃与基面(车刀底平面) 平行时，刃倾角为零，刀尖相对车刀的底平面处于最高点时，刃倾角为正，处于最低点时，刃倾角为负。

三、刀具的工作角度

上面讲到的刀具标注角度，是忽略进给运动的影响，而且在刀具按特定条件安装的情况下给出的。刀具在工作状态下的切削角度，即刀具的工作角度，应该考虑包括进给运动在内的合成切削运动和刀具的实际安装情况，因而刀具工作角度的参考系也就不同于标注角度参考系，各参考平面的空间位置也相应地有了改变。刀具角度变化的根本原因是切削平面、基面和正交平面位置的改变，因此，研究切削过程中的刀具角度，必须以刀具与工件的相对位置、相对运动为基础建立参考系，这种参考系称为刀具工作角度参考系。

1. 刀具工作角度参考系与刀具工作角度

刀具工作角度参考系根据国家标准《金属切削　基本术语》(GB/T 12204—2010) 推荐了三种，即：工作正交平面参考系 p_{re}、p_{se}、p_{oe}，工作背平面假定工作平面参考系 p_{re}、p_{fe}、p_{pe}，工作法平面参考系 p_{re}、p_{se}、p_{ne}。其中应用最多的是工作正交平面参考系。刀具工作角度参考系可参考图 6.14。其定义如下：

(1) 工作基面 p_{re}。它是过切削刃选定点垂直于合成切削速度方向的平面。

(2) 工作切削平面 p_{se}。它是过切削刃选定点与切削刃相切，且垂直于工作基面的平面。该平面包含合成切削速度方向。

(3) 工作正交平面 p_{oe}。它是过切削刃选定点，同时垂直于工作切削平面与工作基面的平面。

刀具工作角度的定义与标注角度类似，它是前、后刀面与工作参考系平面的夹角。例如外圆车刀的工作角度的标注符号分别是：工作前角 γ_{oe}、工作后角 α_{oe}、工作主偏角 κ_{re}、工作刃倾角 λ_{se}、工作副偏角 κ'_{re} 和工作副后角 α'_{oe} 等。

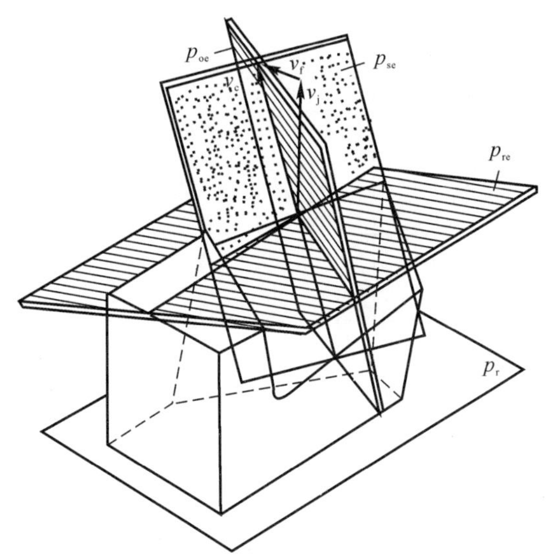

图 6.14　刀具工作角度参考系

2. 刀具安装对工作角度的影响

(1) 刀柄偏斜对工作主、副偏角的影响。如图 6.15 所示，车刀随四方刀架逆时针转动 θ 角后，工作主偏角 κ_{re} 将增大，工作副偏角 κ'_{re} 将减小。例如精车时可调正 $\theta=\kappa'_r$，则车刀工作副偏角 κ'_{re} 就等于 0°。

$$\left.\begin{aligned}\kappa_{re}&=\kappa_r+\theta\\ \kappa'_{re}&=\kappa'_r-\theta\end{aligned}\right\}\tag{6.12}$$

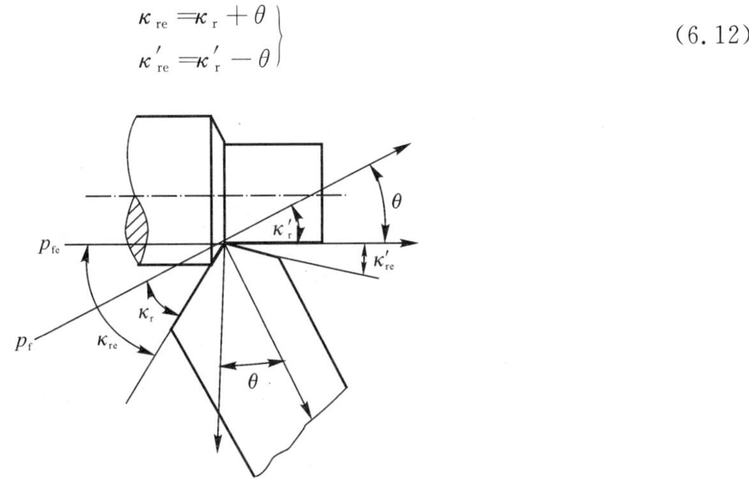

图 6.15　刀柄偏斜对工作主、副偏角影响

(2) 切削刃安装高低对工作前、后角的影响。如图 6.16 所示，车刀切削刃选定点 A 高于工件中心 h 时，将引起工作前、后角的变化。不论是因刀具安装引起的，还是由刃倾角引起的，只

要切削刃选定点不在工件中心高度上，A 点的切削速度方向就不与刀柄底面垂直。工作参考系平面 p_{se}、p_{re} 转动了 ε 角，工作前角 γ_{oe} 增大 ε、工作后角 α_{oe} 减小 ε。

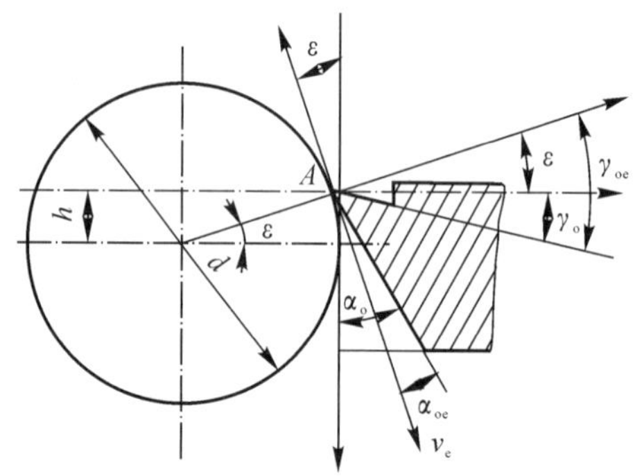

图 6.16　切断时切削刃高于工件中心对工作前、后角的影响

$$\sin\varepsilon = \frac{2h}{d} \tag{6.13}$$

$$\left.\begin{aligned} \gamma_{oe} &= \gamma_o + \varepsilon \\ \alpha_{oe} &= \alpha_o - \varepsilon \end{aligned}\right\} \tag{6.14}$$

同理，切削刃选定点 A 低于工件中心时，h 值与 ε 角为负值，将引起工作前角 γ_{oe} 减小、工作后角 α_{oe} 加大。

加工内表面时，情况与加工外表面相反。

不难看出：工作前、后角的变化量 ε 与 h 值成正比，与工件直径 d 成反比。因此，加工小直径的零件，例如切断到中心处，或钻头近中心切削刃，即使 h 值控制得很小，但由于 d 值很小，故引起的 ε 角也不能忽略。而加工直径较大的零件，ε 角的影响可以忽略不计。

3. 进给运动对工作角度的影响

（1）横向进给运行对工作前、后角的影响。在工件切断和切槽时，进给运动是沿横向进行的。如图 6.17 所示，当不考虑进给运动时，刀刃选定点 O 在工件表面上的运动轨迹是一个圆，因此切削平面 p_s 是过 O 点切于此圆的平面，基面 p_r 是过 O 点垂直于切削平面 p_s 的平面，它与刀杆底面平行。当考虑进给运动后，刀刃选定点 O 在工件上的运动轨迹为阿基米德螺线，切削平面改变为过 O 点切于该螺线的平面 p_{se}，基面则为过同一 O 点垂直于切削平面 p_{se} 的平面 p_{re}，它不平行于刀杆底面或标注角度的基面，p_{se} 与 p_{re} 均相对于原来的 p_s 与 p_r 倾斜了一个角度 μ，但工作正交平面 p_{oe} 与原来的 p_o 是重合的。

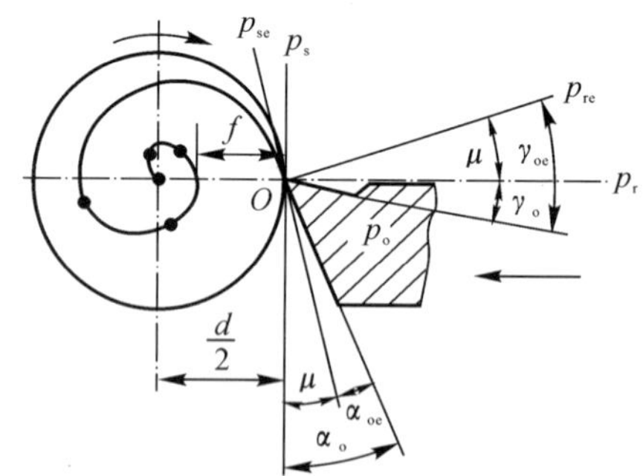

图 6.17　横向进给对前、后角的影响

$$\left.\begin{aligned} \gamma_{oe} &= \gamma_o + \mu \\ \alpha_{oe} &= \alpha_o - \mu \\ \tan\mu &= \frac{f}{\pi d} \end{aligned}\right\} \tag{6.15}$$

式中　f —— 工件每转一周时刀具的横向进给量；

d —— 刀刃选定点 O 在横向进给切削过程中相对于工件中心的直径，也就是 O 点在工件上切出阿基米德螺线对应点的直径，它在切削过程中是一个不断变化的数值。

由式(6.15)可知，刀刃越接近工件中心，d 值越小，则 μ 值越大。因此在一定进给量下，当刀刃接近工件中心时，μ 值急剧增大，工作后角 α_{oe} 将变成负值。横向进给量 f 的大小对 μ 值也有很大影响，f 增大则 μ 值增大，也有可能使工作后角变为负值，因而横向切削时，不宜选用过大的进给量 f，或者刀具应适当加大标注后角 α_o。

(2) 纵向进给运动对工作前、后角的影响。一般外圆车削时，由于纵向进给量 f 较小，它对车刀工作角度的影响通常忽略不计，但在车螺纹，尤其是车多头螺纹时，纵向进给的影响就不可轻视了。如图 6.18 所示，车螺纹时，车刀的 $\lambda_s=0$，当不考虑纵向进给时，切削平面 p_s 垂直于刀杆底面，而刀杆底面是与基面 p_r 平行的，在假定工作平面内标注侧前角 γ_f 和侧后角 α_f，在正交平面内标注前角 γ_o 和后角 α_o；当考虑进给运动之后，切削平面 p_{se} 改为切于圆柱螺旋面的平面，基面 p_{re} 垂直于切削平面 p_{se}，故与刀杆底面不再平行，它们分别相对于 p_s 或 p_r 倾斜了同样的角度，这个角度在假定工作平面 p_f 中为 μ_f，在正交平面 p_o 中为 μ_o。因此，刀具在假定工作平面内的工作角度为

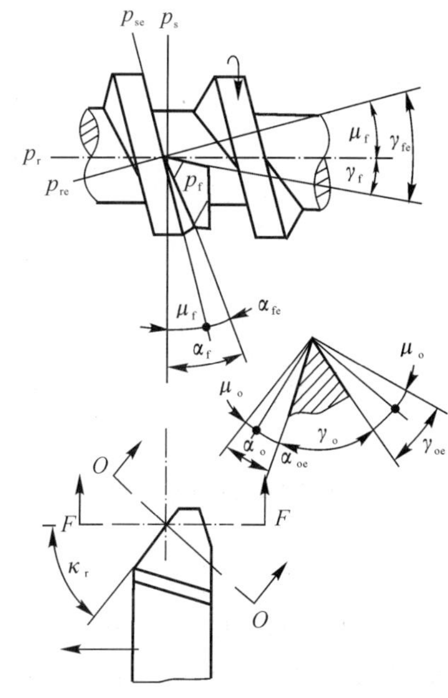

图 6.18　纵向进给运动对工作角度的影响

$$\left.\begin{aligned}\gamma_{fe}&=\gamma_f+\mu_f\\ \alpha_{fe}&=\alpha_f-\mu_f\\ \tan\mu_f&=\frac{f}{\pi d_w}\end{aligned}\right\}\tag{6.16}$$

式中　f —— 纵向进给量，或被切螺纹的导程，对于单头螺纹，f 等于螺距；

d_w —— 工件直径，或螺纹的外径。

在正交平面内，刀具的工作角度为

$$\left.\begin{aligned}\gamma_{oe}&=\gamma_o+\mu_o\\ \alpha_{oe}&=\alpha_o-\mu_o\\ \tan\mu_o&=\tan\mu_f\sin\kappa_r=\frac{f\sin\kappa_r}{\pi d_w}\end{aligned}\right\}\tag{6.17}$$

由式(6.16)和式(6.17)可知，μ_f 与 μ_o 值是和进给量 f 及工件直径 d_w 有关的。f 越大或 d_w 越小，μ_f 与 μ_o 值均越大。值得注意的是，以上分析的是车右螺纹时的车刀左侧刀刃，此时右侧刀刃的情况刚好相反，因此对车刀右侧刀刃工作角度的影响也正好相反。这说明车削右螺纹时，车刀左侧刀刃应注意适当加大刃磨后角 α_o，而右侧刀刃却应设法增大刃磨前角 γ_o。

(3) 进给运动方向不平行于工件旋转轴线时对工作主、副偏角的影响。图 6.19 所示为扳

动小托板车外锥面的情况。由于刀具进给方向与工件轴线偏转了 μ 角(圆锥半角),从而引起工作主偏角 κ_{re} 减小,工作副偏角 κ'_{re} 增大,即

$$\left.\begin{aligned}\kappa_{re}&=\kappa_r-\mu\\ \kappa'_{re}&=\kappa'_r+\mu\end{aligned}\right\}\tag{6.18}$$

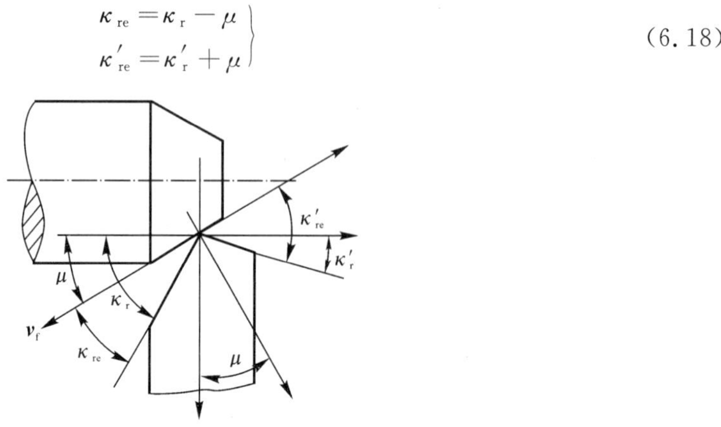

图 6.19　进给运动方向对工作主、副偏角的影响

四、切削层与切削方式

1. 切削层参数

在切削过程中,刀具的刀刃在一次走刀中从工件待加工表面切下的金属层,称为切削层。切削层参数就是指这个切削层的截面尺寸,它决定了刀具切削部分所承受的负荷和切屑的尺寸大小。

切削层形状、尺寸直接影响着切削过程的变形、刀具的负荷以及刀具的磨损。为了简化计算,切削层形状、尺寸规定在刀具基面中度量,即在切削层公称横截面中度量。

如图 6.20 所示,当主、副切削刃为直线,且刃倾角 $\lambda_s=0°$、$\kappa_r>0°$ 时,切削层公称横截面 $ABCD$ 为平行四边形,若 $\kappa_r=90°$,则为矩形。

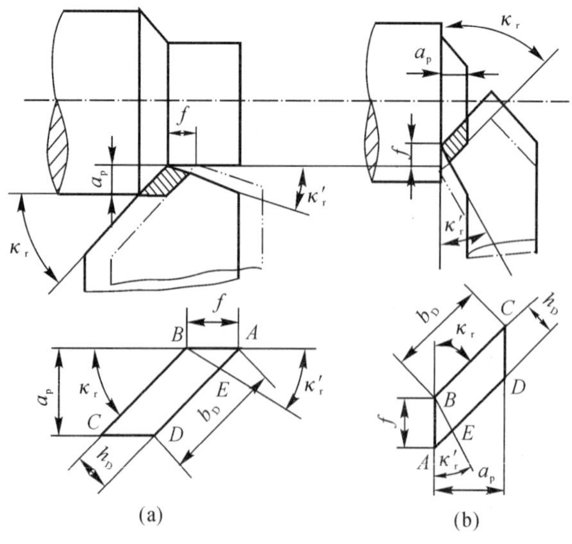

图 6.20　切削层参数

(a) 车外圆;(b) 车端面

切削层尺寸是指在刀具基面中度量的切削层长度与宽度，它与切削用量 a_p、f 大小有关。但直接影响切削过程的是切削层横截面及其厚度、宽度尺寸。它们的定义与符号如下：

(1) 切削层公称横截面积 A_D，简称切削层横截面积，它是在基面里度量的横截面积。

$$A_D = h_D b_D = a_p f \tag{6.19}$$

(2) 切削公称厚度 h_D，简称切削厚度，它是在垂直于过渡表面度量的切削层尺寸。

$$h_D = f\sin\kappa_r \tag{6.20}$$

(3) 切削公称宽度 b_D，简称切削宽度，它是在平行于过渡表面度量的切削层尺寸。

$$b_D = \frac{a_p}{\sin\kappa_r} \tag{6.21}$$

分析式(6.19)～式(6.21)可知：切削厚度与切削宽度随主偏角大小变化。当 $\kappa_r = 90°$ 时，$h_D = f$，$b_D = a_p$。A_D 只与切削用量 f、a_p 有关，不受主偏角的影响。但切削层横截面的形状则与主偏角 κ_r、刀尖圆弧半径 r_ε 大小有关。随主偏角 κ_r 的减小，切削厚度 h_D 将减小，而切削宽度 b_D 将增大。

2. 切削方式

(1) 自由切削与非自由切削(见图 6.21 和图 6.22)。只有一个主切削刃参加切削称为自由切削，主、副切削刃同时参加切削称为非自由切削。自由切削时切削变形过程比较简单，它是进行切削试验研究常用的方法。而实际切削通常都是非自由切削。

(2) 直角切削与斜角切削(见图 6.21)。切削刃与切削速度方向垂直的切削称为直角切削，也叫正交切削或正切削。切削刃不垂直于切削速度方向的切削称为斜角切削，也叫非正交切削或斜切削。因此，刃倾角不等于零的刀具的切削均属于斜角切削方式。斜角切削具有刃口锋利、排屑轻快等许多优点。

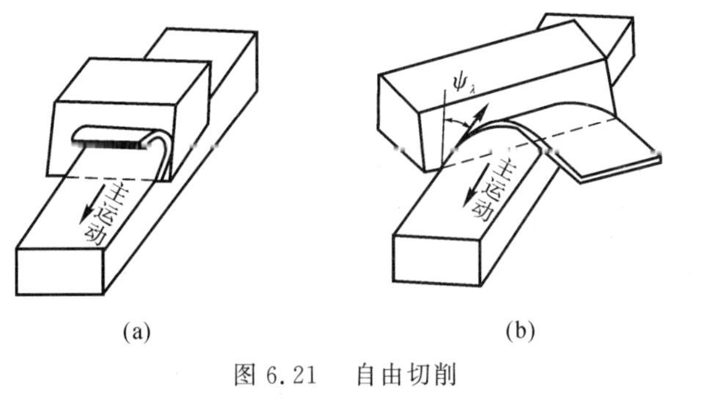

图 6.21　自由切削

(a) 直角切削；(b) 斜角切削

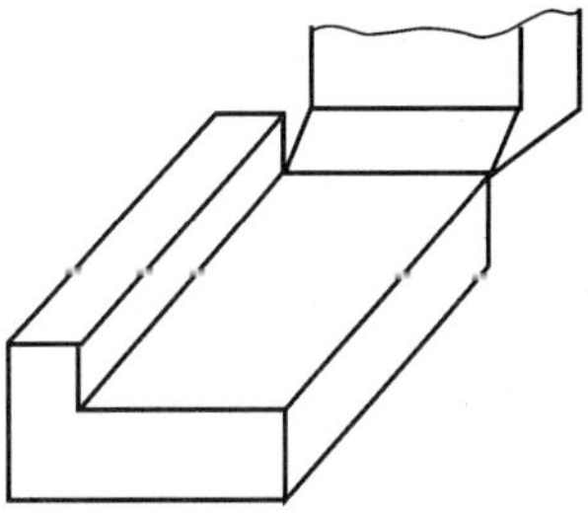

图 6.22　非自由切削

6.3　刀具材料

用刀具切削金属时，直接负担切削工作的是刀具的切削部分。刀具切削性能的好坏，取决于构成刀具切削部分的材料、切削部分的几何参数及刀具结构的选择和设计的合理性。切削加工生产率和刀具耐用度的高低、刀具消耗和加工成本的多少、加工精度和表面质量的优劣等，在很大程度上都取决于刀具材料的选择。

一、刀具材料应该具备的性能

刀具在工作时,要承受很大的压力。同时,切削时产生的金属塑性变形以及在刀具、切屑、工件相互接触表面间产生的强烈摩擦,使刀具切削刃产生很高的温度并受到很大的应力,在这样的条件下,刀具将迅速磨损或破损。因此刀具材料应能满足以下要求:

(1) 高的硬度和耐磨性。一般刀具材料在室温下应具有 60 HRC 以上的硬度。材料硬度越高,耐磨性越好,但抗冲击韧性相对就越低。因此要求刀具材料在保持有足够的强度与韧性条件下,尽可能有高的硬度与耐磨性。

(2) 足够的强度和韧性。要使刀具在承受很大压力,以及在切削过程中通常要出现的冲击和振动条件下工作,而不产生崩刃和折断,刀具材料就必须具有足够的强度和韧性。

(3) 高的耐热性(热稳定性)。高耐热性是指在高温下仍能维持刀具切削性能的一种特性,也就是在高温下保持硬度、耐磨性、强度和韧性的性能,通常用高温硬度值来衡量,也可用刀具切削时允许的耐热温度值来衡量。它是影响刀具材料切削性能的重要指标。耐热性越好的材料允许的切削速度就越高。

除高温硬度以外,刀具材料还应具有在高温下抗氧化的能力以及良好的抗黏结和抗扩散的能力,即刀具材料应具有良好的化学稳定性。

(4) 良好的热物料性能和耐热冲击性能。刀具材料的导热性越好,切削热越容易从切削区散走,越有利于降低切削温度。

刀具在断续切削(如铣削)或使用切削液切削时,常常受到很大的热冲击(温度变化急剧),因而刀具内部会产生裂纹而导致刀具断裂。耐热冲击性能良好的刀具材料,在切削加工时可使用切削液。

(5) 良好的工艺性能。为了便于刀具制造,要求刀具材料具有良好的工艺性能。例如,工具钢应有较好的热处理工艺性,淬火变形小、淬透层深、脱碳层浅;高硬度材料需有可磨削加工性;需要焊接的材料,宜有较好的导热性与焊接工艺性。

(6) 经济性。经济性是刀具材料的重要指标之一,刀具材料的发展应结合本国资源。有的刀具(如超硬材料刀具)虽然单件成本很贵,但因其使用寿命很长,分摊到每个零件的成本不一定很高。因此,在选用时要考虑经济效果。此外,在切削加工自动化和柔性制造系统中,也要求刀具的切削性能比较稳定和可靠,有一定的可预测性和高度的可靠性。

选择刀具材料时,很难找到各方面的性能都是最佳的,因为材料硬度与韧性之间、综合性能与价格之间都是相互制约的。只能根据工艺需要,以保证主要需求性能为前提,尽可能选用价格低的材料。例如粗加工锻件毛坯,刀具材料应保证有较高强度与韧性,而加工高硬度材料需有较高的硬度与耐磨性,高生产率的自动线用刀具需保证有较高的刀具寿命等。

常用的刀具材料有碳素工具钢、合金工具钢、高速钢、硬质合金、陶瓷、金刚石、立方氮化硼等。碳素工具钢(如 T10A、T12A)、合金工具钢(如 9SiCr、CrWMn),因耐热性较差,仅用于一些手工工具及切削速度较低的刀具;陶瓷、金刚石和立方氮化硼仅用于有限的场合。目前,刀具材料中用得最多的仍是高速钢和硬质合金。

各类刀具材料的主要物理力学性能如表 6.1 所示。

表 6.1　各类刀具材料的主要物理力学性能

<table>
<tr><th colspan="2">材料种类</th><th>硬度
HRC(HRA)</th><th>抗弯强度
GPa</th><th>冲击值
$MJ \cdot cm^{-2}$</th><th>热导率
$W \cdot (m \cdot K)^{-1}$</th><th>耐热性
℃</th></tr>
<tr><td rowspan="2">工具钢</td><td>碳素工具钢</td><td>60～65
(81.2～84)</td><td>2.16</td><td>—</td><td>≈41.87</td><td>200～250</td></tr>
<tr><td>合金工具钢</td><td>60～65
(81.2～84)</td><td>2.35</td><td>—</td><td>≈41.87</td><td>300～400</td></tr>
<tr><td colspan="2">高速钢</td><td>63～70
(83～86.6)</td><td>1.96～4.41</td><td>0.098～0.588</td><td>16.75～25.1</td><td>600～700</td></tr>
<tr><td rowspan="4">硬质合金</td><td>钨钴类</td><td>(89～91.5)</td><td>1.08～2.16</td><td>0.019～0.059</td><td>75.4～87.9</td><td>800</td></tr>
<tr><td>钨钛钴类</td><td>(89～92.5)</td><td>0.882～1.37</td><td>0.002 9～0.006 8</td><td>20.9～62.8</td><td>900</td></tr>
<tr><td>含有碳化钽、铌类</td><td>(～92)</td><td>～1.47</td><td>—</td><td>—</td><td>1 000～1 100</td></tr>
<tr><td>碳化钛基类</td><td>(92～93.3)</td><td>0.78～1.08</td><td>—</td><td>—</td><td>1 000</td></tr>
<tr><td rowspan="2">陶瓷</td><td>氧化铝陶瓷</td><td rowspan="2">(91～95)</td><td>0.44～0.686</td><td rowspan="2">0.004 9～0.011 7</td><td rowspan="2">41.9～20.93</td><td>1 200</td></tr>
<tr><td>氧化铝碳化物混合陶瓷</td><td>0.71～0.88</td><td>1 100</td></tr>
<tr><td rowspan="2">超硬材料</td><td>立方氮化硼</td><td>8 000～9 000 HV</td><td>～0.294</td><td rowspan="2">—</td><td>75.55</td><td>1 400～1 500</td></tr>
<tr><td>人造金刚石</td><td>10 000 HV</td><td>0.21～0.48</td><td>146.54</td><td>700～800</td></tr>
</table>

二、工具钢

1. 碳素工具钢

碳素工具钢是含碳量为 0.65%～1.3%的优质碳素钢，常用钢号有 T7A、T8A、T10A、T12A 等。这类钢工艺性能良好，经适当热处理，硬度可达 60～64 HRC，有较高的耐磨性，且价格低廉。其最大缺点是热硬性差，在 200～300℃时硬度开始降低，故允许的切削速度较低(5～10 m/min)。因此，只能用于制造手用刀具、低速及小进给量的机用刀具。

2. 合金工具钢

合金工具钢是在碳素工具钢中加入适当的合金元素铬(Cr)、硅(Si)、钨(W)、锰(Mn)、钒(V)等炼制而成的(合金元素总含量不超过 3%～5%)，提高了刀具材料的韧性、耐磨性和耐热性。其耐热性达 325～400℃，所以切削速度(10～15 m/min)比碳素工具钢提高了。合金工具钢用于制造细长的或截面积大、刃形复杂的刀具，如铰刀、丝锥和板牙等。

三、高速钢

高速钢是一种加入了较多的钨(W)、钼(Mo)、铬(Cr)、钒(V)等合金元素的高合金工具钢。

高速钢具有较高的热稳定性，在切削温度高达 500～650℃时，仍能进行切削。与碳素工具钢和合金工具钢相比，高速钢能提高切削速度 1～3 倍，提高刀具耐用度 10～40 倍，甚至更多。它可以加工从有色金属到高温合金的范围广泛的材料。

高速钢具有高的强度(抗弯强度为一般硬质合金的 2～3 倍，为陶瓷的 5～6 倍)和韧性，具有一定的硬度(63～70 HRC)和耐磨性，满足各类切削刀具的要求，也可用于在刚性较差的机床上加工。

高速钢刀具制造工艺简单，容易磨成锋利切削刃，能锻造，这一点对形状复杂及大型成形刀具非常重要，故在复杂刀具(钻头、丝锥、成形刀具、拉刀、齿轮刀具等)制造中，高速钢仍占主要地位。

高速钢材料性能较硬质合金和陶瓷稳定，在自动机床上使用较可靠。

因此，尽管各种新型刀具材料不断出现，高速钢仍占现有刀具材料的一半以上。

按用途不同，高速钢可分为通用型高速钢和高性能高速钢；按制造工艺方法不同，高速钢可分为熔炼高速钢和粉末冶金高速钢。

常用的高速钢的牌号及其物理力学性能见表 6.2。

表 6.2 常用的高速钢的牌号及其物理力学性能

钢号		牌号	硬度(HRC)			抗弯强度/GPa	冲击值/MJ·m^{-2}
			常温	500℃	600℃		
普通高速钢		W18Cr4V	63～66	56	48.5	2.94～3.33	0.172～0.331
		W6Mo5Cr4V2	63～66	55～56	47～48	3.43～3.92	0.294～0.392
		W9Mo3Cr4V	64～66.5	—	—	4～4.5	0.343～0.392
高性能高速钢	高碳	95W18Cr4V3	67～68	59	52	≈2.92	0.166～0.216
	高钒	W6Mo5Cr4V3	65～67	—	51.7	≈3.136	≈0.245
	含钴	W6Mo5Cr4V2Co8	66～68	—	54	≈2.92	≈0.294
		W2Mo9Cr4VCo8	67～70	60	55	2.65～3.72	0.225～0.294
	含铝	W6Mo5Cr4V2Al	67～69	60	55	2.84～3.82	0.225～0.294
		W10Mo4Cr4V3Al	67～69	60	54	3.04～3.43	0.196～0.274

1. 通用型高速钢

通用型高速钢应用最广，约占高速钢总量的 75%，碳的质量分数为 0.7%～0.9%，按含钨、钼量的不同分为钨系、钨钼系。主要牌号有以下三种：

(1)W18Cr4V(18-4-1)钨系高速钢。18-4-1 高速钢具有较好的综合性能。因含钒量少，刃磨工艺性好；淬火时过热倾向小，热处理控制较容易。缺点是碳化物分布不均匀，不宜做大截面的刀具；热塑性较差；又因钨价高，国内使用逐渐减少，国外已很少采用。

(2)W6Mo5Cr4V2(6-5-4-2)钨钼系高速钢。6-5-4-2 高速钢是国内外普遍应用的牌号。加入 3%～5%质量分数的钼，可改善刃磨工艺性。因此，6-5-4-2 的高温塑性及韧性胜过 18－4－1，可用于制造热轧刀具如扭制麻花钻等。主要缺点是淬火温度范围窄，脱碳过热敏感性大。

(3) W9Mo3Cr4V(9－3－4－1)钨钼系高速钢。9－3－4－1 高速钢是根据我国资源研制的牌号。其抗弯强度与韧性均比 6－5－4－2 好。高温热塑性好，而且淬火过热、脱碳敏感性小，有良好的切削性能。

2. 高性能高速钢

高性能高速钢是指在通用型高速钢中增加碳、钒、钴或铝等合金元素的新钢种。其常温硬度可达 67～70 HRC，耐磨性与耐热性有显著的提高，能用于不锈钢、耐热钢和高强度钢的加工。表 6.2 已列出各类高性能高速钢的典型牌号。

高碳高速钢的含碳量提高，使钢中的合金元素能全部形成碳化物，从而提高钢的硬度与耐磨性，但其强度与韧性略有下降，目前已很少使用。

高钒高速钢是将钢中钒的质量分数增加到 3%～5%。由于碳化钒的硬度较高，可达到 2 800 HV，比普通刚玉高。因此，增加了钢的耐磨性，同时也增加了此钢种的刃磨难度。

钴高速钢的典型牌号是 W2Mo9Cr4VCo8(M42)。在钢中加入了钴，可提高高速钢的高温硬度和抗氧化能力，因此能适用于较高的切削速度。钴在钢中能促进钢在回火时从马氏体中析出钨、钼的碳化物，提高回火硬度。钴的热导率较高，对提高刀具的切削性能是有利的。钢中加入钴可降低摩擦因数，改善其磨削加工性。

铝高速钢是我国独创的高性能高速钢。典型的牌号是 W6Mo5Cr4V2Al(501)。铝不是碳化物的形成元素，但它能提高 W、Mo 等元素在钢中的溶解度，并可阻止晶粒长大。因此铝高速钢可提高高温硬度、热塑性与韧性。铝高速钢在切削温度的作用下，刀具表面可形成氧化铝薄膜，减少与切屑的摩擦和黏结。501 高速钢的力学性能与切削性能与美国 M42 高性能高速钢相当，且价格较低。铝高速钢的热处理工艺要求较严。

3. 粉末冶金高速钢

粉末冶金高速钢 (PMHSS)是高速钢中的上品。粉末冶金高速钢是通过高压惰性气体或高压水雾化高速钢液而得到的细小的高速钢粉末，然后压制或热压成形，再经烧结而成的高速钢。粉末冶金高速钢在 20 世纪 60 年代由瑞典首先研制成功，20 世纪 70 年代，国产的粉末冶金高速钢开始试用。这种钢使用性能好，因而其应用日益增加。

粉末冶金高速钢与熔炼高速钢比具有以下优点：

(1)由于可获得细小均匀的结晶组织(碳化物晶粒为 2～5 μm)，从而完全避免了碳化物的偏析，提高了钢的硬度与强度，能达到硬度为 69.5～70 HRC，抗弯强度为 2.73 ～3.43 GPa。PMHSS 的强度取决于其夹杂含量及尺寸大小，随着制造技术的不断进步，新一代的粉末冶金高速钢的抗弯强度可达 4.2 GPa。

(2)无方向性。粉末高速钢由极细的钢粒加压烧结而成，所以各个点的压缩强度、冲击性、抗折强度、韧性都相同。由于物理力学性能各向同性，热处理变形后，各向同时加大，可提高热处理的硬度，减小热处理变形与应力，提高其耐磨性。因此更适合用于制造精密刀具。

(3)没有偏析的现象，粉末高速钢的被加工性较好，且不易变形。由于钢中的碳化物细小均匀，磨削加工性得到显著改善，含钒量多者，改善程度就更显著。这一独特的优点，使得粉末冶金高速钢能用于制造新型的、增加合金元素的、加入大量碳化物的超硬高速钢，而不降低其可磨工艺性。这是熔炼高速钢无法比拟的。

(4)粉末冶金高速钢提高了材料的利用率。粉末冶金高速钢目前应用尚少的原因是成本较高。因此其主要使用范围是制造成形复杂刀具，如精密螺纹车刀、拉刀、切齿刀具等，以及加工高强度钢、镍基合金、钛合金等难加工材料用的刨刀、钻头、铣刀等刀具。

四、硬质合金

1. 硬质合金的组成与性能

硬质合金是由难熔金属碳化物(如 WC、TiC、TaC、NaC 等)和金属黏结剂(如 Co、Ni 等)经粉末冶金方法制成的。

由于硬质合金中都含有大量金属碳化物，这些碳化物都有熔点高、硬度高、化学稳定性好、热稳定性好等特点，因此，硬质合金的硬度、耐磨性、耐热性都很高。常用硬质合金的硬度为 89～93 HRA，比高速钢的硬度(83～86.6 HRA)高。在 800～1 000℃时尚能进行切削。在 540℃时，硬质合金的硬度为 82～87 HRA，相当于高速钢的常温硬度，在 760℃时仍能保持 77～85 HRA。因此，硬质合金的切削性能比高速钢高得多，刀具耐用度可提高几倍到几十倍，在耐用度相同时，切削速度可提高 4～10 倍。

常用硬质合金的抗弯强度为 0.9～1.5 GPa，比高速钢的强度低得多，断裂韧度也较差(见表 6.3)。因此，硬质合金刀具不能像高速钢刀具那样能够承受大的切削振动和冲击负荷。

硬质合金中碳化物含量较高时，硬度较高，但抗弯强度较低；黏结剂含量较高时，则抗弯强度较高，但硬度却较低。

硬质合金由于切削性能优良，因此被广泛用作刀具材料(有的国家使用量已达刀具材料总量的一半)。绝大多数的车刀和端铣刀都采用硬质合金制造；深孔钻、铰刀等刀具也广泛地采用了硬质合金；就连一些复杂刀具，如拉刀、齿轮滚刀(特别是整体小模数硬质合金滚刀和加工淬硬齿面的滚刀)也都采用了硬质合金。硬质合金刀具还可用来加工高速钢刀具不能切削的淬硬钢等硬材料。

表 6.3 常用的硬质合金牌号及性能

钢 号		牌 号	化学成分/(%)				密度/(t·m^{-3})	热导率 W·(m·k)$^{-1}$	硬度 (HRA)	抗弯强度 GPa
			WC	TiC	TaC/NbC	Co				
WC基	钨钴类	YG3X	97		<0.5	3	14.9～15.3	87.92	91.5	1.08
		YG6X	93.5		0.5	6	14.6～15.0	75.55	91	1.37
		YG6	94			6	14.6～15.0	75.55	89.75	1.42
		YG8	92			8	14.5～14.9	75.36	89	1.47
		YG10C	90			10	14.3～14.9	75.36	88	1.72
	钨钛钴类	YT30	66	30		4	9.3～9.7	20.93	92.5	0.88
		YT15	79	15		6	11.0～11.7	33.49	91	1.13
		YT14	78	14		8	11.2～12.0	33.49	90.5	1.77
		YT5	85	5		10	12.5～13.2	62.80	89	1.37

续 表

钢　号		牌　号	化学成分/(%)				密度/($t \cdot m^{-3}$)	热导率 / $W \cdot (m \cdot k)^{-1}$	硬度(HRA)	抗弯强度 / GPa
			WC	TiC	TaC/NbC	Co				
WC 基	加添加剂类	YG6A (YA6)	91		3	6	14.6～15.0		91.5	1.37
		YG8A	91		1	8	14.5～14.9		98.5	1.47
		YW1	84		4	8	12.8～13.3		91.5	1.18
		YW2	82		4	8	12.6～13.0		90.5	1.32
TiC(N)基		YN05	8	71		Ni7 Mo14	5.9		93.3	0.78～0.93
		YN10	5	62	1	Ni12 Mo10	6.3		92	1.08

注:牌号后的 X 表示细颗粒合金,牌号后的 C 表示粗颗粒合金,牌号后的 A 表示含 TaC(NbC)的 YG 类合金。

2. 普通硬质合金分类、牌号与使用性能

硬质合金按其化学成分与使用性能分为以下三类:

K 类:钨钴类(WC+Co);

P 类:钨钛钴类 (WC+TiC+Co);

M 类:添加稀有金属碳化物类[WC+TiC+TaC(NbC)+Co]。

(1)K 类合金(原冶金部标准 YG 类)(GB/T 2075—2007)。K 类合金抗弯强度与韧性比 P 类高,能承受对刀具的冲击,可减少切削时的崩刃,但耐热性比 P 类差,因此主要用于加工铸铁、非铁材料与非金属材料。在加工脆性材料时切屑呈崩碎状。K 类合金导热性较好,有利于降低切削温度。此外,K 类合金磨削加工性好,可以刃磨出较锋利的刃口,故也适合加工非铁材料及纤维压层材料。

合金中含钴量越高,韧性越好,适用于粗加工;含钴量少的适用于精加工。

(2)P 类合金(原冶金部标准 YT 类)(GB/T 2075—2007)。P 类合金有较高的硬度,特别是有较高的耐热性,较好的抗黏结、抗氧化能力。它主要用于加工以钢为代表的塑性材料。加工钢时塑性变形大、摩擦剧烈、切削温度较高。P 类合金磨损慢,刀具寿命长。合金中含 TiC 量较多者,含 Co 量就少,耐磨性、耐热性就更好,适合精加工。但 TiC 量增多时,合金导热性变差,焊接与刃磨时容易产生裂纹。含 TiC 量较少者,则适合粗加工。

P 类合金中的 P01 类为碳化钛基类(TiC+WC+Ni+Mo)(原冶金部标准 N 类),它以 TiC 为主要成分,Ni、Mo 作黏结金属,适合高速精加工合金钢、淬硬钢等。

TiC 基合金的主要特点是硬度非常高,达 90～93 HRA,有较好的耐磨性;特别是 TiC 与钢的黏结温度高,使抗月牙洼磨损能力强;有较好的耐热性与抗氧化能力,在 1 000～1 300℃ 高温下仍能进行切削;切削速度可达 300～400 m/min。此外,该合金的化学稳定性好,与工件材料亲和力小,能减少与工件的摩擦,不易产生积屑瘤。

最早出现的 TiC 基硬质合金(又称金属陶瓷),其主要缺点是抗塑性变形能力差,抗崩刃性差。现在已发展为以 TiC、TiN、TiCN 为基,且以 TiN 为主,因而耐热冲击性及韧性都有了显著提高。

(3)M 类合金(原冶金部标准 YW 类)(GB/T 2075—2007)。M 类合金加入了适量稀有难熔金属碳化物,以提高合金的性能。其中效果显著的是加入 TaC 或 NbC,一般质量分数在 4%左右。

TaC 和 NbC 在合金中主要作用是提高合金的高温硬度与高温强度。在 K 类合金中加入 TaC,可使 800℃时强度提高 0.15～0.20 GPa。在 P 类合金中加入 TaC,可使高温硬度提高 50～ 100 HV。

由于 TaC 和 NbC 与钢的黏结温度较高,从而可减缓合金成分向钢中扩散,延长刀具寿命。

TaC 和 NbC 还可提高合金的常温硬度,提高 P 类合金抗弯强度与冲击韧度,特别是提高合金的抗疲劳强度;能阻止 WC 晶粒在烧结过程中的长大,有助于细化晶粒,提高合金的耐磨性。

TaC 在合金中的质量分数达 12%～15%时,可提高抵抗周期性温度变化的能力,防止产生裂纹,并提高抗塑性变形的能力。这类合金能适应断续切削及铣削,不易发生崩刃。

此外,TaC 和 NbC 还可改善合金的焊接、刃磨工艺性,提高合金的使用性能。

3. 细晶粒、超细晶粒合金

普通硬质合金中 WC 粒度为几微米,细晶粒合金平均粒度在 1.5 μm 左右。超细晶粒合金粒度在 0.2～1 μm 之间,其中绝大多数在 0.5 μm 以下。

细晶粒合金中由于硬质相和黏结相高度弥散,增加了黏结面积,提高了黏结强度。因此,其硬度与强度都比同样成分的合金高,硬度约提高 1.5～2 HRA,抗弯强度约提高 0.6～0.8 GPa,而且高温硬度也能提高一些,可减少中低速切削时产生的崩刃现象。

生产超细晶粒合金,除必须使用细的 WC 粉末外,还应添加微量抑制剂,以控制晶粒长大,并采用先进烧结工艺,成本较高。

超细晶粒合金的使用场合如下:

(1)高硬度、高强度的难加工材料;

(2)难加工材料的间断切削,如铣削等;

(3)低速切削的刀具,如切断刀、小钻头、成形刀等;

(4)要求有较大前角、后角,较小刀尖圆弧半径的能进行薄层切削的精密刀具,如铰刀、拉刀等刀具。

4. 钢结硬质合金

钢结硬质合金是由 WC、TiC 作硬质相,高速钢作黏结相,通过粉末冶金工艺制成。它可以锻造、切削加工、热处理与焊接。淬火后硬度高于高生产率高速钢,强度、韧性高于硬质合金。钢结硬质合金可用于制造模具、拉刀、铣刀等形状复杂的工具或刀具。

五、其他刀具材料

1. 陶瓷材料

陶瓷材料是以氧化铝为主要成分在高温下烧结而成的。刀具常用的陶瓷有纯 Al_2O_3陶瓷和 $TiC-Al_2O_3$ 混合陶瓷两种。

陶瓷材料的优点是:有很高的硬度和耐磨性;有很好的耐热性,在 1 200℃高温下仍能进行切削;有很好的化学稳定性和较低的摩擦因数,抗扩散和抗黏结能力强。陶瓷刀具最大的缺点是强度低、韧性差,抗弯强度仅为硬质合金的 1/3～1/2;热导率低,仅为硬质合金的 1/5～1/2。

陶瓷刀具适用于钢、铸铁及塑性大的材料(如紫铜)的半精加工和精加工,对于冷硬铸铁、淬硬钢等高硬度材料加工特别有效,但不适用于机械冲击和热冲击大的加工场合。

2. 金刚石

金刚石刀具有三种:天然单晶金刚石刀具、人造聚晶金刚石刀具和金刚石复合刀具。天然金刚石由于价格高昂等原因,应用很少。人造金刚石是在高温、高压和其他条件配合下由石墨转化而成的。金刚石复合刀具是在硬质合金基体上烧结上一层厚度约 0.5 的金刚石,形成了金刚石与硬质合金的复合刀具。

金刚石刀具有很好的耐磨性,可用于加工硬质合金、陶瓷和高铝硅合金等高硬度、高耐磨材料,刀具耐用度比硬质合金高几倍甚至几百倍;金刚石刀具有非常锋利的切削刃,能切下极薄的切屑,加工冷硬现象较少;金刚石抗黏结能力强,不产生积屑瘤,很适于精密加工。但其耐热性差,切削温度不得超过 700～800℃;强度低、脆性大,对振动很敏感,只宜微量切削;与铁的亲合力很强,不适于加工黑色金属材料。金刚石目前主要用于磨具及磨料,作为刀具多在高速下对有色金属及非金属材料进行精细切削。

3. 立方氮化硼

立方氮化硼(CBN)是由六方氮化硼在高温、高压下加入催化剂转变而成的,是 20 世纪 70 年代出现的新材料,硬度高达 8 000～9 000 HV,仅次于金刚石,耐热性却比金刚石好得多,在高于 1 300℃时仍可切削,且立方氮化硼的化学惰性大,与铁系材料在 1 200～1 300℃高温下也不易起化学作用。因此,立方氮化硼作为一种新型超硬磨料和刀具材料,可用于加工钢铁等黑色金属,特别是加工高温合金、淬火钢和冷硬铸铁等难加工材料,具有非常广阔的发展前途。

4. 涂层刀片

涂层刀片是在韧性和强度较高的硬质合金或高速钢的基体上,采用化学气相沉积(CVD)、物理气相沉积(PVD)、真空溅射等方法,涂覆一薄层(5～12 μm)颗粒极细的耐磨、难熔、耐氧化的硬化物(TiC、TiN、TiC - Al_2O_3)后获得的新型刀片,具有较高的综合切削性能,能够适应多种材料的加工。

6.4　金属切削过程基础

金属切削过程是指将工件上多余的金属层,通过切削加工被刀具切除成为切屑从而得到所需要的零件几何形状的过程。在这一过程中,始终存在着刀具切削工件和工件材料抵抗切削的矛盾,从而产生一系列现象,如切削变形、切削力大小变化、切削热与切削温度产生以及有关刀具的磨损、卷屑与断屑等。

一、切削变形与切屑形成过程

切削变形与切屑形成过程是切削原理中最基本和重要的课题,为了便于分析和了解,常用正交自由切削模型进行说明。

1. 切削变形区的划分

以塑性材料的切屑形成过程为例来说明金属切削层的变形过程。图 6.23 所示为金属切削过程中滑移线和流线示意，其中流线表示被切削金属的某一点在切削过程中流动的轨迹。从图 6.23 中可见，可大致分为三个变形区。

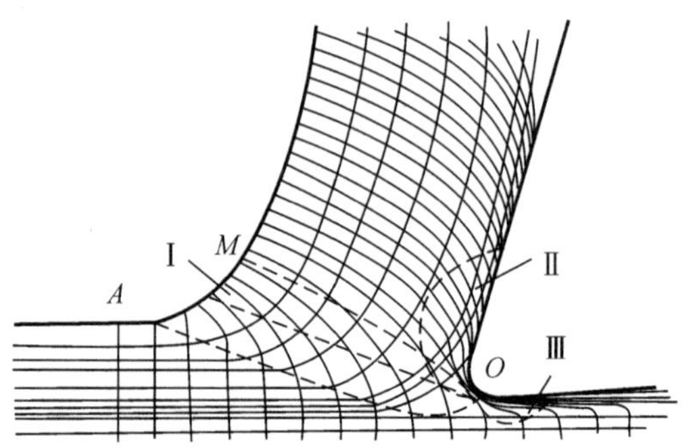

图 6.23 金属切削过程中的滑移线和流线示意图

(1)第一变形区。从 OA 线开始塑性变形，到 OM 线金属晶粒的剪切滑移基本完成。OA 到 OM 这一区域称为第一变形区(Ⅰ)。

(2)第二变形区。切屑受到前刀面的挤压和摩擦，靠近前刀面的金属纤维化，前刀面处区域基本上和前刀面相平行。这部分区域称为第二变形区(Ⅱ)。

(3)第三变形区。已加工表面受到切削刃钝圆部分和后刀面的挤压、摩擦，产生变形与回弹，造成材料纤维化与加工硬化。这一部分的格子变形比较密集，称为第三变形区(Ⅲ)。

这三个变形区汇集在切削刃附近，此处的应力比较集中而且复杂，金属的被切削层就在此处与工件本体材料分离，大部分变成了切屑，很小一部分留在了已加工表面上。

2. 第一变形区内金属的剪切变形

如图 6.24 所示，当被切削层中金属点 P 向切削刃逼近，到达 1 的位置时，其切削应力达到了材料的屈服强度 σ_s，点 1 在向前移动的同时，也沿 OA 滑移，其合成运动将使得点 1 流动到点 2。$2'-2$ 就是它的滑移量。随着滑移的产生，切应力将逐渐增加，也就是当 P 点向 1、2、3 各点流动时，它的切应力不断增加，直到点 4 位置，此时其流动方向与前刀面平行，不再沿 OM 线滑移。因此 OM 叫终滑移线，OA 叫始滑移线。在 OA 与 OM 之间整个第一变形区内，其变形的主要特征就是沿滑移线的剪切变形，以及随之产生的加工硬化。

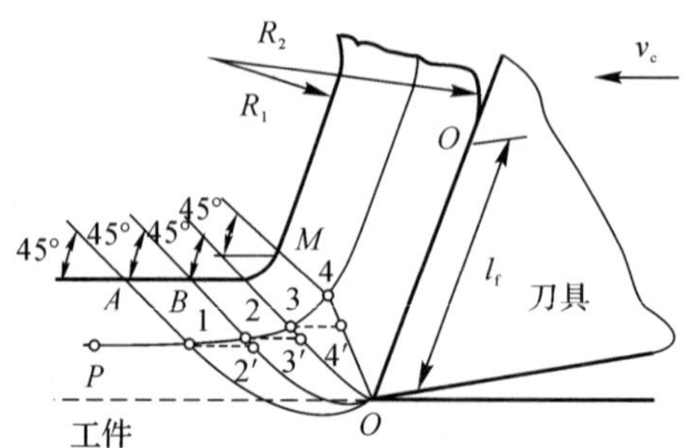

图 6.24 第一变形区金属的滑移

切削过程中，塑性金属受挤压，随外力的增加，金属内部应力增加，先产生弹性变形，继而产生塑性变形，使金属的晶格沿晶面发生滑移，最后产生破裂。晶粒纤维化（晶粒伸长）方向与剪切面方向不重合，如图 6.25 所示，切削层材料变成切屑，其长度厚度一般有明显变化。

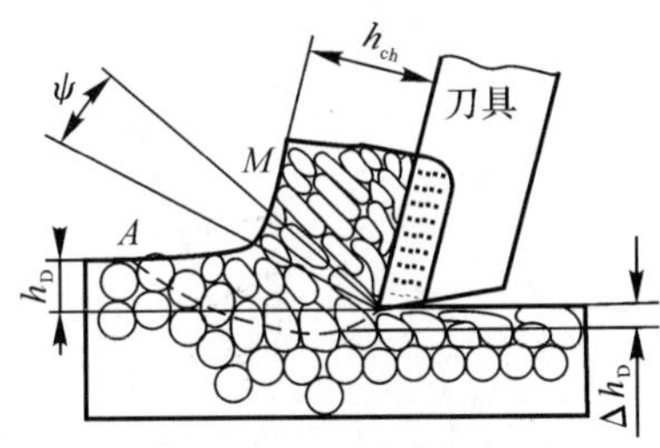

图 6.25　滑移与晶粒的伸长

在一般切削速度范围内，第一变形区的宽度仅为 0.2～0.02，所以可用一剪切面来表示。剪切面和切削速度方向的夹角叫作剪切角，以 ϕ 表示。滑移面与作用力方向夹角为 45°，而滑移面与金属材料晶格变形伸长方向的夹角为 ψ，也是与晶格纤维化方向的夹角。

3. 切削变形程度的表示方法

切削变形是材料微观组织的动态变化过程，因此，变形量的计算很复杂。但为研究切削变形的规律，通常用相对滑移 ε、切屑厚度压缩比 Λ_h（变形系数 ξ）和剪切角 ϕ 的大小来衡量切削变形程度。

相对滑移 ε 是指切削层在剪切面上的相对滑移量；切屑厚度压缩比 Λ_h 表示切屑外形尺寸的相对变化量；剪切角 ϕ 是从切屑根部金相组织中测定的晶格滑移方向与切削速度方向之间的夹角。ε、Λ_h 和 ϕ 均可用来定量研究切削变形规律。

（1）剪切角 ϕ。实验证明剪切角 ϕ 的大小和切削力的大小有直接关系。对于同一工件材料，用同样的刀具，切削同样大小的切削层，当切削速度高时，ϕ 角较大，切削面积变小（见图 6.26），切削比较省力，说明剪切角的大小可以作为衡量切削过程情况的一个标志。可以用剪切角作为衡量切削过程变形的参数。

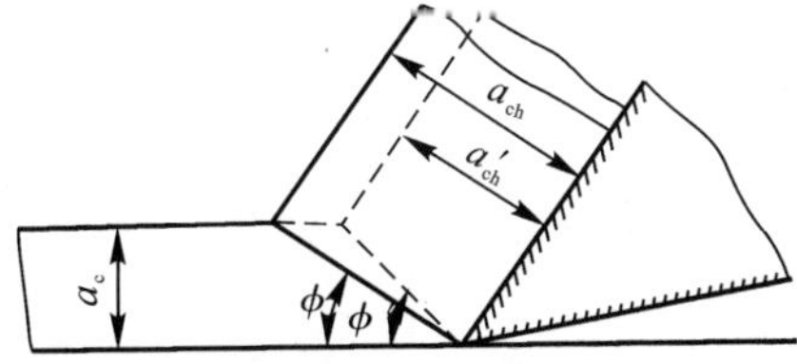

图 6.26　ϕ 角与剪切面积的关系

根据“切应力与主应力方向成 $\pi/4$ 夹角”的剪切理论，如图 6.27 所示，F_r 是前刀面上法向力和摩擦力的合力，是主应力，F_s 是剪切面上的剪切力，是切应力。因此得 F_r 和 F_s 的夹角为 $(\phi+\beta-\gamma_o)$，故有

$$\phi+\beta-\gamma_o=\frac{\pi}{4}$$

或

$$\phi=\frac{\pi}{4}-(\beta-\gamma_o)=\frac{\pi}{4}-\omega \tag{6.22}$$

式(6.22)就是李和谢弗(Lee 和 Shaffer)根据直线滑移线场理论推导出的近似剪切角公式,式中$(\beta-\gamma_o)$表示合力F_r与切削速度方向的夹角,称为作用角,用ω来表示。β为前刀面上的摩擦角。$\tan\beta=\mu$,μ为前刀面摩擦因数。

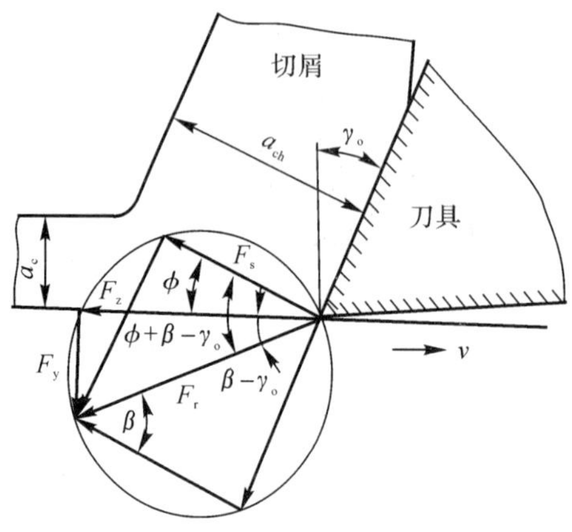

图 6.27　直角自由切削时力与角度的关系

(2) 相对滑移ε。切削过程中金属变形的主要形式是剪切滑移,可推导出剪切角ϕ与相对滑移ε的关系。

如图6.28所示,当平行四边形$OHNM$发生剪切变形后,变为$OGPM$,剪切面NH被推到PG的位置,其相对滑移为

$$\left.\begin{aligned}\varepsilon&=\frac{\Delta s}{\Delta y}=\frac{\overline{NP}}{\overline{MK}}=\frac{\overline{NK}+\overline{KP}}{\overline{MK}}\\\varepsilon&=\cot\phi+\tan(\phi-\gamma_o)\\\varepsilon&=\frac{\cos\gamma_o}{\sin\phi\cos(\phi-\gamma_o)}\end{aligned}\right\}\tag{6.23}$$

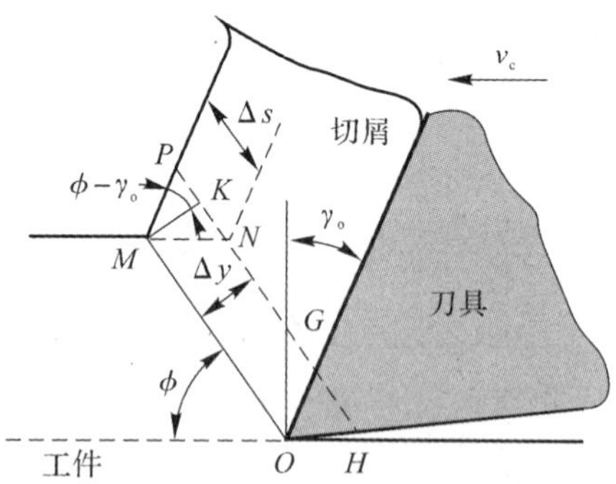

图 6.28　剪切变形示意图

(3) 切屑厚度压缩比Λ_h。切削层经塑性变形后,厚度增加,长度缩小。假设:宽度不变,体积不变。

如图6.29(a)所示,切削层经过剪切滑移后形成的切屑,在它流出时又受到前面摩擦作用,切屑的外形尺寸相对于切削层的尺寸产生了变化,即切屑厚度增加$(h_{ch}>h_D)$、切屑长度缩短$(l_{ch}<l_D)$、切屑宽度接近不变。切屑尺寸的相对变化量可用切屑厚度压缩比Λ_h表示,即

$$\left.\begin{aligned} &\Lambda_h=\frac{l_D}{l_{ch}}=\frac{h_{ch}}{h_D}>1 \\ &\Lambda_h=\frac{h_{ch}}{h_D}=\frac{\overline{OM}\cos(\phi-\gamma_o)}{\overline{OM}\sin\phi}=\frac{\cos(\phi-\gamma_o)}{\sin\phi} \end{aligned}\right\} \tag{6.24}$$

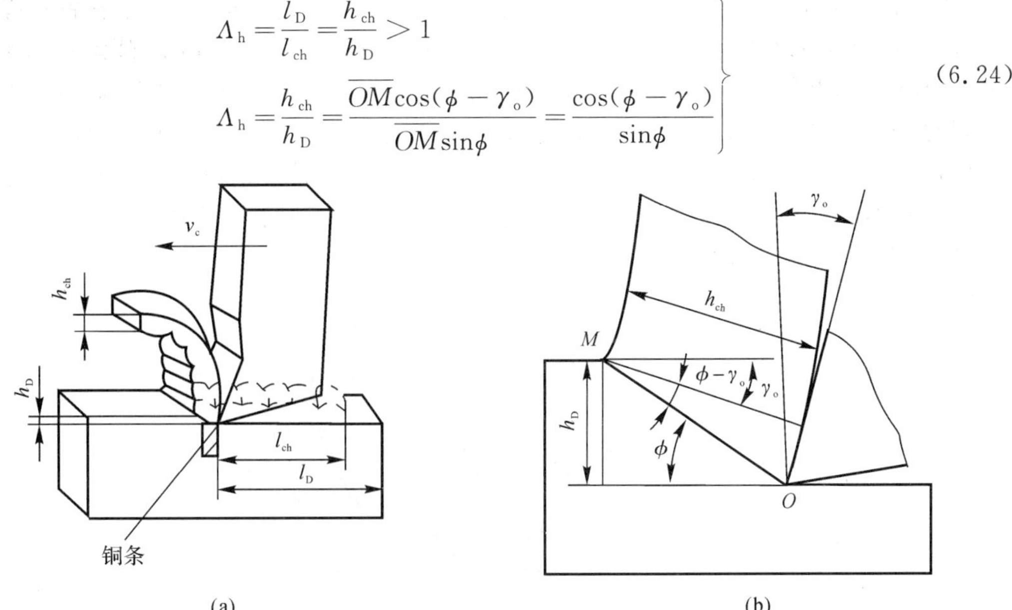

图 6.29　切削变形程度表示

(a) 切削层尺寸与切屑尺寸；（b) 前角、剪切角 ϕ 角与切削变形的关系

根据式(6.22) ～ 式(6.24) 可知：

1) 当前角 γ_o 增大时，ϕ 角随之增大，Λ_h 减小，ε 减小，切削变形减小。可见在保证切削刃强度的前提下，大刀具前角对改善切削过程是有利的。

2) 当摩擦角 β 增大时，ϕ 角随之减小，Λ_h 增大，ε 增大，切削变形增大。因此提高刀具的刃磨质量，施加切削液以减小前刀面上的摩擦对切削是有利的。

另外，根据式(6.22) ～ 式(6.24)，可推导出

$$\varepsilon=\frac{\Lambda_h^2-2\Lambda_h\sin\gamma_o+1}{\Lambda_h\cos\gamma_o} \tag{6.25}$$

利用 Λ_h 值来表示切削变形程度有一定局限性，因为它是根据剪切理论提出的，略去了摩擦、挤压和温度等的作用。此外，对有些材料，切削的 Λ_h 值不能表示切削变形的实际情况，例如 $\Lambda_h=1$ 时，$h_{ch}=h_D$，似乎表示切屑没有变形，但实际上有相对滑移存在。式(6.25) 表示切屑厚度压缩比 Λ_h 与相对滑移 ε 之间的关系，只有当 $\Lambda_h>1.5$ 时，Λ_h 与 ε 才基本成正比。但是，用 Λ_h 表示切屑和切削层尺寸的变化及相互关系规律较为直观，并易测定和计算。

4. 前刀面上的摩擦

在塑性金属切削过程中，由于切屑与前刀面之间的压力很大，可达 2 ～ 3 GPa，再加上几百摄氏度的高温，可以使切屑底部与前刀面发生黏结现象。这种黏结现象即一般生产中所遇见的“冷焊”，如轴颈与轴瓦间润滑失效时发生的胶着。在黏结情况下，切屑与前刀面之间就不是一般的外摩擦，而是切屑和刀具黏结层与其上层金属之间的内摩擦。此内摩擦实际就是金属内部的滑移剪切，它与材料的流动应力特性以及黏结面积大小有关，所以它的规律与外摩擦不同。外摩擦力的大小与摩擦因数以及压力有关，而与接触面积无关。如果用外摩擦的概念套用在金属切削方面，问题就说不清楚。图 6.30 表示刀-屑接触面有黏结现象时的摩擦情况。

刀-屑接触面分为两个区域:在黏结部分为内摩擦,这部分的单位切向力等于材料的剪切屈服强度 τ_s;黏结部分之外为外摩擦,即滑动摩擦,该处的单位切向力 τ_γ 由 τ_s 逐渐减小到零。图 6.30 中也表示出在整个接触区域上的正应力 σ_γ 的分布情况,在刀尖处最大(假定刀具绝对锋利,切削厚度较小),逐渐减小到零。由此可见,如果以 $\tau_\gamma/\sigma_\gamma$ 表示摩擦因数,则前刀面上各点的摩擦因数是变化的,而且内摩擦的概念与外摩擦也有所不同。沿用 $\mu=\tan\beta$ 这一方法来描述前刀面的摩擦情况是过于简单化了。金属的内摩擦力显然要比外摩擦大得多。这里在分析问题时,要着重考虑内摩擦。

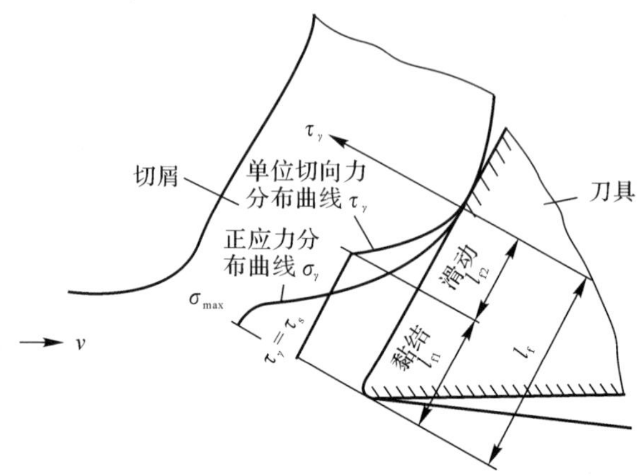

图 6.30 切屑和前刀面摩擦情况示意图

令 μ 代表前刀面上的平均摩擦因数,则按内摩擦的规律,有

$$\mu=\frac{F_f}{F_n}\approx\frac{\tau_s A_{f1}}{\sigma_{av}A_{f1}}=\frac{\tau_s}{\sigma_{av}} \tag{6.26}$$

式(6.26)中 A_{f1} 表示内摩擦部分的接触面积,σ_{av} 表示该部分的平均正应力。τ_s 是工件材料的剪切屈服强度,随切削温度的升高而略有下降;σ_{av} 则随材料硬度、切削厚度、切削速度以及刀具前角而变化,其变化范围较大。因此 μ 是一个变数,这也说明其摩擦因数变化规律和外摩擦的情况很不相同。

由于摩擦对切削变形、刀具寿命和加工表面质量具有重要影响,因此,为减小内摩擦区的摩擦,可采用减小切削力、缩短刀-屑接触长度、降低加工材料的屈服强度、选用摩擦因数小的刀具材料、提高刀面刃磨质量和浇注切削液等多种措施。

5. *积屑瘤*

在切削速度不高而又能形成连续性切屑的情况下,加工一般钢料或其他塑性材料时,常常在前刀面切削处黏着一块剖面有时呈三角状的硬块。它的硬度很高,通常是工件材料的 2～3 倍,在处于比较稳定的状态时,能够代替刀刃进行切削。这块冷焊在前刀面上的金属称为积屑瘤或刀瘤。积屑瘤剖面的金相磨片如图 6.31 所示。这是用 $\gamma_o=0°$ 的 YT15 刀具车削 Q235A 软钢时的切屑根部照片,切削速度为 103.8 m/min,切削厚度为 0.085 mm。由图可见,这三角状的金属经强烈变形而纤维化,顶部与切屑相连,底部在取样时脱离前刀面,三角体在前端与尾部均有裂缝。此三角体的形状及大小将随切削条件不同而变化。

积屑瘤是如何产生的呢?切屑对前刀面接触处的摩擦,使后者十分洁净。当两者的接触面达到一定温度，同时压力又较高时，会产生黏结现象，即一般所谓的冷焊。这时切屑从黏在刀面的底层上流过，形成内摩擦。如果温度与压力适当，底层上面的金属因内摩擦而变形，也会发生加工硬化，而被阻滞在底层，黏成一体。这样黏结层就逐步长大，直到该处的温度与压力不足以造成黏附为止。因此积屑瘤的产生以及它的积聚高度与金属材料的硬化性质有关，也与刃前区的温度与压力分布有关。一般来说，塑性材料的加工硬化倾向愈强，愈易产生积屑瘤；温度与压力太低，不会产生积屑瘤；反之，温度太高，产生弱化作用，也不会产生积屑瘤。对碳素钢来说，约在 300 ～ 350℃ 时积屑瘤最高，到 500℃ 以上时趋于消失。在切削深度和走刀量保持一定时，积屑瘤高度与切削速度有密切关系，如图6.32 所示。在低速范围区Ⅰ内不产生积屑瘤；在区Ⅱ内积屑瘤高度随切削速度增高而达最大值；在区Ⅲ内积屑瘤高度随切削速度增加而减小；在区Ⅳ积屑瘤不再生成。由于切削用量 v、f、a_p 中切削速度对切削温度的影响最大，该图实际上反映了积屑瘤高度与切削温度的关系。

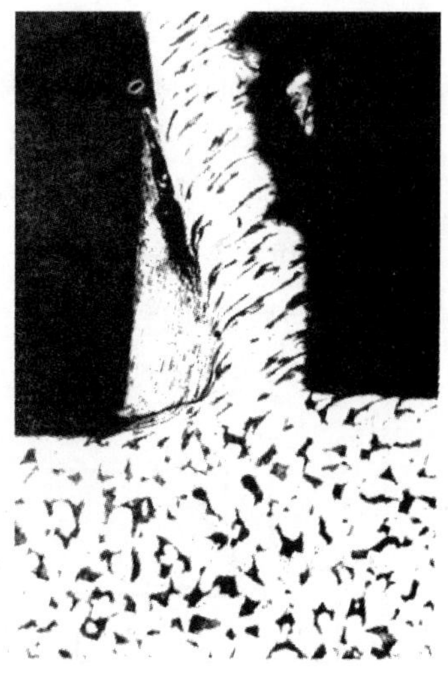

图 6.31　积屑瘤

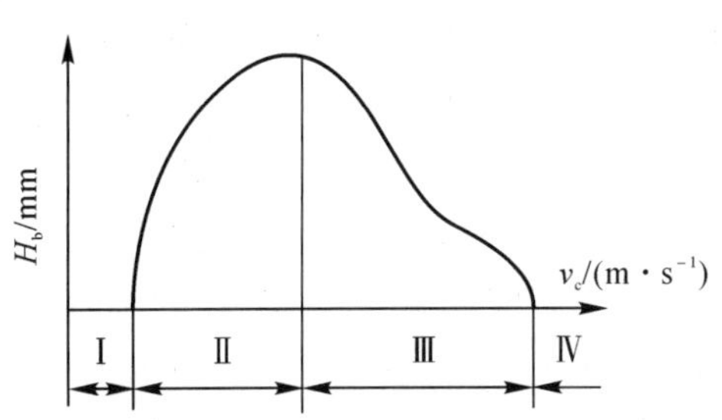

图 6.32　积屑瘤高度与切削速度关系

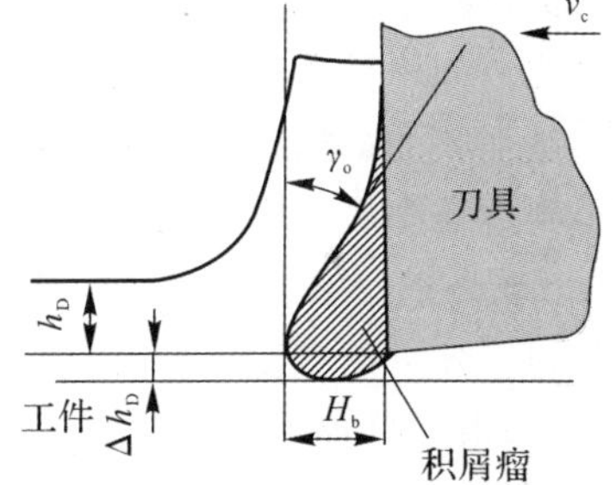

图 6.33　积屑瘤前角 γ_o 和伸出量 Δh_D

积屑瘤对切削过程有积极的影响，也有消极的影响，具体表现在以下几个方面：

(1) 实际前角增大。积屑瘤黏附在前刀面上比较典型的情况如图 6.33 所示，它加大了刀具的实际前角，可使切削力减小，对切削过程起积极的作用。积屑瘤愈高，实际前角愈大。

(2) 增大切削厚度。如图 6.33 所示，积屑瘤使切削厚度增加了 Δh_D。由于积屑瘤的产生、成长与脱落是一个带有一定的周期性的动态过程(例如每秒钟几十至几百次)，Δh_D 值是变化的，因而有可能引起振动。

(3) 使加工表面粗糙度增大。积屑瘤的底部相对稳定一些，其顶部很不稳定，容易破裂，一部分黏附于切屑底部而被排除，一部分留在加工表面上，积屑瘤凸出刀刃部分使加工表面切得非常粗糙，因此在精加工时必须设法避免或减小积屑瘤。

(4) 对刀具耐用度的影响。积屑瘤黏附在前刀面上，在相对稳定时，可代替刀刃切削，有减少刀具磨损、提高耐用度的作用。但在积屑瘤比较不稳定的情况下使用硬质合金刀具时，积屑瘤的破裂有可能使硬质合金刀具颗粒剥落，反而使磨损加剧。

防止积屑瘤的办法主要如下：

1) 降低切削速度，使温度较低，使黏结现象不易发生；

2）采用高速切削，使切削温度高于积屑瘤消失的相应温度；

3）采用润滑性能好的切削液，减小摩擦；

4）增大刀具前角，以减小刀-屑接触区压力；

5）提高工件材料硬度，减小加工硬化倾向。

6. 切屑类型

在切屑形成过程中，由于工件材料不同，所发生的塑性变形不同，所产生的切屑种类也就多种多样，主要有四种类型，如图 6.34 所示。

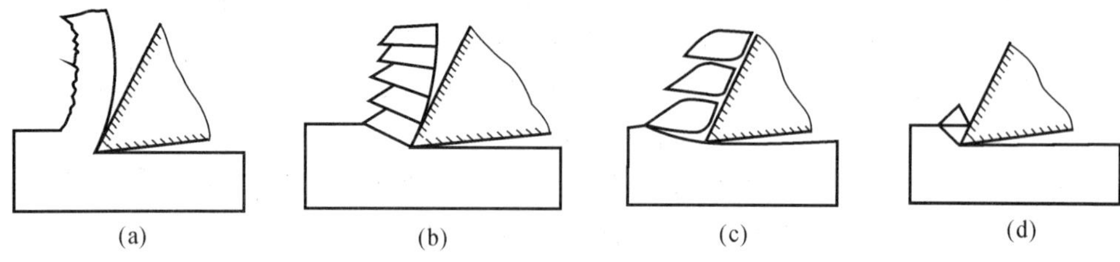

图 6.34　切屑类型

(a) 带状切屑；(b) 节状切屑；(c) 粒状切屑；(d) 崩碎切屑

(1) 带状切屑。这是最常见的一种切屑，如图 6.34(a) 所示。它的内表面是光滑的，外表面是毛茸的。如用显微镜观察，在外表面上也可看到剪切面的条纹，但每个单元很薄，肉眼看来大体上是平整的。加工塑性金属材料，当切削厚度较小，切削速度较高，刀具前角较大时，一般常常得到这类切屑。它的切削过程较平稳，切削力波动较小，已加工表面粗糙度较小。

(2) 节状切屑。节状切屑又叫挤裂切屑，如图 6.34(b) 所示，这类切屑的外形与带状切屑不同之处在于外表面呈锯齿形，内表面有时有裂纹。之所以呈锯齿形，是由于它的第一变形区较宽，在剪切滑移过程中滑移量较大。由滑移变形所产生的加工硬化使剪切力增加，在局部达到材料的破裂强度。这种切屑大都在切削速度较低，切削厚度较大，刀具前角较小时产生。

(3) 粒状切屑。粒状切屑又叫单元切屑，在切削层中发生严重塑性变形、切应力大于材料抗拉强度时，切屑被剪切断裂成颗粒状。

以上三种切屑为塑性材料切屑，其中带状切屑的切削过程最平稳，粒状切屑的切削力波动最大。在生产中最常见的是带状切屑，有时得到节状切屑，粒状切屑则很少见。假如改变节状切屑的条件：进一步减小前角，降低切削速度，或加大切削厚度，就可以得到粒状切屑；反之，则可以得到带状切屑。这说明切屑的形态是可以随切削条件而转化的。掌握了它的变化规律，即可以控制切屑的变形形态和尺寸，以达到断屑和卷屑的目的。

(4) 崩碎切屑。这是属于脆性材料的切屑。它的形状与前三者不同，这种切屑的形状是不规则的，加工表面是凹凸不平的。从切削过程来看，切屑在破裂前变形很小，也和塑性材料不同。它的脆断主要是由于材料所受应力超过了它的抗拉极限。这类切屑发生于加工脆硬材料，如高硅铸铁、白口铁等，特别是当切削厚度较大时。由于它的切削过程很不平稳，容易破坏刀具，不利于机床稳定，已加工表面又粗糙，因此在生产中应该力求避免。其办法是减小切削厚度，使切成针状和片状；同时适当提高切削速度，以增加工件材料的塑性。

灰铸铁和脆铜属于脆性材料，它们的切屑也是不连续的。但一般灰铸铁的硬度不大，在通常的切削条件下得到片状和粉状切屑，在高速切削时甚至可成松散的带状切屑，这可算作中间类型的切屑。

7. 已加工表面变形和加工硬化

加工硬化是在第三变形区内产生的物理现象。由于刀具的切削刃都很难磨得绝对锋利，当用钝圆弧切削刃或很小后角的刀具切削时，在挤压和摩擦作用下，使已加工表面层内的金属晶粒产生扭曲、错位和破碎，这种变化情况可从图 6.25 中看出。经过严重塑性变形而使表面层硬度增高的现象称为加工硬化，亦称冷硬。金属材料经硬化后提高了屈服强度，并在已加工表面上出现了显微裂纹和残余应力，从而降低了材料疲劳强度。许多金属材料，例如不锈钢、高锰钢以及钛合金等由于切削后硬化严重，故影响刀具的使用寿命。

衡量加工后硬化程度的指标有：加工硬化程度 N 和硬化层深度 Δh_D。加工硬化程度 N 是表示已加工表面显微硬度 H_1 与金属材料基体显微硬度 H 之间的相对变化量，可表示为

$$N = \frac{H_1 - H}{H} \times 100\% \tag{6.27}$$

材料的塑性越大，金属晶格滑移越易，且滑移面越多，硬化越严重。例如不锈钢 1Cr18Ni9Ti 的硬化程度为 140% ～ 220%、硬化层深度 $\Delta h_D = 1/3a_p$；高锰钢的硬化程度 $N = 200\%$。

生产中常采取以下措施来减轻硬化程度：

(1) 磨出锋利的切削刃。若在刃磨时切削刃钝圆半径 r_n 由 0.5 减小到 0.005，则可使硬化程度降低 40%。

(2) 增大前角或后角。前角增大，减小切削力和切削变形；后角增大，防止后刀面与加工表面摩擦。此外，将前角和后角适当加大亦可减小切削刃钝圆半径。

(3) 减小背吃刀量 a_p。适当减少切入深度，可使切削力减小，硬化程度减轻，例如背吃刀量由 1.2 减小到 0.1，可降低硬化程度的 17%。

(4) 合理选用切削液。浇注切削液能减小刀具后面与切削表面摩擦，从而能减轻硬化程度。例如采用切削速度 $v_c = 35$ m/min 车削中碳钢，选用乳化油使硬化深度 Δh_D 减小 20%；若改用润滑性良好的切削油，硬化深度 Δh_D 则减小 30%。

8. 影响切削变形的主要因素

(1) 加工材料。材料的强度、硬度越高，刀-屑面间正压力越大，平均正应力 σ_{av} 也越大，摩擦因数 $\mu = \tan\beta$ 减小，而使剪切角 ϕ 增大，切屑厚度压缩比 Λ_h 减小，因此切削变形减小。图 6.35 为不同的工件材料(相同的前角 γ_o) 对切削变形的影响规律。

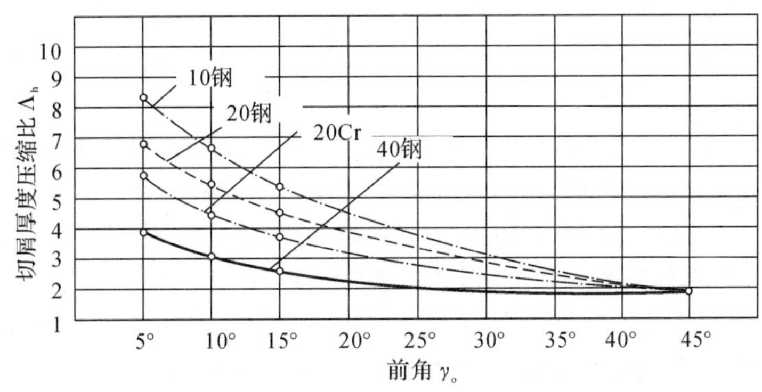

图 6.35　不同的工件材料对切削变形的影响

(2) 前角 γ_o。前角 γ_o 增大，楔角 β_o 减小，切削刃钝圆弧半径 r_n 减小，切屑流出阻力小，使摩擦因数 μ 减小，剪切角 ϕ 增大，故切削变形减小。从图 6.35 也可看出前角 γ_o 增大，加工各种钢材的切削变形均减小；从图 6.36 的金相显微照片中明显地比较出，在 $\gamma_o=-15°$ 时，刀具对切削层的挤压力大，剪切角 ϕ 减小，滞留层增厚，变形剧烈。

(a)

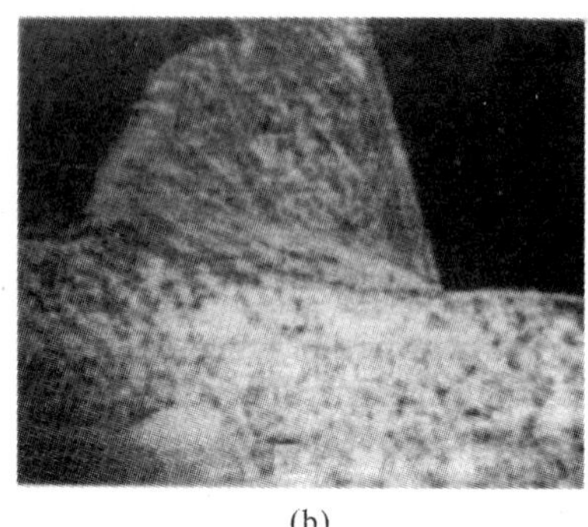

(b)

图 6.36 前角 γ_o 对剪切角 ϕ 的影响

(a) $\gamma_o=15°$； (b) $\gamma_o=-15°$

(3) 切削速度 v_c。切削速度是通过切削温度和积屑瘤影响切削变形的。如图 6.37(a) 所示，由于低速时切削温度低，刀-屑面间不易黏结，摩擦因数 μ 小，切削变形小；随着速度提高，温度增高，黏结逐渐严重，摩擦因数 μ 增大，切削变形增大；切削速度进一步提高，温度使加工材料剪切屈服强度降低，切应力减小，摩擦因数 μ 减小，因此，切削变形减小。

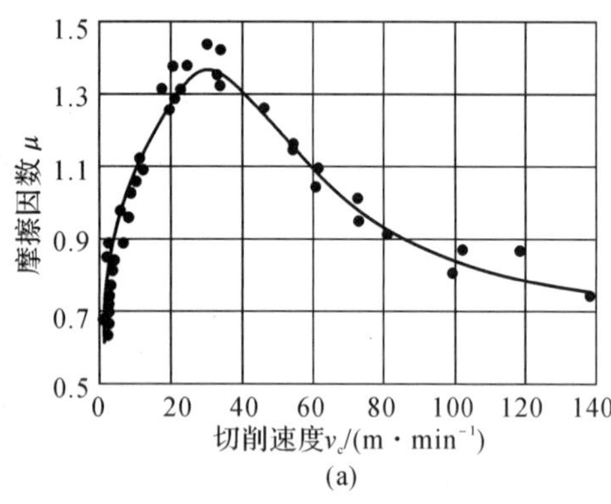

(a)

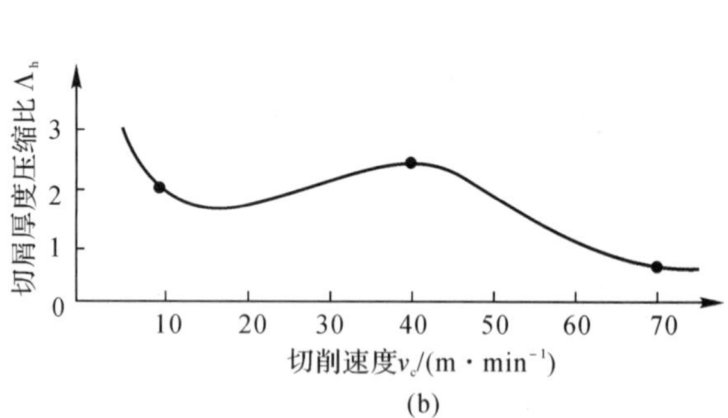

(b)

图 6.37 切削速度 v_c 对切削变形的影响

(a) 切削速度 v_c 对摩擦因数 μ 的影响； (b) 切削速度 v_c 对切屑厚度压缩比 Λ_h 的影响

当产生了积屑瘤时，由图 6.37(b) 可以看出，随着速度提高，积屑瘤高度逐渐增加，使刀具实际工作前角增大，切屑厚度压缩比 Λ_h 减小；切削速度为 20 m/min 左右时，积屑瘤高度达最大值，则 Λ_h 最小；当切削速度超过 40 m/min 而继续提高时，由于温度升高，摩擦因数 μ 降低，Λ_h 减小；在高速时，切削层来不及充分变形已被切离，所以 Λ_h 很小。

(4) 进给量 f。图 6.38 为进给量对摩擦因数 μ 和切屑厚度压缩比 Λ_h 的影响规律。当进给量增大时，切削厚度 h_D 与切屑厚度 h_{ch} 增加，使前刀面上正压力 F_m 增大，使平均正应力 σ_{av} 增大，因此，摩擦因数 μ 和切屑厚度压缩比 Λ_h 均减小。

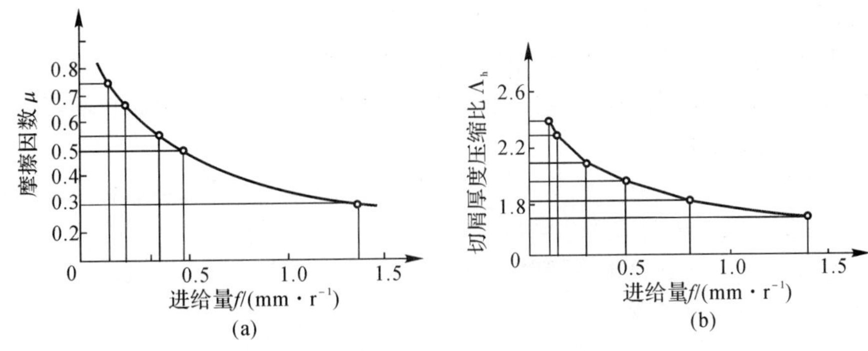

图 6.38　进给量 f 对切削变形的影响

(a) 进给量 f 对摩擦因数 μ 的影响；(b) 进给量 f 对切屑厚度压缩比 Λ_h 的影响

二、切削力

切削力是指由刀具切削工件而产生的工件和刀具之间的相互作用力。切削力对切削过程有着多方面的重要影响：它直接影响切削时消耗的功率和产生的热量，并引起工艺系统的变形和振动。切削力过大时，还会造成刀具、夹具或机床的损坏。切削过程产生的切削热则会使刀具磨损加快，工艺系统产生热变形并恶化已加工表面质量。因此，掌握切削力的变化规律，计算切削力的数值，不仅是设计机床、刀具、夹具的重要依据，而且对分析、解决切削加工生产中的实际问题有重要的指导意义。

1. 切削力的来源、切削合力及其分力

(1) 切削力的来源。刀具在切削工件时，使被加工材料发生变形成为切屑所需要的力，称为切削力，其来源主要有三个方面，如图 6.39(a) 所示。

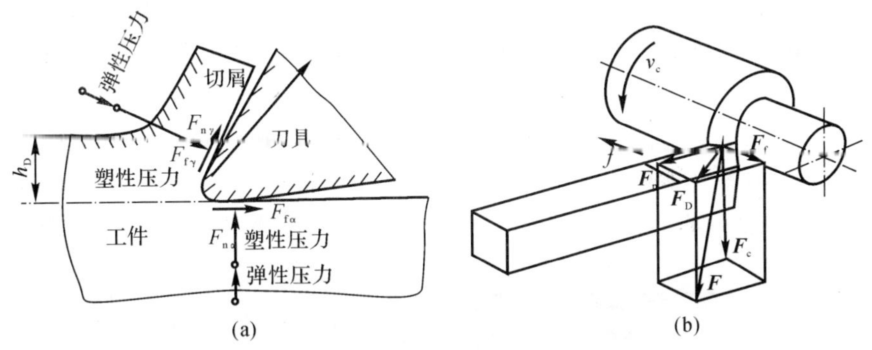

图 6.39　切削力的组成及其分力

(a) 切削力的来源；(b) 切削合力和分力

1) 克服被加工材料对弹性变形的抗力；

2) 克服被加工材料对塑性变形的抗力；

3) 克服切屑对刀具前刀面的摩擦力和刀具后刀面对过渡表面和已加工表面之间的摩擦力。

(2) 切削合力及其分力。上述各力的总和形成作用在刀具上的合力，用 F 表示。为了便于测量和计算，常将合力 $\boldsymbol{F}$ 分解为三个相互垂直的分力，如图 6.39(b) 所示，分别为：

切削力(主切削力)$\boldsymbol{F}_c$：在主运动方向上的分力。$\boldsymbol{F}_c$ 是校验和选择机床功率，校验和设计

机床主运动机构、刀具和夹具强度和刚性的重要依据。

背向力(切深抗力)$\boldsymbol{F}_p$:垂直于工作平面上的分力。在加工工艺系统刚性差,例如在纵车细长轴、镗孔和机床主轴承间隙较大的情况下,$\boldsymbol{F}_p$ 是顶弯工件、刀具,引起振动,影响加工精度、表面粗糙度的主要原因。

进给力(进给抗力)$\boldsymbol{F}_f$:进给运动方向上的分力。$\boldsymbol{F}_f$ 作用在机床进给机构上,是校验进给机构强度的主要依据。$\boldsymbol{F}_f$ 所消耗的功率约为总功率的 1% ~ 5%。

推力 $\boldsymbol{F}_D$ 是在基面上且垂直于主切削力的分力。

上述各切削力之间的关系为

$$\left.\begin{aligned}F&=\sqrt{F_D^2+F_c^2}=\sqrt{F_c^2+F_p^2+F_f^2}\\F_p&=F_D\cos\kappa_r\\F_f&=F_D\sin\kappa_r\end{aligned}\right\}\tag{6.28}$$

由实验可知,选用车刀主偏角 $\kappa_r=45°$、前角 $\gamma_o=15°$ 切削 45 钢,各分力间近似比例为

$$F_c : F_p : F_f=1 : (0.4 \sim 0.5) : (0.3 \sim 0.4)$$

2. *切削力实验及经验公式*

在切削加工中,计算切削力具有很实用的意义。切削力的计算可利用理论计算公式和实验得到的实验公式进行。切削力的理论计算较复杂,而用实验公式或用实验图表求解比较容易,但只能得到近似结果。

(1) 切削力的测定原理。切削力实验公式是利用测力仪测得的切削力数据经整理而建立的。测力仪是测量切削力的主要仪器,按其工作原理可分为机械式、液压式和电测式。电测式又可分为电阻应变式、电磁式、电感式、电容式以及压电式。目前常用的是电阻应变式测力仪和压电式测力仪。

1) 电阻应变式测力仪。电阻应变式测力仪是在测力传感器上粘贴电阻应变片。如图 6.40 所示,以测单向力为例,在切削力 F_c 作用下[见图 6.40(a)],使粘贴在弹性刀架上阻值相同的电阻应变片 R_1、R_2 产生变形,从而使电桥电路[见图 6.40(b)]输出电信号,再经过测力系统[见图 6.40(c)]的仪表将信号放大、记录,最后在已标定的力-电关系的图表中求得切削力 F_c 值。同理,若使用三向测力传感器(F_c、F_p、F_f),在受刀具切削时,分别输出三向切削力电信号,通过测力系统中电阻应变仪和光线示波仪表示出对应电压值,经转换即可得到三向切削力值。

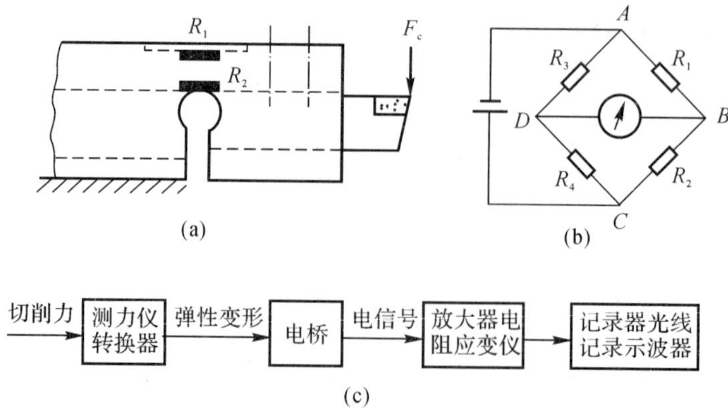

图 6.40 单向电阻应变式测力仪的工作原理

2）压电式测力仪。压电式测力仪具有灵敏度高、刚度大、自振频率高、线性度和抗相互干扰性较好，无惯性、精度高的优点，适用于测量动态切削力和瞬时切削力。其缺点是易受湿度影响，连续测量稳定的或变化不大的切削力时，存在电荷泄漏，致使零点漂移，影响测量精度。

压电式测力仪利用某些材料（如石英晶体或压电陶瓷）的压电效应，即当受力时，其表面产生电荷，电荷的多少仅与所施加的外力的大小成正比。用电荷放大器将电荷转换成相应的电压参数就可以测出力的大小。图 6.41 为单一压电传感器原理图。压力 F 通过小球 1 及金属片 2 传给压电晶体 3。两压电晶体间有电极 4，由压力产生的负电荷集中在电极 4 上，通过有绝缘层的导体 5 传出，而正电荷则通过金属片 2 或测力仪体接地传出。导体 5 输出的电荷通过电荷放大器放大后用记录仪器记录下来，在事先标定的标定曲线图上即可查出切削力的数值。在测力仪中沿 F_c、F_f 和 F_p 三个方向上都装有传感器，可以分别测出三向分力。

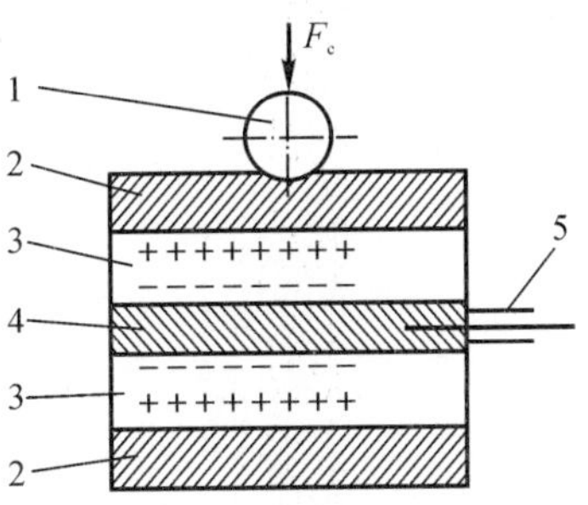

图 6.41　单一压电传感器原理图

1— 小球；2— 金属片；3— 压电晶体；4— 电极；5— 绝缘导线

（2）切削力实验公式。切削力实验公式是将测力后得到的实验数据通过数学整理或计算机处理后建立的。切削力实验后整理的指数公式为

$$\left.\begin{aligned} F_c &= C_{F_c} a_p^{x_{F_c}} f^{y_{F_c}} v_c^{n_{F_c}} K_{F_c} \\ F_p &= C_{F_p} a_p^{x_{F_p}} f^{y_{F_p}} v_c^{n_{F_p}} K_{F_p} \\ F_f &= C_{F_f} a_p^{x_{F_f}} f^{y_{F_f}} v_c^{n_{F_f}} K_{F_f} \end{aligned}\right\} \tag{6.29}$$

式中　F_c、F_p、F_f—— 各切削分力(N)；

C_{F_c}、C_{F_p}、C_{F_f}—— 公式中系数，根据加工条件由实验确定；

x_{F_c}、y_{F_c}、n_{F_c}、x_{F_p}、y_{F_p}、n_{F_p}、x_{F_f}、y_{F_f}、n_{F_f}—— 各因数对切削力的影响程度指数；

K_{F_c}、K_{F_p}、K_{F_f}—— 不同加工条件对各切削分力的影响修正系数。

3. 单位切削力与切削功率

目前，国内外许多资料中都利用单位切削力 k_c 来计算切削力 F_c 和切削功率 P_c，这是较为实用和简便的方法。

（1）单位切削力。单位切削力 k_c 是切削单位切削层面积所产生的作用力。

单位切削力 k_c 的单位为 N/mm^2，可表示为

$$k_c = \frac{F_c}{A_D} = \frac{C_{F_c} a_p^{x_{F_c}} f^{y_{F_c}}}{a_p f} = \frac{C_{F_c}}{f^{1-y_{F_c}}} \tag{6.30}$$

式(6.30)中,实验得到$x_{F_c} \approx 1$,因此在不同切削条件下影响单位切削力的因素是进给量f。增大进给量,由于切削变形减小,因此单位切削力减小。

若已知单位切削力k_c、背吃刀量a_p和进给量f,则切削力F_c(单位为 N)为

$$F_c = k_c A_D = k_c a_p f \tag{6.31}$$

表 6.4 是国内资料中介绍的用硬质合金车刀在$\gamma_o = 10°$、$\kappa_r = 45°$、$\lambda_s = 0°$和$r_\varepsilon = 2$ mm 等条件下,由实验求得的切削力公式中的各系数和指数值,并由此换算得单位切削力k_c值。

表 6.4　用硬质合金车刀纵车外圆、横车及镗孔时,公式中系数C_F,指数x_F、y_F、n_F和不同进给量时单位切削力k_c值

加工材料	切削力 F_c　$F_c = C_{F_c} a_p^{x_{F_c}} f^{y_{F_c}} v_c^{n_{F_c}}$				切削力 F_p　$F_p = C_{F_p} a_p^{x_{F_p}} f^{y_{F_p}} v_c^{n_{F_p}}$				切削力 F_f　$F_f = C_{F_f} a_p^{x_{F_f}} f^{y_{F_f}} v_c^{n_{F_f}}$			
	C_{F_c}	x_{F_c}	y_{F_c}	n_{F_c}	C_{F_p}	x_{F_p}	y_{F_p}	n_{F_p}	C_{F_f}	x_{F_f}	y_{F_f}	n_{F_f}
结构钢、铸钢 $\sigma_b = 650$ MPa	2 795	1.0	0.75	−0.15	1 940	0.90	0.6	−0.3	2 880	1.0	0.5	−0.4
不锈钢 1Cr18Ni9Ti 硬度 141 HBW	2 000	1.0	0.75	0	—	—	—	—	—	—	—	—
灰铸铁 硬度 190 HBW	900	1.0	0.75	0	530	0.9	0.75	0	450	1.0	0.4	0
可锻铸铁 硬度 150 HBW	790	1.0	0.75	0	420	0.9	0.75	0	375	1.0	0.4	0

加工材料	单位切削力 $k_c = C_{F_c} / f^{1-y_{F_c}}$ (单位为 N/mm^2)　[进给量 $f/(mm \cdot r^{-1})$]										
	0.1	0.15	0.20	0.24	0.30	0.36	0.41	0.48	0.56	0.66	0.71
结构钢、铸钢 $\sigma_b = 650$ MPa	4 991	4 508	4 171	3 937	3 777	2 630	3 494	3 367	3 213	3 106	3 038
不锈钢 1Cr18Ni9Ti 硬度 141 HBW	3 571	3 226	2 898	2 817	2 701	2 597	2 509	2 410	2 299	2 222	2 174
灰铸铁 硬度 190 HBW	1 607	1 451	1 304	1 267	1 216	1 169	1 125	1 084	1 034	1 000	978
可锻铸铁 硬度 150 HBW	1 419	1 282	1 152	1 120	1 074	1 032	994	958	914	883	864

(2) 切削功率。切削功率P_c是指主运动消耗的功率(单位为 kW),可按下式计算:

$$P_c = F_c v_c \times 10^{-3} \tag{6.32}$$

式中　F_c—— 切削力(单位为 N);

　　　v_c—— 切削速度(单位为 m/s)。

根据式(6.32)可确定机床主电机功率 P_E 为

$$P_E = P_c / \eta_c$$

式中　η_c—— 机床传动效率，一般为 $\eta_c = 0.75 \sim 0.9$。

4. 影响切削力的因素

凡影响切削过程变形和摩擦的因素都影响切削力，其中主要包括工件材料、切削用量和刀具几何参数等。

(1) 工件材料的影响。工件材料的硬度和强度越高，其剪切屈服强度 τ_s 就越高，产生的切削力就越大。例如，加工 60 钢的切削力 F_c 较加工 45 钢增大了 4%，加工 35 钢的切削力又比加工 45 钢减小了 13%。

工件材料的塑性和韧性越高，则切削变形越大，切屑与刀具间摩擦增加，故切削力越大。例如不锈钢 1Cr18Ni9Ti 的伸长率是 45 钢的 4 倍，所以切削变形大，切屑不易折断，加工硬化严重，产生的切削力 F_c 较加工 45 钢增大 25%。

切削铸铁时变形小，摩擦力小，故产生的切削力也小。例如灰铸铁 HT200 与 45 钢的硬度较接近，但在切削灰铸铁时的切削力 F_c 比切削 45 钢可减小 40%。

(2) 切削用量的影响。

1) 背吃刀量 a_p 与进给量 f。背吃刀量 a_p 和进给量 f 增大，使切削力 F_c 增大，但两者影响程度是不同的。如图 6.42 所示，若 f 不变，a_p 增加一倍，切削宽度 b_D 和切削层横截面积也随之增大一倍，则由于切削变形和摩擦的影响，切削力增加一倍；若进给量增大一倍，由于摩擦和变形并不成倍增加，因此，切削力增加较少，实验表明增加 70% ～ 80%。

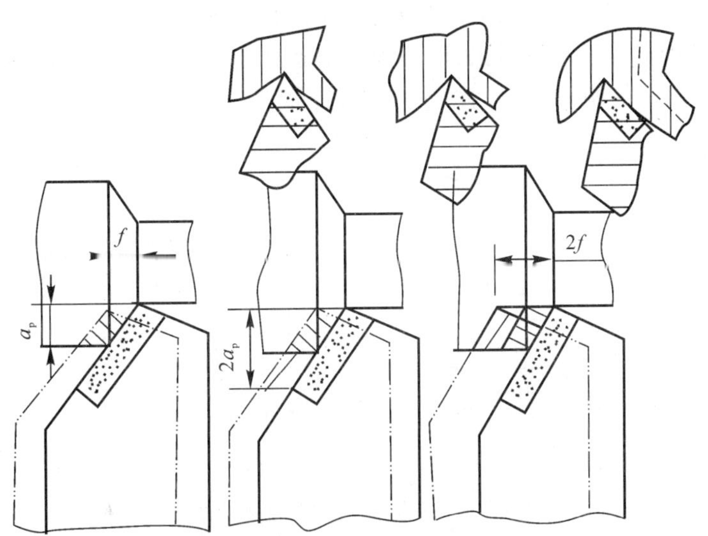

图 6.42　改变背吃刀量和进给量对切削层面积形状的影响

a_p 和 f 对 F_c 的影响规律用于指导生产实践具有重要作用。例如相同的切削层面积，切削效率相同，但增大进给量与增大背吃刀量比较，前者既减小了切削力又节省了功率的消耗。如果消耗相等的机床功率，则在表面粗糙度允许情况下选用更大的进给量切削，可切除更多的金属层和获得更高的生产效率。

2) 切削速度 v_c。切削速度对切削力的影响如同对切削变形的影响规律。如实验曲线图

6.43 所示，在积屑瘤产生区域内的切削速度增大，因前角增大、切削变形小，故切削力下降；待积屑瘤消失，切削力又上升。在中速后进一步提高切削速度，切削力逐渐减小；切削速度超过 90 m/min，切削力减小甚微，而后将处于稳定状态。

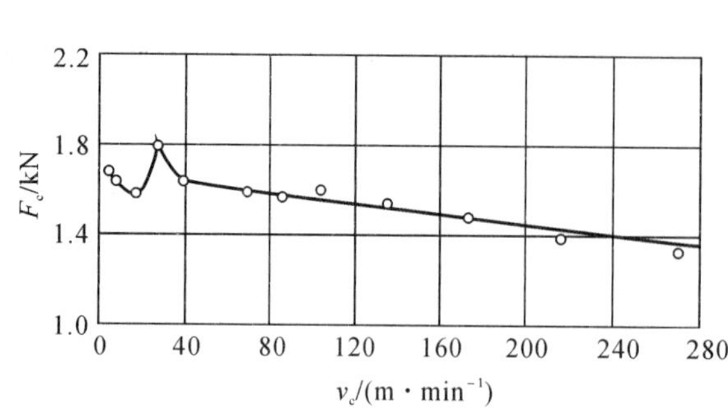

图 6.43　切削速度 v_c 对切削力 F_c 的影响

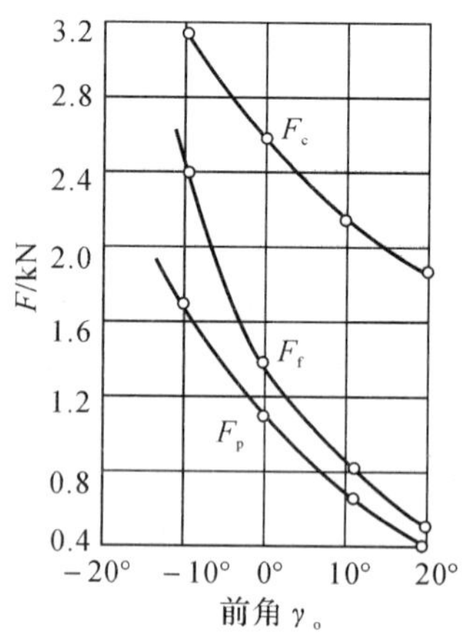

图 6.44　前角 γ_o 对切削力的影响

(3) 刀具几何参数的影响。

1) 前角 γ_o。图 6.44 为前角对各切削分力的影响曲线，前角增大，切削变形减小，故各切削分力均减小。

2) 主偏角 κ_r。如图 6.45(a) 所示，主偏角 κ_r 在 30° ～ 60° 范围内增大，因切削厚度 h_D 增大，故切削变形减小，切削力 F_c 减小。在主偏角 κ_r 为 60° ～ 75° 时，切削力 F_c 最小；当主偏角 κ_r 继续增大时，从图 6.45(b) 可看出，因切削层形状变化使刀尖圆弧所占的切削宽度比例增大，故切屑流出时挤压加剧，造成切削力逐渐增大。

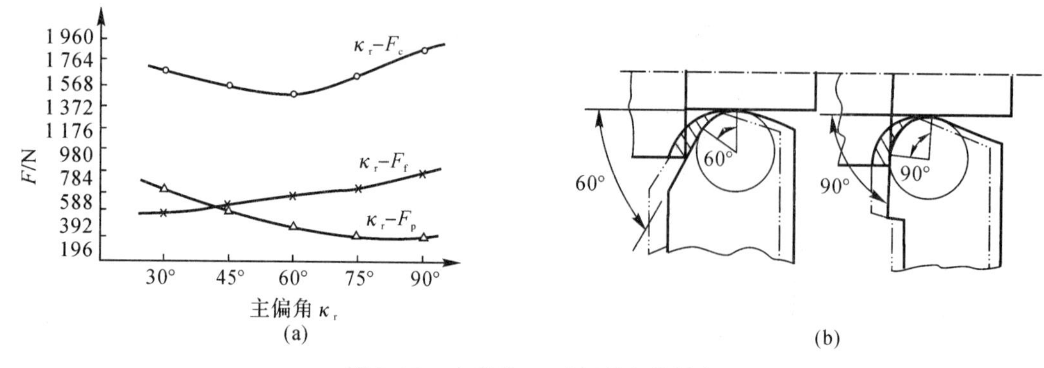

图 6.45　主偏角 κ_r 对切削力的影响

(a)κ_r 对切削力的影响；　(b)κ_r 对切削宽度的影响

加工条件：正火 45 钢、刀具 P10(YT15)、$\gamma_o = 15°$、$\alpha_o = 6° \sim 8°$

$\kappa_r = 10° \sim 12°$、$\lambda_s = 0°$、$r_\varepsilon = 0.2$ mm、$f = 0.3$ mm/r、$a_p = 3$ mm、$v_c = 100$ m/min

此外，由式(6.28) 和图 6.45(a) 可知，主偏角变化，改变了切削分力 F_p 与 F_f 的大小。即主偏角增大，F_p 减小、F_f 增大。

由于主偏角 κ_r =60° ～ 75° 能减小切削分力 F_p 和 F_f，因此，生产中主偏角 κ_r =75° 车刀在

车削轴类零件中被广泛选用。

3）负倒棱。前刀面上的负倒棱 $b_{\gamma1}$ 对切削力有一定的影响。在正前角相同时，对有负倒棱的车刀，由于切削时的变形比无负倒棱的大，所以切削力有所提高。无论加工钢或铸铁都是这样。

车刀的负倒棱是通过其宽度 $b_{\gamma1}$ 与进给量 f 之比($b_{\gamma1}/f$) 来影响切削力的。$b_{\gamma1}/f$ 增大，切削力逐渐增大，如图 6.46 所示。

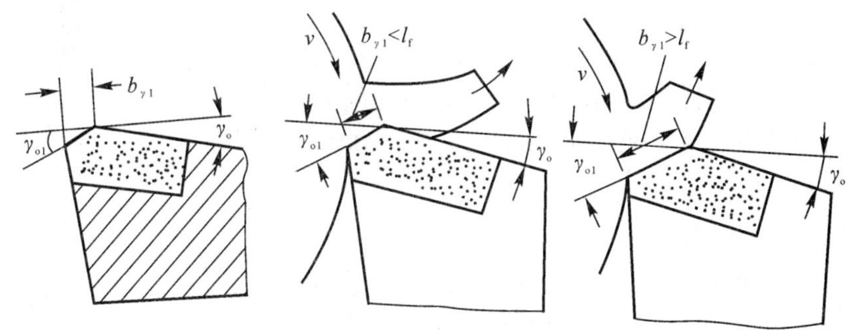

图 6.46　不同 $b_{\gamma1}/f$ 的车刀切屑流出情况

4）刀尖圆弧半径 r_ε。刀尖圆弧半径 r_ε 增大，切削变形增大，使切削力增大。此外，在圆弧切削刃上各点主偏角 κ_r 的平均值减小，则背向力 F_p 增大。实验表明：r_ε 由 0.25 增大到 1 时，F_p 增加 20%。

5）刃倾角 λ_s。刃倾角负值($-\lambda_s$) 增大，作用于工件的背向力 F_p 增大，在车削轴类零件时易被顶弯并引起振动。一般 $-\lambda_s$ 增大 1°，F_p 增加 2% ～ 3%。

车刀的其他几何参数如后角 α_o，副后角 α_o'，副切削刃前角 γ_o'，副偏角 κ_r' 等，在外圆纵车时，在它们的常用值范围内对切削力没有显著的影响。

(4) 其他因素。

1）刀具磨损。刀具的切削刃及后面产生磨损后，会使切削时摩擦和挤压加剧，故使切削力 F_c 和 F_p 增大。

2）切削液。合理选用切削液，会产生良好的冷却与润滑作用，能减小刀具与工件间的摩擦和黏结，因此使切削力减小。高效的切削液比干切削能减小切削力的 10% ～ 20%。

3）刀具材料。各种刀具材料对切削力的影响，是由刀具材料与工件之间的亲和力、摩擦力和磨损等因素决定的，例如用硬度较高的 P01(YT30) 车刀切削所产生的切削力较用 P10(YT15) 切削时小。选用的加工条件相同，用陶瓷刀具切削比用硬质合金刀具切削所产生的切削力降低 10% 左右。

三、切削热与切削温度

切削热与切削温度是切削过程中重要的物理现象，它们对刀具磨损、刀具寿命及加工工艺系统热变形均产生重要影响。

1. 切削热的来源与传出

如图 6.47 所示，切削热的来源由三个变形区产生弹性变形功、塑性变形功所转化的热量 $Q_{变}$，切屑与刀具摩擦功、工件与刀具摩擦功所转化的热量 $Q_{磨}$ 所组成。产生的热量再传出到切屑 $Q_{屑}$、工件 $Q_{工}$、刀具 $Q_{刀}$ 和介质 $Q_{介}$ 中。

单位时间内产生的热量与传散的热量相等。不同的切削加工方法，切削热由切屑、刀具、工件和周围介质传导出去的比例也不同。切削速度越高，进给量（切削厚度）越大，由切屑带走的热量就越多。对碳钢中速干切削时，测得热量传散比例如下：

车削：$Q_{屑}$ 占 50% ～ 86%、$Q_{工}$ 占 40% ～ 10%、$Q_{刀}$ 占 9% ～ 3%、$Q_{介}$ 占 1% ；

钻削：$Q_{屑}$ 占 28%、$Q_{工}$ 占 14.5%、$Q_{刀}$ 占 52.5%、$Q_{介}$ 占 5%。

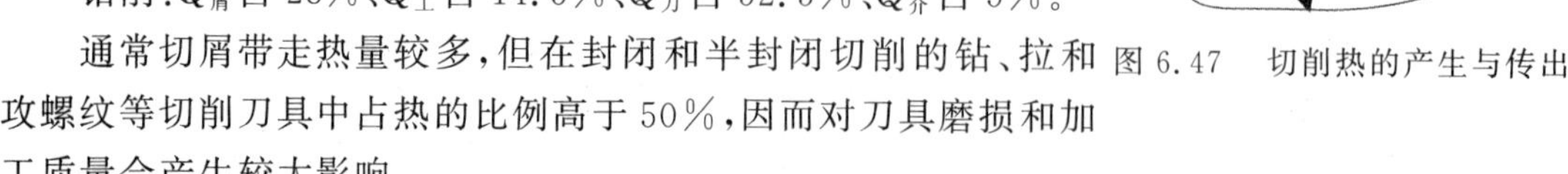

图 6.47　切削热的产生与传出

通常切屑带走热量较多，但在封闭和半封闭切削的钻、拉和攻螺纹等切削刀具中占热的比例高于 50%，因而对刀具磨损和加工质量会产生较大影响。

2. 切削温度的测定原理

切削温度是指切削区域的平均温度。切削热主要是通过切削温度影响切削加工的。切削温度的高低取决于产生热量多少和散热快慢两个方面的因素。

测定切削温度常用的方法有：自然热电偶法、人工热电偶法和红外线测温法。

自然热电偶法是利用刀具和工件材料化学成分的不同构成热电偶，将刀具和工件作为热电偶的两极，组成热电回路测量切削温度的方法。如图 6.48(a) 所示，切削加工时，当工件与刀具接触区的温度升高后，就形成热电偶的热端，而工件的引出端和刀具的尾端保持室温，形成了热电偶的冷端。这样，在刀具和工件的回路中就形成了温差电势，该电势通过毫伏级电压表测得，然后在热电势-切削温度标定的图表中找出对应的切削平均温度 θ 值。

如图 6.48(b) 所示，人工热电偶法是将两种预先经过标定的金属丝组成热电偶，热电偶的热端焊接在刀具或工件预定要测量温度的点上，冷端通过导线串接电位计或毫伏级电压表，根据仪表上的读数值，参照热电偶标定曲线，可获得焊接点上的温度。

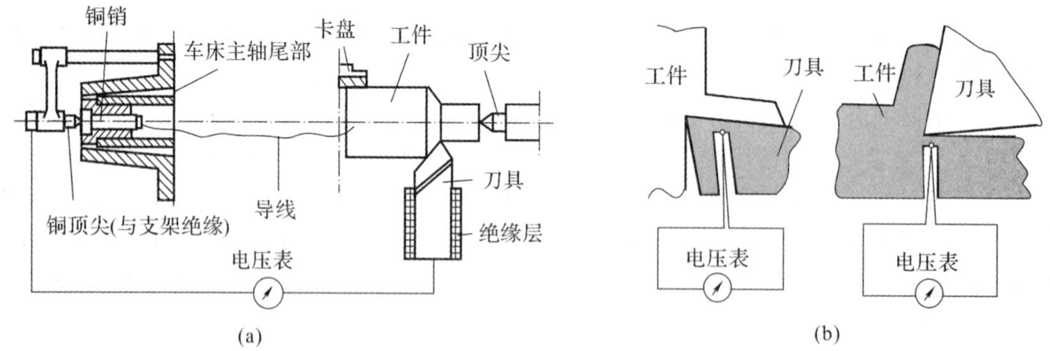

图 6.48　热电偶法测温简图

(a) 自然热电偶法；(b) 人工热电偶法

3. 切削温度的分布

图 6.49 为用红外测温法的照相图，从图中可以看出在正交平面内切削温度的分布规律：

(1) 刀-屑面间温度最高，是因摩擦严重、热量不易传散所致。

(2) 前刀面上近切削刃 1 mm 处切削温度最高达 900℃，因为该处压力高，热量集中。后刀面上离切削刃约 0.3 mm 处的最高温度为 700℃。

(3) 切屑带走热量最多，切屑上平均温度高于刀具和工件上的平均温度，因切屑剪切面上塑性变形严重，其上各点剪切变形功大致相同，各点温度值也较接近。工件切削层中最高温度在近切削刃处，它的平均温度是刀具上最高温度点的 1/3 ～ 1/4。

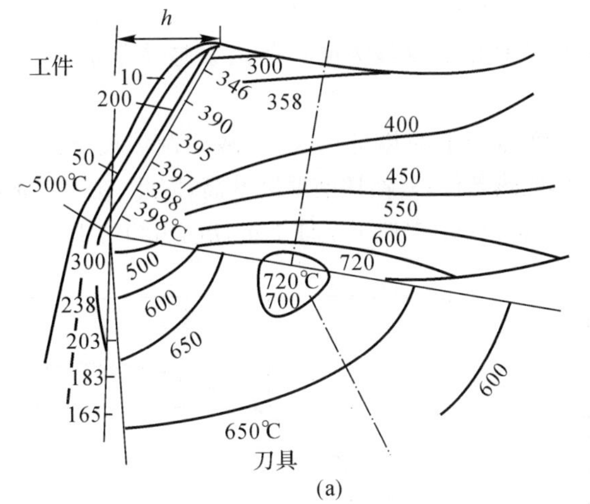

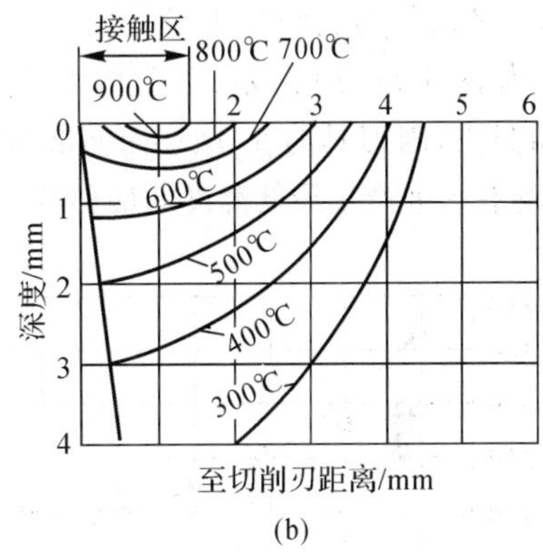

加工条件：刀具材料 YT20、$v_c = 60$ m/min　　　加工条件：工件材料 30Mn4、$a_p = 3$ mm、$f = 0.25$ mm/r

图 6.49　切削温度分布

(a) 刀具、切屑和工件中温度分布；(b) 刀具中温度分布

4. 影响切削温度的因素

切削温度的高低取决于产生热量的多少和传散热量的快慢两个方面因素。如果生热少、散热快，则切削温度低，或者两者之一占主导作用，也会降低切削温度。

在切削时影响产生热量和传散热量的因素有：切削用量、工件材料、刀具几何参数和切削液等。

(1) 切削用量。切削用量 v_c、f、a_p 对切削温度的影响程度可通过切削温度实验后整理的实验公式或利用温度场理论计算求得。其影响的基本规律是，切削用量增加均使切削温度提高，但其中切削速度 v_c 影响最大，其次是进给量 f，影响最小的是背吃刀量 a_p，这是因为切削用量增加后，切削变形功和摩擦功增大，v_c 增高使摩擦生热剧增；f 增大，因切削变形增加较少，故生热不多，此外，加大了刀-屑接触面积，改善了散热条件；a_p 增大使切削宽度 b_D 增大，显著改善了热量的传散。影响程度大致的规律是：v_c 增加 1 倍，切削温度约增 32%；进给量增加 1 倍，切削温度增加 18%；背吃刀量增加 1 倍，切削温度增加 7%。

切削用量对切削温度的影响规律在切削加工中具有重要的实用意义。例如，在普通切削加工中分别增加 v_c、a_p 和 f 均能使切削效率按比例提高。但为了减少刀具磨损，保持高的刀具寿命，减小对工件加工精度的影响，在允许的条件下，首先应增大背吃刀量 a_p，其次增大进给量 f。目前，在现代先进的自动机及高效数控机床上选用高性能刀具切削加工，提高切削速度已成为首选的参数，因为提高切削速度 v_c 能较显著地提高生产效率和加工表面质量。

(2) 工件材料。工件材料主要是通过它的硬度、强度和热导率不同而影响切削温度的。强度、硬度(τ_s) 越大，消耗的功越多，温度越高；热导率越低，切削温度越高；高温强度、硬度(不锈钢、高温合金等) 越高，温度越高。

高碳钢的强度和硬度高，热导率低，故产生的切削温度高。例如：加工合金钢产生的切削温度较加工45钢高30%；不锈钢的热导率较45钢小1/3，故切削时产生的切削温度高于45钢40%；加工脆性金属材料产生的变形和摩擦均较小，故切削时产生的切削温度较45钢低20%。

(3) 刀具几何参数。在刀具几何参数中，影响切削温度最为明显的因素是前角 γ_o 和主偏角 κ_r，其次是刀尖圆弧半径 r_ε。

如图6.50(a)所示，前角增大，切削变形和摩擦产生的热量均较少，故切削温度下降。但前角过大，因刀具的 β_o 减小而使散热体积减小，散热条件差，使切削温度升高，因此，在一定条件下，均有一个产生最低温度的最佳的角 γ_o 值。图6.50(a)中加工条件下最佳前角约为15°。

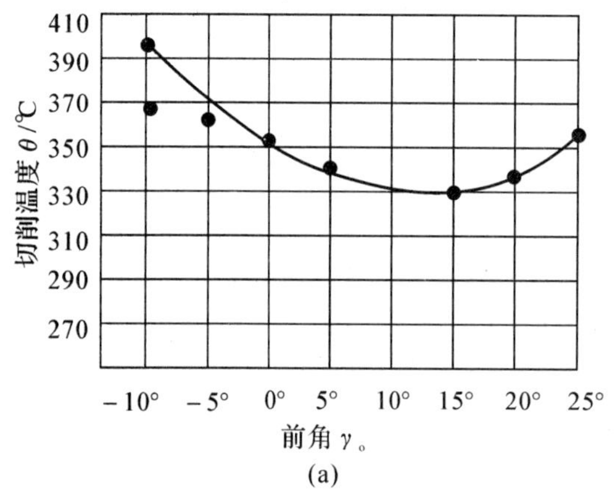

(a)

加工条件：工件材料45钢、刀具材料W18Cr4V、$\kappa_r = 75°$、$\alpha_o = 8°$、$v_c = 20$ m/min、$a_p = 1.5$ mm、$f = 0.2$ mm/r

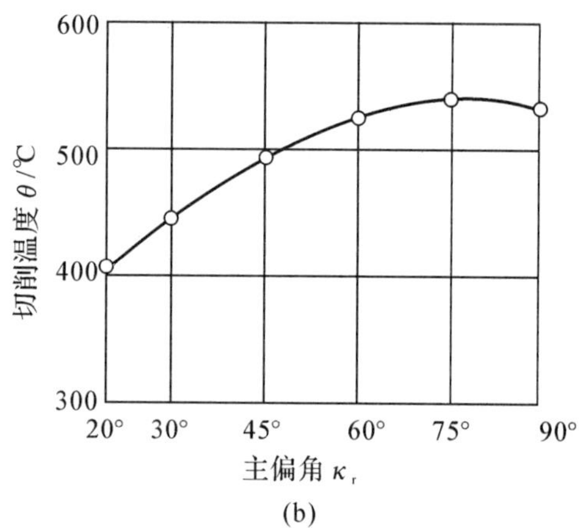

(b)

加工条件：工件材料45钢、$a_p = 2$ mm、$r_\varepsilon = 2$ mm

图6.50　前角 γ_o 和主偏角 κ_r 对切削温度的影响

(a) γ_o 对切削温度的影响；(b) κ_r 对切削温度的影响

如图6.50(b)所示，主偏角 κ_r 减小使切削变形和摩擦增加，切削热增加；但 κ_r 减小后，因刀头体积和切削宽度都增大，有利于热量传散，由于散热起主导作用，因此，切削温度下降。

增大刀尖圆弧半径 r_ε、选用负的刃倾角 λ_s 和磨制负倒棱 $\gamma_{o1} \times b_{\gamma1}$，均能增大散热面积，降低切削温度。

(4) 刀具磨损。在后刀面的磨损值到达一定数值后，对切削温度的影响增大，切削速度越大，影响就越显著。合金钢的强度大，热导率低，所以切削合金钢时刀具磨损对切削温度的影响就比切削碳素钢时大。

(5) 切削液。合理选用切削液并采取有效的浇注方式是降低切削温度的重要措施。

切削液对降低切削温度、减少刀具磨损和提高已加工表面质量有明显的效果，在切削加工中应用很广。切削液对切削温度的影响，与切削液的导热性能、比热容、流量、浇注方式以及本身的温度有很大关系。从导热性能来看，油类切削液不如乳化液，乳化液不如水基切削液。如果用乳化液来代替油类切削液，加工生产率可以提高50%～100%。

流量充沛与否对切削温度的影响很大。切削液本身的温度愈低，降低切削温度的效果就愈明显。如果将室温(20℃)的切削液降温至5℃，则刀具耐用度可提高50%。

四、刀具磨损与刀具耐用度

1. 刀具磨损

刀具磨损是金属切削研究中的重要课题之一，其对工件效率和加工成本有直接的影响。刀具的磨损、破损，会影响切削力、切削热、切削温度，并可能会产生振动，从而影响零件加工精度和表面质量。掌握刀具磨损的特点、发生原因和发展规律，以便能合理选择刀具材料、切削条件，提高生产率，保证加工质量。

(1) 刀具磨损形式。刀具磨损可分为正常磨损和非正常磨损两类。

1) 正常磨损。正常磨损是指随着切削时间的增加，磨损逐渐扩大的磨损形式。切削时，刀具的前刀面和后刀面经常与切屑和工件相互接触，产生剧烈摩擦，同时在接触区内有相当高的温度和压力。因此在刀具前、后刀面上发生磨损。前刀面被磨成月牙洼，后刀面形成磨损带。切削钢料时，常在主切削刃靠近工件外皮以及副切削刃靠近刀尖处后刀面上，磨出较深的沟纹，称为边界磨损。多数情况是三者同时发生，相互影响，如图 6.51 所示。

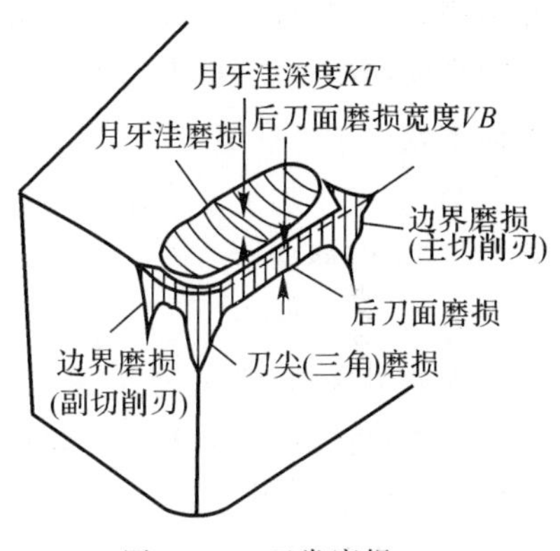

图 6.51　正常磨损

a. 前刀面磨损。切削塑性材料时，如果切削速度和切削厚度较大，由于切屑与前刀面完全是新鲜表面相互接触和摩擦，化学活性很高，反应很强烈；接触面又有很高的压力和温度，接触面积中有 80% 以上是实际接触，空气或切削液渗入比较困难，因此在前刀面上形成月牙洼磨损：开始时前缘离刀刃还有一小段距离，以后逐渐向前、向后扩大，但宽度变化并不显著(取决于切屑宽)，主要是深度不断增大，其最大深度位置即相当于切削温度最高的地方。当月牙洼宽度发展到其前缘与切削刃之间的棱边变得很窄时，刀刃强度降低，易导致刀刃破损。前刀面月牙洼磨损值以其最大深度 KT 表示(见图 6.51)。

b. 主后刀面磨损。切削时，工件的新鲜加工表面与刀具后刀面接触，相互摩擦，引起后刀面磨损。后刀面虽然有后角，但由于切削刃不如理想的锋利，有一定的钝圆，后刀面与工件表面的接触压力很大，存在着弹性和塑性变形，因此，后刀面与工件实际上是小面积接触，磨损就发生在这个接触面上。切削铸铁和以较小的切削厚度切削塑性材料时，主要发生这种磨损。后刀面磨损带往往不均匀，如图 6.52 所示。刀尖部分(C 区)强度较低，散热条件又差，磨损比较严重，其最大值为 VC。主切削刃靠近工件外皮处的后刀面(N 区)上，磨成较严重的深沟，以 VN 表示。在后刀面磨损带中间部位(B 区)上，磨损比较均匀，平均磨损带宽度以 VB 表示，而最大磨损宽度以 VB_{max} 表示。

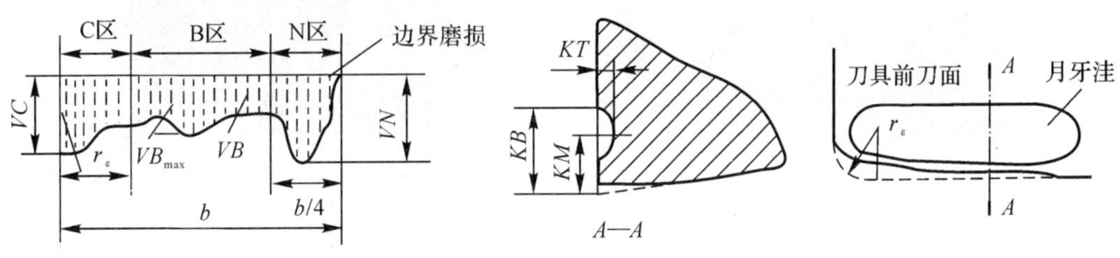

图 6.52　刀具磨损的测量位置

c. 边界磨损。切削钢料或加工铸、锻等外皮粗糙的工件时，容易发生边界磨损。边界磨损一般位于主、副切削刃与工件待加工或已加工表面接触的地方，如图 6.53 所示，其主要原因有：

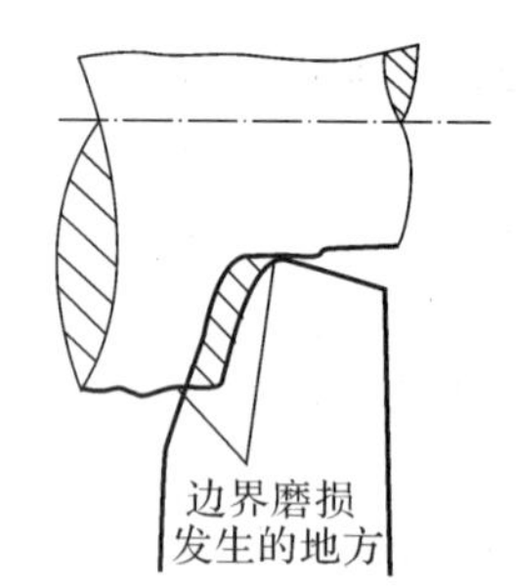

图 6.53　边界磨损发生的位置

第一，切削时，在刀刃附近的前、后刀面上，压应力和剪应力很大，但在工件外表面处的切削刃上应力突然下降，形成很高的应力梯度，引起很大的剪应力。同时，在前刀面上切削温度最高，而与工件外表面接触点由于受空气或切削液冷却，造成很高的温度梯度，也引起很大的剪应力。因而在主切削刃后刀面上发生边界磨损。

第二，由于加工硬化作用，靠近刀尖部分的副切削刃处的切削厚度减薄到零，引起这部分刀刃打滑，促使副后刀面上发生边界磨损。

2）非正常磨损。非正常磨损通常是因刀具切削时受冲击、受热不均匀和使用不当等使刀具破损而引起的，图 6.54 列举了几种刀具破损的形式。

a. 崩碎[图 6.54(a)]。在切削刃上出现细小崩碎。这是由于切削刃强度低、受冲击和切削层中硬质点作用。

b. 崩刃[图 6.54(b)]。在刀尖或切削刃处崩裂。刀具材料性脆、刀尖或切削刃强度低，且切削负荷大，中间切入或切出等情况下易产生。

c. 热裂[图 6.54(c)]。垂直切削刃出现细小裂纹，由切削温度不均匀、不连续切削、切削液浇注不均等引起。

d. 塌陷[图 6.54(d)]。在切削过程中高、温高压作用下切削刃失去切削性能而引起前面或刀尖、切削刀塌陷。这是在高速钢刀具切削温度超过 650℃ 和硬质合金切削温度超过 1 000℃ 时常出现的破损形式。

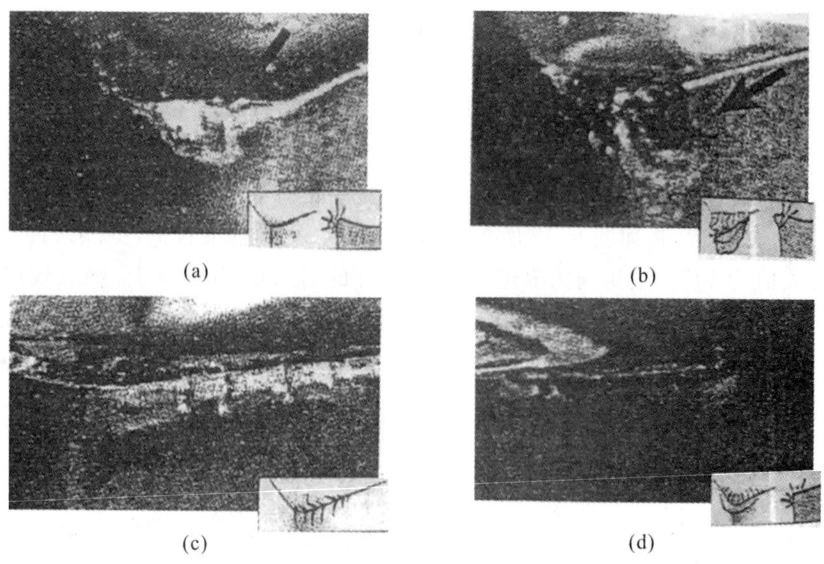

图 6.54　刀具破损的形式

(a) 崩碎；(b) 崩刃；(c) 热裂；(d) 塌陷

(2) 刀具磨损的原因。在高温、高压下，刀具-切屑、刀具-工件的接触表面，都一直是新鲜表面，常发生多种不同机理的磨损。

1) 磨粒磨损。磨粒磨损又称硬质点磨损。在工件材料中存在着硬度极高的氧化物（如 SiO_2、Al_2O_3、TiO）、碳化物（如 Fe_3C、TiC、VC、Cr_7C_3）和氮化物（如 TiN、Si_3N_4、VN、BN、AlN）等硬质点。在铸、锻工件表面上存在着硬的夹杂物和在切屑、加工表面上黏附着硬的积屑瘤残片，这些硬质点在切削时如同“磨粒”，对刀具表面摩擦和刻划作用致使切削刃刀面磨损。磨粒磨损是一种机械摩擦性质磨损。

2) 黏结磨损。黏结磨损又称冷焊磨损。当刀具材料与工件材料产生黏结时，两者产生相对运动对黏结点产生剪切破坏，将刀具材料黏结颗粒带走所致。刀面与工件间产生黏结是由于刀面上存在着微观不平度，并在一定温度条件下，刀具前面上黏附着积屑瘤，刀面硬度降低并与工件材料黏结以及工件与刀具元素间亲和。在高温、高压作用下，刀具表面层材料性能变化，当工件与刀具产生相对运动时，刀具材料的黏结颗粒被带走而形成了黏结磨损。

3) 相变磨损。工具钢刀具在较高速度切削时，由于切削温度升高，刀具材料产生相变，硬度降低，若继续切削，会引起前面塌陷和切削刃卷曲。硬质合金刀具在高温（>900℃）、高压状态下切削也会因产生塑性变形而失去切削性能。因此，相变磨损是一种塑性变形破损。

4) 扩散磨损。扩散磨损是在高温作用下，使工件与刀具材料中合金元素相互扩散置换造成的。

碳化钨类硬质合金在 800 ～ 900℃ 切削温度时，钨（W）原子和碳（C）原子向切屑中扩散，切屑中铁（Fe）、碳（C）原子向刀具中扩散，经原子间相互置换后，降低了刀具中原子间结合强度和耐磨性而形成了扩散磨损。碳化钛类硬质合金，由于钨（W）原子扩散的速度快，而留着的碳化钛（TC）、碳化钽（TaC）等仍较耐磨，它的扩散温度约为 900 ～1 000℃，因此不易形成扩散磨损。

5) 氧化磨损。当硬质合金刀具的切削温度达到主切削刃处为 700 ～ 800℃ 时，硬质合金材料中 WC、TiC 和 Co 与空气中的氧发生氧化反应，形成了硬度和强度较低的氧化膜。由于空气不易进入切削区域，所以易在近工件待加工表面的刀具后刀面位置处形成氧化膜。在切削时受工件表层中氧化皮、冷硬层和硬杂质点对氧化膜连续摩擦，造成了在待加工表面处的刀面上产生氧化磨损，它亦称边界磨损。图 6.55 为磨损量较大的氧化磨损沟槽，这亦是磨损标准中规定的 *VN* 磨损量。

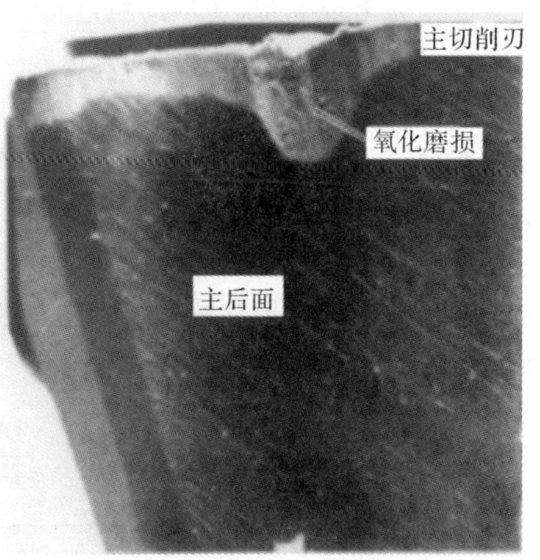

图 6.55　氧化磨损照片

扩散磨损和氧化磨损都属于化学磨损。

刀具磨损是各种磨损的综合结果；当工件和刀具材料一定时，切削温度对刀具磨损具有决定性影响；存在相对磨损最小的温度，即最佳切削温度；当低于最佳切削温度时以黏结磨损和磨粒磨损为主，当高于最佳切削温度时以氧化磨损和扩散磨损为主。随着切削速度的变化，会出现不同性质的磨损，例如在低速和中速范围，高速钢刀具产生磨粒磨损、黏结磨损和相变磨损，硬质合金刀具产生磨粒磨损和黏结磨损，超过中速产生扩散磨损、氧化磨损，在高速时产生塑性破坏。

因此，合理选择刀具材料、刀具几何参数和切削速度都可提高刀具的耐磨性、耐热性和化学稳定性。此外，提高刀具的强度和刀具的刃磨质量、改善散热条件、合理使用切削液，均能有效地防止刀具过早磨损和破损。

(3) 刀具磨损过程与刀具磨损标准

1) 刀具磨损过程。随着切削时间的延长，刀具磨损增加。根据切削实验，可得图 6.56 所示的刀具磨损过程的典型磨损曲线。该图分别以切削时间和后刀面磨损量 VB(或前刀面月牙洼磨损深度 KT) 为横坐标与纵坐标。由图可知，刀具磨损过程可以分为以下三个阶段：

a. 初期磨损阶段。因为新刃磨的刀具后刀面存在粗糙不平之处以及显微裂纹、氧化或脱碳层等缺陷，而且切削刃较锋利，后刀面与加工表面接触面积较小，压应力较大，所以，这一阶段的磨损较快。一般初期磨损量为 0.05 ～ 0.1 mm，其大小与刀具刃磨质量直接相关。研磨过的刀具，初期磨损量较小。

b. 正常磨损阶段。经初期磨损后，刀具毛糙表面已经磨平，刀具进入正常磨损阶段。这个阶段的磨损比较缓慢均匀。后刀面磨损量随切削时间延长而近似地成此例增加。正常切削时，这阶段时间较长。

c. 急剧磨损阶段。当磨损带宽度增加到一定限度后，加工表面粗糙度变粗，切削力与切削温度均迅速升高，磨损速度增加很快，以至刀具损坏而失去切削能力。生产中为合理使用刀具，保证加工质量，应当避免达到这个磨损阶段。在这个阶段到来之前，就要及时换刀或更换新刀刃。

2) 刀具磨损标准。刀具磨损到一定限度就不能继续使用。这个磨损限度称为磨钝标准。

在生产实际中，经常卸下刀具来测量磨损量会影响生产的正常进行，因而不能直接以磨损量的大小，而是根据切削中发生的一些现象来判断刀具是否已经磨钝。例如粗加工时，观察加工表面是否出现亮带，切屑的颜色和形状的变化，以及是否出现振动和不正常的声音等。精加工时可观察加工表面粗糙度变化以及测量加工零件的形状与尺寸精度等。发现异常现象，就要及时换刀。

在评定刀具材料切削性能和研究试验时，都以刀具表面的磨损量作为衡量刀具的磨钝标准。因为一般刀具的后刀面都发生磨损，而且测量也比较方便。因此，ISO 统一规定以 1/2 背吃刀量处后刀面上测定的磨损带宽度 VB 作为刀具磨钝标准(见图 6.52)。

自动化生产中用的精加工刀具，常以沿工件径向的刀具磨损尺寸作为衡量刀具的磨钝标准，称为刀具径向磨损量 NB(见图 6.57)。

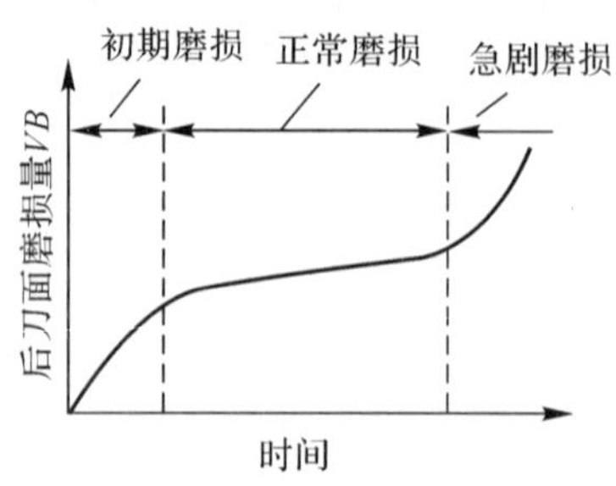

图 6.56　磨损过程的典型曲线

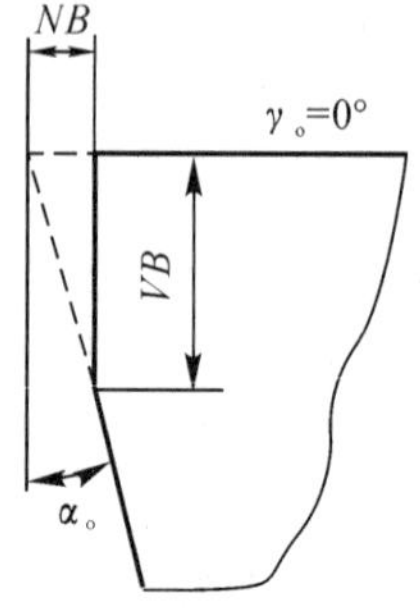

图 6.57　车刀的径向磨损量

由于加工条件不同，所定的磨钝标准也有变化。例如精加工的磨钝标准较小，而粗加工则取较大值。机床-夹具-刀具-工件系统刚度较低时，应该考虑在磨钝标准内是否会产生振动。此外，工件材料的可加工性、刀具制造刃磨难易程度等都是确定磨钝标准时应考虑的因素。

国家标准规定了磨损标准为：在正常磨损时，$VB=0.3$ mm，如果产生崩刃、剥落和沟痕等不正常磨损时，$VB_{max}=0.6$ mm；产生月牙洼时，$KT=(0.05+0.3f)$ mm(取进给量 f 单位 mm/r 中的 mm)。此外，在精加工时取加工精度和表面粗糙度许可的 VC 值。刀具允许的磨损量也随加工要求和加工条件的不同而变动。

2. *刀具耐用度*

刀具耐用度 T(又称刀具寿命)，定义为由刃磨后开始切削，一直到磨损量达到规定标准时的总切削时间(单位为 min)。

生产中常采用达到正常磨损 $VB=0.3$ mm 时的刀具耐用度。有时也采用在定加工条件下，按质完成额定工件数量的可靠性寿命；在自动化生产中为保持工件尺寸精度的寿命，通常用达到该尺寸精度的工件数量来表示；刀具达到规定承受冲击次数的疲劳寿命等。

(1) 影响刀具耐用度的因素

1) 切削速度 v_c。提高切削速度，使切削温度增高、磨损加剧，而使刀具耐用度 T 降低。若规定达到 $VB=0.3$ mm 时，通过切削实验，找到 v_c-T 的函数关系式为

$$v_c=\frac{C}{T^m} \text{ 或 } T^m=\frac{C}{v_c} \tag{6.33}$$

式中 m——v_c 对 T 的影响程度指数。

m 由切削实验求出，例如在车削碳钢和灰铸铁时 m 值为

硬质合金焊接车刀 $m=0.2$；

硬质合金可转位车刀 $m=0.25\sim0.3$；

陶瓷车刀 $m=0.4$。

由式(6.33)可知，若使用硬质合金可转位车刀加工45钢，当 $v_c=100$ m/min 时，$T=60$ min；如果 $v_c=150$ m/min，则 $T=12$ min，切削速度增加了50%，而刀具耐用度缩短到原来的1/5。由此可知，切削速度对刀具耐用度影响是非常显著的。

2) 进给量 f 与背吃刀量 a_p。f 与 a_p 增大，均使刀具耐用度降低，但 f 增大后，切削温度升高量较多，故对 T 影响较大；a_p 增大，改善了散热条件，故使切削温度上升少，因此对 T 影响较小。

3) 刀具几何参数。在刀具几何参数中，影响刀具寿命的因素主要有：前角 γ_o、主偏角 κ_r、副偏角 κ_r' 和刀尖圆弧半径 r_ε。增大 γ_o，切削温度降低，刀具耐用度延长，但前角太大，强度低，散热差，刀具寿命反会缩短，因此，在一定的加工条件均有一个最佳前角值，该值可由生产实践和切削实验求得。前角对切削温度影响和对刀具耐用度的影响规律是相同的。

减小主偏角 κ_r、副偏角 κ_r' 和增大刀尖圆弧半径 r_ε，都能起到提高刀具强度和降低切削温度的作用，因此，均有利延长刀具耐用度。

4) 工件材料。工件材料的强度、硬度和韧性越高，切削时均能使切削温度升高，刀具耐用度缩短。

5) 刀具材料。刀具材料是影响刀具耐用度的重要因素，例如，刀具材料的热导率和耐磨性越高，切削时刀具耐用度越长，因此，选用涂层刀具和高性能刀具材料，是延长刀具耐用度的有效途径。

图 6.58 为切削合金钢时，选用不同刀具材料 —— 高速钢、硬质合金和陶瓷刀具对刀具耐用度的影响曲线。

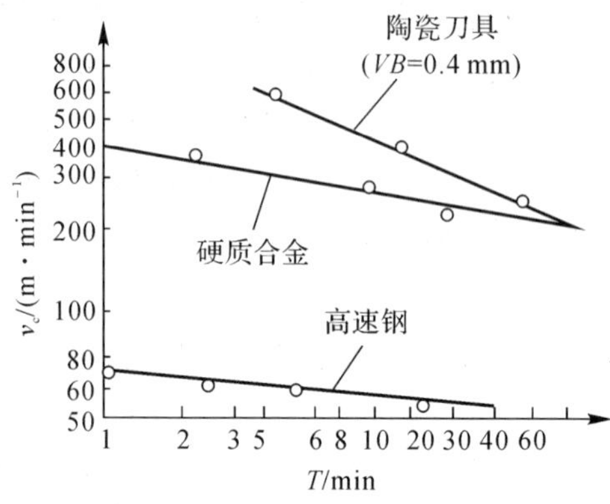

图 6.58　不同刀具材料对刀具耐用度影响

(2) 刀具耐用度方程式(泰勒公式)。综合切削用量 v_c、f、a_p 和其他因素对刀具耐用度的影响规律，并经切削实验整理后得到下列计算刀具耐用度的指数方程式：

$$T^m = \frac{C_T}{v_c a_p^{x_T} f^{y_T}} K_T \tag{6.34}$$

式中　x_T、y_T —— 背吃刀量和进给量对刀具耐用度的影响程度指数；

K_T —— 其他因素对刀具耐用度的修正系数。

实际生产中，在普通机床上多数采用使生产成本最低原则来确定刀具耐用度，例如：

1) 简单刀具的制造成本低，故它的耐用度较复杂刀具的低。

2) 可转位刀具的切削刃转位迅速、更换刀片简便，刀具耐用度低。

3) 自动线、数控刀具能自动换刀，在线重磨，刀具耐用度更低些。

4) 精加工刀具的耐用度较高。

目前，数控机床和加工中心所使用的数控刀具，由于它使用高性能刀具材料和良好的刀具结构，能较大地提高切削速度和缩短辅助时间，对于提高生产效率和生产效益起着重要作用。此外，在刀具上消耗的成本也很低，仅占生产成本的 3% ～ 4%，为此，目前数控刀具的耐用度均低于其他刀具。例如：车刀耐用度定为 $T=15$ min；铣刀也用达到切削长度 $l=12～14$ m 作为选用切削速度的参考依据。

(3) 刀具耐用度允许的切削速度 v_T 计算。当确定了进给量 f、背吃刀量 a_p 和其他参数后，可根据已定的刀具寿命的合理数值 T 再最后计算切削速度 v_c，该 v_c 称为刀具寿命允许的切削速度，用 v_T 表示(单位为 m/min)，它是生产中选用切削速度的依据。

按式(6.34) 可换算出的计算式为

$$v_T = \frac{C_v}{T^m a_p^{x_v} f^{y_v}} K_v \tag{6.35}$$

五、工件材料的切削加工性

工件材料的切削加工性是指在一定的加工条件下工件材料被切削的难易程度。随着机械制造业的高速发展，各种高性能材料的使用日益增多，对于许多材料的切削加工也更为困难。研究材料切削加工性的主要目的是更有效地找出对各种材料，特别是难加工材料便于切削加工的途径。

1. 切削加工性指标

(1) 加工材料的性能指标。材料加工性能难易程度主要取决于材料结构和金相组织，及所具有的物理和力学性能，其中包括材料硬度(HBW)、抗拉强度 σ_b、伸长率 δ、冲击韧度 a_K 和热导率 κ。通常按它们数值的大小来划分加工性等级，如表 6.5 所示。

从加工性分级表中查出材料性能的加工性等级，可全面地了解材料切削加工难易程度。以正火 45 钢为例，它的性能为：229 HBW、$\sigma_b = 0.598$ GPa，$\delta = 16\%$，$a_K = 588$ kJ/m^2、$\kappa = 50.24$ W/(m·K)。从表中查出各项性能的加工等级为"5·3·2·2·4"，因而 45 钢是较易切削的金属材料。

表 6.5　工件材料切削加工性分级表

切削加工性		易切削			较易切削		较难切削			难切削			
等级代号		0	1	2	3	4	5	6	7	8	9	9_a	9_b
硬度	HBW		≤50	>50～100	>100～150	>150～200	>200～250	>250～300	>300～350	>350～400	>400～480	>480～630	>630
	HRC						>14～24.8	>24.8～32.3	>32.3～38.1	>38.1～43	>43～50	>50～60	>60
抗拉强度 σ_b/GPa		≤0.196	>0.196～0.441	>0.441～0.588	>0.588～0.784	>0.784～0.98	>0.98～1.176	>1.176～1.372	>1.372～1.568	>1.568～1.764	1.764～1.96	>1.96～2.45	>2.45
伸长率 δ/(%)		≤10	>10～15	>15～20	>20～25	>25～30	>30～35	>35～40	>40～50	>50～60	>60～100	>100	
冲击韧度 a_K kJ·m^{-2}		≤196	>196～392	>392～588	>588～784	>784～980	>980～1 372	>1 372～1 764	>1 764～1 962	>1 962～2 450	>2 450～2 940	>2 940～3 920	
热导率 κ W·m^{-1}·K^{-1}		418.68～293.08	<293.00～167.47	<167.47～83.47	<83.47～62.80	<62.80～41.87	<41.87～33.5	<33.5～25.12	<25.12～16.75	<16.75～8.37	<8.37		

(2) 相对加工性指标。在切削 45 钢(170～229 HBW，$\sigma_b = 0.637$ GPa)时，刀具耐用度 $T = 60$ min 的切削速度 v_{60} 作为基准，记为 $(v_{60})_j$，在相同加工条件下，切削其他材料的 v_{60} 与 $(v_{60})_j$ 的比值 K_r 称为相对加工性指标，即

$$K_r = \frac{v_{60}}{(v_{60})_j} \tag{6.36}$$

例如：$K_r = 2.5 \sim 3$ 为易切钢；$K_r > 3$ 为非铁材料；$K_r \leqslant 0.5$ 为不锈钢、高锰钢、钛合金等难加工材料。

与 $(v_{60})_j$ 相似，在国外也有用 $(v_{30})_j$、$(v_{15})_j$ 的。

(3) 刀具耐用度指标。用刀具耐用度长短来衡量被加工材料切削的难易程度。例如，切削普通金属材料取刀具寿命 60 min 时的允许切削速度 v_{60}、切削难加工材料用 v_{20} 来评定相应材料切削加工性的好坏。在相同加工条件下，v_{60} 与 v_{20} 值越高，材料的切削加工性越好；反之，加工性差。

此外，根据不同的加工条件与要求，也可按“加工表面粗糙度”“切削力”和“断屑”等指标来衡量工件材料的切削加工性的好坏。

2. 常用材料切削加工性简述

(1)铸铁。铸铁中石墨的作用，使材料的硬度低、性变脆，石墨在切屑与前刀面间起润滑作用。切削铸铁时变形小，切削力小，切削温度较低，且产生崩碎切屑，有微振，不易达到小的表面粗糙度。总的说来，铸铁的加工较易。铸铁的加工性受到石墨的存在形式、基体组织状态、金属成分和热处理影响。例如：灰铸铁、可锻铸铁和球墨铸铁的石墨分别呈片状、团絮状和球状，因此，它们的强度依次提高，加工性随之变差；在铸铁的基体组织中若珠光体和碳化物含量增多，硬度增高，加工性变差；铸铁中的金属元素也影响加工性，如含 Si 形成 SiO_2 使铸铁硬度提高，含 P 形成 Fe_3P 起磨粒作用使刀具产生磨粒磨损，加工性差，但含 S、Ni 则能改善加工性。

为了适应铸铁的加工性特点，在切削时可适当减小刀具前角和降低切削速度。

(2)碳素结构钢。普通碳素钢的加工性主要取决于含碳量。低碳钢硬度低，塑性和韧性高，故切削变形大，切削温度高，易产生黏屑和积屑瘤，断屑困难，不易达到小的粗糙度，故低碳钢加工性较差。如 10 钢加工性等级为“2・1・5・ — ・4”。

高碳钢硬度高，塑性低，热导率低，切削力大，切削温度高；刀具易磨损、寿命低，故高碳钢的加工性差。如 60 钢加工性等级为“5・3・1 —・4”。

切削低碳钢应选用较大前角和后角，正刃倾角和较大主偏角，切削刃锋利，提高切削速度。

切削高碳钢应选用耐磨性和耐热性高的硬质合金刀具、涂层刀具和 Al_2O_3 陶瓷刀具。前角较小，磨出很窄的负倒棱，适当减小主偏角。

(3)合金结构钢。在碳素结构钢中加入合金元素，如 Si、Mn、Cr、Ni、Mo、W、V、Ti 等，提高了结构钢的性能，其加工性也随之变化。例如：铬钢(20Cr、30Cr 和 40Cr 钢等)中的铬能细化晶粒，提高强度，其中调质 40Cr 钢比调质中碳钢的强度提高了 20%、热导率低 15%，它的加工性等级为“4・4・—・2・6”，因此，较同类碳钢难加工。在切削时应选择耐磨性、耐热性高的刀具材料，降低切削速度。普通锰钢在碳钢中加入质量分数为 1% ～2%的锰，强化碳钢中铁素体，并增加和细化珠光体，因此，锰钢的塑性和韧性低，强度和硬度高。以 40Mn2 为例，它的加工性等级为“4 ・5・—・2・—”，其加工性较中碳钢差。

(4)难加工材料。目前航空、航天、造船、电站、石油化工和国防工业等领域对零件的性能有很高的要求，例如耐磨、耐高温、耐腐蚀和耐冲击等，这些零件常用的材料有：高强度合金钢、不锈钢、高锰钢、钛合金、高温合金、冷硬铸铁和高硅铝合金等。

1)高强度合金钢。高强度合金钢是含合金的结构钢，其中有含一种合金元素的，如铬、镍或锰钢；含两种合金元素的，如铬锰、铬钼或铬镍钢；含三种以上合金元素的，如铬锰钛、铬锰钼钒钢等。它们经过热处理均有较好的综合性能，其中抗拉强度达 $\sigma_b>1.2\sim1.5$ GPa，含三种以上合金元素的被称为超高强度钢，硬度<50 HRC。以含量较高的镍钴锰钛合金为例，其加工性等级为“9・9・1・9a・7”，这是一类很难切削的材料。切削时变形阻力大，因此，切削力大、切削温度高、热导率小、断屑困难，故刀具后刀面磨损严重，前刀面上磨出月牙洼，刀尖区域温度集中，受切屑作用易破损。

高强度钢的金相组织多为马氏体，通常应在退火状态下切削。切削高强度钢应选用高的耐热性、耐磨性和耐冲击的刀具材料，例如细晶粒、涂层硬质合金刀具，半精加工和精加工可选用 Al_2O_3 陶瓷或 CBN 刀具。选用较小或负值前角，磨出负倒棱和刀尖圆弧半径。切削速度可低于 45 钢 40%左右，进给量适当加大。此外，应具有足够的加工工艺系统刚性。

2)不锈钢。不锈钢的种类较多，使用广泛，常用的有马氏体不锈钢、奥氏体不锈钢。以奥氏体不锈钢 1Cr18Ni9Ti 为例，它的性能为：291 HBW 、σ_b＝0.539 GPa、δ＝40%、a_K＝2 452 kJ/m^2、κ＝16.3 W/(m・K)，加工性等级为“4・2・6・9・8”。不锈钢的常温硬度和强度接近 45 钢，但切削时温度升高后，材料的硬度和强度随之提高，其伸长率高于 45 钢的 3 倍，冲击韧度是 45 钢的 4 倍，热导率为 45 钢的 1/3～1/4。不锈钢在切削时的塑性变形大，故切削力较 45 钢提高 25%，切削温度高，加工硬化程度高，易与刀具中合金元素亲合产生黏屑，并易形成积屑瘤，断屑困难。刀具上温度高、导热差，易使刀具产生黏结磨损和扩散磨损。

切削不锈钢应选用耐热性、强度和耐磨性高的刀具材料。选取较大前角，负的刃倾角，带倒棱和刀尖圆弧半径，切削刃锋利。切削速度较切削 45 钢低 40%，背吃刀量较大。

3)高锰钢。高锰钢是含碳、锰量均很高的奥氏体钢，高锰钢中锰的质量分数高达 11%～14%，其中有高碳高锰耐磨钢和中碳高锰无磁钢。以高锰钢中 Mn13 为例，它的性能为：210 HBW、σ_b＝0.981 GPa、δ＝80%、a_K＝2 943 kJ/m^2、κ＝13 W/(m・K)，加工性等级为“4・5・9・9a・8”，因此，加工性很差。高锰钢的强度和硬度均较高，在切削时晶格滑移和晶粒扭曲及伸长变形严重，故加工硬化很严重，其深度达 0.3 mm 左右，硬度提高 3 倍。它的韧性和伸长率均很高，故切削力大，切屑不易折断。热导率小，切削温度高，较 45 钢高 200～250℃，热变形严重，刀具易产生黏结磨损和破损。

切削高锰钢可选用耐磨性和韧性较高的硬质合金刀具。为减小加工硬化和增加散热面积，应适当减小前角(－3°～5°)，使切削刃锋利。提高刀具强度的方法有减小主、副偏角，选取负刃倾角、磨负值大的倒棱并适当增大后角等。切削速度不应太高，硬质合金刀具取 v_c≤40 m/min，背吃刀量和进给量应适当加大。

4)钛合金。以($\alpha+\beta$)双相固溶体 TC9 钛合金为例，它的性能为：360 HBW、σ_b＝1.059 GPa、δ－9%、a_K＝2 943 kJ/m^2、κ＝7.54 W/(m・K)，加工性等级为“6・5・0・9・9”。钛合金的加工性特点是具有高的硬度和强度，导热性差，热导率是 45 钢的 1/2 左右，钛又是高度活泼的金属，容易与刀具中的钛亲合，并且在高温时，易与空气中的氧和氮形成 TiO_2 与 TiN 硬化层，深度为 0.1～0.15 mm。此外，钛合金塑性变形小，测得切屑厚度压缩比非常小，因而切屑与刀面间接触长度小，刀尖处受力大，温度集中。钛合金的弹性复原大，后刀面上黏屑严重。切削钛合金刀具易产生黏结磨损和扩散磨损，刀尖易破损。通常切削钛合金刀具应选用亲合力小、导热性好、强度高、含钴量多、细晶粒和含稀有金属的硬质合金材料。选用前角小、后角大、有较大刀尖圆弧半径，且保持切削刃锋利的刀具。采用切削速度＜100 m/min 和较大背吃刀量。

5)其他难加工材料。高温合金中镍基高温合金较难切削，它的热导率低，切削力大，较切削 45 钢大 2～3 倍，切削温度高，达 750～1 000℃，加工硬化严重，提高硬度 200%～500%，切削时刀具上黏屑严重。

淬火钢硬度≥60 HRC，硬质合金硬度＞70 HRC，它们都具有硬度高、塑性低、热导率小的特点，因此，切削时冲击力大，切削温度集中于刀尖区域，刀具磨损快、破损严重。

冷硬铸铁和高硅铝合金的硬度均很高,性脆,材料中分布着硬质点,耐磨性高,切屑呈崩碎状。切削时,刀尖处受冲击力大,刀具易产生磨粒磨损和破损,因此可选用金属陶瓷刀具切削冷硬铸铁,选用金刚石刀具加工高硅铝合金。

工程陶瓷是机械工程中应用较多的陶瓷,它是由天然黏土等原料经精细粉碎再初烧结成形,然后经粗加工,最后由高温高压精烧结作为精加工坯料。工程陶瓷具有高硬度(2 500～3 000 HV)、高耐磨性和耐热性,性脆,目前常用人造金刚石磨削加工。此外,可选用 CBN 或 PCD 刀具进行切削加工。

3. 改善材料切削加工性途径

(1)调节工件材料中化学元素和进行热处理。在钢中添加易切削化学元素,如硫(S)、铅(Pb),使材料结晶组织中产生硫化物,降低组织结合强度,便于切削。铅使组织结构不连续,有利于断屑,并能形成润滑膜,减小摩擦因数;不锈钢中有硒元素,可改善硬化程度;在铸铁中加入铝、铜合金元素可分解出石墨元素,易于切削。

采取适当的热处理方法可改善加工性。被加工材料硬度越高且不均匀,组织偏析越严重,刀具磨损越严重。材料的伸长率越大,黏刀严重,表面粗糙度越差,均使加工性变差。因而,通过热处理降低材料硬度,使组织均匀,提高切削脆性能有效地改善材料加工性。铸铁的基体中分布着游离状态的石墨,提高了铸铁的易加工性,但基体为珠光体灰铸铁,硬度高,若经退火处理分解为铁素体和石墨,可降低硬度,改善加工性。对低碳钢进行正火处理,细化晶粒,可提高硬度,降低韧性。高碳钢通过退火处理,使硬度降低,便于切削。对于高强度合金钢通过退火、回火或正火处理可改善加工性,而对于镍基高温合金进行淬火处理,使原来组织金属化合物转变为固溶体,由于化合物存在较少,因此易于切削。

(2)合理选用刀具材料。根据被加工材料的性能与要求,应选择与之匹配的刀具材料。例如为使含钛元素的各类难加工材料不发生亲合作用,应选用 K(YG)类硬质合金刀具,其中细晶粒或带稀有元素的牌号对提高切削效率和刀具寿命有明显效果。例如,切削不锈钢可选用 K20 (YG8N)、K10(YG6A),切削高锰钢可选用 P35(YT5R)、M10(YW3),切削冷硬铸铁可用 K10(YG6X)等。

此外,为了适应各类高性能难加工材料的高效率切削,我国硬质合金制造厂开发了超细晶粒硬质合金,其粒度$\leqslant 0.6\ \mu m$,并添入加强元素 TaC,使硬质合金刀具的硬度、耐磨性和抗弯强度有显著提高,其中 K10(YS8)用于切削高温合金、高锰钢、不锈钢和硬度>60 HRC 的淬火钢,K10(YS10)用于切削各类高硬度铸铁。K10 牌号也适用于切削高硅铝合金、白口铸铁、玻璃制品、陶瓷和花岗石等。

此外,涂层刀具、各类超硬刀具材料对各类难加工材料切削的应用也逐渐增多,在许多资料中均有介绍。

(3)其他措施。

1)合理选择刀具几何参数。通常都是从减小切削力、改善热量传散、增加刀具强度、有效断屑、减少摩擦和提高刃磨质量等方面来调节各参数间的大小关系,达到改善加工性作用。

2)保持切削系统足够的刚性。

3)选用高效切削液及有效的浇注方式。

4)采用新的切削加工技术,例如加热切削、低温切削、振动切削等。

6.5　金属切削基本规律及应用

本节主要介绍如何将切削原理的基本理论用于分析与解决有关切削加工中产生的一些工艺技术问题,其中有:切屑的控制、切削液的选用、减小表面粗糙度、合理选用切削用量与刀具几何参数等。

一、切屑的控制

在切削过程中若切屑不能折断而引起切屑的失控,就会严重影响操作者的安全及机床的正常工作,导致刀具损坏,降低加工表面质量,尤其在数控机床及多机自动化生产中,应控制切屑以确保自动加工循环的正常进行和实现切屑的无人化处理。

1. 切屑形状的分类

切削时由于加工条件不同,会形成许多不同形状的切屑。根据国家标准《单刃车削刀具寿命试验》(GB/T 16461—2016)的规定,切屑分为八类,见表 6.6。

根据生产经验,表 6.6 中的短管状切屑(2-2)、平盘旋状切屑(3-1)、锥盘旋状切屑(3-2)、短环形螺旋切屑(4-2)、锥形螺旋切屑(5-2)以及在有防护罩的数控机床和自动机床上得到的单元切屑(7)和针形切屑(8)均可列为可接受的屑形。其中理想的屑形是在短屑中定向流出的“C”、“6”形切屑和不超过 50 mm 长度的短螺旋切屑。

2. 切屑的流向和折断

(1) 切屑的流向。控制切屑的流向是为了使切屑不损伤加工表面,便于对切屑处理,使切削顺利进行。如图 6.59 所示,A 点是车刀主切削刃上参与切削的终了点,刀尖圆弧切削刃也有很短长度在切削,其上切削终了点为 B,切屑流速 v_{ch} 的方向垂直 A、B 点的连线,v_{ch} 流向与正交平面夹角为 η_c,η_c 称流屑角。影响流屑方向的主要参数是刀具刃倾角 λ_s、主偏角 κ_r 及前角 γ_o。如图 6.60 所示的刀具上,$-\lambda_s$ 使切屑流向已加工表面,$+\lambda_s$ 使切屑流向待加工表面。同理,在车刀的主偏角 $\kappa_r=90°$ 时,切屑流向是偏向已加工表面。此外,使用负前角 $-\gamma_o$ 刀具,由于前刀面上推力作用,切屑易流向加工工件一侧。

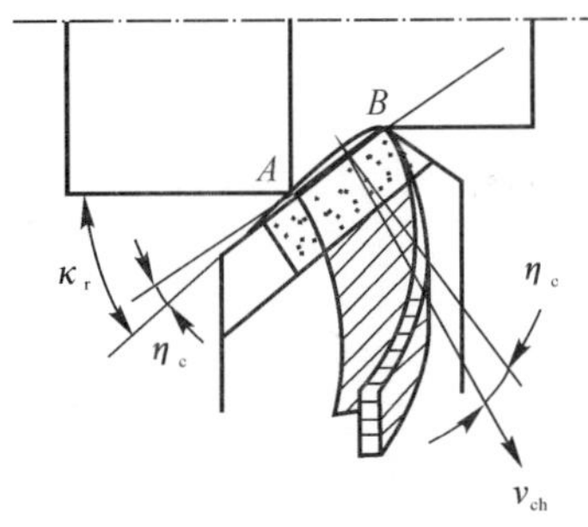

图 6.59　流屑角 η_c

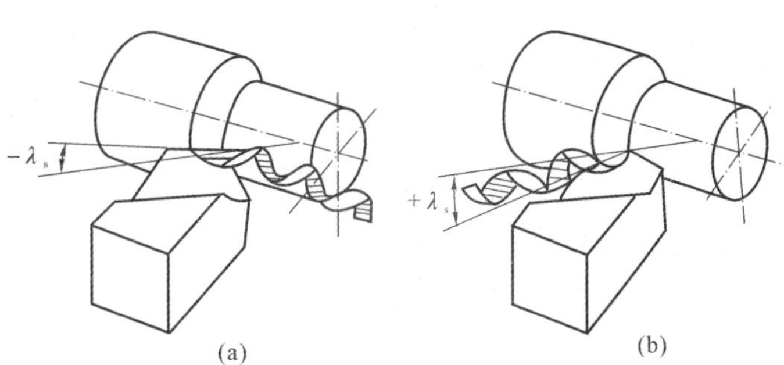

图 6.60　刃倾角对切屑流向的影响

(a) $-\lambda_s$；(b) $+\lambda_s$

表 6.6　切屑的分类

1. 带状切屑	1－1 长 	1－2 短 	1－3 乱 
2. 管状切屑	2－1 长 	2－2 短 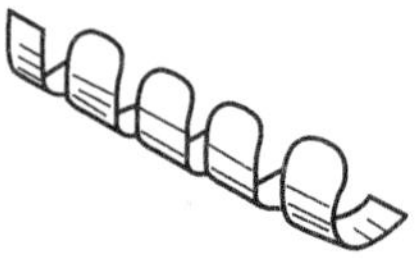	2－3 缠乱 
3. 盘旋状切屑	3－1 平 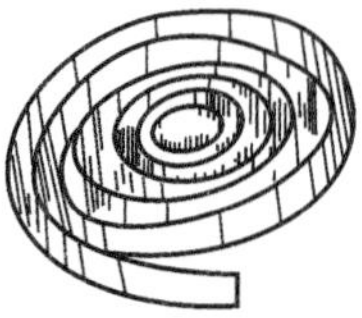	3－2 锥 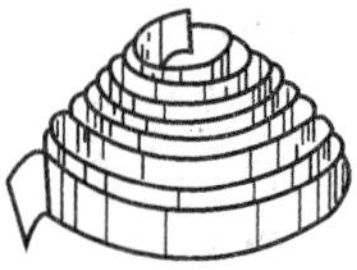	
4. 环形螺旋切屑	4－1 长 	4－2 短 	4－3 缠乱 
5. 锥形螺旋切屑	5－1 长 	5－2 短 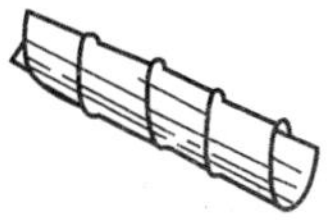	5－3 缠乱 
6. 弧形切屑	6－1 连接 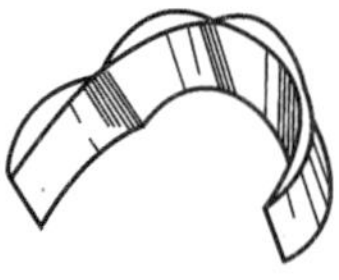	6－2 松散 	
7. 单元切屑			
8. 针形切屑			

(2) 切屑的折断。切屑流出后，应使其折断。图 6.61 为车刀上磨制断屑台使切屑折断的原理：在正交断面中切屑的厚度为 h_{ch}，切屑在流出时受断屑台顶力 F_{Bn} 作用使切屑卷曲，并在切屑内部产生卷曲应变，如图 6.61(a) 所示。切屑卷曲的半径由 ρ_0 逐渐增大为 ρ，其内部卷曲应变也随之增加，当切屑继续流出后其顶端碰到后面时，又受到反力 F_{an} 的作用，使切屑产生反向卷曲应变，如果两者合成弯曲应变 ε_{max} 超过材料极限应变值 ε_b，切屑产生折断，如图 6.61(b) 所示。

通过研究可知，当切屑厚度 h_{ch} 增加时，切屑卷曲半径 ρ 减小，切屑材料的极限应变值 ε_b 减小，则切屑易折断。因此，凡影响 h_{ch}、ρ 及 ε_b 的因素，都可能影响断屑。

分析图 6.61(c)，切屑卷曲半径 ρ 与断屑槽尺寸有关。若减小断屑槽宽度 L_{Bn}，增长刀-屑接触长度 l 和断屑台高度 h_{Bn} 都可减小 ρ，并有利于断屑。

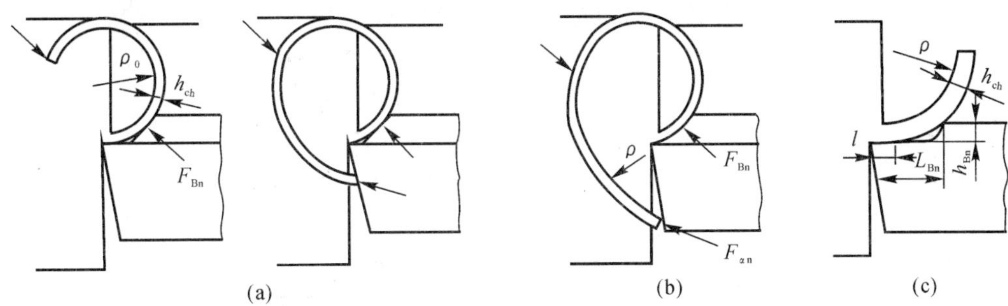

图 6.61　切屑折断原理

(a)切屑受力后卷曲；(b)影响卷曲半径参数；(c)断屑槽尺寸

切屑在流出过程中形成卷曲后，加剧了切屑内部的塑性变形，切屑的塑性降低，硬度增高，性变脆，从而为断屑创造了有利的内在条件。

3. 断屑措施

(1)做出断屑槽。在刀具前刀面上磨出断屑槽是达到断屑的有效措施，因此使用较多。对于可转位刀片，刀片前刀面上有不同形状和尺寸的断屑槽，以满足不同切削条件的断屑需要。在焊接硬质合金刀片的车刀上，通常磨制了图 6.62 所示的三种形式的断屑槽：直线圆弧型、折线型和全圆弧型。

直线圆弧型[见图 6.62(a)]和折线型[见图 6.62(b)]适用于碳钢、合金钢、工具钢和不锈钢；全圆弧型[见图 6.62(c)]的前角大，适合加工塑性高的金属材料和重型刀具。

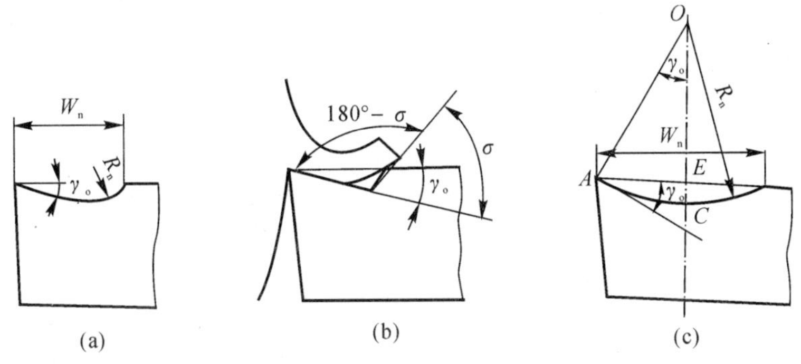

图 6.62　断屑槽形状

(a)直线圆弧型；(b)折线型；(c)全圆弧型

（2）改变切削用量。在切削用量参数中，对断屑影响最大的是进给量 f，其次是背吃刀量 a_p。进给量 f 增大，使切屑厚度 h_{ch} 增大，在切屑受卷曲或碰撞时较易折断。背吃刀量 a_p 增大对断屑作用不大，只有当同时增加进给量时，才能有效地断屑。

切削速度对断屑影响较小，但在低速切削时，由于切屑变形较充分，切屑卷曲半径 ρ 减小，较易使切屑折断。

（3）其他断屑方法

1）固定附加断屑挡块。在刀具前刀面上固定可调距离和角度的挡块，能达到稳定断屑，但其不足之处是减小了出屑空间且易被切屑阻塞。

2）采用间断切削。采用断续切削或振动切削方式，获得断屑或使切削厚度周期性变化和切屑截面积变化，致使狭小截面处应力集中，强度减弱，达到断屑目的。这类断屑方法结构及装置较复杂。

3）切削刃上开分屑槽。这是较为常见的方法。在参加切削的较长切削刃上，例如钻头、圆柱铣刀、拉刀等刀具，在它们相邻主切削刃上磨出交错分布的分屑槽，使切屑分段流出，以便于排屑和容屑。

二、切削液的选用

合理选用切削液能有效地减小切削力、降低切削温度、减小加工系统热变形、延长刀具寿命和改善已加工表面质量，此外，选用高性能切削液也是改善难加工材料切削性能的一个重要措施。

1. 切削液作用

（1）冷却作用。切削液浇注在切削区域内，利用热传导、对流和汽化等方式，降低切削温度和减小加工系统热变形。

（2）润滑作用。切削液渗透到刀具、切屑与加工表面之间，减小了各接触面间摩擦，其中带油脂的极性分子吸附在刀具的前、后刀面上，形成了物理性吸附膜，若在切削液中添加了化学物质产生了化学反应后，形成了化学性吸附膜，该化学膜可在高温时减小接触面间摩擦，并减少黏结。上述吸附膜起到了减小刀具磨损和提高加工表面质量的作用。

（3）排屑和洗涤作用。在磨削、钻削、深孔加工和自动化生产中利用浇注或高压喷射方法排除切屑或引导切屑流向，并冲洗散落在机床及工具上的细屑与磨粒。

（4）防锈作用。切削液中加入防锈添加剂，使之与金属表面起化学反应形成保护膜，起到防锈、防蚀作用。

此外，切削液应具有抗泡沫性、抗霉变质性、无变质嗅味、排放时不污染环境、对人体无害和使用经济性等特点。

2. 切削液种类及其应用

生产中常用的切削液有：以冷却为主的水溶性切削液和以润滑为主的油溶性切削液。

（1）水溶性切削液。水溶性切削液主要分为：水溶液、乳化液和合成切削液。

1）水溶液。水溶液以软水为主，加入缓蚀剂、防霉剂，具有较好的冷却效果。有的水溶液加入油性添加剂、表面活性剂而呈透明的水溶液，润滑性和清洗性增强。此外，若添加极压抗磨剂，可在高温、高压下增加润滑膜的强度。

水溶液常用于粗加工和普通磨削加工中。

2)乳化液。乳化液是水和乳化油混合后再经搅拌，形成的乳白色液体。乳化油是一种油膏，它由矿物油、脂肪酸、皂以及表面活性乳化剂(石油磺酸钠、磺化蓖麻油)配制而成。在表面活性剂的分子上，带极性的一头与水亲合，不带极性的一头与油亲合，从而起到水油均匀混合作用，再添加乳化稳定剂(乙醇、乙三醇等)防止乳化液中水、油分离。

乳化液的用途很广，能自行配制，含较少乳化油的称为低浓度乳化液，它主要起冷却作用，适用于粗加工和普通磨削；高浓度乳化液主要起润滑作用，适用于精加工和复杂刀具加工中。表 6.7 列出了加工碳钢时，不同浓度乳化液的用途。

表 6.7　乳化液选用

加工要求	粗车、普通磨削	切割	粗铣	铰孔	拉削	齿轮加工
浓度/(%)	3～5	10～20	5	10～15	10～20	15～25

3)合成切削液。合成切削液是国内外推广使用的高性能切削液，它由水、各种表面活性剂和化学添加剂组成，具有良好的冷却、润滑、清洗和防锈作用，热稳定性好，使用周期长等特点。合成液中不含油，可节省能源，有利于环保，在国内外使用率很高。例如：高速磨削合成切削液适用的磨削速度为 80 m/s，用它能提高磨削用量和砂轮寿命；H_1L-2 不锈钢合成切削液适用于对不锈钢(1Cr18Ni9Ti)和钛合金等难加工材料的钻孔、铣削和攻螺纹，它能减小切削力和延长刀具寿命，并可获得较小的加工表面粗糙度。

国产 DX148 多效合成切削液、SLQ 水基透明切削磨削液用于深孔加工均有良好效果。

(2)油溶性切削液。油溶性切削液主要有：切削油和极压切削油。

1)切削油。切削油中有矿物油、动植物油和复合油（矿物油和动植油的混合油），其中较普遍使用的是矿物油。

矿物油主要包括 L－AN15、L－AN32、I－AN46 全损耗系统用机械油、轻柴油和煤油等。它们的特点是热稳定性好、资源丰富、价格低，但润滑性较差，故主要用于切削速度较低的精加工、非铁材料加工和易切钢加工。机械油的润滑作用好，故在普通精车、螺纹精加工中使用甚广。煤油的渗透作用和冲洗作用较突出，故在精加工铝合金、精刨铸铁平面和用高速钢铰刀铰孔中，能减小加工表面粗糙度和延长刀具寿命。

2)极压切削油。极压切削油是在矿物油中添加氯、硫、磷等极压添加剂配制而成的，它在高温、高压下不破坏润滑膜并具有良好润滑效果，尤其在对难加工材料的切削中广为应用。

氯化切削油主要含氯化石蜡、氯化脂肪酸等，由它们形成的化合物，如 $FeCl_2$，其熔点为 600℃，且摩擦因数小，润滑性能好，适用于合金钢、高锰钢、不锈钢和高温合金等难加工材料的车、铰、钻、拉、攻螺纹和齿轮加工。

硫化切削油是在矿物油中加入含硫添加剂(硫化鲸鱼油、硫化棉籽油等)，硫的质量分数为 10%～15%。在切削时高温作用下形成硫化铁(FeS)化学膜，其熔点在 1 100℃以上，因此硫化切削油能耐高温。在硫化切削油中的 JQ－1 精密切削润滑剂用于对 20 钢、45 钢、40Cr 钢和 20CrMnTi 等材料的钻、铰、铣、拉、攻螺纹和齿轮加工中，均能获得较为显著的使用效果。

含磷极压添加剂中有硫代磷酸锌和有机磷酸酯等。含磷润滑膜的耐磨性较含氯的高。

若将各种极压添加剂复合使用，则能获得更好的使用效果。例如 BC－Ⅱ极压切削油是一种硫、氯型极压切削油，它用在结构钢、合金钢和工具钢的车、拉、铣和齿轮加工中，用于拉削 18CrMnTi 钢时，可使生产率提高一倍，表面粗糙度 Ra 达到 0.63 μm。

(3)固体润滑剂。固体润滑剂中使用最多的是二硫化钼(MoS_2)。由 MoS_2 形成的润滑膜具有很小的摩擦因数(0.05～0.09)和 1 185℃高的熔点，因此，高温也不易改变它的润滑性能，且具有很高的抗压性能(3.1 GPa)和牢固的附着能力。

使用时可将 MoS_2 涂刷在刀面上和工作表面上，也可添加在切削油中。使用 MoS_2，能防止和抑制积屑瘤产生，减小切削力，显著延长刀具寿命，减小表面粗糙度。已有使用结果表明，在挤压式液压缸内孔的压头和圆孔推刀的表面上涂覆 MoS_2，可消除加工表面波纹和压痕，并且工具寿命能成倍提高。需要特别指出的是，Mo 类固体润滑剂是一种良好的环保型切削液。

为了有利于环保并节约切削加工费用，现代切削加工中越来越多地采用干切和半干切加工技术。

三、已加工表面质量

已加工表面质量，也可称为表面完整性，对机器零件的使用性能和可靠性有重大影响。切削后的表面质量应符合预定的加工要求，其中包括：表面粗糙度、表层硬化程度、表层残余应力、表层微裂纹和表层金相组织。

下面主要介绍表面层的质量指标对已加工表面质量的影响，并分析表面粗糙度的形成及其影响因素。

1. 已加工表面层质量简介

在切削加工时，受到切削力和切削温度作用，会引起已加工表面层质量产生变化。

(1)加工硬化。加工层产生了急剧的塑性变形后，使离加工表面 0.1～0.5 的层内显微硬度提高，破坏了内应力平衡，改变了表层组织性能，降低了材料的冲击韧度和疲劳强度，增加了材料的切削难度。

(2)表层残余应力。由于切削层塑性变形的影响，表面层残余应力的分布会改变，如切削后切削温度降低，使已加工表面层由于膨胀而呈收缩状，在收缩时它受底层材料阻碍，使表面层中产生了拉应力。残余拉应力受冲击载荷作用，会降低材料疲劳强度，出现微观裂纹，降低材料的耐蚀性。

(3)表层微裂纹。切削过程中切削表面在外界摩擦、积屑瘤和鳞刺等因素作用以及在表面层内受应力集中或拉应力等影响下，造成已加工表层产生微裂纹，微裂纹不仅能降低材料的疲劳强度和耐蚀性，而且在微裂纹不断扩展情况下，造成了零件的破坏。

(4)表层金相组织。切削时若切削参数选用不当或切削液浇注不充分，会造成加工表面层的金相组织变化，影响被加工材料原有的性能。例如，零件在淬火后又经回火呈均匀的马氏体组织，消除了内应力，但在磨削时，由于磨削温度过高，冷却不均匀，出现二次回火而呈屈氏体组织，造成了组织不均匀，产生内应力，材料韧性降低而变脆。

2. 表面粗糙度的形成原因

切削加工时，虽然刀具表面和刀刃都磨得很光，但已加工表面粗糙度却远远大于刀具表面粗糙度，其产生的原因可归纳为以下两方面：

第一,几何因素所产生的粗糙度。它主要取决于残留面积的高度。

第二,由于切削过程不稳定因素所产生的粗糙度。其中包括积屑瘤、鳞刺、切削变形、刀具的边界磨损、刀刃与工件相对位置变动等。

(1) 残留面积。切削时,由于刀具与工件的相对运动及刀具几何形状的关系,有一小部分金属未被切下来而残留在已加工表面上,称为残留面积,其高度直接影响已加工表面的横向粗糙度。理论的残留面积高度 R_{max} 可根据刀具的主偏角 κ_r、副偏角 κ'_r、刀尖圆弧半径 r_ε 和进给量 f,按几何关系计算出来。

图 6.63(a) 表示由刀尖圆弧部分形成残留面积的情况:

$$R_{max}=\overline{O_1O}=\overline{O_1C}-\overline{OC}=r_\varepsilon-\sqrt{r_\varepsilon^2-\left(\frac{f}{2}\right)^2}$$

$$(R_{max}-r_\varepsilon)^2=r_\varepsilon^2-\frac{f^2}{4}$$

由于 $R_{max}<<r_\varepsilon$,故 R_{max}^2 可忽略不计,则上式化简后,可得

$$R_{max}=\frac{f^2}{8r_\varepsilon} \tag{6.37}$$

图 6.63(b) 表示 $r_\varepsilon=0$,由主切削刃及副切削刃的直线部分形成残留面积的情况,此时

$$R_{max}=\frac{f}{\cot\kappa_r+\cot\kappa'_r} \tag{6.38}$$

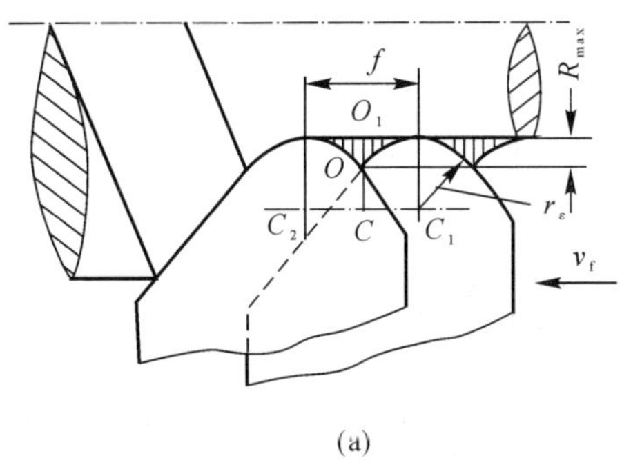

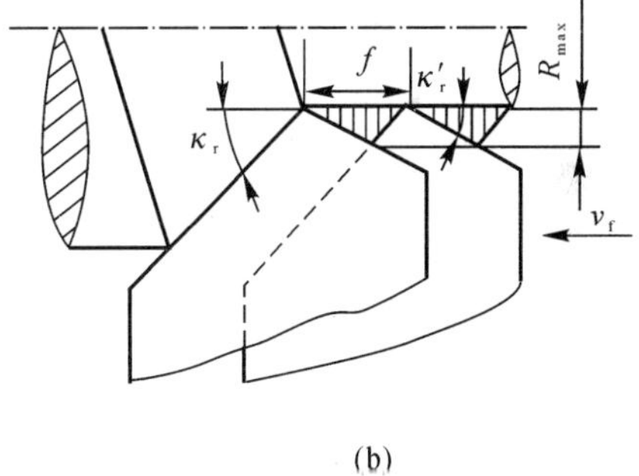

图 6.63　车削时的残留面积高度

(a)$r_\varepsilon>0$;　(b)$r_\varepsilon=0$

由式(6.37) 及式(6.38) 可知:理论残留面积高度 R_{max} 随进给量 f 的减小、刀尖圆弧半径 r_ε 的增大或主偏角 κ_r 及副偏角 κ'_r 的减小而降低。

实际得到的表面粗糙度最大值往往比理论计算的残留面积高度要大得多,只有在高速切削塑性材料时,两者才比较接近,这是由于实际的粗糙度还受到积屑瘤、鳞刺、切屑形态、振动及切削刃不平整等因素的影响。但理论残留面积是已加工表面微观不平度的基本形态,实际的表面粗糙度都是由其他影响因素在这个基础上叠加的结果。因此,理论残留面积高度是构成表面粗糙度的基本因素,有时也将理论残留面积高度称为理论粗糙度。

(2) 积屑瘤。由 6.4 节已知,当切削钢、铜合金及铝合金等塑性金属时,常在靠近切削刃及刀尖的前刀面上产生积屑瘤,积屑瘤的硬度很高,在相对稳定时,可以代替切削刃进行切削。由于积屑瘤会伸出切削刃及刀尖之外,从而产生一定的过切量 δ(见图 6.64),加上积屑瘤的形

状不规则，因此，切削刃上各点积屑瘤的过切量不一致，从而在加工表面上沿着切削速度方向刻划出一些深浅和宽窄不同的纵向沟纹。其次，积屑瘤作为整体来说，虽然它的底部相对比较稳定，但它的顶部常常反复成长与分裂，分裂的积屑瘤一部分附在切屑底部而排出，另一部分则留在已加工表面上形成鳞片状毛刺（见图 6.65）。同时，积屑瘤顶部的不稳定又使切削力波动而有可能引起振动，进一步使加工表面粗糙度增大。因此，可以说除了残留面积所形成的已加工表面粗糙度之外，积屑瘤的成长与分裂对表面粗糙度的影响最为严重。

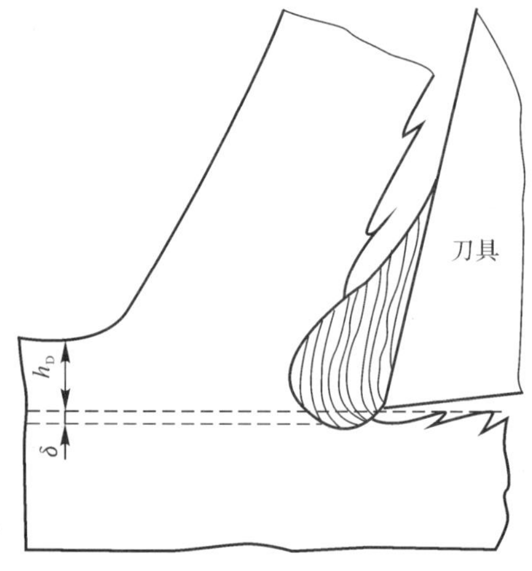

图 6.64　积屑瘤的过切量

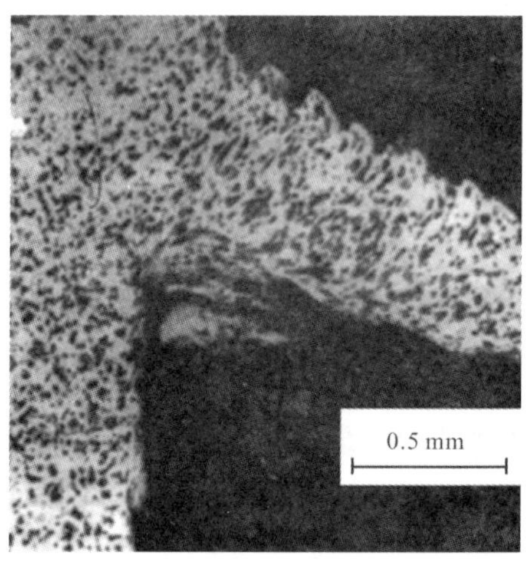

图 6.65　积屑瘤形成的鳞片状毛刺

（3）鳞刺。鳞刺就是已加工表面上出现的鳞片状的毛刺（见图 6.66 及图 6.67）。在较低及中等的切削速度下，用高速钢、硬质合金或陶瓷刀具切削低碳钢、中碳钢、铬钢、不锈钢、铝合金及铜合金等塑性材料时，车、刨、插、钻、拉、滚齿、插齿及螺纹切削等工序中都可能出现鳞刺。鳞刺的晶粒和基体材料的晶粒相互交错，鳞刺与基体材料之间没有分界线，鳞刺的表面微观特征是鳞片状，有一定高度，它的分布近似于沿整个刀刃宽度，其宽度近似地垂直于切削速度方向。鳞刺的出现使已加工表面的粗糙程度增加。因此，它是塑性金属切削加工中获得良好加工质量的一个障碍。

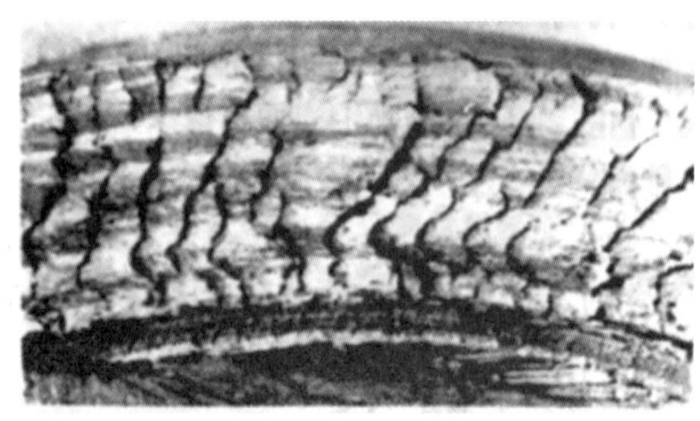

图 6.66　加工丝杠时所产生的鳞刺

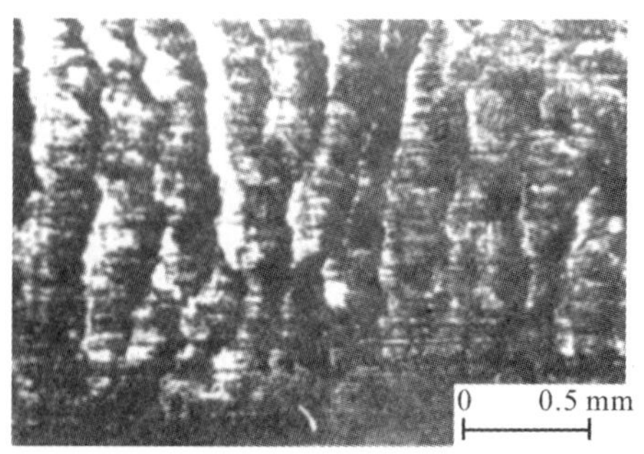

图 6.67　圆孔拉削 40Cr 钢时的鳞刺

在切削塑性金属时，不论有无积屑瘤，都有可能产生鳞刺。过去对有积屑瘤时如何导致鳞刺，存在着不同看法。一种观点认为积屑瘤底部相对比较稳定，而顶部则很不稳定，该不稳定部分的反复成长与分裂就形成了鳞刺。另一种观点认为鳞刺是经过抹拭、导裂、层积、切顶四个阶段而形成的(见图 6.68 中的 Ⅰ、Ⅱ、Ⅲ、Ⅳ)，而且有积屑瘤时和没积屑瘤时都是经过这四个阶段形成鳞刺。这两种观点的主要分歧在于前者认为形成鳞刺的那部分金属是积屑瘤的顶部，后者则认为那部分金属不是积屑瘤的一部分，而是属于积屑瘤前的层积金属，积屑瘤导致的鳞刺是由这部分层积金属被刀具切顶而成。

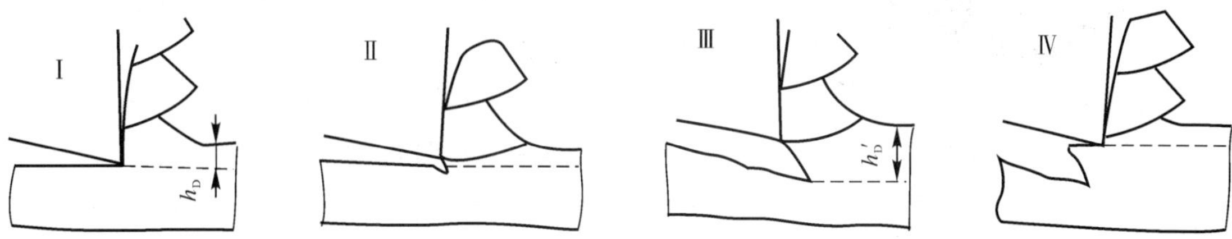

图 6.68　鳞刺形成的四个阶段

(4) 切削过程中的变形。首先，在挤裂或单元切屑的形成过程中，由于切屑单元带有周期性的断裂，这种断裂要深入到切削表面以下，从而在加工表面上留下挤裂的痕迹而成为波浪形，如图 6.69(a) 所示。而在崩碎切屑的形成过程中，从主切削刃处开始的裂纹在接近主应力方向斜着向下延伸形成过切，因此，造成加工表面的凹凸不平，如图 6.69(b) 所示。

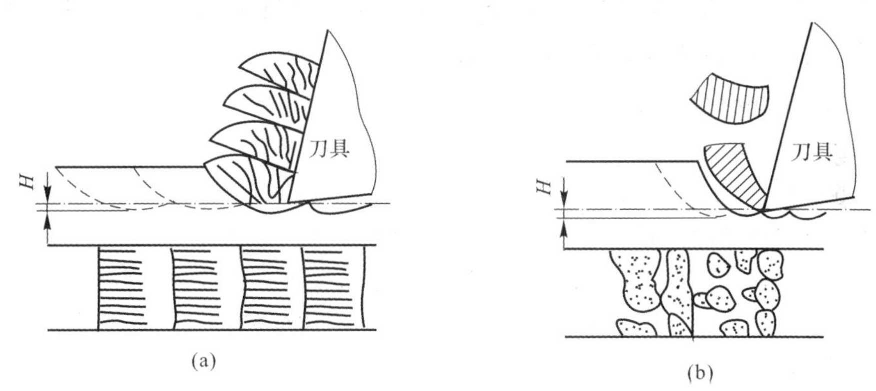

图 6.69　不连续型切屑的加工表面状态

(a) 挤裂切屑；(b) 崩碎切屑

其次，由于在切削刃两端没有来自侧面的约束力，因此，在切削刃两端的已加工表面及待加工表面处，工件材料被挤压而产生隆起(见图 6.70)，从而使表面粗糙度进一步增大。

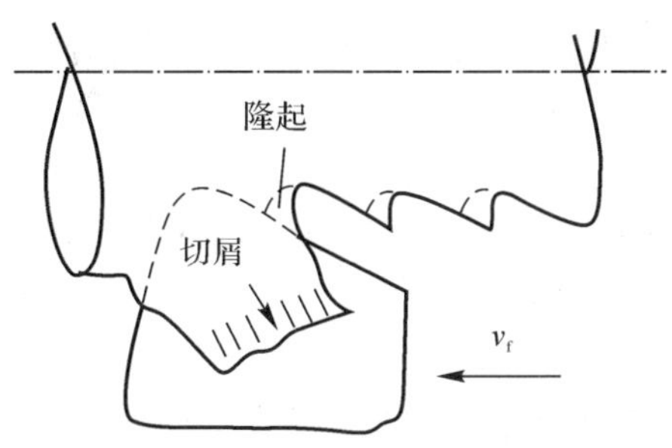

图 6.70　刀刃两端工件材料的隆起

(5) 刀具的边界磨损。刀具磨损后有时会在副后刀面上产生沟槽形边界磨损[见图 6.71(a)],从而在已加工表面上形成锯齿状的凸出部分[见图 6.71(b)],因此,使加工表面粗糙度增大。

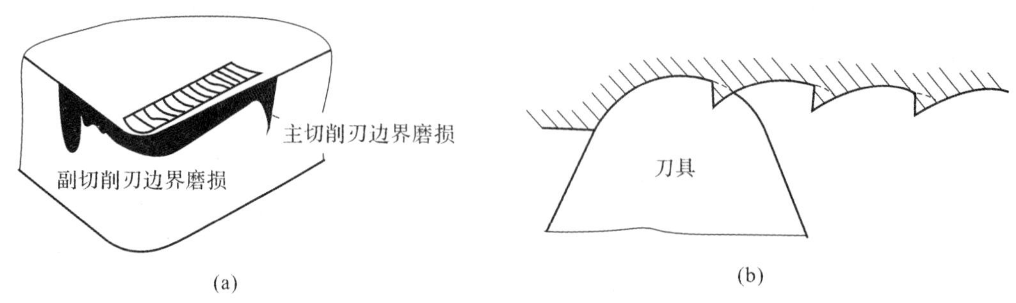

图 6.71　刀具的边界磨损

(a) 边界磨损；(b) 锯齿状的凸出部分

(6) 刀刃与工件的相对位置变动。机床主轴轴承回转精度不高及各滑动导轨面的形状误差等使运动机构发生的跳动,材料的不均匀性及切屑的不连续性等造成的切削过程波动,均会使刀具、工件间的位移发生变化,从而使切削厚度、切削宽度或切削力发生变化。因此,在很多情况下,这些不稳定因素会在加工系统中诱发起自激振动,使相对位置变化的振幅扩大,以至影响到背吃刀量的变化,从而使表面粗糙度增大。

3. *影响表面粗糙度的因素*

(1) 切削用量。

1) 切削速度 v_c。切削速度 v_c 是影响已加工表面质量的一个重要因素。在低速时切削变形大,易形成积屑瘤和鳞刺;在中速时积屑瘤的高度达到最大值,所以中、低速切削均不易获得小的表面粗糙度值。通常在中、低速时,可选取较大前角 γ_o,减小进给量 f,采取提高刀具刃磨质量和合理选用切削液等措施,以抑制积屑瘤和鳞刺的产生,确保已加工表面质量。在高速时,如果加工工艺系统刚性足够,刀具材料性能良好,则可获得较小的表面粗糙度。

2) 进给量 f。进给量 f 是影响表面粗糙度最为显著的一个因素,由式(6.37) 及式(6.38)可知,进给量 f 越小,残留面积高度 R_{max} 越小,此外,鳞刺、积屑瘤和振动等不易产生,因此,表面质量越高。但是进给量太小,会使切削厚度 h_D 减薄,加剧了切削刃钝圆半径对加工表面的挤压,使硬化严重。

减小进给量的最大缺点是会降低生产效率,因而为了减少因提高进给量而使表面粗糙度增大的影响,通常可利用提高切削速度 v_c 或选用较小副偏角 κ_r' 和磨出倒角刀尖 b_ε 或修圆刀尖 r_ε 的办法来改善。

(2) 刀具几何参数。

1) 前角 γ_o。增大刀具前角 γ_o 可使切削变形减小,刀-屑面间摩擦减小,故对积屑瘤、鳞刺、冷硬的影响较小。此外,增大前角 γ_o 可使刀具刃口更锋利,有利于进行薄切削,能达到精密加工的要求。但前角太大会削弱刀具强度,减小散热体积,加速刀具磨损。因此,为提高加工表面质量,应在刀具强度和刀具寿命许可的条件下,尽量选用大的前角 γ_o。

2) 后角 α_o。增大刀具后角 α_o 可避免刀具后刀面与加工表面间产生摩擦,并能减小对硬化和鳞刺等的影响。此外，增大后角 α_o 可使切削刃钝圆半径减小，切削刃更加锋利，减小了对加工表面的挤压作用。因此，精加工刀具的后角应适当增大（$\alpha_o \geqslant 8°$）。生产中也利用 $\alpha_o \leqslant 0°$ 的刀具对切削表面产生挤压作用，以达到光整加工的目的，加工的方法是：在后面上小棱面处磨出 $\alpha_o \leqslant 0°$，采用较低切削速度、较小背吃刀量，浇注润滑性能良好的切削液，并在精度和刚性较高的机床上进行挤压。经挤压后的加工表面粗糙度 Ra 可达 2.5 ～ 0.125 μm，提高了表面层的硬度和疲劳强度。

3）主偏角 κ_r、副偏角 κ_r' 和刀尖圆弧半径 r_ε。减小主偏角 κ_r 可使残留面积高度 R_{max} 减小，但由于减小 κ_r 会使背向力显著增大，故适用于加工工艺系统刚性允许的条件下。生产中通常用减小副偏角 κ_r' 和增大刀尖圆弧半径 r_ε 来减小残留面积高度 R_{max}。

（3）刀具材料。刀具材料对加工表面质量的影响，主要取决于它们与加工材料间的摩擦因数、亲合程度，材料的耐磨性和可刃磨性。

高速钢刀具在刃磨时较易获得锋利的切削刃和光整的刀面，因此在精车时，配合其他切削参数及切削液，表面粗糙度 Ra 可达 0.125 ～ 2.5 μm；硬质合金刀具在高速车削时，切削变形小，在机床精度和工艺系统刚性等条件良好的情况下，且不出现黏屑等，加工表面粗糙度 Ra 可达 0.80 μm；用陶瓷刀具切削，可选用很高的切削速度，摩擦因数小，不形成黏屑，刀具不易磨损，故切削钢的表面粗糙度 Ra 为 0.80 ～ 0.40 μm，切削铸铁的表面粗糙度 Ra 达 0.80 ～ 0.16 μm；CBN 刀具耐磨性高，刀具经精细刃磨后，在高速切削时，加工表面粗糙度 Ra 可达 0.10 μm；金刚石刀具切削时产生的摩擦因数是陶瓷刀具的 1/3，刃口非常锋利、光洁及平直，有极高的硬度和耐磨性，切削时背吃刀量小，用它对非铁材料加工可达到非常高的表面质量。

（4）切削液。采用高效切削液，可以减小工件材料的变形和摩擦，而且是抑制积屑瘤和鳞刺的产生；减小表面粗糙度的有效措施。但在高速切削时，由于切削液侵入切削区域较困难及易被切屑流出时带走和易在零件转动时被甩出，故切削液对表面粗糙度影响不明显。

四、刀具几何参数的合理选择

刀具几何参数主要包括刀具角度、前刀面与后刀面形式、切削刃与刃口形状等。刀具合理几何参数是指在达到加工质量和刀具寿命的前提下，使生产率提高、生产成本降低的几何参数。在生产中，由于切削条件的差别，刀具几何参数的效果也不相同，因此，在根据选择原则和方法基础上所选定的几何参数，应经生产实践认可或作进一步改进后再确定。

1. 前角 γ_o 的选择

（1）前角的作用。前角增大使切削刃锋利，切屑流出阻力小、摩擦力小，切削变形小，因此，切削力和切削功率小，切削温度低，刀具磨损少，加工表面质量高。但前角过大，使刀具的刚性和强度变差，热量不易传散，刀具磨损和破损严重，刀具寿命缩短。在确定刀具前角时，应根据加工条件，考虑前角大小的正反影响。

（2）前角的选择原则。

1）根据被加工材料选择。工件材料的强度、硬度低，应取较大的前角；工件材料的强度、硬度高，应取较小的前角。例如：在加工铝合金时，$\gamma_o = 30° \sim 35°$；加工中硬钢时，$\gamma_o = 10° \sim 20°$；加工软钢时，$\gamma_o = 20° \sim 30°$。

加工塑性材料，尤其是冷加工硬化严重的材料时，应取较大的前角；加工脆性材料时，可取较小的前角。用硬质合金刀具加工一般钢料时，前角可选 10° ~ 20°；加工一般灰铸铁时，前角可选 5° ~ 15°。

2）根据加工要求选择。精加工的前角较大；粗加工和断续切削的前角较小；加工成形面前角应小，这是为了减小刀具的刃形误差对零件加工精度的影响。

3）根据刀具材料选择。高速钢刀具的抗弯强度和抗冲击韧度高，可选取较大前角；硬质合金刀具的抗弯强度较低，应选较小前角；陶瓷刀具的抗弯强度是高速钢的 1/2 ~ 1/3，故前角应更小些。

另外，工艺系统刚性差和机床功率不足时，应选取较大的前角。数控机床和自动生产线所用刀具，应考虑保障刀具尺寸公差范围内的使用寿命及工作的稳定性，而选用较小的前角。

表 6.8 为硬质合金车刀合理前角、后角的参考值，高速钢车刀的前角一般比表中的值大 5° ~ 10°。

表 6.8　硬质合金车刀合理前角、后角的参考值

工件材料种类	合理前角参考值 /(°)		合理后角参考值 /(°)	
	粗车	精车	粗车	精车
低碳钢	20 ~ 25	25 ~ 30	8 ~ 10	10 ~ 12
中碳钢	10 ~ 15	15 ~ 20	5 ~ 7	6 ~ 8
合金钢	10 ~ 15	15 ~ 20	5 ~ 7	6 ~ 8
淬火钢	−15 ~ −5		8 ~ 10	
不锈钢(奥氏体)	15 ~ 20	20 ~ 25	6 ~ 8	8 ~ 10
灰铸铁	10 ~ 15	5 ~ 10	4 ~ 6	6 ~ 8
铜及铜合金(脆)	10 ~ 15	5 ~ 10	6 ~ 8	6 ~ 8
铝及铝合金	30 ~ 35	35 ~ 40	8 ~ 10	10 ~ 12
钛合金($\sigma_b \leqslant 1.177$ GPa)	5 ~ 10		10 ~ 15	

注：粗加工用的硬质合金车刀，通常都磨有负倒棱及负刃倾角。

2. *后角 α_o 的选择*

后角主要影响刀具后面与切削表面间的摩擦。增大后角，可减小摩擦，故加工表面质量高；但后角过大会使切削刃强度降低、散热条件差、刀面磨损大，因而刀具寿命低。如图 6.72 所示，在相同磨损标准 *VB* 条件下，大的后角经重磨后再加工，增大了工件直径(从 $2\Delta_1$ 变成 $2\Delta_2$)，为不影响加工精度，应进行切深补偿调整。

选择后角的原则是，在摩擦不严重的情况下，选取较小后角，具体考虑加工条件为：

(1) 根据加工精度选择。精加工时为了减少摩擦，后角取较大值 $\alpha_o = 8° \sim 12°$；粗加工时为提高刀具强度，后角取较小值 $\alpha_o = 6° \sim 8°$。

(2) 根据加工材料选择。加工塑性材料、较软材料时，后角取较大值；加工脆性材料、硬材料时，后角取较小值；加工易产生硬化层的材料时，后角取大值。

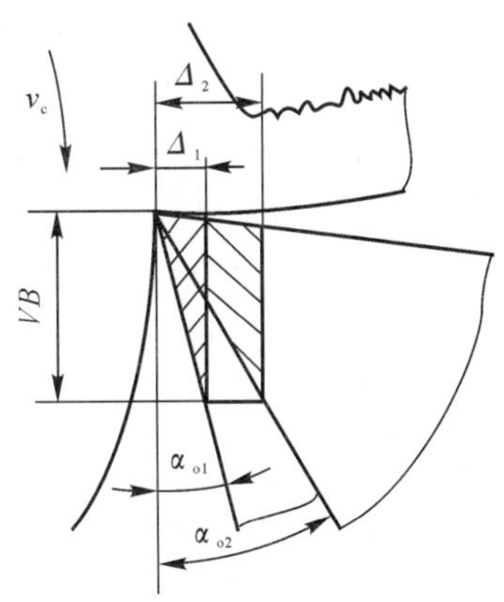

图 6.72　刀具后角与磨损量关系

3. 副后角 α'_o 的选择

副后角选择原则与主后角基本相同。对于有些焊接刀具，为便于制造和刃磨，以及对于可转位刀具要求转位后的后角不变，可选取 $\alpha'_o=\alpha_o$。有的刀具，如切槽刀和三面刃铣刀等，为加强刀齿强度和使重磨后两侧间刃宽变化小，应选用较小副后角 $\alpha'_o=1^\circ\sim2^\circ$。

4. 主偏角 κ_r 的选择

减小主偏角可使刀具强度提高，散热条件变好，加工表面粗糙度减小。主偏角小，切削宽度 b_D 长，故单位切削刃长度上受力小。因此，主偏角减小能使刀具寿命延长。增大主偏角，使背向力 F_p 减小，切削平稳；大的主偏角，切削厚度增大，断屑性能好。主偏角选择原则如下：

(1) 根据加工材料选择。加工高强度、高硬度、热导率小和表面有硬化层的材料，为提高刀具强度和改善散热条件，应选取较小的主偏角。

(2) 根据加工工艺系统刚性选择。在加工工艺系统刚性不足的情况下，为减小背向力 F_p，应选用较大的主偏角，一般取 $\kappa_r=60^\circ\sim75^\circ$。

(3) 根据加工表面形状要求选择。在车细长轴、阶梯轴时，选 $\kappa_r=90^\circ$；用于车外圆、车端面和倒角时，应选择 $\kappa_r=45^\circ$。

5. 副偏角 κ'_r 的选择

副偏角是影响表面粗糙度的主要角度，它的大小也影响刀具强度。过小的副偏角，会增加副后刀面与已加工表面间的摩擦，引起振动。

副偏角的选择原则是，在不影响摩擦和振动条件下，应选取较小副偏角。

表 6.9 列出了不同加工条件时的主、副偏角数值。

表 6.9　主偏角 κ_r、副偏角 κ'_r 选用值

适用范围 加工条件	加工系统刚性差的台阶轴、细长轴、多刀车、仿形车	加工系统刚性较差，粗车，强力车削	加工系统刚性较好，可中间切入，加工外圆、端面、倒角	加工系统刚性足够的淬硬钢、冷硬铸铁	加工不锈钢	加工高锰钢	加工钛合金
主偏角 κ_r/(°)	75 ~ 93	60 ~ 70	45	10 ~ 30	45 ~ 75	25 ~ 45	30 ~ 45
副偏角 κ'_r/(°)	10 ~ 6	15 ~ 10	45	10 ~ 5	8 ~ 15	10 ~ 20	10 ~ 15

6. 刃倾角 λ_s 的选择

刃倾角正负可控制切屑流向。选用负刃倾角可增加刀头强度，提高切削刃的抗冲击能力。刃倾角的负值过大，使背向力 F_p 增大，易产生振动。生产中常在选用较大前角时，同时选取负刃倾角，以解决“锋利与强固”难以并存的矛盾。刃倾角选择原则如下：

(1) 根据加工要求选择。一般精加工时，为防止切屑划伤已加工表面，选择 $\lambda_s = 0° \sim +5°$；粗车时，为提高刀具强度，选择 $\lambda_s = 0° \sim -5°$。车削高硬度、高强度等难加工材料时，为提高刀具强度，也常取绝对值较大的负刃倾角。

(2) 根据加工条件选择。加工断续表面、加工余量不均匀表面，或在其他产生冲击振动的切削条件下，通常选取负的刃倾角。

7. *刀尖修磨形式*

在主、副切削刃交接处的刀尖处可修磨成如图 6.73 所示的三种形式：修圆刀尖[见图 6.73(a)]、倒角刀尖[见图 6.73(b)] 和倒角带修光刃[见图 6.73(c)]。

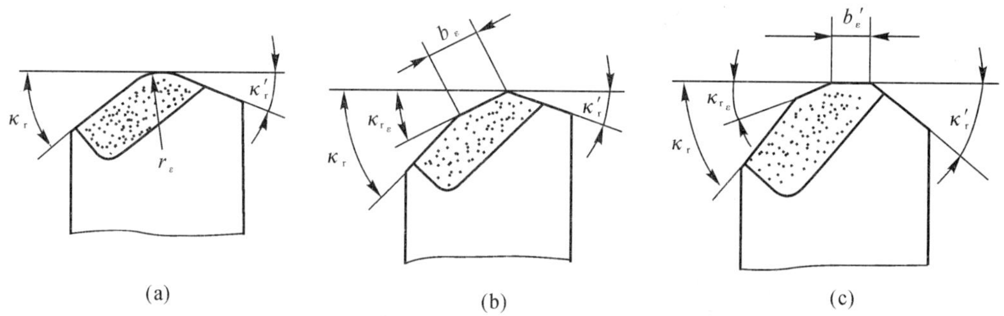

图 6.73 刀尖修磨形式

(a) 修圆刀尖； (b) 倒角刀尖； (c) 倒角带修光刃

(1) 修圆刀尖。增大修圆刀尖圆弧半径 r_ε，能明显地减小表面粗糙度[见式(6.37)]，并能增加刀头强度和改善散热条件。但过大的刀尖圆弧半径，会使切削力 F_p 增大且影响断屑。

刀尖圆弧半径 r_ε 的选择：通常在半精加工和精加工时，r_ε 约取进给量的 2 ~ 3 倍；在加工工艺系统刚性足够条件下切削难加工材料和断续切削时，可适当加大 r_ε 值。

(2) 倒角刀尖。倒角刀尖主要适用于车刀、可转位面铣刀和钻头的粗加工、半精加工和有间断的切削，它的组成参数$\kappa_{r_\varepsilon} = \dfrac{\kappa_r}{2}$、$b_\varepsilon = 0.5 \sim 2$。

(3) 倒角带修光刃。在倒角刀尖与副切削刃间做出与进给方向平行的修光刃，其上 $\kappa'_{r_\varepsilon} = 0$，宽度 $b'_\varepsilon = (1.2 \sim 1.5)f$，用它在切削时修光残留面积。磨制出的修光刃应平直锋利，且装刀平行于进给方向。倒角修光刃主要适用于工艺系统刚性足够的车刀、刨刀和面铣刀的较大进给量半精加工。

8. *刃口修磨形式*

刀具刃口修磨形式有图 6.74 所示的五种。高速钢刀具精加工磨出锋利刃口在合理的刀具角度和切削用量条件下，能获得很高的加工表面质量。硬质合金刀具在加工韧性高的材料时，为减少切削刃黏屑，应磨制锋利刃口；刃口负倒棱[见图 6.74(c)] 和刃口平棱[见图 6.74(d)] 均可提高刃口强度、抗冲击能力和改善散热条件。图 6.74(e) 所示为在后刀面上磨出 $b_{a1} \times \alpha_{o1}$[$(0.1 \sim 0.3) \times (-5° \sim -20°)$] 负后角倒棱，在切削时增加阻尼作用，起到抑制振动的效果。

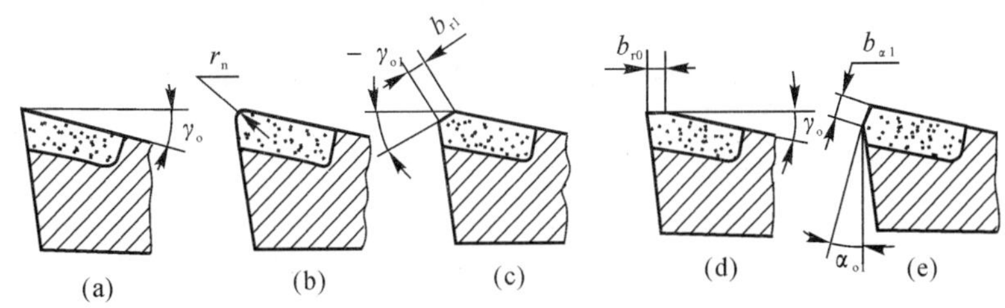

图 6.74　刃口修磨的几种形式

(a) 锋刃(未修磨)；(b) 刃口修圆；(c) 刃口负倒棱；(d) 刃口平棱；(e) 负后角倒棱

由于刃口修圆和平棱都提高了刃口的强度，因此，修磨量越大，刀具允许冲击次数越多，即刀具的疲劳寿命越长。但过大的刃口修磨量会使切削力增加而易产生振动。通常修磨倒棱和平棱的宽度为 $b_r = 1/2f$。国内外生产的硬质合金、涂层、陶瓷可转位刀片都做出了较小的修圆刃口，供粗加工和对难加工材料切削、断续切削用。

五、切削用量的合理选择

在确定了刀具几何参数后，还需选择切削用量参数，包括背吃刀量 a_p，进给量 f 和切削速度 v_c，然后才能进行切削加工。如同选择刀具几何参数，选择切削用量数值合理与否，对于切削加工的生产率、加工质量和生产成本都具有非常重要的影响。生产中切削用量确定的方法是，根据加工要求和加工条件，选用生产实践中总结的资料及国内外推荐的切削用量数据，在必要时可进行工艺试验来获得。

选择切削用量首先应分析被加工材料的性能和加工要求，刀具材料性能，机床及其运动参数，装夹和加工系统刚性等条件。

由于切削速度 v_c 对刀具寿命影响最大，其次为进给量 f，影响最小的是背吃刀量 a_p，因此，选择切削用量的步骤是：先定 a_p，再选 f，最后确定 v_c。必要时需校验机床功率是否允许。

1. 选择背吃刀量 a_p

对于粗加工：在加工余量(指半径方向上) 不多并较均匀、加工工艺系统刚性足够时，应使背吃刀量为切除余量 A，即

$$a_p = A$$

在加工面上有硬化层、氧化皮或硬杂质情况下，此时，加工余量若足够，则背吃刀量 a_p 也应加大，若需分两次切除余量，则

$$a_{p1} = \left(\frac{2}{3} \sim \frac{3}{4}\right)A\text{；}a_{p2} = \left(\frac{1}{3} \sim \frac{1}{4}\right)A$$

对于半精加工，由于粗加工后形成表面的质量较为良好，应使半精加工的背吃刀量为切除余量。

2. 选择进给量 f

粗加工：增大进给量，可提高生产效率，但过大进给量，会使切削力 F_c 剧增而影响机床进给系统、刀具和工件的强度和刚性，此外，也会显著加大表面粗糙度，为此，制订的进给量应考虑到上述影响因素。

表 6.10 摘录了《切削用量简明手册》中的资料。根据表中已知的工件材料、直径尺寸、刀

具尺寸和背吃刀量，可查取粗车进给量 f 值。

表 6.10 硬质合金车刀粗车外圆面时的进给量

工件材料	车刀刀杆尺寸 $B\times H$ /(mm×mm)	工件直径 d_w/mm	背吃刀量 a_p/mm ≤3	>3～5	>5～8	>8～12	12以上
			进给量 f/(mm·r^{-1})				
碳素结构钢和合金结构钢	16×25	20	0.3～0.4	—	—	—	—
		40	0.4～0.5	0.3～0.4	—	—	—
		60	0.5～0.7	0.4～0.6	0.3～0.5	—	—
		100	0.6～0.9	0.5～0.7	0.5～0.6	0.4～0.5	—
		400	0.8～1.2	0.7～1.0	0.6～0.8	0.5～0.6	—
	20×30 25×25	20	0.3～0.4	—	—	—	—
		40	0.4～0.5	0.3～0.4	—	—	—
		60	0.6～0.7	0.5～0.7	0.4～0.6	—	—
		100	0.8～1.0	0.7～0.9	0.5～0.7	0.4～0.7	—
		600	1.2～1.4	1.0～1.2	0.8～1.0	0.6～0.9	0.4～0.6

注：1. 加工断续表面及有冲击加工时，表内的进给量应乘系数 $K=0.75\sim0.85$。

2. 加工耐热钢及其合金时，不采用大于 1.0 mm/r 的进给量。

3. 加工淬硬钢时，表内进给量应乘系数 $K=0.8$(当材料硬度为 44～56 HRC 时)或 $K=0.5$(当材料硬度为 57～62 HRC 时)。

表 6.11 是根据粗加工刀具的刀尖圆弧半径 r_ε 而推荐的进给量 f 值。国内外许多粗加工用可转位刀片的刀尖圆弧半径 r_ε 都做成 1.2～1.6 mm，表中最大进给量 f 值约为刀尖圆弧半径的 2/3。根据可转位刀片的 r_ε 选取的粗加工最大进给量适用于刀片强度高、材料加工性好和中低切削速度。

表 6.11 不同刀尖圆弧半径时的最大进给量

刀尖圆弧半径 r_ε/mm	0.4	0.8	1.2	1.6	2.4
最大推荐进给量 f/(mm·r^{-1})	0.25～0.35	0.4～0.7	0.5～1.0	0.7～1.3	1.0～1.8

精加工：精加工的进给量大都根据表面粗糙度要求选择。表 6.12 所列为根据表面粗糙度要求及刀具的刀尖圆弧半径 r_ε 由表查得对应的进给量 f 值。

表 6.12 不同表面粗糙度和刀尖圆弧半径时的进给量

(单位：mm/r)

刀尖圆弧半径 r_ε/mm	表面粗糙度 Ra/μm 2.5～12.5	6.3～2.5	4.9～6.3	4.0～4.9	2.5～4.0	1.6～2.5	1.0～1.6
0.4	—	0.27	0.25	0.22	0.20	0.15	0.10
0.8	0.51	0.43	0.37	0.32	0.28	0.22	0.13
1.2	0.69	0.56	0.49	0.41	0.36	0.29	0.18
1.6	0.88	0.68	0.57	0.47	0.39	0.31	0.20

上述确定的进给量均经过接近机床实有的进给量修正后，才可作为实用的进给量值使用。

3. 选择切削速度 v_c

由于切削速度对刀具寿命的影响最大，其次是背吃刀量 a_p 和进给量 f，因此，在确定 a_p 和 f 后，即可根据要求达到的刀具耐用度 T 来确定刀具寿命允许的切削速度 v_T。为此，可用式(6.35) 来计算切削速度 v_T(m/min)：

$$v_T = \frac{C_v}{T^m a_p^{x_v} f^{y_v}} K_v$$

并按下列步骤换算生产中所用的切削速度 v_c：

$$v_T \rightarrow n\left(\frac{100 v_T}{\pi D}\right) \rightarrow n_{实}(与\ n\ 接近的机床实有的转速) \rightarrow v_c\left(\frac{\pi D n_{实}}{1\,000}\right)$$

生产中数控机床和加工中心的使用，促进了高性能刀具材料和数控刀具的新发展，并为实现高速切削、大进给切削提供了有利条件，使生产效率、加工质量和经济效益得到了进一步提高。因此，刀具使用寿命规定也较低，切削用量的选择原则有了改变，即由原来的先选背吃刀量 a_p，再选进给量 f，最后选择切削速度 v_c，改变为先选高的切削速度 v_c 及进给量 f，然后选用较小背吃刀量 a_p。

4. 机床功率检验

若选用的切削用量值过高或机床动力较小，需检验机床功率是否允许，检验的方法应使得

$$P_c < P_E \eta$$

式中　P_c —— 切削功率，按式(6.32) 计算；

P_E —— 机床主电机功率，单位为 kW；

η —— 机床传动效率，一般为 $\eta = 0.75 \sim 0.9$。

6.6　常用刀具介绍

一、常用刀具种类及用途

刀具常按加工方式和具体用途，分为车刀、孔加工刀具、铣刀、拉刀、螺纹刀具、齿轮刀具、砂轮等几大类型。另外，还可以按结构分为整体刀具、镶片刀具、机夹刀具和复合刀具等，按刀具的刃形分为单刃刀具、多刃刀具和成形刀具等，按是否标准化分为标准刀具和非标准刀具等。

1. 车刀

车刀是应用最广的一种刀具。

(1)按用途分类。按用途不同，车刀可分为外圆车刀、端面车刀、内孔车刀及切断刀等。

1)外圆车刀。用于粗车或精车外回转表面(圆柱面或圆锥面)。图 6.75 所示为常用的外圆车刀。

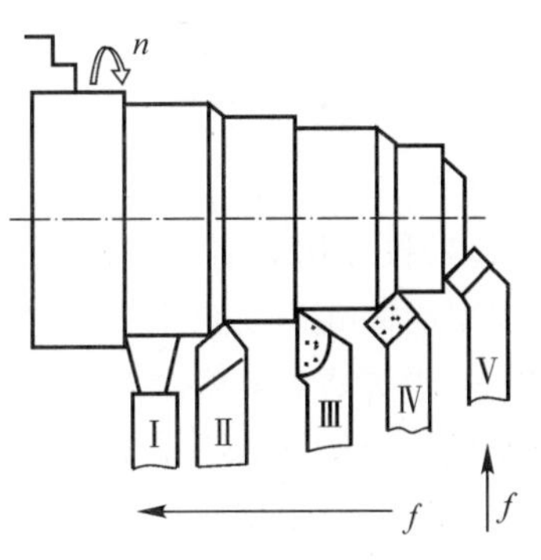

图 6.75　外圆车刀

2)端面车刀。端面车刀(见图 6.76)专门用于车削垂直于轴线的平面。一般端面车刀都从外缘向心进给，如图 6.76(a) 所示，这样便于在切削时测量工件已加工面的长度。若端面上已有孔，则可采用由工件中心向外缘进给的方法，如图

6.76(b)所示,这种进给方法可使工件表面粗糙度降低。

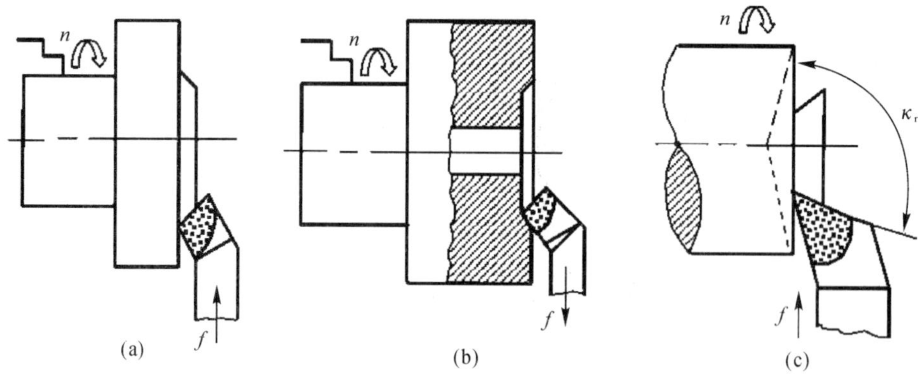

图 6.76　端面车刀

3)内孔车刀。常用内孔车刀如图 6.77 所示。Ⅰ用于车削通孔、Ⅱ用于车削盲孔、Ⅲ用于切割凹槽和倒角。内孔车刀的工作条件较外圆车刀差,这是由于内孔车刀的刀杆悬伸长度和刀杆截面尺寸都受孔的尺寸限制,当刀杆伸出较长而截面较小时,刚度低,容易引起振动。

4)切断刀。切断刀用于从棒料上切下已加工好的零件,或切断较小直径的棒料,也可以切窄槽。考虑到切断刀的使用情况,按刀头与刀身的相对位置,可以分为对称和不对称(左偏和右偏)两种,如图 6.78 所示。

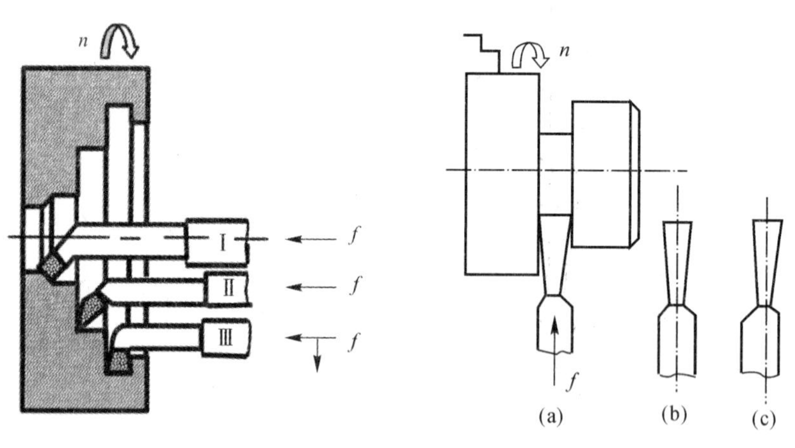

图 6.77　内孔车刀

图 6.78　切断刀

(a)左偏；(b)对称；(c)右偏

(2)按结构分类。按结构不同,车刀大致可分为整体式高速钢车刀、焊接式硬质合金车刀和机械夹固式硬质合金车刀(又分为机夹可重磨式车刀和可转位机夹车刀)。

1)焊接式硬质合金车刀。焊接式硬质合金车刀是将一定形状的硬质合金刀片和刀杆通过钎焊连接而成,如图 6.79 所示。

刀杆上应根据采用的刀片形状和尺寸开出刀槽(见图 6.80)。其中通槽[见图 6.80(a)]易加工,用于 A1 型矩形刀片;半通槽[见图 6.80(b)]用于带圆弧的 A2、A3、A4 等型刀片;封闭槽[见图 6.80(c)]焊接面积大、强度高，但焊接应力较大，适用于焊接面积相对较小的 C1、C3 型刀片。

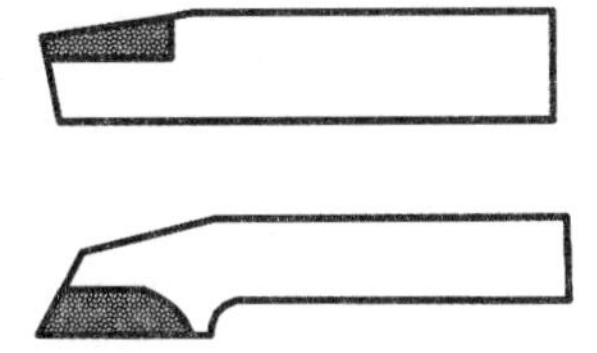

图 6.79　焊接式硬质合金车刀

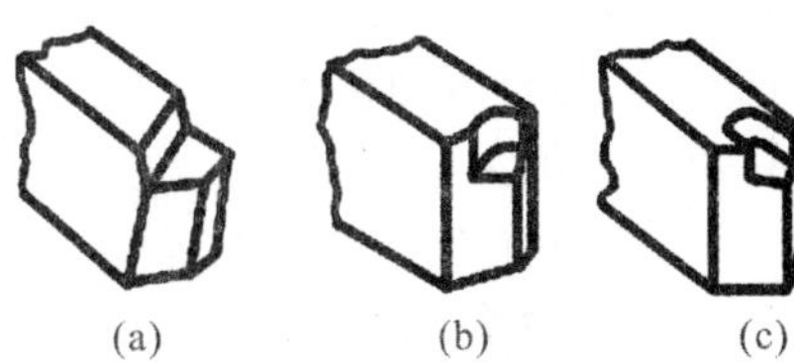

图 6.80　刀槽形式
(a)通槽；(b)半通槽；(c)封闭槽

2)机夹可重磨式车刀。机夹可重磨式车刀(见图 6.81 和图 6.82)是用机械夹固的方法将刀片固定在刀杆上，由刀片、刀垫、刀杆和夹紧机构等组成。与硬质合金焊接车刀相比，机夹可重磨式车刀刀片不经高温焊接，可避免产生焊接应力和裂纹，刀杆可重复使用，刀片可多次刃磨。

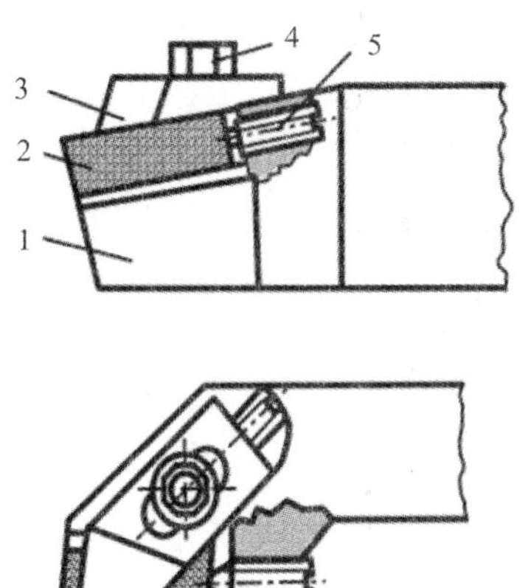

图 6.81　上压式机夹车刀
1—刀杆；2—刀片；3—压板；
4—螺钉；5—调整螺钉

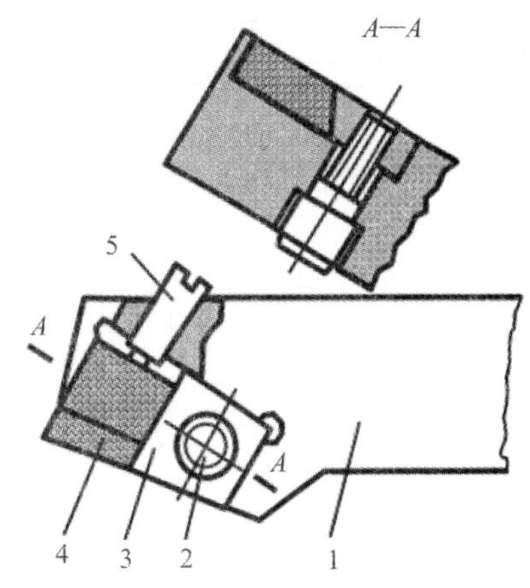

图 6.82　侧压式机夹车刀
1—刀杆；2—压紧螺钉；3—楔块；
4—刀片；5—调整螺钉

3)可转位机夹车刀。可转位机夹刀具，是一种把可转位刀片用机械夹固的方法装夹在特制的刀杆上使用的刀具，如图 6.83 所示。在使用过程中，当切削刃磨钝后，无须刃磨，只需通过刀片的转位，即可用新的切削刃继续切削。只有当可转位刀片上所有的切削刃都磨钝后，才需要换新刀片。可转位机夹车刀(简称可转位车刀)是其中的一类，它除了具有焊接式、机夹可重磨式刀具的优点外，还具有切削性能和断屑性能稳定、停车换刀时间短、完全避免了焊接和刃磨引起的热应力和热裂纹、有利于合理使用硬质合金和新型复合材料、有利于刀杆和刀片的专业化生产等优点。因

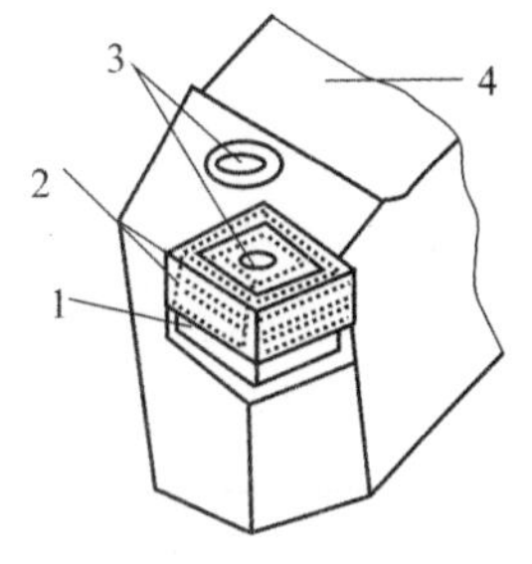

图 6.83　可转位机夹车刀
1—刀垫；2—刀片；
3—夹固元件；4—刀杆

此，可转位机夹刀具应用范围不断地扩大，已成为刀具发展的一个重要方向。

2. 孔加工刀具

孔加工刀具分为两类：一类是从实体上加工孔，最常用的是麻花钻；另一类是对已有孔进行加工，常用的有铰刀、镗刀和扩孔钻等。

(1)在实体材料上加工孔用刀具。

1)扁钻。扁钻是一种古老的孔加工刀具，它的切削部分为铲形，结构简单，制造成本低，切削液容易导入孔中，但切削和排屑性能较差。

2)麻花钻。麻花钻是孔加工刀具中应用最为广泛的刀具，特别适合于直径小于 30 的孔的粗加工，直径大一点的也可用于扩孔。麻花钻按其制造材料不同可分为高速钢麻花钻和硬质合金麻花钻。在钻孔中以高速钢麻花钻为主。

3)中心钻。中心钻主要用于加工轴类零件的中心孔，根据其结构特点分为无护锥中心钻[见图 6.84(a)]和带护锥中心钻[见图 6.84(b)]两种。钻孔前，先打中心孔，有利于钻头的导向，防止孔的偏斜。

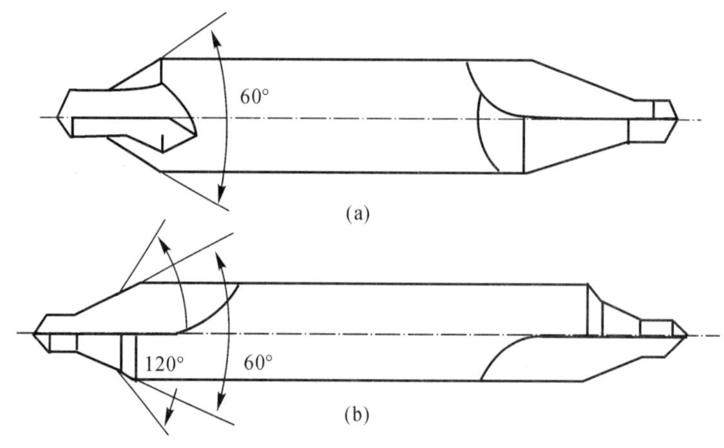

图 6.84　中心钻

4)深孔钻。深孔钻一般用来加工深度与直径的比值较大的孔。

(2)对已有孔加工用刀具。

1) 铰刀。铰刀是孔的精加工刀具，也可用于高精度孔的半精加工。由于铰刀齿数多，槽底直径大，其导向性及刚度好，而且铰刀的加工余量小，制造精度高，结构完善，所以铰孔的加工精度一般可达 IT6 ～ IT8 级，表面粗糙度 Ra 可达 1.6 ～ 0.2 μm。其加工范围一般为中小孔。铰孔操作方便，生产率高，而且也容易获得高质量的孔，所以在生产中应用极为广泛。铰刀一般分为手用铰刀及机用铰刀两种。手用铰刀柄部为直柄，工作部分较长，导向作用较好。手用铰刀又分为整体式和外径可调式两种。机用铰刀可分为带柄的和套式的，根据加工类型又可分为圆形铰刀和锥度铰刀。

2) 镗刀。镗刀是一种很常见的扩孔用刀具，在许多机床上都可以用镗刀镗孔(如车床、铣床、镗床及组合机床等)。镗孔的加工精度可达 IT6 ～ IT8，加工表面粗糙度 Ra 可达 6.3 ～ 0.8 μm，常用于较大直径的孔的粗加工、半精加工和精加工。根据镗刀的结构特点及使用方式，可分为单刃镗刀(见图 6.85) 和双刃镗刀(见图 6.86)。

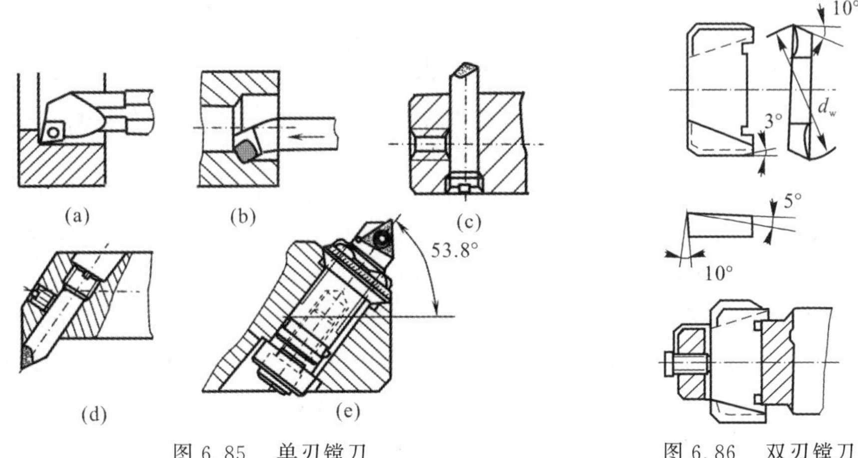

图 6.85　单刃镗刀

(a) 可转位式镗刀；(b) 整体焊接式镗刀；(c) 机夹式通孔镗刀；
(d) 机夹式盲孔镗刀；(e) 可调浮动镗刀

图 6.86　双刃镗刀

3) 扩孔钻。扩孔钻通常用于铰或磨前的预加工或毛坯孔的扩大，其外形与麻花钻类似。其加工质量比麻花钻好，一般加工精度可达 IT10～IT11，表面粗糙度 Ra 可达 6.3～3.2 μm。常见的结构形式有高速钢整体式、镶齿套式和硬质合金可转位式，如图 6.87 所示。

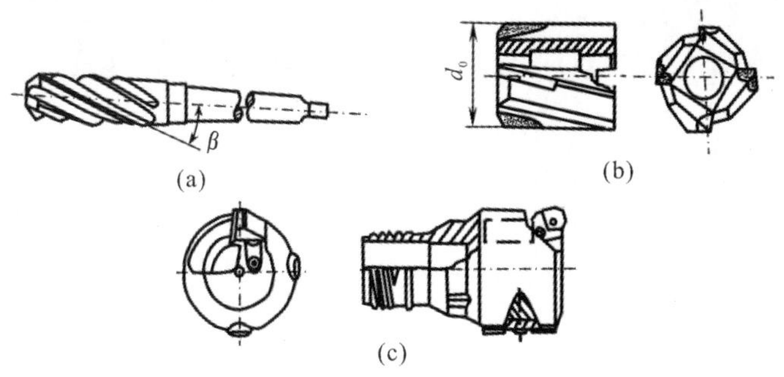

图 6.87　扩孔钻

(a)高速钢整体式；(b)镶齿套式；(c)硬质合金可转位式

4)锪钻。锪钻用于在孔的端面上加工圆柱形沉头孔[见图 6.88(a)]、加工锥形沉头孔[见图 6.88(b)]或加工凸台表面[见图 6.88(c)]。锪钻上的定位导向柱是用来保证被锪的孔或端面与原来的孔有一定的同轴度和垂直度的。导向柱可以拆卸，以便制造锪钻的端面齿。锪钻可制成高速钢整体结构或硬质合金镶齿结构。

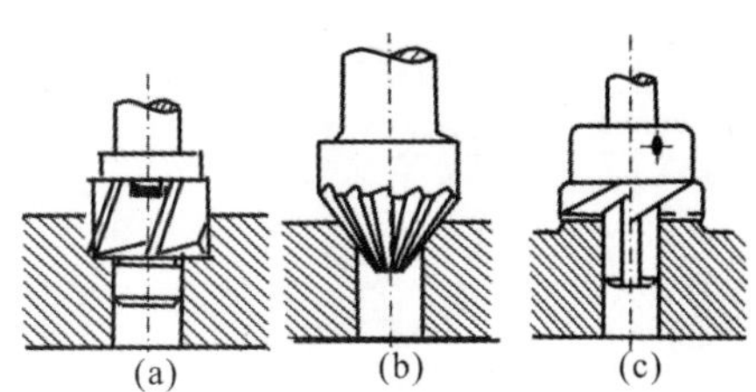

图 6.88　锪钻

(a)加工圆柱形沉头孔；(b)加工锥形沉头孔；(c)加工凸台表面

3. 铣刀

铣刀是金属切削刀具中种类最多的刀具之一，属于多齿刀具，其每一个刀齿都相当于一把单刃刀具固定在铣刀的回转表面上。铣刀可以按用途分类，也可以按齿背形式分类。

(1)按用途分。铣刀主要用于在铣床上加工平面、台阶、沟槽、成形表面和切断工件等，按用途分为圆柱铣刀、面铣刀、三面刃铣刀、锯片铣刀、立铣刀、键槽铣刀、角度铣刀和成形铣刀。

1)圆柱铣刀。如图 6.89 所示，它用于卧式铣床上加工平面，主要用高速钢制造，常制成整体式[见图 6.89(a)]和镶焊螺旋形的硬质合金刀片[即镶齿式，见图 6.89(b)]。螺旋形切削刃分布在圆柱表面上，没有副切削刃。螺旋形的刀齿切削时是逐渐切入和脱离工件的，所以切削过程较平稳，一般适宜加工宽度小于铣刀长度的狭长平面。国家标准《圆柱形铣刀》(GB 1115.1—2002)规定圆柱铣刀直径有 50 mm、63 mm、80 mm、100 mm 四种规格。

2)面铣刀。面铣刀又称端铣刀，如图 6.90 所示，它用于立式铣床上加工平面，铣刀的轴线垂直于被加工表面。面铣刀的主切削刃位于圆柱或圆锥表面上，副切削刃位于圆柱或圆锥的端面上。用面铣刀加工平面时，由于同时参加切削的齿数较多，又有副切削刃的修光作用，因此已加工表面粗糙度小。小直径的面铣刀一般用高速钢制成整体式[见图 6.90(a)]，大直径的面铣刀是在刀体上焊接硬质合金刀片[见图 6.90(b)]，或采用机械夹固式可转位硬质合金刀片[见图 6.90(c)]。

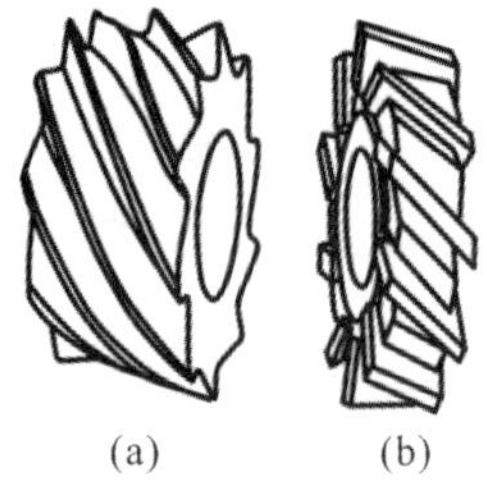
(a) (b)

图 6.89 圆柱铣刀

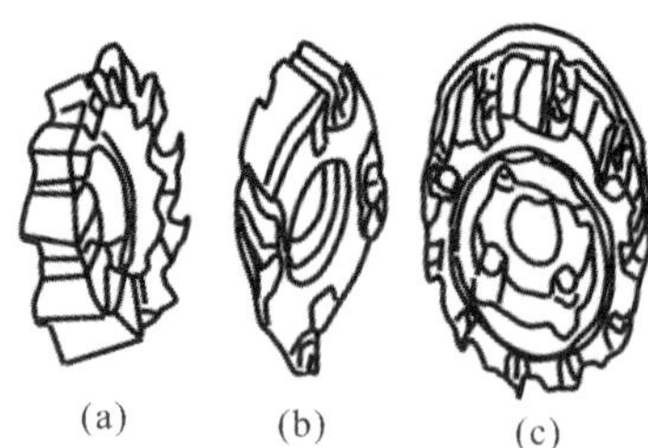
(a) (b) (c)

图 6.90 面铣刀

3)三面刃铣刀。三面刃铣刀又称盘铣刀，如图 6.91 所示。在刀体的圆周上及两侧环形端面上均有刀齿，所以称为三面刃铣刀。盘铣刀的圆周切削刃为主切削刃，侧面刀刃是副切削刃，只对加工侧面起修光作用。它改善了两端面的切削条件，提高了切削效率，但重磨后宽度尺寸变化较大。主要用在卧式铣床上加工台阶面和一端或两端贯穿的浅沟槽。三面刃有直齿[见图 6.91(a)]和斜齿[见图 6.91(b)]之分，直径较大的三面刃铣刀常采用镶齿结构[见图 6.91(c)]。

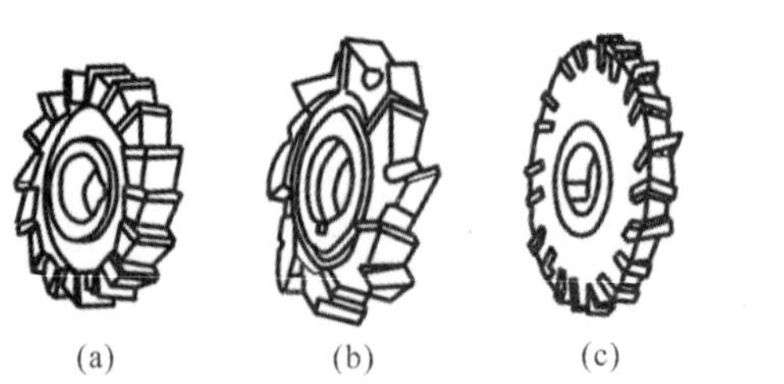
(a) (b) (c)

图 6.91 三面刃铣刀

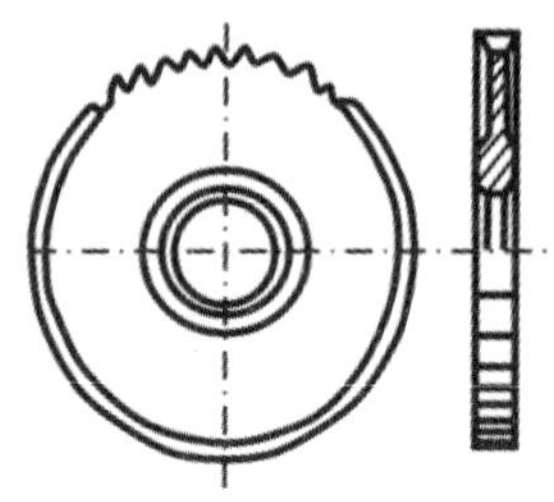

图 6.92 锯片铣刀

4)锯片铣刀。如图 6.92 所示,薄片的槽铣刀,用于切削狭槽或切断,它与切断车刀类似,对刀具几何参数的合理性要求较高。为了避免夹刀,其厚度由边缘向中心减薄使两侧形成副偏角。

5)立铣刀。立铣刀相当于带柄的小直径圆柱铣刀,一般由 3～4 个刀齿组成。用于加工平面、台阶、槽和相互垂直的平面,利用锥柄或直柄紧固在机床主轴中,如图 6.93 所示。圆柱上的切削刃是主切削刃,端面上分布着副切削刃。工作时只能沿刀具的径向进给,而不能沿铣刀的轴线方向做进给运动。用立铣刀铣槽时槽宽有扩张,故应取直径比槽宽略小的铣刀。

6)键槽铣刀。键槽铣刀主要用来加工圆头封闭键槽,如图 6.94(a)所示。它的外形与立铣刀相似,不同的是键槽铣刀只有两个刃瓣,圆柱面和端面都有切削刃。其他槽类铣刀还有 T 形槽铣刀[见图 6.94(b)]和燕尾槽铣刀[见图 6.94(c)]等。

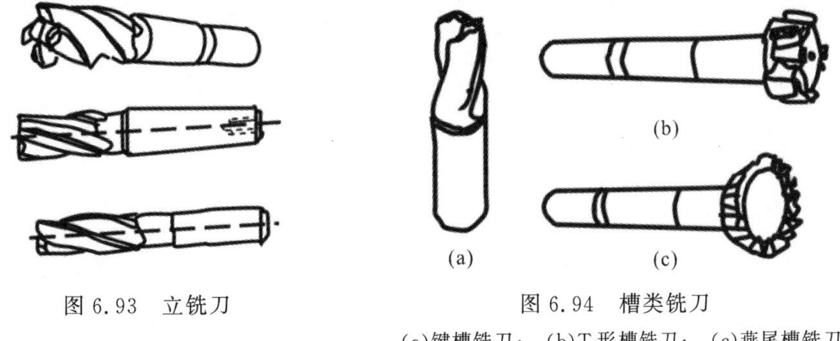

图 6.93　立铣刀

图 6.94　槽类铣刀

(a)键槽铣刀；(b)T 形槽铣刀；(c)燕尾槽铣刀

7)角度铣刀。角度铣刀有单角铣刀和双角铣刀,用于铣沟槽和斜面,如图 6.95(a)所示。角度铣刀大端和小端直径相差较大时,往往造成小端刀齿过密,容屑空间较小,因此常将小端刀齿间隔地去掉,使小端的齿数减少一半,以增大容屑空间。

8)成形铣刀。成形铣刀是在铣床上用于加工成形表面的刀具,其刀齿廓形要根据被加工工件的廓形来确定。如图 6.95(b)所示,用成形铣刀可在通用的铣床上加工复杂形状的表面,并获得较高的精度和表面质量,生产率也较高。除此之外,还有仿形用的指状铣刀[见图 6.95(c)]等。

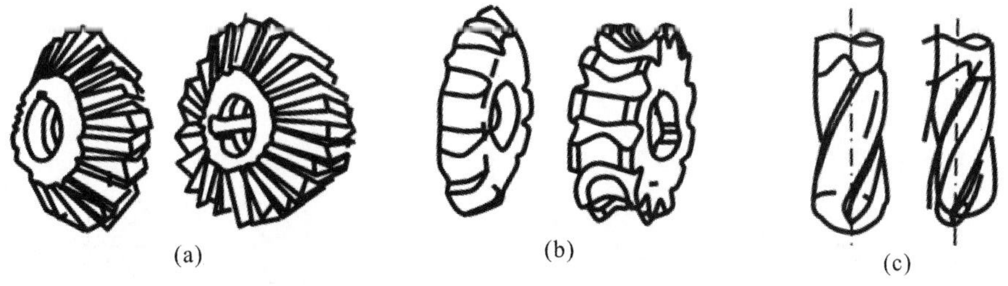

图 6.95　其他铣刀

(a)角度铣刀；(b)成形铣刀；(c)指状铣刀

(2)按刀齿齿背形式分。

1)尖齿铣刀。尖齿铣刀的特点是齿背经铣制而成,并在切削刃后磨出一条窄的后刀面,铣刀用钝后只需刃磨后刀面,刃磨比较方便。尖齿铣刀是铣刀中的一大类,上述铣刀基本为尖齿铣刀。

2)铲齿铣刀。铲齿铣刀的特点是齿背经铲制而成,铣刀用钝后仅刃磨前刀面,易于保持切削刃原有的形状,因此适用于廓形复杂的铣刀,如成形铣刀。

4. 拉刀

拉刀是一种用在大批量生产中的高精度、高效率的多齿刀具。拉削利用只有主运动、没有进给运动的拉床，依靠拉刀的结构变化，可以加工各种形状的通孔、通槽和各种形状的内、外表面。拉刀是一种加工精度和切削效率都比较高的多齿刀具。拉削时拉刀做等速直线运动，由于拉刀的后一个(或一组)刀齿高出前一个(或一组)刀齿，从而能够一层层地从工件上切下多余的金属，如图 6.96 所示。由于拉削速度较低，切削厚度很小，故可以获得较高的精度和较好的表面质量。

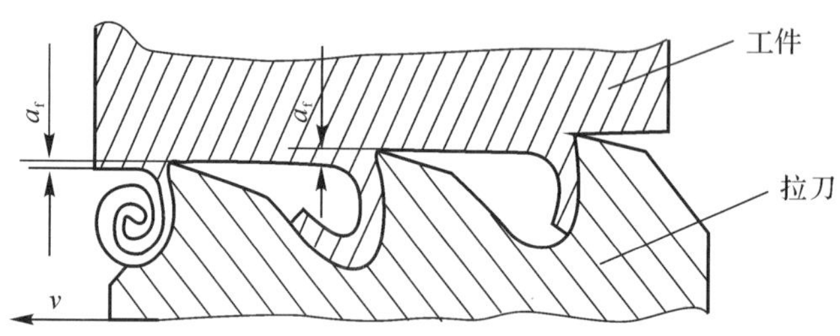

图 6.96　拉削的过程

拉削加工按拉刀和拉床的结构可分为内表面拉削和外表面拉削等。内表面拉削多用于加工工件上贯通的圆孔、多边形孔、花键孔、键槽及螺旋角较大的螺纹等。内表面拉削从受力状态又可分为拉削和推削。外表面拉削是指用拉刀加工工件外表面，拉刀常制成组合式。

按所加工表面的不同，拉刀可分为内拉刀和外拉刀两类。内拉刀用于加工各种形状的内表面，常见的有圆孔拉刀、花键拉刀、方孔拉刀和键槽拉刀等；外拉刀用于加工各种形状的外表面。在生产中，内拉刀比外拉刀应用更普遍。

按拉刀工作时受力方向的不同，可分为拉刀和推刀。前者受拉力，后者受压力。考虑压杆稳定性，推刀长径比应小于 12。

按拉刀的结构不同，可分为组合式、整体式以及装配式。采用组合拉刀，不仅可以节省刀具材料，而且可以简化拉刀的制造，并且当拉刀刀齿磨损或损坏后，能够方便地进行调节及更换。整体式主要用于中小型尺寸的高速钢整体式拉刀；装配式多用于大尺寸和硬质合金组合拉刀。

拉刀可以用来加工各种截面形状的通孔、直线或曲线的内、外表面。图 6.97 所示为拉削加工的典型工件截面形状。

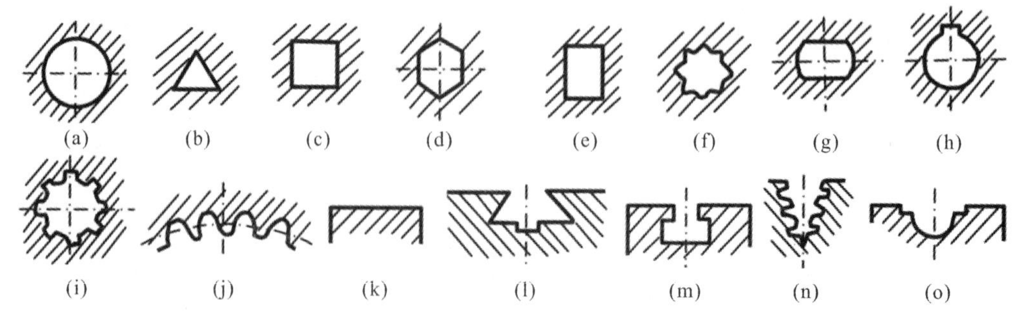

图 6.97　拉削加工的各种内、外表面

(a)圆孔；(b)三角孔；(c)方孔；(d)六角孔；(e)矩形孔；(f)多角孔；(g)豉形孔；(h)键孔；(i)花键孔；(j)内齿孔；(k)平面；(l)燕尾槽；(m)T 形槽；(n)榫槽；(o)成形表面

5. 螺纹刀具

螺纹有多种形式。按照螺纹的种类、精度和生产批量的不同,可以采用不同的方法和螺纹刀具来加工螺纹。按加工方法不同,螺纹刀具可分为切削法和滚压加工法两大类。

(1)切削加工螺纹刀具。

1)螺纹车刀。螺纹车刀是刀具刃形由螺纹牙形决定的简单成形车刀,可用于各种内、外螺纹加工,有平体、圆体和棱体等形式,常用前两种,且平体的用得较多。螺纹车刀的结构和普通的成形车刀相同,较为简单,齿形容易制造准确,加工精度较高,通用性好,可用于切削精密丝杆等。但它工作时需多次走刀才能切出完整的螺纹廓形,故生产率较低,常应用于中、小批量及单件螺纹的加工。

2)丝锥。丝锥是加工各种内螺纹用的标准刀具之一。它本质上是一个带有纵向容屑槽的螺栓。容屑槽形成切削刃,锥形部分 l_1 为切削部分,后面 l_0 为校准部分,如图 6.98 所示。丝锥结构简单,使用方便,在中、小尺寸的螺纹加工中,应用广泛。可用于手工操作或在机床上使用,生产率较高,是使用最广泛的内螺纹加工刀具之一。

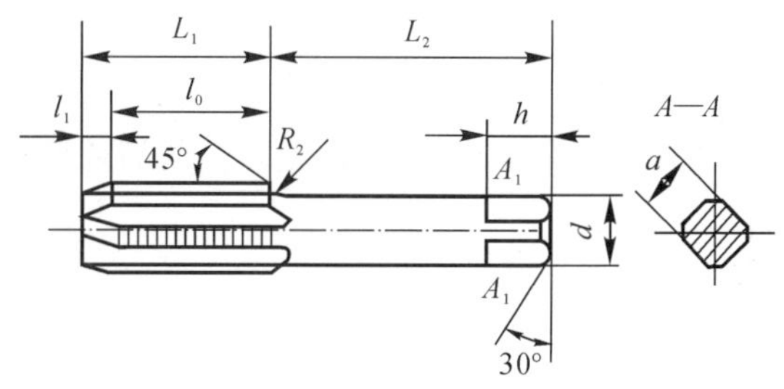

图 6.98　手用丝锥

l_0 — 校准部分;　l_1 — 切削部分;　L_1 — 工作部分;　L_2 —柄部

3)板牙。板牙实质上是具有切削角度的螺母,是加工外螺纹的标准刀具之一。按照结构的不同,板牙可分为:圆板牙、方板牙、六角板牙、管形板牙和钳式板牙等。板牙的刀齿也分切削部分和校准部分。

圆板牙如图 6.99 所示,外形像一个圆螺母,只是沿轴向钻有 3～8 个排屑孔以形成切削刃,并在两端做有切削锥部,用于加工圆柱螺纹。而加工锥形螺纹的圆板牙只做一个切削锥部。圆板牙的螺纹廓形是内表面,难以磨削,热处理产生的变形等缺陷无法消除,影响被加工螺纹的质量和板牙的寿命。因而它仅用来加工精度为 6～8 级和表面质量要求不高的螺纹。由于板牙结构简单,使用方便,价格低廉,故在单件、小批量生产及修配中应用仍很广泛。

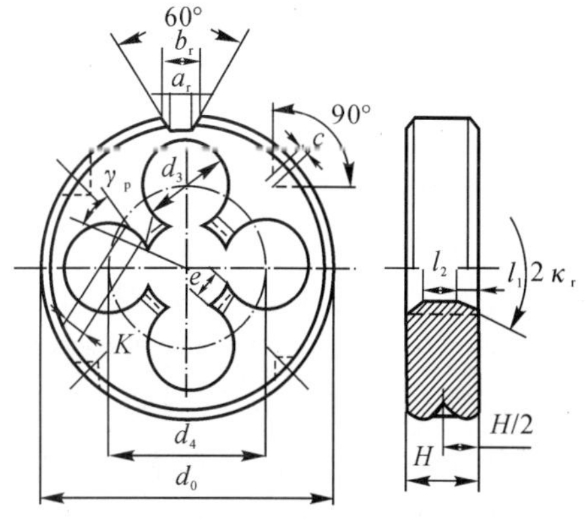

图 6.99　圆板牙的结构

4)螺纹铣刀。螺纹铣刀是用铣削方式加工内、外螺纹的刀具。按结构的不同,有盘形螺纹铣刀、梳形螺纹铣刀以及高速铣削螺纹用刀盘等。

5)自动开合螺纹切头。自动开合螺纹切头是一种高生产率、高精度的螺纹刀具。它有切削外螺纹用的自动开合板牙头和切削内螺纹用的自动开合丝锥两种。前者应用较多。

(2)滚压加工螺纹刀具。滚压加工螺纹刀具是利用金属材料表层塑性变形的原理来加工各种螺纹的高效工具。和切削螺纹的刀具相比,这种滚压螺纹的加工方法生产率高,加工螺纹质量较好,可达4~7级精度,Ra 为0.8~0.2 μm。力学性能好,滚压工具的磨损小,寿命长。这种滚压方法目前已广泛应用于加工螺纹、丝锥和量规等的大批量生产中,常用的滚压工具有滚丝轮(见图6.100)、搓丝板(见图6.101)及螺纹滚压头等。

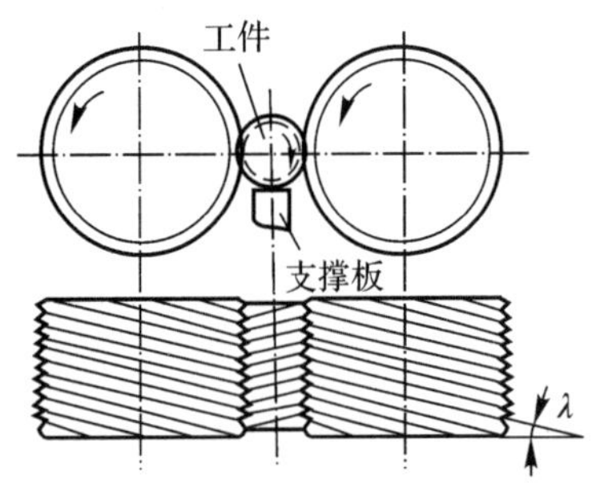

图6.100 滚丝轮滚压螺纹

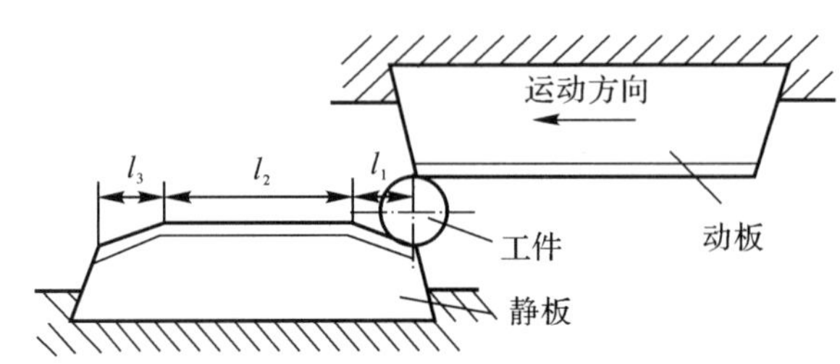

图6.101 搓丝板工作情况

6. 齿轮刀具

齿轮的种类很多,加工要求又各有不同,因此齿轮刀具的品种极其繁多。通常按加工齿轮的品种和加工原理的方法来分类。

(1)按加工齿轮的品种分。

1)加工渐开线圆柱齿轮的刀具:齿轮铣刀、插齿刀、梳齿刀、齿轮滚刀和剃齿刀等。

2)加工蜗轮的刀具:蜗轮滚刀、飞刀和蜗轮剃齿刀等。

3)加工锥齿轮的刀具:加工直齿锥齿轮的成对刨刀和成对铣刀,加工弧齿和摆线齿锥齿轮的铣刀盘等。

4)加工非渐开线齿形工件的刀具:花键滚刀、圆弧齿轮滚刀、棘轮滚刀、花键插齿刀和展成车刀等。

(2)按加工原理分。

1)成形齿轮刀具。这类刀具的切削刃廓形与被加工的直齿齿轮端剖面内的槽形相同。这类刀具有盘形齿轮铣刀、指形齿轮铣刀、齿轮拉刀、插齿刀盘等。

图6.102(a)所示是一把盘形齿轮铣刀,可加工直齿与斜齿轮。工作时铣刀旋转并沿齿槽方向进给,铣完一个齿后进行分度,再铣第二个齿。盘形齿轮铣刀加工精度不高,效率也较低,适合单件小批量生产或修配工作。

图6.102(b)所示是一把指形齿轮铣刀。工作时铣刀旋转并进给,工件分度。这种铣刀适合于加工大模数的直齿、斜齿轮,并能加工人字齿轮。

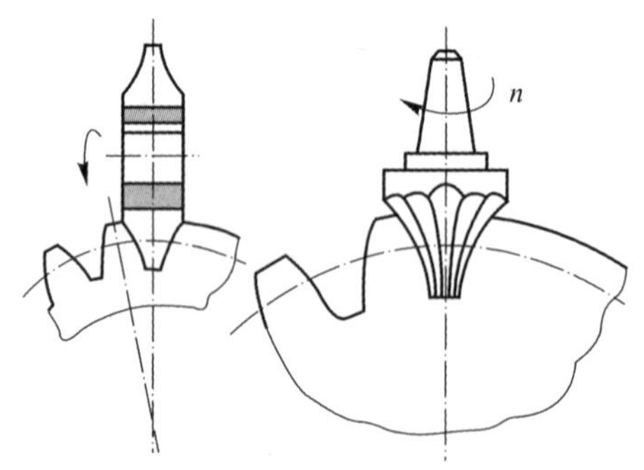

图6.102 成形齿轮刀具

(a)盘形齿轮铣刀; (b)指形齿轮铣刀

2)展成齿轮刀具。这类刀具切削刃的廓形不同于被切齿轮任何剖面的槽形。这类刀具有齿轮滚刀[见图6.103(a)]、插齿刀[见图6.103(b)]、梳齿刀、剃齿刀[见图6.103(c)]、加工非渐开线齿形的各种滚刀、蜗轮刀具和锥齿轮刀具[见图 6.103(d)]等。该类刀具通用性较广，可以用同一把展成齿轮刀具，加工模数和齿形角相同而齿数不同的齿轮，也可用标准刀具加工不同变位系数的变位齿轮。通过机床传动链的配置实现连续分度，加工精度与生产率较高，在成批加工齿轮时被广泛使用。

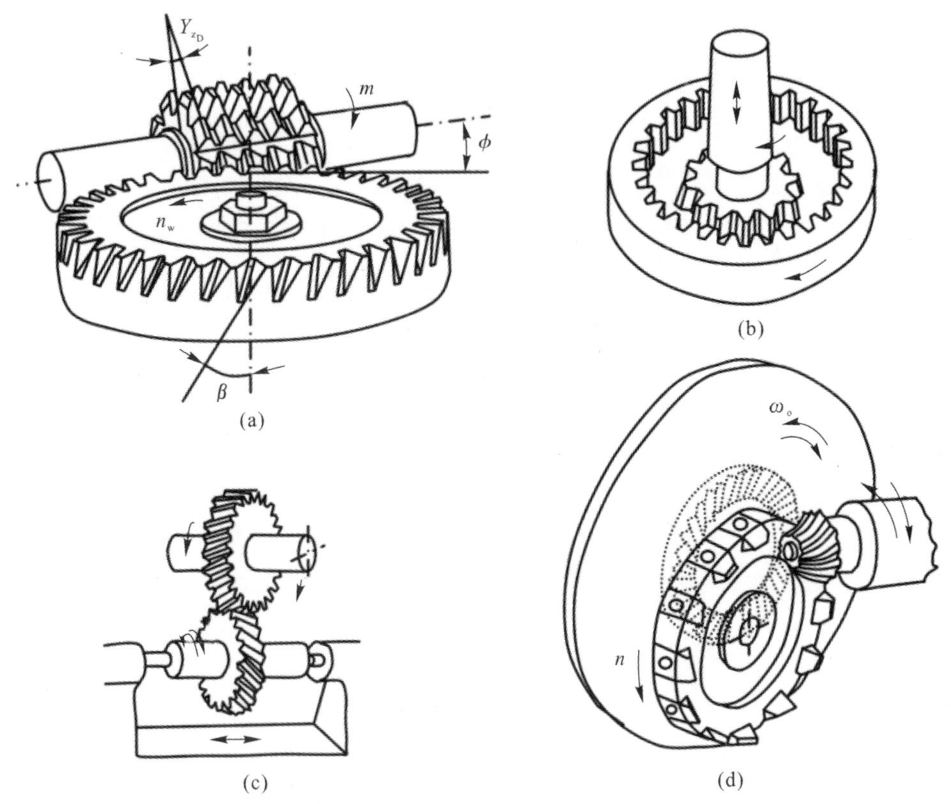

图 6.103　展成切齿刀具

(a)齿轮滚刀滚齿轮；(b)插齿刀；(c)剃齿刀；(d)弧齿锥齿轮铣刀盘

7. *砂轮*

砂轮是磨削加工的切削工具，是由磨料加结合剂通过烧结的方法制成的多孔物体。磨料起切削作用，结合剂把磨料黏结起来，使之具有一定的形状、硬度和强度。结合剂没有填满磨料之间的全部空间，因而有气孔存在。如图 6.104 所示，砂轮由磨料、结合剂和气孔三部分组成。磨料、结合剂及制造工艺等的不同，使砂轮特性有很大差别，对磨削的加工质量、生产效率和经济性有着重要影响。

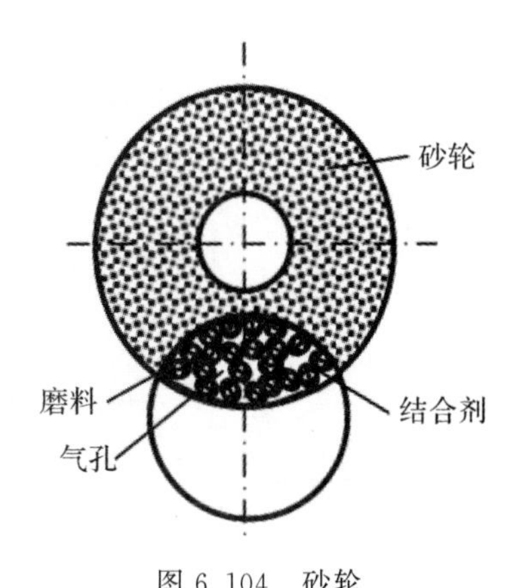

图 6.104　砂轮

根据不同的用途，按照磨床类型、磨削方式以及工件的形状和尺寸等，将砂轮制成不同的形状和尺寸，并已标准化。表 6.13 为常用砂轮的种类、形状、代号及主要用途。

表 6.13　常用砂轮的形状、代号及用途举例

砂轮种类	形状代号	断面形状	主要用途
平形砂轮	P		磨外圆和内圆、无心磨、刃磨刀具等
双斜边砂轮	OSX		磨齿轮及螺纹
双面凹砂轮	PSA		磨外圆、刃磨刀具、无心磨
切断砂轮(薄片砂轮)	PB		切断及切槽
筒形砂轮	N		端磨平面
杯形砂轮	B		磨平面、内圆,刃磨刀具
碗形砂轮	BW		刃磨刀具、磨导轨
碟形砂轮	D		磨齿轮,刃磨铣刀、拉刀、铰刀

二、可转位机夹车刀和成形车刀

1. 可转位机夹车刀

(1)可转位刀片型号及合理选用。按国家标准《切削刀具用可转位刀片　型号表示规则》(GB/T 2076—2021)规定,可转位刀片的型号表示规则用九个代号表征刀片的尺寸及其他特性。代号①～⑦是必需的,代号⑧和⑨在需要时添加。

型号中九位代号所表示的刀片特征见表 6.14。更详细的说明可参见国家标准《切削刀具用可转位刀片　型号表示规则》(GB/T 2076—2021)。

表 6.14　可转位刀片九位代号所表示的刀片特征

代号位数	①	②	③	④	⑤	⑥	⑦	⑧	⑨
代号特征	刀片形状	刀片法后角	刀片精度	刀片有无断屑槽和固定孔	刀片长度	刀片厚度	刀尖圆弧半径	切削刃形状	切削方向
表示方法	一个英文字母				两位阿拉伯数字(所表示参数的整数部分,不够两位的前面加 0)		两位阿拉伯数字(舍去小数点后的参数)	一个英文字母	
举例	T 三角形	A 30	M 中等	N 无断屑槽和中心固定孔	15 15 mm	06 6 mm	12 1.2 mm	F 锋刃	R 右切

可转位刀片型号中主要代号的选择一般按以下原则进行：

1)刀片形状。常用的有正三角形、正方形、菱形和圆形等。

刀片的边数多，则刀尖角大，切削的强度和散热条件好，同时切削刃多，也使得刀片的利用率高。但在同样厚度和质量的条件下，刀片边数越多，则切削刃长度越短，因此允许的背吃刀量就越小。

选择刀片形状时要考虑被加工零件的形状、工序性质、刀片利用率等因素。三角形刀片用于 90°外圆车刀、90°端面车刀、内孔镗刀。其优点是加工时背向力小，特别适合工艺系统刚性较差的加工；缺点是三角形刀片刀尖角($\varepsilon_r = 60°$)小，刀尖强度较差，散热面积小，故刀具寿命较低。为了增强刀尖强度，可以选择偏 8°三角形刀片。这种刀片刀尖角增大为 $\varepsilon_r = 82°$，故不仅可提高刀具寿命，而且还可以减小已加工表面的残留面积，降低残留面积的高度，故有利于改善表面粗糙度。

正方形刀片适用于主偏角为 45°、60°、75°的各种外圆车刀、端面车刀和内孔镗刀。它有较大的刀尖角($\varepsilon_r = 90°$)，通用性较好，故使用普遍。

五边形、六边形、八边形刀片切削刃数较多，刀片利用率较高。它们的刀尖角更大，故可提高刀具寿命、改善已加工表面质量。但其往往受到工件形状、工艺系统刚性和背吃刀量的限制，故使用范围不如三角形和正方形刀片广泛。其他形状刀片，如圆形、平行四边形和菱形刀片，主要用于仿形车削和数控机床加工。

2)有无断屑槽和固定孔。有无断屑槽取决于工件材料，铸铁等脆性材料的加工不需要断屑槽。有无固定孔取决于刀片夹紧方式，若用上压式，则无须带孔。

3)刀片的主要尺寸。刀片切削刃长度取决于作用主切削刃长度，一般前者不小于后者的 1.5 倍。刀片的厚度主要取决于切削力的大小，切削力大，则刀片厚度应较大；反之则应较小。

4)断屑槽型。断屑槽型的选择取决于工件材料、加工性质(粗、精加工)、工序内容(加工外圆、内孔或端面)、切削用量和工件刚性等。

(2)选择可靠的刀片夹紧结构。为保证可转位车刀正常工作，刀片的夹紧结构应满足下列要求：

1)刀片在刀槽中的定位精度高，转位或更换刀片后不影响对刀尺寸，夹紧牢固可靠，在切削力的冲击与振动下，刀片不会松动移位。

2)刀片的松开、转位或更换及夹紧等操作要简便快捷，这对于自动线上使用刀具尤为重要。

3)夹紧结构力求简单、紧凑，这不仅使制造容易，还可提高刀具刚性。

4)夹紧元件应满足标准化、系列化和通用化的要求。

常用的可转位机夹车刀刀片夹紧结构的类型有以下几种(见图 6.105)：

(1)上压式[见图 6.105(a)]。这种结构采用夹紧元件从上面将刀片夹紧，夹紧可靠、定位精确，但刀头尺寸较大，夹紧元件可能妨碍切屑的流出，适用于无孔刀片夹紧和中、重负荷的切削。

(2)杠杆式[见图 6.105(b)]。该结构利用杠杆原理对刀片进行夹固，拧动螺钉推动杠杆绕其支点顺时针转动一个角度，将刀片压向两个定位面并夹紧。其结构简单，装卸方便，定位精确，且排屑顺畅，不会刮伤夹紧元件，故应用较广，适合在中、小型机床上使用。

(3)楔块式[见图 6.105(c)]。该结构利用斜面夹紧的原理将刀片夹紧，拧动螺钉带动楔块下压，楔块将刀片向右压向刀片中间孔的大圆柱销上。刀杆结构简单，夹紧可靠，但由于利用孔的一个侧面定位，刀片转位后定位精度不易保证。此外，由于切削热的影响，将产生较大的内应力，可能造成刀片碎裂和圆柱销变形。

(4)偏心式[见图 6.105(d)]。该结构利用轴上端部的偏心将刀片夹紧在刀杆上。由于螺纹能自锁，故夹紧较为可靠。偏心式结构简单，装卸方便，切屑流出顺利，不会刮伤夹紧元件，但往往只能使刀片靠单面加紧，难以保证两个定位侧面都贴合，定位精度稍差，在冲击和振动下刀片易松动，故通常在中、小型机床上进行连续切削时使用。

(5)综合式。为了增强夹紧力，避免刀片因振动而产生位移，可将上述几种夹固结构综合使用。图 6.105(e)所示是一种利用上压及斜楔作用而形成的结构，称压杆式。压板左端的凸起圆台与刀片孔相配合，而压板右端带有斜面，与刀杆相应的斜面配合起斜楔作用。拧紧螺钉时，压板产生双向移动而压紧刀片。其特点是夹紧力大，刀片定位精度高，夹紧力与切削力方向一致，使用可靠。

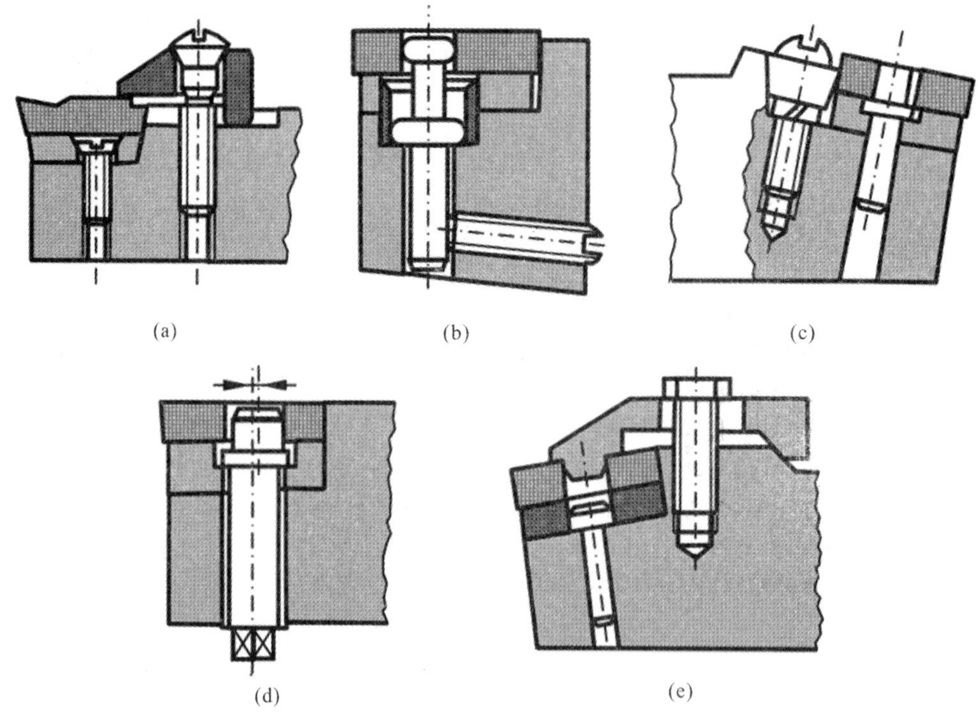

图 6.105　刀杆夹紧结构

(a)上压式；(b)杠杆式；(c)楔块式；(d)偏心式；(e)综合式

2. 成形车刀

成形车刀又称样板刀，是一种专用刀具，其刃形是根据工件要求的廓形设计的。它主要用在普通车床、六角车床、半自动及自动车床上加工内、外回转体成形表面。

用成形车刀加工时，工件廓形是由刀具切削刃一次切成的，同时作用切削刃长，生产率高；工件廓形由刀具廓形来保证，被加工工件表面形状、尺寸一致性好，互换性高，质量稳定；加工精度可达 IT10～IT8，表面粗糙度可达 3.2～6.3 μm；刀具可重磨次数多，使用寿命长。但成形车刀的刀具廓形大多比较复杂，设计、制造比较麻烦，成本较高；由于同时作用切削刃长以及其他结构因素,切削性能较差,容易产生振动,影响加工质量;使用时对安装精度的要求高,安装调整比较麻烦。一般用在成形回转表面的成批、大量生产中。目前在汽车、拖拉机、纺织机械和轴承制造等行业里应用较多。

(1)成形车刀的种类。刀具结构不同,生产中最常用的是下面三种沿工件径向进给的成形车刀,如图 6.106 所示。

1)平体成形车刀。其外形为平条状,与普通车刀相似,结构简单,容易制造,成本低,但可重磨次数不多。用于加工简单的外成形表面,如螺纹车刀和铲制成形铣刀的铲刀等。

2)棱体成形车刀。棱柱体的刀头和刀杆分开制作,大大增加了沿前刀面的重磨次数,刀体刚性好,但比圆体成形车刀制造工艺复杂,刃磨次数少,且只能加工外成形表面。

3)圆体成形车刀。它好似由长长的棱体车刀包在一个圆柱面上形成。刀体是一个磨出了排屑缺口和前刀面,并且带安装孔的回转体。它允许重磨的次数最多,制造也比棱体成形车刀容易,且可加工零件上的内、外成形表面;但加工误差较大,加工精度不如前两种成形车刀高。

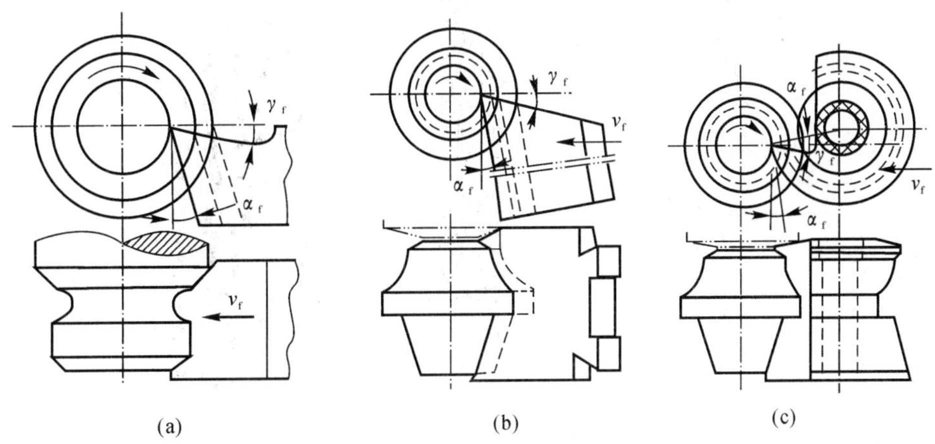

图 6.106　成形车刀种类

(a)平体成形车刀；(b)棱体成形车刀；(c)圆体成形车刀

另外,除了上述的径向进给的成形车刀外,还有切向进给的成形车刀,如图 6.107 所示。车削时,切削刃沿工件表面的切线方向切入工件。由于切削刃相对工件有较大的倾斜角,所以切削刃是依次先后切入和切出,始终只有一小段切削刃在工作,从而减小了切削力;但切削行程长,生产率低。其适合加工细长、刚性较差且廓形深度差别小的外成形表面。

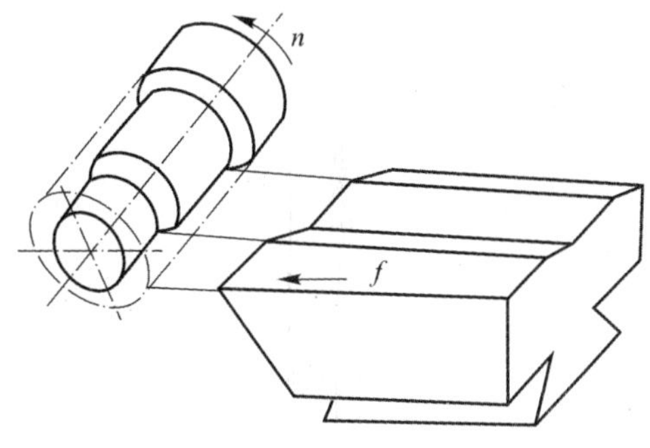

图 6.107　切向进给成形车刀

(2)成形车刀的装夹。通常成形车刀是通过专用刀夹安装在机床上的。对装夹的要求是：夹持可靠、刚性好、装卸容易、调整方便，并且夹持结构力求简单和标准化。

如图 6.108 所示，棱体成形车刀是以燕尾的底面或与其平行的面作为定位基准面装夹在刀夹燕尾槽内的，并用螺钉及弹性槽夹紧。装夹时使刀具倾斜所需的后角，并使刀尖与工件中心等高。车刀下端的调节螺钉 3 可用来调节刀尖位置的高低，同时可增加刀具的刚性。

如图 6.109 所示，圆体车刀 3 以内孔为定位基准面，套装在带螺纹的心轴 2 上，通过销子 1 与端面齿环 4 相连，以防车刀工作时转动。将齿环与圆体成形车刀一起相对扇形板 5 转动若干齿，则可粗调刀尖高度，扇形板同时与蜗杆 9 啮合，转动蜗杆就可微调刀尖高低。在心轴表面上还开了一条窄小长槽，利用螺钉 6 可避免旋紧螺母 7 时心轴一起转动，但允许心轴 2 轴向移动。刀夹上的销子 8 用来限制扇形板转动的范围。

平体成形车刀装夹方法与普通车刀相同。

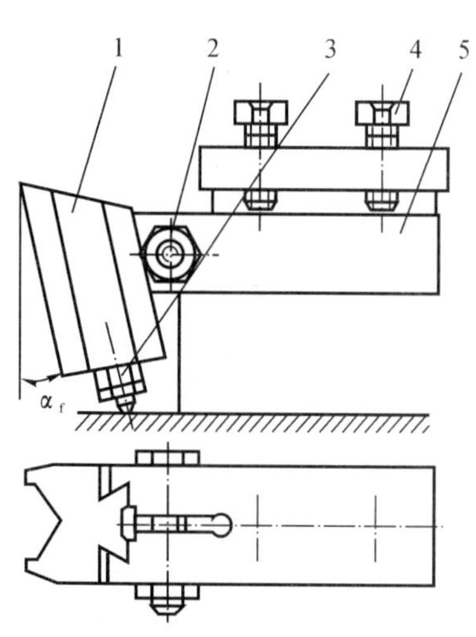

6.108　棱体成形车刀的装夹

1—棱体刀；　2—夹紧螺栓；　3—调节螺钉；
4—螺钉；　5—刀夹

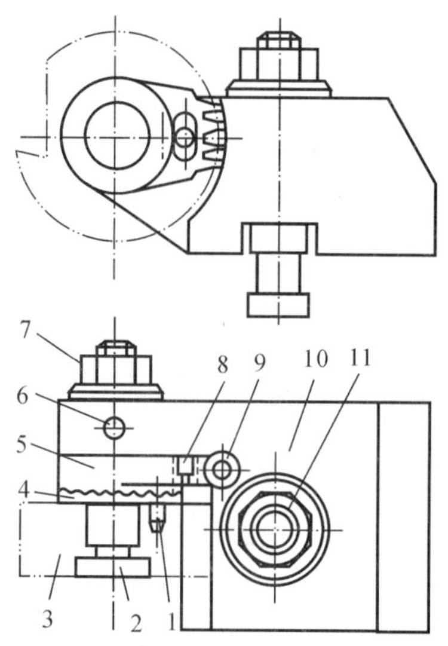

图 6.109　圆体成形车刀的装夹

1、8—销子；　2—心轴；　3—圆体车刀；　4—齿环；
5—扇形板；　6—螺钉；　7—夹紧螺母；　9—蜗杆；
10—刀夹；　11—夹紧螺母螺栓

三、麻花钻和深孔钻

1. 麻花钻

钻头按其结构特点和用途可分为扁钻、麻花钻、深孔钻和中心钻等。生产中使用最多的是麻花钻。对于直径为 0.1～80 的孔，都可使用麻花钻加工。

(1)麻花钻的结构。标准麻花钻的结构如图 6.110(a)(b)所示，由柄部、颈部和工作部分组成。

1)柄部。柄部是钻头的夹持部分，用于与机床连接，并在钻孔时传递转矩和轴向力。麻花钻的柄部有锥柄和直柄两种。直柄主要用于直径小于 12 的小麻花钻。锥柄用于直径较大的麻花钻，能直接插入主轴锥孔或通过锥套插入主轴锥孔中。锥柄钻头的扁尾用于传递转矩，并通过它方便地拆卸钻头。

2)颈部。麻花钻的颈部凹槽是磨削钻头柄部时的砂轮越程槽,槽底通常刻有钻头的规格及厂标。直柄钻头多无颈部。

3)工作部分。麻花钻的工作部分有两条螺旋槽,因其外形很像麻花而得名。它是钻头的主要部分,由切削部分和导向部分组成。

切削部分担负着切削工作,由两个前面、主后面、副后面、主切削刃、副切削刃及一个横刃组成。横刃为两个主后面相交形成的刃,副后面是钻头的两条刃带,工作时与工件孔壁(即已加工表面)相对,如图 6.110(c)所示。

导向部分是当切削部分切入工件后起导向作用的部分,也是切削部分的备磨部分。为减少导向部分与孔壁的摩擦,其外径(即两条刃带上)磨有(0.03～0.12)/100 的倒锥。

钻心圆是一个假想的圆,它与钻头的两个主切削刃相切。钻心圆直径约为钻头直径的 0.15 倍,为了提高钻头的刚度,钻头由前端向后逐渐加大(即正锥),递增量为(1.4～2.0) mm/100 mm,如图 6.110(d)所示。

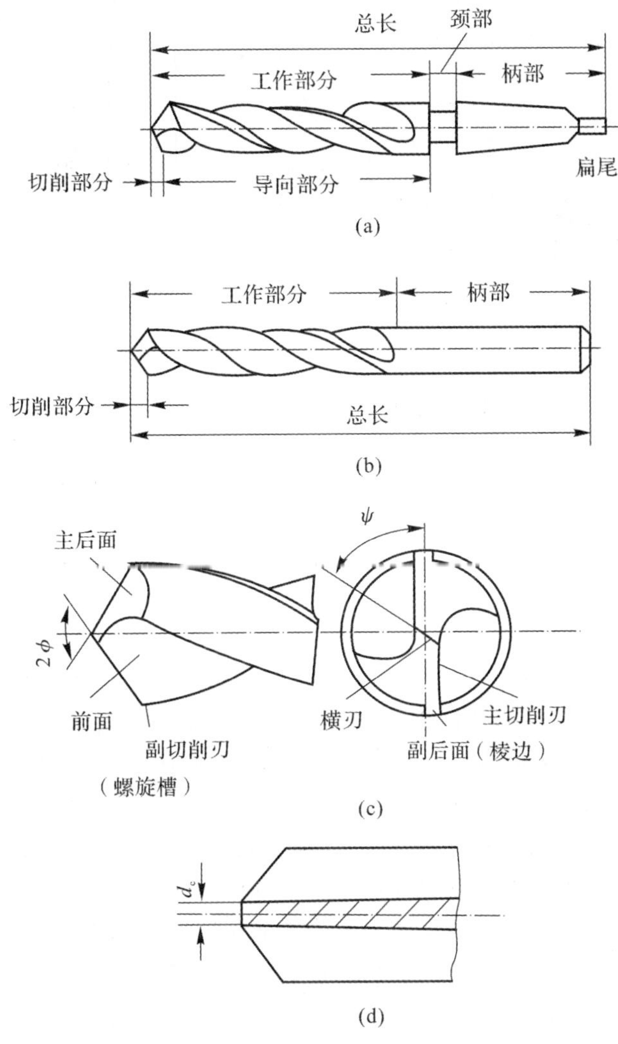

图 6.110　麻花钻的结构

(a)锥柄麻花钻结构；(b)直柄麻花钻结构；(c)麻花钻切削部分的结构；(d)钻心结构

(2)麻花钻的几何参数。

1)螺旋角 β。钻头的外缘表面与螺旋槽的交线为螺旋线,该外缘螺旋线展开成直线后与钻头轴线的夹角为钻头的螺旋角,用 β 表示,如图 6.111 所示。设螺旋槽导程为 P_h,钻头外圆直径为 d_0,则

$$\tan\beta=\frac{\pi d_0}{P_h} \tag{6.39}$$

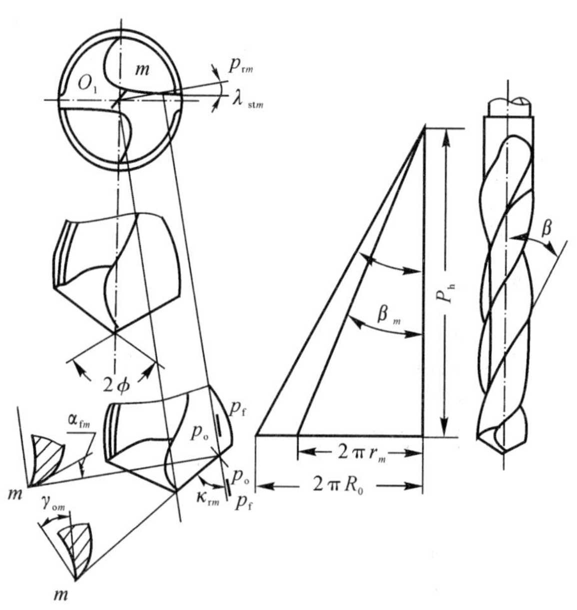

图 6.111　麻花钻的几何参数

注:角标 m 是指选定点 m 处的相关角度。

麻花钻的主切削刃在螺旋槽的表面上,主切削刃上任一点 m 的螺旋角 β_m 是指 m 点所在圆柱螺旋线的螺旋角,其计算公式是

$$\tan\beta_m=\frac{\pi d_m}{P_h}=\tan\beta\,\frac{d_m}{d_0} \tag{6.40}$$

由此可见,钻头不同直径处的螺旋角 β 不同,外径处螺旋角最大,越接近中心螺旋角越小。螺旋角 β 实际上是钻头的进给前角。因此,螺旋角越大,钻头的进给前角越大,钻头越锋利,也越有利于排屑。但是螺旋角过大,会削弱钻头的强度和散热条件,使钻头的磨损加剧。标准高速钢麻花钻的螺旋角 $\beta=18°\sim30°$。对于小直径的钻头,螺旋角应取较小值,以保证钻头的刚度。

2)顶角 2ϕ、主偏角 κ_r 和端面刃倾角 λ_{stm}。钻头的顶角为两主切削刃在与其平行的平面上的投影之间的夹角,标准麻花钻的顶角 2ϕ 一般为 118°。

主偏角 κ_r 是在主切削刃上选定点的基面内度量的假定工作平面与切削平面之间的夹角,也可以说是主切削刃在基面内的投影与进给方向之间的夹角。由于主切削刃上各点的基面不同,因此主切削刃上各点的主偏角也是变化的,越接近钻心,主偏角越小。主偏角与顶角的关系为

$$\tan\kappa_r=\tan\phi\cos\lambda_{stm} \tag{6.41}$$

式中　λ_{stm}—— 主切削刃上任意点的端面刃倾角。

$$\sin\lambda_{stm} = -\frac{d_c}{d_m} \tag{6.42}$$

式中　d_c—— 钻心圆的直径；

d_m—— 主切削刃上任一 m 点所在位置圆的直径。

由于麻花钻相当于装高了的镗刀，所以其端面刃倾角为负值，这有利于切屑沿螺旋槽向后排出。

3）前角 γ_o。钻头的前角 γ_o 是在主剖面 p_o 内度量的前面与基面 p_r 之间的夹角。主切削刃上任一点 m 处的前角 γ_{om} 可用下式计算：

$$\tan\lambda_{om} = (\tan\beta_m / \sin\kappa_{rm}) + \tan\lambda_{stm}\cos\kappa_{rm} \tag{6.43}$$

经计算可知：标准麻花钻的前角 γ_o 由外缘至钻心沿主切削刃逐渐减小，外缘处前角最大，而靠近钻心处为绝对值很大的负值。

4）后角 α_f。麻花钻主切削刃上任一点的后角 α_f 是在以钻头轴线为轴心的圆柱面的切平面内测量的切削平面与主后刀面之间的夹角，主切削刃上任一点 m 处的后角用 α_{fm} 表示，如图 6.111 所示。如此确定后角的测量平面是由于主切削刃在进行切削时做圆周运动，进给后角比较能反映钻头后刀面与加工表面之间的摩擦关系，同时测量也方便。钻头主切削刃上各点的刃磨后角应该是不一样的，外缘处最小，沿主切削刃往里逐渐增大。其原因是为了使主切削刃上各点的工作后角相差不至于太大。为保证这一点，刃磨时常将钻头的后面刃磨成锥面或螺旋面，也有的刃磨成平面，而手工刃磨则为任意曲面。其原则都是外小里大。钻头外缘处后角一般为 8° ～ 28°，钻头直径越小后角应越大。直径为 9 ～ 18 时，α_f 一般取 12°。

5）副偏角 κ'_r 和副后角 α'_o。为了减少导向部分与孔壁的摩擦，除了在国家标准中规定直径大于 0.75 的麻花钻在导向部分上制有两条窄的刃带外，还规定直径大于 1 的麻花钻有向柄部方向减小的直径倒锥量，从而形成副偏角。副偏角一般很小（$\kappa'_r = 30'' \sim 2'4''$），刃带可以看成圆柱面的一部分，并由此可知副后角 α'_o 为 0°。

6）横刃角度。横刃是两个主后刀面的交线，如图 6.112 所示。横刃角度包括横刃斜角 Ψ、横刃前角和横刃后角。在端面投影上，横刃与主切削刃之间的夹角为横刃斜角，它是刃磨后刀面时形成的。标准高速钢麻花钻的横刃斜角为 50° ～ 55°。当后角磨得偏大时，横刃斜角减小，横刃长度增大。因此，在刃磨麻花钻时，可以观察横刃斜角的大小来判断后角磨得是否合适。

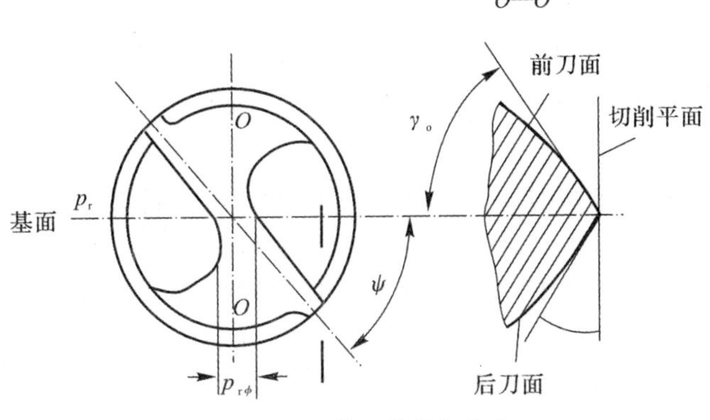

图 6.112　横刃的几何角度

钻削是使用钻头在实体材料上加工孔的最常用的方法，其加工精度可达 IT11 ～ IT12，表面粗糙度 Ra 可达 12.5 ～ 6.3 μm，可作为攻螺纹、扩孔、铰孔和镗孔的预备加工。

钻削属于内表面加工，钻头的切削部分始终处于一种半封闭状态，切屑难以排出，而加工产生的热量又不能及时散发，导致切削区温度很高。浇注切削液虽然可以使切削条件有所改善，但由于切削区是在内部，切削液最先接触的是正在排出的热切屑，待其到达切削区时，温度已显著升高，冷却作用已不明显。钻头的直径尺寸受被加工工件的孔径所限制，为了便于排屑，一般在其上面开出两条较宽的螺旋槽，因此导致钻头本身的强度及刚度都比较差，而横刃的存在，使钻头定心性差，易引偏，孔径容易扩大，且加工后的表面质量差，生产效率低。因此，在钻削加工中，冷却、排屑和导向定心是三大突出而又必须重视的问题。

2. 深孔钻

在生产中采取的深孔钻结构形式很多，按主切削刃的数目来分，有单刃深孔钻和多刃深孔钻；按排屑通道方式来分，有外排屑深孔钻和内排屑深孔钻。现就几种常用深孔钻的结构及其工作原理分述如下。

(1) 枪钻。枪钻因最早用于钻枪孔而得名，多用于加工直径较小(3 ～ 13)、长度较大(100 ～ 250) 的深孔。加工后精度可达IT8～IT10，表面粗糙度 Ra 可达0.2～0.8 μm，直线性较好。

1) 枪钻的结构。如图 6.113 所示，枪钻由钻头、钻杆和钻柄三部分组成。整个枪钻内部制有前后相通的孔，钻头部分由高速钢或硬质合金制成。其切削部分仅在钻头轴线的一侧制有切削刃，无横刃。钻尖相对钻头轴线偏移距离 e，并将切削刃分成外刃和内刃。外、内刃偏角分别为 Ψ_{r1}、Ψ_{r2}。此外，切削刃的前面偏离钻头中心一个距离 H。通常取 $e = d_0/4$，$H = (0.01 \sim 0.025)d_0$。钻杆直接用无缝钢管制成，在靠近钻头处滚压出 120° 的排屑槽，钻杆直径比钻头直径小 0.5 ～ 1，用焊接方法将两者连接在一起，焊接时使排屑槽对齐。

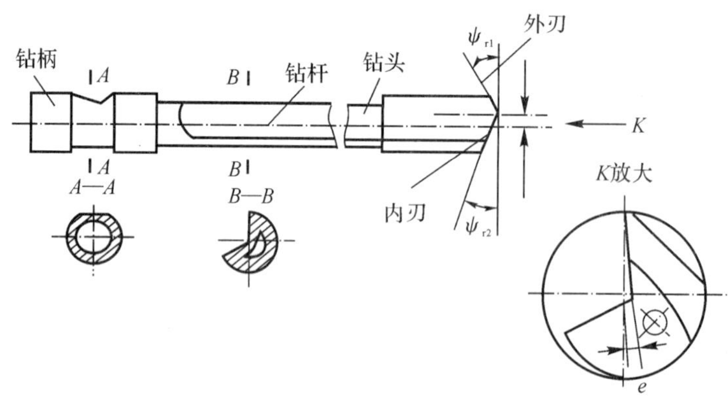

图 6.113　枪钻的结构

2) 枪钻的工作原理。枪钻的工作原理如图 6.114 所示，工作时高压切削液(一般压力为 3.5 ～ 10 MPa) 从钻柄后部注入，经过钻杆内腔由钻头前面的口喷向切削区。切削液对切削区实现冷却润滑作用，同时以高压力将切屑经钻头的 V 形槽强制排出。由于切屑是从钻头体外排出的，故称外排屑。

3) 枪钻的特点。由于枪钻的外刃偏角略大于内刃偏角，因此使外刃所受的径向力略大于内刃的径向力。这样使钻头的支撑面始终紧贴于孔壁，再加上钻头前面及切削刃不通过中心，避免了切削速度为零的不利情况，并在孔底形成一直径为 $2H$ 的芯柱，此芯柱在切削过程中具有阻抗径向振动的作用。同时，使钻头有可靠的导向，有效地解决了深孔钻的导向问题，并可防止孔径扩大(在切削力的作用下，小芯柱达到一定长度后会自行折断)。

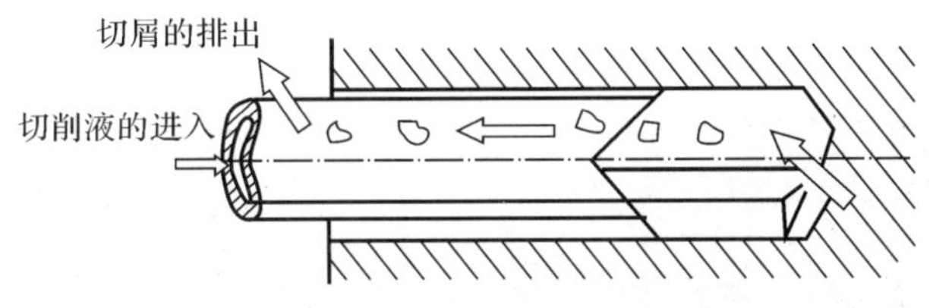

图 6.114　枪钻的工作原理

由于切削液进、出路是分开的，使切削液在高压下，不受干扰，容易到达切削区，较好地解决了钻深孔时的冷却、润滑问题。

刀尖具有偏心 e，切削时可起分屑作用，切屑变窄，切削液便于将切屑冲出，使排屑容易。

(2) 错齿内排屑深孔钻。根据刀片的镶嵌方式，错齿内排屑深孔钻一般分为焊接式和可转位式。如图 6.115 所示，该钻头的切削部分呈交错齿排列(故称错齿内排屑深孔钻)，其后部的矩形螺纹与中空的钻杆连接。工作时，压力切削液从钻杆与工件孔壁之间的间隙流入，冷却、润滑切削区后挟带着切屑从钻杆内孔排出。错齿内排屑深孔钻的结构也具有无横刃、钻尖偏离中心和内外刃偏角不相同等特点。另外，由于采用错齿结构，中心与外缘刀齿可根据切削条件选用不同的刀具材料，以满足切削时对刀片强度及耐磨性的不同要求，且可选择不同槽形的可转位刀片及几何角度，因地制宜地改善切削条件，并保证可靠的分屑与断屑。由于是内排屑结构，因此可将钻杆外径设计得较大一些，以增加刚性。钻孔时可选用较大的进给量，从而提高生产率。错齿内排屑钻头适用于加工直径为 15 ～ 180 的孔。

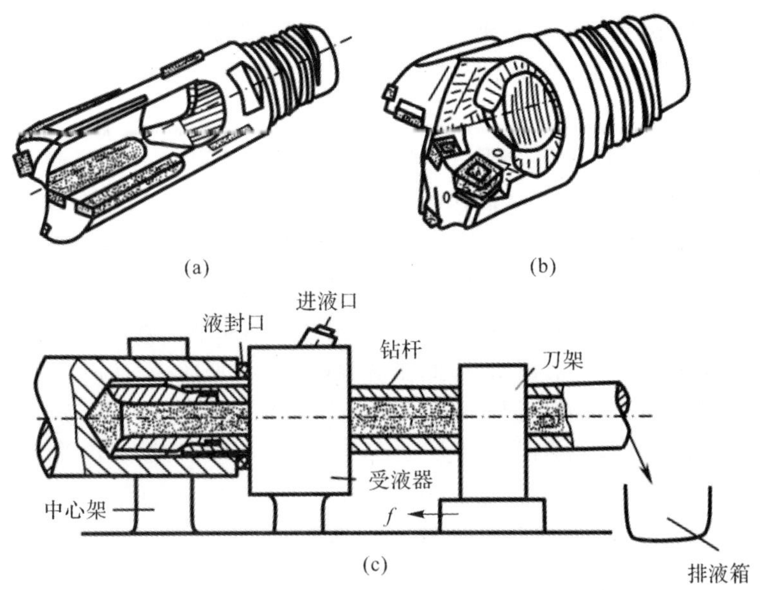

图 6.115　错齿内排屑深孔钻结构及工作原理

(a) 焊接式；(b) 可转位式；(c) 工作原理

(3) 喷吸钻。喷吸钻是一种新型的高效、高质量加工的内排屑深孔钻,用于加工长径比小于 100,直径为 16～65 的孔,钻孔精度为 IT10～IT11,加工表面粗糙度 Ra 为 0.8～3.2 μm,孔的直线度为 1 000∶0.1,结构如图 6.116 所示。

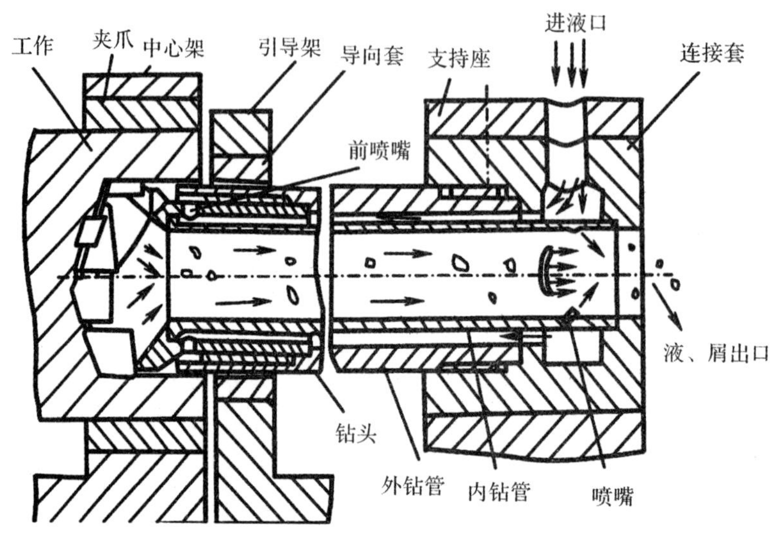

图 6.116 喷吸钻的结构

1) 结构特点。喷吸钻的切削部分与错齿内排屑钻基本相同。它的钻杆由内钻管及外钻管组成,内外钻管之间留有环形空隙。外钻管前端有方牙螺纹及定位面,它与钻头连接。后端有较大的倒角,以顺利地装入连接器。内外钻管之间的环形面积应大于钻头小孔的面积之和(一般小孔数目为 6 个),而钻头小孔的面积之和又大于反压缝隙的环形面积,这样,切削区的切削液在流动的过程中,由于面积逐渐变小,则流速加快,形成雾状喷出,有利于钻头的冷却和润滑。另外,因前端阻力增大,迫使流经喷嘴的液体速度增大,造成低压显著,抽吸作用增强,有利于排屑。

2) 工作原理。喷吸钻的工作原理如图 6.116 所示。它利用流体的喷吸效应原理,即当高压流体经过一个狭小的通道(喷嘴) 高速喷射时,在这个射流的周围便形成低压区,使切削液排出的管道产生压力差而形成一定的吸力,从而加速切削液和切屑的排出。喷吸钻工作时,压力切削液由进液口流入连接装置后分两路流动,其中 2/3 经过内、外钻管的间隙并通过钻头的小孔喷向切削区,对切削部分和导向部分进行冷却、润滑并冲刷切屑。另外 1/3 切削液则通过内钻管上月牙形的喷嘴高速向后喷出,因此在喷嘴附近形成低压区,从而对切削区形成较强的吸力,并将喷入切削区的切削液连同切屑吸向内钻管的后部并排回集屑液箱。这种喷吸效应有效地改善了排屑条件。

习 题

6.1 刀具标注角度参考系分几类?各由哪些面组成?

6.2 用图表示,刀具标注角度正交平面参考系下,普通外圆车刀的 6 个独立角度。

6.3　刀具工作角度参考系与刀具标注角度参考系的根本区别是什么？

6.4　列表说明各种主要刀具材料的成分、特点（硬度、耐磨性、耐热性、强度、韧性、工艺性等）以及使用范围。

6.5　分析第一变形区的剪切滑移过程。

6.6　积屑瘤的产生条件是什么？对切削过程有何影响？

6.7　说明影响切削变形的因素及其影响方式。

6.8　切削力的影响因素有哪些？特别说明切削速度 v_c 对主切削力的影响。

6.9　影响切削温度的因素有哪些？

6.10　粗、精加工时，如何选择切削用量？

6.11　刀具磨损过程有几个阶段？为什么有如此的磨损规律？

6.12　何谓刀具耐用度？它与刀具磨钝标准有何关系？

6.13　切削用量对刀具耐用度有何不同影响？

6.14　切削加工性的衡量指标有哪些？最常用的指标是什么？

6.15　切削加工中常用的切削液有哪几类？其主要作用是什么？

6.16　分析产生加工表面粗糙度的原因。

6.17　简述前角、后角、刃倾角的选择原则。

6.18　简述麻花钻的结构特点。

第 7 章　机械装配工艺基础

7.1　概　　述

一、装配的概念

机器是由零件、合件、组件、部件所组成的。零件是组成机器的基本元件。合件也称为套件，是由若干零件永久连接而成或连接后再经加工而成的，例如，发动机中连杆小头孔内压入衬套后再精镗而成的衬套孔以及各种焊接件等。组件是若干个零件和合件的组合，它在机器中不具有完整的功能。例如，车床的主轴组件就是在主轴上装上若干齿轮、垫片、键、轴承等零件而构成的。部件是能够完成某种完整功能的，由若干组件、合件和零件构成的组合体，例如汽车的发动机、机床的主轴箱等。

机械装配就是按照规定的技术要求把若干零件连接和固定起来，成为各种组件、部件和整台机器的过程。其中，将零件、合件装配成组件的过程称为组装；将零件、合件和组件装配成部件的过程称为部装；将零件、合件、组件和部件装配成最终产品的过程称为总装。

装配是机械产品制造过程中最后的工艺环节，产品的质量最终由装配工作来保证，因此，装配在产品制造过程中具有非常重要的地位。

二、装配工艺过程

按照产品规定的技术要求，将零件、合件、组件和部件进行配合和连接，使之成为半成品或成品的工艺过程称为装配工艺过程。

在产品装配中，装配工艺既要保证各个零件有正确的配合，又要保证它们之间有正确的相对位置。

对于结构比较复杂的产品，为了保证装配质量和装配效率，需要根据产品的结构特点，从装配工艺的角度将产品分解为可以单独进行装配的装配单元，绘制产品装配单元图，如图 7.1 所示。

产品装配单元图能够反映产品的部件、组件、合件和零件的从属关系，以及装配的基本过程，从而可分析出各工序之间的关系和相应的装配工艺。用来表明产品零件、合件、组件、部件间相互装配关系及装配流程的示意图叫装配系统图。

机械产品的装配质量在很大程度上决定着机器的最终质量，而机器的装配质量由装配工艺来保证。零件质量是产品质量的基础，但装配并不是将合格零件简单地组合起来的过程。如果装配工艺不合理，那么即使全部零件都符合质量要求，也可能装配出低质量的产品或不合格的产品。如果装配工艺合理,则可以在经济精度零件的基础上装配出高质量的产品。因此,在产品装配工艺过程设计中,应重视研究装配工艺,选择合适的装配方法和工艺措施,并尽可能采用新的装配技术,以提高产品装配质量和效率。

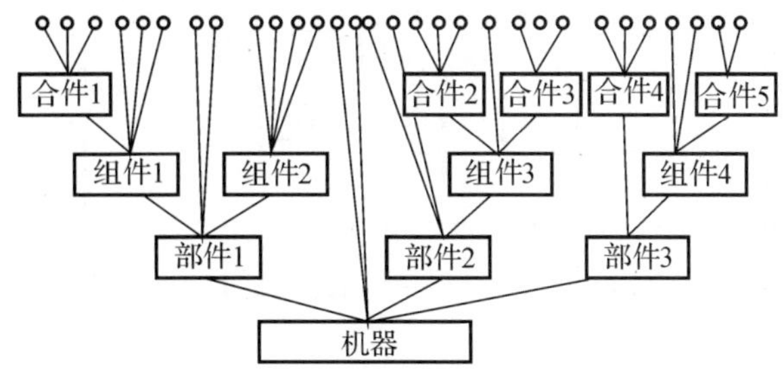

图 7.1　产品装配单元图

三、装配精度

机器的质量是以其精度、工作性能、使用效果和使用寿命等指标进行综合评定的,它主要取决于结构设计、零件加工质量及其装配精度。装配精度不仅影响机器的工作性能和使用性能,而且影响机器制造的经济性。因此,正确规定机器及其部件的装配精度是产品设计的重要环节之一。

装配精度就是产品装配时应达到的技术要求,一般包括相关零件、部件间的相互距离精度、相互位置精度、相对运动精度和接触精度以及物理方面的精度。

相互距离精度是指相关零件、部件间的距离尺寸的精度,包括轴向间隙、轴向距离和轴线距离的精度。例如,车床前、后顶尖相对床身导轨的等高度。

相互位置精度是指零件、部件间的平行度、垂直度、同轴度和各种跳动等,例如,台式钻床主轴轴线对工作台台面的垂直度。

相对运动精度是指机器中有相对运动的零件、部件间在运动方向和运动位置上的精度,包括直线运动精度、回转运动精度和传动精度等,例如,滚齿机滚刀与工作台之间的传动精度。

接触精度是指零件、部件间的配合间隙大小及配合接触面积的大小和分布情况,例如,轴与孔的配合、齿轮啮合、锥体配合、机床中导轨面的接触质量等。

物理方面的精度要求内容很多,如转速、重力、紧固力、静平衡、动平衡、密封性、摩擦性、振动、噪声、温升等,依具体机器的品种类型和用途,所要求的内容各不相同。

装配精度与零件有着密切的关系,零件的精度特别是关键零件的精度直接影响相关部件和机器的装配精度。例如,在普通车床装配中,要满足尾座移动对溜板移动的平行度要求,该平行度主要取决于床身导轨 A 与导轨 B 之间的平行度,如图 7.2 所示。

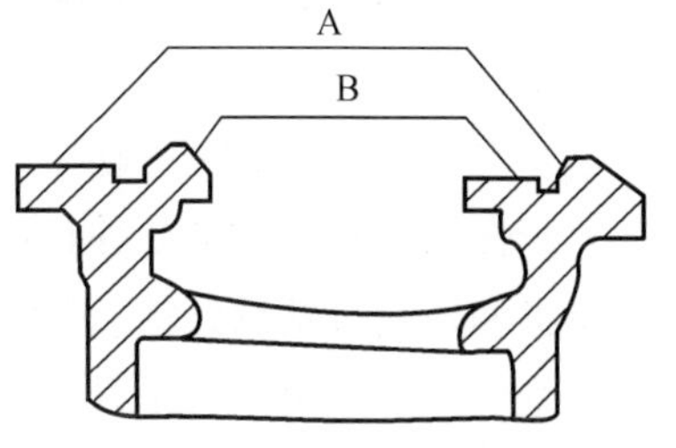

图 7.2　床身导轨简图

A—溜板导轨；B—尾座导轨

机器的装配精度与相关的若干零件或部件的加工精度有关,即这些零件的加工误差的累积将影响到机器的装配精度。如图 7.3 所示,在某车床主轴箱中,要求主轴前顶尖中心与尾座后顶尖中心等高。这一装配要求与主轴箱 1、尾座 2、尾座底板 3 和床身 4 等零件的加工精度有关。由此可见,在装配过程中,零件加工误差的累积会影响产品的装配精度。但是,如果在装配中采取适当的措施,那么就可以将零件的加工误差的影响降到最低,从而保证装配质量。

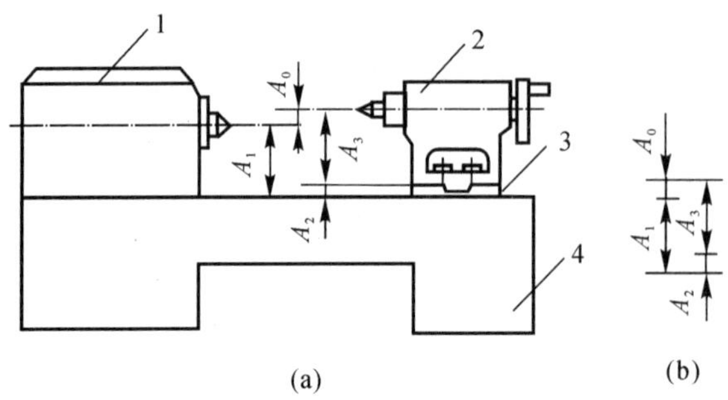

图 7.3 主轴箱与尾座套筒中心线等高示意图

1—主轴箱; 2—尾座; 3—尾座底板; 4—床身

装配精度标注在产品装配图上,它既是设计装配工艺过程的依据,也是确定零件加工精度和选择合理装配方法的依据。对一些标准化、系列化和通用化产品,如通用机床、减速器等,它们的装配精度要求可根据国家标准或行业标准来确定。对于没有标准可循的产品,其装配精度可根据用户的使用要求,参照类似产品或产品的已有数据,采用类比法来确定。对于一些重要产品,其装配精度需要经过分析计算和试验研究后才能确定。

四、装配工作的基本内容

装配工作应该由一系列装配工序以合理的作业顺序来完成。常见的基本装配作业有清洗、连接、调整、检验、试验和包装等内容。

1. 清洗

清洗的目的是去除零件、部件表面或内部的油污和机械杂质。常见的基本清洗方法有擦洗、浸洗、喷洗和超声波清洗等。清洗工艺的要素是清洗液类型(常用的有煤油、汽油、碱液及各种化学清洗液)、工艺参数(如温度、压力、时间)以及清洗方法。清洗工艺方法的选择要根据零件的清洗要求、零件材料、批量、油污和机械杂质的性质及黏附情况等因素来确定。此外,零件经清洗后应具有一定的防锈能力。

清洗工作对保证和提高机器的装配质量、延长机器的使用寿命具有重要的意义,特别是对轴承、密封件、精密偶件、润滑系统等机器的关键部件尤为重要。

2. 连接

装配过程中有大量的连接工作。连接方式一般分为可拆卸连接和不可拆卸连接两种。

可拆卸连接在拆卸相互连接的零件、部件时不损坏任何零件,拆卸后还可以重新连接。常见的可拆卸连接有螺纹连接、键连接及销钉连接,其中以螺纹连接应用最为广泛。螺纹连接的质量与装配工艺有很大关系,应根据被连接零件、部件的形状和螺栓的分布、受力情况,合理确定各螺栓的紧固顺序和紧固力的均衡等。

不可拆卸连接在被连接零件、部件的使用过程中是不可拆卸的。常见的不可拆卸连接有焊接、铆接和过盈连接等,其中过盈连接多用于轴、孔配合。实现过盈连接常用压装、热装和冷装等方法。压装是将具有过盈量配合的两个零件压到配合位置的装配过程。热装是指对具有过盈量配合的两个零件，装配时先将包容件加热胀大，再将被包容件装入配合位置的装配过程。冷装是指对具有过盈量配合的两个零件，装配时先将被包容件用冷却剂冷却，使其收缩，再将其装入包容件使其达到配合位置的装配过程。一般机器可以用压装方法，重要或精密机器可以用热装和冷装方法。

3. 校正、调整和配作

校正是指相关零件、部件之间相互位置的找正、找平作业，一般用在大型机械的基本件的装配和总装配中。常用的校正方法有平尺校正、角尺校正、水平仪校正、拉钢丝校正、光学校正及激光校正等。

调整是指相关零件、部件之间相互位置的调节作业。调整可以配合校正作业保证零件、部件的相对位置精度，还可以调节运动副内的间隙，保证运动精度。

配作指配钻、配铰、配刮和配磨等作业，是装配过程中附加的一些钳工和机械加工工作。配刮是关于零件、部件表面的钳工作业，多用于运动副配合表面的精加工。配钻和配铰多用于固定连接。只有在经过认真的校正、调整，确保有关零件、部件的准确几何关系之后，才能进行配作。

4. 平衡

旋转体的平衡是装配精度中的一项重要要求，尤其是对于转速高、运转平稳要求较高的机器，对其中的回转零件、部件的平衡要求更为严格。有些机器需要在产品总装后在工作转速下进行整机平衡。

平衡方法可分为静平衡法和动平衡法。静平衡法可以消除静力不平衡；动平衡法除消除静力不平衡外，还可以消除力偶不平衡。一般的旋转体可以作为刚体进行平衡，其中直径较大、宽度较小者可以只做静平衡。对长径比较大的零件、部件需要做动平衡，其中工作转速为一阶临界转速的 75%以上的旋转体，应作为挠性旋转体进行动平衡。

对旋转体的不平衡质量可以用补焊、铆接、胶结或螺纹连接等方法来加配质量，用钻、铣、磨、锉、刮等手段来去除质量，还可以在预制的平衡槽内改变平衡块的位置和数量。

5. 验收试验

在组装、部装及总装过程中，在重要工序的前后往往需要进行中间检验。总装完毕后，应根据要求的技术标准和规定，对产品进行全面的检验和试验。各类机械产品检验、试验的内容、方法不尽相同。例如，金属切削机床的验收工作通常包括机床几何精度检验、空运转检验、负荷试验、工作精度检验、噪声检验和温升检验等；汽车发动机的检验内容一般包括重要的配合间隙、零件之间的位置精度和结合状况检验等。

除上述内容外，油漆、包装也属于装配作业范畴，零件、部件的转移往往是装配中必不可少的辅助工作。

五、装配的组织形式

根据被装配产品的尺寸、精度和生产批量的不同，装配工作的组织形式按产品在装配过程中是否移动可分为固定式装配和移动式装配两种。

1. 固定式装配

固定式装配是将产品或部件的全部装配工作安排在一个固定的工作场地进行，装配过程中产品的位置不变，所需要的零件、部件都汇集到工作场地附近。在单件、小批量生产中，特别是那些因为尺寸和质量较大，不便移动的重型机械，或因机体刚度较差，移动时会影响装配精度的产品，如重型机床、飞机、大型发电设备等，都宜采用固定式装配。

固定式装配又可细分为集中装配和分散装配。集中装配的被装配产品的位置是固定不变的，从零件装配成部件和产品的全部过程均由同一组工人来完成。对工人的技术水平要求较高，辅助面积较大，装配周期较长。集中装配适用于单件和小批量生产，在装配高精度产品且调整工作较多时使用。分散装配把产品装配的全部工作分散为各种部件装配和总装配，可以由几组工人在不同工作场地同时进行部装和总装。分散装配适用于成批生产，生产效率较高，装配周期较短。

2. 移动式装配

移动式装配是将产品或部件置于装配线上，通过连续的或间歇的移动使其顺次经过各装配工作场地以完成全部工作。当移动装配对象时，可以采用人工方式或者机械传送方式。移动式装配的装配分工原则是工序分散，其装配过程划分较细，每个工作场地重复地完成固定的工序，广泛采用专用的设备和工具，生产率高。移动式装配多用于大批大量生产，如汽车、拖拉机等产品。对于批量很大的定型产品还可以采用自动装配线进行装配。

移动式装配又可细分为按自由节拍移动装配、按一定节拍周期移动装配和按一定速度连续移动装配。

对于按自由节拍移动装配方式，每一组装配工人只完成一定的装配工序，每一装配工序没有一定的节拍，被装配产品是经传送工具自由地（根据完成每一工序所需的时间）送到下一工作地点。这种方式对装配工人的技术水平要求较低。

对于按一定节拍周期移动装配方式，每一装配工序是按一定的节拍进行的。被装配产品经传送工具按节拍周期性地送到下一工作地点。这种方式对装配工人的技术水平要求较低。

对于按一定速度连续移动装配方式，被装配产品是经传送工具在一定速度下移动的，每一工序的装配工作必须在一定时间内完成。

7.2 装配工艺规程的制定

将合理的装配工艺过程按一定的格式编写成文件，就是装配工艺规程。装配工艺规程主要包括装配系统图、装配工艺系统图、装配工艺过程卡和装配工序卡等。

装配工艺规程是指导装配生产的主要技术文件，是制定装配生产计划，进行生产技术准备的主要依据，也是作为新建、改建装配车间的基本依据之一。制定装配工艺规程是生产技术准备工作的主要内容之一。

制定装配工艺规程与制定机械加工工艺规程一样，也需考虑多方面的因素，现叙述如下。

一、制定装配工艺规程的基本原则

在制定装配工艺规程时，应遵循以下原则：

(1)保证产品装配质量，并力求提高其装配质量，延长产品的使用寿命。

(2)合理安排装配工序及其规范，尽量减少钳工装配的工作量，减轻劳动强度。

(3)尽可能提高装配效率，缩短装配周期，降低装配成本。

(4)尽可能减少装配工作的占地面积,有效提高车间的利用率。

二、制定装配工艺规程的原始资料

在制定装配工艺规程前,需要收集和分析以下资料:
(1)产品及其部件装配图,以及重要或主要零件图。
(2)按部件划分的零件明细表。
(3)验收产品的技术要求,即产品的质量标准和验收依据。
(4)产品的生产纲领(或每批投入量)。
(5)现有的生产条件。应了解现有装配工艺设备、工人技术水平、装配车间面积等情况。

三、制定装配工艺规程的内容

制定装配工艺规程的主要内容如下:
(1)确定产品装配的组织形式和装配方法。
(2)确定合理的装配顺序。
(3)确定各装配单元的装配工序、技术要求和装配规范。
(4)选择所需的工具、夹具和设备等。
(5)选择装配质量技术检验的方法和用具。
(6)规定完成各装配工序的工时定额。
(7)规定运输半成品及成品的合理方法,选择运输工具。

四、制定装配工艺规程的步骤

1. 产品分析

分析产品装配图、技术要求等原始资料,深入了解产品及各部件的结构、各部件之间的相互关系、结合方式及要求,并对产品结构进行尺寸分析和工艺分析。尺寸分析是指装配尺寸链的分析与计算。应对产品图上装配尺寸链及其精度要求进行验算,并确定达到装配要求的工艺方法。工艺分析是指对装配结构工艺性的分析,以确定产品结构是否便于装拆和维修。这一阶段的重点是分析产品的装配结构工艺性。

如果发现原始资料在完整性、技术要求、结构工艺性及尺寸链等方面有缺点或问题,应及时提出。

2. 确定装配组织形式

装配组织形式的选择主要取决于产品的结构、尺寸、质量和生产批量,并应考虑现有生产技术条件和设备状况。装配组织形式一经确定,工作地布置、运输方式等内容也就相应确定,这对总装和部装、工序划分、工序的集中与分散、所用的工装和设备等有很大影响。

装配组织形式可以根据具体生产情况混合使用。如长规格的直线滚动导轨副,其滑板组件采用移动式装配,而导轨轴的作业采用固定式装配,最终组装成导轨副产品。

3. 拟定装配工艺过程

装配工艺过程的拟定包括以下几个方面的内容:
(1)划分产品装配单元。从装配工艺的角度出发,将产品分解为可以独立进行装配的各级部件及组件，即装配单元，以便组织装配工作的并行、流水作业。在划分装配单元时，应尽可能减少进入总装的单个零件，以缩短装配周期。

图 7.1 所示即为产品装配单元图。可以看出，同一等级的装配单元在总装前互相独立，可以同时平行装配，而各级单元之间可以流水作业，这对组织装配生产、安排生产计划、提高装配效率和保证装配质量均十分有利。

(2)确定装配顺序。划分装配单元后，要确定各部件、组件的装配顺序，这时应首先选择装配基准件。无论哪一级的装配单元，都要选定某个零件或比它低一级的组件作为装配基准件。

基准件通常是装配单元的基体或主干零件、组件，一般应具有相对较大的体积、质量和足够的支撑面。基准件应尽可能没有后续加工工序。例如，在普通车床的床身装配中，床身零件是床身组件的装配基准件，床身组件是床身部件的基准件，床身部件是机床产品的基准件。

产品的装配顺序是由产品的结构和装配组织形式决定的。安排装配顺序的一般原则如下：

1)预处理工序先行。零件的清洗、倒角、去毛刺和飞边、油漆等工序安排在前。

2)先下后上。先安装处于机器下部的有关零件，再安装处于机器上部的零件，使机器在整个装配过程中的重心始终处于稳定状态。

3)先内后外。使先装配部分不妨碍后续工作的进行。

4)先难后易。开始装配时，基准件上有较开阔的安装、调整、检测空间，有利于较难装配的零件、部件的装配工作。

5)先重大后轻小。先安装体积、质量较大的零件。

6)先精密后一般。先将影响整台机器精度的零件、部件安装调试好，再安装一般要求的零件、部件。

基准件在装配单元中首先进入装配，然后根据装配单元的具体结构，按照上述原则确定其他零件、组件的装配顺序。

(3)绘制装配系统图。确定装配顺序后，即可绘制装配系统图，如图 7.4 所示。对于结构简单、零部件少的产品，可以只绘制产品的装配系统图。对于结构复杂、零部件很多的产品，还需要绘制各装配单元的装配系统图。

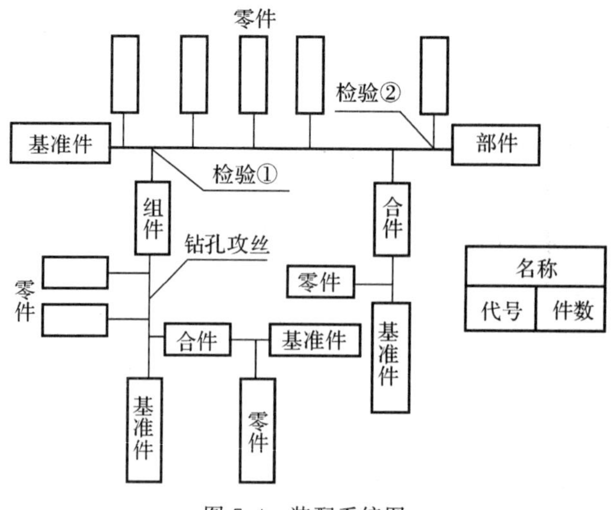

图 7.4　装配系统图

当绘制装配系统图时，先画一条较粗的横线，横线左端为基准件的长方格，横线右端指向装配单元或产品的长方格。按装配顺序的先后，从左至右依次将装入基准件的零件、合件、组件和部件引入。表示零件的长方格画在粗横线的上方，表示合件、组件和部件的长方格画在横线的下方。在每一长方格内，上方注明装配单元名称，左下方填写装配单元编号，右下方填写装配单元件数。在装配系统图上加注所需的工艺说明，如焊接、配钻、配刮、冷压和检验等。图 7.5 所示为车床装配系统图。

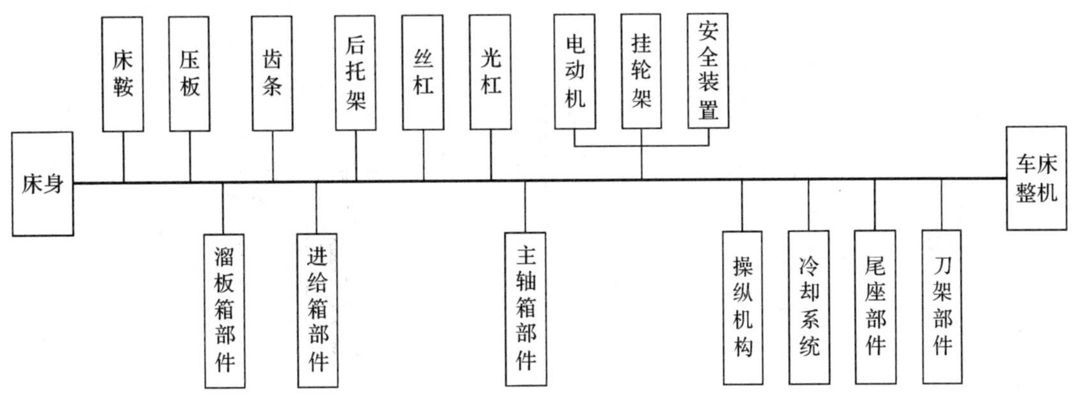

图 7.5　车床装配系统图

装配系统图比较清楚和全面地反映了装配单元的划分、装配顺序和装配工艺方法等内容，是装配工艺规程制定中的主要文件之一，也是划分装配工序的依据。

(4)划分装配工序。划分装配工序的一般原则如下：

1)前面工序不应妨碍后面工序的进行。因此，预处理工序要先行，如清洗、倒角、去毛刺和飞边、防腐除锈、油漆等工序安排在前。

2)后面工序不能损坏前面工序的装配质量。因此，冲击性装配、压力装配、加热装配、补充加工工序等应尽量安排在早期进行。

3)减少装配过程中的运输、翻身、转位等工作量。因此，相对基准件处于同一方位的装配作业，使用同样的装配工装、设备或对装配环境有同样特殊要求的作业应尽可能连续安排。

4)减少安全防护工作量及其设备。对于易燃、易爆、易碎、有毒的物质或零件、部件的安装，应尽可能放到后期进行。

5)电线、气管、油管等管、线的安装根据情况安排在合适的工序中。

6)及时安排检验工序，特别是在对产品质量影响较大的工序后，要安排检验工序。经检验合格后才允许进行后面的装配工序。

划分装配工序的主要工作如下：

1)确定工序集中与分散的程度。

2)划分装配工序，确定各工序的作业内容。

3)确定各工序所需的设备及所用的工具、夹具、量具等，所需专用装备要提出设计任务书。

4)制定各工序操作规范，如：清洗工序的清洗液、清洗温度及清洗时间，过盈配合的压入力，变温装配的加热温度，紧固螺栓、螺母的旋紧力矩和旋紧顺序，装配环境要求，等等。

5)制定各工序装配质量要求、检测项目和方法。

6)确定各工序工时定额,并平衡各工序的生产节拍。

4. 编写装配工艺规程文件

装配工艺规程中的装配工艺过程卡及装配工序卡等的编写方法与零件机械加工工艺所用同类卡片的编写方法基本相同。

对于单件小批生产,通常不需要制定装配工艺卡,而是用装配系统图来代替。装配时,按产品装配图及装配系统图进行装配工作。

对于成批生产,通常制定部装及总装的装配工艺过程卡,而不制定装配工序卡。但装配工艺过程卡要比较详细,写明工序次序、主要工序内容、所需设备和工装名称及编号、工人技术等级及工时定额等。但关键工序也需要制定相应的装配工序卡。

在大批大量生产中,不仅要制定装配工艺过程卡,而且还要制定装配工序卡。

5. 制定产品的检测和试验规范

产品装配完成后,要按设计要求制定检测和试验规范。其内容一般包括检测和试验的项目及质量指标,检测和试验的方法、条件及环境要求,所需工装的选择与设计,检测和试验程序及操作规程,质量问题的分析方法和处理措施等。

许多机电产品的检测和试验规范有相应的国家标准和国际标准,要参照有关标准,制定严格的企业检测和试验规范。

7.3 装配尺寸链

产品的装配精度不仅与有关零件的制造精度有密切关系,而且经常需要依靠合理的装配工艺方法来保证。而装配工艺方法与装配尺寸链解算方法密切相关。

装配尺寸链是在产品或部件的装配关系中,由对某项精度指标有关的零件、部件尺寸或相互位置关系所组成的尺寸链。装配尺寸链的基本特征仍然是尺寸关系或相互位置关系的封闭性,遵循尺寸链的基本规律。

装配尺寸链按照各组成环的几何特征和所处的空间位置,可分为直线尺寸链(由长度尺寸组成,各尺寸环彼此平行)、角度尺寸链(由角度或平行度、垂直度等构成)、平面尺寸链(由成角度关系布置的长度尺寸构成,各尺寸环均位于一个平面)和空间尺寸链。在一般机器的装配关系中,最常见的是直线尺寸链和角度尺寸链。

应用装配尺寸链确定保证装配精度的工艺方法,第一步是建立尺寸链,先正确地确定封闭环,再根据封闭环查明组成环;第二步是确定达到装配精度的装配尺寸链求解方法;第三步是确定经济的,至少是工艺上可以实现的零件制造公差。第二步和第三步往往需要交替进行,可以合称为装配尺寸链的解算。

一、装配尺寸链的建立

装配尺寸链的封闭环是间接得到的产品或部件的装配精度要求,组成环是那些对封闭环有直接影响的零件、部件的尺寸或角度。

正确地查找装配尺寸链的组成，是进行尺寸链计算的根据。对于每一个装配精度要求，通过装配关系的分析，都可查找出其相应的装配尺寸链组成。查找尺寸链组成环的方法是取封闭环两端的那两个零件为起点，沿着装配精度要求的位置、方向，以相邻零件装配基准之间的联系为线索，分别由近及远地去查找装配关系中影响装配精度的有关零件，直至找到同一个基准零件或同一个基准面为止。这一方法与查找工艺尺寸链的跟踪法实质上是一致的。

图 7.6 所示为某车床主轴局部装配简图。双联齿轮在装配后要求在轴向有 $A_\Sigma=0.05\sim0.2$ 的间隙，以保证齿轮既转动灵活又不致引起过大的轴向窜动。分析图可知，对 A_Σ 有影响的尺寸为 A_1、A_2、A_3、A_4 和 N。查明组成环之后，画出尺寸链图，并写出尺寸链的方程式。

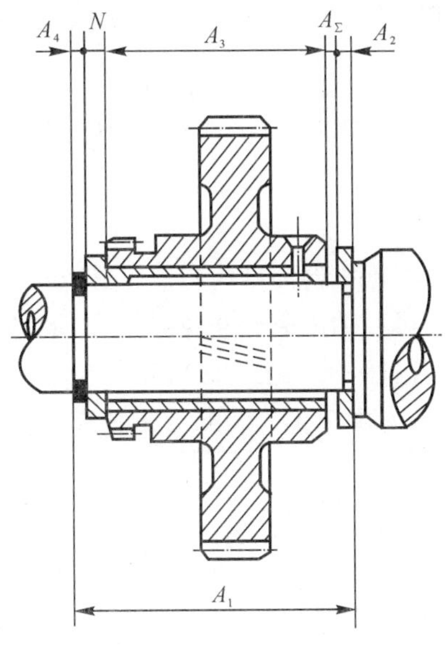

图 7.6　装配尺寸链查找示例

二、装配尺寸链组成的最短路线原则

在设计机器时，应根据尺寸链最短原则，尽量减少对封闭环精度有影响的零件数目。在装配精度已确定的条件下，装配尺寸链中组成环的数目越少，每个组成环所分配的公差就越大，对零件的制造精度要求就越低，制造精度就越容易保证，经济性就越好。因此，组成环的数目必须是只包括直接影响封闭环精度的零件的有关尺寸，这是机器设计中所必须遵循的一个原则。

图 7.7 所示的变速箱，其中 A_Σ 代表轴向间隙，它是必须保证的一个装配精度。图 7.7(b)(c) 列出了两种不同的装配尺寸链，前者是错误的，后者是正确的。前者的错误是将变速箱盖上的两个尺寸 B_1 和 B_2 都列入了尺寸链中，而箱盖上只有凸台高度 A_2 这一个尺寸与 A_Σ 直接有关，而尺寸 B_1 的大小只影响箱盖法兰的厚度，只是使整个变速箱的轮廓大小有所不同，与 A_Σ 的大小并无直接关系。如图 7.7(c) 所示，把 B_1 和 B_2 去掉，而以 A_2 一个尺寸取而代之，就正确了。通过比较便可发现，正确的装配尺寸链，其路线最短，环数最少，此即最短路线

原则，又称环数最少原则。

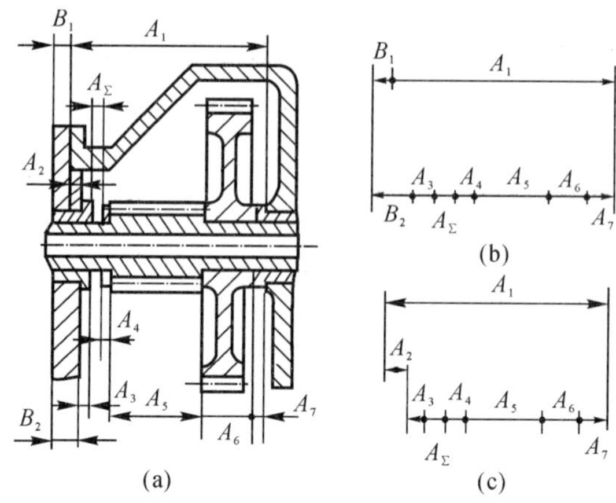

图 7.7　装配尺寸链组成的最少环数原则示例

三、装配工艺方法

在长期的装配实践中，人们根据机器的结构特点、精度要求、生产纲领和生产条件的不同，创造了许多装配工艺方法，一般可归纳为完全互换装配法、不完全互换装配法、选择装配法、调整装配法和修配装配法五种。各种装配工艺方法的特点和应用见表 7.1。

表 7.1　装配工艺方法

装配工艺方法	工艺内容和特点	适用范围	注意事项
完全互换装配法	组成环公差之和小于或等于封闭环公差；装配操作简单，生产率高，能保证严格的生产节拍	适用于大批量、高精度、少环尺寸链或较低精度的多环尺寸链，如汽车、拖拉机的一些部件的装配	组成环公差可能过于严格，使零件加工产生困难
不完全互换装配法	组成环公差平方和的平方根小于或等于封闭环公差；具有完全互换法的主要优点，但可能有少量的超差产品	适用于大批量、高精度、多环尺寸链，如汽车、拖拉机的一些较高精度部件的装配	注意检查，采取适当的措施消除超差产品
选择装配法	组成环公差按分组数放大相同的倍数；降低了零件加工难度，增加了零件的测量、分组及相应的管理工作	适用于大批量、精度很高且组成环数很少的尺寸链，如滚动轴承、内燃机活塞与活塞销的装配	加强分组的管理，一般分为 2～4 组；可以用于质量等非几何参数的分组
调整装配法	零件按经济加工精度加工，通过改变某个组成环的位置或更换相应零件保证装配精度	适用于因批量或结构而不宜采用互换法的高精度多环尺寸链，如调整各种机械结构中的间隙	注意可动调整的放松措施和固定调整的结构刚性
修配装配法	零件按经济加工精度加工，通过改变某个组成环的尺寸保证装配精度	适用于批量不大，且因组成环的尺寸都较大而不宜采用互换法和调整法的高精度多环尺寸链，如修配车床尾座底板以保证前、后顶尖的等高度	尽量采用精密加工方法代替手工修配作业

除完全互换装配法外，其他装配法都是用增加装配工作难度来换取减少加工工作的难度。选择保证装配精度的工艺方法需要全面地考虑加工与装配两方面的要求，即需要将加工工艺与装配工艺作为整体来衡量工艺方案的优劣。

一般来说，当选择保证装配精度的工艺方法时，应优先考虑完全互换法；组成环较多时可以考虑不完全互换法；批量很大、精度很高、组成环很少时可以考虑选择装配法；只有在这些方法难以保证装配精度，或很不经济时才考虑其他装配工艺方法。在修配装配法和调整装配法中，优先考虑调整装配法；在有关零件的尺寸都较大、价值较高时采用修配装配法。

下面详细说明各种装配工艺方法的装配尺寸链的解算方法。

1. 完全互换装配法

完全互换装配法是指机器的各个零件按设计规定的公差进行加工，装配时各零件不需选择、修配和调整就能达到规定的装配精度和技术要求的装配方法。此方法的优点是装配工作简单，生产率高，有利于组织流水生产和协作化生产，也有利于机器的维修和配件的供给。但是，完全互换法对零件的制造精度要求较高。

当采用完全互换法时，装配尺寸链采用极值法计算，即封闭环公差 T_0 与各组成环的公差 T_i 的关系满足：

$$T_0 \geqslant \sum_{i=1}^{n} T_i$$

式中　n—— 组成环个数。

完全互换法的尺寸链解算方法与工艺尺寸链完全一致，核心问题是将封闭环公差合理地分配给各组成环。

图 7.8(a) 所示为齿轮箱部件，装配后要求轴向间隙为 0.2～0.7，即 $A_\Sigma = 0^{+0.7}_{+0.2}$。已知有关零件的基本尺寸是 $A_1 = 122$，$A_2 = 28$，$A_3 = 5$，$A_4 = 140$，$A_5 = 5$，现确定各组成环公差的大小与分布位置。

(1) 画出装配尺寸链图，校核各环的基本尺寸。装配尺寸链如图 7.8(b) 所示，该尺寸链由 6 个环组成，其中 A_Σ 为封闭环；A_1、A_2 为增环；A_3、A_4、A_5 为减环。

封闭环的基本尺寸为

$$A_\Sigma = (A_1 + A_2) - (A_3 + A_4 + A_5) = (122 + 28) - (5 + 140 + 5) = 0$$

(2) 确定各组成环尺寸的公差及其分布位置。为了满足封闭环公差值 $T(A_\Sigma) = 0.5$ 的要求，各组成环公差之和 $\sum T(A_i)$ 不得超过 0.5，即

$$\sum T(A_i) = T(A_1) + T(A_2) + T(A_3) + T(A_4) + T(A_5) \leqslant T(A_\Sigma) = 0.5$$

现须确定各组成环公差 $T(A_i)$ 的值。先按等公差法考虑各环所能分配的平均公差 $T(A_M)$，即

$$T(A_M) = \frac{T(A_\Sigma)}{n} = \frac{0.5}{5} = 0.1$$

由此值可知，零件制造的精度不算高，是可以加工的。因此，用完全互换的极值法是可行的。但是，还应根据各环加工的难易程度和设计要求调整各环的公差。本例中 A_1 和 A_2 加工

较难，其公差可略大；A_3 和 A_5 加工较易，其公差可规定较严。此外，选择 A_4 为协调环。

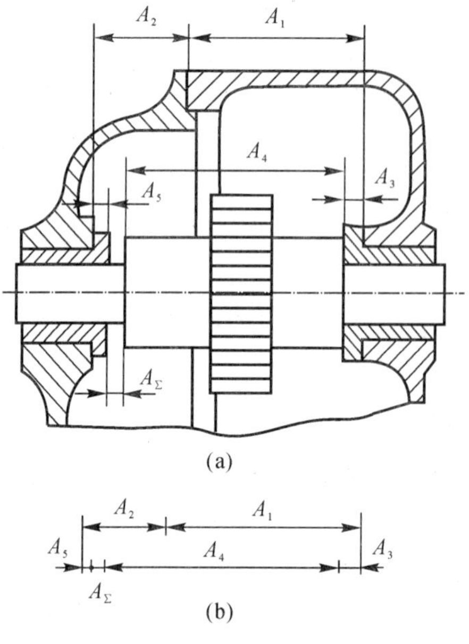

图 7.8　轴的装配尺寸链

所谓协调环就是这个组成环在尺寸链中起协调封闭的作用。因为封闭环的公差是由装配要求所确定的既定值，在大多数组成环取标准公差值之后，就可能有一个组成环的公差值取的不是标准公差值，这个组成环就称为协调环。选择协调环的一般原则是选择不需要用定尺寸刀具加工、不需要用极限量规检验的尺寸；或将难于加工的尺寸公差从宽取标准公差值，选一易于加工的尺寸作为协调环；也可将难于加工的尺寸公差从严取标准公差值，选一难于加工的尺寸作为协调环，如图 7.9 所示。

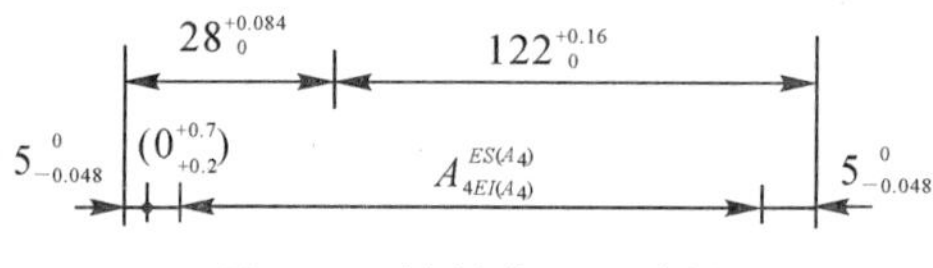

图 7.9　轴的装配尺寸链

现确定

$$T(A_1)=0.16,\quad T(A_2)=0.084,\quad T(A_3)=T(A_5)=0.048$$

按入体原则确定其公差的分布位置，则

$$A_1=122^{+0.16}_{0},\quad A_2=28^{+0.084}_{0},\quad A_3=A_5=5^{0}_{-0.048}$$

(3) 确定协调环的公差及其分布位置。显然，协调环的公差为

$$T(A_4)=T(A_\Sigma)-T(A_1)-T(A_2)-T(A_3)-T(A_5)=$$
$$0.5-0.16-0.084-0.048-0.048=0.16$$

协调环的上、下偏差按尺寸链的基本公式计算得

$$EI(A_\Sigma)=0.2=0+0-0-0-ES(A_4)$$

即

$$ES(A_4)=-0.2$$

$$A_4=140^{-0.2}_{-0.36}$$

(4) 验算。将确定的和计算的公差值代入下式：

$$T(A_\Sigma)=T(A_1)+T(A_2)+T(A_3)+T(A_4)+T(A_5)=$$
$$0.16+0.084+0.048+0.048+0.16=0.5$$

这一计算结果符合装配技术要求。

在正常情况下，一台机器所有组成环都以极限尺寸进入装配的情况是较少的，尤其是在大批大量生产条件下更是如此。因此，极值法通常用于装配精度要求较高，但环数较少的尺寸链，或者装配精度要求较低的多环尺寸链。当装配精度要求较高，而环数又较多(环数 >5)时，选用不完全互换法更为合理。

2. 不完全互换装配法

当采用不完全互换装配法时，装配尺寸链采用概率法计算。当各组成环尺寸服从正态分布时，封闭环公差 T_0 与各组成环的公差 T_i 的关系满足：

$$T_0 \geqslant \sqrt{\sum_{i=1}^{n} T_i^2}$$

式中　n——组成环个数。

按概率法计算将存在0.27%的不合格品率，故称为不完全互换法。

仍以图7.8所示轴为例，取各组成环的平均公差为

$$T(A_M)=\sqrt{\frac{T(A_\Sigma)^2}{n}}=\sqrt{\frac{0.5^2}{5}}=0.22$$

按此法计算，各环的平均公差值比按极值法计算的结果扩大了$\sqrt{n}$倍，从而更易于加工。现按加工难易程度和设计要求调整各组成环的公差如下：

$$T(A_1)=0.4,\quad T(A_2)=0.21,\quad T(A_3)=T(A_5)=0.075$$

根据 $T_0=\sqrt{\sum_{i=1}^{n} T_i^2}$ 的要求，协调环 A_4 的公差为

$$0.5^2=0.4^2+0.21^2+0.075^2+0.075^2+T(A_4)^2$$

解得
$$T(A_4)=0.186$$

取 $A_1=122_{0}^{0.4}$，$A_2=28_{0}^{0.21}$，$A_3=A_5=5_{-0.075}^{0}$，而 A_4 的上、下偏差应在算出 A_4 的平均尺寸后再确定。

由
$$A_{\Sigma M}=(A_{1M}+A_{2M})-(A_{3M}+A_{4M}+A_{5M})$$

即
$$0.45=(122.2+28.105)-(4.962\,5+A_{4M}+4.962\,5)$$

得
$$A_{4M}=139.93$$

$$A_4=A_{4M}\pm\frac{T(A_4)}{2}=139.93\pm0.093$$

即
$$A_4=140_{-0.163}^{+0.023}$$

3. 选择装配法

在成批或大量生产条件下，对于组成环不多而装配精度要求却很高的尺寸链，若采用完全互换装配法，则零件的公差将会过严，甚至超过加工工艺的现实可能性。在这种情况下，可采用选择装配法。该方法是将组成环的公差放大到经济可行的程度，然后选择合适的零件进行装配，以保证规定的装配精度要求。

选择装配法有直接选配法、分组装配法和复合选配法三种。

(1) 直接选配法。由装配工人从许多待装配的零件中，凭经验直接挑选合适的零件通过试凑的方式进行装配。对于这种装配方法，零件不必事先分组，方法虽然简单，但装配精度主要取决于工人的技术水平，生产节拍也难以控制，不宜用于节奏要求较严的大批量生产。

(2) 分组装配法。将组成环的公差按完全互换法所求得的值放大数倍(一般为 2 ～ 4 倍)，使其能按经济加工精度加工；然后将互配零件按实测尺寸进行分组，在对应组内的零件可以完全互换；装配时按对应组取零件进行装配。在大批大量生产中，对于组成环少而装配精度很高的部件，常采用分组装配法。

(3) 复合选配法。这是上述两种方法的复合，即把互配零件预先测量分组，装配时按对应组来直接选配，但是在对应组不保证完全互换性，仍然要凭借工人经验才能保证装配精度。复合选配法特别适合于多参数的装配工作，如汽车发动机的汽缸与活塞的装配，既要保证几何配合精度，又要保证一组活塞的质量均匀精度。

下面着重讨论分组装配法。

分组装配法在内燃机、轴承等大批量生产中有一定应用。图 7.10 所示活塞销的连接情况，根据装配技术要求，活塞销孔与活塞销外径在冷态装配时应有 0.002 5 ～ 0.007 5 的过盈量。与此相应的配合公差仅为 0.005。若活塞与活塞销采用完全互换法装配，且销孔与活塞销直径的公差按“等公差” 分配时，则它们的公差只有0.002 5。如果上述配合采用基轴制原则，则活塞销外径尺寸 $d=\phi28_{-0.0025}^{\ 0}$，相应的销孔直径 $D=\phi28_{-0.0075}^{-0.0050}$。显然，制造这样精确的活塞销和销孔是很困难的，也是不经济的。在实际生产中采用的方法是先将上述公差值都增大 4 倍($d=\phi28_{-0.01}^{\ 0}$，$D=\phi28_{-0.015}^{-0.005}$)，这样即可采用高效率的无心磨和金刚镗去分别加工活塞销外圆和活塞销孔，然后用精密测量仪器进行测量，并按尺寸大小分成 4 组，涂上不同颜色，以便进行分组装配。具体分组情况见表 7.2。

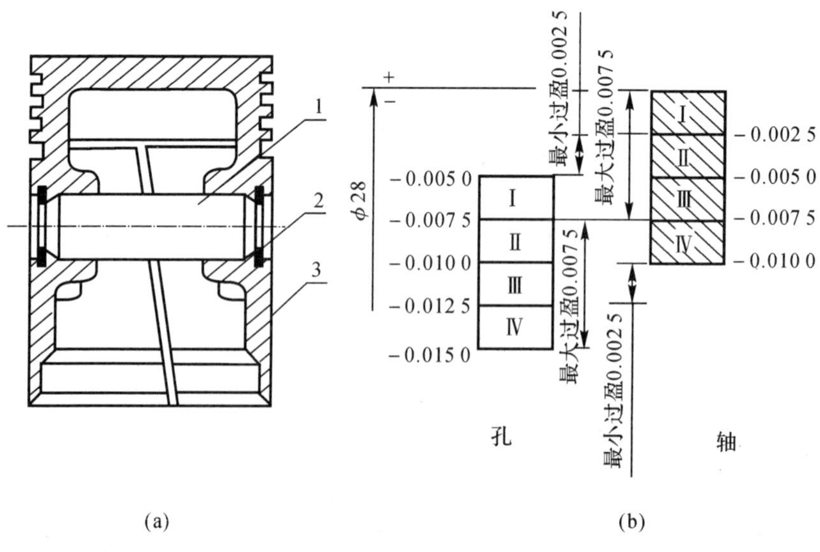

图 7.10　活塞与活塞销连接

1— 活塞销； 2— 挡圈； 3— 活塞

表 7.2　活塞销与活塞销孔直径分组

组别	标示颜色	活塞销直径 $d=\phi28_{-0.01}^{\ 0}$	活塞销孔直径 $d=\phi28_{-0.015}^{-0.005}$	配合情况	
				最小过盈	最大过盈
Ⅰ	红	$d=\phi28_{-0.0025}^{\ 0}$	$d=\phi28_{-0.0075}^{-0.0050}$	0.002 5	0.007 5
Ⅱ	白	$d=\phi28_{-0.0050}^{-0.0025}$	$d=\phi28_{-0.0100}^{-0.0075}$		
Ⅲ	黄	$d=\phi28_{-0.0075}^{-0.0050}$	$d=\phi28_{-0.0125}^{-0.0100}$		
Ⅳ	绿	$d=\phi28_{-0.0100}^{-0.0075}$	$d=\phi28_{-0.0150}^{-0.0125}$		

从表 7.2 中可以看出，各组的公差和配合性质与原来的要求相同。

采用分组互换装配时应注意以下几点：

(1) 为了保证分组后各组的配合精度和配合性质符合原设计要求，配合件的公差应当相等，公差增大的方向要同向，增大的倍数要等于以后的分组数，如图 7.10(b) 所示。

(2) 分组数不宜多。分组过多会增加零件的测量和分组工作量，并使零件的储存、运输及装配等工作复杂化。

(3) 分组后各组内相配合零件的数量要相等，形成配套。否则会出现某些尺寸零件的积压浪费现象。

4. 修配装配法

修配装配法是各组成环皆按经济加工精度制造，只是在组成环中选定一个作为修配环，预先留下修配余量，装配时通过修配该尺寸使封闭环达到规定精度。

这种方法的关键在于确定修配环的加工尺寸，使修配时有足够的而且是最小的修配余量。修配时封闭环尺寸的变化有两种情况：一是封闭环尺寸变小，二是其尺寸变大。因此，用修配法解尺寸链时，可根据这两种情况来进行计算。

下面来解算一个当修配环被修配时，封闭环尺寸变小的例子。

在普通车床精度标准中规定：主轴锥孔轴心线和尾座顶尖套锥孔轴心线的等高度误差为 0.06(只许尾座高)，如图 7.11 所示。

图 7.11(b) 所示是一个简化了的尺寸链，已知 $A_1=156$，$A_2=46$，$A_3=202$，$A_\Sigma=0\sim0.06$。

若按完全互换的极值解法，各组成环公差的平均值 $T(A_M)$ 为

$$T(A_M)=\frac{0.06}{3}=0.02$$

可见，各组成环的精度要求较高，加工较难。在生产中常按经济加工精度规定各组成环的公差，而在装配时用修配底板的方法来达到装配精度。

为了减小最大修刮量，通常先将尾座和尾座底板的接触面配刮好，把两者作为一个整体，以尾座底板的底面作为定位基准精镗尾座顶尖套孔，并控制该尺寸公差为 0.1。原组成环 A_1 和 A_2 合并为一个环 $A_{1,2}$，则由 4 个环尺寸链变为 3 个环尺寸链，如图 7.11(c) 所示。尺寸 A_3 和 $A_{1,2}$ 根据用镗模加工时的经济精度，其公差为 $T(A_3)=T(A_{1,2})=0.1$。对于尺寸 A_3，其公差可按双向对称分布，即 $A_3=202\pm0.05$，而 $A_{1,2}$ 是修配环，其公差分布需要通过计算确定。

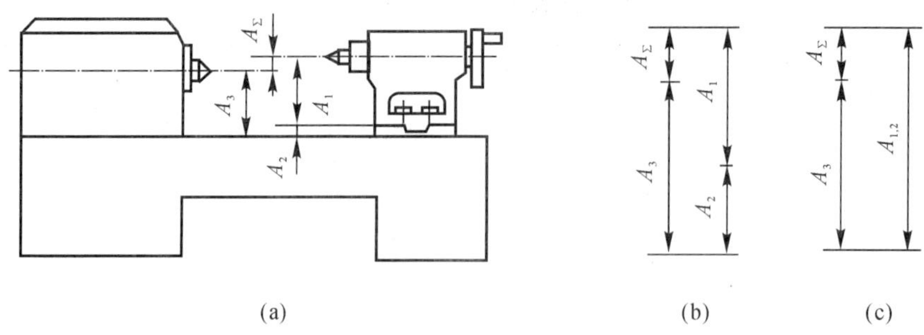

图 7.11　车床等高度的装配尺寸链

为了使装配时能通过修配 $A_{1,2}$ 来满足装配要求，必须使装配后封闭的实际值 $A'_{\Sigma\min}$ 在任何情况下都不小于规定的最小值 $A_{\Sigma\min}$，同时，为了减小修配工作量，应使 $A'_{\Sigma\min}=A_{\Sigma\min}$。由图 7.12 所示可见，若 $A'_{\Sigma\min}<A_{\Sigma\min}$，一部分装配件将无法修复。由于 $T(A'_\Sigma)$ 是一个定值，若 $A'_{\Sigma\min}>A_{\Sigma\min}$，则 $A'_{\Sigma\max}$ 也跟着增大，要修刮的工作量就增大。根据这一关系，就可得出封闭环变小时的极限尺寸为

$$A'_{\Sigma\min}=\sum_{i=1}^{m}A_{i\min}-\sum_{i=m+1}^{n}A_{i\max}=A_{\Sigma\min}$$

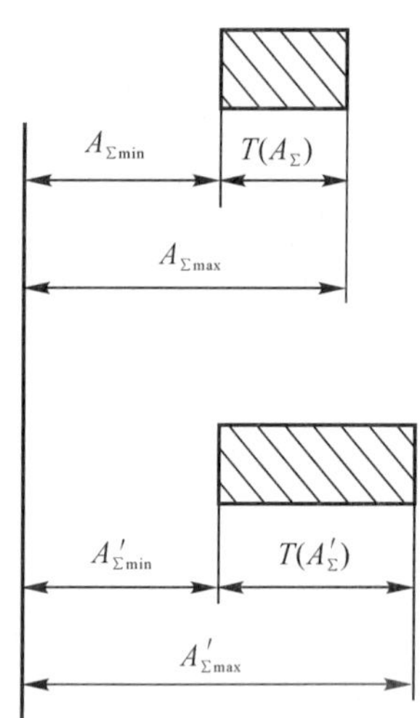

图 7.12　封闭环实际值与规定值相对位置示意图

下面即按此式计算修配环的实际尺寸。

(1) 计算修配环的实际尺寸。本例中修配环为增环，把它作为未知数先从增环组中分出，则可写成

$$A_{\Sigma\min}=\sum_{i=1}^{m-1}A_{i\min}+A_{1,2\min}-\sum_{i=m+1}^{n}A_{i\max}$$

$$A_{1,2\min}=A_{\Sigma\min}-\sum_{i=1}^{m-1}A_{i\min}+\sum_{i=m+1}^{n}A_{i\max}$$

将实例数值代入，得

$$A_{1,2\min}=A_{\Sigma\min}+A_{3\max}=0+202.05=202.05$$

从而得 $A_{1,2}=202^{+0.15}_{+0.05}$。

为了提高接触刚度，底板的底面在总装时必须修刮。然而在上述的计算中是按 $A_{\Sigma\min}=0$ 进行计算的。在总装时，若出现这种极端情况就没有修刮余量。因此必须对 $A_{1,2}$ 加以放大，留有必要的修刮余量（设为 0.15），则修正后的实际尺寸应为 $A_{1,2}=202^{+0.30}_{+0.20}$。

（2）最大修刮余量 Z_k 的计算。当增环 $A_{1,2}$ 做得最大，而减环 A_3 做得最小时，尾座顶尖套锥孔轴心线高出主轴锥孔轴心线的距离最大。在这种情况下，修刮底板底面，使尾座顶尖套锥孔轴心线高出主轴锥孔轴心线 0.06 时，所刮去的余量将是最大的修刮余量，即

$$Z_k=A_{1,2\max}-A_{3\min}-0.06=202.30-201.95-0.06=0.29$$

实际修刮时正好刮到高度差为 0.06 的情况很少，所以实际的最大修刮量稍大于 0.29。

当修配环被修配，封闭环尺寸变大时，必须使装配后封闭环的实际值 $A'_{\Sigma\min}$ 在任何情况下都不大于规定的最大值 $A_{\Sigma\min}$。同时，为使修配的工作量最小，应使 $A'_{\Sigma\max}=A_{\Sigma\max}$，根据这一关系，修配环被修配。封闭环变大时的计算关系式为

$$A'_{\Sigma\max}=\sum_{i=1}^{m}A_{i\max}-\sum_{i=m+1}^{n}A_{i\min}=A_{\Sigma\max}$$

其解法与前面相同。如修配环为减环，把它作为未知数从减环中分出，移项求解即得。

修配装配法的主要特点如下：

（1）零件加工精度要求不高，但能获得高的装配精度。

（2）增加了修配工作量，生产率较低。

（3）要求工人技术水平高。

（4）一般用于单件小批量生产时，组成环数较多而装配精度要求高的场合。

正确选择修配环是很重要的，一般应遵循以下原则：

（1）应选择易修配加工且拆装容易的零件为修配件。

（2）一般不应选择公共环的零件作为修配环。因为公共环同时属于两个或多个尺寸链，修配它虽保证了一项精度，但却可能破坏另一项精度。

还有一种修配装配法的派生方法，就是用“自身加工”修配法（自己加工自己），以达到装配精度要求。如在车床上对三爪卡盘进行“自车自”，在六角车床上对转塔刀孔进行“自镗自”，以保证同轴度要求；又如在刨床上对工作台进行“自刨自”和在平面磨床上对工作台面进行“自磨自”，以保证平行度；等等。这种方法广泛应用于机床制造业中，并取得了满意的技术经济效果。

5. 调整装配法

对精度要求较高的尺寸链，当不能按完全互换装配法进行装配时，除可用修配装配法外，还可用调整装配法对超差部分进行补偿，以达到装配精度要求。

采用调整装配法可以按经济加工精度确定零件的公差，在装配时用改变产品中可调整零件的相对位置，或在尺寸链中选定或增加一个零件作为调整件来补偿误差，从而保证装配精度。因此，设计机器时，在结构上应有所考虑，以便装配时能顺利地调整补偿。

常见的调整装配法可分为可动调整法、固定调整法和误差抵消调节法。

（1）可动调整法。该法通过改变调整零件的位置（移动、转动或同时移动和转动）来达到

装配精度。调整过程不需要拆卸零件,比较方便。图 7.13 所示结构是用螺钉来调整轴承外环相对于内环的轴向位置以取得合适的间隙或过盈。图 7.14 所示结构是通过楔块上下移动来调整丝杠螺母副的间隙。可动调整法不仅可以获得较高的装配精度,而且可以通过调整来补偿由于磨损、热变形等原因引起的误差。

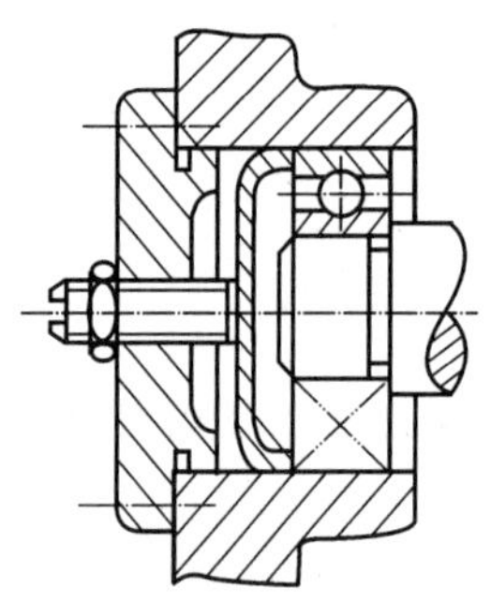

图 7.13　轴承间隙的调整

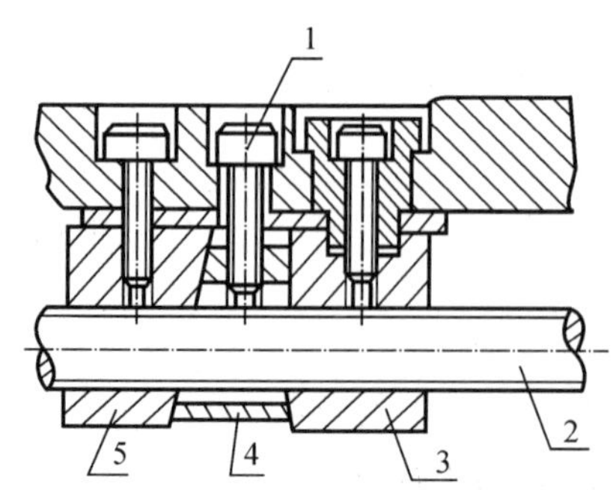

图 7.14　丝杠螺母副间隙的调整

1— 调整螺钉； 2— 丝杠； 3,5— 螺母； 4— 楔块

(2) 固定调整法。这种装配方法是在尺寸链中加入一个零件作为调整环。该调整环零件是按一定尺寸间隔制成的一组零件,根据装配需要,选用其中某一尺寸的零件来补偿,从而保证所要求的装配精度。通常使用的调整件有垫圈、垫片、轴套等。

当使用固定调整法时,为了既能保证装配精度,又不会由于分级数过多而使装配工作太复杂,需要运用尺寸链方法确定调整件的分级数和各级调整件的尺寸和公差。下面通过实例来说明调整件尺寸的确定方法。

在图 7.15 所示的机构中,装配后要求保证间隙 $A_\Sigma=0.2_{0}^{+0.1}$。若用完全互换法装配,则 4 个组成环能够分配到的平均公差仅为 $T(A_\Sigma)=0.1/4=0.025$,这一要求对加工来说很不经济。同时又考虑到小齿轮端面与固定轴台肩中加一垫片有利于补偿磨损,故决定采用固定调整法。又因为该机械的装配属于大批量生产流水作业,要求装配迅速,有一定节奏,故垫片尺寸应事先进行计算,然后按计算尺寸制造。制造成各档尺寸的垫片,装配时可根据实际间隙,选取相应的垫片,故称为分组垫片调整法。计算方法如下:

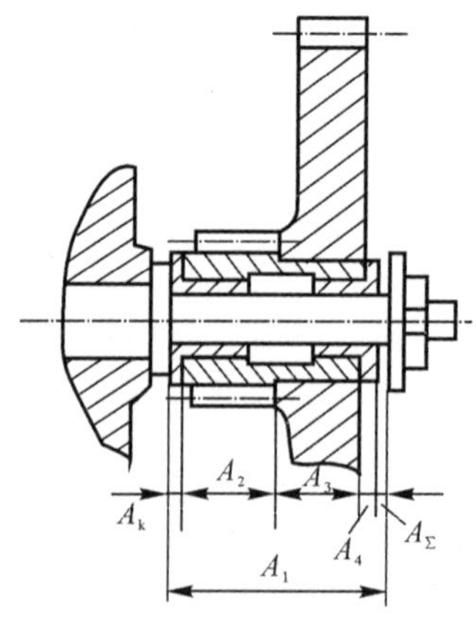

图 7.15　保证装配间隙的分组垫片调整法

1）决定垫片厚度的基本尺寸及公差。

$$A_k = 2, \quad T(A_k) = 0.02$$

2）修改结构尺寸。在原设计中有

$$A_1 = 21.2, \quad A_2 = 10, \quad A_3 = 10, \quad A_4 = 1$$

将 A_1 加长，改为

$$A_1' = A_1 + A_k = 21.2 + 2 = 23.2$$

3）确定组成环性质，验算基本尺寸。由图 7.15 可以看出，A_1 是增环，A_k、A_2、A_3、A_4 都是减环。有

$$A_\Sigma = A_1 - (A_k + A_2 + A_3 + A_4) = 23.2 - (2 + 10 + 10 + 1) = 0.2$$

4）确定组成环的经济公差。组成环的尺寸及其极限偏差如下：

$$A_1' = 23.2^{+0.12}_{0}, \quad A_2 = 10^{0}_{-0.1}, \quad A_3 = 10^{+0.1}_{0}, \quad A_4 = 1^{0}_{-0.08}$$

5）计算超差量。

$$ES(A_\Sigma') = 0.12 - (-0.1 + 0 - 0.08) = 0.3$$

$$EI(A_\Sigma') = 0 - (0 + 0.1 + 0) = -0.1$$

因此

$$A_\Sigma' = 0.2^{+0.3}_{-0.1}$$

即间隙变动范围是 0.1 ～ 0.5，$T(A_\Sigma') = 0.4$，所以超差量为

$$T(A_s) = T(A_\Sigma') - T(A_\Sigma) = 0.4 - 0.1 = 0.3$$

此超差量应予以补偿，故 $T(A_s)$ 称为补偿量。

6）确定垫片的分档数 n。假定垫片制造得绝对精确，没有公差，则分档数 n 为

$$n = \frac{T(A_s)}{A_\Sigma} + 1$$

但垫片不可能制造得绝对精确，必须把垫片的公差 $T(A_k)$ 考虑进去，而且 $T(A_k) < T(A_\Sigma)$ 才行，因此

$$n = \frac{T(A_s) + T(A_k)}{T(A_\Sigma) - T(A_k)} + 1$$

由于 $T(A_k) = 0.02$，所以

$$n = \frac{0.3 + 0.02}{0.1 - 0.02} + 1 = 5$$

7）确定补偿范围的分档垫片尺寸。确定分档垫片尺寸，如表 7.3 所示。因此间隙误差 $T(A_\Sigma') = 0.4$，共分 5 档，故各档误差为 $\dfrac{T(A_\Sigma')}{n} = \dfrac{0.4}{5} = 0.08$。

表 7.3　分档垫片尺寸

组号	间隙尺寸分档	垫片尺寸及其偏差	装配后得到的间隙范围
1	2.10 ～ 2.18	$1.88^{+0.02}_{0}$	0.2 ～ 0.3
2	2.18 ～ 2.26	$1.96^{+0.02}_{0}$	0.2 ～ 0.3
3	2.26 ～ 2.34	$2.04^{+0.02}_{0}$	0.2 ～ 0.3
4	2.34 ～ 2.42	$2.12^{+0.02}_{0}$	0.2 ～ 0.3
5	2.42 ～ 2.50	$2.20^{+0.02}_{0}$	0.2 ～ 0.3

(3) 误差抵消调节法。该法是指在装配各组成零件时,调整其相对位置,使各零件的加工误差互相抵消以提高装配精度。此法在机床的装配中应用较多,如:机床主轴的组装用调整前、后轴承的径向跳动方向的方法控制主轴的径向跳动;调整前、后轴承与主轴轴肩端面跳动的高低点以控制主轴的轴向窜动;在滚齿机的工作台分度蜗轮装配中,改变两者偏心方向以互相抵消误差来提高其同轴度;等等。

习　　题

7.1　在机器生产过程中,装配过程有什么重要作用?

7.2　什么是零件、合件、组件和部件?

7.3　为什么在大批量生产中,一般都采用互换法进行装配?它的优点是什么?

7.4　采用分组互换法保证装配精度要注意什么?

7.5　什么是装配尺寸链最短路线原则?

7.6　极值法解尺寸链与概率法解尺寸链有何不同?各用于何种情况?

7.7　当采用修配法保证装配精度时,选取修配环的原则是什么?

7.8　如图 7.16 所示,在溜板与床身装配前,有关组合零件的尺寸分别为 $A_1=46_{-0.04}^{0}$,$A_2=30_{0}^{+0.03}$,$A_3=16_{+0.03}^{+0.06}$。试计算装配后,溜板压板与床身下平面之间的间隙 A_Σ 是多少。试分析在使用过程中间隙因导轨磨损而增大后如何解决。

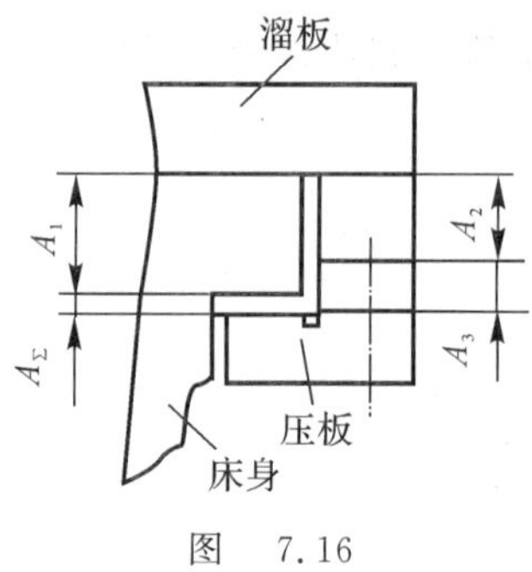

图　7.16

7.9　图 7.17 所示为某主轴部件,为保证弹性挡圈能顺利装入,要求保证轴向间隙为 $A_\Sigma=0_{+0.05}^{+0.42}$。已知条件:$A_1=32.5$,$A_2=35$,$A_3=2.5$。试计算确定各组成零件尺寸的上、下偏差。

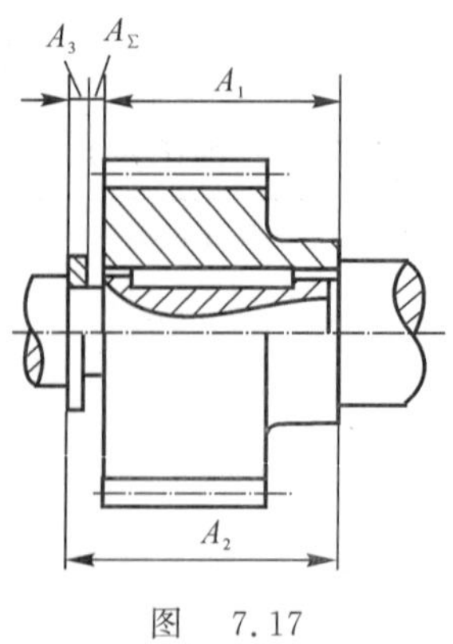

图　7.17

7.10　图7.18所示为蜗轮减速器，装配后要求蜗轮中心平面与蜗杆轴线偏移公差为±0.065。试按采用固定调整法标注有关组成零件的公差，并计算加入调整垫片的组数及各组垫片的极限尺寸(提示：在轴承端盖和箱体端面间加入调整垫圈，如图7.18中的N环)。

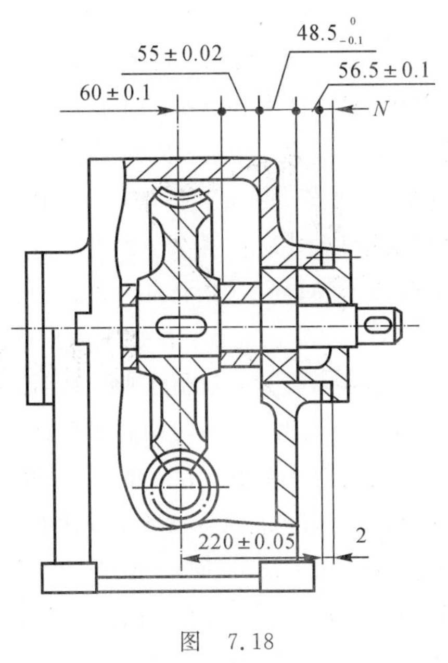

图　7.18

7.11　试比较装配尺寸链与工艺尺寸链，并分析各自的特点。

7.12　当采用调整法装配主轴部件时，是否可以提高主轴的回转精度？为什么？当采用角度调整法使被装配的主轴在某一测量截面上的径向跳动等于零时，是否说明主轴回转运动就没有任何误差？为什么？

参考文献

[1] 王先逵. 机械制造工艺学[M]. 4 版. 北京：机械工业出版社，2019.

[2] 宋绪丁. 机械制造技术基础[M]. 4 版. 西安：西北工业大学出版社，2019.

[3] 朱焕池. 机械制造工艺学[M]. 2 版. 北京：机械工业出版社，2016.

[4] 宁生科. 机械制造基础[M]. 西安：西北工业大学出版社，2004.

[5] 何船，聂龙，张宪明. 机械制造技术[M]. 西安：西北工业大学出版社，2018.

[6] 刘忠伟，邓英剑. 先进制造技术[M]. 4 版. 北京：电子工业出版社，2017.

[7] 郑修本. 机械制造工艺学[M]. 3 版. 北京：机械工业出版社，2012.

[8] 汪哲能. 现代制造技术概论[M]. 北京：机械工业出版社，2010.

[9] 王劲锋. 现代制造技术概论[M]. 北京：高等教育出版社，2018.

[10] 张芙丽，陈智文，李晋武. 机械制造装备[M]. 北京：清华大学出版社，2017.

[11] 黄鹤汀. 机械制造装备[M]. 3 版. 北京：机械工业出版社，2016.

[12] 张建华，张勤河，贾志新. 复合加工技术[M]. 北京：化学工业出版社，2005.

[13] 于骏一，邹青. 机械制造技术基础[M]. 北京：机械工业出版社，2004.

[14] 融亦鸣，张发平，卢继平. 现代计算机辅助夹具设计[M]. 北京：北京理工大学出版社，2010.

[15] 陈旭东. 机床夹具设计[M]. 北京：清华大学出版社，2010.

[16] 袁哲俊，王先逵. 精密和超精密加工技术[M]. 3 版. 北京：机械工业出版社，2016.

[17] 杨金凤，王春焱，何丁勇. 机床夹具及应用[M]. 北京：北京理工大学出版社，2011.

[18] 卢秉恒. 机械制造技术基础[M]. 4 版. 北京：机械工业出版社，2018.

[19] 田锡天，侯忠滨，阎光明，等. 机械制造工艺学[M]. 2 版. 西安：西北工业大学出版社，2010.

[20] 吴拓. 现代机床夹具设计[M]. 北京：化学工业出版社，2009.

[21] 陈明. 机械制造工艺学[M]. 北京：机械工业出版社，2005.

[22] 陈锡渠. 现代机械制造工艺[M]. 北京：清华大学出版社，2006.

[23] 王启平. 机械制造工艺学[M]. 5 版. 哈尔滨：哈尔滨工业大学出版社，2002.

[24] 傅水根. 机械制造工艺基础[M]. 2 版. 北京：清华大学出版社，2004.

[25] 盛定高. 现代制造技术概论[M]. 北京：机械工业出版社，2003.

[26] 刘烈元，刘兆祥. 机械加工工艺基础[M]. 北京：高等教育出版社，2006.

[27] 张振明，许建新，贾晓亮，等. 现代 CAPP 技术与应用[M]. 西安：西北工业大学出版社，2003.

[28] 陆剑中，孙家宁. 金属切削原理与刀具[M]. 北京：机械工业出版社，2011.

[29] 陈日曜. 金属切削原理[M]. 北京：机械工业出版社，2002.

[30] 庞丽君，尚晓峰. 金属切削原理[M]. 北京：国防工业出版社，2009.

[31] 韩荣第，袭建军，王辉. 金属切削原理与刀具[M]. 哈尔滨：哈尔滨工业大学出版社，2013.

[32] 王启仲. 金属切削原理与刀具[M]. 北京：机械工业出版社，2015.

[33] 韩步愈. 金属切削原理与刀具[M]. 北京：机械工业出版社，2015.

[34] 杨雪玲，李晓静. 金属切削原理与刀具[M]. 西安：西北工业大学出版社，2012.

[35] 芦福桢. 金属切削原理与刀具[M]. 北京：机械工业出版社，2011.

[36] 陈宏钧. 实用机械加工工艺手册[M]. 北京：机械工业出版社，2016.